新时代海上工程创新技术与实践丛书

海上风电筒型基础工程

练继建　刘　润　王海军 等
著

上海科学技术出版社

内 容 提 要

本书是在总结作者及其研究团队10余年来在海上风电筒型基础研究方面取得的具有实用价值和创新研究成果的基础上撰写而成的。

全书共8章，主要包括海上风电开发概况、海上风电筒型基础结构、海上风电筒型基础的地基稳定性、海上风电筒型基础-塔筒-风机的整体浮运、海上风电筒型基础沉放与精细调平、海上风电筒型基础冲刷与防护、海上风电筒型基础结构安全监测系统、海上风电筒型基础-塔筒-风机耦合动力安全等内容。

本书展示了海上风电筒型基础结构的重大研究进展与发展前景，有助于海上风电领域设计与施工水平的提升，可供海上风电工程设计人员、施工人员、研究人员和管理人员参考、借鉴。

图书在版编目（CIP）数据

海上风电筒型基础工程 / 练继建等著. -- 上海 : 上海科学技术出版社, 2021.4
（新时代海上工程创新技术与实践丛书）
ISBN 978-7-5478-5261-3

Ⅰ. ①海… Ⅱ. ①练… Ⅲ. ①海上－风力发电－发电厂－电力工程－研究 Ⅳ. ①TM62

中国版本图书馆CIP数据核字(2021)第038655号

海上风电筒型基础工程

练继建 刘 润 王海军 等 著

上海世纪出版(集团)有限公司
上 海 科 学 技 术 出 版 社 出版、发行
(上海钦州南路71号 邮政编码 200235 www.sstp.cn)
上海盛通时代印刷有限公司印刷
开本 787×1092 1/16 印张 31.25
字数 550千字
2021年4月第1版 2021年4月第1次印刷
ISBN 978-7-5478-5261-3/P·44
定价：280.00元

重大工程建设关键技术研究
编委会

新时代海上工程创新技术与实践丛书
编委会

总序

近年来，我国各项基础设施建设的发展如火如荼，“一带一路”建设持续推进，许多重大工程项目如雨后春笋般蓬勃兴建，诸如三峡工程、青藏铁路、南水北调、四纵四横高铁网、港珠澳大桥、上海中心大厦，以及由我国援建的雅万高铁、中老铁路、中泰铁路、瓜达尔港、比雷埃夫斯港，等等，不一而足。毋庸置疑，我国已成为世界上建设重大工程最多的国家之一。这些重大工程项目就其建设规模、技术难度和资金投入等而言，不仅在国内，即使在全球范围也都位居前茅，甚至名列世界第一。在这些工程的建设过程中涌现的一系列重大关键性技术难题，通过分析探索创新，很多都得到了很好的优化和解决，有的甚至在原来的理论、技术基础上创造出了新的技术手段和方法，申请了大量的技术专利。例如，632 m 的上海中心大厦，作为世界最高的绿色建筑，其建设在超高层设计、绿色施工、施工监理、建筑信息化模型(BIM)技术等多方面取得了多项科研成果，申请到 8 项发明专利、授权 12 项实用新型技术。仅在结构工程方面，就应用到了超深基坑支护技术、超高泵送混凝土技术、复杂钢结构安装技术及结构裂缝控制技术等许多创新性的技术革新成果，有的达到了世界先进水平。这些优化、突破和创新，对我国工程技术人员将是非常宝贵的参考和借鉴。

在 2016 年 3 月初召开的全国人大全体会议期间，很多代表谈到，极大量的技术创新与发展是“十三五”时期我国宏观经济实现战略性调整的一项关键性驱动因素，是实现国家总体布局下全面发展的根本支撑和关键动力。

同时，在新一轮科技革命的机遇面前，也只有在关键核心技术上一个个地进行创新突破，才能实现社会生产力的全面跃升，使我国的科研成果和工程技术掌控两者的水平和能力尽早、尽快地全面进入发达国家行列，从而在国际上不断提升技术竞争力，而国力将更加强大！当前，许多工程技术创新得到了广泛的认可，但在创新成果的推广应用中却还存在不少问题。在重大工程建设领域，关键工程技术难题在实践中得到突破和解决后，需要把新的理论或方法进一步梳理总结，再一次次地广泛应用于生产实践，反过来又将再次推动技术的更进一步的创新和发展，是为技术的可持续发展之巨大推动力。将创新成果进行系统总结，出版一套有分量的技术专著是最有成效的一个方法。这也是出版“重大工程建设关键技术研究”丛书的意义之所在。以推广学术上的创新为主要目标，“重大工程建设关键技术研究”丛书主要具有以下几方面的特色：

1. 聚焦重大工程和关键项目。目前，我国基础设施建设在各个领域蓬勃开展，各类工程项目不断上马，从项目体量和技术难度的角度，我们选择了若干重大工程和关键项目，以此为基础，总结其中的专业理论和专业技术使之编纂成书。由于各类工程涉及领域和专业门类众多，专业学科之间又有相互交叉和融合，难以单用某个专业来设定系列丛书，所以仍然以工程大类为基本主线，初步拟定了隧道与地下工程、桥梁工程、铁道工程、公路工程、超高层与大型公共建筑、水利工程、港口工程、城市规划与建筑共八个领域撰写成系列丛书，基本涵盖了我国工程建设的主要领域，以期为未来的重大工程建设提供专业技术参考指导。由于涉及领域和专业多，技术相互之间既有相通之处，也存在各自的不同，在交叉技术领域又根据具体情况做了处理，以避免内容上的重复和脱节。

2. 突出共性技术和创新成果，侧重应用技术理论化。系列丛书围绕近年来重大工程中出现的一系列关键技术难题，以项目取得的创新成果和技术突破为基础，有针对性地梳理各个系列中的共性、关键或有重大推广价值的技术经验和科研成果，从技术方法和工程实践经验的角度进行深入、系统而又详尽的分析和阐述，为同类难题的解决和技术的提高提供切实的理论依据和应用参考。在“复杂地质与环境条件下隧道建设关键技术丛书”（钱七虎院士任编委会主任）中，对当前隧道与地下工程施工建设中出现的关键问题进行了系统阐述并形成相应的专业技术理论体系，包括深长隧道重大突涌水灾害预测预警与风险控制、盾构工程遇地层软硬不均与极软地层的处理、类矩形盾构法、水下盾构隧道、地面出入式盾构法隧道、特长公路隧道、隧道地质三维探测、盾构隧道病害快速检测、隧道及地下工程数字化、软岩大变形隧道新型锚固材料等，使得关键问题在研究中得到了不同程度的解决和在后续工程中的有效实施。

3. 注重工程实用价值。系列丛书涉及的技术成果要求在国内已多次采用，实践证明是可靠的、有效的，有的还获得了技术专利。系列丛书强调以理论为引领，以应用为重点，以案例为说明，所有技术成果均要求以工程项目为背景，以生产实践为依托，使丛书既富有学术内涵，又具有重要的工程应用价值。如“长大桥梁建养关键技术丛书”(郑皆连院士任编委会主任、陈政清院士任副主任)，围绕特大跨度悬索桥、跨海长大桥梁、多塔斜拉桥、特大跨径钢管混凝土拱桥、大跨度人行桥、大比例变宽度空间索面悬索桥等重大桥梁工程，聚焦长大桥梁的设计创新理论、施工创新技术、建设难点的技术突破、桥梁结构健康监测与状态评估、运营期维修养护等，主要内容包括大型钢管混凝土结构真空辅助灌注技术、大比例变宽度空间索面悬索桥体系、新型电涡流阻尼减振技术、长大桥梁的缆索吊装和斜拉扣挂施工、超大型深水基础超高组合桥塔、变形智能监测、基于 BIM 的建养一体化等。这些技术的提出以重大工程建设项目为依托，包括合江长江一桥、合江长江二桥、巫山长江大桥、桂广铁路南盘江大桥、张家界大峡谷桥、西堠门大桥、嘉绍大桥、港珠澳大桥、虎门二桥等，书中对涉及具体工程案例的相关内容进行了详尽分析，具有很好的应用参考价值。

4. 聚焦热点，关注风险分析、防灾减灾、健康检测、工程数字化等近年来出现的新兴分支学科。在绿色、可持续发展原则指导下，近年来基础建设领域的技术创新在节能减排、低碳环保、绿色土木、风险分析、防灾减灾、健康检测(远程无线视频监控)、工程使用全寿命周期内的安全与经济、可靠性和耐久性、施工技术组织与管理、数字化等方面均有较多成果和实例说明，系列丛书在这些方面也都有一定体现，以求尽可能地发挥丛书对推动重大工程建设的长期、绿色、可持续发展的作用。

5. 设立开放式框架。由于上述的一些特性，使系列丛书各分册的进展快慢不一，所以采用了开放式框架，并在后续系列丛书各分册的设定上，采用灵活的、分阶段的方式进行出版。

6. 主编作者具备一流学术水平，从而为丛书内容的学术质量打下了坚实的基础。各个系列丛书的主编均是该领域的学术权威，在该领域具有重要的学术地位和影响力。如陈政清教授，中国工程院院士，“985”工程首席科学家，桥梁结构与风工程专家；郑皆连教授，中国工程院院士，路桥工程专家；钱七虎教授，中国工程院院士，防护与地下工程专家；吴志强教授，中国工程院院士，城市规划与建设专家；等等。而参与写作的主要作者都是活跃在我国基础设施建设科研、教育和工程的一线人员，承担过重大工程建设项目或国家级重大科研项目，他们主要来自中铁隧道局集团有限公司、中交隧道工程局有限公司、中铁十四局集团有限公司、中交第一公路工程局有限公司、青岛地铁集团有限公司、上海城建集团、中交公路规划设计院有限公司、陆军研究院工程设计研究所、招商局重庆交通科研设计院有限公司、天津城建集团有限公司、浙江省交通规划设计研究院、江苏交通科学研究院有限公司、同济大学、河海大学、西南交通大学、湖南大学、山东大学等。各位专家在承担繁重的工程建设和科研教学任务之余，奉献了自己的智慧、学识和汗水，为我国的工程技术进步做出了贡献，在此谨代表丛书总编委对各位的辛劳表示衷心的感谢和敬意。

当前，不仅国内的各项基础建设事业方兴未艾，在“一带一路”倡议下，我国在海外的重大工程项目建设也正蓬勃发展，对高水平工程科技的需求日益迫切。相信系列丛书的出版能为我国重大工程建设的开展和创新科技的进步提供一定的助力。

孙钧

2017 年 12 月，于上海

孙钧先生，同济大学一级荣誉教授，中国科学院资深院士，岩土力学与工程国内外知名专家。“重大工程建设关键技术研究”系列丛书总主编。

序

基础设施互联互通，包括口岸基础设施建设、陆水联运通道等是“一带一路”建设的优先领域。开发建设港口、建设临海产业带、实现海洋农牧化、加强海洋资源开发等是建设海洋经济强国的基本任务。我国海上重大基础设施起步相对较晚，进入21世纪后，在建设海洋强国战略和《交通强国建设纲要》的指引下，经过多年发展，我国海洋事业总体进入了历史上最好的发展时期，海上工程建设快速发展，在基础研究、核心技术、创新实践方面取得了明显进步和发展，这些成就为我们建设海洋强国打下了坚实基础。

为进一步提高我国海上基础工程的建设水平，配合、支持海洋强国建设和创新驱动发展战略，以这些大型海上工程项目的创新成果为基础，上海科学技术出版社与丛书编委会一起策划了本丛书，旨在以学术专著的形式，系统总结近年来我国在护岸、港口与航道、海洋能源开发、滩涂和海上养殖、围海等海上重大基础建设领域具有自主知识产权、反映最新基础研究成果和关键共性技术、推动科技创新和经济发展深度融合的重要成果。

本丛书内容基于“十一五”“十二五”“十三五”国家科技重大专项、国家“863”项目、国家自然科学基金等30余项课题(相关成果获国家科学技术进步一、二等奖，省部级科技进步特等奖、一等奖，中国水运建设科技进步特等奖等)，编写团队涵盖我国海上工程建设领域核心研究院所、高校和骨干企业，如中交水运规划设计院有限公司、中交第一航务工程勘察设计院有限公司、中交第三航务工程勘察设计院有限公司、中交第三航务工程局有限公司、中交第四航务工程局有限公司、交通运输部天津水运工程科学研究院、南京水利科学研究院、中国海洋大学、河海大学、天津大学、上海交通大学、大连理工大学等。优秀的作者团队和支撑课题确保了本丛书具有理论的前沿性、内容的原创性、成果的创新性、技术的引领性。

例如，丛书之一《粉沙质海岸泥沙运动理论与港口航道工程设计》由中交第一航务工程勘察设计院有限公司编写，在粉沙质海岸港口航道等水域设计理论的研究中，该书创新性地提出了粉沙质海岸航道骤淤重现期的概念，系统提出了粉沙质海岸港口水域总体布置的设计原则和方法，科学提出了航道两侧防沙堤合理间距、长度和堤顶高程的确定原则和方法，为粉沙质海岸港口建设奠定了基础。研究成果在河北省黄骅港、唐山港京唐港区，山东省潍坊港、滨州港、东营港，江苏省滨海港区，以及巴基斯坦瓜达尔港、印度尼西亚AWAR电厂码头等10多个港口工程中成功转化应用，取得了显著的社会和经济效益。作者主持承担的“粉砂质海岸泥沙运动规律及工程应用”项目也荣获国家科学技术进步二等奖。

在软弱地基排水固结理论中，中交第四航务工程局有限公司首次建立了软基固结理论模型、强度增长和沉降计算方法，创新性提出了排水固结法加固软弱地基效果主要影响因素；在深层水泥搅拌法(DCM)加固水下软基创新技术中，成功自主研发了综合性能优于国内外同类型施工船舶的国内首艘三处理机水下DCM船及新一代水下DCM高效施工成套核心技术，并提出了综合考虑基础整体服役性能的施工质量评价方法，多项成果达到国际先进水平，并在珠海神华、南沙三期、香港国际机场第三跑道、深圳至中山跨江通道工程等多个工程中得到了成功应用。研究成果总结整理成为《软弱地基加固理论与工艺技术创新应用》一书。

海上工程中的大量科技创新也带来了显著的经济效益，如《水运工程新型桶式基础结构技术与实践》一书的作者单位中交第三航务工程勘察设计院有限公司和连云港港30万吨级航道建设指挥部提出的直立堤采用单桶多隔仓新型桶式基础结构为国内外首创，与斜坡堤相比节省砂石料80%，降低工程造价15%，缩短建设工期30%，创造了月施工进尺651 m的最好成绩。项目成果之一《水运工程桶式基础结构应用技术规程》(JTS/T167-16—2020)已被交通运输部作为水运工程推荐性行业标准。

此外，天津大学练继建教授牵头自主研发的海上风电新型筒型基础结构，直径达30～45 m，特别适用于软弱地基，可进行岸边批量预制和风机吊装、整体调试，实现海上风机基础结构-塔筒-风机整体浮运和整体沉放安装，像“种树”一样安装风机，大量节省钢材用量，大幅提升海上施工效率，代表了国际海上风电建设技术发展的最新方向。该项成果编写成书，也成为本丛书的亮点。

其他如荣获省部级科技进步奖的“新型深水防波堤结构形式与消浪块体稳定性研究”，以及获得多项省部级科技进步奖的“长寿命海工混凝土结构耐久性保障相关技术”等，均标志着我国在海上工程建设领域已经达到了一个新的技术高度。

丛书的出版将有助于系统总结这些创新成果和推动新技术的普及应用，对填补国内相关领域创新理论和技术资料的空白有积极意义。丛书在研讨、策划、组织、编写和审稿的过程中得到了相关大型企业、高校、研究机构和学会、协会的大力支持，许多专家在百忙之中给丛书提出了很多非常好的建议和想法，在此一并表示感谢。

邱大洪

2020 年 10 月

邱大洪先生，大连理工大学教授，中国科学院资深院士，海岸和近海工程专家。“新时代海上工程创新技术与实践丛书”编委会主任。

本书序

我国发电量近70%来自煤电，特别是经济发达的东部沿海地区，煤电装机比重占80%左右，这造成了大量的温室气体排放，加剧了雾霾天气的形成。壮大清洁能源产业，推进能源生产和消费革命，构建清洁低碳、安全高效的能源体系是我国的基本国策。为了实现我国能源转型的战略目标，在后水电时代，以光、风为代表的清洁能源必将得到跨越式发展。改善东部沿海地区的能源结构、大力开发海上风电等清洁能源势在必行。我国近海海域风能资源丰富，可开发量超过5亿kW，已成为清洁能源发展的重要方向。

我国海上风电开发面临强台风、软地基和短施工窗口期的挑战，且海上风电建设技术难度大、成本高，这些是制约其大规模开发的主要技术瓶颈。为了实现海上风电高效、优质、低成本、规模化建设的目标，天津大学练继建教授带领团队经10余年的技术攻关，自主研发了海上风电新型筒型基础与高效安装成套技术，并实现了产业化。海上风电筒型基础结构是一种宽浅式的结构，较传统单桩等窄深式海上风电基础结构更能抵抗风机的大弯矩荷载。海上风电筒型基础结构可以采用钢与混凝土组合结构，较单桩、导管架等全钢结构更能发挥各种材料的优势，节约成本。海上风电筒型基础结构可以实现陆上批量预制、海上基础结构-塔筒-风机整体浮运、整体沉放和精细调平控制，大幅提高海上施工效率，节省施工设备的投资和能耗。练教授的团队创新了海上风电基础组合结构体系、结构地基联合承载模式，破解了风浪流-结构-地基耦合动力安全的难题，发明了海上风电基础-塔筒-风机整体浮运新技术和整体沉放调平精细控制技术等，形成了海上风电规模化开发技术的重要突破，为实现海上风电“安全、高效、经济、环保”开发提供了新的技术支撑。

本书是近年来练继建教授团队在海上风电筒型基础结构领域取得的创新成果总结，该成果是我国在海上风电建设领域取得的重大技术突破，对于大力推动我国海上风电技术进步和产业发展、提升该领域的科技创新力和国际竞争力具有重要意义。本书可为相关的工程技术人员提供参考。

中国工程院院士 [signature]

2020 年 11 月

前言

我国近海风能资源丰富，50 m 水深内可开发量超过 5 亿 kW，开发潜力巨大，是我国可再生能源发展的重点。与陆上风电相比，海上风电具有年利用小时长、不占用有限的陆地资源、距离电力负荷中心较近等优点。然而，海上风电的施工难度大、风险大、造价高，海上风电单位千瓦投资要比陆上风电高出 50％～100％，成为制约海上风电大规模发展的关键因素。海上风电开发始于欧洲，与欧洲相比，我国海上风电开发存在一些不利因素，即我国海域的极限风速是欧洲的 2 倍，地基平均承载力仅为欧洲的 1/3～1/2，加上施工窗口期短，造成相同容量的海上风电建造难度和成本等远超欧洲水平。

海上风电施工安装的造价和难度与基础结构型式关系密切。目前，海上风电基础结构采用最多的是单桩基础，约占 60％，其主要优点是结构相对简单、制造工艺成熟。传统认为单桩基础主要适宜于水深 30 m 以内，但是随着技术的发展，大于 30 m 水深的海上风电也可以采用单桩基础。随着水深和风力发电机容量的增大，需采用超大型单桩基础，其直径可达 10 m、桩长超过 100 m、桩重接近或超过 2 000 t。若遇上深厚软弱地基、复杂嵌岩地基，单桩直径基础施工难度激增，极端荷载作用下的水平度控制难度大，造成单桩基础总体造价居高不下。多桩承台基础是我国首个海上风电场——上海东海大桥风电项目采用的基础结构型式，该基础结构型式避免了超大型单桩施工，水平度控制优于单桩基础，但其海上施工周期长，特别是 30 m 水深以上海域的施工难度大、造价高。导管架(含多脚架)基础结构型式在 30～50 m 水深海域有着广泛的适用性，但其制作、施工和安装工艺复杂、难度较大，总体造价高。传统重力式基础结构对地基承载力的要求高，我国适用于重力式基础的海域相对较少。浮式基础结构主要适用于水深在 50 m 以上的海域，其总体造价更高，目前还不是我国海上风电发展的重点。基于我国现阶段海上风电的开发重点是 50 m 水深以内海域的现状，针对强台风、软地基和短施工窗口期的复杂条件，开发高效、优质、低成本、可规模化建造的海上风电新型基础结构与高效施工安装技术是我国海上风电发展的迫切需求。

本书作者练继建等人于2008年开始研发海上风电新型筒型基础结构。筒型基础结构属于一种宽浅式结构，较桩基础窄深式结构更有利于抵抗风电结构的巨大弯矩荷载和提高对软弱地基的适应性，可以发挥混凝土、钢等多种材料的组合优势，且可实现岸边批量预制、海上筒型基础结构-塔筒-风力发电机整体浮运和沉放安装，因而大大缩短海上施工周期，大幅提高海上施工效率。应用本书作者的研究成果，于2010年在江苏启东海域建成世界首台海上风电筒型基础试验样机，其基础结构为预应力混凝土结构，风力发电机容量为2.5 MW，经多次台风考验，运行安全可靠。2017年在江苏响水海上风电场建成2台3.0 MW钢混组合结构筒型基础工程，首次实现了海上风电筒型基础-塔筒-风力发电机整体浮运和安装。2018—2019年在大丰海上风电场建成11台3.3 MW与2台6.45 MW钢混组合结构电筒型基础工程，首次实现了2台6.45 MW海上风电筒型基础-塔筒-风力发电机整体浮运和安装。风力发电机法兰面的整体安装精度可控制在1‰以内，之后在江苏、广东海域开始大批量推广应用，实现了产业化。海上风电开发采用本书作者研发的新筒型基础结构，其结构安全性高，运行实测的倾斜度仅为单桩基础的三分之一左右，海上施工周期短，整机运输到位后，可实现一天整体安装一台风力发电机，提高海上施工效率5～7倍，大幅减少了海上施工安全风险，降低海上风电总体建造成本约20%。传统式海上风电基础结构的海上风电施工，需要配备海上运输、打桩和吊装船舶设备，总计造价达7亿～10亿元，而海上风电筒型基础施工采用基础结构-塔筒-风力发电机整体运输安装多功能平台，其造价为1亿～2亿元，可节省海上施工装备投资60%以上。

本书总结了天津大学练继建领衔的海上风电研究团队在海上风电新型筒型基础和高效施工安装技术方面的创新研究成果。全书共8章：第1章介绍国内外海上风电发展趋势、动态以及各类海上风电基础结构总体概况；第2章介绍海上风电筒型基础的设计思路，筒型基础结构的荷载特性，单筒多舱基础结构、多筒基础结构和桩筒复合基础结构的传力体系和受力分析等；第 3 章介绍多维荷载作用下海上风电筒型基础地基稳定性、复合桩筒基础地基稳定性以及地震、冲刷等对地基承载力的影响；第 4 章介绍筒型基础浮稳性与分舱优化、筒型基础-塔筒-风力发电机与船舶多体耦合安全性及现场监测分析等；第 5 章介绍风浪流作用下海上风电筒型基础-塔筒-风力发电机整体水中沉放过程安全性、筒型基础入土沉放阻力分析、渗透减阻和破坏分析、屈曲控制和精细调平等；第 6 章介绍海上风电筒型基础冲刷特性和冲刷防护措施；第 7 章为海上风电筒型基础整机运行状态的监测及其与单桩基础的比较；第 8 章介绍海上风电筒型基础整机工作模态和振源识别、振动疲劳损伤分析和减振控制等。该书由练继建、刘润、王海军、董霄峰、郭耀华、张金凤联合撰写，全书由练继建统稿。为本书付出辛勤劳动的还有丁红岩、张浦阳、李爱东、黄宣旭、张庆河、闫澍旺、乐丛欢、杨旭、闫玥、付登锋、陈广思、陈飞、贾娅娅、赵悦、燕翔、于通顺、刘梅梅、马鹏程、马文冠、袁宇、汪嘉钰、孙国栋、姜军倪、江琦、周欢、王芃文、蔡鸥、贾沼霖、王孝群、邵楠、赵昊、肖甜润、叶方帝等。

我们不会忘记马洪琪院士、王浩院士、钟登华院士、钮新强院士、邱大洪院士、张勇传院士、张建云院士、周绪红院士、聂建国院士、王超院士、胡春宏院士、王复明院士、孔宪京院士、李华军院士、欧进萍院士、杜彦良院士、肖绪文院士、陈政清院士、邓铭江院士、陈湘生院士、孟建民院士、刘加平院士、张建民院士、杨永斌院士等专家对我们海上风电研究的指导和鼓励！不会忘记曹广晶、毕亚雄、蔡绍宽、王武斌、董秀芬、翟恩地、张春生、赵生校、祁和生、吴敬凯、吴启仁、吕鹏远、赵迎久、袁新勇、夏忠、刘学海、裴爱国、白俊光等领导和专家对我们科学研究的支持和帮助！感谢中国长江三峡集团有限公司、中国三峡新能源股份有限公司、中国电建集团华东勘测设计研究院有限公司、华电重工股份有限公司、江苏道达海上风电工程科技有限公司、中国南方电网有限责任公司、长江勘测规划设计研究有限责任公司、中国华能集团有限公司、新疆金风科技股份有限公司等单位对我们科技成果转化的支持！

由于作者的学识和水平所限，难免存在疏漏、不妥或错误之处，诚恳希望读者与专家指正。

作　者

2020 年 10 月

目录

第 1 章

海上风电开发概况

随着社会经济的发展，人类对电力的需求越来越大。目前，我国已成为电力生产的第一大国，2019 年中国大陆的发电量约为 7.2 万亿 kW·h，约为美国 4.2 万亿 kW·h 的 1.7 倍。我国发电量中火电占 70%以上，水电、核电分别约占 17.5%、4.2%，风电、太阳能光伏发电分别约占 5.2%、2.5%。截至 2019 年年底，我国发电总装机容量为 20.1 亿 kW，其中火电、核电的装机容量分别达 11.91 亿 kW、0.48 亿 kW，水电、风电、太阳能光伏发电的装机容量分别达 3.56 亿 kW、2.1 亿 kW、2.05 亿 kW，均居全球第一，分别是美国水电、风电、太阳能光伏发电的装机容量的 3 倍左右。目前，我国水电大规模开发的潜力不大，待开发的水能资源主要集中在高海拔的青藏地区，开发难度大、生态环境脆弱，已逐步进入了“后水电”时代。我国的用电负荷主要集中在东部沿海地区，该地区人口密集，陆上风电和太阳能光伏发电因其占地问题，无法进行大规模开发。我国西部地区风能和太阳能资源丰富，具备大规模开发的条件，然而因风电、太阳能光伏发电的随机性和不稳定性，并网和长距离电力送出存在困难。采用水电、风电和太阳能光伏发电互补送出的模式，是西部地区大规模开发风电和太阳能光伏发电的必由之路。我国东部沿海省份，如山东、江苏和广东等省的火电装机容量均达 1 亿 kW 左右，占其发电总装机容量的 80%左右。火力发电，特别是燃煤发电，会造成空气污染和加剧雾霾天气形成，大力发展清洁可再生能源是我国的基本国策和能源转型的战略目标。为了改善我国东部沿海地区的电力能源结构、推动“绿水青山”的生态文明建设，大力开发海上风电等清洁可再生能源势在必行。

1.1 风力发电发展历程

人类利用风能的历史由来已久。早在 3 000 多年前，古巴比伦、波斯、希腊等国就已经开始利用古老的风车进行提水灌溉、碾磨谷物。到公元前 2 世纪，波斯人发明了垂直轴风车用于碾米，随后的数百年内在中东地区获得广泛应用。12 世纪以后，风车传至欧洲并迅速发展，诞生了历史上第一台水平轴风车。14 世纪后，风车已经成为欧洲大陆上不可缺少的原动机，通过风车(图 1-1)可以利用风能灌溉、提水、榨油、磨面、锯木、供暖、制冷等。直到 18 世纪由于蒸汽机的出现，才使欧洲风车数量与利用大幅下降。中国也是世界上最早利用风能的国家之一。早在公元前 1 世纪，汉朝就利用风力实现提水、灌溉、磨面、舂米，用风帆推动船舶前进。宋朝更是中国应用风车的全盛时代，当时流行的垂直轴风车一直沿用至今。

现代风力发电机诞生于 19 世纪。1888 年，美国电力工业的奠基人之一——Charles F. Brush(1849—1929)在自己家中安装了第一台自动运行且可以发电的风力机，用于给蓄

图1-1　人类早期风车

电池充电，如图1-2所示。该风机叶轮直径17 m，由144根雪松木制成叶片，但由于其运行转速较低无法提供理想的风机效率，功率仅为12 kW。1897年，现代空气动力学鼻祖——丹麦人Poul la Cour(1846—1908)发现当风力发电机叶片较少却能够快速转动时，在发电时比低转速的风机效率高得多。同年，他发明的2台试验风力机安装在丹麦的Askov Folk高中(图1-3)。

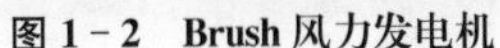

图1-2　Brush风力发电机

图1-3　la Cour风力发电机

二战期间，丹麦工程公司F. L. Smidth安装了一批两叶片和三叶片的风力发电机，这些风机发的是直流电，主要用来给小岛供电(图1-4)。到1951年，这些直流发电机被35 kW的交流异步发电机取代，可以产生交流电的风力发电机也就此问世。1956—1957年，功率200 kW的Gedser风力发电机安装在了丹麦南部的Gedser海岸(图1-5)。这台三叶片风机带有电动机械偏航系统、气动叶尖刹车系统和异步发电机，可谓是现代风力发电机的先驱。

20世纪70年代石油危机发生后，世界各国开始关注风能的开发。1980年，Bonus 30 kW风力发电机首先在丹麦研制成功并安装发电。之后的一年，55 kW风力发电机的出现将每度电的发电成本降低了约50%，该风机也开始广泛应用在丹麦、美国等国家，被认为

图 1-4 F. L. Smidth 风力发电机

图 1-5 Gedser 风力发电机

是现代风力发电机工业和技术上的一个突破，早期的大型陆上风电场也随之开始出现。随后在丹麦 Avedore 风电场，成功安装了 12 台 Bonus 300 kW 风机和 1 台 1 MW 试验风机，风力发电机也正式迈进了商业化开发与兆瓦级机组时代。1995 年，NEG Micon 1 500 kW 风机正式问世，该机型模式是 2 台 750 kW 发电机并联工作，叶轮直径为 64 m。1996 年，Vestas 1.5 MW 风机改良了双机并联的运行方式，单机装机可达 1.5 MW，叶轮直径达到了 68 m。在 20 世纪末，Bonus 2 MW 风机、NEG Micon 2 MW 风机（图 1-6）、Nordex 2.5 MW 风机先后在丹麦与德国研发成功，这进一步加快了风能规模化开发的进程。

图 1-6 NEG Micon 2 MW 风机

进入 21 世纪以来，全球风电发展日新月异。2001 年，全球风电新增装机 6.5 GW，到 2015 年新增装机容量可达 63.63 GW，为世纪初的 10 倍。截至 2019 年年底，全球风电新增装机容量为 60.4 GW，同比增长 17.74%。新增装机容量排名首位的是中国，装机容量为 26.16 GW，紧随其后的是美国 8.95 GW、英国 2.38 GW、印度 2.38 GW、西班牙 2.24 GW、德国 2.09 GW、法国 1.34 GW、巴西 0.73 GW。从累计装机情况来看，2001 年全球风电累计装机容量为 23.9 GW，截至 2019 年年底，全球风电累计装机容量为 650.56 GW，同比增长 10.15%。累计装机排名首位的是中国，装机容量为 236.40 GW，紧随其后的是美国 105.47 GW、德国 61.41 GW、印度 37.51 GW、西班牙 25.81 GW、英国 23.34 GW、法国 16.65 GW、巴西 15.43 GW、加拿大 13.41 GW、意大利 10.51 GW，如图 1-7 所示（GWEC，2020）。

中国风电开发起步较晚，20 世纪 80 年代才开始从丹麦、瑞典、美国等国家引进一批中型、大型风力发电机组，并在新疆、内蒙古等建立了 8 座示范性风电场。1986 年，我国

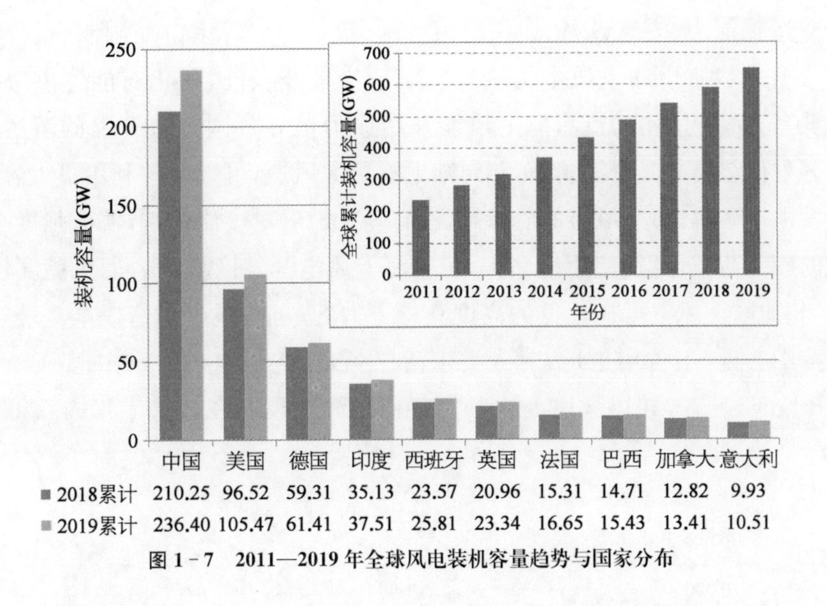

图 1－7　2011—2019 年全球风电装机容量趋势与国家分布

第一座商业性陆上风电场——马兰风电场成功并网发电，成为我国风电史上的里程碑。该风电场总装机容量为 165 kW，年平均发电量为 26 万 kW·h，年平均满负荷工作小时数为 1 575～2 000 h。进入 21 世纪以来，中国风电发展突飞猛进。2009 年，中国风电新增装机容量为 13.8 GW，占全球新增装机容量的 35.87%，成为当年世界上风电开发最快的国家。2010 年，中国风电累计装机容量为 44.73 GW，超过美国，位居世界第一。截至 2019 年年底，中国风电累计装机容量已达到 236.40 GW(图 1－8)，约占全球装机总量的 36.34%，中国已经成为世界风电开发的领跑者。预计在 2027 年前，中国年均新增装机容量约为 23 GW，未来 10 年的平均增长率为 1.9%，年均新增并网容量超过 20 GW，未来 10 年的平均增长率为 2.7%，预计累计装机容量、累计并网容量将于 2027 年年底分别达到 417 GW、406 GW。

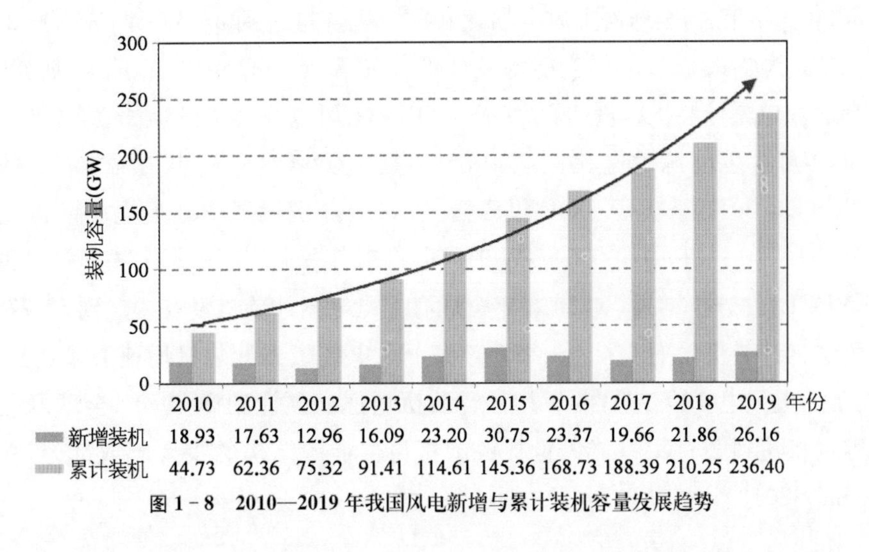

图 1－8　2010—2019 年我国风电新增与累计装机容量发展趋势

由于受运输能力、安装设备、风机机组技术、政策导向等多方面限制，世界各国对于风电的开发长期以来以陆上风电为主。然而近年来，随着国际化石能源供应持续紧张与环境污染等诸多问题的出现，海上风能开始成为世界各国重点开发的清洁能源。海上风电的开发优势首先是资源丰富，相对陆上有更大风速，可以有效利用更大容量的风电机组进行发电。其次，海上风能的质量高，没有复杂地形对气流影响，湍流强度小，可减少风电机组的疲劳荷载，延长使用寿命。第三，海上风电开发区域的表面粗糙度较小，风能利用率高，相比陆上风电可在较低的高度获得更大的风速，减少建造成本。最后，海上风电距离负荷中心近，不占用土地，对人类生活、生态环境影响小(Colmenar-Santos A 等，2016; Rodrigues S 等，2015)，以上这些优势使得海上风电在过去十年内获得快速发展(图 1-9)。

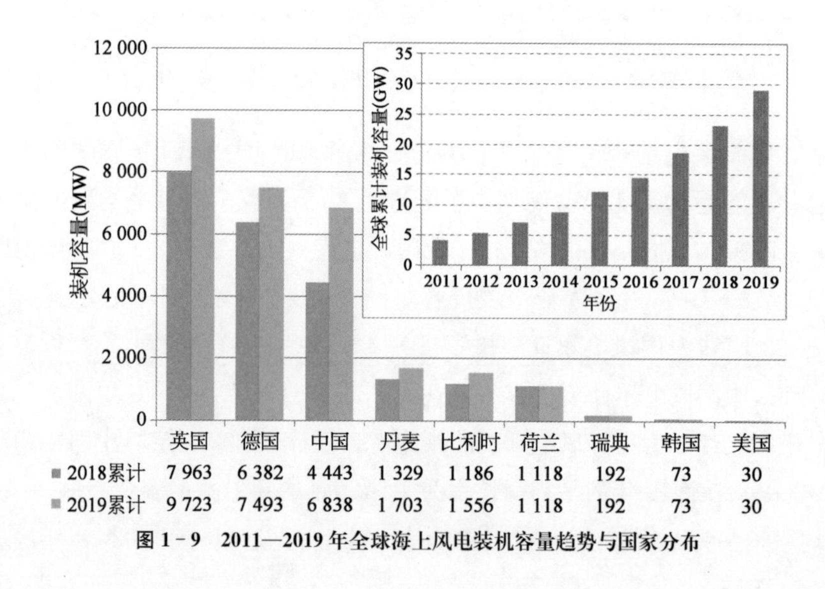

图 1-9　2011—2019 年全球海上风电装机容量趋势与国家分布

截至 2020 年年底，全球海上风电累计并网装机容量达到 32.5 GW(WFO, 2021)，海上风电已经成为未来全球可再生能源发展的优先选择。我国“十三五”规划就指出，到 2020 年年底风电累计装机容量达 200 GW，其中海上风电并网装机容量达 5 GW。欧盟目标到 2030 年可再生能源发电比例达到 35%，届时将满足欧洲电力需求的 7%～11% (Justin Wilkes, 2011)。美国 DOE 报告指出，2030 年美国风电在发电中的占比将达到 20%(AWEA, 2018)，其中约有 54 GW 的风电将来自海上。而根据美国国家可再生能源实验室(NREL)的分析结果，到 2022 年全球海上风电累计装机量有望达到 51.77 GW，届时将占风电累计装机量的 6%。未来 5 年海上风电装机累计装机增速有望达到 20%以上，远高于陆上风电 10%左右的年均累计装机增速。预计到 2030 年，全球海上风电的总装机容量将达到 200 GW，成为世界各国可再生能源结构的重要组成部分(Athanasia Arapogianni, 2013)。

1.2　欧洲海上风电开发进程与趋势

1.2.1　欧洲海上风电发展进程与现状

欧洲是世界海上风电开发的发源地，其大陆海岸线曲折漫长，多半岛、岛屿和港湾，优越的地理条件为海上风电发展提供了良好的基础。

欧洲海上风电发展的第一个阶段是1990—2000年，为试验阶段。1990年，瑞典在Norgersund安装了全球第一台海上风机(Nikolaos N, 2004)，其容量为220 kW、离岸距离为250 m、水深为6 m，发出了人类海上风电发展史上的第一度电。1991年，丹麦建成了全球首个向岸上居民提供电能的海上风电场，装机容量约4.95 MW，成为全球第一个将风电场延伸至海上的国家(Larsen O D, 1993)。随后，荷兰、丹麦和瑞典陆续又建成了一批海上风电示范项目，装机规模为2～10 MW，风机单机容量为500～600 kW(黄东风，2008)。这些早期的海上风电场由于开发技术与装备的不成熟，装机规模与单机容量均较小，并且多建于浅水海域或有保护措施的海域，规模性开发的海上风电场尚未出现。

第二个阶段是2001—2010年，为商业发展阶段，这个阶段最典型的特点就是兆瓦级风电机组开始应用于海上风电开发，如瑞典的Utgrunden海上风电场首次安装了单机容量1.5 MW的风电机组，而英国的Blyth海上风电场单机容量可达2 MW。2001年位于丹麦哥本哈根的Middelgrunden海上风电场建成(图1-10)，装机规模40 MW，为哥本哈根解决了4%的电力供应。这座风场是世界上的第一座商业性海上风电场，也拉开了欧洲商业化开发海上风电的序幕。2002年，丹麦在北海海域建成了世界第一个大型海上风电场Horns Rev(图1-11)，总装机容量160 MW，占海面积约20 km^2，年发电量6亿kW·h。2003年，丹麦建造了装机容量为165.6 MW的Nysted 1海上风电场(图1-12)，共有72台风电机组，单机容量为2.3 MW，是当时世界上最大的海上风电场(丹麦能源署，2017)。2007年，世界首台5 MW风电机组也成功安装在苏格兰东海岸的Beatrice示范海上风电场内。2009年，德国首个海上风电场Alpha Ventus风电场实现并网发电，单机容量也为5 MW，大容量海上风电机组就此登上历史舞台。

图1-10　丹麦Middelgrunden海上风电场

欧洲海上风电开发的第三个阶段是从2011年至今，为规模化开发阶段，以英国、德国、丹麦、荷兰和比利时为首的欧洲各国开始了海上风能规模化开发的征程。2013年，比利时在奥斯坦德港附近建成了Belwind海上风电场，完成了6 MW海上风电机组的安装工作。同年，德国最大海上风电场Bard Offshore 1正式建成，总装机规模为400 MW、单机容量为 5 MW，是当时离岸距离最远的海上风电场(图 1-13)。同样是在 2013 年，英国建成了当时世界上规模最大的 London Array 海上风电场(图 1-14)，装机容量达 630 MW (Colin Walsh, 2019)。当年英国海上风电累计装机容量占全球海上风电总装机量的 56%，已经超过世界其他国家的装机容量总和，成为海上风电开发的领头羊。

图 1-11　丹麦 Horns Rev 海上风电场

图 1-12　丹麦 Nysted 1 海上风电场

图 1-13　德国 Bard Offshore 1 海上风电场

图 1-14　英国 London Array 海上风电场

2014 年，荷兰建成了 Eneco Luchterduinen 海上风电场，安装有 43 台 3 MW 风机，水深 18～22 m。到 2015 年，荷兰共并网 60 台海上风电机组，累计装机容量达到 427 MW。2016 年，全球海上风电装机容量排名前十的国家分别为英国、德国、丹麦、中国、比利时、荷兰、瑞典、日本、芬兰和爱尔兰，欧洲大陆占有八席，其中英国海上风电装机容量占全球的 41.85%，远高于其他国家。2017 年，英国海上风电装机容量为 1.72 GW，累计装机容量达到 6.65 GW，位居世界第一，并在苏格兰东北海岸投产了全球首座漂浮式海上风电场，安装了 5 台适用于 6 MW 风电机组的 Spar 浮式基础，拉开了漂浮式海上风电发展的序幕。而随着德国第二大海上风电场 Veja Mate 的建成(图 1-15)，德国全年新增海上风电装机容量达 1.25 GW，累计装机容量达到 5.41 GW，成为仅次于英国的第二大海上风电国家。丹麦、荷兰、比利时分别以累计装机容量 1.27 GW、1.12 GW 与 0.88 GW 排在欧洲第三到第五位，欧洲其他国际累计装机容量总计为 305 MW(GWEC, 2018)。

图1-15　德国 Veja Mate风电场

图1-16　比利时 Rentel海上风电场

2018年，英国再次突破了两项海上风电记录，一个是安装了世界最大单机容量的8.8 MW风电机组，另一个是投产了装机规模达657 MW的世界最大的 Walney Extension海上风电场；同时，也在建离岸103 km的 Hornsea Project One海上风电场，是当时全球在建的最大规模海上风电场，拟安装174台风机，总装机容量1.2 GW，单机容量最大可达10 MW。同年，德国建成了 Borkum Riffgrund II 海上风电场，装机容量达465 MW。比利时建造完工本国最大的 Rentel 海上风电场，共安装42台风机，装机容量达309 MW，如图1-16所示。截至2018年年底，英国海上风电新增装机容量为1.31 GW，累计装机容量达到7.96 GW，占全球海上风电总装机容量的34.4%，稳居世界第一。德国2018年海上风电新增装机容量达到0.97 GW，较2017年下降23%，累计装机容量达到6.38 GW。新增装机容量占2018年欧洲新增海上风电装机容量的36.4%，仅次于英国(夏云峰，2019)。丹麦、比利时累计装机容量分别为1.33 GW、1.19 GW，保持着良好的发展势头。

2019年，欧洲海上风电继续稳步发展。根据欧洲风能协会(WindEuorpe)最新发布的统计数据，在2019年度欧洲新增海上风电装机容量为3.62 GW，比2018年增长19.6%，累计装机容量已达到22.07 GW，新增并网风机502台，新建成海上风电场10座。其中，英国和德国分别为1.76 GW和1.11 GW，占新增容量的79%，继续领跑欧洲乃至全球海上风电市场。丹麦和比利时新增装机容量分别为374 MW和370 MW，而葡萄牙则在 Atlantic Phase 1浮式风电场内，建成一台装机容量8.4 MW的浮式海上风机(WindEurope, 2020)。

在欧洲海上风电开发的国家中，英国依然走在前列。截至2019年12月，英国已建风电场40座，并网风机252台，总装机容量达到9.72 GW，并且拥有全球最大规模的 Hornsea Project One海上风电场。紧随其后的是德国，已建风电场28座，2019年并网风机160台，总装机容量达到7.49 GW。丹麦在2017年建成海上风电场14座，总装机容量达到1.70 GW，当时预计到2020年丹麦海上风电装机容量有望实现翻倍，新增装机容量有望达到1.35 GW(王润茁，2017)。2019年，比利时海上风电总装机容量达到1.56 GW，计划到2030年海上风电装机容量增至4 GW。2018年和2019年两年，荷兰海上风电虽然没有新增装机，但总装机容量仍有1.12 GW，荷兰计划到2023年将海上风电装机容量扩大到

3.5 GW，随后计划在 2024—2030 年建设投运 5 座新的海上风电场，使荷兰海上风电装机容量达到 7 GW。除以上五国外，欧洲其他国家包括瑞典、芬兰、爱尔兰、西班牙、葡萄牙、挪威、法国等都已经建有海上风电场，总数已达到 110 座。为完成脱碳目标并实现绿色协议，欧洲计划到 2050 年完成 230～450 GW 的海上风电装机，这就要求欧洲在 2030 年前需要每年完成 7 GW 的海上风电装机，而到 2050 年每年需要新增 18 GW 的装机容量。欧洲作为全球海上风电发展先行区域，正在不断推进海上风电技术发展并起到行业引领作用。

1.2.2 欧洲海上风电发展趋势与特点

1）装机规模持续增长

欧洲海上风电进入规模化开发阶段以来，风电场的建设规模持续增长。2011 年欧洲海上风电新增装机容量达 866 MW，是 2001 年的 17 倍，累计装机容量也达到 3.81 GW，占世界海上风电装机容量的 95%以上。到 2015 年，全球海上风电总装机容量突破 12 GW，其中欧洲贡献了超过 91%（11.03 GW）的装机容量。英国是当年全球最大的海上风电市场，占全球总装机容量中的 40%，德国则以 27%的份额位居第二位（Iván Pineda，2016）。2016 年，欧洲海上风电新增并网容量 1.56 GW，其中德国贡献了 52.1%、荷兰贡献了 44.3%（Laia Miró，2017）。2017 年，欧洲海上风电累计装机容量达到 15.63 GW，比上年增长 41.7%，占全球总装机容量的 83.77%。而 2018 年，欧洲国家新增并网海上风电场 15 座，新增装机容量 2.66 GW，总装机容量达到 18.28 GW，约占欧洲风电总装机容量的 10%。其中英国和德国占新增产能的 85%，分别为 1.31 GW 和 0.97 GW，继续引领欧洲海上风电市场。2019 年，欧洲新增海上风电装机容量为 3.62 GW，比 2018 年增长 19.6%，累计装机容量已达到 22.07 GW（图 1-17），2019 年欧洲各国实现并网的风电场数量与净增并网容量见表 1-1（WindEurope，2020）。2008—2019 年，欧洲新增海上风电场平均规模从 79.6 MW 增长至 621 MW，增长幅度达到 680.15%，仅 2019 年新建海上风电场的平均装机规模就达到了 621 MW，比 2018 年的 561 MW 同比增长 10.7%。

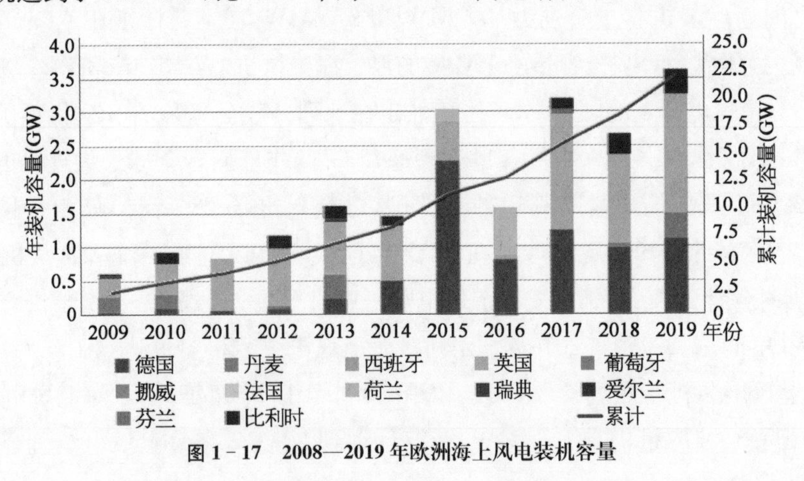

图 1-17　2008—2019 年欧洲海上风电装机容量

表1-1　2019年欧洲各国实现并网的风电场数量与净增并网容量

国　家	英　国	德　国	丹　麦	比利时	荷　兰	其　他
风电场数量(座)	40	28	14	8	6	14
累计装机容量(MW)	9 945	7 445	1 703	1 556	1 118	305
净增并网容量(MW)	1 760	1 111	374	370	0	8.4

2) 风电机组单机容量持续加大

欧洲海上风电从20世纪90年代以来,单机容量、叶片长度、轮毂高度均呈现出逐年加大的趋势,体现了海上风电技术日新月异的发展。如图1-18所示,1991年丹麦建成的Vindeby海上风电场单机容量为0.45 MW、叶轮直径为35 m、轮毂高度为35 m,发展到2017年英国建成的Burbo Band Extension海上风电场,单机装机容量可达8 MW、叶轮直径为164 m、轮毂高度为113 m。

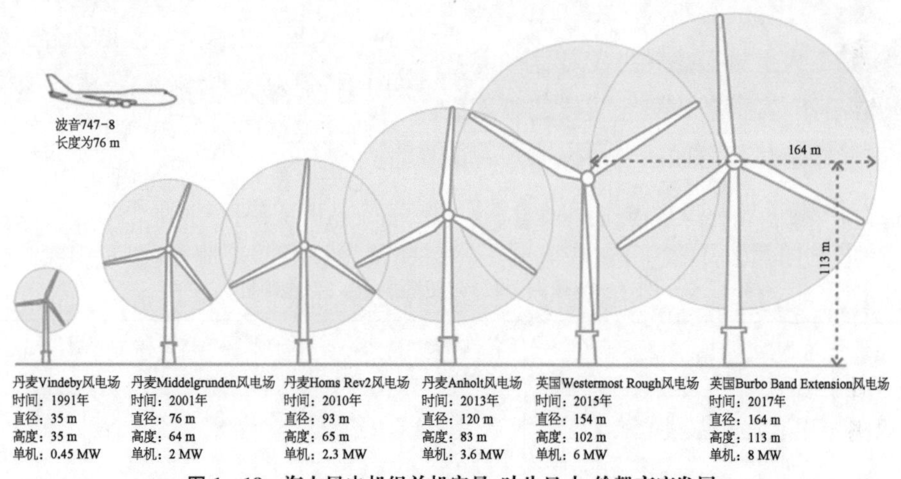

图1-18　海上风电机组单机容量、叶片尺寸、轮毂高度发展

2008—2017年,欧洲新增海上风电机组的单机容量从2.92 MW增长至5.90 MW,增长幅度达到102%。2018年,欧洲已完成安装的海上风机平均装机容量为6.8 MW,相比2017年增加15%。其中,英国安装了2台V164-8.8 MW风机,叶片直径为164 m;而德国新装的海上风机的容量也显著增加,平均单机容量超过7 MW,比2017年扩大21%,平均风轮直径比2017年增长20 m,平均轮毂高度比2017年增加10 m。到2019年,欧洲新增海上风机的平均单机容量已经达到7.8 MW,比2018年整整提高了1 MW。目前,欧洲海上风电已安装的机组单机容量从2 MW至9.5 MW不等,单机容量最大的海上风电机组是MHI Vestas V164,容量为9.5 MW,该机型于2020年在比利时的Northwester 2海上风电场和荷兰的Borssele海上风电场安装。GE也推出了Haliade X 12 MW海上风电机组,其叶片长达107 m、叶轮直径为220 m、轮毂高度为135 m,预计于2024—2025年开始商业化运营。

3）水深及离岸距离继续提高

随着机组制造技术、基础海上建造技术的日渐成熟，海上风电未来将朝深远海方向发展。2015 年，欧洲新建海上风电项目平均水深为 22.9 m，平均离岸距离为 38.4 km（李翔宇等，2019）。而到了 2016 年，这两个数字发展为 29.2 m 和 43.5 km。2018 年欧洲在建海上风场平均水深和平均离岸距离分别为 30 m 和 35 km。而 2019 年，欧洲在建海上风场平均水深为 33 m，平均离岸距离已经达到了 59 km，同比增长 68.6%，如图 1-19 所示。目前，在建最远风电场是离岸 103 km 的英国 Hornsea Project One 风电场，排在第二的是德国的 Deutsche Bucht 海上风电场，离岸 93 km。在建水深最深的海上风场是英国 2.3 MW 的 Hywind demo 浮式试验风场，水深可达 220 m。海上风电开发水深与离岸距离的持续提高，将会在未来引领浮式风机的应用。截至 2019 年年底，欧洲安装了全球 70%以上的浮式风机，装机容量达到 45 MW。未来 3 年是欧洲浮式海上风电的快速发展期，挪威、英国、法国和葡萄牙将安装总计 253 MW 的海上浮式风机，风电场容量相较之前也显著增大，在 24～88 MW，见表 1-2（WindEurope，2020）。

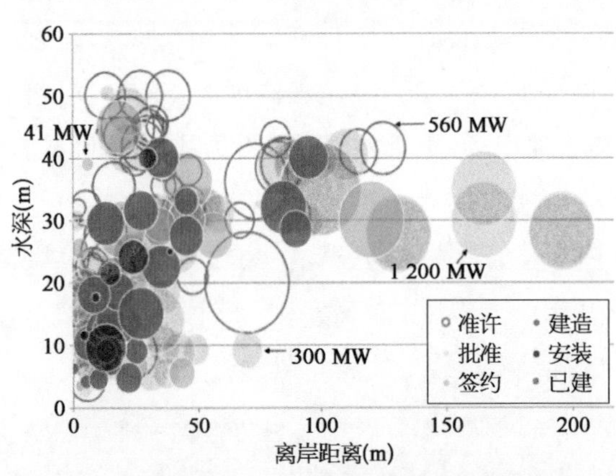

图 1-19　欧洲海上风机平均水深与离岸距离变化

表 1-2　欧洲未来 3 年新增浮式海上风电项目

国　家	风　场	装机容量（MW）	浮式风机类型	风机数量/单机容量（MW）	投产年份
挪　威	Hywind Tampen	88.0	Spar-buoy	11/8.0	2022
英　国	Kincardine	50.0	Semi-sub	5/9.5	2021
法　国	Provence Grand Large	28.5	TLP	3/9.5	2021
	EolMed	24.0	Barge	4/6.2	2021/2022
	EFGL	30.0	Semi-sub	3/10.0	2022
	Eoliennes Flottantes de Groix	28.5	TLP	3/9.5	2022
葡萄牙	Windfloat Atlantic phase 1	25.0	Semi-sub	3/8.4	2020

1.3　我国海上风电发展与挑战

1.3.1　我国海上风电的开发潜力

我国海上风电具有巨大的开发潜力，沿海和岛屿地区有效风能密度平均超过 300 W/m^2，部分海域可达 500 W/m^{2}以上。在沿海 5～25 m 水深、海平面以上 50 m 高度处，海上风电潜在可开发量约为2亿kW，在5～50 m水深、海平面以上70 m高度处海上风电潜在可开发量约为5亿kW(郑海等，2018)，理论可开发风能总量约为7.58亿kW。我国海上风能具有风速大、风能稳定的特征，海平面以上90 m处年平均风速在6.5～9.5 m/s，年均利用小时数达到2 000～2 300 h，海上风能资源质量较好。

从政策导向上看，近年来我国能源发展战略的变革推动了可再生能源与清洁能源的快速发展。表1-3列出了2015—2019年我国电力能源工业累计装机容量的统计情况(中国电力企业联合会，2019)。可以看出，火电5年来装机容量大幅度减少，电力能源比例占比从2015年的65.93%降至2019年的59.67%，年增长率也从2015年的7.85%降至2019年的2.49%。相比之下，水电、风电、核电、太阳能光伏等可再生能源总装机容量明显增加，2015—2019年内同比增长率分别为11.12%、50.93%、79.43%、350.90%，其中，水电在电力能源占比从2015年的20.95%减少至2019年的18.08%，风电、核电、太阳能光伏发电占比分别从2015年的8.57%、1.78%、2.77%增加至2019年的10.05%、2.48%、9.68%。可见在我国电力能源结构中，可再生能源与清洁能源比重将会越来越大。

表1-3　2015—2019年我国电力能源工业累计装机容量统计情况

类　型	装机容量(万kW)/同比增长				
	2015	2016	2017	2018	2019(1—11月)
火　电	100 554/7.85%	106 094/5.51%	111 009/4.63%	114 367/3.02%	117 214/2.49%
水　电	31 954/4.82%	33 207/3.92%	34 377/3.52%	35 226/2.47%	35 506/0.79%
风　电	13 075/35.40%	14 747/12.79%	16 400/11.21%	18 426/12.35%	19 734/7.10%
核　电	2 717/35.31%	3 364/23.83%	3 582/6.47%	4 466/24.68%	4 875/9.16%
光　伏	4 218/69.66%	7 631/80.91%	13 042/70.90%	17 463/33.90%	19 019/8.91%
其　他	9/−54.69%	7/−22.16%	8/20.51%	19/137.50%	74/289.47%
合　计	152 527/10.62%	165 051/8.21%	178 418/8.10%	189 967/6.47%	196 422/3.40%

我国幅员辽阔，东西部能源分布与消耗比例差异性较大。西部地区水电、陆上风电、太阳能光伏资源储量丰富，其中水电开发起步较早，技术成熟度高，长期处于国际领先地位，然而后续可开发量有限。而陆上风电与太阳能光伏发电受气候与地理条件影响显著，并受用地条件制约。“西电东送”战略虽然能够很好地推动了我国西部水电、太阳能光伏资源的开发速度，但在传输与并网过程中也会带来不可避免的能源损失与成本提高。东部地区海上风能具有储能量巨大、资源质量好、年利用小时长、不占用陆地有限的土地资源、距离电力负荷中心较近等优点，虽开发起步较晚，但发展潜力巨大。目前，我国东部沿海各省经济较为发达，能源消耗比重明显高于西部地区。沿海各省也是我国火电装机容量较高的区域，山东、江苏、广东等经济强省长期位居我国火电装机总量排名的前列，势必会给区域生态环境带来巨大压力，开发丰富的海上风能资源将有效改善沿海各省的能源供给结构。

因此，我国传统的电力能源开发模式应随着不同区域可再生能源的开发进行调整转型。对于远离负荷中心的地区（如西北、西南地区），可以考虑开展规模化水-风-光多能互补开发与送出的模式。而对于靠近负荷中心的地区（如东部沿海地区），可采用能源就地或近距离传输消纳，应重点考虑规模化海上风电开发，并配以适当的海上光伏和抽水蓄能开发。此外，开发海上风电可平衡西部东送的电能，同时对西部水电、三北地区陆上风电和分散式风电、太阳能光伏及其他清洁电能等产生竞争优势，也可推动并响应国家“降成本、去补贴”的号召，真正实现海上风电的平价化与就地消纳，最终形成规模化发展。在后水电时代，我国海上风电必将得到跨越式发展，从能源规划与发展政策上均体现了巨大的开发潜力。

1.3.2 我国海上风电的发展与挑战

我国海上风电相比于欧洲起步较晚，相关政策出台大致可分为环境营造阶段、萌芽示范阶段和快速发展阶段三个阶段。其中，1995—2008 年为环境营造阶段，国家主要通过政策激励手段来推动可再生能源的发展，为海上风电发展起到重要的促进作用；2009—2013 年为萌芽示范阶段，国家针对海上风电出台系列政策与措施，对海上风电开发的规划、项目审批核准、工程施工和环境保护等问题进行了规范；2014 年至今为快速发展阶段，2014 年被誉为我国“海上风电元年”，国务院发布了《能源发展战略行动计划（2014—2020 年）》，提出“节约、清洁、安全”的战略方针和“节约优先战略、立足国内战略、绿色低碳战略、创新驱动战略”的重点战略（国务院，2014）。我国海上风电产业经历了爆发式增长，进入快速发展期，海上风电政策导向也逐步明确。2016 年，国家发展和改革委员会和国家能源局联合印发的《能源生产和消费革命战略（2016—2030）》被认为是能源革命的具体路线图（国家发展和改革委员会、国家能源局，2016），海上风电开发在政策上获得鼓励与指导，我国海上风电也进入全面加速阶段。

我国海上风电起步虽晚，但起点较高，发展迅速。2010 年，上海东海大桥 100 MW 海上风电场并网发电（图 1 - 20），这是我国建设的第一个海上风电示范项目，也是亚洲第一个大型海上风电场。东海大桥海上风电场第一次采用自主研发的 3 MW 离岸型机组，标志着我国大功率风电机组装备制造业跻身世界先进行列，其首次采用海上风机整体吊装工艺，大大缩短了海上施工周期。全球第一次使用多桩承台式基础设计，有效解决了基础承载、抗拔、水平移位等技术难题。目前东海大桥海上风电场表

图 1 - 20 中国东海大桥海上风电场

现出了良好的运行性能，为我国地质条件复杂、风浪条件较差的开发环境提供了重要的指导意见与解决方案，掀起了中国海上风电事业发展的热潮。

2015 年，我国海上风电新增装机容量 360 MW，主要分布在福建省和江苏省。2016 年，我国海上风电机组新增装机数为 154 台，容量达 590 MW，同比增长约 64%。到 2017 年，全球海上风电新增装机容量 4.33 GW，累计装机容量达 18.81 GW，我国海上风电新增装机容量 1.16 GW，累计装机容量达到 2.79 GW（Iván Pineda，2018），超过丹麦位居世界第三。2018 年，全球海上风电新增装机容量 4.35 GW，总装机容量达 23.00 GW。我国 2018 年海上风电新增装机容量 1.66 GW，首次超过德国和英国，累计装机容量达 4.44 GW（图 1-21），约占全球海上风电总装机容量的 19.3%。截至 2019 年年底，我国海上风电累计装机容量达到 6.84 GW，当前在建海上风电场装机容量达到 4.4 GW，有望未来几年内超越英国、德国，位列全球总装机容量第一。《风电发展“十三五”规划》指出要重点推动江苏、浙江、福建、广东等沿海省份的海上风电建设，到 2020 年，全国海上风电开工建设规模达到 10 GW，力争累计并网容量达到 5 GW 以上。

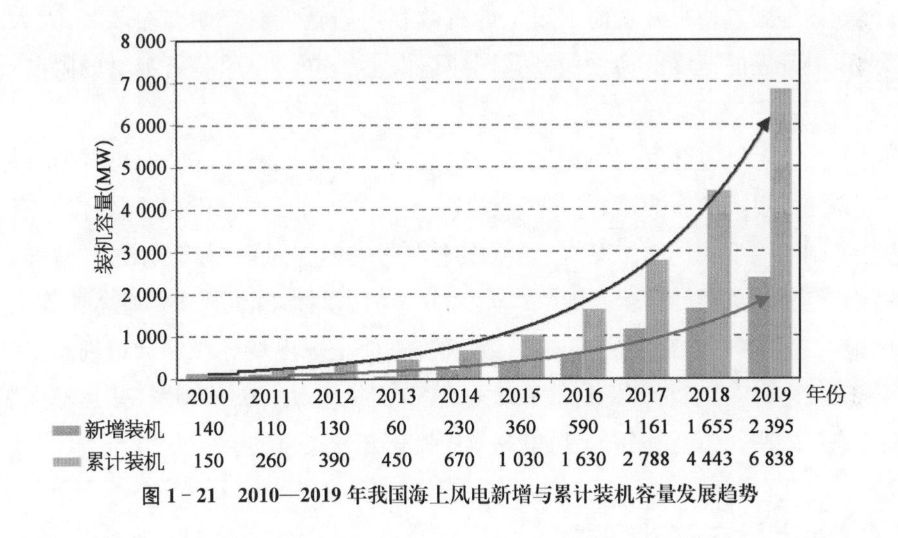

图 1-21 2010—2019 年我国海上风电新增与累计装机容量发展趋势

经过 10 年的快速发展，我国海上风电已步入世界前列。目前，我国海上风电虽然取得了一定的成就，但相比于欧洲风电强国，还存在着开发成本较高、标准体系建设滞后、装备制造和配套能力不足、深海风电开发较差等问题（吕文春等，2018；Karin Ohlenforst 等，2019）。未来我国海上风电开发仍面临很多不利因素与挑战，主要包括三个方面：

（1）地质条件差。我国海上风电开发重点规划在江苏、福建、广东等东南沿海各省，这些海域内地质条件主要以软黏土和粉砂等软弱地基为主。例如，江苏沿海水深在 20 m 以内，地质条件多以淤泥质黏土、粉土、粉质黏土和粉砂为主；福建沿海地质分布虽然差异性较大，但粉砂、中砂等土层分布广泛；广东沿海海域地质表层主要以淤泥、淤泥质黏土等极软土为主，且覆盖层较浅。在这样较差的地质条件下开发海上风电，不仅会直接导致风电基础结构建造成本的增高，不利于促成海上风电未来“平价上网”。同时，对海上施工技术装备及施工精度提出更高的要求，增加了海上风电快速规模化开发的难度。

(2) 极端风速大。我国沿海开发海上风电海域与世界第一大洋——太平洋紧密相连，夏季受到西太平洋热带气旋影响，冬季受西伯利亚寒流影响，使得开发海上风电过程中需要考虑极端风速较大，且特殊情况还要重点关注强台风的影响。例如，渤海、黄海海域50年一遇极端风速在30～35 m/s，东海海域极端风速最大可达40～45 m/s，而在南海海域，极端风速则可超过50 m/s。较大的风速虽然能够提供优质的风资源，但对海上风电机组设计、海上风机结构安全及海上风电场运行维护提出了更高的要求，在无形中增加了海上风电开发及运行成本，也对海上风电场开发的风险评估和安全性方面要求更加严格(邱颖宁等，2018)。

(3) 海上施工窗口期短。海上风电的施工作业环境特殊复杂，且施工存在很多的连续作业过程，其对海上施工的窗口期有更高的要求(刘晋超，2019)。然而，我国沿海地理位置与海洋气候等因素使得开发海上风电能有效利用的施工窗口期普遍较短，大大降低了我国海上风电开发的速度。加之受到我国建造海上风电的专用装备数量的限制，海上施工窗口期利用效率较低，也给海上风电高效快速开发带来了显著影响。

面对上述海上风电开发的不利因素与挑战，首先，要打破传统开发思维的禁锢，减少国外“拿来主义”思潮的影响，以显著降低建造施工成本为目的，针对我国沿海特有的地质条件进行基础结构型式创新。其次，要从根本上明确海上风电“荷载-结构-基础”间的相互关系，创新实现“风机-塔筒-基础结构-地基”一体化设计，降低极端风速大给海上风电结构设计、施工、运维等环节带来的影响。最后，提高海上风电场环境参数精细预报技术，创新新型施工技术与专用装备，特别是可以重点考虑“机组-塔筒-基础”整体运输安装技术，大大提高施工效率，实现我国海上风电高效规模化开发之目的。

1.4 海上风电基础型式

目前海上风电基础型式主要包括重力式、单桩、多桩承台、导管架、多脚架、筒型基础和漂浮式等，图1-22所示为海上风电的各种基础类型(Jacques Beaudry, 2012; Oh K Y等，2018;《海上风电场风力发电机组基础技术要求》GB/T 36569—2018，2019)。每一种基础型式都有自身的优点和缺点，工程上要根据风电场水深、地质条件和风机容量来合理选择风机基础。各种海上风电基础型式的优缺点见表1-4。目前，大部分海上风电场采用固定基础型式，但随着海上风电向深远海发展，基础离岸距离越来越远，考虑到更为复杂的海洋环境条件，漂浮式风机基础在未来也将成为海上风电领域中基础型式的研究热点(Castro-Santos L, 2015)。

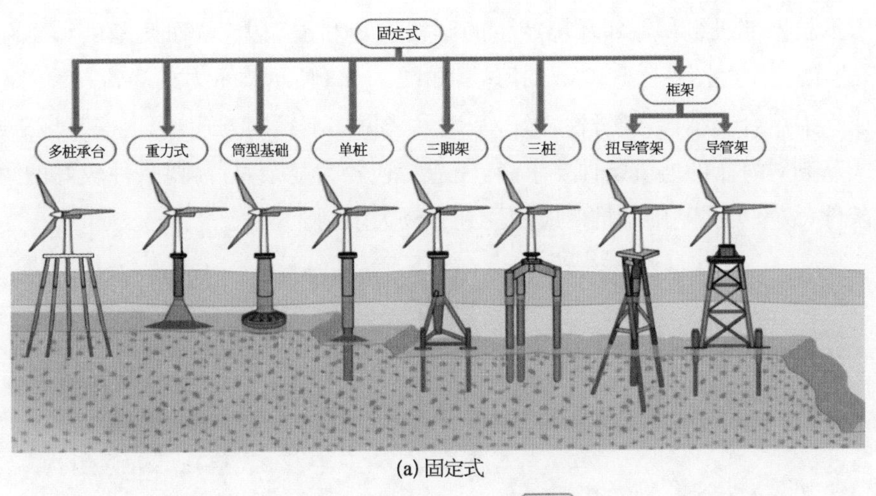

(a) 固定式

(b) 漂浮式

图1-22　海上风电基础结构型式

表1-4　海上风电基础结构优缺点

基础型式	优　点	缺　点
重力式	施工工艺简单、稳定性好	地质要求高
单　桩	制造简单、施工配套能力强	结构刚度小，冲刷影响大，超大型桩
多桩承台	基础刚度大，结构稳定，防撞性能好，施工工艺成熟	水深限制，施工工期较长
导管架	基础刚度大，稳定性好，适宜较大水深	受力复杂，易疲劳，建造维护成本高
多脚架	承载力大，可适用大水深	造价高，安装困难
筒　型	结构性能好，可整体运输安装，施工周期短，造价低	安装技术与精度要求高
漂浮式	施工灵活，对地基扰动下，适用大水深	运行过程动力响应大、造价高

1.4.1　重力式基础

重力式基础是海上风电基础中诞生最早的型式之一，其主要依靠基础结构及内部压载重量来抵抗上部机组和外部环境产生的倾覆力矩和滑动力，从而使基础和塔筒结构保持稳定，通常适用于水深小于 30 m 的海域，如图 1-23 所示。重力式基础常采用钢筋混凝土结构或钢混组合式结构，经济性较好，基础可采用陆上预制方式，海上安装施工难度小；但重力式基础对海床的地质条件要求高，建造工艺较为复杂，且需要条件较好的预制码头和水域条件，故重力式基础的推广应用受到了较大限制。

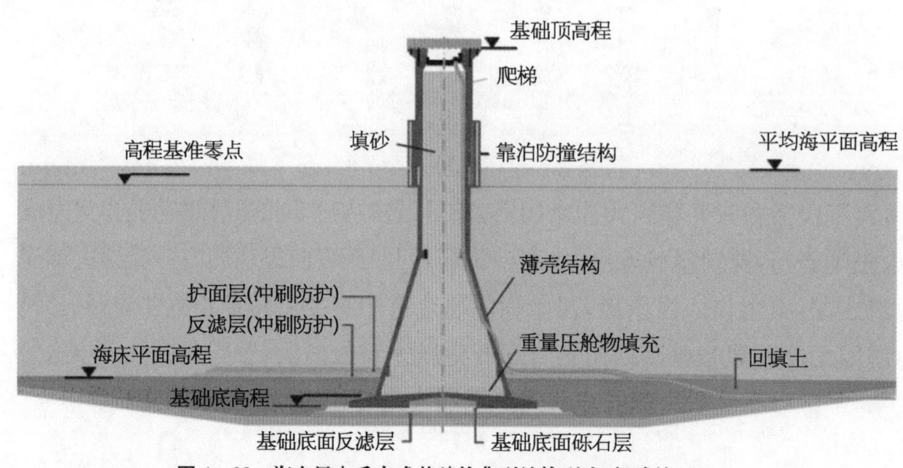

图 1-23　海上风电重力式基础的典型结构型式(杨威等,2018)

2003 年，丹麦建成 Nysted 1 海上风电场，该风电场离岸 10 km，水深 6～10 m，72 台机组基础全部采用重力式基础。为了使重量尽可能小以便于海上运输和安装，基础采用六边形钢筋混凝土沉箱结构，主要由开敞式沉箱、圆柱段壳体和抗冰锥三个部分组成，沉箱隔舱中装填卵石与砾石从而获得必要的压载重量，整个基础压载完成后的总重量约为 1 800 t，如图 1-24 所示。

2008 年，比利时 Thronton Bank 海上风电场安装了 6 台 5 MW 风电机组，水深 20～28 m。该项目提出了后张法预应力技术建造重力式基础壳体结构。为保证重量最小化，基础采用锥形壳体结构。整个基础结构由圆柱段、圆锥段和底板组成，其中的圆柱段和圆锥段壳体为后张法预应力结构，底板为变厚度的混凝土厚板，中间为圆形空心，边缘向外伸出较长的悬挑，内部空腔装填海水和砂作为压载，整个基础混凝土的重量达到 3 000 t，如图 1-25 所示。

此外，为了应对更大的水深和荷载条件，重力式基础也在不断进行创新。2017 年，英国 Blyth 海上示范风电场规划安装了 5 台 8.0 MW 风电机组，工程海域水深 36～42 m。为满足大容量机组和深水海域对机组基础的严苛要求，首次提出采用“钢管桩-混凝土沉箱”组合重力式基础方案，如图 1-26 所示。重力式基础结构主要由钢管桩和混凝土沉箱组成，混凝土沉箱由圆锥段壳体和圆柱段壳体结构组成，圆柱段壳体结构内设置辐射状肋板作为支撑结构。沉箱空腔内装填砂和海水作为压载物，整个重力式基础结构预制部分重量超过 5 500 t，浮运时吃水深度小于 10 m。

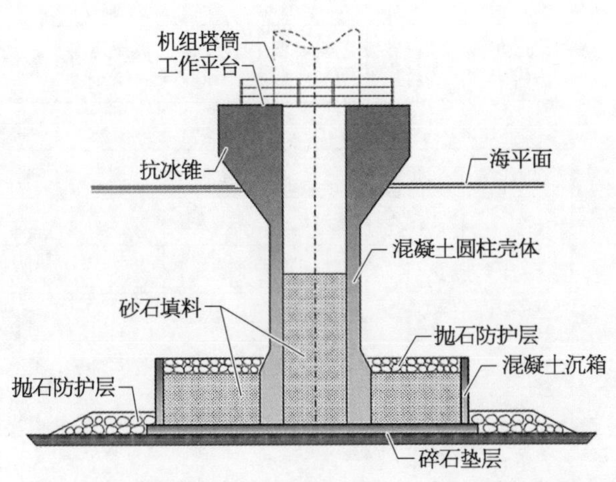

图1-24　浅水海域重力式沉箱基础(M. D. Esteban 等,2015)

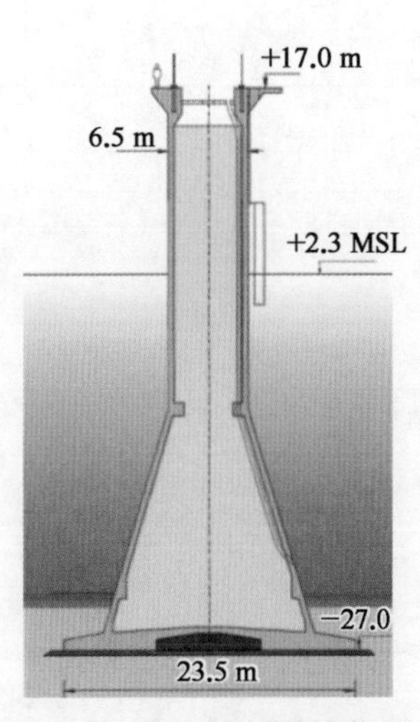

图1-25　重力式预应力壳体基础(M. D. Esteban 等,2015)

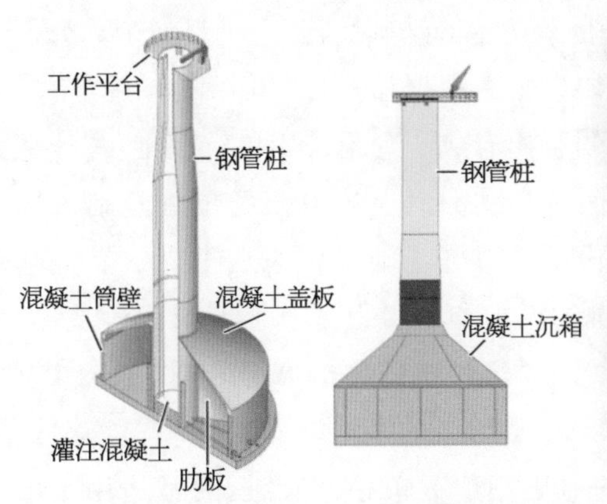

图1-26　"钢管桩-混凝土沉箱"组合重力式基础(杨威等,2018)

由于我国沿海海域的海床地质条件多为软黏土,覆盖层较厚,能够应用重力式基础的区域较少,所以我国海上风电开发目前较少采用重力式基础。而欧洲海上风电开发采用重力式基础较多,表1-5列出了欧洲海上风电重力式基础的应用情况(Barthelmie R J 等,1994; Musial W, 2010; Vølund P, 2005; Peire K, 2009)。

表1-5　欧洲海上风电重力式基础的应用情况

风电场	风　机	额定功率(MW)	风机数(台)	装机容量(MW)	水深(m)	离岸距离(km)	所在地
Avedøre Holme	SWP-3.6-120	3.6	3	11	0～2	0.4	丹麦
Middelgrunden	Bonus B76	2.0	20	40	3～6	4.7	丹麦
Nysted (Rødsand I)	SWP-2.3-82	2.3	72	166	6～10	11	丹麦
Rødsand II	SWP-2.3-93	2.3	90	207	4～10	9	丹麦
Sprogø	Vestas V90	3.0	7	21	6～16	10.6	丹麦

(续表)

风电场	风机	额定功率(MW)	风机数(台)	装机容量(MW)	水深(m)	离岸距离(km)	所在地
Tunø Knob	Vestas V39	0.5	10	5	4～7	5.5	丹麦
Vindeby	Bonus 450 kW	0.45	11	5	2～4	1.8	丹麦
Breitling	Nordex N90	2.5	1	2.5	0.5	0.3	德国
Karehamn	Vestas V112	3.0	16	18	6～20	3.5	瑞典
Lillgrund	SWT-2.3-93	2.3	48	110	4～13	11.3	瑞典
Thornton Bank (Phase I)	Repower 5 MW	5.0	6	30	20～28	28	比利时
Blyth	Vestas V164 8.0 MW	8.0	5	41.5	36～42	6.5	英国

1.4.2 单桩基础

单桩基础由一根桩来支撑风机上部结构，是最简单的基础结构，也是目前全球海上风电场应用最广泛的基础型式。根据欧洲风能协会公布数据显示，2019 年欧洲新增的 502 台海上风机中，有 424 台是采用单桩基础，占比达到 84.5%，而整个欧洲海上风电市场单桩基础占据超过 80%份额。单桩基础工作原理主要依靠桩基础侧面土壤的压力和摩阻力抵抗上部结构荷载，大部分单桩基础属于桩基础中的摩擦型桩，如图 1-27 所示。

图 1-27 单桩基础示意图

单桩基础一般为单根钢管桩，通常适用于水深小于 30 m 的海域。桩的直径由荷载情况而定，已建成海上风电场采用单桩直径一般在 3～8 m(Xiaoni Wu 等，2019)，壁厚约为桩径的 1%，并用法兰过渡段与风机塔架相连接。但随着全球海上风电朝向大容量、深远海发展，近年来适用于深水的超大型单桩已经开始应用。例如，欧洲目前已建海上风电场使用单桩基础最大直径为 7.8 m、水深达 41 m。2018 年，8 m 直径的单桩已经在我国大丰海上风电项目安装 6.45 MW 海上风机时使用。2019 年，我国在建的阳江沙扒一期海上风电场内安装的最大单桩直径已经达到 8.7 m，而浙江玉环海上风电场初设单桩直径也在 9 m 以上的，超大型单桩的应用对海上风电设计、施工带来更多技术上的挑战。单桩基础深入海床土中的长度由海底土的性质及风机和塔架传递下来的荷载等因素决定(吴佳梁和李成峰，2011)。基础施工首先通过岸上预制，经船舶运送至机位后，随着打桩设备打桩沉入至设计深度。单桩基础施工工艺较为简单，无需做任何海床准备。软土地基可采用锤击沉桩法，岩石地基可以采用钻孔嵌岩的方法，边形成钻孔边下沉钢管桩，也可以在岩石地基内形成大直径钻孔灌注桩，但这种方式较为少见(俞益铭，2011)。单桩基础的垂直度控制是施工时的难点，为了控制单桩基础上部法兰的垂直度，在单桩基础结构设计中会添加过渡段，即在钢管桩基础上部添加套筒，套筒与基础以高强度灌浆料连接，上部连接塔筒。其优点是钢管桩基础的垂直度不需要特殊的装置去控制，因垂直打桩出现的垂直度偏差可以通过调整过渡段来实现整体的垂直度严格控制，如图1-28所示。目前，我国针对单桩基础改良了施工工艺，取消了单桩基础连接过渡段，但这对施工垂直度控制提出了极高的要求。总体来说，单桩基础施工经济性较好，制作成本较低，对地基的适应能力强，无需进行海床准备，而且桩基础理论研究较为深入，可靠性较高，因此单桩基础得到了最广泛的应用。

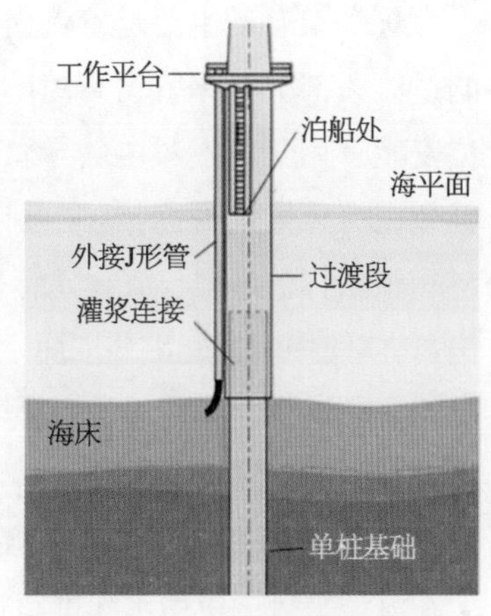

图1-28　带有过渡段的单桩基础示意图

1.4.3　多桩承台基础

多桩承台基础是中国自主研发的一种海上风电基础型式，主要由桩和承台组成，承台一般采用钢筋混凝土现浇结构，如图1-29所示。这种基础主要适用于软土地基，目前多应用于水深小于20 m的海域。多桩承台基础主要借鉴港口工程中靠船墩或跨海大桥桥墩桩基型式进行设计，相较于单桩基础可大大减小桩径，降低了对打桩设备的要求。中国第一座海上风电场——上海东海大桥海上风电场采用了多桩承台基础。随后在中国响水海上风电场、中国福清海坛海上风电场等也得到了应用，国外还未见工程应用。

图1-29　多桩承台基础

多桩承台基础结构的刚度大、整体性好、承载力强，基础的混凝土承台具备防撞能力，可通过适当控制承台高程用钢筋混凝土承台抵抗船舶撞击，不需要另外设置防护桩，但其施工工序较繁、自重大、用桩多，海上承台现浇工作量大。多桩承台基础的施工主要包括打桩阶段和现浇混凝土阶段。基础所用桩的桩径较小，一般为1.5～2.5 m，且对打桩定位的精度要求相对较低，比较适用于沿海浅表层淤泥较深、浅层地基承载力较低且海上施工环境较差或受制于施工能力对打桩定位精度难以保证时的情形(李振作，2015)。基础混凝土浇筑需要养护时间较长，直接导致多桩承台的海上施工周期相对其他基础型式要长。

1.4.4 导管架基础

导管架基础主要是参考海上石油平台，由导管架和桩基础两部分组成。导管架基础的过渡段部分是钢管为骨棱的锥台型空间桁架，一般在岸上预制好，再将其运输至海上机位安装。用于海上风电的导管架可分为三桩式和四桩式，桩基础部分为钢管桩，一般与导管架在海床表面处连接，穿过导管架各个支脚打入海床。

根据打桩过程与放置导管架之间的前后关系，导管架的安装施工可分为先桩法和后桩法，具体使用应视施工环境而定。导管架基础具有整体性好、承载能力强的特点，而且所用钢桩的直径较小。安装过程中可以调节导管架的垂直度，因此对打桩设备要求较低，导管架在陆上预制，施工也较为简便。与应用最普遍的单桩基础相比，导管架群桩基础的结构刚度和强度明显加强，承载能力有大幅提高，基础更加稳定可靠，而且对地质条件适应性更好。导管架在海洋平台中应用水深可超过 300 m，即该基础型式完全有能力应用于深水海域，但考虑到海上风电场的经济效益，一般导管架基础主要适用于 20～50 m 水深的海域，过浅或过深的海域其经济性较差。导管架基础耗钢量巨大，因此造价较为昂贵。同时，该基础型式受力相对复杂，基础结构易疲劳，建造及维护成本较高，这些都是导管架基础的主要缺点（陈达，2014）。采用导管架基础的典型风电场有比利时的 Thornton Bank 2 海上风电场和德国的 Alpha Ventus 海上风电场（图 1 - 30）等（Portman M E 等，2009；Wagner H J 等，2011）。

图 1 - 30 Alpha Ventus 海上风电场

1.4.5 多脚架基础

多脚架基础是在单桩基础的基础上进一步发展的，根据桩数不同可设计成三脚架、四脚架基础，适用水深可达 50 m。多脚架基础的桩通过一个刚架与中心立柱连接，风电机组塔筒连接到立柱上形成一个结构整体。多脚架基础的桩相对单桩基础重量更轻，可嵌入泥面 10～20 m 以下，桩基础可以提供较大的阻力，使结构整体的稳定性更好（Kim J Y 等，2013；Yang H 等，2015）。然而，多脚架基础安装难度大，导致基础安装费用很高，应用范围较少。采用多脚架基础的海上风电场包括法国的 Coted'Albatre 海上风电场、德国的 Global Tech I 海上风电场和 Borkum West 2 风电场（装机容量 200 MW），如图 1 - 31 所示（Pérez-Collazo 等，2015；Wang X 等，2018）。

1.4.6 筒型基础

筒型基础可分为单筒、多筒结构（图 1 - 32），是近 30 年来被开发用作海洋工程的一种

图1-31　Borkum West 2海上风电场

图1-32　单筒、三筒和四筒基础

基础型式。筒型基础形似翻转口向下的钢筒，由自重、负压、加载或辅以射水、导流等措施使其沉入海床中并到达设计深度。筒顶部至塔筒之间为过渡段，过渡段型式可为直柱式、导管架式、三脚架式、六角架式及弧形过渡式等。

2002年，丹麦在Frederikshavn试验场安装了首台3 MW筒型基础样机，其基础直径为12 m、高度为6 m(图1-33)，拉开了筒型基础应用于海上风电开发的序幕。2005年，德国在Wilhelmshaven海上风电场设计一台可安装6 MW海上风机的筒型基础，直径为16 m、筒高为15 m。顶盖上布置分隔板，可以填料增加重量，下部带筒裙，进行负压下沉，整个结构为全钢制成(图1-34)。2014年，世界首个多筒基础样机应用于德国的Borkum Riffgrund 1海上风电场，基础高度为57 m，适用水深30～60 m，装机容量为4 MW，如图1-35所示。筒型基础具有造价低、便于运输和安装、现场施工时间短等优点，特别是在水深条件适宜的情况下，可以将风机在陆上安装完成后，整体浮运并下沉安装，这极大缩短了海上施工时间，进一步降低工程成本。此外，受益于筒型基础的施工方式，筒型基础的拆卸回收较为便宜、易于拆卸可回收的特点相对于其他基础型式具有明显优势(Jijian Lian等，2011、2012)。

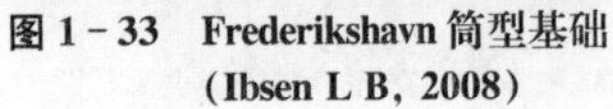

图 1-33 Frederikshavn 筒型基础 (Ibsen L B, 2008)

图 1-34 Wilhelmshaven 筒型基础 (张浦阳等,2018)

图 1-35 Borkum Riffgrund 1 多筒基础 (Windpower Monthly, 2014)

天津大学自主创新提出的单筒多分舱并可自浮拖航运输的新型筒型基础结构(图 1-36)突破传统基础受力特性,实现筒顶承载、筒裙及周边土体共同提供承载力(Jijian Lian 等,2014; Meimei Liu 等,2014; Puyang Zhang 等,2014),开创了海上风电基础工程技术的新时代。新型筒型基础结构可以是全混凝土结构、全钢结构和钢混组合结构,可以发挥混凝土、钢等多种材料的组合优势,其最大优点是可实现陆上批量预制、海上筒型基础结构-塔筒-风机整体浮运和沉放安装,打破了以往基础安装周期长、施工效率低等限制。同时该类型基础型式不需要大型承重设备和打桩设备,是一种新型的绿色生态环境友好型的可回收基础。2010 年 10 月,我国第一台 2.5 MW 新型筒型基础样机在江苏启东海域建成,如图 1-37 所示。截至 2019 年,新型筒型基础已成功应用于我国江苏响水海上风电场和大丰海上风电场,完成 2 台 3.0 MW、11 台 3.3 MW 和 2 台 6.45 MW 风机的安装施工,实现了 2 台 6.45 MW 海上风电筒型基础-塔筒-风机整体浮运安装(图 1-38),极大降低了施工成本,取得了良好的经济效益。

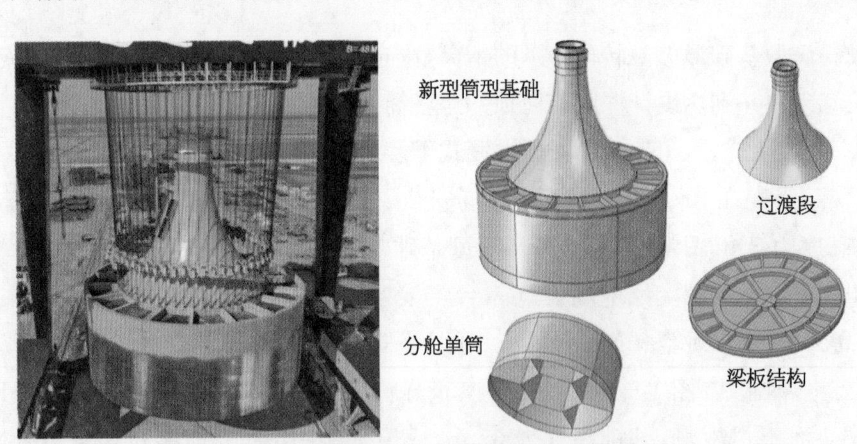

图 1-36 单筒多分舱并可自浮拖航运输的新型筒型基础结构

1.4.7 浮式基础

随着海上风电向深水海域发展,固定式基础的建造成本急剧增加,特别是当水深大于 50 m 之后,固定式基础由于成本过高已经基本失去了实用价值。而浮式基础在深水下经

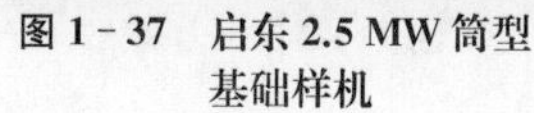

图1-37　启东2.5 MW筒型基础样机

图1-38　筒型基础-塔筒-风机整体运输安装施工

济优势明显，开发潜力巨大，已成为未来海上风电行业的研发热点。目前，各国学者针对海上风力发电的浮式基础提出了多种结构型式，主要分为Spar式基础、张力腿式基础(TLP)和半潜式基础(Semi-sub)。

Spar浮式基础系统主要由深潜单立柱式浮式基础、锚泊系统、塔架和风力发电机组成。基础通过大量的压载重量降低结构的重心，使结构重心始终处于浮心的下方，从而获得较大的回复力来提供足够的稳性，再通过辐射式布置的悬链线来保持风电机组的位置，如图1-39所示。传统的Spar浮式基础对结构底端与海底的距离有最低的要求，这也使得Spar浮式基础仅适用于深水海域，且由于基础整体长度过大，给建造和安装都带来了困难。针对Spar式基础的不足，诸多团队提出了各种改进形式，如瑞典SWAY公司设计了Spar型海上浮式风机基础Sway(图1-40)，日本福岛风电场的设计团队提出了一种改进型Spar结构型式(图1-41)等。

张力腿式基础主要由圆柱形的中央柱、矩形或三角形截面的浮箱和锚固系统组成。张力腿式基础的浮力由位于水下的浮箱提供，浮箱一侧与中央柱相接，另一侧与张力筋腱连接，张力筋腱下端与海底基础相连，海底基础可用桩、吸力筒或重力式锚等，如图1-42所示。张力腿基础的浮箱为结构提供了巨大浮力，使结构在自重、浮力和张力筋腱中的拉力三者平衡。虽然张力腿式基础的水动力性能优越，但缺点也比较明显。张力系泊系统的设计施工较为复杂，安装费用高，其造价对水深较为敏感，张力腿平台的成本会随着水深的增加而成倍增长(Musial W等，2004)。张力筋腱受海流影响大，上部结构和系泊系统的频率耦合易发生共振。

半潜式浮式基础由深海半潜式钻井平台概念延伸而来，通过平台较大的水线面积提供的回复力矩及系泊系统提供机组的稳定性。该基础型式通常由大型立柱(浮筒)构件组成。风电机组通常安装在一个立柱之上，也可以安装在平台的几何中心，立柱内部通常分

图 1-39 Spar 式基础

图 1-40 Sway
(王海璎,2014)

图 1-41 改进型 Spar
(王海璎,2014)

图 1-42 张力腿式基础

隔成多个舱室,便于布置压载(葛沛,2012)。此外,应用于风机机组的半潜式浮式基础一般底部还设有垂荡板,以减缓结构的垂荡运动,如图 1-43 所示。半潜式基础主要依靠较大水面浮筒保持结构稳定,较大的浮筒使得结构整体体型也较大,也使半潜式浮式基础的水动力性能较差,其波浪荷载和运动响应较大,但半潜式基础吃水较小,在运输和安装时具有良好的稳定性,安装施工费用较低。

除以上三种浮式基础外,天津大学综合 Spar(压载稳定)、张力腿式(锚链稳定)、半潜式(水线面稳定)等基础的特点,发明了一种新型全潜式浮式风机基础,如图 1-44 所示。该基础主要由立式浮箱、水平浮箱、立柱和斜撑组成。拖航时全潜漂浮式风机基础处于半潜状态,此时大面积的浮箱可提供足够浮稳性以实现一体化浮运拖航。就位后全潜漂浮式风机基础主体结构都潜到水面以下一定深度,小面积的立柱使得波浪力大大减小。同时,全潜漂浮式风机通过张力筋腱提供张力,具有很好的运动性能。新型全潜式浮式风机基

图 1-43 半潜式基础

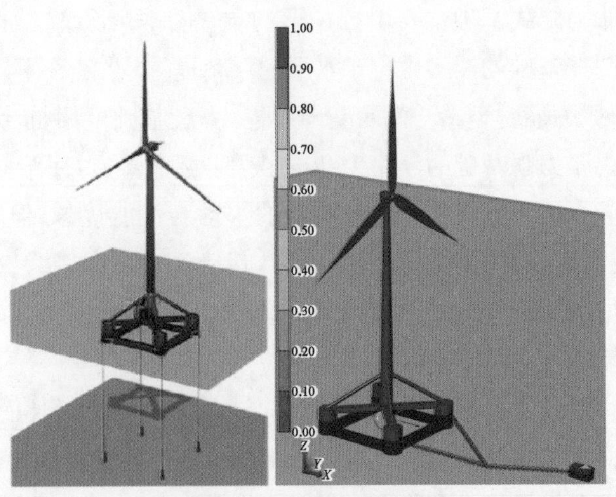

图 1-44 全潜式浮式基础

础适用于50～200 m水深范围，可用于未来深海海上风电开发(张健，2019)。

1.5　海上风电筒型基础创新发展与方向

筒型基础是一种新型的绿色生态环境友好型的基础型式，相比单桩、导管架、多桩承台、漂浮式等基础，筒型基础自身刚度大、抗倾能力强、无需打桩，非常适合海上风电开发。为突破海上风电高效、优质、低成本、规模化建造的技术瓶颈，促进海上风电减补贴乃至平价上网，天津大学自主创新提出了单筒多分舱新型筒型基础结构型式与整机浮运安装成套技术。该技术结合专用装备可实现陆上批量预制、海上基础-塔筒-机组整体运输和安装，显著提高了海上施工效率，降低工程建造成本，已经在江苏海域的风电场内获得成功应用与工程示范，具体包括以下创新成果：

(1) 创新海上风电筒型基础组合结构体系。

(2) 创新海上风电筒型基础筒-土协同承载模式。

(3) 创新海上风电筒型基础-塔筒-风机整体浮运新技术。

(4) 创新海上风电筒型基础-塔筒-风机整体沉放和调平精细控制技术。

(5) 创新海上风电筒型基础冲刷防护技术。

(6) 创新海上风电筒型基础整机远程监测技术。

(7) 创新海上风电筒型基础-塔筒-风机耦合动力安全评估与控制技术。

目前，筒型基础正在广泛应用在我国已建和在建的海上风电场内，为我国海上风电发展提供了新的开发手段，将成为海上风电建造技术发展的重要方向。同时，随着海上风电逐渐走向深远海，10 MW及以上大单机容量的风机在未来将规模化应用，以桩体为主的深基础型式会受到施工装备、窗口期、环境条件与投资成本等多方面的制约。筒型基础不仅可以解决传统海上风电施工周期长、施工效率低等问题，还可以利用钢混组合方式显著降低传统海上风电基础的建造成本，将是深远海风电高效低成本开发的关键途径，可为我国海上风电未来走向深蓝提供必要的理论与技术支撑。

参考文献

[1] 陈达.海上风电机组基础结构[M].北京：中国水利水电出版社，2014.

[2] 丹麦能源署.丹麦海上风电开发的主要经验(上)[J].风能，2017(5)：60-63.

[3] 丹麦能源署.丹麦海上风电开发的主要经验(下)[J].风能，2017(6)：36-39.

[4] 葛沛.海上浮式风力机平台选型与结构设计[D].哈尔滨：哈尔滨工程大学，2012.

[5] 国务院.能源发展战略行动计划(2014—2020年)[Z].北京：国务院办公厅，2014.

[6] 国家发展和改革委员会，国家能源局.能源生产和消费革命战略(2016—2030)[Z].北京：国家发展和改革委员会，国家能源局，2016.

[7] 黄东风.欧洲海上风电的发展[J].新能源及工艺,2008(2)：24 - 27.
[8] 李翔宇,Gayan Abeynayake,姚良忠,等.欧洲海上风电发展现状及前景[J].全球能源互联网,2019,2(2)：116 - 126.
[9] 李振作,田伟辉,胡永柱.海上风电机组多桩承台基础结构设计与参数优化分析[J].水力发电,2015,41(1)：78 - 81.
[10] 刘晋超.海上风电施工窗口期对施工的重要性[J].南方能源建设,2019,6(2)：16 - 18.
[11] 吕文春,马剑龙,陈金霞,等.风电产业发展现状及制约瓶颈[J].可再生能源,2018,36(8)：1214 - 1218.
[12] 邱颖宁,李晔.海上风电场开发概述[M].北京：中国电力出版社,2018.
[13] 尚景宏.海上风力机基础结构设计选型研究[D].哈尔滨：哈尔滨工程大学,2010.
[14] 王海璎.海上风电 Spar 浮式基础运动特性研究[D].广州：华南理工大学,2014.
[15] 王润茁.丹麦海上风电开发的主要经验[J].风能产业,2017(5)：26 - 29.
[16] 吴佳梁,李成峰.海上风力发电机组设计[M].北京：化学工业出版社,2011.
[17] 夏云峰.2018 年欧洲海上风电新增并网容量 2 649 MW[J].风能,2019(2)：54 - 59.
[18] 杨威,林毅峰,张权.海上风电机组重力式基础发展回顾[J].风能,2018(9)：38 - 42.
[19] 俞益铭.海上风电大直径单桩基础设计研究[D].天津：天津大学,2011.
[20] 张健.海上风电全潜漂浮式风机拖航运动响应与风险分析研究[D].天津：天津大学,2019.
[21] 张浦阳,黄宣旭.海上风电吸力式筒型基础应用研究[J].南方能源建设,2018,5(4)：1 - 11.
[22] 郑海,杜伟安,李阳春,等.国内外海上风电发展现状[J].水电与新能源,2018(6)：75 - 77.
[23] 中国国家标准化管理委员会,中华人民共和国国家质量监督检验检疫总局.海上风电场风力发电机组基础技术要求：GB/T 36569—2018[S].北京：中国标准出版社,2018.
[24] 北极星风力发电网.影响记忆：回顾风电发展的历史痕迹[EB/OL].[2018 - 04 - 20]http://fd.bjx.com.cn/zhuanti/2015fdfzjy/.
[25] 北极星风力发电网.海上风机基础简介[EB/OL].[2018 - 04 - 20] http://news.bjx.com.cn/html/20180420/893016.shtml.
[26] 北极星风力发电网.图解欧洲海上风电发展趋势[EB/OL].[2019 - 07 - 11] http://news.bjx.com.cn/html/20190711/992215.shtml.
[27] 北极星风力发电网.欧洲 2019 年海上风电成绩单出炉[EB/OL].[2020 - 02 - 07] http://news.bjx.com.cn/html/20200207/1040774.shtml.
[28] 中国电力企业联合会.2018 年电力统计年快报基本数据一览表[EB/OL].[2020 - 1 - 5] http://www.cec.org.cn/guihuayutongji/tongjxinxi/.
[29] Athanasia Arapogianni. Deep water-the next step for offshore wind energy[R]. Brussels：Europran Wind Energy Association，2013.
[30] Barthelmie R J，Courtney M，Højstrup J，et al. The Vindeby project：A description[R]. Risø National Laboratory，1994.
[31] Castro-Santos L，Diaz-Casas V. Sensitivity analysis of floating offshore wind farms[J]. Energy Conversion and Management，2015(101)：271 - 277.
[32] Colmenar-Santos A，Perera-Perez J，Borge-Diez D，et al. Offshore wind energy：A review of the current status，challenges and future development in Spain[J]. Renewable and Sustainable Energy Reviews，2016(64)：1 - 18.
[33] Colin Walsh. The European offshore wind industry-key trends and statistics 2018[R]. Brussels：Offshore Wind in Europe，2019.
[34] Ibsen L B. Implementation of a new Foundations Concept for Offshore Wind Farms[A]. Standefjord：

In Proceedings of the 15th Nordic Geotechnical Meeting，2008：19－33.
[35] Iván Pineda. The European offshore wind industry-key trends and statistics 2015[R]. Brussels：Offshore Wind in Europe，2016.
[36] Iván Pineda. The European offshore wind industry-key trends and statistics 2017[R]. Brussels：Offshore Wind in Europe，2018.
[37] Jacques Beaudry，Ted Boling. A National Offshore Wind Strategy[R]. United States：U.S Department of energy，2012.
[38] Justin Wilkes. Pure power wind energy targets for 2020 and 2030[R]. Brussels：European Wind Energy Association，2011.
[39] Karin Ohlenforst，Steve Sawyer，Alastair Dutton，et al. GWEC GLOBAL WIND REPORT 2018 [R]//Rue d'Arlon 801040 Brussels. Belgium：GWEC，2019.
[40] Kim J-Y，Oh K-Y，Kang K-S，et al. Site selection of offshore wind farms around the Korean Peninsula through economic evaluation[J]. Renewable Energy，2013，54：189－195.
[41] Laia Miró. The European offshore wind industry-key trends and statistics 2016[R]. Brussels：Offshore Wind in Europe，2017.
[42] Larsen O D. Denmark's great belt link[J]. Journal of Coastal Research，1993，9(3)：766－784.
[43] Jijian Lian，Fei Chen，Haijun Wang. Laboratory tests on soil-skirt interaction and penetration resistance of suction caissons during installation in sand[J]. Ocean Engineering，2014，84：1－13.
[44] Jijian Lian，Liqiang Sun，Jinfeng Zhang，et al. Bearing Capacity and Technical Advantages of Composite Bucket Foundation of Offshore Wind Turbines[J]. Transactions of Tianjin University，2011，17：132－137.
[45] Jijian Lian，Hongyan Ding，Puyang Zhang，et al. Design of Large-Scale Prestressing Bucket Foundation for Offshore Wind Turbines[J]. Transactions of Tianjin University，2012，18：79－84.
[46] Liu M，Yang M，Wang H. Bearing behavior of wide-shallow bucket foundation for offshore wind turbines in drained silty sand[J]. Ocean Engineering，2014，82：169－179.
[47] Esteban M D，Couñago B，López-Gutiérrez J S，et al. Gravity based support structures for offshore wind turbine generators[J]. Review of the installation process，2015，110：281－291.
[48] Musial W，Butterfield S，Boone A. Feasibility of floating platform systems for wind turbines[A]//A Collection of the 2004 ASME Wind Energy Symposium Technical Papers Presented at the 42nd AIAA Aerospace Sciences Meeting and Exhibit. Reno Nevada，2004：476－486.
[49] Musial W，Ram B. Large-Scale Offshore Wind Power in the United States：Assessment of Opportunities and Barriers[J]. National Renewable Energy Laboratory，2010，34(1)：518－525.
[50] Nikolaos N. Deep water offshore wind technologies[M]. Scotland：University of Strathclyde，2004.
[51] Oh K Y，Nam W，Ryu M S，et al. A review of foundations of offshore wind energy convertors：Current status and future perspectives[J]. Renewable and Sustainable Energy Reviews，2018，88：16－36.
[52] Peire K，Nonneman H，Bosschem E. Gravity base foundations for the thorntonbank offshore wind farm[J]. Terra et Aqua，2009，115(115)：19－29.
[53] Pérez-Collazo C，Greaves D，Iglesias G. A review of combined wave and offshore wind energy[J]. Renewable and Sustainable Energy Reviews，2015，42：141－153.
[54] Portman M E，Koppel J，Duff J A. Offshore wind farm siting in Germany and the United States：Legal and policy impediments and supports[A]. Oceans，IEEE，2009.
[55] Rodrigues S，Restrepo C，Kontos E，et al. Trends of offshore wind projects[J]. Renewable and

Sustainable Energy Reviews, 2015, 49: 1114 - 1135.

[56] Vølund P. Concrete is the Future for Offshore Foundations. Wind Engineering, 2005, 29(6): 531 - 539.

[57] Wang X, Zeng X, Li J, et al. A review on recent advancements of substructures for offshore wind turbines[J]. Energy Conversion and Management, 2018, 158: 103 - 119.

[58] Wagner H J, Baack C, Eickelkamp T, et al. Life cycle assessment of the offshore wind farm alpha ventus. Energy, 2011, 36(5): 2459 - 2464.

[59] Xiaoni Wu, Yu Hu, Ye Li, et al. Foundations of offshore wind turbines: A review[J]. Renewable and Sustainable Energy Reviews, 2019, 104: 379 - 393.

[60] Yang H, Zhu Y, Lu Q, et al. Dynamic reliability based design optimization of the tripod sub-structure of offshore wind turbines[J]. Renewable Energy, 2015, 78: 16 - 25.

[61] Zhang P, Ding H, Le C. Seismic response of large-scale prestressed concrete bucket foundation for offshore wind turbines[J]. Journal of Renewable and Sustainable Energy, 2014, 6(1): 013127.

[62] AWEA. American Wind Energy Association[EB/OL].[2018 - 10 - 10] https://www.awea.org/policy-and-issues/u-s-offshore-wind.

[63] GWEC Global Wind 2017 Report 1. A snapshot of top wind markets in 2017: offshore wind[EB/OL].[2018 - 10 - 10] http://gwec.net/wp-content/uploads/2018/04/offshore.pdf.

[64] GWEC. Global Wind Report 2019[EB/OL].[2020 - 3 - 25] https://gwec.net/global-wind-report-2019/.

[65] WindEurope. Offshore wind in Europe-Key trends and statistics 2019[EB/OL].[2020 - 2 - 7] https://windeurope.org/about-wind/statistics/offshore/european-offshore-wind-industry-key-trends-statistics-2019/.

[66] Windpower Monthly. Gallery: Suction bucket foundation at Borkum Riffgrund 1[EB/OL].[2014 - 8 - 29] https://www.windpowermonthly.com/article/1309895/gallery-suction-bucket-foundation-borkum-riffgrund-1.

第 2 章

海上风电筒型基础结构

海上风电基础结构研发与设计需要同时考虑海床地质条件、水深、海上风、浪、流、冰等环境条件以及风力机的荷载特点，因此研发海上风电新型筒型基础结构时需突破以下几方面的技术瓶颈：

(1) 针对我国海域极端风速大且地基软弱的特点，完善海上风电“高耸结构与宽浅基础”联合承载理论，实现提高海上风电基础结构抵抗巨大抗倾覆力矩的能力。

(2) 针对高效低成本建造的要求，新型风电筒型基础结构可实现陆上或岸边批量预制，从而缩短海上施工作业时间。

(3) 针对海上施工窗口期短的不利条件，研发海上风电筒型基础结构-塔筒-风力机整体运输安装技术与专用施工船舶。

(4) 针对海上风、浪、流、冰、地震等荷载作用下风力机结构振动安全，构建基于荷载-风力机-基础-地基耦合动力安全的评估方法。

(5) 针对复杂海洋环境海上风电服役期的质量控制、性能退化、损伤诊断与修复难题，完善全生命周期风力机-基础结构-地基安全性态演化规律及安全控制原理和方法。

综合考虑以上技术难点，海上风电新型筒型基础的主要设计思路如图 2-1 所示。

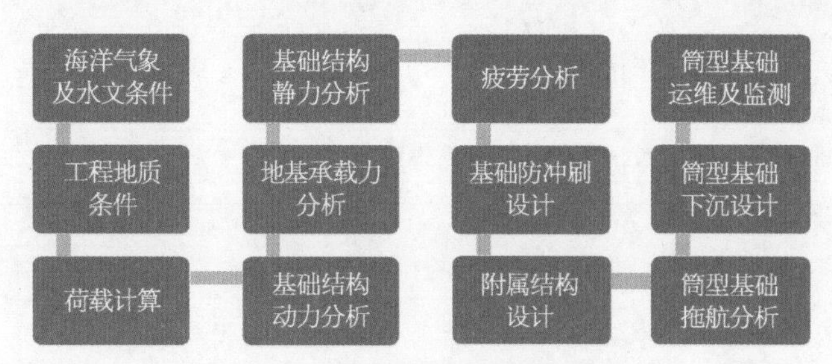

图 2-1　海上风电筒型基础设计思路

2.1　海上风电新型筒型基础结构型式

海上风电新型筒型基础结构型式包括单筒多舱基础、多筒基础、桩筒复合基础等。

2.1.1　单筒多舱基础结构

单筒多舱并可自浮拖航运输的新型筒型基础结构，是由天津大学练继建教授牵头的海上风电研究团队发明的一种新型海上风电基础结构(练继建、丁红岩、张浦阳、王海军等，2010、2012、2014、2016)。新型筒型基础结构可以是全混凝土结构、全钢结构和钢混组合结构，发挥了混凝土、钢等多种材料的组合优势(图 2-2)。

(a) 全混凝土结构

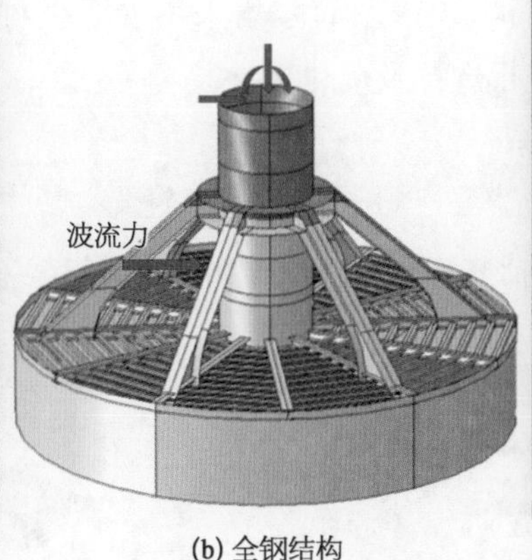

(b) 全钢结构

(c) 钢混组合结构

图 2-2　海上风电单筒多舱基础结构示意图

单筒多舱基础由上部过渡段、中部顶盖和梁系以及下部开口且分舱的筒型结构组成。超大直径是该基础形式的重要特点，基础直径通常大于 30 m，因此其在软土地基中的抗倾覆能力极强。

在江苏海域风电场应用的单筒多舱基础上部结构采用混凝土弧形过渡段，弧形过渡段内布设普通钢筋及预应力钢绞线，如图 2-3 所示。

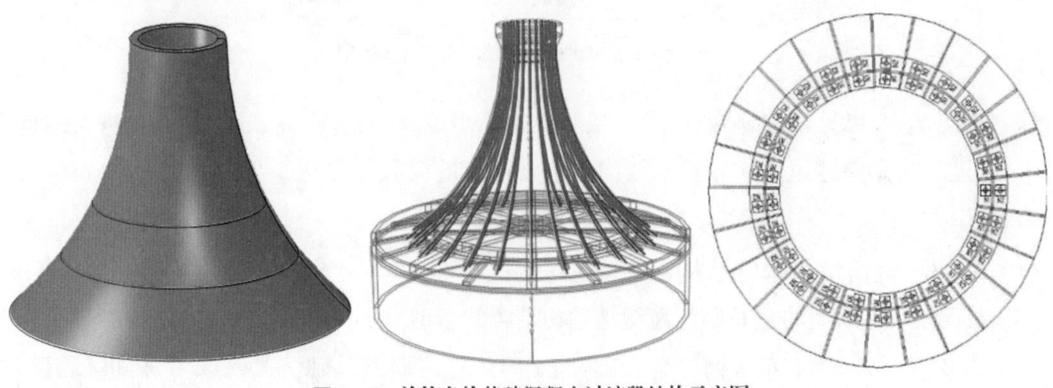

图 2-3　单筒多舱基础混凝土过渡段结构示意图

由图 2-3 可知，为了保证筒型基础的整体刚度并将来自风力机塔筒的荷载有效传递至筒型基础的各个部位，对单筒多舱基础进行了预应力设计。预应力钢绞线沿弧线段布置在混凝土层内，预应力钢绞线预留孔道均沿环向阵列布置。中部结构包括混凝土顶盖及梁结构，混凝土顶盖内部布设钢筋，而梁结构由沿径向排列的环梁和沿环向间隔布置的主梁及次梁组成。下部结构包括钢筒顶盖、筒裙和分舱板结构等，其中由筒裙和钢筒顶盖组成开口向下的半封闭筒型结构，分舱板布置于半封闭筒型结构内部。筒的中心形成正多边形半封闭结构，在正多边形顶点沿径向布设分舱板，与筒顶盖及筒裙焊接为整体，形成多个半封闭结构。

除上述结构型式外，海上风电单筒多舱基础结构还可采用全钢结构(王海军，2017)或全混凝土结构(即过渡段、梁结构、顶盖及筒基均采用混凝土材料)，可根据不同海洋水文条件、地质条件、荷载条件等进行选择及优化设计。

2.1.2 多筒基础结构

海上风电多筒基础主要包括三筒导管架基础和四筒导管架基础等型式，如图 2-4 所示。

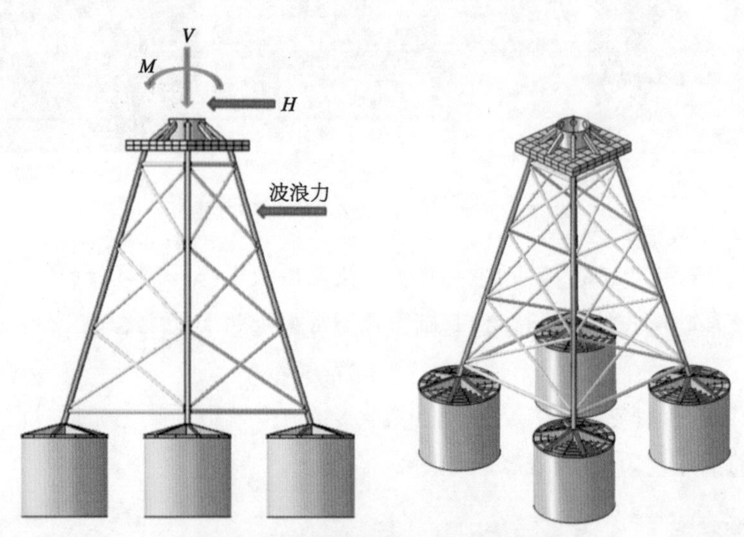

图 2-4 三筒、四筒导管架基础整体结构图

由图 2-4 可见，三筒和四筒导管架基础由 3 个或 4 个钢筒、筒顶盖结构、导管架结构、平台、过渡段和斜撑组成。导管架结构将来自塔筒的荷载传递到 3 个或 4 个钢制圆筒上。

2.1.3 桩筒复合基础结构

桩筒复合基础是将桩基础与筒型基础相结合的新型海上风电基础型式，如图 2-5 所示。对于图 2-5(a)所示的单桩筒复合基础，施工时可先将筒型基础沉入海床中，再进行沉桩，沉桩到位后，桩与筒之间进行刚性或柔性连接，完成整个基础施工。对于图 2-5(b)所示的多桩筒复合基础(练继建，2016)，施工方式与单桩与筒组合类似，当桩较短时可考虑负压下沉，即同时将筒和桩沉入地基；也可将桩设置在筒外侧，通过张拉索将筒和桩进行连接(丁红岩，2013)，如图 2-5(c)；或者中间为桩基础，四周为筒型基础，通过张拉索进行连接(王海军，2013)。

与传统单桩基础和单筒基础相比，单桩筒复合基础具有以下优势：

(1) 水平荷载通过桩与筒之间的连接传递给筒型基础，使大部分水平荷载由筒型基础承担。竖向荷载也有部分传递给筒型基础，由筒型基础竖向抗力承担。

(2) 在施工费用方面，桩长和桩径的减小可大幅降低海上沉桩费用，增加的筒型基础

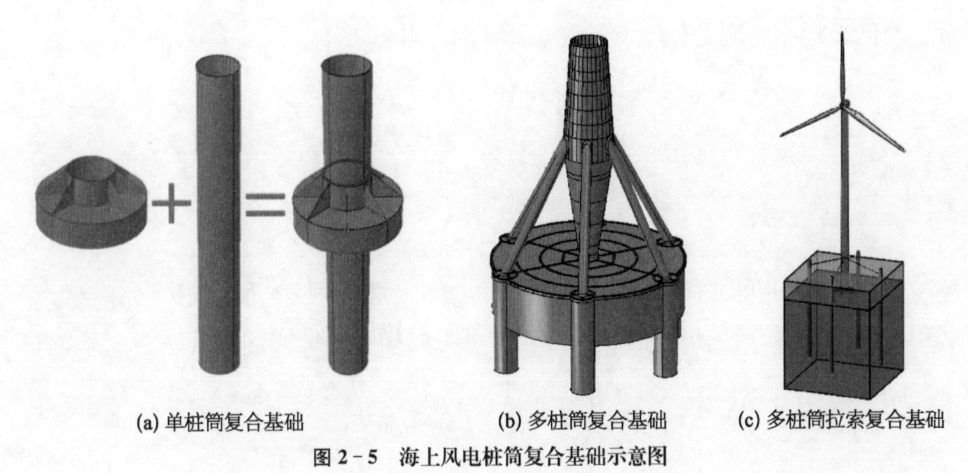

图 2-5　海上风电桩筒复合基础示意图

利用浮力在海上运输，靠自重及压力差下沉，所增加的施工费用占总体费用的比重较小。

(3) 沉放入位的筒型基础中间的导向可有效解决桩基定位问题，缩短海上打桩时间。

(4) 在适用范围方面，桩筒复合基础在与传统单桩基础用钢量相同情况下，桩径、桩长都小于单桩基础，且极限承载力增大，可运用到更大功率的风力机和更深的海域。

2.2　筒型基础结构荷载分析

2.2.1　风浪条件确定方法及荷载组合方法

极端海况下风与波浪条件的确定是海上风电筒型基础结构荷载计算的基础，通过建立风场数学模型和波浪数学模型，对极端海况下的风场与波浪场进行模拟，再根据模拟结果利用风浪联合分布可确定工程区不同重现期和不同方向的风浪设计要素。

2.2.1.1　风场模型

1) 模型介绍

采用新一代天气研究与预报(WRF)模型来模拟台风和大风等天气过程的风场。WRF 模型系统是由美国大气研究中心(NCAR)、美国大气海洋局(NOAA)等研究部门及相关大学的科学家共同参与开发研究的新一代中尺度预报模式与同化系统(Skamarock W C, 2008)。水平网格采用 Arakawa C 网格，采用地形跟随的垂向坐标 η：

$$\eta = (p_{h} - p_{ht})/\mu \tag{2-1}$$

式中　p_{h} ——气压的静力平衡分量；

$\mu = p_{hs} - p_{ht}$，p_{hs}、p_{ht} 分别为地形表面和模式顶的气压。

这种传统形式的 σ 坐标被广泛地应用于许多静压大气模式中。

在地形追随的静压垂直坐标系中，$\mu(x, y)$ 代表模型格点 (x, y) 处单位面积空气柱的质量。与此坐标相对应的保守量的通量形式可写作：

$$\mathrm{V}=\mu v=(U,\ V,\ W),\ \Omega=\mu\,\dot{\eta},\ \Theta=\mu\theta \tag{2-2}$$

式中 $v=(u,\ v,\ w)$——速度向量；

$\dot{\eta}$——η 坐标的垂直速度；

θ——位温。

控制方程组中出现的非保守量包括位势 ($\phi=gz$)、大气压强 p 和空气比容 ($\alpha=1/\rho$) 等。利用以上的变量，通量形式的欧拉方程组可写成如下的形式：

$$\partial_t U+(\nabla\cdot \mathrm{V}u)-\partial_x(p\phi_n)+\partial_n(p\phi_x)=F_U \tag{2-3}$$

$$\partial_t V+(\nabla\cdot \mathrm{V}v)-\partial_y(p\phi_n)+\partial_n(p\phi_y)=F_V \tag{2-4}$$

$$\partial_t W+(\nabla\cdot \mathrm{V}w)-g(\partial_\eta p-\mu)=F_W \tag{2-5}$$

$$\partial_t \Theta+(\nabla\cdot \mathrm{V}\theta)=F_\Theta \tag{2-6}$$

$$\partial_t \mu+(\nabla\cdot \mathrm{V})=0 \tag{2-7}$$

$$\partial_t \phi+\mu^{-1}[(\mathrm{V}\cdot\nabla\phi)-gW]=0 \tag{2-8}$$

方程组满足静力平衡的诊断关系[式(2-9)]和气体状态方程[式(2-10)]。

$$\partial_\eta \phi=-\alpha\mu \tag{2-9}$$

$$p=p_0(R_\mathrm{d}\theta/p_0\alpha)^\gamma \tag{2-10}$$

式(2-3)～式(2-10)中 $\gamma=c_\mathrm{p}/c_\mathrm{v}=1.4$——干空气的定压比热和定容比热之比；

R_d——干空气气体常数；

p_0——参考压强(通常取为 10^5 Pa)；

方程右边项 F_U、F_V、F_W 和 F_Θ——由模型物理、湍混合、球面投影和地球旋转等导致的强迫项；

方程中下标 x、y 和 η——表示对它们的偏微分。

2) 模型验证

选取 2007 年 9 月的“韦帕”台风，利用 WRF 建立数学模型，模拟“韦帕”台风期间的风场，对模型进行验证。利用美国环境预报中心 NCEP 历史再分析数据 FNL(逐日 4 个时次，分辨率为 1.0°×1.0°)为 WRF 模式提供计算初始条件与边界条件。利用 NEAR GOOS 日平均 SST 数据(分辨率为 0.25°×0.25°)提供海表温度，利用 NCEP 全球地面观测数据及 NCEP 全球探空气象观测数据进行数据同化。

“韦帕”台风的风场模型的计算区域采用双重网格嵌套技术，如图 2-6 所示。大区域 D1 与嵌套区域 D2 的分辨率分别为 15 km 和 5 km。大区域 D1 的经纬度范围为 115.61°E～

140.39°E、18.37°N～40.98°N。大区域 D1 网格数为 160×180，嵌套区域 D2 网格数为 240×273，模型采用正四边形网格。WRF 模式的垂直方向分为 34 层，其中边界层约有 16 层。积分时间步分别为 90 s 和 30 s。

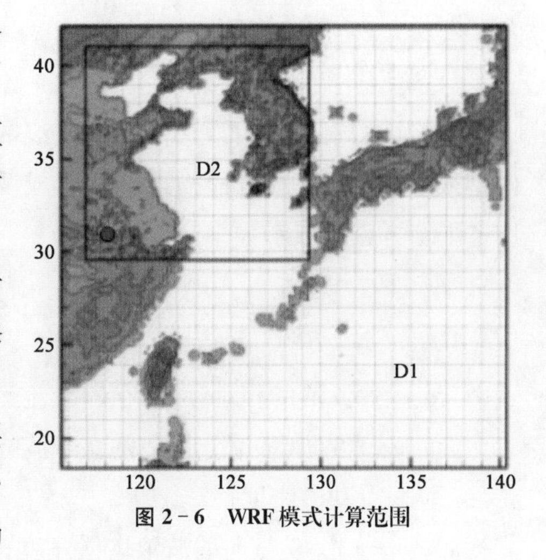

图 2-6　WRF 模式计算范围

为了更准确地模拟台风大风过程，模型中考虑了表面湿度通量和热通量物理过程，并采用修正的表面拖曳力和热通量系数(Donelan M A, 1993; Haus B K, 2010)；采用一维海洋混合层模型(Pollard R T, 1973)计算海表面水温对台风的负反馈作用，根据实测数据引入一个假想的热带气旋，对气旋中心进行重构；采用观测数据同化及分析同化对台风进行初始化，采用三维同化对台风模拟进行过程同化，其中三维同化的间隔时间为 6 h。

利用收集到"韦帕"台风期间连云港附近测站的风速风向实测资料进行验证，图 2-7、图 2-8 给出了风速、风向的验证结果(图中 0 时刻为 2007 年 9 月 17 日 10:00)。

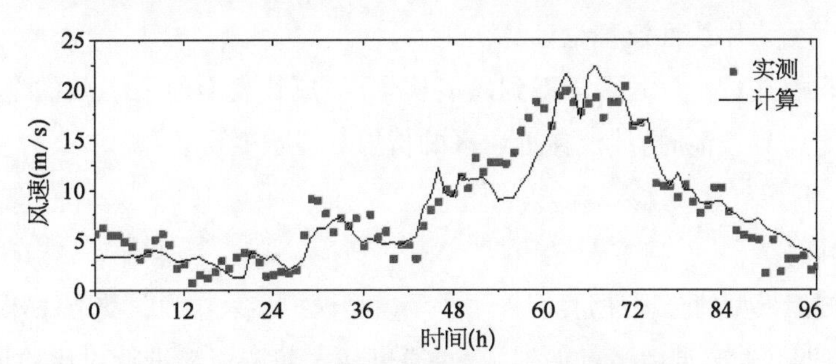

图 2-7　"韦帕"台风连云港测站点的风速验证结果

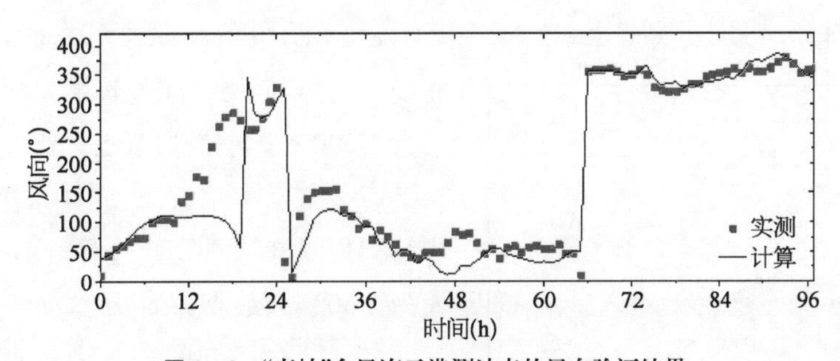

图 2-8　"韦帕"台风连云港测站点的风向验证结果

风速、风向的计算结果与实测值符合较好，能够模拟出台风过程中风速增长削弱的变化过程，风场的模拟能够体现台风中心的变化过程，反映了"韦帕"台风在连云港海域所形成的大风过程。

2.2.1.2 波浪模型

1) 模型介绍

波浪场的模拟采用第三代浅水波浪数值模型 SWAN 模型(Booij N, 1999)。SWAN 模型采用作用谱平衡方程描述风浪生成及其在近岸区的演化过程。在直角坐标系中,作用谱平衡方程可表示为

$$\frac{\partial}{\partial t}N+\frac{\partial}{\partial x}C_xN+\frac{\partial}{\partial y}C_yN+\frac{\partial}{\partial \sigma}C_\sigma N+\frac{\partial}{\partial \theta}C_\theta N=\frac{S}{\sigma} \tag{2-11}$$

式中 σ ——波浪的相对频率(在随水流运动的坐标系中观测到的频率);

θ ——波向(各谱分量中垂直于波峰线的方向);

N ——动谱密度;

C_x、C_y —— x、y 方向的波浪传播速度;

C_σ、C_θ —— σ、θ 空间的波浪传播速度;

$S(\sigma, \theta)$ ——以作用谱密度表示的源项,包括风能输入、波与波之间的非线性相互作用和由于底摩擦、水深变浅等引起的波浪破碎等导致的能量耗散,并假设各项可以线性叠加。

式中的传播速度均采用线性波理论计算。

通过数值求解式(2-11),可以得到风浪从生成、成长直至风后衰减的全过程,也可以描述在给定恒定边界波浪时,波浪在近岸区的折射和浅水变形。

2) 模型验证

为了验证波浪模型的合理性,我们采用风场模型模拟结果作为驱动条件,模拟了 2007 年 9 月"韦帕"台风期间连云港海域的波浪场,并通过相关实测资料进行对比验证。为了更加准确地描述台风期间连云港海域的波浪运动情况,建立了大小双重嵌套模型进行模拟。大模型范围北起 40°54′N、南至 29°42′N、东至 128°08′E,采用局部加密的非结构化网格和曲线开边界,网格空间步长最大为 10 000 m、最小为 1 500 m。小模型范围北起 35°25′N、南至 34°26′N、东至 120°07′E,同样采用局部加密的非结构化网格和曲线开边界,网格空间步长最大为 1 500 m、最小为 20 m。

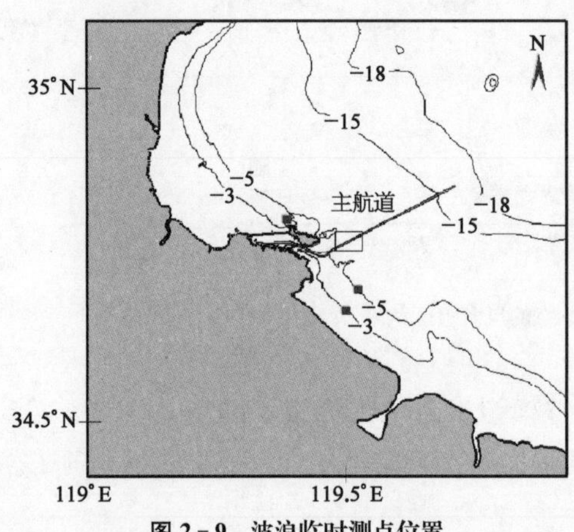

图 2-9 波浪临时测点位置

"韦帕"台风期间连云港港口南侧海域在 −3 m、−5 m 处设有两个波浪临时测站,选取其实测资料与波浪模型结果对比验证。图 2-9 为波浪临时测点位置,图 2-10 给出了"韦帕"台风期间各测站实测有效波高与计算值的比较情况。

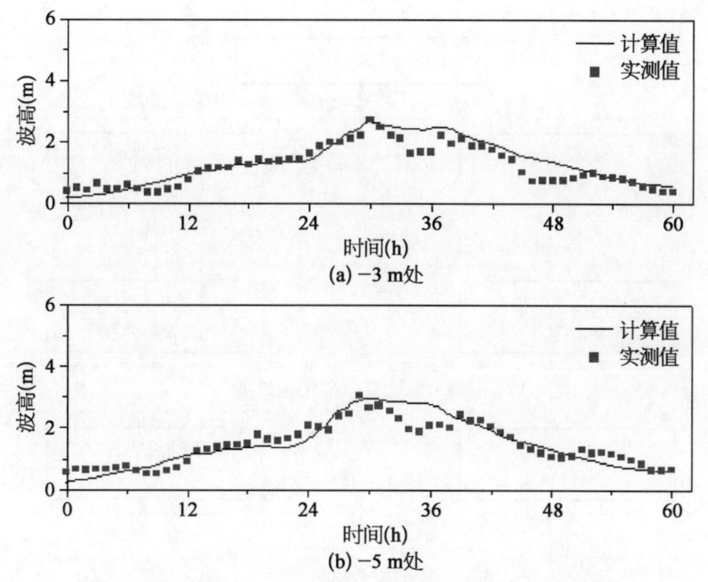

图2-10　2007年9月"韦帕"台风波浪计算值与实测值比较

从各测站波高的验证情况看，台风期间波浪计算值与实测值吻合较好。计算得出的台风期间波高变化过程与实际过程相符，可见模型能够较好地反映台风期间该海域波浪的分布情况及演变过程。

2.2.1.3　风浪设计要素推求

传统的风浪设计参数的确定方法，大多是对各种环境条件分别进行概率分析，即选取其某一概率作为设计标准，如100年一遇的波高、100年一遇的风速等，但在实际情况中，各种极端情况往往不是同时出现的，因此本研究采用联合概率分布确定工程区不同重现期不同方向的风、浪设计要素。

风浪联合分布确定不同重现期设计要素的方法主要为：

(1) 在至少连续20年中挑选大风和台风过程等可能造成极端海况的情况。

(2) 采用已验证的风场模型模拟大风和台风过程，由风场模拟结果为已验证的波浪模型提供风速等条件，模拟在大风和台风作用下的波浪场。

(3) 从计算结果中提取工程区采样点的不同方向的风速和波高结果，并提取出各方向的风速年极值 (V_m) 和对应的波高 (H)，以及波高年极值 (H_m) 和对应的风速 (V)，分别组成样本 (V_m, H) 和 (H_m, V)。以样本 (V_m, H) 为例给出联合分布确定不同重现期设计要素的流程示意图(图2-11)。

(4) 计算各方向样本的边缘概率分布，这里以耿贝尔分布作边缘分布为例进行介绍，耿贝尔分布的分布函数为

$$F(x) = \exp\left[-\exp\left(-\frac{x-u_x}{\alpha_x}\right)\right] \tag{2-12}$$

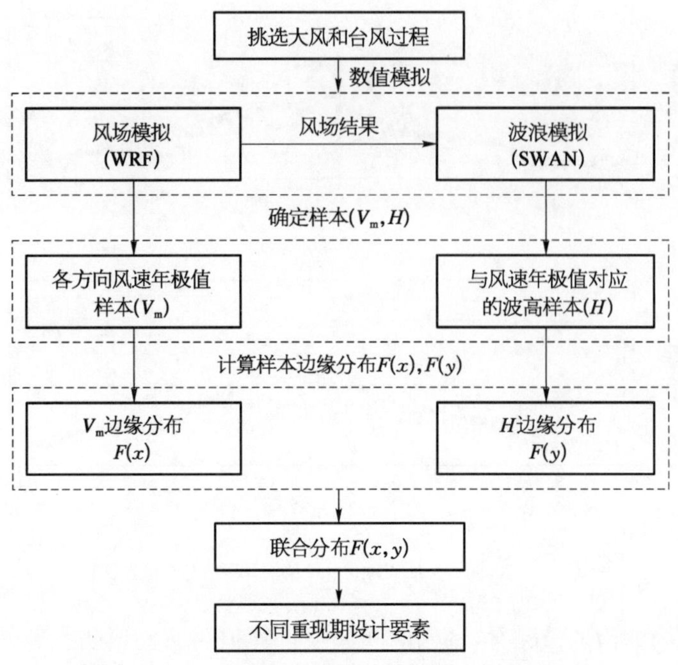

图 2-11　(V_m, H)联合分布确定不同重现期设计要素流程

式中　u_x 和 α_x ——分别表示随机变量 x 耿贝尔分布的位置参数和尺度参数,可通过线性矩法由相应的边缘随机变量求得。

(5) 计算样本的联合概率分布。

样本的联合概率分布可采用普遍应用于海洋工程和水文统计中的耿贝尔逻辑模型(Pollard R T, 1973; Booij N, 1999)或 Copula 函数(董胜,2011;陈子燊,2011)。耿贝尔联合分布是以耿贝尔分布为边缘分布的耿贝尔逻辑模型,其联合分布函数为

$$F(x,\ y)=\exp(-\{[-\ln F(x)]^m+[-\ln F(y)]^m\}^{1/m})\quad m\in[1,\ \infty)\tag{2-13}$$

式中　$F(x)$ 和 $F(y)$ ——分别表示随机变量 x 和 y 的边缘分布函数;

m ——代表随机变量的相关性参数,表示为

$$m=\frac{1}{\sqrt{(1-\rho)}}\quad 0\leqslant\rho\leqslant 1\tag{2-14}$$

式中　ρ ——为两随机变量的相关系数,表示为

$$\rho=\frac{E[(x-\mu_X)(y-\mu_Y)]}{\sigma_X\sigma_Y}\tag{2-15}$$

式中　$(\mu_X,\ \sigma_X)$ 和 $(\mu_Y,\ \sigma_Y)$ ——分别表示随机变量 x 和 y 的均值和标准差。

Copula 函数是把各边缘分布函数联系在一起的一个连接函数,它的边缘分布函数形

式可不局限于耿贝尔分布，海洋工程和水文统计中常用的Copula函数形式包括Gumbel-Hougaard(GH)Copula函数和Clayton Copula函数。GH Copula分布函数可表示为

$$C(x,\ y)=(x^{-\theta}+y^{-\theta}-1)^{-1/\theta}\quad \theta\in(0,\ \infty) \tag{2-16}$$

$$\tau=\frac{\theta}{\theta+2} \tag{2-17}$$

式中 τ——随机变量的Kendall秩相关系数；

θ——随机变量的相关参数。

Clayton Copula函数分布形式表示为

$$C(x,\ y)=(x^{-\theta}+y^{-\theta}-1)^{-1/\theta}\quad \theta\in(0,\ \infty) \tag{2-18}$$

$$\tau=\frac{\theta}{\theta+2} \tag{2-19}$$

基于以上Copula分布函数，可获得联合分布函数为

$$F(x,\ y)=C[F(x),\ F(y)] \tag{2-20}$$

(6) 推求工程区不同重现期的设计要素。

基于联合分布的计算结果，可获得不同重现期的设计要素，变量 x 和 y 对应的边缘分布函数的重现期表示为

$$T(x)=\frac{1}{1-F(x)} \tag{2-21}$$

$$T(y)=\frac{1}{1-F(y)} \tag{2-22}$$

随机变量 x 或 y 超过某一特定值时对应的重现期为联合重现期：

$$T_0(x,\ y)=\frac{1}{1-F(x,\ y)} \tag{2-23}$$

按照同频原理，即 $T_0(x,\ y)=T$，即可获得某一联合重现期下的设计要素。

2.2.1.4 荷载组合方法

海上风电基础结构同陆上风电基础结构相比荷载环境不同：第一，海上的风特性与陆上不同，具有更高的年平均风速、更低的湍流和风剪切，受低层喷流影响；第二，海上风电基础相对陆上基础具有额外的荷载来源，如波浪和海流荷载等。在极端海况条件下，依据《近海风电机组设计需求》(IEC 61400—3)提出两种极端荷载组合工况。

1）工况一：风、波浪、流荷载联合作用

该工况中，风条件选取50年一遇10 min最大平均风速，波浪条件选取50年一遇的波列累计频率为1%的波高，海流条件选取50年一遇极端最大流速，水位条件选取50年一遇极端高水位及设计高水位与设计低水位之间的某一不利水位进行计算。

2）工况二：风、冰荷载联合作用

该工况中，风条件选取50年一遇10 min最大平均风速，冰条件选取50年一遇极端冰况，水位条件选取设计高水位计算。其中，冰对海上风电筒型基础的作用力可以近似按照冰对单桩的作用力计算，在选取桩柱直径 D 时，可以近似选取冰荷载作用点处的筒基直径，冰荷载的作用点位置为冰与桩柱接触面积的形心，一般为冰块厚度的1/2处。

2.2.2 风荷载

海上风力机在运行与台风工况下的气动性能是海上风电设计和运行的关键技术问题。随着风力机日益大型化的发展趋势，叶片长度的增加使得叶片柔性增大，为了防止在运行过程中叶片梢部与塔架的碰撞，实际工程中大型风力机风轮一般存在仰角，这使得风力机的气动性能变得更为复杂，可采用风洞试验、数值模拟等方法来获取风力机所受的风荷载(贾娅娅，2017；练继建，2016)。

2.2.2.1 风力机风洞试验

风洞试验的原型为FX93－2500型风力机，FX93－2500型风力机的主要参数见表2－1，叶片的几何轮廓如图2－12所示。

表2－1　2.5 MW原型风力机的主要参数

参　数	数　值	参　数	数　值
功率(MW)	2.5	切入风速(m/s)	3
功率调节方式	变桨变速	切出风速(m/s)	25
叶片数	3	额定风速(m/s)	12
风轮直径(m)	93.4	额定转速(r/m)	15.3
轮毂高度(m)	86	工作方式	上风向

风力机试验模型的几何缩尺比为1/125，如图2－13所示，形状上尽可能真实再现了风轮叶片展向各截面的翼型、扭角及锥角等细节。风轮试验模型的底部采用螺栓与支架连接，可以手动调节风轮的仰角。风轮模型叶片材料为ABS工程塑料，模型的支架材料为不锈钢，且整体表面烤汽车漆处理，白色亮光漆，以保证模型的表面光滑度。

考虑到模型制作工艺，2.5 MW原型风力机额定工况：来流风速 $V_{\infty}=12.0$ m/s、转速

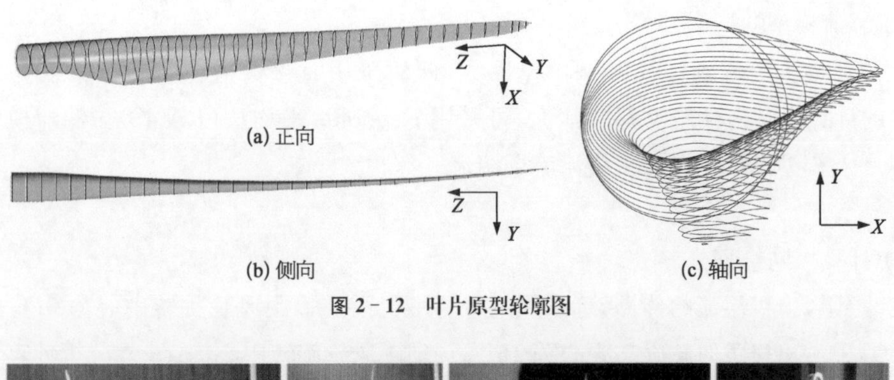

图 2-12 叶片原型轮廓图

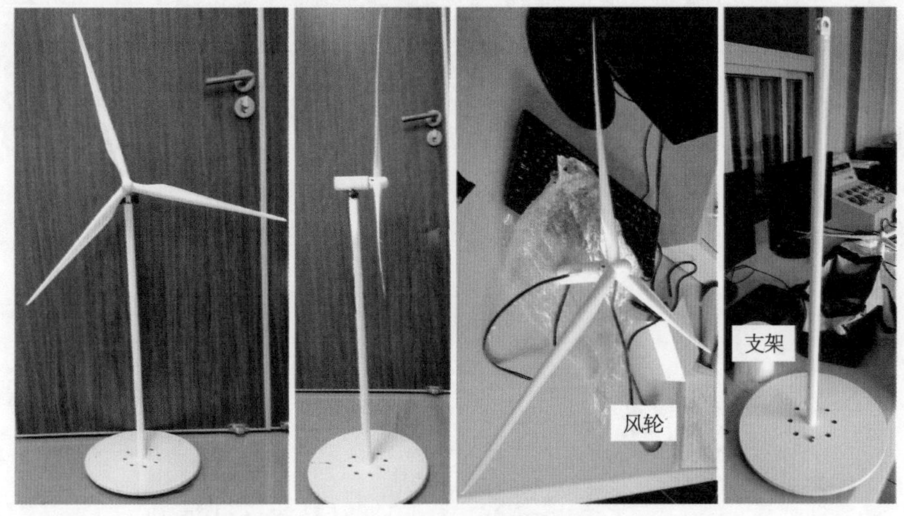

图 2-13 风轮试验模型

$n=15.3\ \mathrm{r/m}$，对应试验条件为：来流风速 $(V_\infty)_\mathrm{p}=4.2\ \mathrm{m/s}$、转速 $n_\mathrm{p}=670\ \mathrm{r/m}$，保证满足运动相似条件，即两者的叶尖速比相同。风力机试验模型的具体参数见表 2-2。

表 2-2 模型风力机的主要参数

参 数	数 值	参 数	数 值
风轮直径(m)	0.747 2	相应风轮额定转速(r/m)	670
轮毂安装高度(m)	0.688	相应额定风速(m/s)	4.2
叶片数	3	工作方式	上风向

2.2.2.2 风力机荷载 CFD 模拟

1) 计算方法

CFD 计算结果精度主要受到计算方法、数学模型和网格的影响。CFD 流场计算的基本过程是采用有限体积法将计算域和控制方程进行离散，然后在每个体积单元上对离散后的控制方程进行求解。风力机旋转区域的计算采用滑移网格模型。

2) 湍流模型的选取

由于风力机全流场计算网格数量巨大，此时采用直接数值模拟(DES)或大涡模拟(LES)的计算量和内存需求都非常大，可采用 Reynolds 平均法(RANS)。湍流模型选用 RNG $k-\varepsilon$ 模型来模拟风力机绕流流场湍流。

3) 计算域网格划分方法

考虑到风力机尾流的传播，选取风场计算域上游进口距风轮旋转中心为 $5D$(D 为风轮直径)，下游出口距风轮旋转中心为 $15D$，径向距风轮旋转中心为 $4D$。分析计算域几何模型，得到旋转域的拓扑结构如图 2-14 所示，旋转域整体采用 Y 形切分的拓扑结构分为三块，每个分块包含一个叶片。为保证叶片气动参数的计算精度，采用 O 形网格划分技术在叶片壁面区域生成六面体边界层网格，边界层网格数定为 19 层，并且保证大部分壁面附近网格满足增强壁面函数的要求。风力机风场模拟的网格模型如图 2-15 所示，通过网格无关性分析，确定旋转域网格数为 284.49 万个，静止域网格数为 255.32 万个，总网格数达到 539.81 万个。

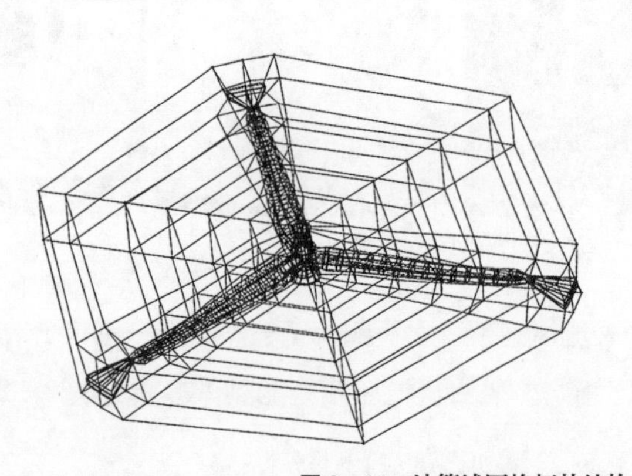

图 2-14　计算域网格拓扑结构

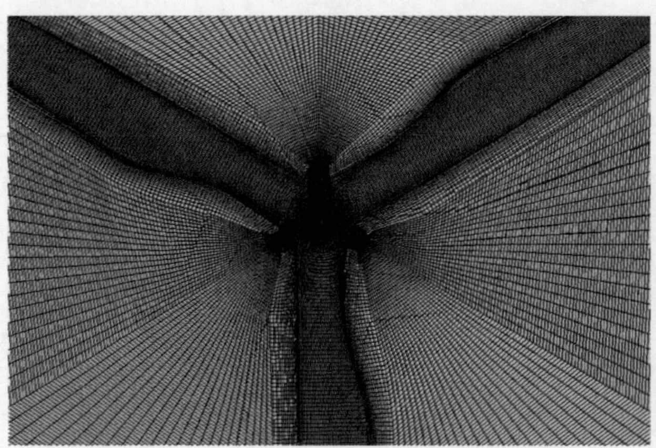

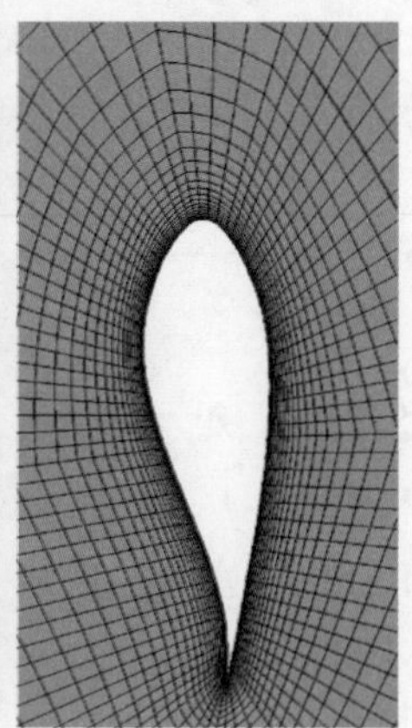

图 2-15　风力机网格模型

2.2.2.3　风洞试验与数值结果对比

限于篇幅，以均匀来流风速为 4.2 m/s、风轮转速为 670 r/m、风轮仰角为 0°与 5°工况作为对比分析。风轮模型整体风荷载的试验测量结果与 CFD 数值计算结果的对比见表 2-3。对于三向荷载的平均值，风洞试验与 CFD 方法的轴向推力 F_Y 较为符合，CFD 方法要比风洞试验的测量值偏大 5%左右；CFD 方法与风洞试验得到的作用在风轮上的横向力 F_X 和竖向力 F_Z 均远小于轴向推力 F_Y，但两种方法的结果近似相差一个数量级。两种方法得到的荷载平均值的偏差，可以认为由以下两方面原因造成：一是由于风洞试验中模型支架的干扰，在荷载平均值的处理上，忽略了风轮模型和支架的相互影响，通过试验方法修正了支架的干扰，但实际上，支架的存在会小幅度改变风轮附近的气流流动状态，在一定程度上会影响作用在风轮上的风荷载平均值；二是由于试验模型和数值模型存在微小偏差，数值模型完全按照实际风力机等比例缩小，试验模型则无法达到完全相似。但由于横向力 F_X 与竖向力 F_Z 的平均值相较于轴向推力 F_Y 十分小，因此可以认为 CFD 方法与风洞试验的误差在可接受范围之内。

表 2-3　风轮模型整体风荷载试验测量结果与数值计算结果的对比

风轮仰角	采用方法	F_X/N		F_Y/N		F_Z/N	
		平均值	均方根	平均值	均方根	平均值	均方根
0°	试验	3.47×10^{-2}	2.23×10^{-2}	1.648	1.77×10^{-2}	6.29×10^{-3}	3.17×10^{-2}
	CFD	3.32×10^{-3}	9.26×10^{-4}	1.722	8.51×10^{-3}	5.93×10^{-4}	9.24×10^{-4}
5°	试验	4.01×10^{-2}	2.37×10^{-2}	1.621	1.98×10^{-2}	-2.06×10^{-3}	3.47×10^{-2}
	CFD	5.95×10^{-3}	2.22×10^{-3}	1.700	8.56×10^{-3}	-1.34×10^{-3}	1.60×10^{-3}

对于风轮总体荷载的波动特性，由表 2-3 可知，由于风洞试验中模型支架的干扰，造成荷载波动的均方根大于 CFD 数值模拟结果，但两者在整体变化趋势上却有着良好的一致性。

图 2-16 和图 2-17 给出了两种工况中 CFD 数值计算得到的尾流场速度分布与风洞

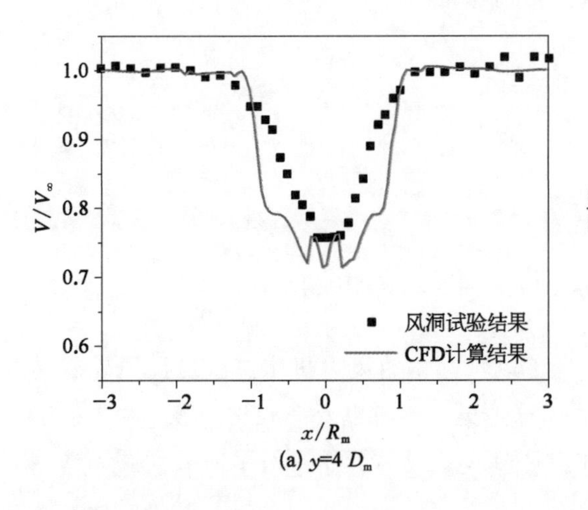

(a) $y=4\ D_m$

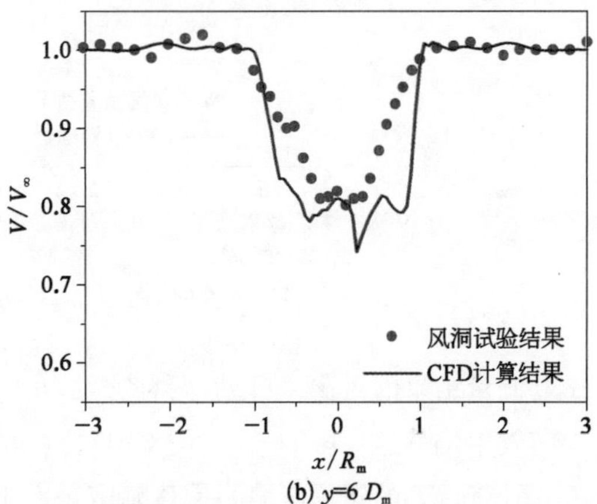

(b) $y=6\ D_m$

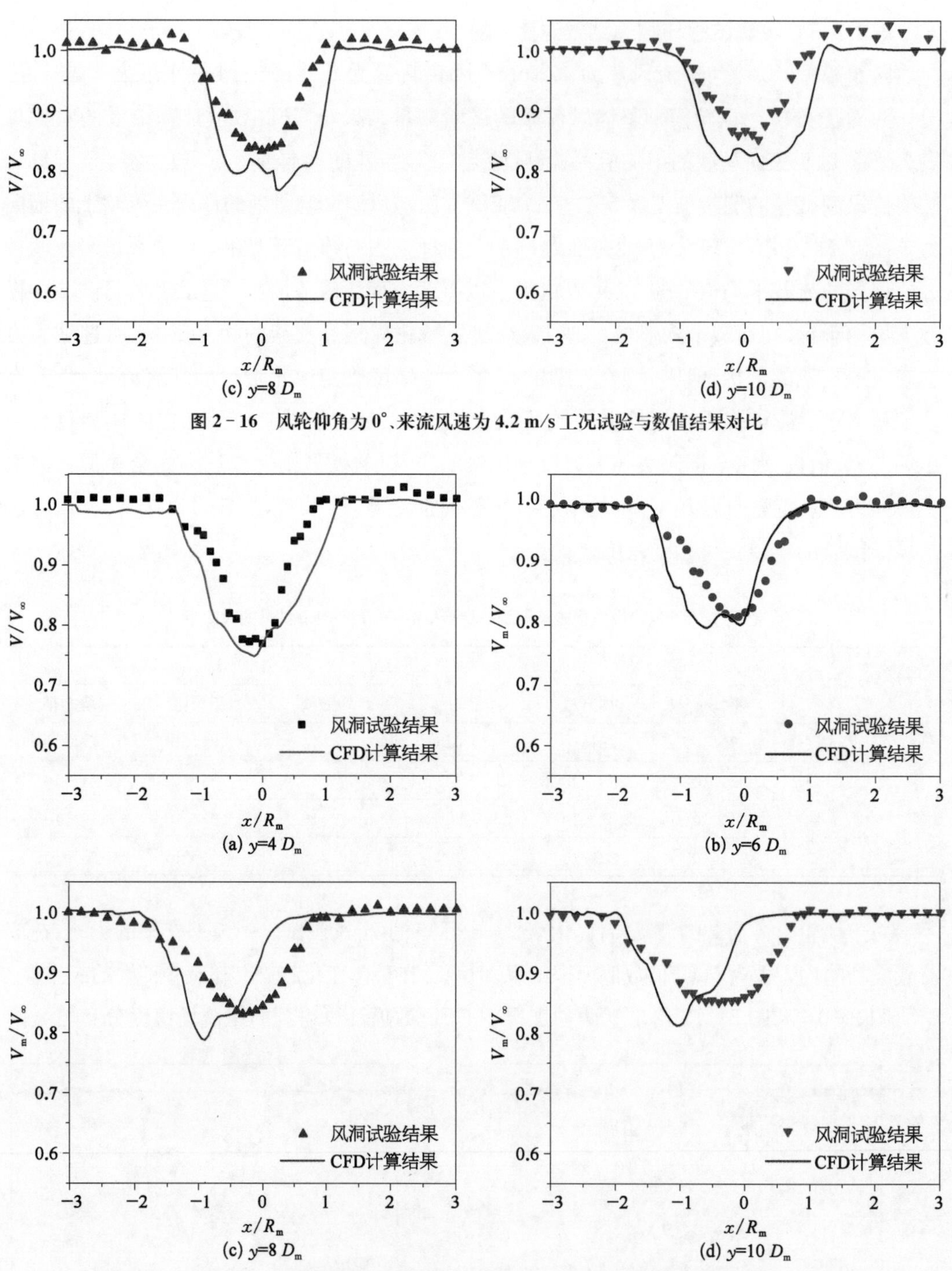

图 2－16　风轮仰角为 0°、来流风速为 4.2 m/s 工况试验与数值结果对比

图 2－17　风轮仰角为 5°、来流风速为 4.2 m/s 工况试验与数值结果对比

试验测量结果的对比。可见，两种方法均展现了风轮仰角使风力机尾迹区域向风轮旋转上游发生偏移这一影响效应，但 CFD 方法的计算结果几乎都略小于试验结果，并且 CFD 方法计算得到的尾迹区域的偏移幅度较大于试验结果。这一方面是由于风洞试验中模型

支架与风速仪支架对流场的干扰，另一方面是由于风洞边壁的限制，边壁的存在限制了附近的流线弯曲。

综上所述，CFD 方法的计算结果虽然与试验结果略有偏差，但误差在可接受范围之内，并且两种研究方法在整体变化趋势上有着良好的一致性。

2.2.3　浪流荷载

新型筒型基础结构体型相对复杂，浪流荷载计算也受到影响，尤其是浪荷载，现有的规范方法并不能完全准确地计算出新型筒型基础的波浪力。流荷载的计算仍建议参考现行的规范进行计算。以下将以单筒多舱筒型基础（采用弧形过渡段结构）为对象，对其浪荷载的分析开展研究（于通顺，2014；奚泉，2014）。

2.2.3.1　波浪荷载模型试验

原型筒型基础的下部最大筒体直径为 30 m、筒高为 6 m、筒裙厚为 0.4 m，过渡段为光滑的弧形连接。模型几何和水动力比尺见表 2－4，模型尺寸示意如图 2－18 所示。模型材料采用有机玻璃压膜制作而成，如图 2－19 所示。

表 2－4　模型几何和水动力比尺

比 尺 名 称		符号及计算公式	比　尺
几何比尺	水平比尺	λ_l	60
	垂直比尺	λ_h	60
水动力比尺	波高比尺	$\lambda_H = \lambda_h$	60
	波长比尺	$\lambda_L = \lambda_h$	60
	波速比尺	$\lambda_C = \lambda_h^{1/2}$	7.75
	周期比尺	$\lambda_T = \lambda_C = \lambda_h^{1/2}$	7.75

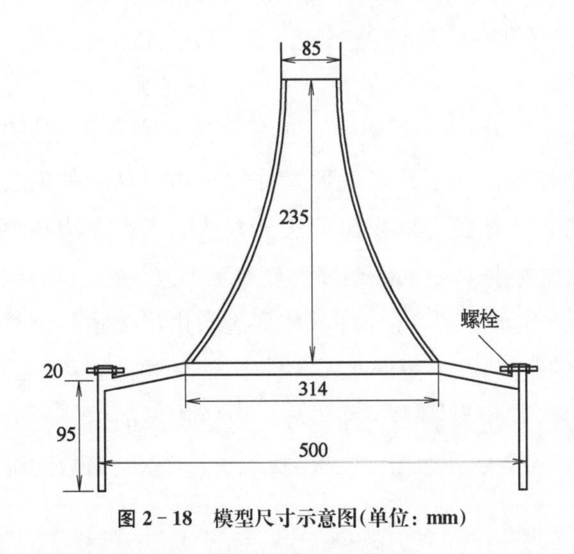

图 2－18　模型尺寸示意图(单位: mm)

图 2－19　筒型基础模型

模型试验是在天津大学港口海岸工程实验室的水槽内进行的。试验水槽长×宽×高=90 m×2 m×1.8 m(图 2-20)。为了保证水槽内水位平衡,在水槽两端设置了水管连通,通过开闭阀门来控制水槽内的水位变化。为了让造波机造出的波浪与试验模型相互作用时较为稳定,从造波端到试验模型的距离应设置为大于等于 10 倍波长。

图 2-20 波浪水槽全景

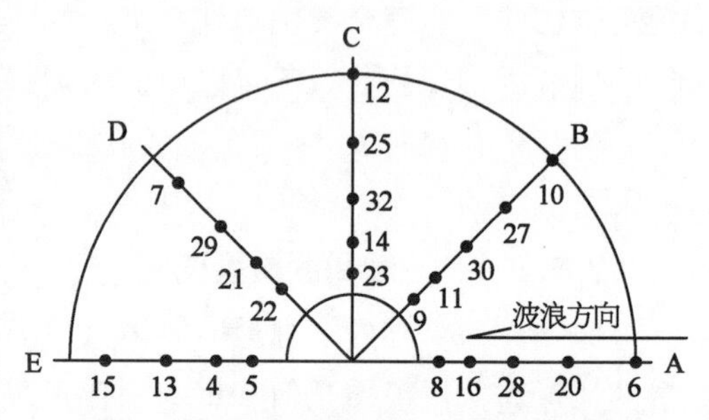

图 2-21 模型半面脉压传感器布置示意图

试验采用的是 DJ800 型数据采集系统,包括点脉压传感器、波高传感器和采集仪。DJ800 型多功能检测系统能对多种物理量(如水位、波高、点脉动压力、拉力、位移、温度、应变及模拟电压等)数据进行同步采集。脉压传感器的布置方式为半面纵横向布置。从结构物的迎波面开始,每 45°径向布置一列传感器,共有 5 列传感器,前三列传感器为 5 个、后两列为 4 个,序号编为 4~32 号,布置如图 2-21 所示。

2.2.3.2 波浪荷载数值模拟

采用计算流体动力学软件 Flow3D 建立了波浪和建筑物相互作用的三维数值水槽模型,模型采用规则造波,孔隙质结合出流边界进行消波。

数值波浪水池及网格参数设置为: 计算段长 600 m,从 −400 m 延伸到 200 m,宽 80 m、高 23 m。筒型基础位于坐标 0 点,x 方向距造波端 400 m,能保证造波端造出的波浪能在 3~5 个波长的稳定传播后与结构物作用。在水槽末端设置一块三角斜坡式的消波装置,能保证波浪在不引起大量反射的情况下平稳地流出出流边界。造波端即左边边界条件设置为线性波浪条件,波浪条件数设置为 1,其中波浪振幅设置为半个波长 1.14 m、周期为 7.75 s、水深为 8.7 m;右边边界为自由出流边界,并允许液体穿过自由出流边界。宽度方向位于中心,两面距中心均有 40 m 的距离,在一般的水深条件下,距两边的距离均约为 5 个结构直径。底边界设置为壁面边界,其余设置为对称边界。数值水槽的整体示意如图 2-22 所示。风电基础周围 x、y、z 网格划分如图 2-23 所示。模型总网格数约为 300 万个。

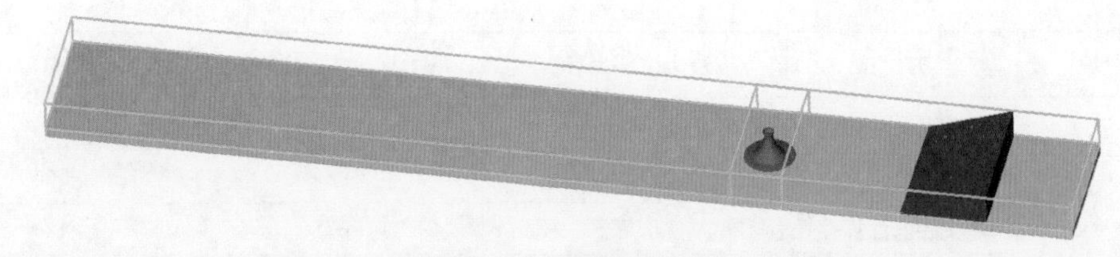

图2-22 数值水槽整体示意图(三角固体为消波装置)

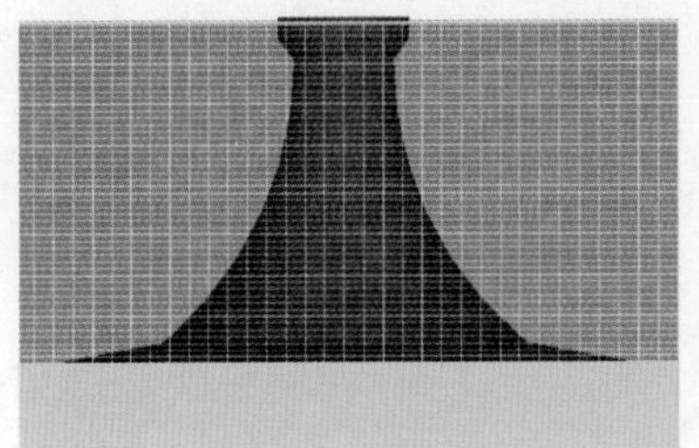
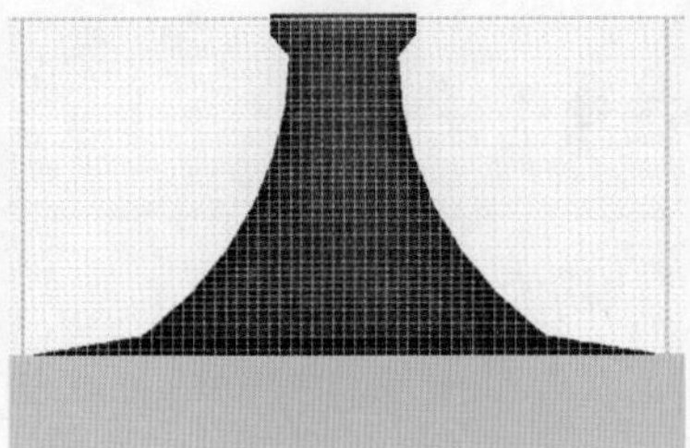

图2-23 基础周围网格划分示意图

2.2.3.3 试验和数值模拟结果对比

为了对比模型试验和数值模拟结果,设计了主要4组工况,并进行了重复测试试验。试验数据的采样频率均为10 Hz,采样时间均为1 min。四种工况波浪参数设置见表2-5。

表2-5 工况表

工况序号	输入波高(m)	实测波高(m)	造波周期(s)	工况水深(m)
1	0.032	0.022	1.5	0.145
2	0.045	0.038	1	0.145
3	0.035	0.028	0.75	0.120
4	0.030	0.017	1	0.114

数值模拟和模型试验结果(换算到原型)对比见表2-6。由上表可以看出,模型试验与数值水槽试验的荷载幅值和均方根结果都非常接近,波浪力大小的变化趋势也几近相同,可见采用这两种方法分析新型筒型基础所受波浪荷载都是可行的。

表2-6 物理模型试验计算结果

工 况	方 法	最大波压力(kN)	最大波吸力(kN)	均方根(kN)
1	数值计算	1 516	1 464	1 021
	模型试验	1 405	1 387	1 013
2	数值计算	662	926	511
	模型试验	668	645	498

(续表)

工　况	方　法	最大波压力(kN)	最大波吸力(kN)	均方根(kN)
3	数值计算	1 083	1 086	730
	模型试验	1 056	985	756
4	数值计算	735	678	486
	模型试验	631	635	486

2.3　单筒多舱基础结构分析

2.3.1　单筒多舱基础结构的传力体系

风力机基础起到将上部风力机荷载有效传递至地基中的重要作用，特别是要解决传递风力机巨大倾覆力矩和水平力的问题。在大量模型试验和数值模拟的基础上，建立了单筒多舱基础结构特有的弧形过渡段和梁板组合结构体系(图 2-24)。

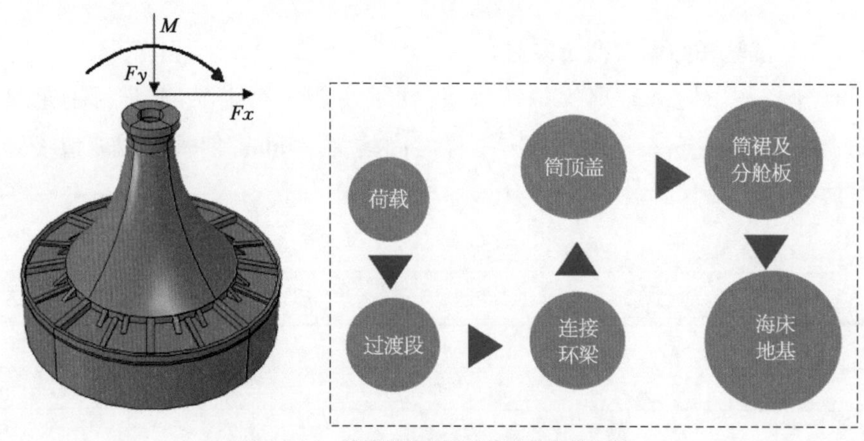

图 2-24　单筒多舱基础结构及传力体系图

由图 2-24 可知，单筒多舱基础结构通过组合结构将风力机塔筒传递的荷载经过渡段、连接环梁、辐射状筒顶盖梁板、筒侧壁及内部钢制分舱板均匀地传递到地基中。这一结构体系充分发挥了预应力钢绞线的高强性能和混凝土的抗压能力，实现了过渡段的抗裂设计，极大地避免了混凝土受拉开裂引起的腐蚀问题。此外，预应力曲线过渡段的曲率设计及直径的渐变设计等实现了将过渡段顶部大弯矩向过渡段底部有限拉压应力的转换。过渡段可采用预应力钢筋混凝土结构也可采用全钢结构。过渡段采用全钢结构时，可为斜支撑型式(图 2-25)、导管架型式或者其他桁架结构型式。

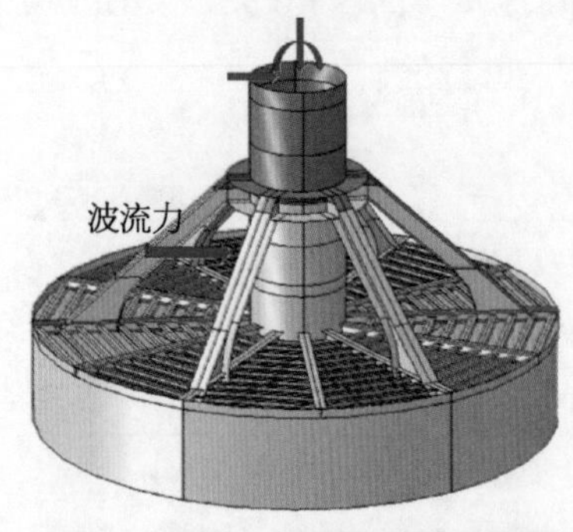

图 2-25　全钢筒型基础结构示意图

2.3.2　钢混组合筒型基础结构的受力分析

2.3.2.1　分析模型

以某海上风电场 3 MW 风力机复合筒型基础为例，基础结构分为上部混凝土弧形过渡段、中部混凝土顶盖和梁结构以及下部钢制半封闭筒状结构。利用有限元软件对筒型基础建模分析如图 2－26～图 2－27 所示。

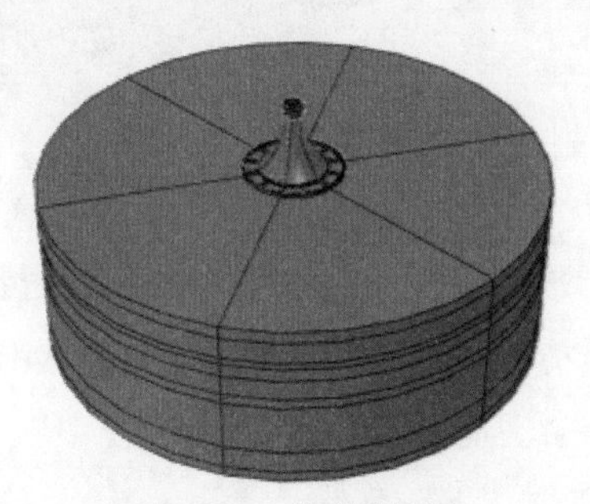

图 2－26　模型整体图

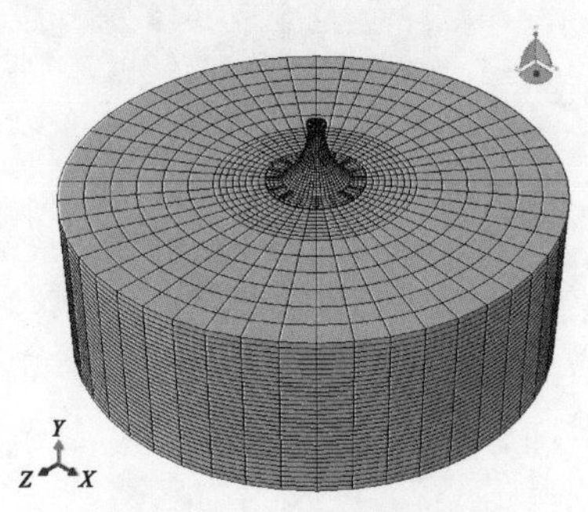

图 2－27　模型整体网格

筒型基础筒壁材料为钢，顶盖、梁、过渡段均为钢筋混凝土，过渡段内设有普通钢筋和预应力钢绞线，各部件尺寸材料见表 2－7。

表 2－7　复合筒基础材料表

部　位	尺寸(m)	体积(m^3)	重量(t)	重量小计(t)	重量总计(t)
弧形段	高 19.7，壁厚 0.6	331.84	829.61	1 881.05	2 340.42
顶　盖	直径 30，厚 0.3	212.06	530.14		
梁	高 0.9，宽 0.9	208.52	521.30		
钢筒壁	直径 30，高 13.2 壁厚 0.020	26.53	206.94	459.37	
钢　筋	直径 12～28	20	156		
分舱板	高 12，壁厚 0.010	10.8	84.23		
钢绞线	—	1.54	12.2		

有限元模型主要包括筒型基础和土体，均按实体建模。筒型基础直径 30 m，筒壁高 13.2 m，过渡段高 19.7 m，顶部外径 6.1 m。按实测钻孔土质资料，土体模型直径 150 m，高 50 m，共 10 层土进行计算。有限元模型网格全部采用实体单元 C3D8R，筒型基础约有 5 200 个网格单元，土体约有 25 000 个网格单元。作用到基础法兰面的荷载如下：极限工况，轴向荷载 7 011 kN、水平荷载 1 523 kN、弯矩 109 400 kN · m；运行工况，轴向荷载 7 144 kN、水平荷载 869 kN、弯矩荷载 61 660 kN · m。

2.3.2.2　极限工况受力分析

极限工况下基础混凝土部分第一、三主应力计算结果如图 2－28～图 2－29 所示。

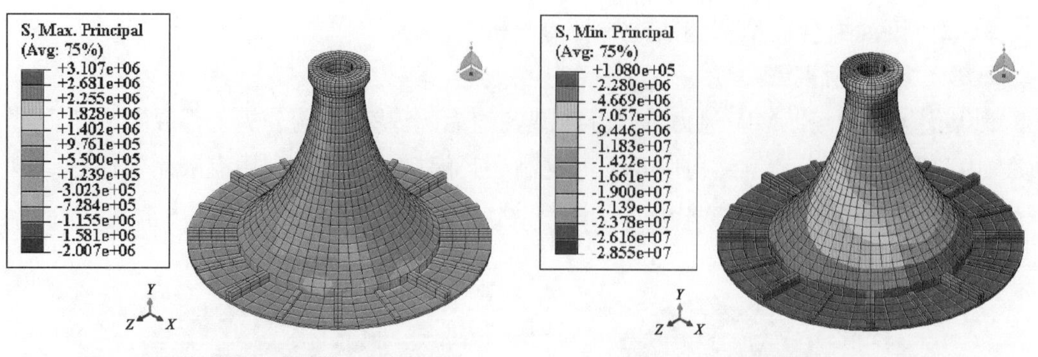

图 2-28　基础混凝土部分第一主应力

图 2-29　基础混凝土部分第三主应力

从结果可知,混凝土拉应力较大区域主要位于顶盖一侧,过渡段处于零拉力状态。压应力局部应力集中区主要位于过渡段顶部一侧,压应力最大区域数值在 28.55 MPa 以内。

钢筒壁和分舱板应力结果如图 2-30～图 2-31 所示。

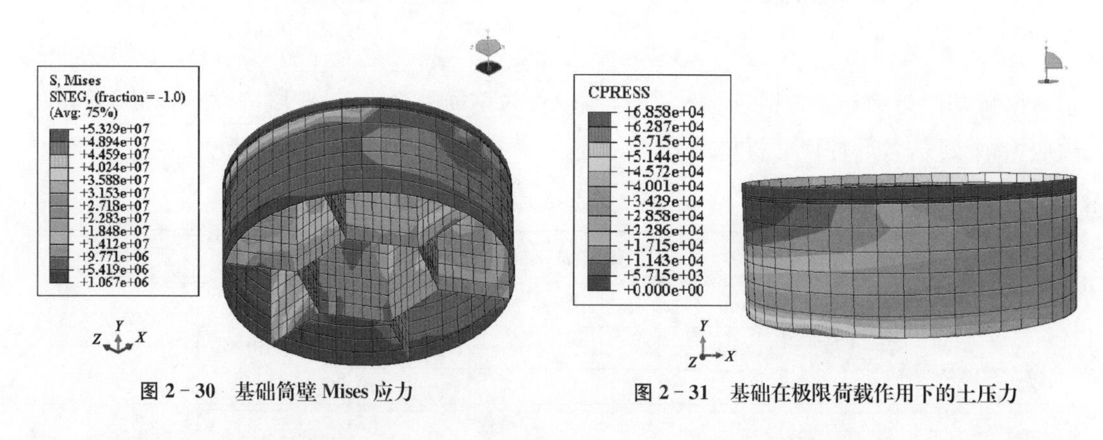

图 2-30　基础筒壁 Mises 应力

图 2-31　基础在极限荷载作用下的土压力

从结果可知,筒壁 Mises 应力最大值为 53.29 MPa,远小于屈服应力。基础所受土压力最大值位于筒壁一侧底端,最大值约为 68.6 kPa。

基础在极限荷载作用下变形如图 2-32 所示。

筒型基础顶盖底面左右两端最大位移分别为 0.004 m、-0.055 m,两端位移差值约为

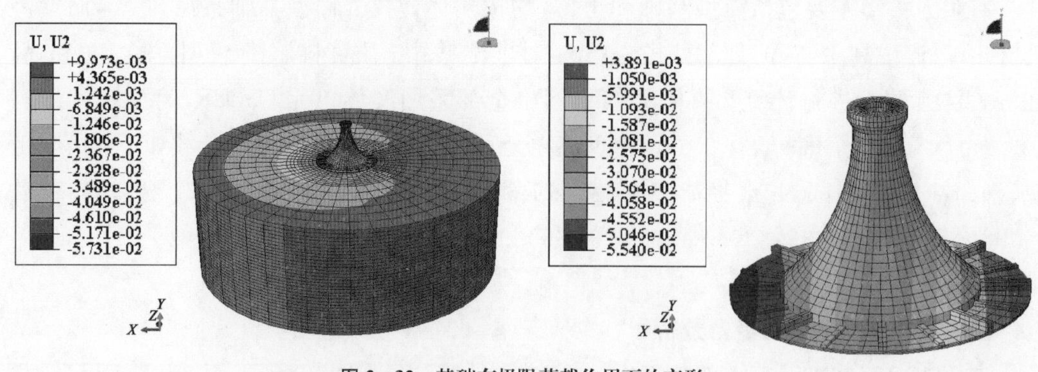

图 2-32　基础在极限荷载作用下的变形

0.06 m,水平度为 0.2%。

2.3.2.3 运行工况受力分析

运行工况下基础混凝土部分第一、三主应力计算结果如图 2-33 和图 2-34 所示。

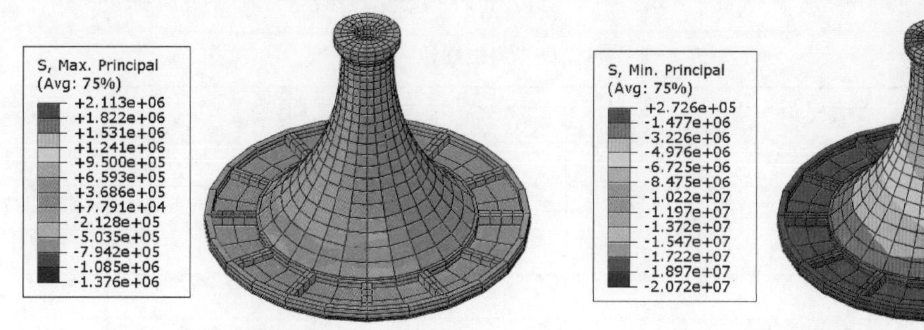

图 2-33　基础混凝土部分第一主应力

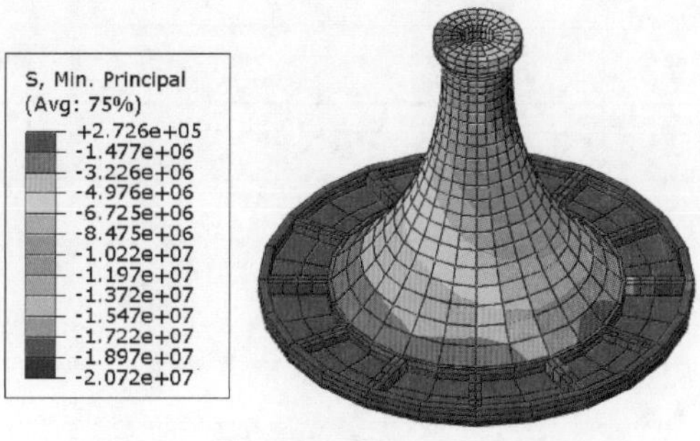

图 2-34　基础混凝土部分第三主应力

混凝土拉应力较大区域主要位于顶盖一侧,过渡段处于零拉力状态。压应力局部应力集中区主要位于过渡段顶部一侧,压应力最大区域数值在 20.72 MPa 以内。

钢筒壁和分舱板应力结果如图 2-35 和图 2-36 所示。

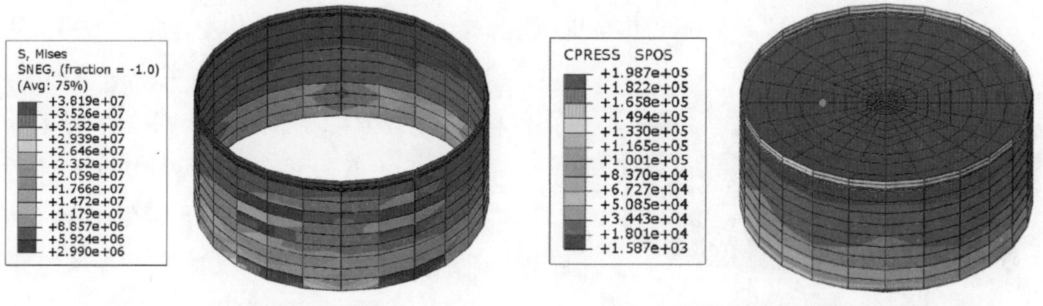

图 2-35　基础筒壁 Mises 应力

图 2-36　基础在运行荷载作用下的土压力

筒壁 Mises 应力最大值为 38.19 MPa,远小于屈服应力。基础所受土压力最大值位于筒壁一侧底端,最大值约为 198.7 kPa。

基础在运行荷载作用下变形如图 2-37 所示。

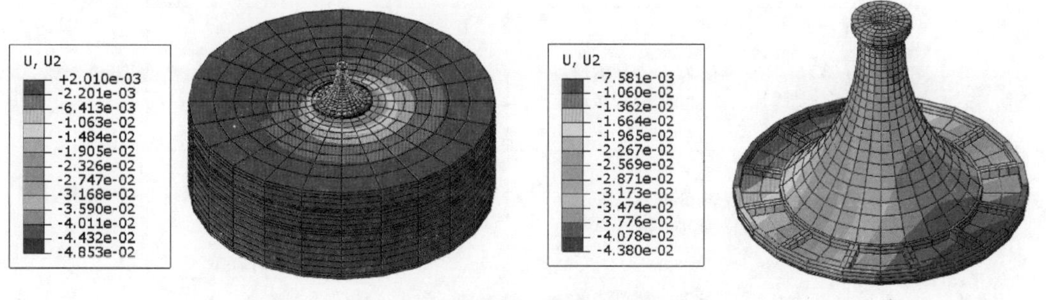

图 2-37　基础在运行荷载作用下的变形

筒型基础顶盖底面左右两端最大位移分别为－0.008 m、－0.044 m，两端位移差值约为0.036 m，水平度为0.12%。

2.3.2.4 整机模态分析

整机的前6阶自振频率见表2－8。第一阶频率为0.306 Hz，满足风力机厂家的要求。

表2－8 整机前6阶自振频率

阶　次	频率(Hz)
1	0.306
2	0.306
3	1.915
4	1.944
5	2.839
6	3.079

2.3.3 全钢筒型基础结构的受力分析

2.3.3.1 分析模型

以某海上风电场6.7 MW风力机全钢筒型基础为例，基础受力结构主体是钢结构。基础过渡段采用钢结构斜支撑，顶盖主梁采用钢梁，各部位材料表见表2－9。基础安装到位后，顶盖上需压载约1 500 t。有限元实体模型如图2－38所示，土体参数按实测钻孔土质资料。极限工况标准值：轴向荷载为6 300 kN、水平力为1 900 kN、弯矩荷载为143 MN・m、波流力为7 150 kN。

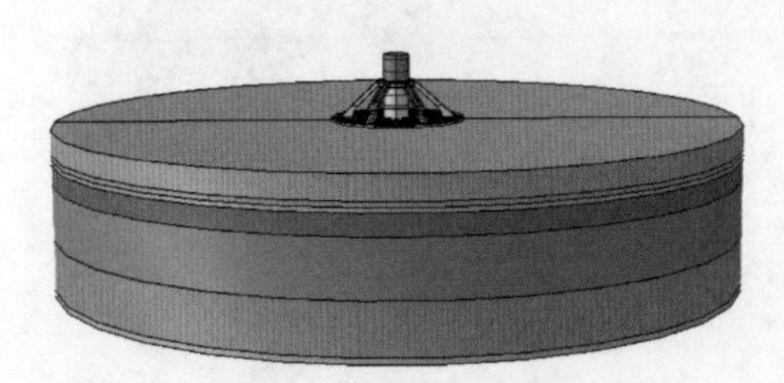

图2－38 有限元实体图

表2－9 全钢筒型基础材料表

部　位	尺　寸	体积(m^3)	密度(t/m^3)	重量(t)	重量合计(t)
过渡段	高为16.53 m，厚度采用渐变形式(t＝30～85 mm)，直径为6.5 m	17.97	7.85	141.06	935.88
斜支撑	斜撑主体和肋板厚度为50 mm	16.89	7.85	132.59	
钢筒	直径为35 m，筒裙高度为6 m，顶盖厚度为20 mm，筒裙厚度为25 mm，分舱板厚度为15 mm	46.83	7.85	367.62	
组合钢梁	径向主梁宽1.2 m、高0.6 m 径向次梁宽0.8 m、高0.6 m 环向连接梁宽0.5 m、高0.3 m 板厚25 mm	31.39	7.85	246.41	
过渡段环肋	外径为9.5 m、内径为6.5 m、厚度为60 mm	6.14	7.85	48.20	

2.3.3.2　极限工况受力分析

极限工况下基础 Mises 应力结果如图 2-39 和图 2-40 所示，位移如图 2-41 所示。

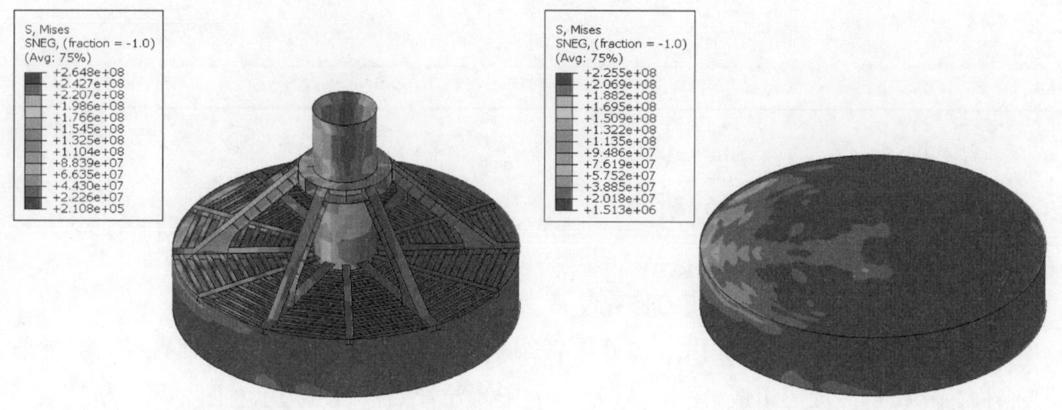

图 2-39　整个钢结构部分 Mises 应力云图　　　　图 2-40　筒裙及顶盖 Mises 应力云图

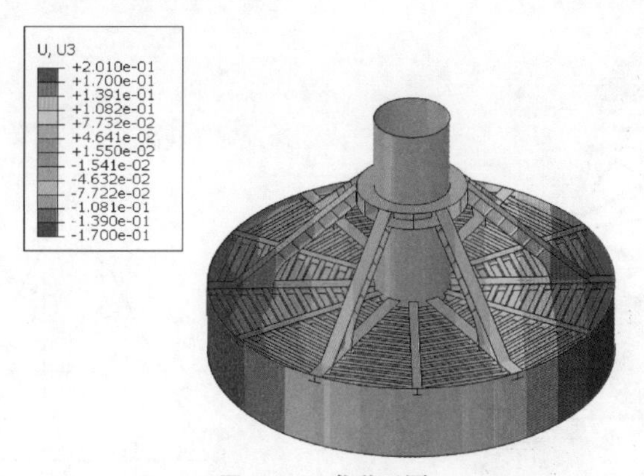

图 2-41　位移云图

从上述图分析可得，结构的最大 Mises 应力为 264.8 MPa，应力较大处主要集中在斜撑与钢梁连接处。该处设计时需要重点关注。

2.3.3.3　整机模态分析

整机的前 6 阶自振频率见表 2-10。风力机一阶自振频率为 0.324 Hz、二阶自振频率为 0.327 Hz，均在合理的范围之内，体现为风力机结构的一、二阶摆振。

表 2-10　整机前 6 阶自振频率

阶　次	频率(Hz)
1	0.324
2	0.327
3	1.681

（续表）

阶　次	频率(Hz)
4	1.880
5	3.215
6	3.264

2.4　多筒基础结构分析

2.4.1　多筒基础结构的传力体系

为了适应更深的海域，提出了多筒导管架基础。该基础由多个钢筒、筒盖结构、导管架结构、平台、过渡段等组成，图 2－42 所示为三筒导管架基础结构示意图。风力机荷载通过过渡段传递给平台，然后传递给导管架，导管架将荷载传递给单个筒型基础。

图 2－42　三筒导管架基础

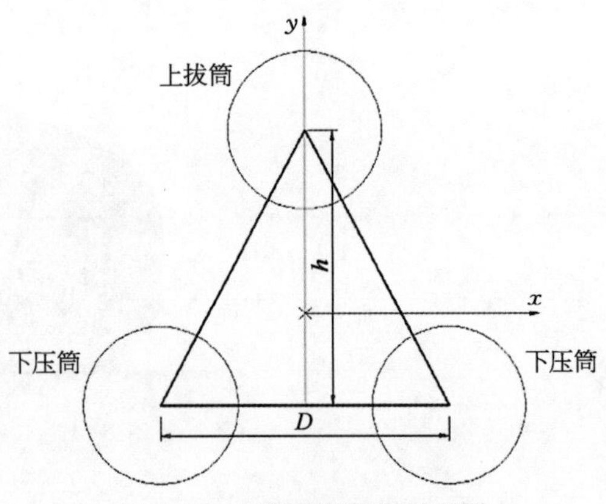

图 2－43　三筒型基础平面布置图

以三筒导管架基础为例说明，三筒型基础分为上拔筒型基础和下压筒型基础两种，如图 2－43 所示，图中上拔筒型基础为弯矩作用下有上拔趋势的筒型基础，下压筒型基础为弯矩作用下有下压趋势的筒型基础。为了对各筒型基础的承载力进行校核，需要计算基础所受荷载，其中上部风力机竖向荷载、导管架和筒型基础自重按照式(2－24)进行分配：

$$V_1 = V_2 = \frac{V + G}{3} \tag{2-24}$$

式中　V_1、V_2——上拔筒型基础和下压筒型基础分别承担的竖向荷载；

V——上部风力机竖向荷载；

G——筒型基础自重。

弯矩荷载通过式(2-25)转化为上拔筒型基础的上拔荷载和下压筒型基础的下压荷载:

$$\begin{cases} V_{M1}=-\dfrac{My_1}{\sum y^2} \\ V_{M2}=\dfrac{My_2}{\sum y^2} \end{cases} \tag{2-25}$$

式中 V_{M1}、V_{M2} ——分别为弯矩产生的上拔荷载和下压荷载;

y_1、y_2 ——分别为上拔筒型基础和下压筒型基础形心到 x 主轴的距离,其中 $y_1=2h/3$,$y_2=h/3$;

$\sum y^2$ ——各筒型基础形心至 x 主轴距离的平方和;

M ——荷载效应标准组合下、作用于泥面、绕通过三筒型基础平面形心 x 主轴的力矩。

通过该方法算出单筒所受竖向荷载,可对单个筒进行设计。为了充分考虑三筒之间相互影响,也可采用三维有限元的方法进行分析。

2.4.2 三筒导管架基础结构的受力分析

2.4.2.1 分析模型

以某海域设计的三筒导管架基础结构为例,通过有限元软件对结构的倾斜和结构强度进行检算,对三筒导管架基础进行受力分析。筒体直径为 20 m,筒裙高度为 20 m,基础具体结构形式如图 2-42 所示,材料表见表 2-11。采用有限元软件建立整个基础结构的有限元模型开展结构受力分析,地质参数以勘测数据为准。极限工况标准荷载,轴向荷载为 7 590 kN、水平荷载为 2 540 kN、弯矩荷载为 203 MN·m、波流力为 890 kN。

表 2-11 三筒导管架基础结构材料表

<table>
<tr><th>部 位</th><th>尺 寸</th><th>体积(m^3)</th><th>密度(t/m^3)</th><th>重量(t)</th><th colspan="2">重量合计(t)</th></tr>
<tr><td>钢筒</td><td>直径为 20 m、筒裙高度为 20 m、顶盖厚度为 15 mm、筒裙厚度为 15 mm</td><td>70.69</td><td>7.85</td><td>554.9</td><td></td><td rowspan="6">2 699.7</td></tr>
<tr><td>顶盖结构</td><td>每个筒上布置高为 0.4～2.5 m 的肋板组合结构</td><td>44.18</td><td>7.85</td><td>346.8</td><td rowspan="4">1 857.6</td></tr>
<tr><td>导管架结构</td><td>高 59.5 m</td><td>91.53</td><td>7.85</td><td>718.5</td></tr>
<tr><td>顶部平台</td><td>上顶板与下底板钢的厚度为 50 mm,高 5.5 m 的肋板组合结构钢的厚度为 15～60 mm</td><td>20.96</td><td>7.85</td><td>164.5</td></tr>
<tr><td>过渡段</td><td>高度为 6.5 m,直径为 6.5 m,厚度为 70 mm</td><td>9.29</td><td>7.85</td><td>72.9</td></tr>
<tr><td>混凝土</td><td>三根主导管架中自泥面向上灌浆 20 m</td><td>336.83</td><td>2.5</td><td>842.1</td><td>842.1</td></tr>
</table>

注:3 个筒顶部共计需 1 000 t 浮重量的配重。

2.4.2.2 极限工况受力分析

极限工况下基础结构各部位位移如图 2－44 所示。从图中分析可知，法兰倾斜度为 3.98‰、泥面倾斜度为 1.60‰，满足相关设计要求。

基础结构各部位应力及位移如图 2－45～图 2～48 所示。从图中可知，结构的最大 Mises 应力为 251.6 MPa，满足结构强度要求。应力值较大点往往出现在导管架与筒连接部位、过渡段部位等。

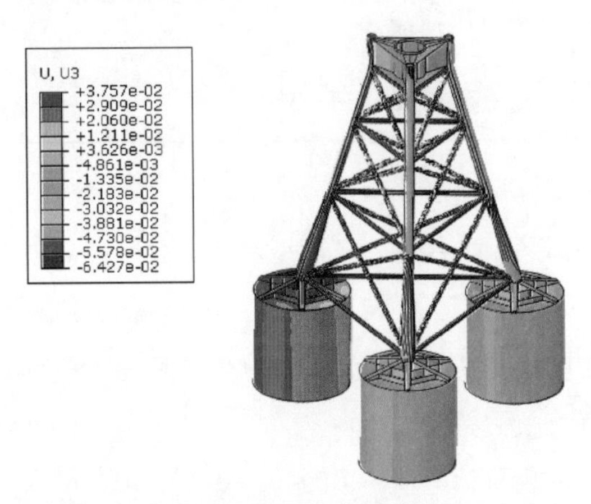

图 2－44　竖向位移云图

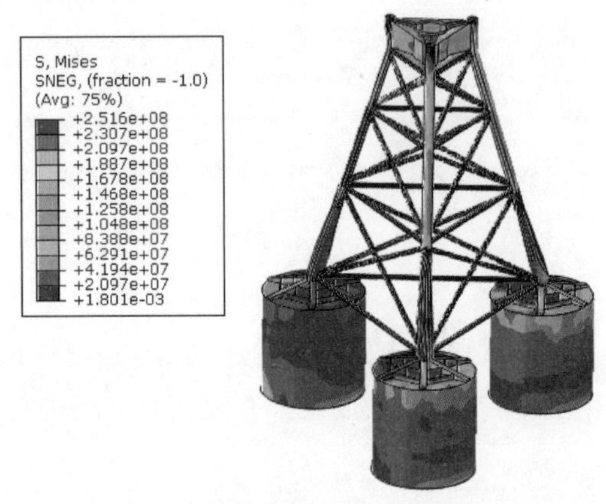

图 2－45　整个钢结构部分 Mises 应力云图

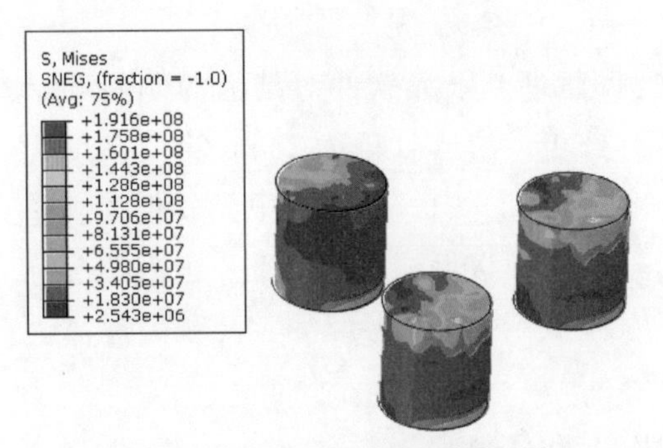

图 2－46　筒裙及顶盖 Mises 应力云图

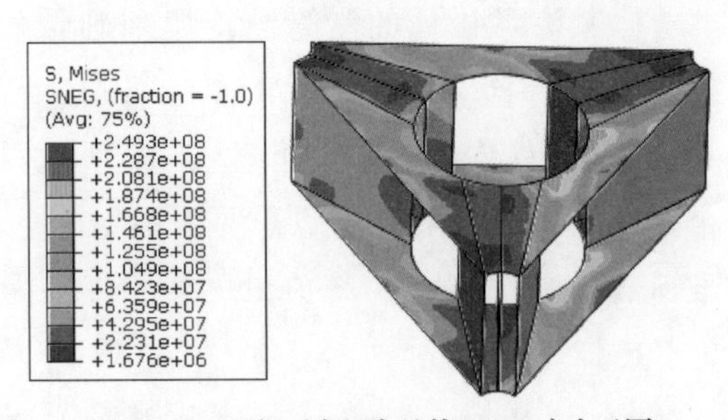

图 2－47　顶部平台组合结构 Mises 应力云图

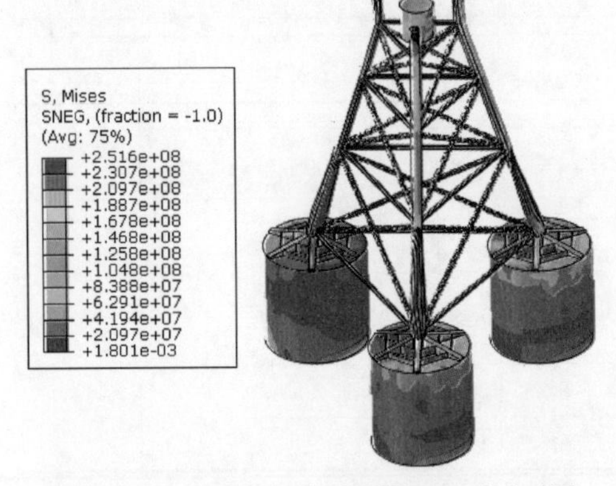

图 2－48　去除顶部平台后结构 Mises 应力云图

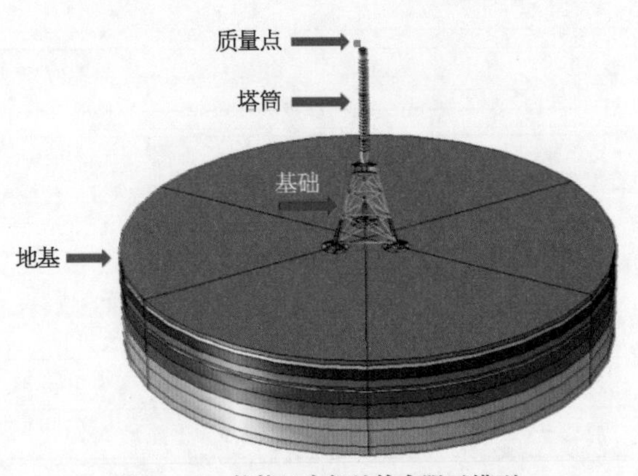

图 2－49　整体风力机结构有限元模型

2.4.2.3　整机模态分析

依据基础结构、塔架结构尺寸及风力机偏心坐标与转动惯性矩等数据，并考虑机舱实际重量分布，按照偏心质量点利用有限元软件建立整个结构的有限元模型，如图 2－49 所示。

整体模型自振模态频率见表 2－12。

表 2－12　整机前 6 阶自振频率

阶　次	频率(Hz)
1	0.299
2	0.302
3	1.141
4	1.482
5	1.574
6	2.103

从表中可知，整机一阶自振频率为 0.299 Hz、二阶自振频率为 0.302 Hz，均在合理的范围之内，体现为风力机结构的一、二阶摆振。

2.5　桩筒复合基础结构分析

桩筒复合基础能发挥桩基础有效控制竖向变形与筒型基础有效控制水平向变形的优势，使得基础结构能够承受更大荷载，以适应更深的水深。桩筒复合基础一般可分为单桩-筒复合基础和多桩-筒复合基础。

2.5.1　单桩-筒复合基础结构的受力分析

桩筒连接部位是新型复合单桩基础设计的关键，合理的桩-筒连接方式可以使桩基础和筒型基础协调工作，同步承担上部荷载。

2.5.1.1　肋板式连接

在筒型基础的上部，用若干肋板和法兰盘把筒上部的桩和筒盖进行刚性连接。这种连接方式能够保证基础有足够的刚度，减少结构内力，把上部荷载均匀传递到筒体，使桩、筒基础协调工作，具体的连接形式如图 2－50 所示。

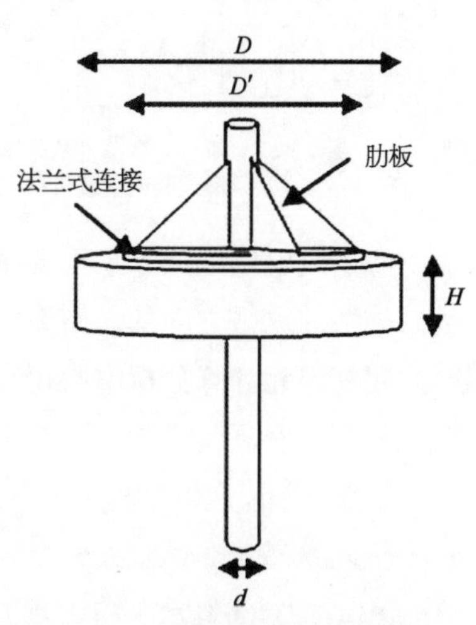

图 2－50　新型复合单桩基础肋板式连接结构示意图

在桩-筒协调工作的有限元计算分析中，新型复合单桩基础的尺寸为：桩长 $L=20$ m，桩径 $d=2$ m，筒径 $D=20$ m，筒高 $H=8$ m，$D'/D=1.0$、0.8、0.6、0.4、0.2 五种情况，见表 2-13。

表 2-13　海上新型复合单桩基础有限元分析具体尺寸

结　　构	尺寸(m)
筒外直径 D	20
筒高度 H	8
筒侧壁厚 t_1	0.4
筒顶壁厚 t_2	0.3
桩直径 d	2
桩长度 L	20
法兰盘厚度 t_3	0.08
肋板厚度	0.04
法兰盘直径 D'	4、8、12、16、20
D'/D	0.2、0.4、0.6、0.8、1.0

在基础顶部中心施加竖向远远大于预计所用承载力的荷载，得到在不同 D'/D 情况下，新型复合单桩基础在竖向荷载作用下位移随荷载的变化发展曲线，如图 2-51 所示。由图可知，进行法兰式连接的新型复合单桩基础竖向承载特性得到了明显的改善，原因是筒型基础在承担荷载方面发挥了更大的作用；分体结构的竖向承载能力最小，$D'/D=1$ 时，即法兰式连接直径和筒型基础直径相同时，其竖向承载能力最大；随着 D'/D 的值逐渐增大，新型复合单桩基础的竖向承载能力逐渐增大。

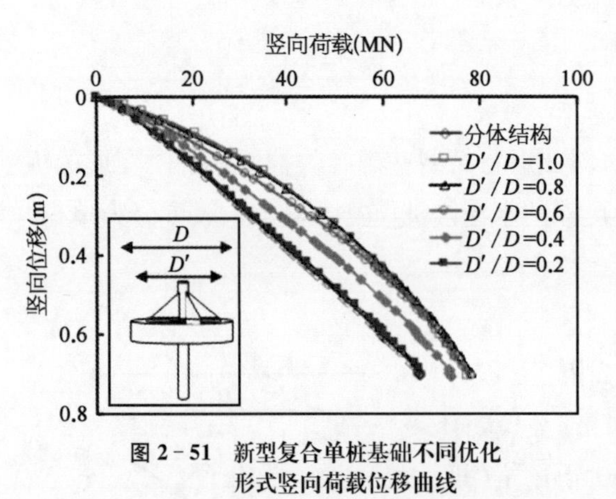

图 2-51　新型复合单桩基础不同优化形式竖向荷载位移曲线

海上风电基础除了承受上部的竖向荷载，还会承受在水流和波浪等的作用下产生对基础结构的水平方向的作用力，往往随着时间的不断增加，引起整个结构发生倾斜破坏。

在有限元计算分析中所得到的新型复合单桩基础在不同 D'/D 情况下，水平位移随荷载的变化发展曲线如图 2-52 所示。

从图可知，分体结构的水平极限承载力最小，当 $D'/D=1$ 时，新型复合单桩基础的水平极限承载力最大；随着 D'/D 的逐渐增大，基础的水平极限承载力逐渐增大，但是当 D'/D 超过 0.2 时，水平极限承载力增加不明显；合理的桩筒连接设计可以使得新型复合单桩基础的抗水平荷载能力显著增强。

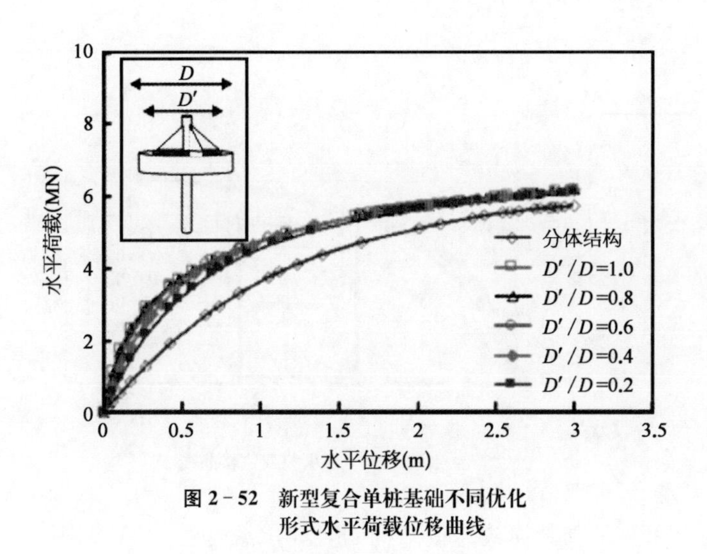

图2-52　新型复合单桩基础不同优化形式水平荷载位移曲线

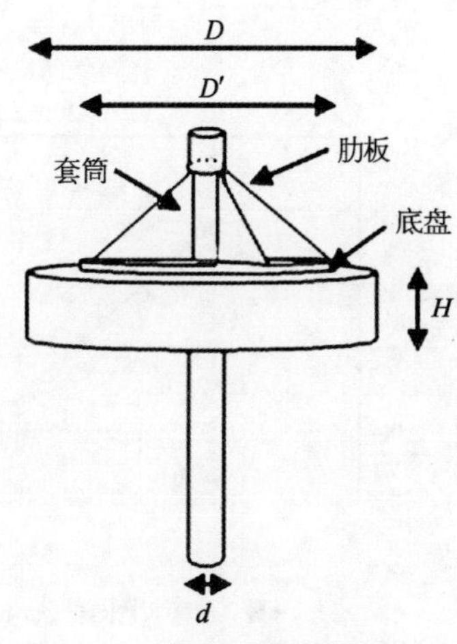

图2-53　新型复合单桩基础套筒式连接形式示意图

2.5.1.2　套筒式连接

在筒型基础的上部,用若干肋板和套筒把筒上部的桩和筒盖进行刚性连接,连接形式示意如图2-53所示。

建立新型复合单桩基础连接形式的数值计算模型,分析此种基础结构承载特性和连接特性。桩-筒基础的尺寸为:桩长 $L=20$ m、桩径 $d=2$ m、筒径 $D=20$ m、筒高 $H=8$ m,见表2-14。

表2-14　海上新型复合单桩基础有限元分析具体尺寸

结　构	尺寸(m)
筒外直径 D	20
筒高度 H	8
筒侧壁厚 t_1	0.4
筒顶壁厚 t_2	0.3
桩直径 d	2
桩长度 L	20
底盘厚度 t_3	0.08
肋板厚度	0.04
底盘直径 D'	4、8、12、16、20
套筒壁厚 t_4	0.05

在基础顶部中心施加竖向远远大于预计所用承载力的荷载,得到新型复合单桩基础在竖向荷载作用下的竖向位移随荷载的变化发展曲线,研究位移的发展变化,确定在位移达到破坏所需位移时对应的荷载的大小,从而确定对应的竖向承载力的大小。计算得到的竖向荷载位移曲线如图2-54所示。

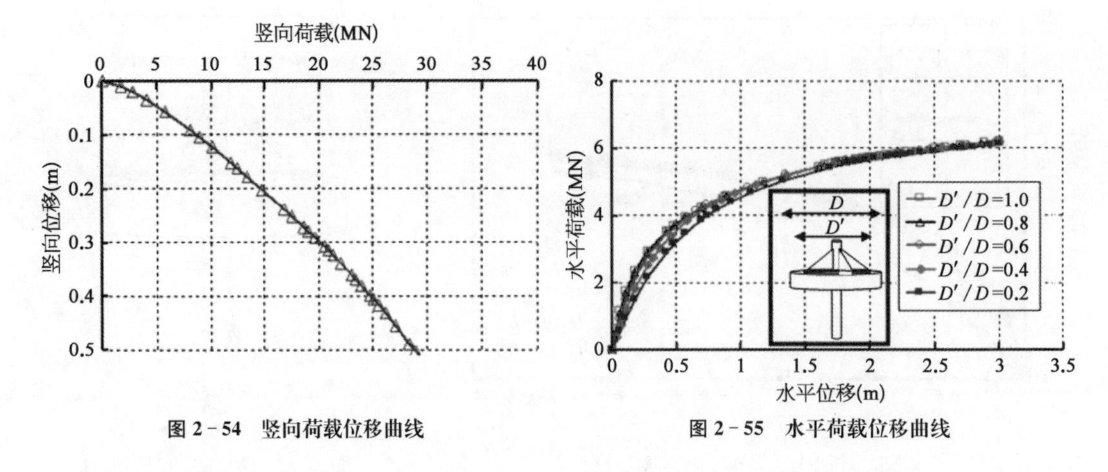

图 2-54　竖向荷载位移曲线

图 2-55　水平荷载位移曲线

从计算可以看出，各个新型复合单桩基础套筒式连接结构的竖向承载特性相同，原因是在竖向受荷过程中，桩基础和桩-套筒间的摩擦力完全承担上部荷载。竖向承载力只与桩径、桩长和套筒高度有关，与筒型基础的形状无关。

在有限元计算分析中所得到的新型复合单桩基础在不同 D'/D 情况下，水平位移随荷载的变化发展曲线如图 2-55 所示。从图中可以看出，当 $D'/D=0.2$ 时，新型复合单桩基础的水平极限承载力最小，当 $D'/D=1$ 时，桩-筒基础的水平极限承载力最大；随着 D'/D 的逐渐增大，基础的水平极限承载力逐渐增大，但是对于 D'/D 超过 0.2 时，水平极限承载力增加不明显；套筒式连接结构水平荷载位移曲线与前文所述连接结构的水平荷载位移曲线大致相同。

2.5.1.3　两种连接形式的对比

桩-筒连接部位是新型复合单桩基础设计的关键，合理的桩-筒连接方式可以使得桩基础和筒型基础协调工作，在外荷载的作用下发挥最大的优势。肋板式连接和套筒式连接各自的特点对比见表 2-15。

表 2-15　海上新型复合单桩基础不同连接方式比较

连接方式	肋板式连接	套筒式连接
竖向承载特性	桩和筒通过法兰和肋板连接，通过确定最优的法兰盘直径，桩和筒共同承担上部荷载，且桩基础和筒型基础均保证相同的竖向承载力发挥程度和竖向承载能力安全储备	桩基础和桩-套筒间的摩擦力完全承担上部荷载；竖向承载力只与桩径、桩长和套筒高度有关，与筒型基础的形状无关
水平承载特性	水平承载能力是由桩基础和筒型基础共同提供，通过已经确定最优的法兰盘直径，验算水平承载力	水平承载能力是由桩基础和筒型基础共同提供，其承载能力与肋板式基本相同
施工	桩和筒的连接需要在桩基础和筒型基础下沉就位后进行连接	连接部位为预制件，对于在海上恶劣环境下的施工具有很好的便利性

(续表)

连接方式	肋板式连接	套筒式连接
特点	竖向承载力和水平承载力大,桩基础和筒型基础均保证相同的承载力发挥程度和承载能力安全储备	采用筒套桩的方式,即筒顶肋板与一段套筒连接,套筒内径略大于桩外径,施工完成后套筒和桩之间灌浆连接,为保证连接牢固,施工相对简便
缺点	海上施工困难	竖向承载力主要由桩基础承担

2.5.2　多桩-筒复合基础结构的受力分析

海上新型多桩-筒型复合式基础,是指桩基和筒型基础在海岸上预制,运到海上完成桩基施工和筒型基础沉放,并进行桩基和筒型基础连接。桩基一般为钢管桩,筒型基础材料可以选择混凝土结构、钢结构及钢混组合结构三种型式。

根据多桩-筒型复合式基础结构特点,其基础结构的受力方式为:风电机的荷载传递到筒型基础和多桩基础上,然后由筒型基础和多桩基础最终传递到海床地基上。

以图 2-5(b)类型为例,多桩-筒基础结构可在原有的单筒基础分舱板处增设多个短桩,提高筒的整体刚度及结构稳定性。

根据某海域海上风电场设计方案,采用数值模拟软件对筒型基础进行建模,过渡段、斜撑、钢梁、筒裙基础均采用壳体单元模拟,如图 2-56 所示,混凝土采用实体单元模拟,土体采用 Mohr-Coulomb 模型,筒基与土之间采用接触单元模拟相互作用。数值模拟分析了无短桩和有短桩两种情况。

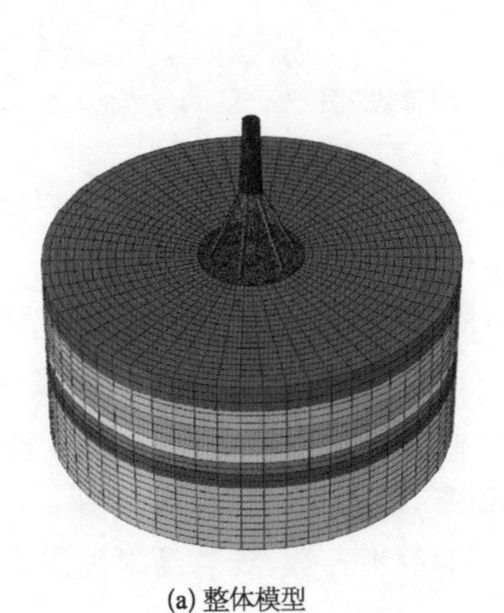

(a) 整体模型

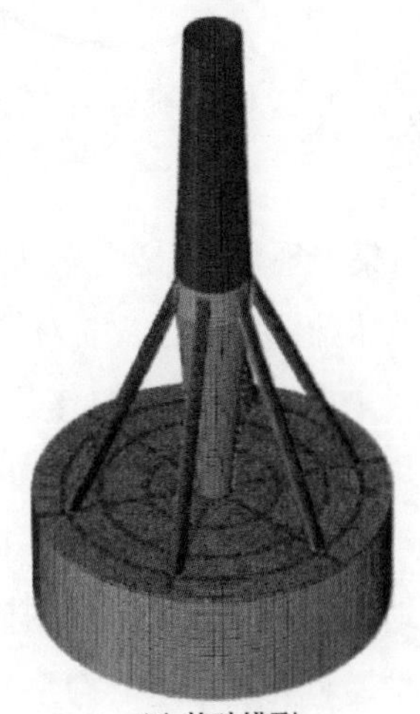

(b) 基础模型

图 2-56　数值模拟模型

对于无短桩,在极端工况下,钢结构最大 Mises 应力 σ_s、混凝土最大拉应力 σ_1、混凝土最大压应力 σ_3 和结构沉降量的分布情况如图 2-57 所示。结果表明筒基分舱板处出现了

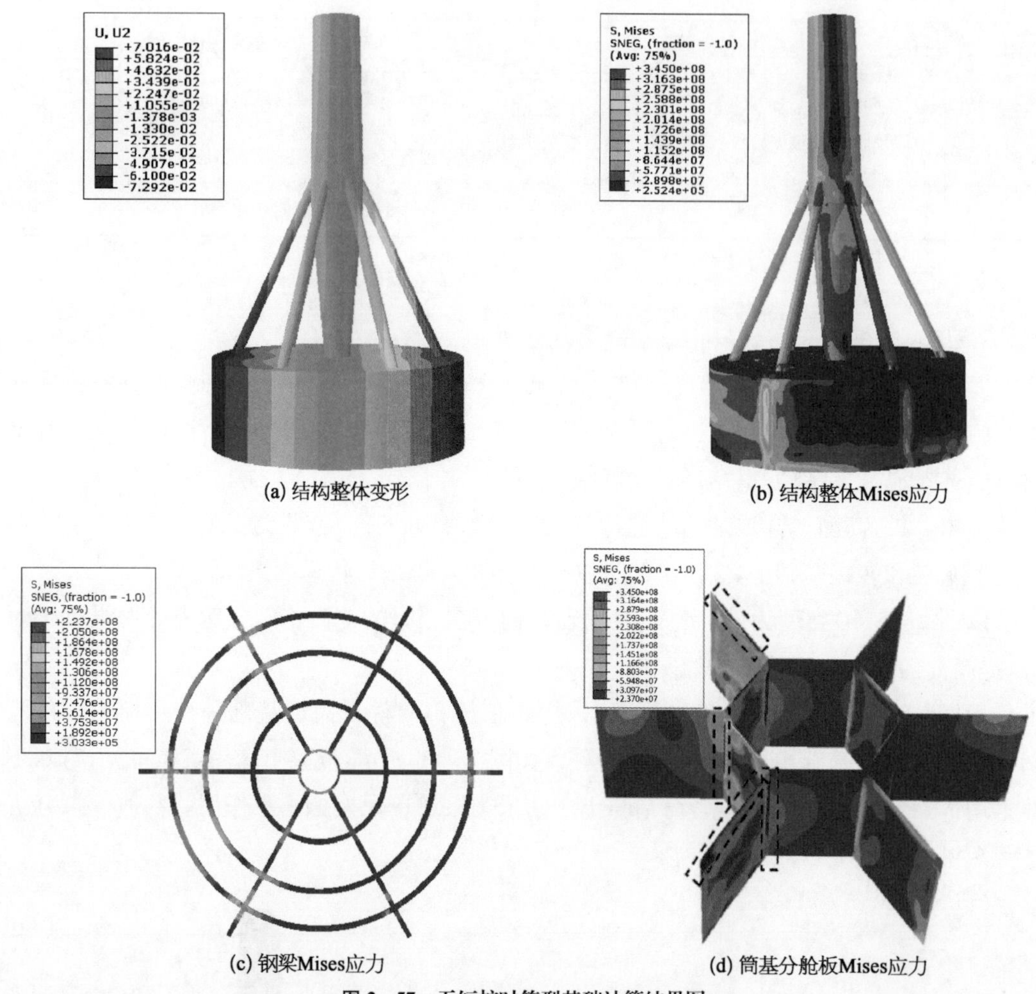

(a) 结构整体变形

(b) 结构整体Mises应力

(c) 钢梁Mises应力

(d) 筒基分舱板Mises应力

图 2-57　无短桩时筒型基础计算结果图

较大的应力集中现象，这是由于所在海域地基较差，表面土基本上全为淤泥，筒内土变形较大，筒基分舱板受力较大，需对筒基分舱板进行结构优化。

考虑到单桩基础结构的作用方式和受力特点，以及此新型海上风电筒型基础上部结构采用的为单直立柱与六角斜撑共同承载的型式，在筒基内分舱板位置加入 6 根短桩，形成筒桩结合的筒型基础，同时短桩与上部斜撑相结合，从而更好地将上部荷载传入地基之中，加入短桩的同时降低分舱板厚，以利于结构下沉。图 2-58 为筒桩结合筒型基础，进行此结构型式在极端荷载下的静力计算，计算结果见图 2-59 和表 2-16。

通过计算分析发现，采用筒桩结合的筒型基础，结构稳定性更好，且结构受力更加合理，既克服了筒基土对筒基分舱板造成的应力集中，又有利于将上部荷载传入地基土中。

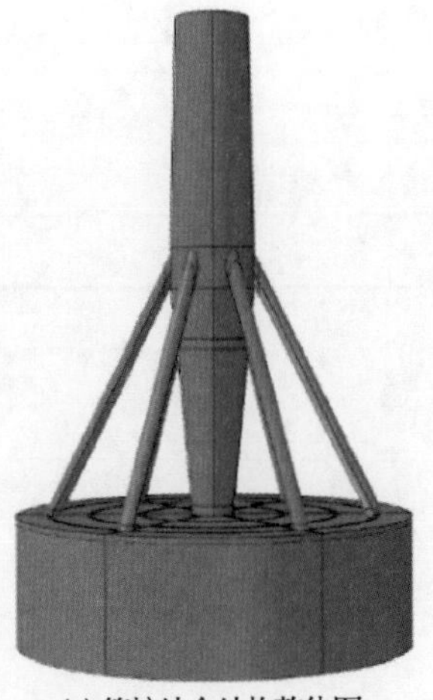

(a) 筒桩结合结构整体图

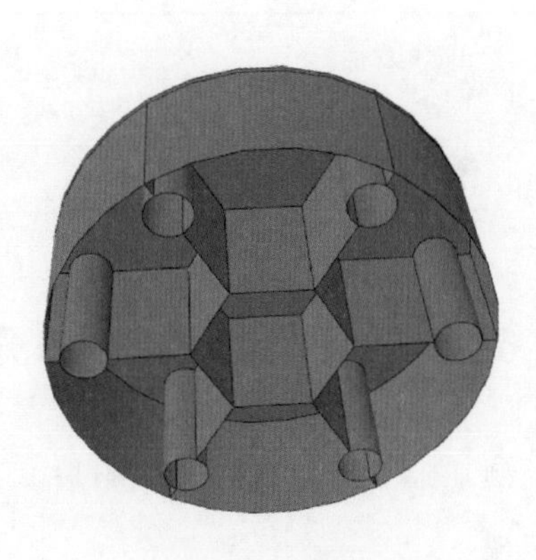

(b) 筒桩结合筒基结构图

图 2-58　筒桩结合下的组合式筒型基础

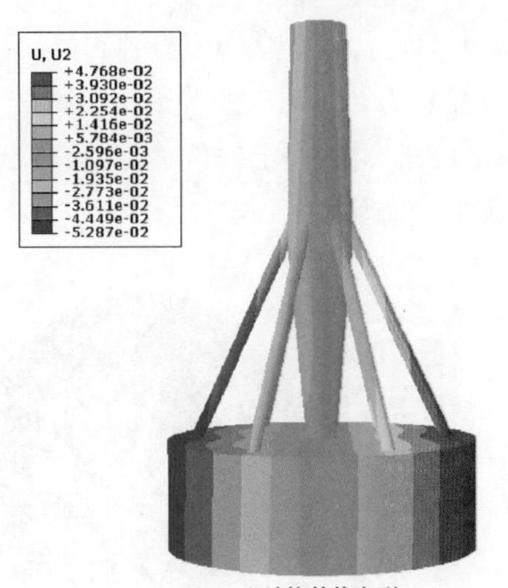

(a) 结构整体变形

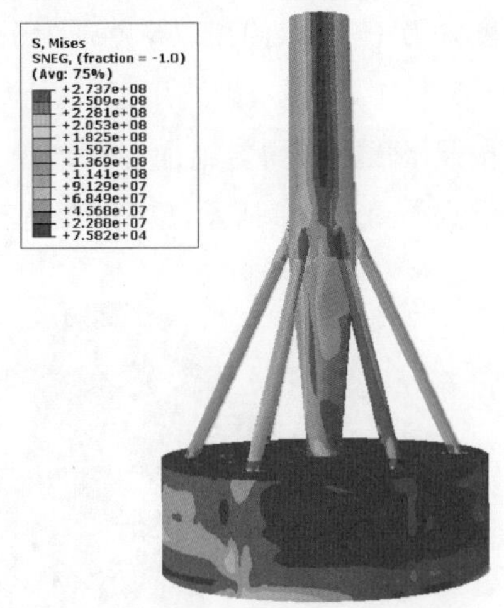

(b) 结构整体Mises应力

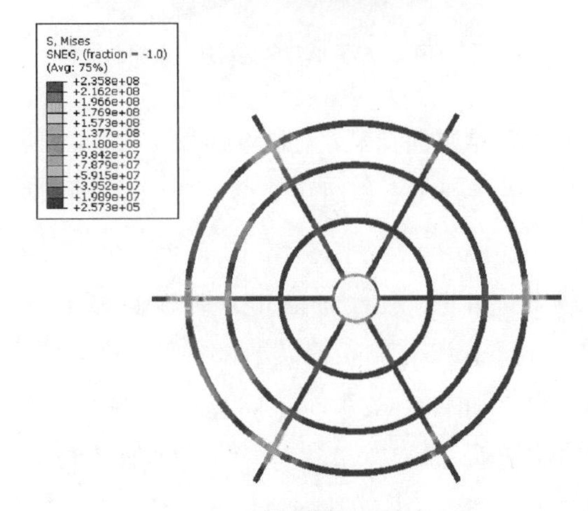

(c) 钢梁Mises应力

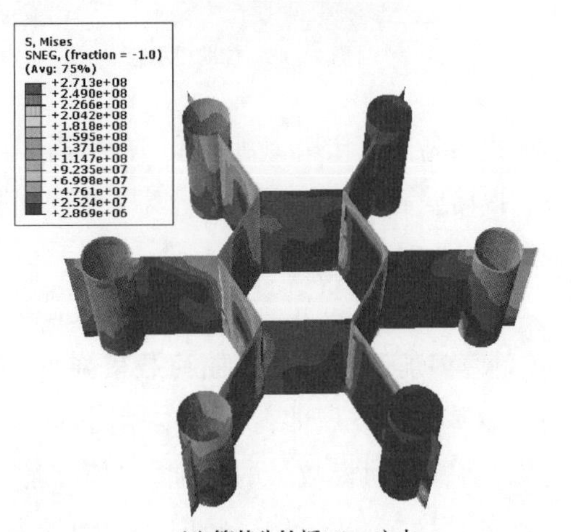

(d) 筒基分舱板Mises应力

图 2-59　筒桩结合下的组合式筒型基础计算结果图

表 2-16 模型计算汇总表

钢结构最大 Mises 应力(MPa)	基础倾斜度(‰)		沉降量(mm)		钢材总重(t)	结构总重(t)
	泥面	法兰	泥面	法兰		
271.3	2.60	6.50	52.8	33.4	1 304.8	3 032.2

2.6 建造期筒型基础屈曲分析

筒型基础下部一般为薄壁钢结构，在建造过程中存在着屈曲失稳的可能性，需要对此加以重视。

以某海上风电单筒多舱基础为计算模型，采用有限元方法分析了筒裙高度和加肋数量对筒型基础临界屈曲荷载的影响规律。筒型基础外径 D_o为 30 m、筒壁厚 t 为 25 mm、分舱板厚度 δ 为 15 mm、筒顶盖厚度 λ 为 1.2 m、肋板截面尺寸为 10 mm×150 mm。

有限元分析中，筒型基础选用壳单元，筒壁与分舱板上肋板均按照等距离原则建立；自重荷载按照压强方式均匀施加在筒顶盖；筒底端约束三个方向上的位移，肋板底端自由。加肋示意如图 2-60 所示，单筒多舱基础一阶屈曲模态如图 2-61 所示。

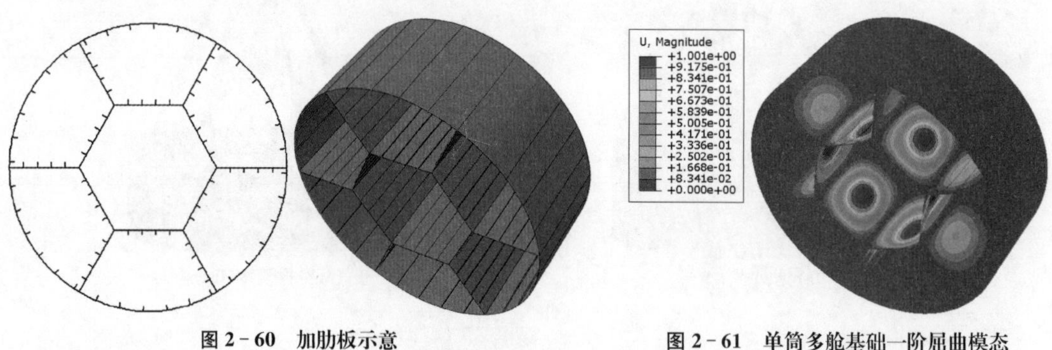

图 2-60 加肋板示意

图 2-61 单筒多舱基础一阶屈曲模态

筒裙高度变化从 1 到 15 m 时，单筒多舱基础临界屈曲荷载(无肋板)，如图 2-62 所示。以筒壁高度 12 m 为例，计算了竖向加肋数量从 0 到 162 根时单筒多舱基础临界屈曲荷载，如图 2-63 所示。

由图 2-62 可知，筒壁和分舱板高度在 1～5 m 时，随着筒壁和分舱板高度的增加，单筒多舱基础临界屈曲荷载呈降低趋势，当筒壁和分舱板高度在 5～15 m 时，单筒多舱基础临界屈曲荷载基本相同，即高度对临界屈曲荷载影响不明显。由图 2-63 可知，随着加肋板数量的增加，单筒多舱基础临界屈曲荷载呈线性增加，即加肋板有助于自立稳定性。当然，竖向肋的增加需要综合考虑对基础下沉的影响，不能一味地增加数量。

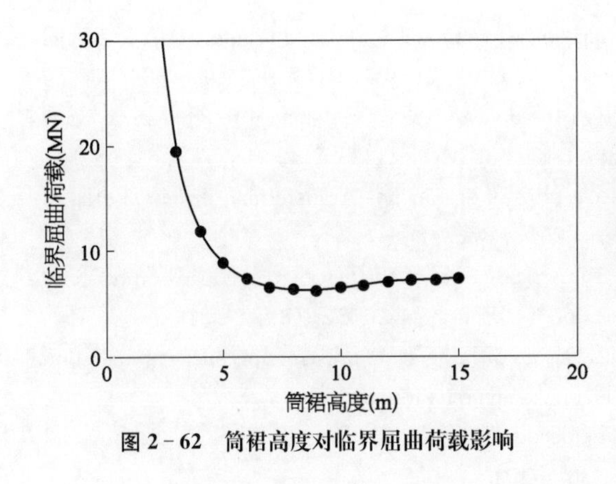

图 2-62 筒裙高度对临界屈曲荷载影响

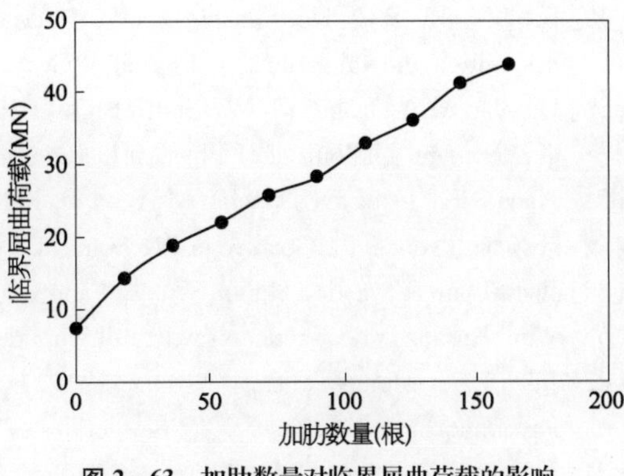

图 2-63 加肋数量对临界屈曲荷载的影响

参 考 文 献

[1] 陈子燊.波高与风俗联合概率分布研究[J].海洋通报,2011,30(2): 158-163.

[2] 丁红岩,张浦阳,练继建,等.一种适用于海洋风电的大尺度筒型基础结构: ZL201410181461.3[P]. 2014-4-30.

[3] 丁红岩,张浦阳,练继建,等.一种应用于海洋工程的过渡式筒型基础结构: ZL201410182897.4[P]. 2014-4-30.

[4] 丁红岩,乐丛欢,练继建,等.一种拉索式多桩筒型基础复合结构: ZL20132031671.4[P].2013-10-30.

[5] 董胜,周冲,陶山山,等.基于 Clayton Copula 函数的二维 Gumbel 模型及其在海洋平台设计中的应用[J].中国海洋大学学报,2011,41(10): 117-120.

[6] 贾娅娅.海上风力机运行与台风气动性能及尾流场特性研究[D].天津: 天津大学,2017.

[7] 练继建,丁红岩,张浦阳,等.一种海上风电整机浮运方法: US20150247485[P].2016-3-29.

[8] 练继建,王海军,刘梅梅.海上地基基础: ZL201010246761.7[P].2010-8-6.

[9] 练继建,王海军,吕娜.一种采用预应力混凝土筒型结构的海上风电机组地基基础: ZL201010102601.5[P].2010-1-29.

[10] 练继建,王海军,刘梅梅.一种钢混组合机构的海上风电机组地基基础: ZL201010102604.9[P].2010-1-29.

[11] 练继建,刘润,燕翔.一种后期加辅助桩的复合筒型基础: ZL201620821324.6[P].2017-11-30.

[12] 王海军,杨旭,练继建.一种由单桩、筒型基础和锚索组成的海上风电基础: ZL201310174029.7[P]. 2013-5-11.

[13] 王海军,张凡,练继建.一种海上风电复合筒型基础: ZL201721641592.0[P].2017-11-30.

[14] 奚泉.复合式筒型基础波浪荷载特性研究[D].天津: 天津大学,2014.

[15] 严磊.风力机支撑体系结构设计研究[D].天津: 天津大学,2008.

[16] 于通顺.复合筒型基础动力响应及冲刷特性研究[D].天津: 天津大学,2014.

[17] 张浦阳,丁红岩,练继建.一种钢混复合筒型基础结构及其施工方法: ZL201210334657.2[P].2012-9-11.

[18] 张浦阳,丁红岩,练继建.一种钢/混凝土复合筒型基础结构及其施工方法: ZL201210334656.8[P]. 2012-9-11.

[19] Booij N, Ris R C, Holthuijsen L H. A third-generation wave model for coastal regions. Part I: Model description and validation[J]. Journal of Geophysical Research, 1999, 104(C4): 7649-7666.
[20] Donelan M A, Dobson F W, Smith S D, et al. On the dependence of sea surface roughness on wave development[J]. Journal of Physical Oceanography, 1993, 23(9): 2143-2149.
[21] Haus B K, Jeong D, Donelan M A, et al. Relative rates of sea air heat transfer and frictional drag in very high winds[J]. Geophysical Research Letters, 2010, 37(7): 1-5.
[22] Jijian Lian, Yaya Jia, Haijun Wang, Fang Liu. Numerical study of the aerodynamic loads on offshore Wind turbines under typhoon with full wind direction[J]. Energies, 2016, 9(8): 1-21.
[23] Jijian Lian, Hongyan Ding, Puyang Zhang, et al. Design of large-scale prestressing bucket foundation for offshore wind turbines[J]. Transactions of Tianjin University, 2012, 18(2): 79-84.
[24] Pollard R T, Rhines P B, Thompson RORY. The deepening of the wind-mixed layer[J]. Geophysical and Astrophysical Fluid Dynamics, 1973, 4(1): 381-404.
[25] Skamarock W C, Klemp J B, Dudhia J, et al. A Description of the Advanced Research WRF Version 3[R]. National center for atmospheric research, 2008.

第 3 章

海上风电筒型基础的地基稳定性

海上风电结构作为高耸结构物，其地基基础在承受竖向荷载、水平荷载的同时还需承受巨大的倾覆荷载。针对我国近海软弱地基条件，为有效抵抗海上风电结构的巨大倾覆力矩，作者团队创新发明了单筒多舱基础结构、多筒基础结构和桩筒复合基础结构等新型筒型基础结构。目前对新型筒型基础结构的地基稳定性计算方法尚未成熟，本章阐述多维荷载作用下各类新型海上风电筒型基础的地基稳定性以及地震、冲刷等对地基承载力影响的最新研究成果。

3.1 单筒多舱筒型基础的竖向承载力

3.1.1 承载模式

超大直径(通常大于 30 m)是海上风电单筒多舱筒型基础的显著特点，由于该种基础的埋深通常小于 15 m，从基础宽度与埋深的比例来看，单筒多舱筒型基础应属于浅基础的范围。但由于其直径超大，已经不同于传统意义上的浅基础。其竖向承载的地基破坏模式应属于传统浅基础与深基础之间的过渡类型(图 3-1)。

图 3-1 单筒多舱基础的地基承载模式

目前，在实际工程中为了便于应用，将单筒多舱筒型基础的竖向承载模式划分为两种类型：

(1) 顶盖承载模式，即认为筒型基础的筒顶盖与地基土体完全接触形成整体，筒壁对顶盖下土体形成了有效约束，在竖向荷载作用下筒型基础与筒内土体协同承载，此时筒型基础的地基破坏模式接近浅基础。该种承载模式一般适用于长径比不大于 1 的筒型基础。

(2) 筒壁承载模式，即筒顶盖下未能接触地基表面，竖向荷载由筒壁和筒端共同承担，此时筒型基础的地基破坏模式更接近桩基础。该种承载模式一般适用于长径比较大的筒型基础。

3.1.2 顶盖承载模式的承载力验算

该种承载模式下可将筒型基础与筒内土体视为整体，由经典土力学承载力理论可知，此时的筒型基础可类比于圆形浅基础或墩式深基础。以下给出这两种类型基础的地基极限承载力计算方法。

1）圆形浅基础的地基极限承载力

参考 API 规范（文献[15]）中圆形浅基础计算公式，具体如下：

在不排水条件下，若地基土不排水抗剪强度不随深度变化，基础的地基承载力为

$$Q=(s_u N_c K_c+\gamma L_d)A' \tag{3-1}$$

式中 Q——基础的地基极限承载力；

s_u——地基土的不排水抗剪强度；

N_c——无因次常数，$\varphi=0$ 时取 5.14；

γ——地基土的容重；

L_d——基础的埋置深度；

A'——考虑荷载偏心度的基础有效面积；

K_c——考虑荷载倾斜度、基础形状、埋置深度、基底倾斜度和泥面倾斜度的修正系数。

当基础在泥面处受垂直的中心荷载作用，且基底和泥面均为水平时，对于圆形或方形基础，公式可简化为

$$Q=6.05\,s_u A \tag{3-2}$$

式中 A——基础的实际面积。

在不排水条件下，若地基土不排水抗剪强度随深度线性变化，基础的地基极限承载力为

$$Q=\Psi\left(s_{u1}N_c+\frac{kB}{4}\right)K_c A' \tag{3-3}$$

式中 Ψ——修正系数；

k——不排水抗剪强度随深度增加的速率；

s_{u1}——基础底部土体的不排水抗剪强度；

B——基础最小横向尺寸。

在排水条件下，地基承载力为

$$Q=(c' N_c K_c+q N_q K_q+1/2\gamma' B N_\gamma K_\gamma)A' \tag{3-4}$$

式中 c'——地基土的有效黏聚力；

$N_q=[\exp(\pi\tan\varphi')][\tan^2(45°+\varphi'/2)]$，$\varphi'$ 的无因次函数，φ'为地基土的有效内摩擦角；

$N_c=(N_q-1)\cot\varphi'$，φ' 的无因次函数；

N_γ——φ'的无因次经验函数，可近似为 $1.5(N_q-1)\tan\varphi'$；

γ'——土的有效容重；

$q=\gamma' L_d$；

K_q、K_γ——为考虑荷载倾斜度、基础形状、埋置深度、基底倾斜度和泥面倾斜度的修正系数，下标分别表示方程中的各个特定项。

当 $c'=0$ 时，基础在泥面处受垂直的中心荷载作用，且基底和泥面均为水平。对于圆形或方形基础，式(3-4)可简化为

$$Q=0.3\gamma' BN_\gamma A \tag{3-5}$$

采用上述浅基础公式验算单筒多舱筒型基础竖向承载力时，由于忽略了筒侧壁摩阻力且考虑了荷载偏心、荷载倾斜等因素的影响，因此使用时建议地基极限承载力的安全系数取为 2.0。

2) 墩式深基础的地基极限承载力

太沙基理论认为，当圆柱形墩式深基础在荷载作用下达到破坏时，在基底平面以下形成连续的滑动面，在形成此滑动面的过程中，由于 ad 环形区域下的土直接受到基础下的土所给予的侧向挤压，使这块土有向上移动并驱使环形面积 ad 以上的土体也产生了向上的相对移动，从而在环形面积以上土体的边界 de 和墩式基础侧面与土之间分别产生了向下的剪阻力 τ 和摩阻力 f_s，如图 3-2 所示。圆形墩式深基础底部的单位地基极限承载力可按圆形浅基础的相同形式来表示，即

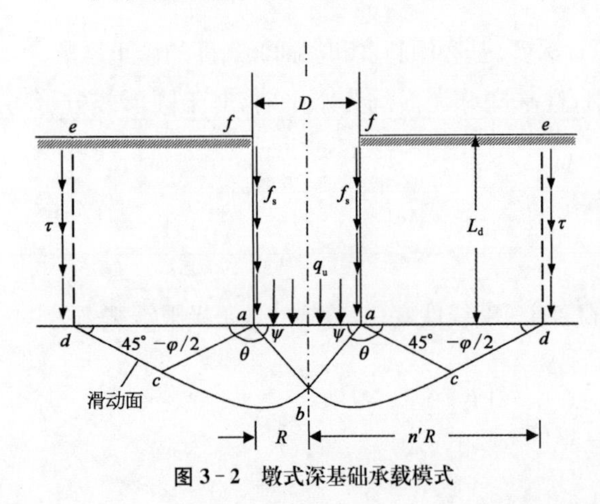

图 3-2 墩式深基础承载模式

$$q_u=1.3cN_c+\gamma_1 L_d N_q+0.6\gamma RN_\gamma \tag{3-6}$$

式中 N_c、N_q、N_γ——承载力系数，根据基底以下土的内摩擦角 φ 值从图 3-3 中查取；

R——圆形基础的半径；

γ_1——基底以上土的等效容重，根据环形面积 ad 上移时其竖向力的平衡条件来确定。

设环形的半径为 $n'R$，则等效容重可表示为

$$\gamma_1=\gamma_0+2\frac{f_s+n'\tau}{(n'^2-1)R} \tag{3-7}$$

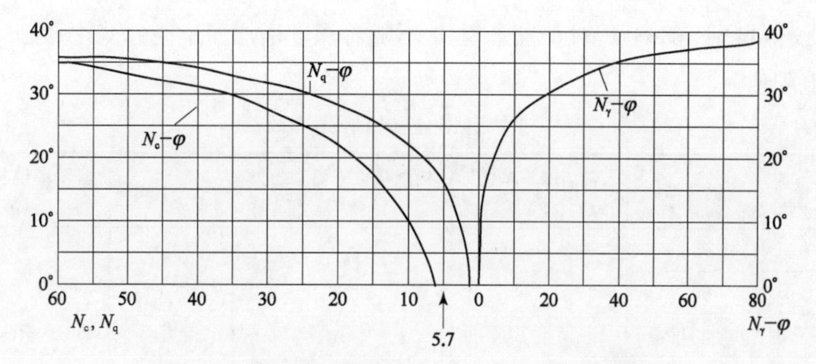

图 3-3　基底完全粗糙时 N_c、N_q、N_γ 与 φ 的关系曲线

式中　γ_0——基底以上土的容重；

f_s——基础侧面与土体之间的极限侧摩阻力，可通过计算获得，也可由刘润等(2019)提出的环形原位触探装置直接测得；

τ——环形圆柱体边界 de 上的剪阻力，一般情况下 $0 < \tau < \tau_f$ (土的抗剪强度)。

采用该种方法计算单筒多舱筒型基础承载力时，假定的基底滑动面范围较大，且考虑了侧摩阻力的影响，这在一定程度上较高地估计了筒型基础的竖向极限承载力，而且未能考虑荷载倾斜的不利影响，因此在使用时，建议地基承载力的安全系数取为 2.5。

3.1.3　筒壁承载模式的承载力验算

该种承载模式下认为筒型基础顶盖未能与地基表面接触，将筒型基础视为桩基础，采用桩基础极限承载力的计算方法(Jijian Lian 等，2011)。

根据 API 规范(文献[15])，桩基的极限承载力 Q_u 一般由底部极限承载力 Q_b 和侧摩阻力 Q_s 组成，即

$$Q_u = Q_b + Q_s \tag{3-8}$$

其中，基础底部极限承载力由式(3-9)表示，即

$$Q_b = q_u A \tag{3-9}$$

式中　q_u——单位桩端承载力(kPa)；

A——基础横截面积(m^2)。

桩端阻力计算方法如下：

黏土中单位桩端承载力可以用下列公式计算：

$$q_u = 9 s_u \tag{3-10}$$

无黏性土中单位桩端承载力可通过下式计算：

$$q_u = N_q p'_{0,\ tip} \tag{3-11}$$

式中　$p'_{0,\ tip}$——桩端位置处有效上覆土压力(kPa)。

N_q 建议值参见表 3-1。对长桩来说，q 不随着深度增加而呈线性变化，因此规范中给出了 q 的上限值。

表 3-1 无黏性硅质土的设计参数表

相对密实度①	土的类型	轴向摩擦系数 $\boldsymbol{\beta}_1$	极限单位桩侧摩阻力(kPa)	N_q	极限单位桩端承载力(MPa)
极松	砂	不适用	不适用	不适用	不适用
松	砂				
松	砂质粉土②				
中密	粉土				
密实	粉土				
中密	砂质粉土	0.29	67	12	3
中密	砂	0.37	81	20	5
密实	砂质粉土				
密实	砂	0.46	96	40	10
极密	砂质粉土				
极密	砂	0.56	115	50	12

注：① 相对密实度的定义如下：极松，0～15%；松，15%～35%；中密，35%～65%；密实，65%～85%；极密，85%～100%。
② 砂质粉土是含砂土和含粉土均较多的土，强度值一般随砂土含量的增加而增大，随粉土含量的增加而减小。

基础的极限侧摩阻力由下式表示：

$$Q_s = f_s A_s \tag{3-12}$$

式中 f_s——单位侧摩阻力(kPa)；

A_s——基础侧表面积(m^2)。

f_s采用 API 规范中的桩侧摩阻力计算方法。黏性土中深度为 z 的单位侧摩阻力计算公式如下：

$$f_s(z) = \alpha_1 s_u \tag{3-13}$$

式中 α_1——无量纲化系数；

s_u——土的不排水抗剪强度。

系数 α_1 可通过下列公式求得：

$$\begin{aligned} \alpha_1 &= 0.5\psi^{-0.5},\ \psi \leqslant 1.0 \\ \alpha_1 &= 0.5\psi^{-0.25},\ \psi > 1.0 \end{aligned} \tag{3-14}$$

式中 $\alpha_1 \leqslant 1.0$。

$$\psi = \frac{s_u}{p'_0(z)} \tag{3-15}$$

式中 $p'_0(z)$——深度 z 处有效上覆土压力。

对于欠固结土，α_1通常取1.0。

无黏性土中的单位侧摩阻力可用下式计算

$$f_s(z)=\beta_1 p'_0(z) \tag{3-16}$$

式中　β_1——无量纲轴向摩擦系数。如无确切资料，对于非堵塞的开口打入桩，β_1可按表3-1取值。对于形成土塞或端部封闭的桩，β_1可按表3-1增大25%取值。对于长桩，f_s不会随上覆压力无限的线性增加，在这种情况下，需将f_s限制在表3-1中限定值内。

3.1.4　竖向极限承载力的上限解研究

由于大直径的单筒多舱筒型基础竖向承载的地基破坏模式属于传统浅基础与深基础之间的过渡类型，因此尝试采用极限分析的方法，推导筒型基础竖向极限承载力的上限解(Chen G等，2019；Liu R等，2015)。

3.1.4.1　构建机动场

针对径长比不大于1的单筒多舱筒型基础，在大量数值分析和室内试验观测的基础上，参考经典地基承载力计算公式中的Meyerhof公式和Terzaghi公式的基本假定，提出了两种竖向荷载下的地基承载模式，即Meyerhof破坏模式(以下简称“M模式”，图3-4)和Terzaghi破坏模式(以下简称“T模式”，图3-5)。

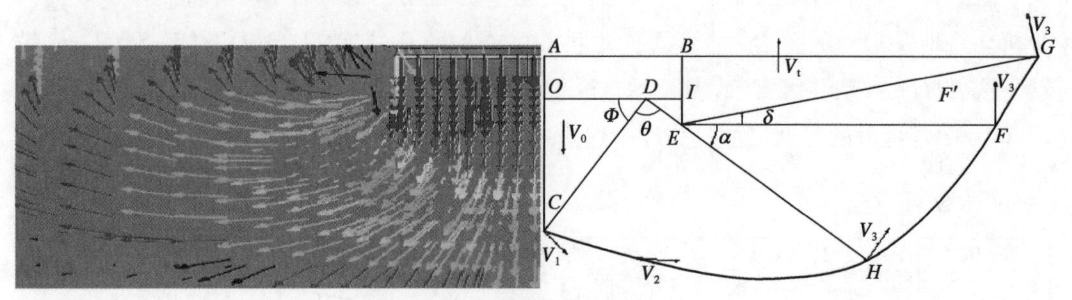

图3-4　M模式下的机动场

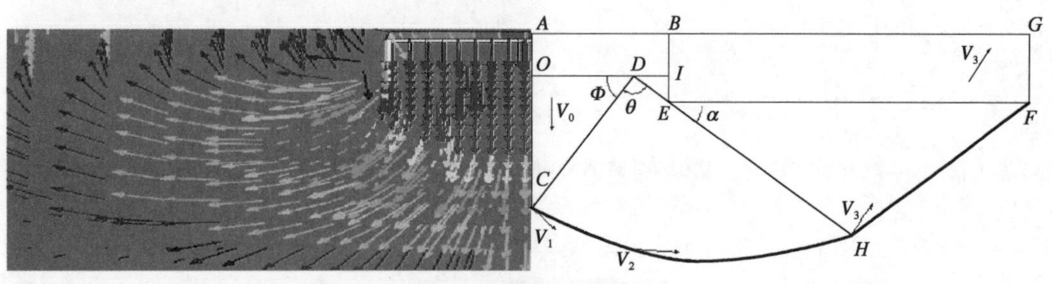

图3-5　T模式下的机动场

图3-4给出了基于M模式下的机动场，该机动场类似于Meyerhof地基承载模式的假设，这种机动场是轴对称形式的，将地基分为六个区域，即联动区$OABED$、主动区

OCD、过渡区 CDH、被动Ⅰ区 EHF、被动Ⅱ区 EFG 及被动Ⅲ区 BEG。联动区位于筒型基础内部，与基础一同向下运动。主动区位于联动区的下方，与传统的 Meyerhof 地基承载模式不同，其主动区直径并不是筒型基础的直径，而比其直径要小，且主动区底面与基础联动区夹角 Φ 为 $(\pi/4+\varphi/2)$。过渡区的滑动面为一组对数螺旋曲面，其中心位于 D 点上，且转角为 $\pi/2$。被动Ⅰ区 EHF 及被动Ⅱ区 EFG 的滑动面也为一组对数螺旋曲面。其位于点 E 上，且转角分别为 α_m 和 δ_m。被动Ⅲ区为以基础中心线为轴，截面为三角形 BEG 的环形体。

图 3-5 给出了基于 T 模式下的机动场，该机动场类似于 Terzaghi 地基承载模式的假设，这种机动场也是轴对称形式的。将地基分为五个区域，即联动区 $OABED$、主动区 OCD、过渡区 CDH、被动区 EHF、边载区 $BEFG$。联动区位于筒型基础内部，与基础一同向下运动。主动区位于联动区的下方，与传统的 Terzaghi 地基承载模式不同的是，其主动区直径并不是筒型基础的直径，而比其直径要小，且主动区底面与基础联动区夹角 Φ 为 $(\pi/4+\varphi/2)$。过渡区到被动区的滑动面为一组对数螺旋曲面。过渡区的转动中心位于 D 点上，且转角为 $\pi/2$。被动区为底角为 $(\pi/4-\varphi/2)$ 的等腰三角形。边载区 $BEFG$ 是以基础中心线为轴，且截面为矩形的环形体。

3.1.4.2 M模式下的上限解

图 3-6(a)为 M 模式下的分区，考虑到地基机动场的对称性，取基础中心一侧进行分析。将地基滑动面分为六个区域，即联动区 $OADEB$、主动区 OCD、过渡区 CDH、被动Ⅰ区 EHF、被动Ⅱ区 EFG 及被动Ⅲ区 BEG。图 3-6(b)为 M 模式下机动场示意图，图 3-6 中各部分的几何尺寸见式(3-17)～式(3-25)。

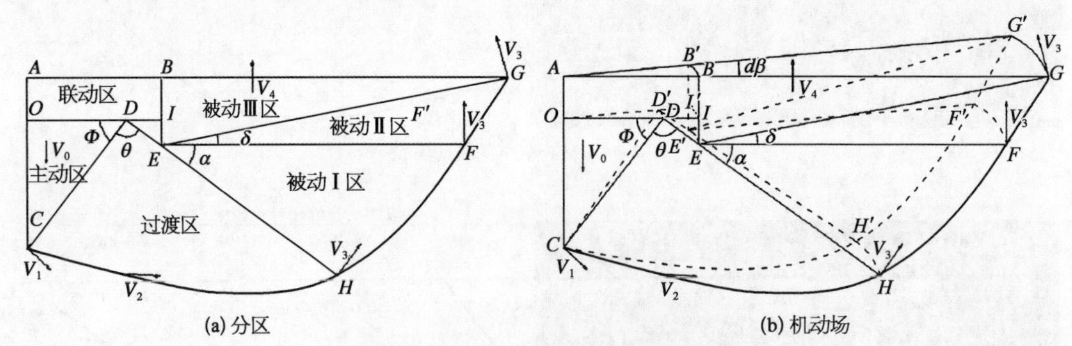

图 3-6 M模式下的分区和机动场示意图

$$DI=\frac{\eta}{\tan\left(\frac{\pi}{4}-\frac{\varphi}{2}\right)}=l_{DI}\ \frac{B}{2} \tag{3-17}$$

$$OD=[1-l_{DI}]\ \frac{D}{2}=l_{OD}\ \frac{B}{2} \tag{3-18}$$

$$CD = l_{OD}\sec\left(\frac{\pi}{4}+\frac{\varphi}{2}\right)\frac{B}{2} = l_{CD}\,\frac{B}{2} \tag{3-19}$$

$$DH = l_{CD}\exp\left(\frac{\pi}{2}\tan\varphi\right)\frac{B}{2} = l_{DH}\,\frac{B}{2} \tag{3-20}$$

$$DE = \eta\csc\left(\frac{\pi}{4}-\frac{\varphi}{2}\right)\frac{B}{2} = l_{DE}\,\frac{B}{2} \tag{3-21}$$

$$EH = (l_{DH}-l_{DE})\,\frac{B}{2} = l_{EH}\,\frac{B}{2} \tag{3-22}$$

$$EF = l_{EH}\exp(\alpha_m\tan\varphi)\,\frac{B}{2} = l_{EF}\,\frac{B}{2} \tag{3-23}$$

$$EG = l_{EH}\exp[(\alpha_m+\delta_m)\tan\varphi]\,\frac{B}{2} = l_{EG}\,\frac{B}{2} \tag{3-24}$$

$$BG = l_{EG}\cos\delta_m\,\frac{B}{2} = l_{BG}\,\frac{B}{2} \tag{3-25}$$

如图 3-6 所示，根据极限分析上限定理，设地基完全失稳时基础以速度 v_0 向下运动，则可以推导出速度间断面 CD、CH、HF、FG 及 EG 的速度：

在间断面 CD 上：

$$v_1 = \frac{1}{2}v_0\sec\left(\frac{\pi}{4}+\frac{\varphi}{2}\right) \tag{3-26}$$

在间断面 CH 上：

$$v_2 = \frac{1}{2}v_0\sec\left(\frac{\pi}{4}+\frac{\varphi}{2}\right)\exp(\theta\tan\varphi) \tag{3-27}$$

式中　θ——CD 与 DH 之间的夹角。

在间断面 HF 及 FG 上：

$$v_3 = \frac{1}{2}v_0\sec\left(\frac{\pi}{4}+\frac{\varphi}{2}\right)\exp\left(\frac{\pi}{2}\tan\varphi\right) \tag{3-28}$$

在间断面 EG 上：

$$v_4 = \frac{1}{2}v_0\sec\left(\frac{\pi}{4}+\frac{\varphi}{2}\right)\exp\left(\frac{\pi}{2}\tan\varphi\right)\delta_m \tag{3-29}$$

根据极限分析上限定理，连续变形体的内力虚功等于外力虚功，其中极限荷载 P_M 做功为 $P_M v_0 d\beta/2\pi$，而砂土中黏滞力做功为 0，则 P_M 的求解过程如下：

$$\frac{P_M v_0 d\beta}{2\pi} + G_{OCD-OC'D'} + G_{CDH-CD'H'} + G_{EHF-E'H'F'} + G_{EFG-E'F'G'} + G_{BEG-B'E'G'} + G_{OADEB-O'A'D'E'B'} = 0 \tag{3-30}$$

$$q_{uM}=\frac{4P_M}{\pi D^2}=qN_{qM}+\frac{1}{2}\gamma DN_{\gamma M} \tag{3-31}$$

其中：

$$N_{qM}=-(f_0+f_4+f_5) \tag{3-32}$$

$$N_{qM}=-(f_1+f_2+f_3) \tag{3-33}$$

$$f_0=1-\frac{1}{6L\tan\left(\frac{\pi}{4}-\frac{\varphi}{2}\right)}+\frac{l^3{}_{OD}}{6L\tan\left(\frac{\pi}{4}-\frac{\varphi}{2}\right)} \tag{3-34}$$

$$f_1=\frac{1}{3}l_{OD}^3\tan\phi \tag{3-35}$$

$$\begin{aligned}f_2=&\frac{l_{OD}l_{CD}^2\sec\phi}{18\tan^2\varphi+2}\left[\begin{array}{l}3\tan\varphi\exp\left(\frac{3}{2}\tan\varphi\right)\cos\left(\frac{\pi}{2}+\phi\right)+\exp\left(\frac{3}{2}\tan\varphi\right)\sin\left(\frac{\pi}{2}+\phi\right)\\-3\tan\phi\cos\phi-\sin\phi\end{array}\right]\\&-\frac{1}{3}l_{CD}^3\sec\phi\left[\begin{array}{l}\frac{\tan\varphi}{8\tan^2\varphi+2}\exp(2\pi\tan\varphi)\cos(\pi+2\phi)+\frac{\exp(2\pi\tan\varphi)}{16\tan^2\varphi+4}\sin(\pi+2\phi)\\+\frac{\exp(2\pi\tan\varphi)}{8\tan\varphi}-\frac{\phi}{8\tan^2\varphi+2}-\frac{\sin2\phi}{16\tan^2\varphi+4}-\frac{1}{8\tan\varphi}\end{array}\right]\end{aligned} \tag{3-36}$$

$$\begin{aligned}f_3=&\frac{\sec\phi\exp\left(\frac{\pi}{2}\tan\varphi\right)l_{EH}^2}{8\tan\varphi+2}\left[\begin{array}{l}2\tan\varphi\exp(2\alpha_m\tan\varphi)\cos\left(\phi+\frac{\pi}{2}+\alpha_m\right)\\+\exp(2\alpha_m\tan\varphi)\sin\left(\phi+\frac{\pi}{2}+\alpha_m\right)\\-2\tan\varphi\cos\left(\phi+\frac{\pi}{2}\right)-\sin\left(\phi+\frac{\pi}{2}\right)\end{array}\right]\\&-\frac{1}{3}\sec\phi\exp\left(\frac{\pi}{2}\tan\varphi\right)l_{EH}^2\left[\begin{array}{l}\frac{3\tan\varphi}{18\tan^2\varphi+8}\exp(3\alpha_m\tan\varphi)\cos(2\phi+\pi+2\alpha_m)\\+\frac{\exp(3\alpha_m\tan\varphi)}{9\tan^2\varphi+4}\sin(2\phi+\pi+2\alpha_m)\\+\frac{\exp(3\alpha_m\tan\varphi)}{6\tan\varphi}-\frac{3\tan\phi}{18\tan^2\varphi+8}\cos(2\phi+\pi)\\-\frac{1}{9\tan^2\varphi+4}\sin(2\phi+\pi)-\frac{1}{6\tan\varphi}\end{array}\right]\end{aligned} \tag{3-37}$$

$$f_4=\frac{\sec\phi\exp\left(\frac{\pi}{2}\tan\varphi\right)l_{EF}^2}{2L(8\tan\varphi+2)}\left[\begin{array}{l}2\tan\varphi\exp(2\delta_m\tan\varphi)\cos(\pi+\delta_m)\\+\exp(2\delta_m\tan\varphi)\sin(\pi+\delta_m)\\-2\tan\varphi\cos\pi-\sin\pi\end{array}\right]$$

$$
-\frac{1}{6L}\sec\phi\exp\left(\frac{\pi}{2}\tan\varphi\right)l_{EF}^{2}\left[\begin{aligned}&\frac{3\tan\varphi}{18\tan^{2}\varphi+8}\exp(3\delta_{m}\tan\varphi)\cos(2\pi+2\delta_{m})\\&+\frac{\exp(3\delta_{m}\tan\varphi)}{9\tan^{2}\varphi+4}\sin(2\pi+2\delta_{m})\\&+\frac{\exp(3\alpha_{m}\tan\varphi)}{6\tan\varphi}-\frac{3\tan\phi}{18\tan^{2}\varphi+8}\cos(2\pi)\\&-\frac{1}{9\tan^{2}\varphi+4}\sin(2\pi)-\frac{1}{6\tan\varphi}\end{aligned}\right]
$$

(3-38)

$$
f_{5}=-\frac{D}{4H}\sec\left(\frac{\pi}{4}+\frac{\varphi}{2}\right)\exp\left(\frac{\pi}{2}\tan\varphi\right)\cos\delta_{m}
$$

$$
\left[\frac{1}{3}(1+l_{BG})^{2}\left(2\frac{H}{D}+\tan\delta_{m}\right)-2\frac{H}{D}-\frac{1}{3}\tan\delta_{m}\right]\tag{3-39}
$$

3.1.4.3　T模式下的上限解

图3-7(a)为T模式下的分区，考虑到地基机动场的对称性，取基础中心一侧进行分析。将地基滑动面分为五个区域，即联动区$OABED$、主动区OCD、过渡区CDH、被动区EHF、边载区$BEFG$。其中联动区$OABED$、主动区OCD、过渡区CDH的假设与M模式相同，被动区EHF为一个等腰三角形位于过渡区CDH右侧。边载区$BEFG$位于被动区EHF上方。

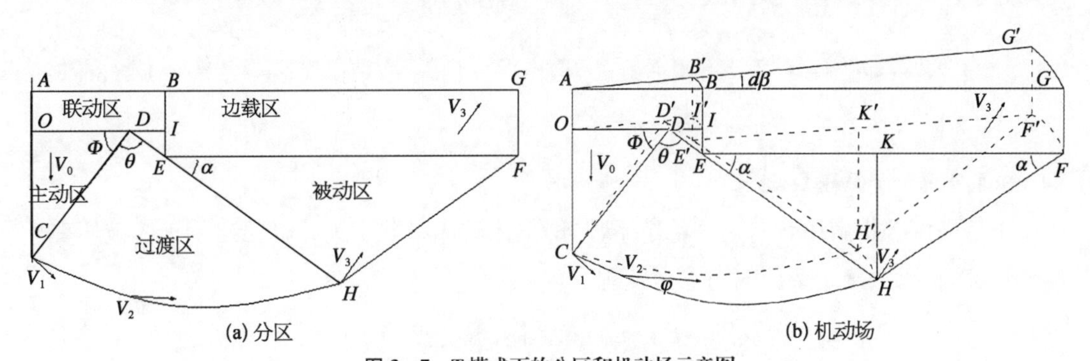

图3-7　T模式下的分区和机动场示意图

图3-7(b)为T模式下机动场示意图，如图所示滑动面的其他尺寸与M模式相同，只有以下尺寸不同：

$$
HK=l_{EH}\sin\left(\frac{\pi}{4}-\frac{\varphi}{2}\right)\frac{D}{2}=l_{HK}\ \frac{D}{2}\tag{3-40}
$$

$$
EF=2l_{EH}\cos\left(\frac{\pi}{4}-\frac{\varphi}{2}\right)\frac{D}{2}=l_{EF}\ \frac{D}{2}\tag{3-41}
$$

$$
EK=l_{EH}\cos\left(\frac{\pi}{4}-\frac{\varphi}{2}\right)\frac{D}{2}=l_{EK}\ \frac{D}{2}\tag{3-42}
$$

根据极限分析上限定理，连续变形体的内力虚功等于外力虚功，其中极限荷载 P_T 做功为 $P_T v_0 d\beta/2\pi$，而砂土中黏滞力做功为 0，则 P_T 的求解过程如下：

$$\frac{P_T v_0 d\beta}{2\pi}+G_{OCD-OC'D'}+G_{CDH-CD'H'}+G_{EHF-E'H'F'}+G_{BEFG-B'E'F'G'}+G_{OADEB-O'A'D'E'B'}=0 \tag{3-43}$$

$$q_{uT}=\frac{4P_T}{\pi D^2}=qN_{qT}+\frac{1}{2}\gamma DN_{\gamma T} \tag{3-44}$$

其中

$$N_{qT}=-(g_0+g_4) \tag{3-45}$$

$$N_{qT}=-(g_1+g_2+g_3) \tag{3-46}$$

$$g_0=f_0 \tag{3-47}$$

$$g_1=f_1 \tag{3-48}$$

$$g_2=f_2 \tag{3-49}$$

$$g_3=\frac{1}{6}\sec\left(\frac{\pi}{4}+\frac{\varphi}{2}\right)\exp\left(\frac{\pi}{2}\tan\varphi\right)\cos\left(\frac{\pi}{4}+\frac{\varphi}{2}+\frac{\pi}{2}\right) \tag{3-50}$$

$$l_{HK}=\left\{\begin{matrix}[(1+l_{EF})^2+(1+l_{EF})(1+l_{EK})+(1+l_{EK})^2]\\-[1+(1+l_{EK})+(1+l_{EK})^2]\end{matrix}\right\} \tag{3-51}$$

$$g_4=\frac{1}{2}\sec\left(\frac{\pi}{4}+\frac{\varphi}{2}\right)\exp\left(\frac{\pi}{2}\tan\varphi\right)\cos\left(\frac{\pi}{4}+\frac{\varphi}{2}+\frac{\pi}{2}\right)[(1+l_{EF})^2-1] \tag{3-52}$$

3.1.4.4 土体破坏率

上述极限分析解中含有一个待定系数，即土体破坏率 η。表 3-2 给出了土体破坏率 η 的建议值，在无法确定 η 值时可参考使用。

表 3-2 土体破坏率的率定值

L/D	P_v(kN)	η_M(%)	P_M(kN)	η_T(%)	P_T(kN)
0.1	11.5	28.6	11.7	29.4	11.4
0.2	13.3	28.3	13.2	29.6	13.4
0.3	14.9	28.1	14.9	29.9	14.7
0.4	16.9	27.8	17.1	29.9	17.0
0.5	18.4	27.8	18.2	30.0	18.7

土体破坏率的取值对筒型基础的竖向承载力系数有一定的影响。研究表明，当 φ 相同时，随着 η 的增大，N_γ 和 N_q 减小，且随着 η 的增大，N_γ 和 N_q 随 φ 的增长率也减小。

对于M模式，在相同 η_M 下，N_γ 对 φ 的增长率要高于 N_q，说明随着 φ 的增加，基础边载区对竖向承载力的贡献在降低，基底以下土体容重的贡献在增加。对于T模式，在相同 η_T 下，N_γ 对 φ 的增长率要小于 N_q，说明随着 φ 的增加，基础边载区对竖向承载力的贡献在增加，基底以下土体容重的贡献在降低。

3.2　单筒多舱筒型基础的抗倾覆能力

3.2.1　抗倾承载力的简化算法

与竖向地基承载力验算相同，可将单筒多舱筒型基础(长径比不大于1)的抗倾承载模式分为顶盖承载模式和筒壁承载模式，具体验算方法如下。

3.2.1.1　顶盖承载模式

该种模式下将筒与筒内土体看作整体，可类比于墩式基础，其在倾覆荷载作用下的受力分析如图3-8所示。

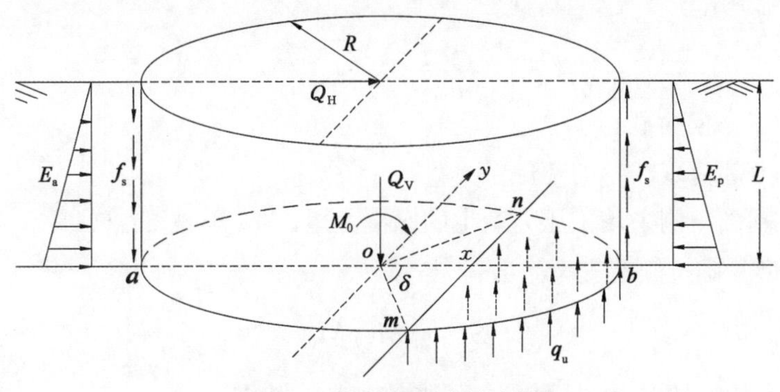

图3-8　基础倾覆轴分析示意图

如图3-8所示，在倾覆荷载作用下，假设基础围绕底面 mn 轴发生转动，设该 mn 与 ab 的交点为 x，该点距基础中心的距离与基础半径有如下关系：$ox=\lambda R$，ab 与 om 的夹角为 $\delta=\arccos\lambda$。

分析可知 mn 右侧弓形受压区的面积：

$$A_x=\frac{2\delta}{2\pi}\pi R^2-R\cdot\lambda R\sin\delta=(\delta-\lambda\sin\delta)R^2 \tag{3-53}$$

面积 A_x 对 y 轴的静矩：

$$S_y=\int_{A_x}x\,\mathrm{d}A \tag{3-54}$$

式中，$\mathrm{d}A=2y\,\mathrm{d}x=2\sqrt{R^2-x^2}\,\mathrm{d}x$。故

$$S_y = \int_{A_x} x\,\mathrm{d}A = \int_{\lambda R}^{R} x \cdot 2\sqrt{R^2 - x^2}\,\mathrm{d}x = \frac{2}{3}(1-\lambda^2)^{\frac{3}{2}} R^3 \tag{3-55}$$

面积 A_x 形心到 mn 轴的距离为

$$l_x = \frac{S_y}{A_x} - \lambda R = \frac{\frac{2}{3}(1-\lambda^2)^{\frac{3}{2}} R^3}{(\delta - \lambda \sin\delta) R^2} - \lambda R = \left[\frac{\frac{2}{3}(1-\lambda^2)^{\frac{3}{2}}}{(\delta - \lambda\sin\delta)} - \lambda\right] R \tag{3-56}$$

抗倾覆力矩为

$$M_{\mathrm{R}} = (Q_{\mathrm{V}} + G')\lambda R + M_{\mathrm{R1}} + M_{\mathrm{Ep}} + M_{\mathrm{fs}} \tag{3-57}$$

式中 Q_{V}——竖向荷载；

G'——基础及其内部土体自重；

M_{R1}——受压区地基反力提供的抗倾覆力矩，$M_{\mathrm{R1}} = q_{\mathrm{u}} A_{\mathrm{x}} l_{\mathrm{x}}$；

M_{Ep}——基础一侧被动土压力提供的抗倾覆力矩 $M_{\mathrm{Ep}} = 2LE_{\mathrm{p}}\sqrt{(1-\lambda^2)}/3$；

M_{fs}——基础侧摩阻力提供的抗倾覆力矩，$M_{\mathrm{fs}} = 2Q_{外} R(2\sin\delta - 2\lambda\delta + \lambda\pi)/\pi$，$Q_{外}$ 为筒型基础外侧摩阻力。

倾覆力矩为

$$M_{\mathrm{q}} = Q_{\mathrm{H}} L + M_0 + M_{\mathrm{Ea}} \tag{3-58}$$

式中 Q_{H}——水平向荷载；

M_0——上部荷载产生的弯矩；

M_{Ea}——基础一侧主动土压力产生的倾覆力矩，$M_{\mathrm{Ea}} = 2LE_{\mathrm{a}}\sqrt{(1-\lambda^2)}/3$。

可得到筒型基础抗倾覆安全系数：

$$SF_{\mathrm{t}} = M_{\mathrm{R}}/M_{\mathrm{q}} \tag{3-59}$$

为了寻找最危险情况，抗倾覆安全系数对 λ 求导得

$$\frac{\mathrm{d}SF_{\mathrm{t}}}{\mathrm{d}\lambda} = 0 \tag{3-60}$$

通过迭代试算可最终求得基础旋转轴的位置，在确定了基础的旋转轴位置后，可通过下式验算单筒多舱筒型基础抗倾覆稳定性：

$$SF_{\mathrm{t}} = M_{\mathrm{R}}/M_{\mathrm{q}} \geqslant 2.0 \tag{3-61}$$

由于该种模式假设了筒型基础与筒内土体不分离，现场试验和实际工程均检测到筒顶盖局部与地基土体脱开的现象，后续章节将对此进行详细讨论。因此，建议采用该种方法验算单筒多舱筒型基础抗倾覆极限承载能力时，安全系数取为 2.0。

3.2.1.2 筒壁承载模式

该种模式下将筒与筒内土体看作完全分离，其在倾覆荷载作用下的受力分析如图 3-9

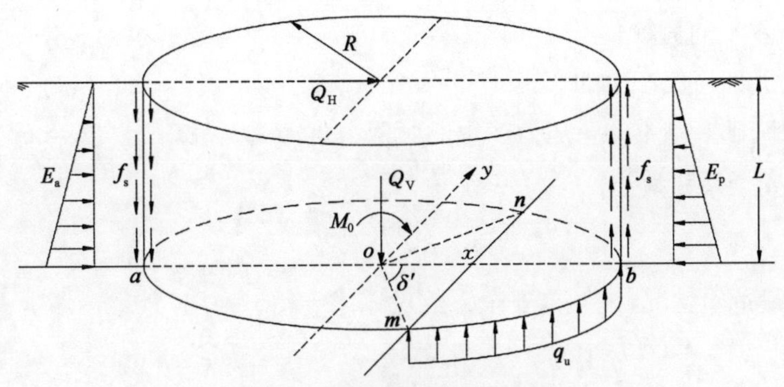

图3-9　基础倾覆轴分析示意图

所示。

如图3-9所示，与顶盖承载模式的区别在于筒底以环形底部承载，筒侧存在内外摩擦阻力。在倾覆荷载作用下，假设基础围绕底面 mn 轴发生转动，设该 mn 与 ab 的交点为 x，该点距基础中心的距离与基础半径有如下关系：$ox=\lambda' R$，ab 与 om 的夹角为 $\delta'=\arccos\lambda'$。分析可知 mn 右侧筒底环形受压区的面积：

$$A_x=\delta'(2Rt-t^2) \tag{3-62}$$

式中　t——筒型基础壁厚。

面积 A_x 对形心轴 y 的静矩：

$$S_y=\int_{A_x} x\mathrm{d}A=\int_{-\delta'}^{\delta'} t\left(R-\frac{t}{2}\right)^2\cos\theta\mathrm{d}\theta=2t\left(R-\frac{t}{2}\right)^2\sin\delta' \tag{3-63}$$

面积 A_x 惯性中心到 mn 轴的距离为

$$l_x=\frac{S_y}{A_x}-\lambda' R=\frac{2(R-t/2)^2\sin\delta'}{\delta'(2R-t)}-\lambda' R \tag{3-64}$$

抗倾覆力矩为

$$M_R=(Q_V+G)\lambda' R+M_{R1}+M_{Ep}+M_{fs} \tag{3-65}$$

式中　Q_V——竖直向荷载；

G——基础自重；

M_{R1}——地基极限承载力提供的抗倾覆力矩，$M_x=q_u A_x l_x$；

M_{Ep}——基础一侧被动土压力提供的抗倾覆力矩$M_{Ep}=2LE_p\sqrt{(1-\lambda'^2)}/3$，$L$ 为基础高度；

M_{fs}——基础所受摩擦阻力提供的抗倾覆力矩，$M_{fs}=2Q_{总}R(2\sin\delta'-2\lambda'\delta'+\lambda'\pi)/\pi$，$Q_{总}$ 为筒型基础内外侧总的侧摩阻力。

倾覆力矩为

$$M_q=Q_H L+M_0+M_{Ea} \tag{3-66}$$

式中　Q_H——水平向荷载；

M_0——上部荷载产生的弯矩；

M_{Ea}——基础一侧主动土压力产生的倾覆力矩，$M_{Ea}=2LE_a\sqrt{(1-\lambda'^2)}/3$。

则抗倾覆安全系数为

$$SF_t=M_R/M_q \tag{3-67}$$

为了寻找最危险情况，抗倾覆安全系数对 λ' 求导得

$$\frac{dSF_t}{d\lambda'}=0 \tag{3-68}$$

通过迭代试算可最终求得基础旋转轴的位置，在确定了基础的旋转轴位置后，可通过下式计算筒型基础抗倾覆的安全系数：

$$SF_t=M_R/M_q\geqslant 1.6 \tag{3-69}$$

由于该种模式假设筒型基础与筒内土体完全分离，这与实际情况不完全相符，低估了筒内土体的作用，因此建议采用该种方法计算单筒多舱筒型基础抗倾覆极限承载力时，安全系数取为 1.6。

3.2.2　筒土分离对抗倾覆承载力的影响

针对长径比小于 1 的单筒多舱筒型基础，开展了现场缩比尺试验研究（马鹏程等，2019）。试验场地土体的物理力学参数如下：土的容重为 17.80 kN/m^3、含水率为 36.8%、压缩模量为 3.69 MPa、黏聚力为 3.84 kPa、内摩擦角为 7.14°、孔隙比为 1.065、塑性指数为 11.75、液性指数为 1.19；筒型基础模型为钢质结构，基础外直径为 3.5 m，入土段长度为 0.9 m，长径比为 0.26；筒内分 7 个舱，基础总重 2.8 t。

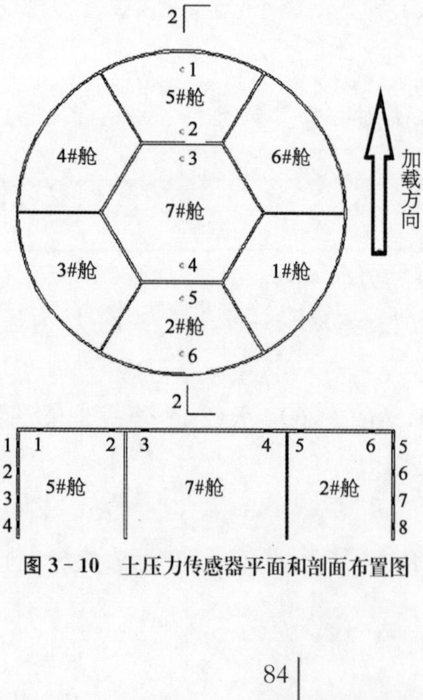

图 3-10　土压力传感器平面和剖面布置图

倾覆试验采用荷载控制的加载方式，在加载高度 2 m、3 m 和 4 m 位置处分级施加水平荷载，每级荷载取预估极限荷载的 10%，每级加荷稳定即充分排水后再施加下一级荷载。图 3-10 为土压力传感器平面和剖面布置图，图 3-11 和图 3-12 分别是加载过程中受压一侧分舱和受拉一侧分舱的土压力分布。

由图 3-11 可知，受压一侧分舱的筒顶盖和筒壁所受土压力增量随着荷载的增加而逐级增加，土压力大小与外部荷载的增加呈正比，可判断该分舱内筒与土未分离。而图 3-12 中，随着倾覆力矩的增加，受拉一侧分舱的筒盖和筒壁所受土压力增量为负值，结合筒型基础受倾覆荷载时发生转动的变

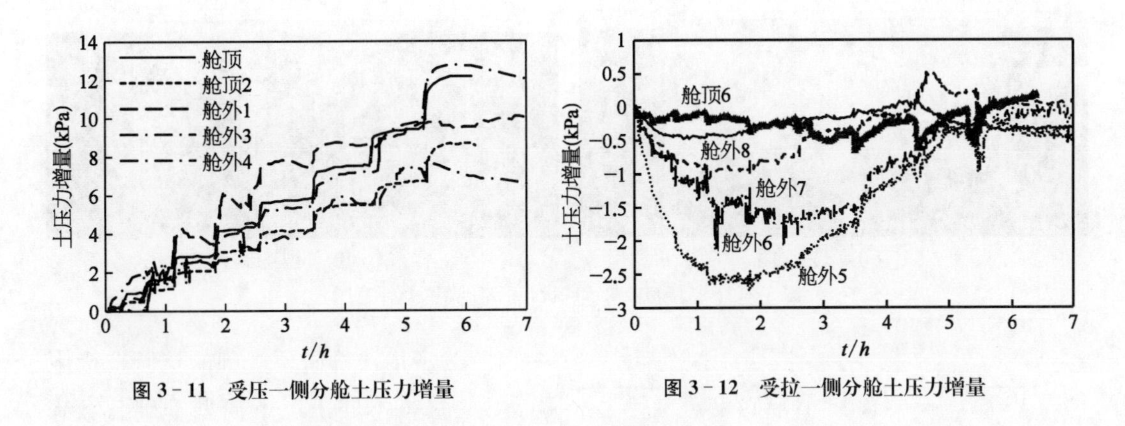

图3-11 受压一侧分舱土压力增量　　**图3-12 受拉一侧分舱土压力增量**

位情况,可知受拉一侧分舱与内部土体产生了分离现象。

由此可见,在倾覆力矩的作用下筒-土分离的现象确实存在。为研究这种现象对筒型基础的抗倾极限承载力产生的影响,采用数值分析方法对比了考虑筒-土分离的筒型基础与将筒-土视为整体的墩式基础的抗倾极限承载力。

有限元分析采用ABAQUS软件进行,计算中不排水条件下土体采用符合Tresca理想弹塑性本构模型,泊松比为0.48,抗剪强度随深度线性增加:

$$s_u = s_{um} + kz \tag{3-70}$$

式中　s_{um}——地表土体强度。

将抗剪强度增长梯度无量纲化,$\kappa = kD/s_{um}$,D为基础直径。土的弹性模量按$E/s_u = 500$取值,在该弹性模量下可保证基础在较小的转角和较小的位移(水平向$0.01D$,竖向$0.03D$)下达到极限状态,计算中土体浮容重取为7 kN/m^3。

为消除基础横截面积对抗倾覆极限承载力的影响,根据已有研究(Taiebat等,2000;Gourvenec, 2015)对抗倾覆极限承载力进行无量纲化,计算公式如下:

$$m_{ult} = \frac{M_{ult}}{ARs_{ul}} \tag{3-71}$$

式中　M_{ult}——抗倾覆极限承载力;

s_{ul}——基础底面土体的不排水抗剪强度,$s_{ul} = s_{um} + kL$;

m_{ult}——抗倾覆极限承载力的无量纲化系数(以下统称"抗倾覆极限系数")。

计算得到筒型基础与墩式基础在抗倾覆极限承载状态时的塑性区云图,如图3-13所示。

由图3-13可知,在倾覆力矩作用下墩式基础底部有形成弧形滑裂面的趋势(Zhang Y等,2011),κ值越大,基础底部的土体强度越高,弧形滑裂面提供的抗倾覆力矩越大,因此墩式基础m_{ult}随κ的增加而非线性增大直至稳定。筒型基础在受倾覆力矩作用时,筒内土体中会产生弧形滑裂面。当长径比η增大时,弧形滑裂面的总长度增大,从而造成筒型基础抗倾覆极限承载力随η的增大而增大。

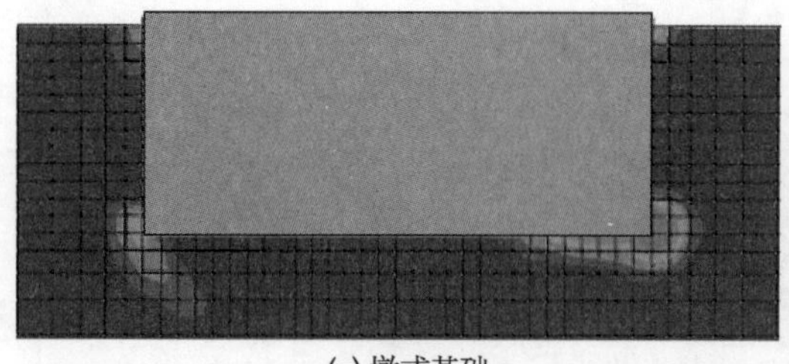

(a) 墩式基础

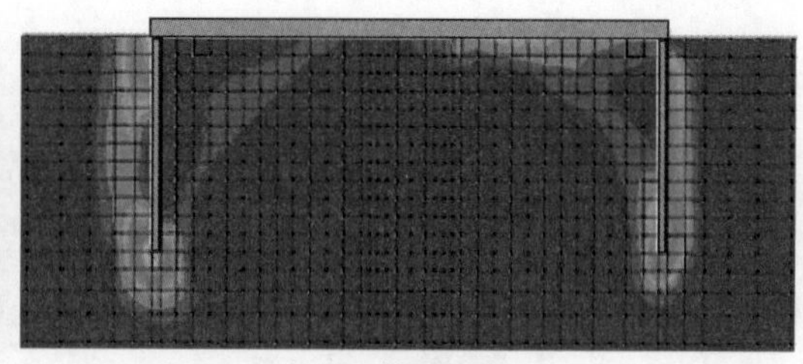

(b) 筒型基础

图 3-13　抗倾覆极限承载状态下基础塑性区示意图

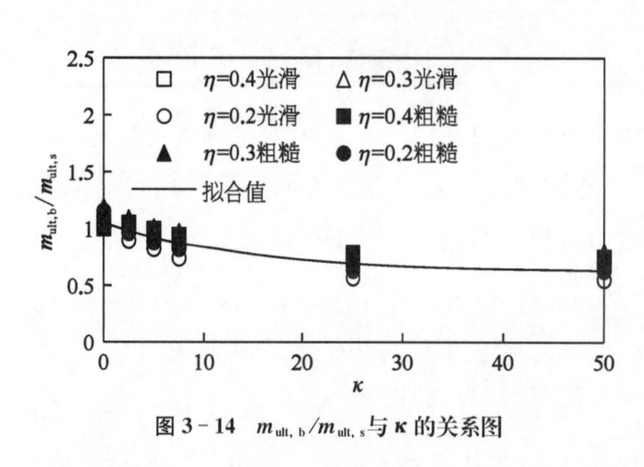

图 3-14　$m_{ult,b}/m_{ult,s}$与 κ 的关系图

为定量评价筒型基础的抗倾覆极限承载力，将不同工况下筒型基础与墩式基础的抗倾覆极限承载力进行对比，即分析 $m_{ult,b}/m_{ult,s}$与 κ，η 及摩擦类型的关系，如图 3-14 所示。

由图 3-14 可知，$m_{ult,b}/m_{ult,s}$值受摩擦类型和长径比 η 的影响较小，随 κ 的增加而非线性减小至基本稳定，$m_{ult,b}$与 $m_{ult,s}$的关系可由下式计算。

$$m_{ult,b}/m_{ult,s} = 0.62 + 0.40 \cdot 0.93^{\kappa} \tag{3-72}$$

$m_{ult,b}/m_{ult,s}$值不大于 1.0，这说明在倾覆力矩作用下，筒-土分离会导致筒型基础的抗倾承载力小于相同结构尺寸的墩式基础，即小于不考虑筒-土分离的工况。

3.2.3　改进算法的提出

3.2.3.1　黏土中新型筒型基础的抗倾覆承载力

针对筒土分离现象，研究了黏土中不同长径比(η)筒型基础的倾覆破坏模式，对达到极限抗倾能力时筒型基础周边土体的应力状态进行分析，如图 3-15 所示。

以转动点为界将基础周边土体划分为两个区域：筒型基础向下转动区域定义为筒前区域，筒型基础向上转动区域定义为筒后区域。由图 3-15 可知，在达到极限承载状态时，筒前区域外侧土体的应力随埋深的增加而增大，内侧土体的应力在筒盖位置处较大，随着埋深的增加逐渐减小；筒后区域外侧土体在筒底区域应力较大，浅层土体的应力极小，内侧土体在基础埋深一半以上应力较大，在筒底位置应力较小。经大量试验及数值模拟验证，在受到倾覆荷载时，筒型基础的转动点通常位于筒盖以下 0.8～1 L 的位置。

基于上述分析，提出了一种考虑筒-土分离的筒型基础抗倾覆承载力计算模式，如图 3-16 所示。

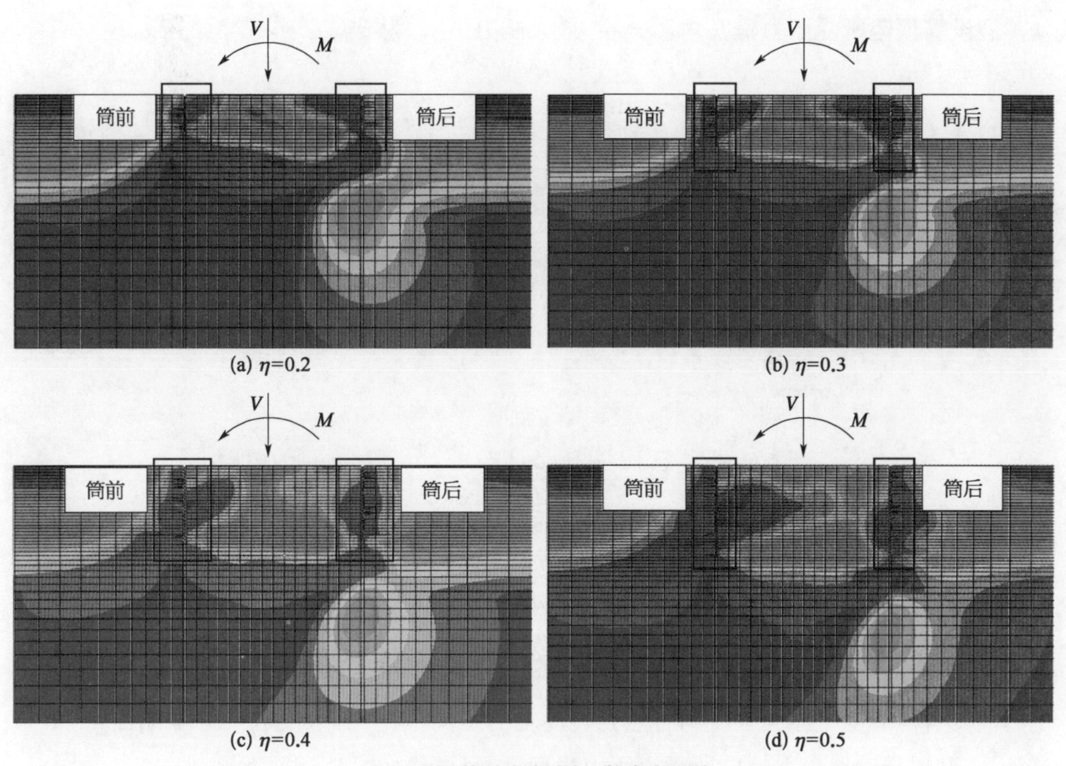

图 3-15 筒型基础周边土体应力云图

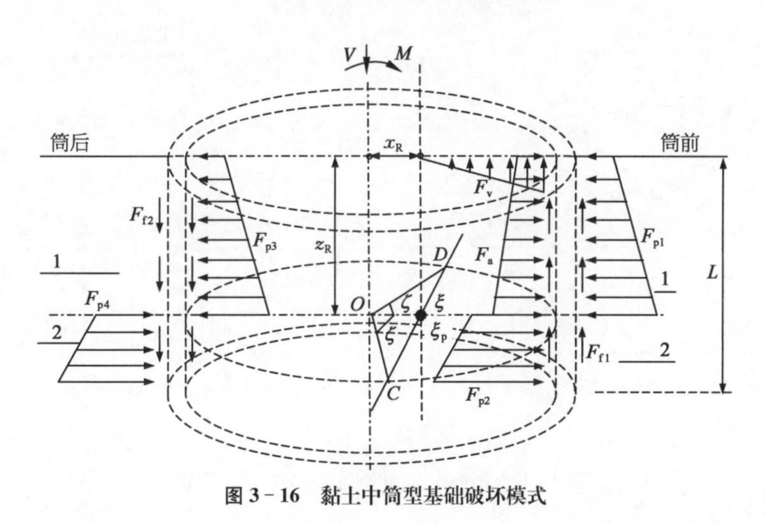

图 3-16 黏土中筒型基础破坏模式

图 3-16 可知，筒型基础绕 R_p 点转动，转动轴与筒内侧相交于 C 和 D 两点，$\angle COD$ 为 2ζ；R_p 距泥面的距离为 z_R，距 O 点的距离为 x_R。筒型基础抗倾承载力的来源，为筒前区域筒裙和筒盖以及筒后区域的筒裙。图中，F_v 为筒顶盖受力，F_{f1} 为筒前区域筒裙所受摩阻力，F_{f2} 为筒后区域筒裙所受摩阻力，F_{p1} 为筒前区域筒外侧所受被动土压力，F_{p2} 为筒前区域筒内侧所受被动土压力，F_a 为筒前区域筒内侧所受主动土压力，F_{p3} 为筒后区域筒内侧所受被动土压力，F_{p4} 为筒后区域筒外侧所受被动土压力，各部分力的计算如下：

假设筒顶盖所受压力呈三角形分布，最大压力 p_{Vmax} 为

$$p_{\mathrm{Vmax}}=\frac{N_{\mathrm{c}}c\left(\xi R^2-\dfrac{1}{2}\sin 2\eta\right)}{\displaystyle\int_{x_R}^{R}2\sqrt{R^2-x^2}\ \frac{x-x_R}{R-x_R}\mathrm{d}x}=\frac{N_{\mathrm{c}}c(\xi-3\sin 2\xi)(1-\cos\xi)}{(2+\cos^2\xi)\sin\xi-3\xi\sin\xi} \tag{3-73}$$

式中　c——土体黏聚力。

则 F_{V}的抗倾覆力矩 M_{V}为

$$\begin{aligned}M_{\mathrm{V}}&=\int_{x_R}^{R}p_{\mathrm{Vmax}}2\sqrt{R^2-x^2}\ \frac{(x-x_R)^2}{R-x_R}\mathrm{d}x\\&=\frac{p_{\mathrm{Vmax}}R^3[\xi(18+12\cos 2\xi)-\sin 2\xi(14+\cos 2\xi)]}{24(1-\cos\xi)}\end{aligned} \tag{3-74}$$

筒壁侧摩阻力参照 API 规范(文献[15])计算，将筒壁所受侧摩阻力对转动点取矩，得到筒壁侧摩阻 F_{f1}和 F_{f2}产生的抗倾合力矩 M_{f}：

$$M_{\mathrm{f}}=2f_{\mathrm{s}}R^2L(\pi\cos\xi-2\xi\cos\xi+2\sin\xi) \tag{3-75}$$

筒壁各点所受土压力强度与各点到转动轴的距离呈正比，取图 3-16 中断面 1—1 和断面 2—2 对转动点以上筒壁所受土压力强度进行分析，如图 3-17 所示。

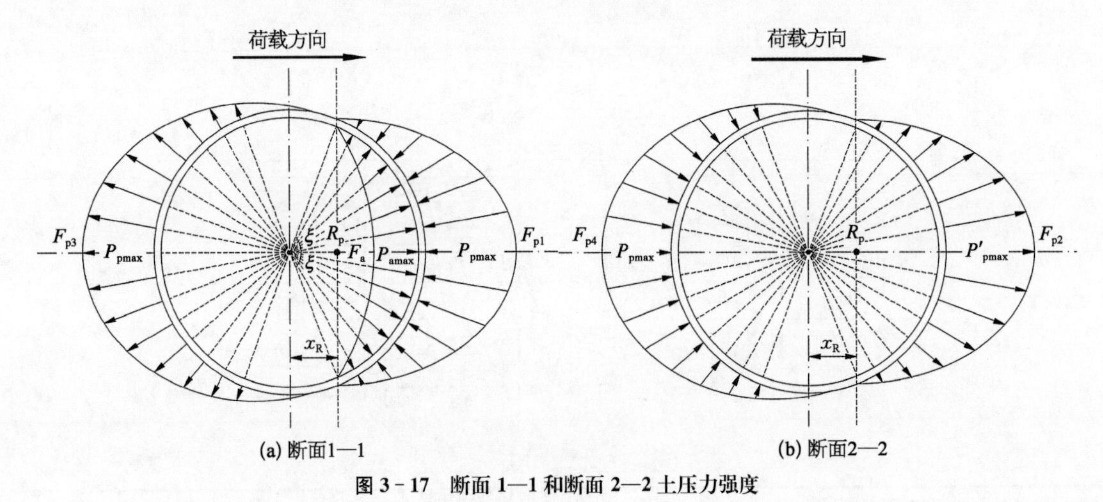

图 3-17　断面 1—1 和断面 2—2 土压力强度

由图 3-17(a)可知，转动点以上的筒型基础所受土压力强度呈扇形分布，结合各点到转动轴距离的几何关系，分析筒型基础的受力情况。

F_{p1}和 F_{p3}处被动土压力采用朗肯被动土压力公式计算：

$$P_{\mathrm{pmax}}=\frac{1}{2}\gamma' z_{\mathrm{R}}^2+2cz_{\mathrm{R}} \tag{3-76}$$

式中　γ'——土体浮容重。

则 F_{p1} 和 F_{p3} 为

$$F_{p1}=2P_{pmax}\int_{x_R}^{R}\frac{x(x-x_R)}{R(R-x_R)}dx=\frac{2P_{pmax}R}{1-\cos\xi}\left(\frac{2+\cos 2\xi}{3}\sin\xi-\frac{\sin 2\xi+2\xi}{4}\cos\xi\right) \tag{3-77}$$

$$\begin{aligned}F_{p3}&=2P_{pmax}\left[\int_{0}^{R}\frac{x(x+x_R)}{R(R+x_R)}dx+\int_{0}^{x_R}\frac{x(x_R-x)}{R(R+x_R)}dx\right]\\&=\frac{P_{pmax}R[8+3\xi\cos\xi+\sin\xi(\cos^2\xi-5)]}{3(1+\cos\xi)}\end{aligned} \tag{3-78}$$

F_{p1} 和 F_{p3} 产生的抗力矩 M_{p1} 和 M_{p3} 为

$$M_{p1}=F_{p1}e_{p1} \tag{3-79}$$

$$M_{p3}=F_{p3}e_{p3} \tag{3-80}$$

式中，$e_{p1}=e_{p3}=\dfrac{6c+\gamma' z_R}{12c+3\gamma' z_R}z_R$。

由于筒盖向下旋转挤压筒内土体，使筒前方向的筒内土体增加了 $N_c c$ 的均布压力，可得 F_a 处最大主动土压力合力 P_{amax} 为

$$P_{amax}=\frac{1}{2}\gamma' z_R^2+(N_c-2)cz_R \tag{3-81}$$

故

$$F_a=2P_{amax}\int_{x_R}^{R}\frac{x(x-x_R)}{R(R-x_R)}dx=\frac{2P_{amax}R}{1-\cos\xi}\left(\frac{2+\cos 2\xi}{3}\sin\xi-\frac{\sin 2\xi+2\xi}{4}\cos\xi\right) \tag{3-82}$$

F_a 处产生的倾覆力矩 M_a 为

$$M_a=F_a e_a \tag{3-83}$$

式中，$e_a=\dfrac{3(N_c-2)c+\gamma' z_R}{6(N_c-2)c+3\gamma' z_R}z_R$。

由图 3-17(b)可知，F_{p2} 处受到顶盖产生的大小为 cN_c 的均布压力，因此可得 F_{p2} 处考虑 cN_c 影响的被动土压力合力 P_{pmax} 为

$$P_{pmax}=\frac{1}{2}\gamma' z_R^2+(N_c+2)cz_R \tag{3-84}$$

则 F_{p2} 为

$$F_{p2}=2P'_{pmax}\int_{x_R}^{R}\frac{x(x-x_R)}{R(R-x_R)}dx=\frac{2P'_{pmax}R}{1-\cos\xi}\left(\frac{2+\cos 2\xi}{3}\sin\xi-\frac{\sin 2\xi+2\xi}{4}\cos\xi\right) \tag{3-85}$$

F_{p2}产生的抵抗力矩M_{p2}为

$$M_{p2}=F_{p2}e_{p2} \tag{3-86}$$

式中，$e_{p2}=\dfrac{3(N_c+2)c+\gamma'(z_R+2L)}{6(N_c+2)c+3\gamma'(z_R+L)}(L-z_R)$。

F_{p4}处最大被动土压力强度平面上合力P_{pmax}可通过式(3-87)计算，从而得到F_{p4}：

$$\begin{aligned}F_{p4}&=2P_{pmax}\left[\int_0^R\frac{x(x+x_R)}{R(R+x_R)}\mathrm{d}x+\int_0^{x_R}\frac{x(x_R-x)}{R(R+x_R)}\mathrm{d}x\right]\\&=\frac{P_{pmax}R[8+3\xi\cos\xi+\sin\xi(\cos^2\xi-5)]}{3(1+\cos\xi)}\end{aligned} \tag{3-87}$$

F_{p4}产生的抵抗力矩M_{p4}为

$$M_{p4}=F_{p4}e_{p4} \tag{3-88}$$

式中，$e_{p4}=\dfrac{6c+\gamma'(z_R+2L)}{12c+3\gamma'(z_R+L)}(L-z_R)$。

由上述分析可知，筒型基础的抗倾覆承载力可由式(3-89)计算。

$$M_{ult}=M_V+M_f+M_{p1}+M_{p2}+M_{p3}+M_{p4}-M_a \tag{3-89}$$

式中，z_R为待定量，M_{ult}与z_R的关系如图3-18所示。

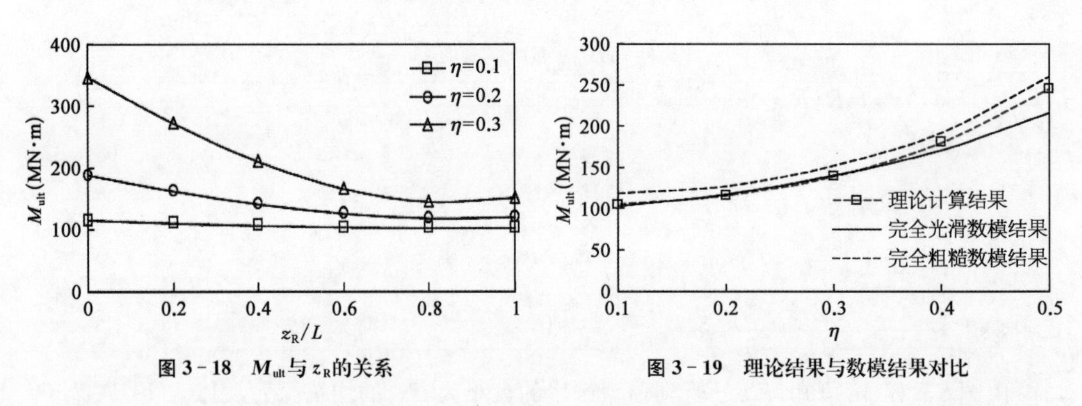

图3-18 M_{ult}与z_R的关系

图3-19 理论结果与数模结果对比

由图3-18可知，改进的筒型基础极限抗倾能力计算方法在$z_R/L=0.8$时达到最小值，数值模拟结果和改进算法结果的对比如图3-19所示，其中改进算法的转动点深度z_R取为$0.8L$。

由图3-19可知，黏土中筒型基础抗倾覆承载力理论计算方法所得结果介于完全光滑和完全粗糙两种工况结果之间，随着长径比的增大，计算结果向完全粗糙工况逼近，这是由于改进算法中考虑了摩阻力的影响，随着筒型基础长径比增加，摩阻力产生的抗倾覆力矩占比逐渐增大所致。

3.2.3.2　无黏土中新型筒型基础的抗倾覆承载力

以室内离心机试验为基础，建立了考虑筒土分离情况下，无黏性土中筒型基础(长径比小于 1)的抗倾覆承载模式(Ma P 等，2019)，如图 3-20 所示。

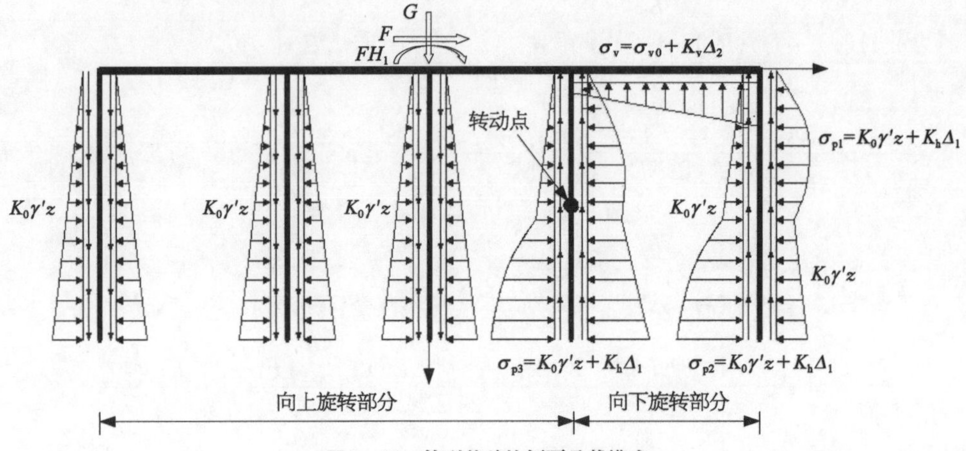

图 3-20　筒型基础抗倾覆承载模式

图 3-20 中将有向下运动趋势的筒壁土压力产生的力矩定义为 M_1，侧摩阻 V_1 产生的力矩定义为 M_1'，分舱板上土压力产生的力矩定义为 M_2，侧摩阻 V_2 产生的力矩定义为 M_2'；有向上运动趋势的筒壁侧摩阻 V_3 产生的力矩定义为 M_3'，分舱板侧摩阻 V_4 产生的力矩定义为 M_4'；筒顶盖受到的竖向力 V_5 力矩定义为 M_5。因此，筒型基础达到抗倾极限平衡状态时，有

$$\begin{cases}M_1+M_2+M_5+M_1'+M_2'+M_3'+M_4'=F(H_1+y_0)\\ V_1+V_2+V_3+V_4+V_5+G=0\end{cases} \tag{3-90}$$

引入土体的水平抗力系数可推导得到

$$\begin{aligned}M_1&=\int_0^{y_0+\frac{F}{4EL\theta}}\int_{-\beta}^{\beta}m_0 y\Delta R\cos\alpha(y_0-y)\mathrm{d}\alpha\mathrm{d}y+\int_{y_0+\frac{F}{4EL\theta}}^{L}\int_{-\beta}^{\beta}m_{\mathrm{i}}y\Delta R\cos\alpha(y_0-y)\mathrm{d}\alpha\mathrm{d}y\\&=\frac{m_{\mathrm{i}}(y_0-L)^2R[2EL(L-y_0)(3L+y_0)\theta-F(2L+y_0)]\sin\beta}{12EL}\\&\quad+\frac{m_0y_0^3R(F+2y_0EL\theta)\sin\beta}{12EL}\end{aligned} \tag{3-91}$$

$$\begin{aligned}V_1&=-\left[\int_0^{y_0+\frac{F}{4EL\theta}}\int_{-\beta}^{\beta}fm_0y\Delta R\mathrm{d}\alpha\mathrm{d}y+\int_{y_0+\frac{F}{4EL\theta}}^{L}\int_{-\beta}^{\beta}(-fm_{\mathrm{i}}y\Delta R)\mathrm{d}\alpha\mathrm{d}y+\int_0^L\int_{-\beta}^{\beta}2fK_0y\gamma'R\mathrm{d}\alpha\mathrm{d}y\right]\\&=-\left[\frac{fm_0y_0^2R\beta(3F+4y_0EL\theta)}{12EL}+fm_{\mathrm{i}}R\beta(L-y_0)\left(\frac{2L^2-y_0L-y_0^2}{3}\theta-\frac{y_0+L}{4EL}F\right)\right.\\&\quad\left.+2\beta fK_0\gamma'RL^2\right]\end{aligned} \tag{3-92}$$

$$
\begin{aligned}
M_1' &= \int_0^{y_0+\frac{F}{4EL\theta}} \int_{-\beta}^{\beta} f m_o y \Delta R (R\cos\alpha - x_0) \mathrm{d}\alpha \mathrm{d}y \\
&\quad + \int_{y_0+\frac{F}{4EL\theta}}^{L} \int_{-\beta}^{\beta} [-f m_i y \Delta R (R\cos\alpha - x_0)] \mathrm{d}\alpha \mathrm{d}y + \int_0^L \int_{-\beta}^{\beta} 2fK_0 y \gamma' R (R\cos\alpha - x_0) \mathrm{d}\alpha \mathrm{d}y \\
&= \frac{f m_i R (y_0 - L)(R\sin\beta - x_0\beta)[3F(y_0+L) + 4EL\theta(y_0-L)(y_0+2L)]}{12EL} \\
&\quad + \frac{y_0^2 f m_0 R (3F + 4y_0 EL\theta)(R\sin\beta - x_0\beta)}{12EL} + (2R\sin\beta - 2\beta x_0) f K_0 \gamma' R L^2
\end{aligned}
\tag{3-93}
$$

$$
\begin{aligned}
M_2 &= 2\int_0^L m_i y \Delta \frac{1}{2} R \sin\frac{\pi}{6} (y_0 - y) \mathrm{d}y + \int_0^L m_i y \Delta \frac{1}{2} R (y_0 - y) \mathrm{d}y \\
&= \frac{L^2 m_i R [6EL^3\theta + 3y_0(F + 4y_0 EL\theta) - 2L(F + 8y_0 EL\theta)]}{24EL}
\end{aligned}
\tag{3-94}
$$

$$
\begin{aligned}
V_2 &= -3\left[\int_0^{y_0+\frac{F}{4EL\theta}} f m_i y \Delta \frac{R}{2} \mathrm{d}y + \int_{y_0+\frac{F}{4EL\theta}}^{L} \left(-f m_i y \Delta \frac{R}{2}\right) \mathrm{d}y + \int_0^L 2fK_0 y \gamma' \frac{R}{2} \mathrm{d}y\right] \\
&= -\frac{3}{2} f m_i R \left(\frac{2L^3 - 3y_0 L^2 + 2y_0^3}{6}\theta + \frac{2y_0^2 - L^2}{8EL} F\right) - \frac{3}{2} f K_0 \gamma' R L^2
\end{aligned}
\tag{3-95}
$$

$$
\begin{aligned}
M_2' &= -\frac{2}{3} V_2 \cdot \frac{\sqrt{3}}{8} R \\
&= \frac{\sqrt{3}}{8} f m_i R^2 \left(\frac{2L^3 - 3y_0 L^2 + 2y_0^3}{6}\theta + \frac{2y_0^2 - L^2}{8EL} F\right) + \frac{\sqrt{3}}{8} f K_0 \gamma' R^2 L^2
\end{aligned}
\tag{3-96}
$$

$$
V_3 = 9\int_0^L 2fK_0 y \gamma' \frac{R}{2} \mathrm{d}y = \frac{9}{2} f K_0 \gamma' R L^2 \tag{3-97}
$$

$$
M_3' = \int_0^L 2fK_0 y \gamma' \frac{R}{2} \mathrm{d}y (2+4+6+10+4) \frac{\sqrt{3}}{8} R = \frac{13\sqrt{3}}{8} f K_0 \gamma' R^2 L^2 \tag{3-98}
$$

$$
V_4 = 2\int_0^L \int_{\beta}^{\pi} 2fK_0 y \gamma' R \mathrm{d}\alpha \mathrm{d}y = 2(\pi - \beta) f K_0 \gamma' R L^2 \tag{3-99}
$$

$$
M_4' = 2\int_0^L \int_{\beta}^{\pi} 2fK_0 y \gamma' R (x_0 - R\cos\alpha) \mathrm{d}\alpha \mathrm{d}y = (2R\sin\beta + 2\pi x_0 - 2\beta x_0) f K_0 \gamma' R L^2 \tag{3-100}
$$

$$
\begin{aligned}
V_5 &= -\int_{x_0}^{R} 2[K_v \theta (x - x_0) + \sigma_{v0}] \sqrt{R^2 - x^2} \mathrm{d}x \\
&= -\left(\frac{2}{3} R \sin^3\beta + \frac{\sin 2\beta - 2\beta}{2} x_0\right) K_v \theta R^2 - \frac{2\beta - \sin 2\beta}{2} \sigma_{v0} R^2
\end{aligned}
\tag{3-101}
$$

$$M_5=\int_{x_0}^{R}2K_v\theta(x-x_0)^2\sqrt{R^2-x^2}\,dx+\int_{x_0}^{R}2\sigma_{v0}(x-x_0)\sqrt{R^2-x^2}\,dx$$
$$=\left(\frac{4\beta-\sin 4\beta}{8}R^4+\frac{2\beta-\sin 2\beta}{2}x_0^2R^2-\frac{4}{3}R^3x_0\sin^3\beta\right)K_v\theta$$
$$+\sigma_{v0}R^2\left[\frac{2}{3}R\sin^3\beta-x_0\left(\beta-\frac{\sin 2\beta}{2}\right)\right] \tag{3-102}$$

则筒型基础的极限抗倾覆承载力为

$$M_{ult}=\left(\frac{A_1+A_2}{B_1+B_2}\right)H_1 \tag{3-103}$$

式中

$$A_1=\frac{R^2}{48}[4G\cos\beta+fL^2K_0\gamma'(7\sqrt{3}R+8\pi x_0-16\beta x_0+16R\sin\beta)](6y_0^3fm_i$$
$$-9y_0fL^2m_i+6fL^3m_i+4y_0^3fm_i\beta-12y_0fL^2m_i\beta+8fL^3m_i\beta+4y_0^3fm_o\beta$$
$$-12K_vRx_0\beta+6K_vR^2\sin\beta+6K_vRx_0\sin 2\beta-2K_vR^2\sin 3\beta)$$

$$A_2=\frac{R}{48}[G+fL^2K_0R\gamma'(3+2\pi-4\beta)][24y_0^2L^2m_i-32y_0L^3m_i+12L^4m_i+2\sqrt{3}fy_0^3m_iR$$
$$-3\sqrt{3}fy_0L^2Rm_i+2\sqrt{3}fL^3Rm_i+24K_vR^3\beta-16fy_0^3x_0\beta m_i+48fy_0L^2x_0\beta m_i$$
$$-32fL^3x_0\beta m_i-16fy_0^3x_0\beta m_o+24\sqrt{2}K_vRx_0^2\beta+48y_0^2L^2m_i\sin\beta+24L^4m_i\sin\beta$$
$$-8y_0^4(m_i-m_o)\sin\beta+32fL^3Rm_i\sin\beta+16fy_0^3R(m_i+m_o)\sin\beta-6K_vR^3\sin 4\beta$$
$$-16y_0L^2(4L+3fR)m_i\sin\beta-12\sqrt{2}K_vR^2x_0\sin 2\beta+16K_vRx_0^2\sin 3\beta$$
$$-48K_vR^2x_0\sin\beta]$$

$$B_1=\left[\frac{fm_iR(y_0-L)(y_0+L)(R\sin\beta-x_0\beta)}{4EL}+\frac{Ry_0Lm_i}{8E}-\frac{RL^2m_i}{12E}+\frac{\sqrt{3}fy_0^2L^2m_i}{32EL}\right.$$
$$-\frac{(y_0-L)^2(y_0+2L)m_iR\sin\beta}{12EL}+\frac{y_0^3Rm_o\sin\beta}{12EL}-H_1-y_0-\frac{\sqrt{3}fLR^2m_i}{64E}$$
$$\left.+\frac{fm_oRy_0^2(R\sin\beta-x_0\beta)}{4EL}\right]\left[-\frac{1}{2}fy_0^3Rm_i+\frac{3}{4}fL^2y_0Rm_i-\frac{1}{2}fL^3Rm_i-\frac{1}{3}fy_0^3Rm_i\beta\right.$$
$$+fy_0L^2Rm_i\beta-\frac{2}{3}fL^3Rm_i\beta-\frac{1}{3}fy_0^3Rm_o\beta-\frac{2}{3}K_vR^3\sin^3\beta-\frac{1}{2}K_vR^2x_0\sin 2\beta$$
$$\left.+K_vR^2x_0\beta\right]$$

$$B_2=\left[\frac{3fy_0^2Rm_i}{8EL}-\frac{3fRLm_i}{16E}+\frac{f(y_0-L)(y_0+L)R\beta m_i}{4EL}+\frac{fy_0^2R\beta m_o}{4EL}\right]\left[\frac{1}{2}y_0^2L^2Rm_i\right.$$

$$-\frac{2}{3}y_0L^3Rm_i+\frac{1}{4}L^4Rm_i+\frac{\sqrt{3}}{24}fy_0^3R^2m_i-\frac{\sqrt{3}}{16}fy_0L^2R^2m_i+\frac{\sqrt{3}}{24}fL^3R^2m_i$$

$$-\frac{1}{6}(y_0-L)^3(y_0+3L)Rm_i\sin\beta+\frac{1}{3}f(y_0-L)^2(y_0+2L)Rm_i(R\sin\beta-x_0\beta)$$

$$+\frac{1}{3}fy_0^3Rm_o(R\sin\beta-x_0\beta)+\frac{\sqrt{2}}{4}K_vR^2x_0^2(2\beta-\sin 2\beta)+\frac{1}{8}K_vR^4(4\beta-\sin 4\beta)$$

$$\left.+\frac{1}{6}y_0^4Rm_o\sin\beta-\frac{4}{3}K_vR^3x_0\sin^3\beta\right]$$

式中 θ——筒型基础转角；

F——筒型基础距筒盖 H_1处的水平力；

Δ——筒型基础在转动过程中任意一点的位移，$\Delta=(y_0-y)\theta-(x-x_0)\theta^2/2+F/4EL$；

β——受压侧与基础圆心的夹角；

α——积分变量；

y_0——转动点距筒型基础筒盖的距离；

x_0——转动点距筒型基础中轴线的距离；

f——筒-土摩擦系数，$f=\tan(2\varphi/3)$，φ 为土体内摩擦角；

m_o和 m_i——分别为筒外和筒内土体水平抗力系数，可参考地基水平抗力计算的m法取值；

K_v——筒内土体竖向抗力系数，可由试验获得；

K_h——土体的水平抗力系数；

H_1——水平力作用点到筒盖的距离。

上述方法计算得到的单筒多舱筒型基础极限抗倾承载力与离心机试验结果进行了对比，如图 3-21 所示。

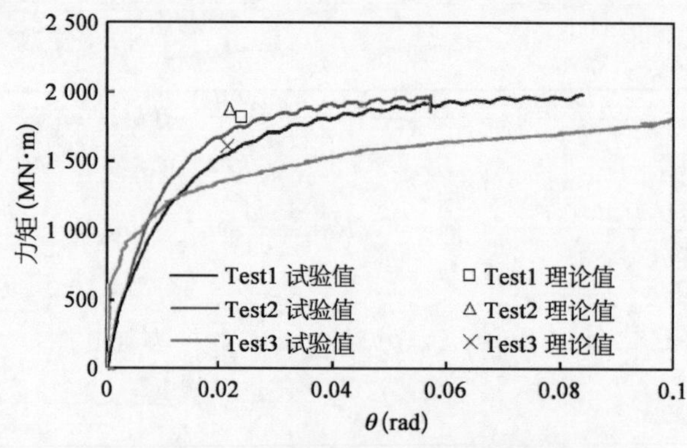

图 3-21 理论结果和试验结果对比

由图 3－21 可知，三次试验的理论计算结果和试验结果的差值较小，说明上述改进算法可用于无黏性土中单筒多舱筒型基础抗倾极限承载力。

3.2.4　倾覆荷载下筒型基础的旋转中心

倾覆荷载作用下旋转中心是单筒多舱筒型基础抗倾承载力计算准确性的关键。刘润等(2013)初步揭示了均质土中筒型基础旋转中心在水平方向上的变化特点，为了加强对筒型基础旋转中心变化规律的了解，进一步对倾覆荷载作用下筒型基础旋转中心的位置变化进行了深化讨论。

在地基土体发生塑性破坏时，由于筒型基础材料的弹性模量远大于土体，可以认为是刚性体。因此，当基础发生转动时，会围绕某一点进行旋转，该点可以认为是筒型基础发生倾覆破坏时的旋转中心。图 3－22 展示了 $D=30$ m 时，筒型基础在均质土中的倾覆破坏模式和旋转中心位置，图中 η 为筒型基础的长径比。

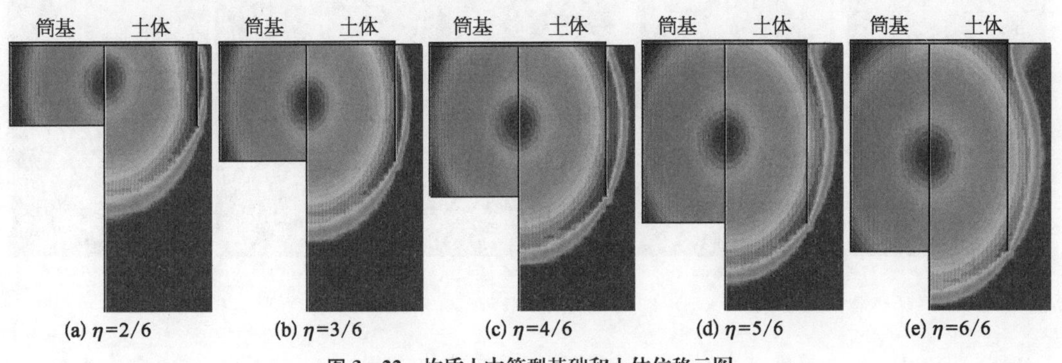

图 3－22　均质土中筒型基础和土体位移云图

由图 3－22 可以得到，在均质土中与转角方向一致的土体破坏面为圆形，且土体和筒型基础的位移场一致，可以认为筒裙内部和周边的土体被筒型基础约束为一体，随其一起运动。

为进一步研究影响筒型基础旋转中心位置的因素，将不同强度土体中，不同直径、长径比筒型基础旋转中心深度的计算结果列于图 3－23 中，其中用基础直径 D 对基础旋转中心深度 h_r 进行无量纲化处理，即 $\zeta=h_r/D$。

由图 3－23 可以发现，旋转中心深度经过无量纲化处理后，所有的计算结果均重合为一条曲线，ζ 随着 η 的增加而增加。

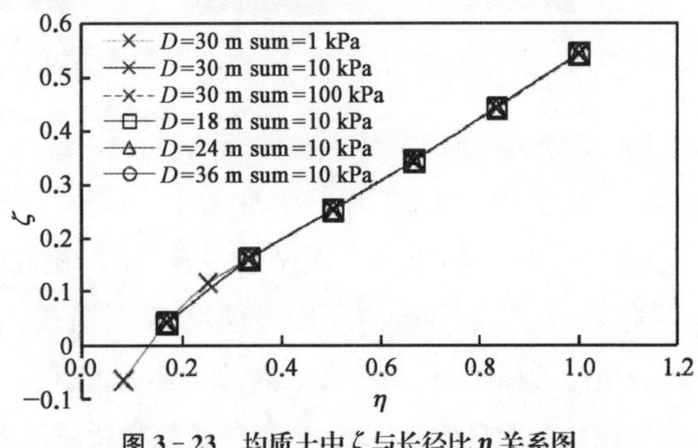

图 3－23　均质土中 ζ 与长径比 η 关系图

对于正常固结黏土，通常假定土体的不排水抗剪强度随深度线性增长。以

下假定 $k=1.5\ \mathrm{kPa/m}$，研究筒型基础旋转中心随 η 和 κ 的变化规律。图 3-24 展示了正常固结黏土中，筒型基础的倾覆破坏模式和旋转中心位置。

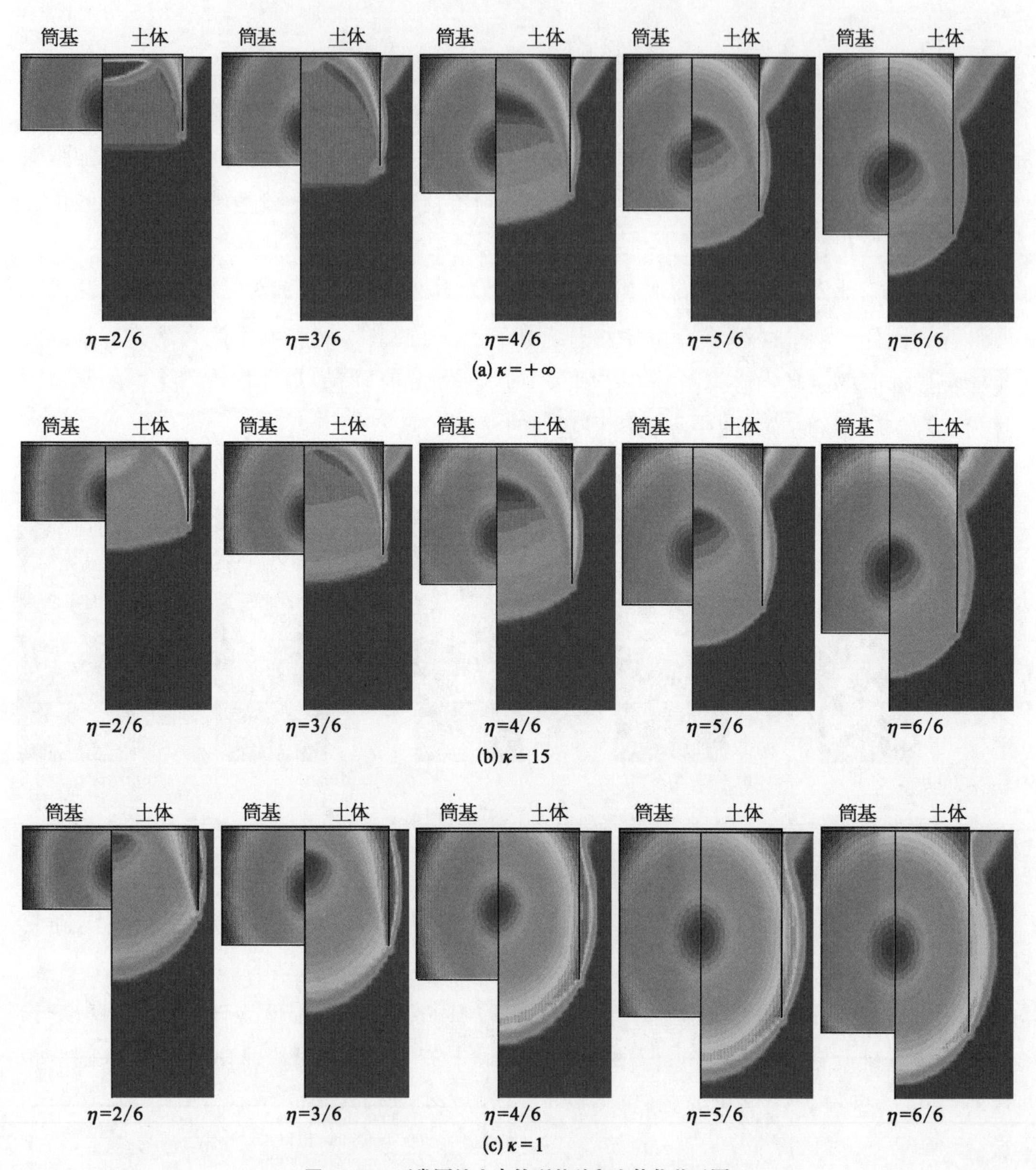

图 3-24 正常固结土中筒型基础和土体位移云图

对比图 3-24 可知，在 η 相同时，随着 κ 的增大，土体和筒型基础的位移场差别明显增大，破坏模式和均质土出现显著差异；在 κ 相同时，随着 η 的降低，也存在类似的现象。说明随着 κ 的增加和 η 的降低，筒型基础对筒裙内土体的约束能力逐步减弱，此时当筒型基础发生倾覆破坏时，无法带动内部土体一起运动。而且，在 κ 较大，η 较小时，筒裙内部土体会出现两个明显的破坏面，这与条形带裙板基础及圆形带裙板浅基础的相关研究成果相同。

综上所述，在正常固结黏土中，筒型基础和土体的旋转中心不一致，差距随着 κ 的增加和 η 的减小而增大。为验证这一规律，对 $k=1.0$ kPa/m 的情况进行了计算。将不同 κ 的土体中，不同 η 筒型基础的旋转中心计算结果列于表 3-3 中。

表 3-3　正常固结黏土中筒型基础旋转中心深度

k	κ								
	1.5 kPa/m					1 kPa/m			
η	1	3.6	4.5	15	$+\infty$	3	6	30	$+\infty$
1/12	−3.18	−0.89	−0.12	4.37	18.16	—	—	—	—
1/6	2.11	2.53	2.62	3.88	9.39	2.46	2.77	5.91	9.45
1/4	3.73	4.03	4.12	5.13	5.86	—	—	—	—
1/3	5.11	5.53	5.69	6.56	6.97	5.42	5.91	6.79	6.97
1/2	7.79	8.57	8.80	9.72	10.13	8.40	9.08	9.95	10.13
2/3	10.76	11.92	12.16	13.10	13.58	11.72	12.47	13.33	13.59
5/6	14.02	15.35	15.64	16.56	17.11	15.12	15.97	16.82	17.11
1	17.42	18.89	19.15	20.06	20.65	18.65	19.42	20.35	20.66

从表 3-2 可以得到，κ 和 η 均会影响筒型基础旋转中心的位置。为研究其规律性，同样利用筒型基础直径对 $k=1.5$ kPa/m 的计算结果进行无量纲化处理，得到了不同 κ 条件下，ζ 随 η 的变化情况，具体如图 3-25 所示。

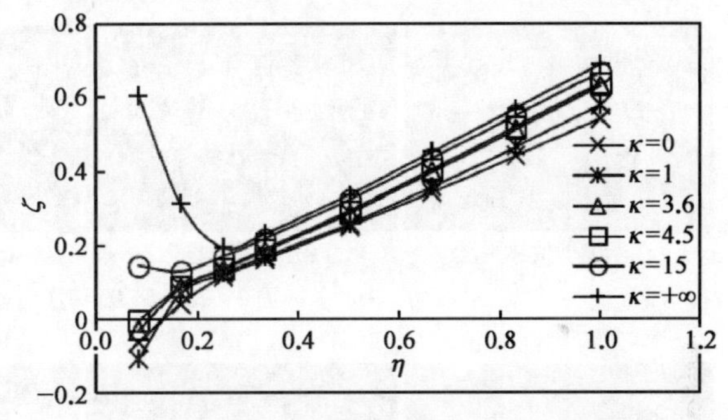

图 3-25　正常固结黏土中 ζ 与长径比 η 关系图

从图 3-25 得到，仅有 $\eta=1/12$ 的筒型基础，在 $\kappa=0$ 和 1 时出现了例外，其余筒型基础在 κ 相同时，ζ 随着 η 的增长而增长；η 相同时，ζ 随 κ 的增长而增长。在 $k=1$ kPa/m 时，依然能够得到相同的结论。

为得到不同工况下 ζ 的取值，将所有计算结果绘制于表 3-4。在 $1/12 \leqslant \eta \leqslant 1$ 时，对于其他任意的 η 和 κ，ζ 均可以采用插值法得到。

表 3-4　ζ 随 η 和 κ 变化情况

η	κ								
	0	1	3	3.6	4.5	6	15	30	$+\infty$
1/12	−0.06	−0.11	—	−0.03	0.00	—	0.15	—	0.61
1/6	0.04	0.07	0.08	0.08	0.09	0.09	0.13	0.20	0.31
1/4	0.12	0.12	—	0.13	0.14	—	0.17	—	0.20
1/3	0.16	0.17	0.18	0.18	0.19	0.20	0.22	0.23	0.23

(续表)

η	κ								
	0	1	3	3.6	4.5	6	15	30	$+\infty$
1/2	0.25	0.26	0.28	0.29	0.29	0.30	0.32	0.33	0.34
2/3	0.34	0.36	0.39	0.40	0.41	0.42	0.44	0.44	0.45
5/6	0.44	0.47	0.50	0.51	0.52	0.53	0.55	0.56	0.57
1	0.54	0.58	0.62	0.63	0.64	0.65	0.67	0.68	0.69

3.2.5 抗倾覆极限承载力的上限解研究

由于在倾覆力矩作用下筒型基础与地基土体的相互作用复杂，尝试采用极限分析方法推导筒型基础抗倾极限承载力的上限解。

3.2.5.1 构建机动场

针对径长比(L/D)不大于1的单筒多舱筒型基础，开展了大量数值分析和室内试验观测，如图3-26～图3-28所示。

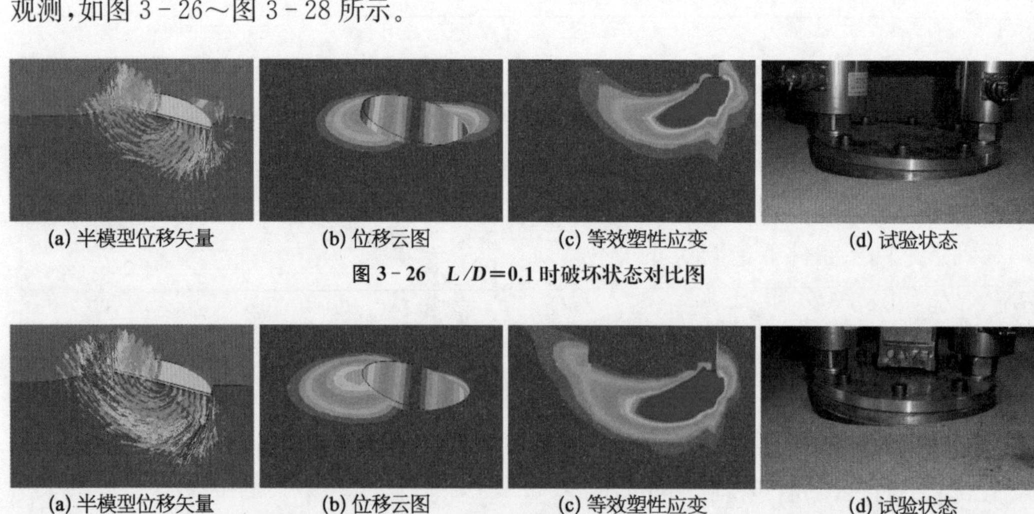

(a) 半模型位移矢量　(b) 位移云图　(c) 等效塑性应变　(d) 试验状态

图3-26　$L/D=0.1$时破坏状态对比图

(a) 半模型位移矢量　(b) 位移云图　(c) 等效塑性应变　(d) 试验状态

图3-27　$L/D=0.3$时破坏状态对比图

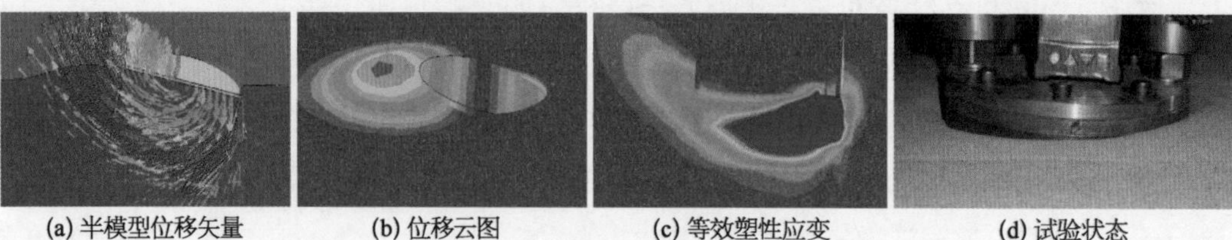

(a) 半模型位移矢量　(b) 位移云图　(c) 等效塑性应变　(d) 试验状态

图3-28　$L/D=0.5$时破坏状态对比图

由图3-26～图3-28可知，基础受到顺时针的倾覆荷载后，受压侧筒壁底部的土体发生塑性变形，并从筒壁底部开始向基础下方的土体延伸，逐渐延伸到基础上倾侧筒壁下方，直至发展到基础上倾侧的土体表面。这种发展趋势随着基础长径比的增加而越发明显。因此提出了基于筒内土体承载区范围的筒型基础地基抗弯承载模式，如图 3 - 29 所示。

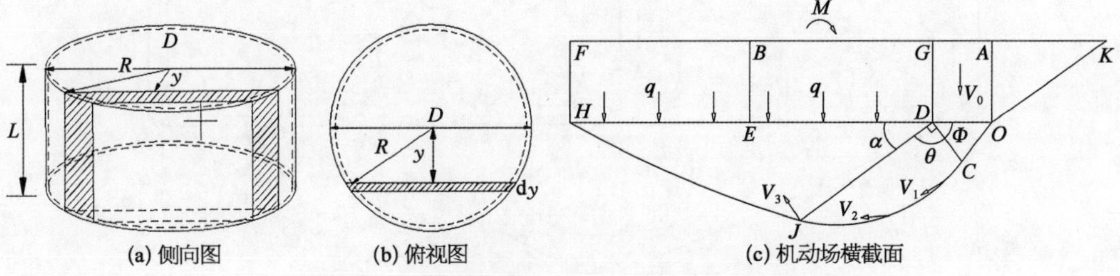

(a) 侧向图　(b) 俯视图　(c) 机动场横截面

图 3 - 29　倾覆荷载作用下筒型基础地基破坏机动场

3.2.5.2　抗倾极限承载力的上限解

如图 3 - 29 所示，选取基础的一个截面进行分析，根据极限分析上限定理，设地基完全破坏时基础以速度 $d\omega$ 向顺时针转动，则可以推导出速度间断面 CD、DJ 及 JH 的速度。

在基础右侧的速度分布为

$$v_0 = (1 - 0.5\eta_m) R \mathrm{d}\omega \tag{3-104}$$

在间断面 CD 上：

$$v_1 = \frac{1}{2}(1 - 0.5\eta_m) R \sec\left(\frac{\pi}{4} + \frac{\varphi}{2}\right) \mathrm{d}\omega \tag{3-105}$$

在间断面 DJ 上：

$$v_2 = \frac{1}{2}(1 - 0.5\eta_m) R \sec\left(\frac{\pi}{4} + \frac{\varphi}{2}\right) \exp(\theta \tan\varphi) \mathrm{d}\omega \tag{3-106}$$

在间断面 JH 上：

$$v_3 = \frac{1}{2}(1 - 0.5\eta_m) R \sec\left(\frac{\pi}{4} + \frac{\varphi}{2}\right) \exp\left(\frac{\pi}{2} \tan\varphi\right) \mathrm{d}\omega \tag{3-107}$$

式中　θ——CD 与 DJ 之间的夹角。

取基础的一个截面进行分析，则主动区 $AOCDG$ 的重力做功为

$$G_{AOCDG} = -\gamma(1 - 0.5\eta_m) \mathrm{d}\omega \left(\frac{2}{3} H l_{mOD} R^3 + \frac{3}{32} \pi l_{mOD}^2 \tan\phi R^4\right) \tag{3-108}$$

如图 3 - 30 所示，取基础的一个截面进行分析，则过渡区 CDJ 的重力做功为

$$\begin{aligned} G_{CDJ} = {} & \frac{4}{32} \pi\gamma (1 - 0.5\eta_m) \mathrm{d}\omega l_{mCD}^2 \sec\left(\frac{\pi}{4} + \frac{\varphi}{2}\right) R^4 \frac{1}{(9\tan^2\varphi + 1)} \\ & \left[3\tan\varphi \exp\left(\frac{3\pi}{2}\tan\varphi\right) \cos\left(\frac{3\pi}{4} + \frac{\varphi}{2}\right) + \exp\left(\frac{3\pi}{2}\tan\varphi\right) \sin\left(\frac{3\pi}{4} + \frac{\varphi}{2}\right) \right. \\ & \left. - 3\tan\varphi \cos\left(\frac{\pi}{2} + \frac{\varphi}{2}\right) - \sin\left(\frac{\pi}{2} + \frac{\varphi}{2}\right)\right] \end{aligned} \tag{3-109}$$

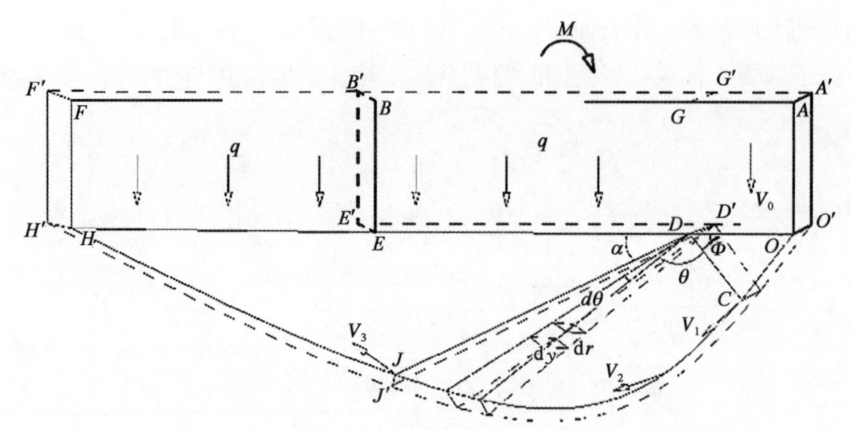

图 3-30　过渡区 CDJ 示意图

如图 3-31 所示，取基础的一个截面进行分析，则被动区 DJH 的重力做功为

$$
\begin{aligned}
G_{DJH}=&\frac{3\pi}{32}\gamma(1-0.5\eta_m)\mathrm{d}\omega l_{mDJ}^2\sec\left(\frac{\pi}{4}+\frac{\varphi}{2}\right)R^4\exp\left(\frac{\pi}{2}\tan\varphi\right)\frac{1}{(4\tan^2\varphi+1)}\\
&\left\{2\tan\varphi\exp\left[2\left(\frac{\pi}{4}-\frac{\varphi}{2}\right)\tan\varphi\right]\cos\pi+\exp\left[2\left(\frac{\pi}{4}-\frac{\varphi}{2}\right)\tan\varphi\right]\sin\pi\right.\\
&\left.-2\tan\varphi\cos\left(\frac{3\pi}{4}+\frac{\varphi}{2}\right)-\sin\left(\frac{3\pi}{4}+\frac{\varphi}{2}\right)\right\}
\end{aligned}\tag{3-110}
$$

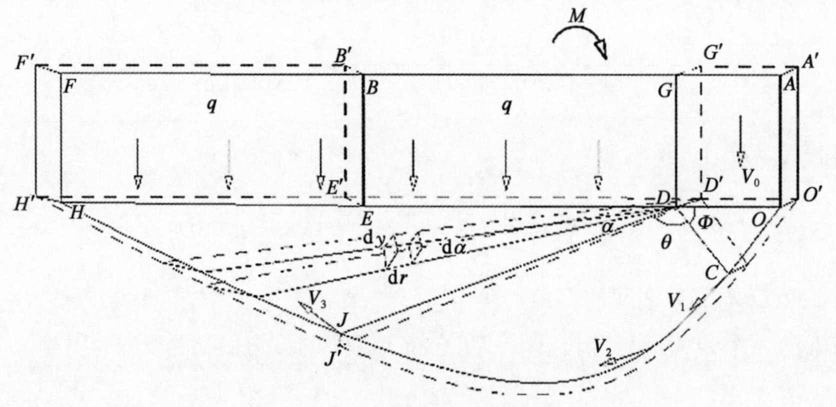

图 3-31　被动区 DJH 示意图

边载区 $GDHF$ 的重力做功为

$$
G_{GDHF}=-\frac{4\pi}{3}(1-0.5\eta_m)\mathrm{d}\omega R^3\gamma H l_{mDH}\sec\left(\frac{\pi}{4}+\frac{\varphi}{2}\right)\exp\left(\frac{\pi}{2}\tan\varphi\right)\tag{3-111}
$$

如图 3-32 所示，取基础的一个截面进行分析，则侧向土压力区 KAO 的重力做功为

$$
G_{KAO}=R^2\mathrm{d}\omega\gamma H v_0\tan^2\left(\frac{\pi}{4}-\frac{\varphi}{2}\right)\tag{3-112}
$$

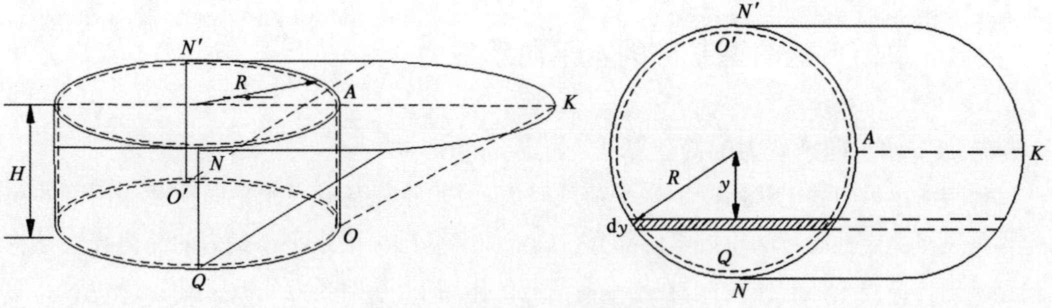

图 3-32　侧向主动区 KAO 示意图

根据极限分析上限定理，连续变形体的内力虚功等于外力虚功，其中极限弯矩 P_m 做功为 $P_m\mathrm{d}\omega$，而砂土中黏滞力做功为 0，则 P_m 的求解过程如下：

$$P_m\mathrm{d}\omega+G_{AOCDG}+G_{CDJ}+G_{DJH}+G_{GDHF}+G_{KAO}=0 \tag{3-113}$$

则 P_m 的最终表达式为

$$\begin{aligned}P_m=&\gamma(1-0.5\eta_m)\left(\frac{2}{3}Hl_{mOD}R^3+\frac{3}{32}\pi l_{mOD}^2\tan\phi R^4\right)\\&-\frac{4\pi\gamma l_{mCD}^2R^4(1-0.5\eta_m)}{32(9\tan^2\varphi+1)}\sec\left(\frac{\pi}{4}+\frac{\varphi}{2}\right)\left[3\tan\varphi\exp\left(\frac{3\pi}{2}\tan\varphi\right)\cos\left(\frac{3\pi}{4}+\frac{\varphi}{2}\right)\right.\\&\left.+\exp\left(\frac{3\pi}{2}\tan\varphi\right)\sin\left(\frac{3\pi}{4}+\frac{\varphi}{2}\right)-3\tan\varphi\cos\left(\frac{\pi}{2}+\frac{\varphi}{2}\right)-\sin\left(\frac{\pi}{2}+\frac{\varphi}{2}\right)\right]\\&-\frac{3\pi\gamma l_{mDJ}^2R^4(1-0.5\eta_m)}{32(4\tan^2\varphi+1)}\sec\left(\frac{\pi}{4}+\frac{\varphi}{2}\right)\exp\left(\frac{\pi}{2}\tan\varphi\right)\left\{2\tan\varphi\exp\left[2\left(\frac{\pi}{4}-\frac{\varphi}{2}\right)\tan\varphi\right]\cos\pi\right.\\&\left.+\exp\left[2\left(\frac{\pi}{4}-\frac{\varphi}{2}\right)\tan\varphi\right]\sin\pi-2\tan\varphi\cos\left(\frac{3\pi}{4}+\frac{\varphi}{2}\right)-\sin\left(\frac{3\pi}{4}+\frac{\varphi}{2}\right)\right\}\\&+\frac{4\pi\gamma l_{mDH}R^3H(1-0.5\eta_m)}{3}\sec\left(\frac{\pi}{4}+\frac{\varphi}{2}\right)\exp\left(\frac{\pi}{2}\tan\varphi\right)+R^2\gamma Hv_0\tan^2\left(\frac{\pi}{4}-\frac{\varphi}{2}\right)\end{aligned} \tag{3-114}$$

3.2.5.3　抗倾覆土体受压率

上述筒型基础抗倾覆极限承载力上限解中含有一个待定系数，即抗倾覆土体受压率 η_m。该系数需要通过试验确定，式(3-115)给出了土体破坏率 η_m 与 L_d/D 的关系，在无法确定 η_m 值时可参考使用。

$$\eta_m=1.05\frac{L_d}{D}+0.455 \tag{3-115}$$

式中　L_d——筒型基础的入土深度；

　　D——筒型基础直径。

3.3 单筒多舱筒型基础的水平向承载力

3.3.1 水平向承载力的简化算法

通常海上风力发电机所受的水平荷载较大,因此验算基础在水平向荷载作用下的稳定性是风机稳定性验算的重要组成部分。确定筒型基础极限水平承载力的简化算法是将筒型基础与筒内土体看作整体,在水平向荷载的作用下,基础受力分析如图 3-33 所示,图中 E_a为主动土压力合力,E_p为被动土压力合力。

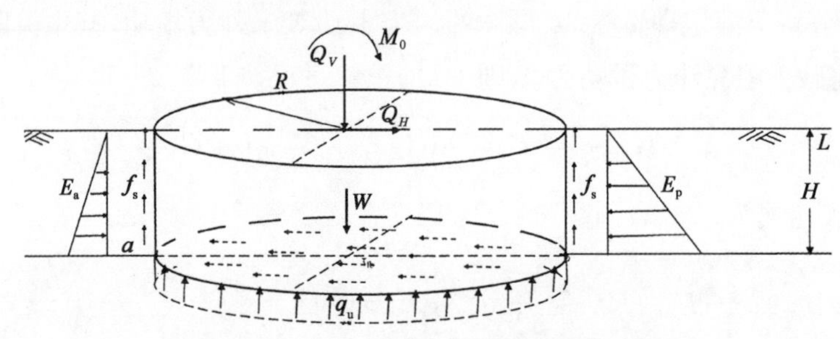

图 3-33 水平受荷状态筒型基础的受力分析

由图 3-33 可知,作用于基础上的水平向荷载包括由上部荷载传递的水平向作用力和来自地基土体的主动土压力,而基础的水平向极限抗力包括地基土体的被动土压力和基础底面的摩阻力。

由朗肯土压力理论可知:

$$E_a=\left[\frac{1}{2}\gamma' L^2\tan^2\left(45°-\frac{\varphi}{2}\right)-2cL\tan\left(45°-\frac{\varphi}{2}\right)+\frac{2c^2}{\gamma'}\right]\cdot 2R \tag{3-116}$$

$$E_p=\left[\frac{1}{2}\gamma' L^2\tan^2\left(45°+\frac{\varphi}{2}\right)+2cL\tan\left(45°+\frac{\varphi}{2}\right)\right]\cdot 2R \tag{3-117}$$

筒型基础底面摩阻力可按下式计算:

$$R_H=A\tau_{fh}=A[(Q_v-Q_{外})/A\tan\varphi+c] \tag{3-118}$$

式中 A——基础底面的面积;

$Q_{外}$——筒外部侧壁摩阻力合力,$Q_{外}=f_sA_s$。

则,筒型基础的极限水平抗力为

$$Q_h=E_p+R_H \tag{3-119}$$

筒型基础的水平向承载力安全系数为

$$SF_H=\frac{E_p+R_H}{E_a+Q_H} \tag{3-120}$$

参考重力式基础水平向承载力安全系数，建议采用上述简化算法验算单筒多舱筒型基础水平向承载力时安全系数取为 1.3。

3.3.2　水平向荷载作用下的地基破坏模式

为了深入研究筒型基础在水平荷载作用下的地基破坏模式，主要针对长径比小于 1 的单筒多舱筒型基础开展了大量的缩比尺模型试验和数值模拟研究。

图 3 - 34 为模型试验得到的筒型基础在水平荷载作用下地基破坏时的现象。

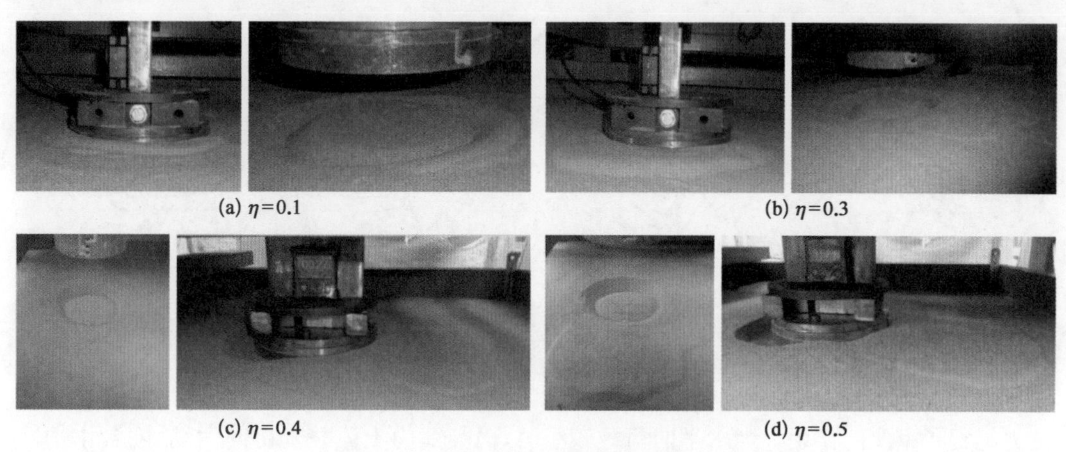

(a) $\eta=0.1$　(b) $\eta=0.3$　(c) $\eta=0.4$　(d) $\eta=0.5$

图 3 - 34　水平向荷载作用下地基的破坏情况

从图 3 - 34 中可以看出达到极限水平承载力时，基础前方一定范围地表隆起，随着基础长径比增加土体隆起面积增大，隆起范围从基础正前方向两侧扩展，随着基础长径比增加扩展范围加大。基础后方与土体分离，地面凹陷，且凹陷区域随基础长径比的增加而增大。基础两侧地面未观测到明显变形。试验结束后可观测到筒顶盖与筒内土体完全接触，因此可以判断在单向水平荷载作用下筒与筒内土体协同运动。

水平荷载下地基破坏模式采用有限元方法进行分析。不同大小水平向荷载作用下地基中的典型的塑性应变如图 3 - 35 所示，位移矢量如图 3 - 36 所示。

从图 3 - 35 和 3 - 36 可以看出，极限水平荷载作用下，筒型基础内部土体均产生了较大的塑性变形。分舱板可以有效阻止地基中塑性变形区的贯通，对增加筒型基础水平向

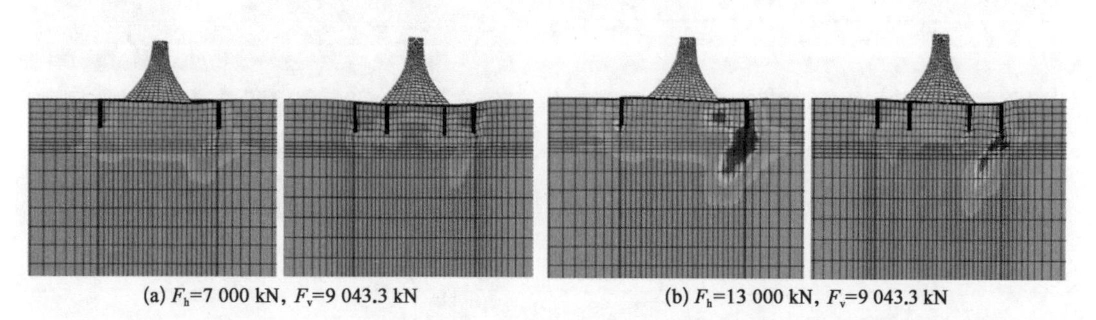

(a) F_h=7 000 kN, F_v=9 043.3 kN　(b) F_h=13 000 kN, F_v=9 043.3 kN

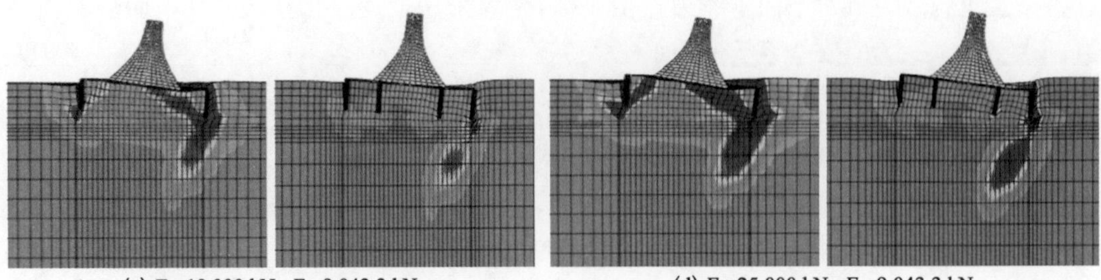

(c) F_h=18 000 kN，F_v=9 043.3 kN　　(d) F_h=25 000 kN，F_v=9 043.3 kN

图 3-35　不同水平荷载作用下地基中的等效塑性应变

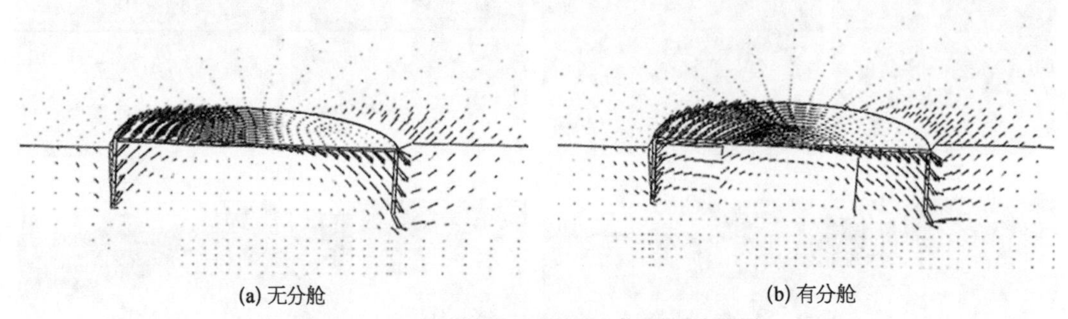

(a) 无分舱　　(b) 有分舱

图 3-36　水平荷载作用下地基土体的位移矢量图

抗力起到了重要的作用。当水平向荷载较小时，筒与筒内土体并未协同运动，随着水平向荷载的增加，筒与筒内土体的协同度变形程度增强，呈现出整体运动的趋势，但由于水平向荷载的加载点位于基础顶面，产生的偏心力矩导致了筒型基础受拉一侧顶盖土体存在局部分离现象。

3.3.3　筒土分离对水平向承载力的影响

为定量描述单筒多舱筒型基础内筒-土局部分离对其水平向极限承载力的影响，开展了系列有限元分析，将筒型基础与墩式基础的水平向承载特性进行对比。分析中筒型基础与墩式基础直径取为 30 m，长径比分别为 0.2～0.4，荷载施加于基础底面中心处(图 3-37)。

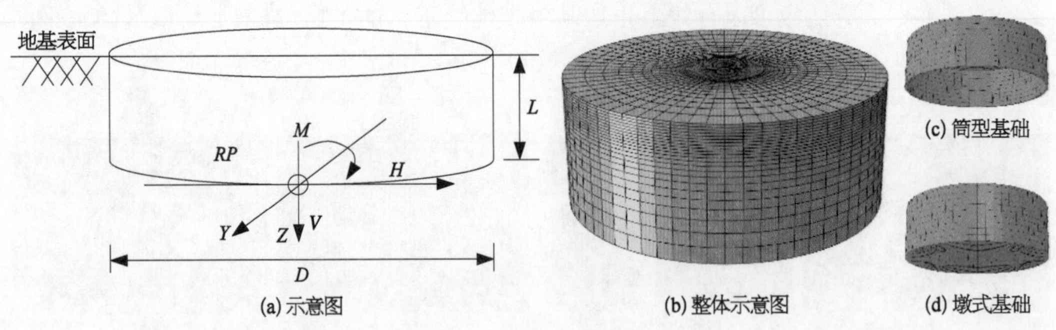

(a) 示意图　　(b) 整体示意图　　(c) 筒型基础　　(d) 墩式基础

图 3-37　有限元分析模型

1）黏性土地基中的分析结果

黏性土地基中假定土体满足不排水条件，则其本构模型符合Tresca理想弹塑性模型，泊松比取为0.48，抗剪强度随深度线性增加，将抗剪强度增长梯度无量纲化，$\kappa = kD/s_{u0}$。土的弹性模量按$E/s_u=500$取值，土体浮容重取为7 kN/m^3。基础与饱和黏土间的摩擦系数较难确定，因此结合已有黏土数值模拟的研究成果，将数值模拟分析中土体与基础的切向接触类型取为完全光滑和完全粗糙两种，完全光滑接触表明土体与基础不存在切向应力，完全粗糙接触表明土体与基础间切向应力可达到无限大。土体模型直径为$5D$，深度为$5L$。通过网格划分类型和网格数量的敏感度分析最终确定土体模型网格数量为50 000个，土体模型为C3D8R单元。

为消除基础横截面积对水平极限承载力的影响，根据已有研究对水平极限承载力进行无量纲化，计算公式如下：

$$h_{ult} = \frac{H_{ult}}{As_{ul}} \tag{3-121}$$

式中　h_{ult}——水平极限承载力的无量纲化系数（以下简称“水平极限系数”）；

H_{ult}——水平向极限承载力；

s_{ul}——基础底面处土体强度，$s_{ul}=s_{um}+kL$。

分析基础水平极限系数与摩擦类型、长径比η及土的强度增长系数κ的关系，如图3-38所示。

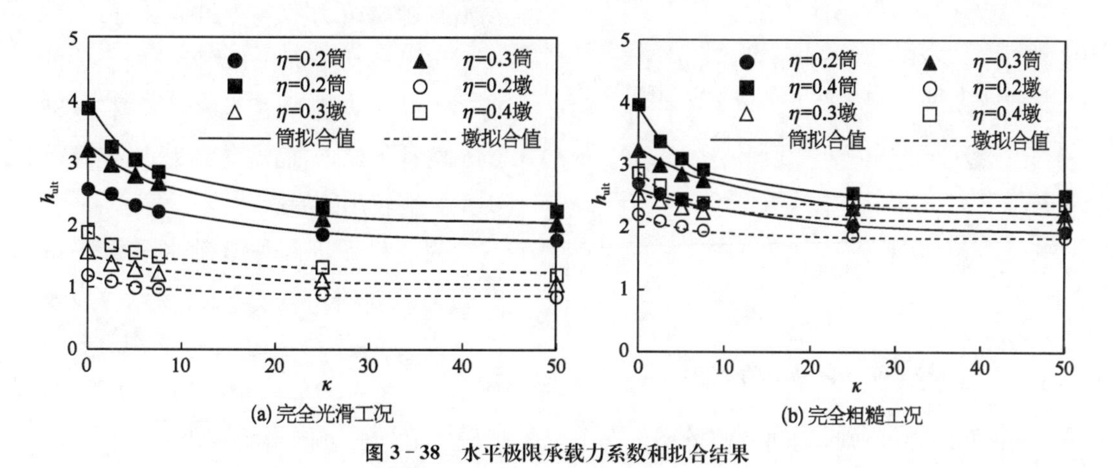

(a) 完全光滑工况　　(b) 完全粗糙工况

图3-38　水平极限承载力系数和拟合结果

由图3-38可知，筒型基础和墩式基础的水平极限承载力系数h_{ult}均表现为随α的增大而增大，随κ的增加而非线性减小至基本稳定的规律。筒型基础$h_{ult,b}$在完全光滑与完全粗糙工况下的差值不大，说明其受摩擦类型的影响较小；而墩式基础$h_{ult,s}$在两种工况下差值较大，受摩擦类型的影响显著。由于筒型基础的$h_{ult,b}$受摩擦类型的影响较小，因此将完全光滑和完全粗糙工况下的宽浅式筒型基础水平极限系数用同一公式表示：

$$h_{\text{ult, b}} = 3\eta + 1.3 + 3.53\eta(-3.44\eta^2 + 1.6\eta + 0.7)^{\kappa} \tag{3-122}$$

式中 η——基础的长径比(L/D)；

κ——抗剪强度增长梯度的无量纲化系数。

为分析水平荷载作用下筒型基础与墩式基础承载模式的差异，图 3-39 给出了筒型基础与墩式基础达到水平极限承载力时的塑性区云图。

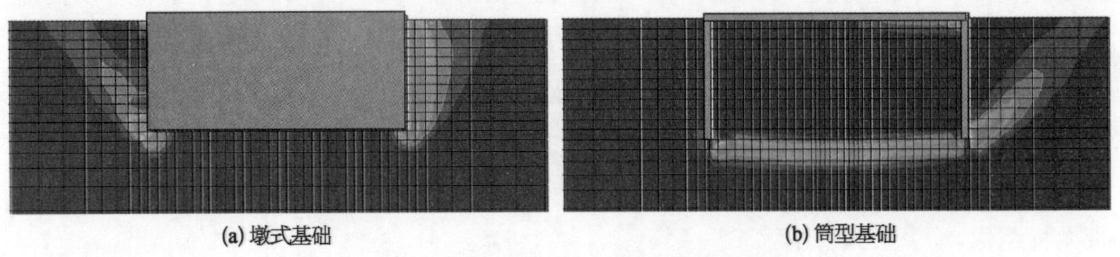

(a) 墩式基础　　(b) 筒型基础

图 3-39　水平极限承载力下基础塑性区示意图

由图 3-39 可知，墩式基础的水平抗力由被动土压力和基底-土间的摩阻力组成，其中被动土压力受墩-土摩擦属性的影响很小，基底-土间的摩阻力随摩擦系数增大而增大，这就造成完全粗糙工况下墩式基础的水平极限承载力明显大于完全光滑工况的现象，这与已有对墩式基础的研究结果相近。筒型基础的被动土压力分布和墩式基础相似，而筒型基础底部的摩阻力由基底-土的摩阻力和筒内土体的剪切力两部分组成，如图 3-39(b)所示。由于筒内土体横截面积远大于基础底部与土的接触面积，因此土体的抗剪强度成为筒型基础摩阻力的主要组成部分。筒-土摩擦类型对被动土压力及筒内土体的剪切力的影响较小，这也解释了图 3-38 所示两种工况下，筒型基础 $h_{\text{ult, b}}$ 受摩擦类型影响较小的原因。

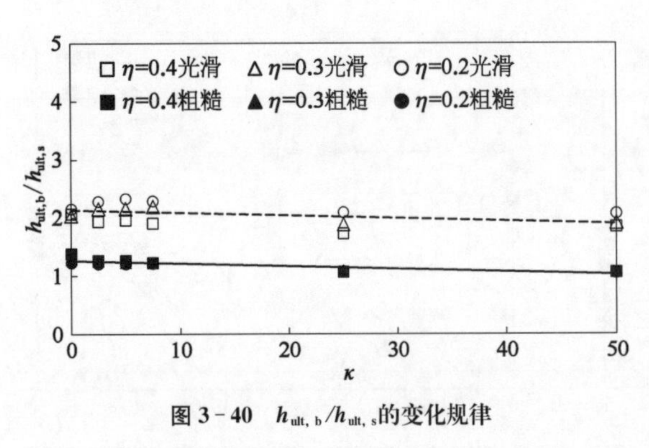

图 3-40　$h_{\text{ult, b}}/h_{\text{ult, s}}$ 的变化规律

为定量评价两种基础水平极限承载力的差异，将 $h_{\text{ult, b}}/h_{\text{ult, s}}$ 与 κ、η 以及摩擦类型的关系汇总表示如图 3-40 所示。

由图 3-40 可知，不同摩擦类型工况下，$h_{\text{ult, b}}/h_{\text{ult, s}}$ 值均受 η 的影响较小，$h_{\text{ult, b}}/h_{\text{ult, s}}$ 随 κ 的增加呈线性减小。完全光滑工况下 $h_{\text{ult, b}}/h_{\text{ult, s}}$ 在区间[1.9, 2.2]内线性变化，完全粗糙工况下 $h_{\text{ult, b}}/h_{\text{ult, s}}$ 在区间[1.0,1.3]内线性变化。对于海洋浅层黏土而言，κ 通常小于 25.0，此时 $h_{\text{ult, b}}/h_{\text{ult, s}}$ 在完全光滑工况下可近似取为 2.1，完全粗糙工况下可近似取为 1.2。

2) 无黏性土地基中的分析结果

土体的本构模型采用 Mohr-Coulomb 理想弹塑性模型，具体参数见表 3-5。筒-土切向接触类型采用罚函数接触，摩擦系数根据 $\tan(2\varphi/3)$ 确定，为 0.41；假设地基处于完全排水状态，筒-土法向接触采用允许分离的硬接触。

表 3-5 砂土参数

密度(kg/m³)	弹模(MPa)	泊松比	内摩擦角(°)	剪胀角(°)	黏聚力(kPa)
956.00	24.00	0.30	34.00	5.00	1.00

有限元分析模型的建立与黏性土地基相同。为消除基础横截面积对水平极限承载力的影响，对水平极限承载力进行无量纲化，计算公式如下：

$$h_{\mathrm{ult}}=\frac{H_{\mathrm{ult}}}{A\gamma' L N_{\mathrm{q}}} \tag{3-123}$$

式中 A——基础横截面积，$A=\pi D^2/4$；

L——基础埋深；

N_{q}——承载力系数，$N_{\mathrm{q}}=\tan^2\left(45^\circ+\frac{\varphi}{2}\right)\mathrm{e}^{\pi\tan\varphi}$；

γ'——砂土的浮容重；

h_{ult}——水平向极限承载力无量纲化系数，筒型基础的水平极限系数用 $h_{\mathrm{ult,\,b}}$ 表示，墩式基础用 $h_{\mathrm{ult,\,s}}$ 表示。

分析得到两种基础的水平极限承载力系数与长径比 η 的关系，如图 3-41 所示。

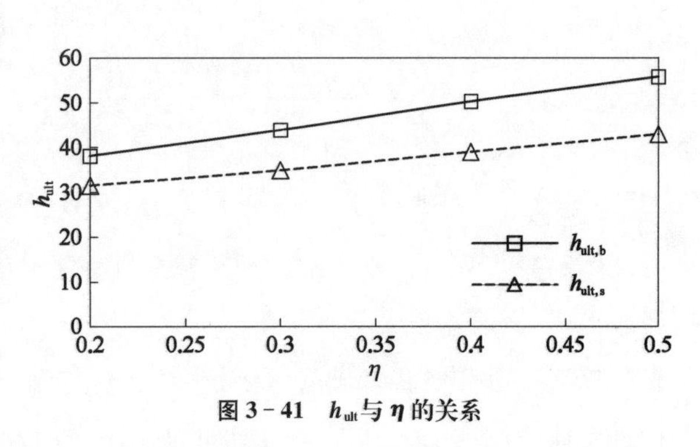

图 3-41 h_{ult} 与 η 的关系

由图 3-41 可知，随长径比 η 的增大，两种基础的水平极限承载力系数均线性增大，且筒型基础的水平极限承载力系数大于墩式基础。拟合得到两种基础水平承载力系数的表达式：

$$\begin{cases}h_{\mathrm{ult,\,b}}=59.40\eta+29.25\\ h_{\mathrm{ult,\,s}}=38.34\eta+23.70\end{cases} \tag{3-124}$$

式中 η——基础的长径比。

为分析水平荷载作用下筒型基础与墩式基础承载模式的差异，图 3-42 给出了筒型基础与墩式基础达到水平极限承载力时的塑性区云图。

由图 3-42 可知，墩式基础在达到水平极限承载力时，土体塑性区出现在基础外侧被动土压力区及相邻的基础底部，这说明墩式基础的水平承载力主要来源于基础侧壁所受的被动土压力。筒型基础在达到水平极限承载力时，土体塑性区出现在基础外侧被动土压力区及筒型基础内被动土压力区的底部，这说明筒型基础的水平承载力主要来源于基

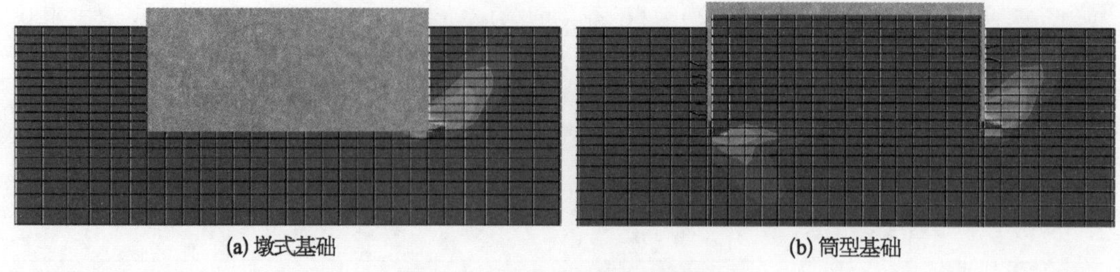

图 3-42　基础水平极限承载模式

础侧壁所受的被动土压力和筒型基础底部土体的抗剪强度。由于两基础的入土深度相同，基础外侧被动土压力区所提供的水平向土抗力相近，而墩式基础与土之间的摩擦小于筒型基础内外土体间的剪切力，因此出现筒型基础水平极限承载力大于墩式基础的现象。由于砂土的强度受应力状态的影响较大，埋深越大，砂土所能提供的抗力越高，因此基础外侧被动区土压力及筒型基础内外土体间的剪切力均随埋深的增加而线性增加，从而造成墩式基础和筒型基础的水平极限承载力随长径比 η 的增大而增大。

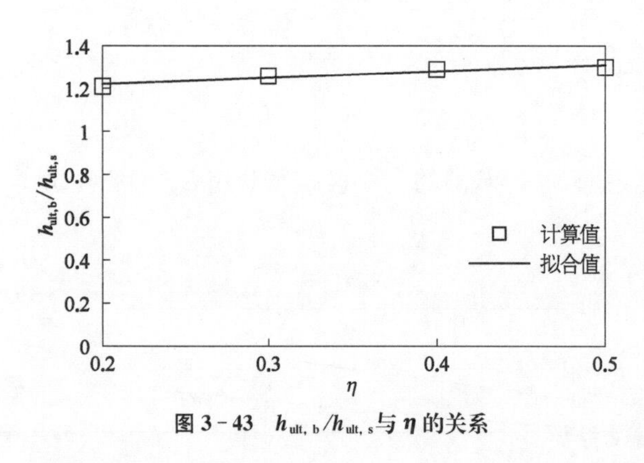

图 3-43　$h_{ult,b}/h_{ult,s}$与 η 的关系

为定量评价筒型基础的水平极限承载力，将不同工况下筒型基础与墩式基础的水平极限承载力进行对比，得到 $h_{ult,b}/h_{ult,s}$与 η 的关系，如图 3-43 所示。

由图 3-43 可知，$h_{ult,b}/h_{ult,s}$值随 η 的增大而线性增大。拟合得到两种基础水平极限系数的比值与 η 的关系：

$$h_{ult,b}/h_{ult,s}=0.30\eta+1.16 \tag{3-125}$$

式中　η——基础的长径比。

筒型基础和墩式基础的水平抗力均包括基础外侧被动区土压力，不同的是，筒型基础内外土体间的剪切力随埋深的增加而线性增加，而墩式基础与底部土体间的摩擦则变化较小，因此出现 $h_{ult,b}/h_{ult,s}$值随 η 的增大而线性增大，且恒大于 1 的现象。随 η 的增加，筒型基础与土的相互作用逐渐增强。

3.4　单筒多舱筒型基础的承载力包络面

3.4.1　承载力包络面方法概述

承载力包络线是指在水平向荷载 H、竖向荷载 V 和力矩 M 共同作用下，地基达到整体破坏或极限平衡状态时，各个荷载分量的组合在三维荷载空间(V, H, M)中形成的一个外凸曲面，在二维荷载空间中包络面就退化为包络线。该方法可用于分析地基在复合加载条件下的承载力问题(Butterfield、Ticof，1979；Nova、Montrasio，1991；Butterfield、Gottardi，1994)。确定多向荷载作用下浅基础承载力极限状态的方法通常是对经典竖向承载力计算公式进行修正，以考虑倾斜荷载、偏心荷载、土的各向异性、基础形状、基础埋深等因素的影响。例如：当基础受到水平向荷载和力矩共同作用时，传统的计算方法仅仅是对倾斜荷载和偏心荷载影响的线性相加，这并没有真实地反应水平向荷载和力矩间的相互作用。最新的研究成果表明，当基础受到较大的水平向荷载和力矩时，传统的承载力计算方法不再适用，而 $V-M-H$ 荷载空间内承载力包络线的方法越来越得到认可。相对于经典承载力理论，三维破坏包络面的优势已经由 Gottardi 和 Butterfield(1993)、Gourvenec 和 Randolph(2003)等众多学者阐述。

(1) 考虑了水平向荷载和力矩的相互作用，而不是简单地把倾斜荷载和偏心荷载的影响线性叠加。

(2) 考虑了有一定埋深基础水平和转动自由度之间的耦合，而不是采用埋深系数进行修正，当只考虑埋深系数时承载力包络面各向同性扩张。

(3) 同时考虑了基础几何尺寸、埋深和土强度各向异性的影响，而不是叠加相互独立的系数。

(4) 在较小的竖向荷载与力矩联合作用时，筒型基础可以提供抗拔力，而不是有效面积法揭示的当竖向荷载小于竖向极限承载力一半时基础在力矩作用下出现脱空。

承载力包络面方法尤其适用于近海承受较大水平向荷载和力矩的浅基础。条形基础(Ukritchon 等，1998)、圆形基础(Gourvenec 和 Randolph，2003；Taiebat 和 Carter，2002)、矩形基础(Gourvenec，2007)承载力的包络面已有完整的解答。筒型基础的结构形式和承载特点与以上三种基础型式均有较大的区别，因此开展筒型基础承载力包络面的研究非常必要。采用有限元软件计算不同形状基础的承载力包络面时常采用以下两种方法。

1) Swipe 方法

Swipe 方法是由 Tan 提出的，这种方法可以在荷载空间中直接搜寻承载力包络线的大致形状。以搜寻 jk 荷载平面上的破坏包络线为例，Swipe 方法包括以下两个步骤：

第一步：沿着 j 方向从零加载状态开始施加位移 u_{j}，直至 j 方向上的荷载大小不再随着位移的增大而改变；

第二步：保持 j 方向的位移不变而沿 k 方向施加位移 u_{k}，直至 k 方向的荷载大小不再随着 k 方向的位移增大而改变。

在第二步中所形成的加载轨迹可以近似地作为 jk 荷载空间上的破坏包络线。

Swipe 方法的优点是通过一次计算就可以得到荷载平面内承载力包络线一部分，再结合常位移比加载模式可以得到完整的承载力包络线。已有对条形基础和圆形基础的承载力包络线研究表明：在 $V-H$ 和 $V-M$ 荷载平面内 Swipe 方法得到的包络线形状与真实的承载力包络线非常接近，但是在 $H-M$ 荷载平面内 Swipe 方法的结果与真实情况偏离较大，因此 Swipe 方法只适用于搜寻 $V-H$ 和 $V-M$ 荷载平面内的承载力包络线。

2) 常位移比方法

该方法通过分别施加竖向位移 w、水平位移 u 和转角 θ 来获得最终的承载力包络面。在二维荷载空间 $V-H$、$V-M$ 和 $H-M$，可通过在参考点上施加固定比值 w/u，w/θ 和 u/θ 来获得承载力包络线。在三维荷载空间 $V-H-M$，可固定参考点上竖向荷载，并施加水平向荷载和力矩的固定位移比来获得承载力包络面。

相对于 Swipe 方法，常位移比法适用于搜寻各种荷载组合下的破坏包络面，但计算量较大。

3.4.2 复合加载条件下筒型基础的承载力包络面

为了获得具有普遍意义的承载力包络面，采用基础设计尺寸和土体强度对承载力包络线和包络面进行无量纲化处理，同时利用基础的单向极限承载力对包络面进行归一化处理(刘润等，2014；王磊，2012；王磊和刘润，2013)。

3.4.2.1 计算模型与符号规定

对应筒型基础底面中心处的水平向荷载 H、竖向荷载 V 和力矩 M，基础发生水平位移 u、竖向位移 w 和转角位移 θ，荷载和位移的符号规定遵从 Butterfield 等的建议，如图 3-44 所示。荷载和位移符号见表 3-6。极限荷载是指基础受单向荷载作用时筒型基础的极限承载力。

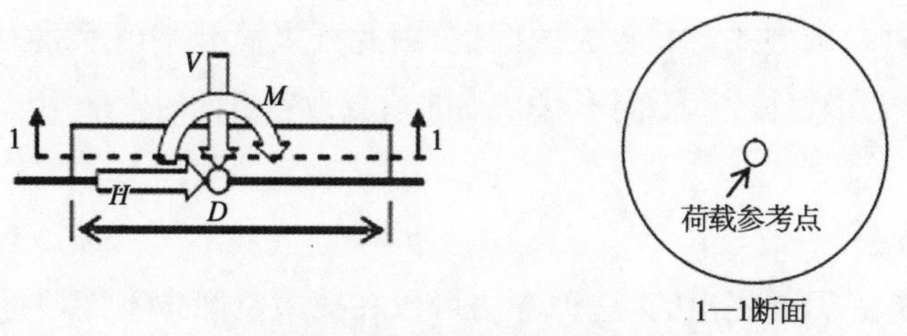

图 3-44 正向荷载规定

表 3-6 荷载和位移的标记和符号

物理量	竖 向	水平向	弯 矩
荷载	V	H	M
极限荷载	V_{ult}	H_{ult}	M_{ult}
无量纲荷载	V/As_u	H/As_u	M/ADs_u
无量纲极限荷载	$N_{cV}=V_{ult}/As_u$	$N_{cH}=H_{ult}/As_u$	$N_{cM}=M_{ult}/ADs_u$
归一化荷载	$v=V/V_{ult}$	$h=H/H_{ult}$	$m=M/M_{ult}$
位移	w	u	θ

假定直径为 D 的刚性筒型基础置于饱和不排水软黏土地基上，土体的不排水抗剪强度 $s_u=12\ \text{kPa}$，变形模量 $E/s_u=500$，泊松比 $\upsilon=0.49$。土体为服从 Tresca 破坏准则的理想弹塑性材料，筒型基础长径比 $L/D=0$、0.1、0.2、0.25、0.3，筒壁厚度和基础直径比值为 0.013，基础与地基间接触面完全粗糙。为了减小地基边界对数值计算精度的影响，地基侧向宽度取 $8D$，深度取 $2D$。长径比 $L/D=0.2$ 的筒型基础有限元计算模型如图 3-45 所示，数值求解过程中采用了减缩积分技术。

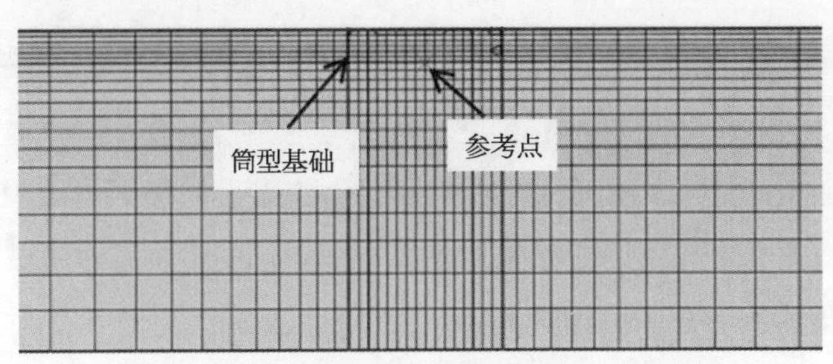

图 3-45　长径比 $L/D=0.2$ 筒型基础有限元计算模型

3.4.2.2　单向加载筒型基础的极限承载力

计算得到筒型基础无量纲化竖向极限承载力及其随长径比的变化规律，如图 3-46 所示。

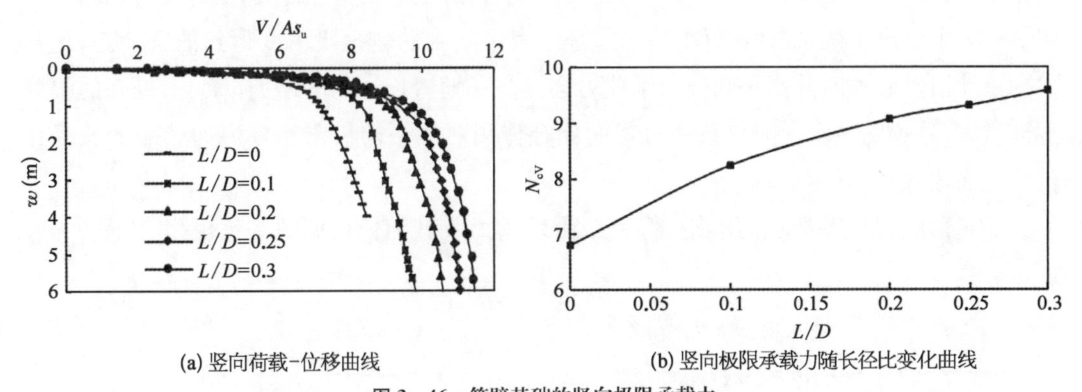

(a) 竖向荷载-位移曲线　　(b) 竖向极限承载力随长径比变化曲线

图 3-46　筒壁基础的竖向极限承载力

由图 3-46 可知，随着长径比的增加，无量纲化的竖向极限承载力显著提高。竖向承载力系数 N_{cV} 随基础长径比的增加而增长，可得不同长径比筒型基础的竖向极限承载力的拟合公式：

$$V_{ult}=6.8d_{cV}As_u \tag{3-126}$$

式中，$d_{cV}=1+2.345\dfrac{L}{D}-3.344\left(\dfrac{L}{D}\right)^2$。

计算得到筒型基础无量纲化水平向极限承载力及其随长径比的变化规律，如图 3-47 所示。

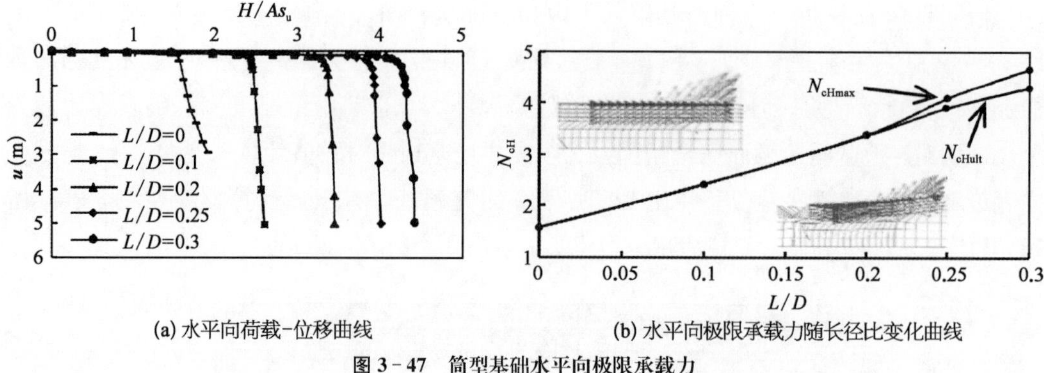

(a) 水平向荷载-位移曲线　(b) 水平向极限承载力随长径比变化曲线

图 3-47　筒型基础水平向极限承载力

由图 3-47 可知,随着长径比的增加,无量纲化的水平向极限承载力显著提高。水平向承载力系数 N_{cH} 随基础长径比的增加而增加,可得不同长径比的筒型基础水平向极限承载力拟合公式:

$$H_{ult}=1.57d_{cHult}As_u \tag{3-127}$$

式中　d_{cHult}——埋深修正系数,$d_{cHult}=1+5.77\dfrac{L}{D}$。

在单向水平荷载作用下,地基破坏机制并不是单纯的滑动破坏,因为当水平向荷载作用于基础底面时,水平自由度和转动自由度的耦合作用会导致基础发生水平位移和转动。图 3-47 中给出了两条曲线,其中 N_{cHmax} 是约束了基础的转动自由度得到的,说明当地基发生单纯滑动破坏时其水平向极限承载力会提高。随着长径比的增加,N_{cHmax} 提高的幅度逐渐增大,这说明了水平向荷载和力矩的耦合作用对水平向极限承载力的影响随长径比的增加而增大。

计算得到筒型基础无量纲化抗倾覆极限承载力及其随长径比的变化规律,如图 3-48 所示。

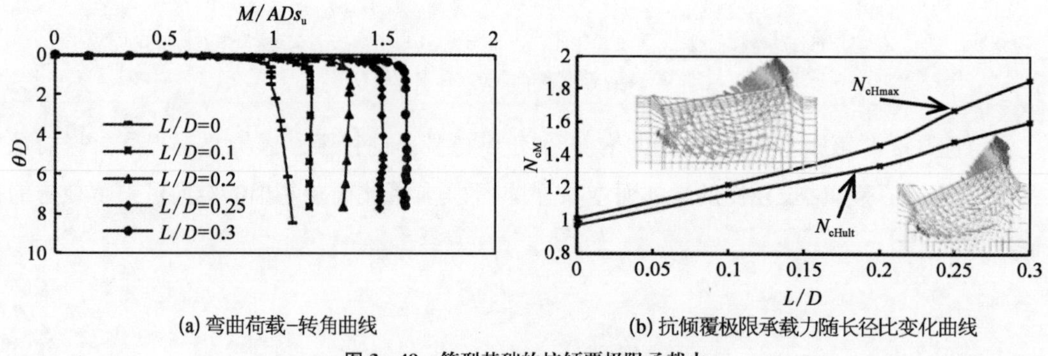

(a) 弯曲荷载-转角曲线　(b) 抗倾覆极限承载力随长径比变化曲线

图 3-48　筒型基础的抗倾覆极限承载力

由图 3-48 可知,随着长径比的增加,无量纲化的抗倾覆极限承载力显著提高,抗倾覆承载力系数随基础长径比的增加而增加。因此,可得不同长径比筒型基础的抗倾覆极限承载力拟合公式：

$$M_{ult}=0.97d_{cMult}ADs_u \tag{3-128}$$

式中　d_{cMult}——埋深修正系数，$d_{cMult}=1+1.66\dfrac{L}{D}+1.66\left(\dfrac{L}{D}\right)^2$。

在单向力矩作用下地基呈现出勺形破坏模式，随着长径比的增大，转动中心向基础底面靠近；当力矩作用于筒型基础时，水平自由度和转动自由度的耦合作用会导致基础发生水平位移和转动。随着长径比的增加，N_{cMmax}提高的幅度逐渐增大，同样说明了水平向荷载和力矩的耦合作用对抗倾覆极限承载力的影响随长径比的增加而增大。

3.4.2.3　复合加载作用下筒型基础的承载力包络面

1) $V-H$ 荷载空间($M=0$)

采用 Swipe 法计算得到了 $V-H$ 二维荷载空间中宽浅式筒型基础的承载力包络线，如图 3-49 所示。

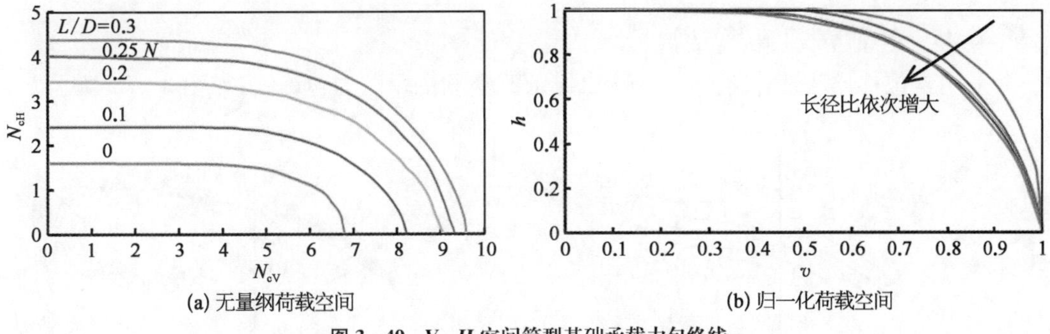

(a) 无量纲荷载空间　　(b) 归一化荷载空间

图 3-49　$V-H$ 空间筒型基础承载力包络线

由图 3-49 可知，随着基础长径比增大，无量纲化的筒型基础承载力包络线向外扩张，表明筒型基础抵抗竖向和水平向荷载的能力提高；归一化的承载力包络线彼此接近且形状相似，并且随着基础长径比增大，包络线呈收缩趋势，在基础长径比 $L/D>0.1$ 后这种变化趋势不再明显。归一化后的承载力包络线可用幂函数表示为

$$v=(1-h)^p \tag{3-129}$$

式中，v、h 含义同前。对于长径比 $0\leqslant L/D\leqslant 0.3$ 的筒型基础，指数 p 在 0.12～0.2 变化。

2) $V-M$ 荷载空间($H=0$)

采用 Swipe 法计算得到了 $V-M$ 二维加载空间中筒型基础的承载力包络线，如图 3-50 所示。

由图 3-50 可知，在 $V-M$ 荷载空间中，随着基础长径比的增大，无量纲化的承载力包

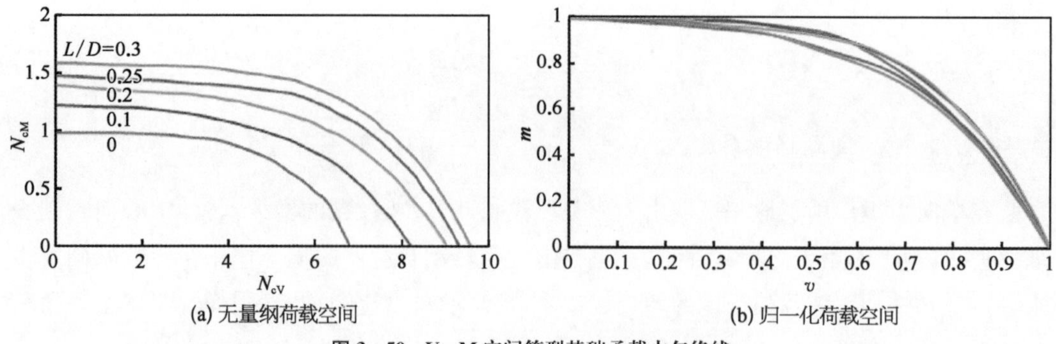

(a) 无量纲荷载空间　　(b) 归一化荷载空间

图 3-50　$V-M$ 空间筒型基础承载力包络线

络线向外扩张，表明筒型基础抵抗竖向荷载与力矩的能力提高。归一化后 $V-M$ 荷载空间不同长径比的包络线彼此接近，可用以下表示：

$$v=(1-m)^q \tag{3-130}$$

式中，v、m 含义同前。对于长径比 $0\leqslant L/D\leqslant 0.3$ 的筒型基础，指数 q 在 0.22～0.3 变化。

3) $H-M$ 荷载空间($V=0$)

采用常位移比法计算得到 $H-M$ 二维荷载空间的承载力包络线，如图 3-51 所示。

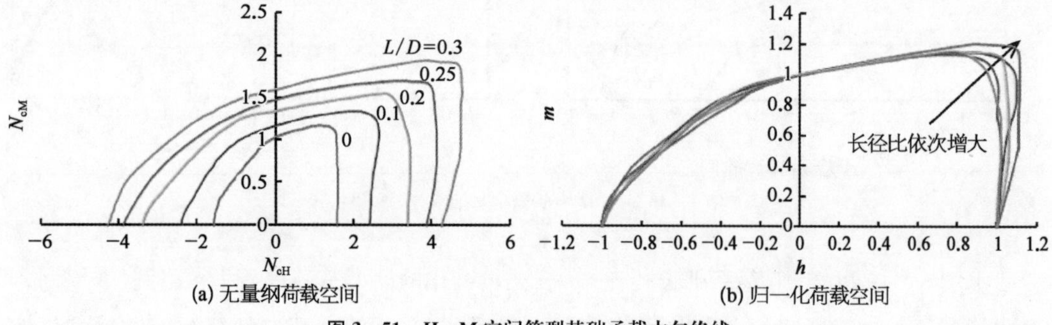

(a) 无量纲荷载空间　　(b) 归一化荷载空间

图 3-51　$H-M$ 空间筒型基础承载力包络线

由图 3-51 可知，$H-M$ 空间的承载力包络线呈现明显的非对称性，并且非对称性随着基础长径比的增大更加明显。和土体本构模型中相关流动法则的假设一致，承载力包络线的外法线方向表示的是地基破坏时塑性增量的方向。有埋深的宽浅式筒型基础的水平向极限承载力受基础转动和水平运动共同控制，$H-M$ 荷载空间内承载力包络线和横轴斜交的现象证明了这一点。

4) $V-H-M$ 荷载空间

采用常位移比法计算得到筒型基础在 $V-H-M$ 三维荷载空间的承载力包络线，其中竖向荷载 V 作为已知量，分别取 $V=0$、$0.5V_{ult}$、$0.75V_{ult}$、$0.9V_{ult}$，如图 3-52 所示。

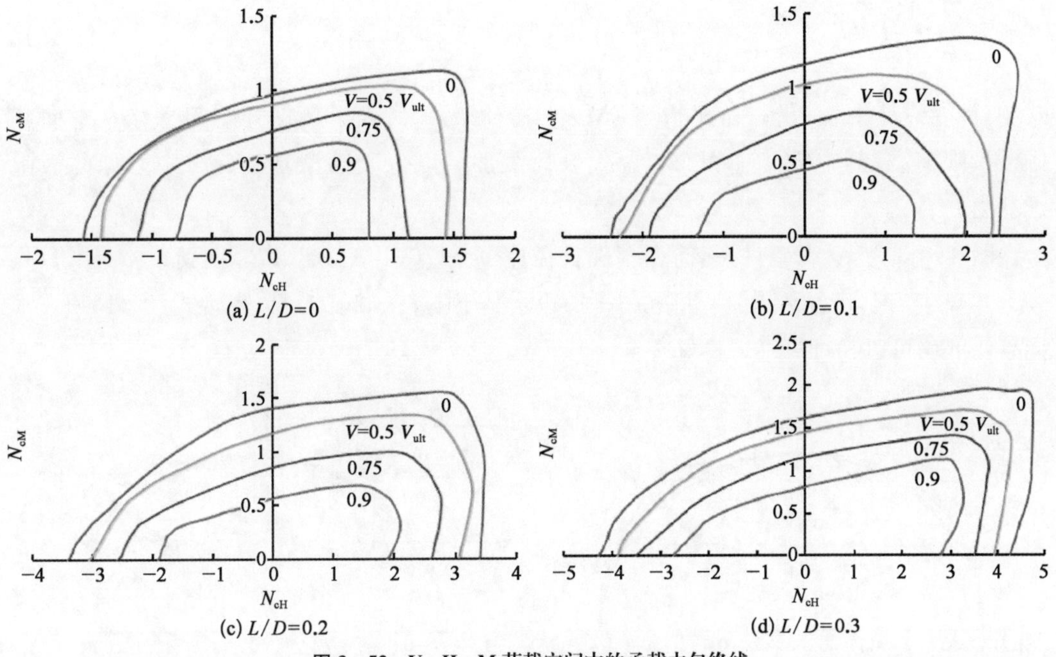

(a) $L/D=0$　(b) $L/D=0.1$

(c) $L/D=0.2$　(d) $L/D=0.3$

图 3-52　$V-H-M$ 荷载空间中的承载力包络线

由图 3-52 可知，随着竖向荷载的增大，承载力包络线向圆心收缩，表明筒型基础水平向和抗倾覆承载力随着竖向荷载的增加而降低，且降低幅度随着竖向荷载逐步增大而增加。综上所述，在 $V-H-M$ 荷载空间内，水平向荷载和力矩的相互作用复杂，$H-M$ 承载力包络线的形状受竖向荷载大小的影响。

3.4.3　基于筒型基础旋转中心承载力包络面

以往的承载力包络面研究均以基础底面中点或者顶面中点为加载点，如上述分析中加载点位于筒型基础的底面中心。此时计算出 $H-M$ 荷载空间内的承载力包络线呈现强烈的非对称性，增加了建立拟合公式的难度。为增加 $H-M$ 荷载空间包络线的对称性，在构建筒型基础破坏包络线时，可将荷载作用在筒型基础的旋转中心上(Wang 等，2020)。

3.4.3.1　$H-M$ 空间的承载力包络线

对于正常固结黏土，其不排水抗剪强度随深度线性增加，$s_u=s_{um}+kz$，k 为土体强度随深度的增长系数，取 1.5 kPa/m，s_{um}为泥面处土体的不排水抗剪强度，z 为深度。为定量描述土体的不均匀性，定义 $\kappa=kD/s_{um}$为土体强度的不均匀系数。

当加载点位于筒型基础的旋转中心时，可得如图 3-53 所示均质土的归一化承载力包络线，由图可知，包络线具有随竖向荷载水平的增加而向内收缩的趋势，但所有的归一化包络线的形状和尺寸均具有良好的一致性，接近于一个半圆形。因此可以采用圆形函数表达式来拟合，具体为

$$\left(\frac{h}{h^*}\right)^2+\left(\frac{m}{m^*}\right)^2=1 \tag{3-131}$$

式中，$h^*=H_{\mathrm{ult,\,v,\,Rc}}/H_{\mathrm{ult,\,RC}}$和$m^*=M_{\mathrm{ult,\,v,\,RC}}/M_{\mathrm{ult,\,RC}}$代表了最保守的归一化水平向和倾覆极限荷载，其中$H_{\mathrm{ult,\,RC}}$和$M_{\mathrm{ult,\,RC}}$代表荷载加载点位于筒型基础旋转中心处的极限承载力。

图3-53为$k=0$条件下，筒型基础长径比$\eta=1/6$、1/3、2/3、1，竖向荷载$v=0$、1/4、1/2、3/4的工况，v含义同前。将式(3-131)绘制于图3-53中，可以发现式(3-131)在不同条件下均可以与计算结果良好吻合。

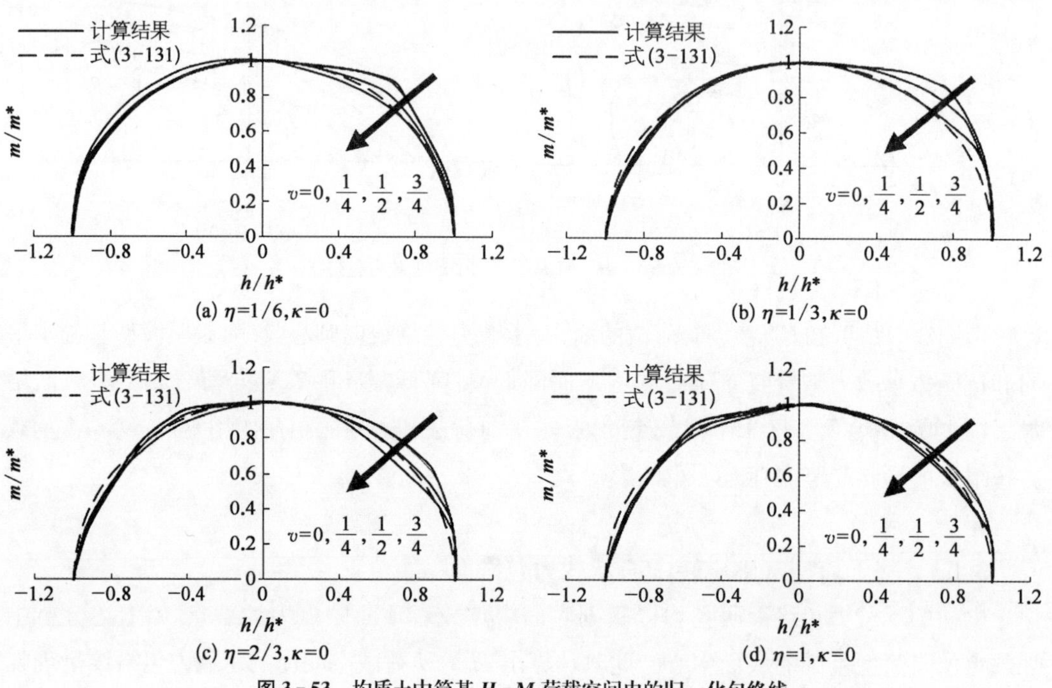

图3-53　均质土中筒基$H-M$荷载空间内的归一化包络线

计算了正常固结黏土($k\neq0$)$\kappa=+\infty$和15的情况下筒型基础承载力包络线，图3-54给出了归一化的结果，同时将式(3-131)的计算结果也绘制于图3-54中。

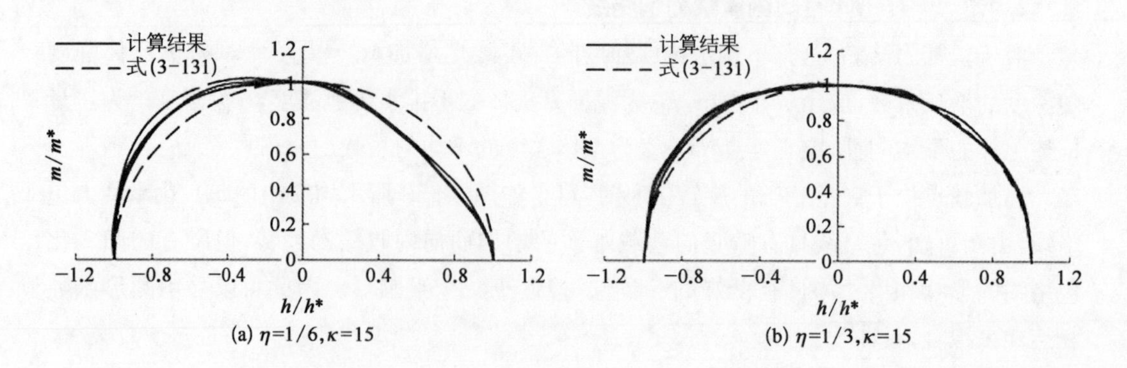

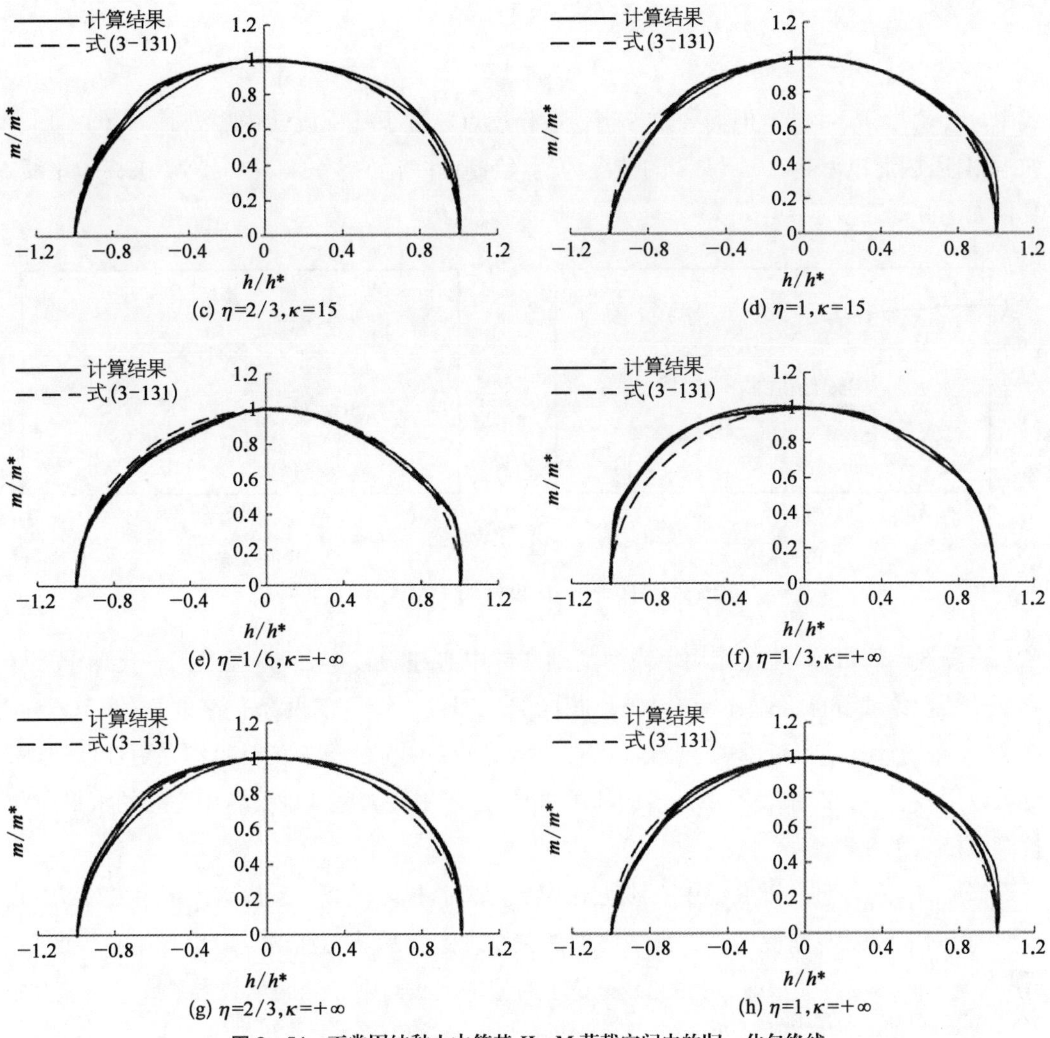

(c) $\eta=2/3, \kappa=15$

(d) $\eta=1, \kappa=15$

(e) $\eta=1/6, \kappa=+\infty$

(f) $\eta=1/3, \kappa=+\infty$

(g) $\eta=2/3, \kappa=+\infty$

(h) $\eta=1, \kappa=+\infty$

图3-54 正常固结黏土中筒基 $H-M$ 荷载空间内的归一化包络线

由图3-54可知，在正常固结黏土中，仅在 $\eta=1/6$ 且 $\kappa=15$ 的条件下，归一化包络线的形状存在例外情况，出现了轻微倾斜的情况，其他包络线形状的一致性良好，并没有随着竖向荷载水平的增加而向内收缩，说明不同土质条件下，长径比不同的筒型基础在不同竖向荷载水平下的 $H-M$ 破坏包络线都类似于半圆形。

由此可见，式(3-131)在不同条件下均可以与计算结果良好吻合，因此可以采用式(3-131)来描述筒型基础在不同工况下归一化后的 $H-M$ 破坏包络线。

3.4.3.2 $V-H$、$V-M$ 荷载空间的承载力包络线

为建立在 $V-H-M$ 荷载空间内完整的承载力包络面，同样需要确定 $V-H$ 和 $V-M$ 荷载空间内的承载力包络线的形状、尺寸及表达式。Vulpe在2014年提出了 $V-H$ 和 $V-M$ 荷载空间内的包络线曲线拟合公式：

$$\begin{cases} h_{BOT}^{*} = 1 - v^{q} \\ m_{BOT}^{*} = 1 - v^{p} \end{cases} \tag{3-132}$$

式中，$p=2.12$、$q=4.69$，但需要论证当荷载作用点放置于基础旋转中心处时，式(3-132)的适用性，因此以$\kappa=0$、$\eta=1/3$的情况为例，绘制归一化的$V-H$和$V-M$破坏包络线，具体如图3-55所示。

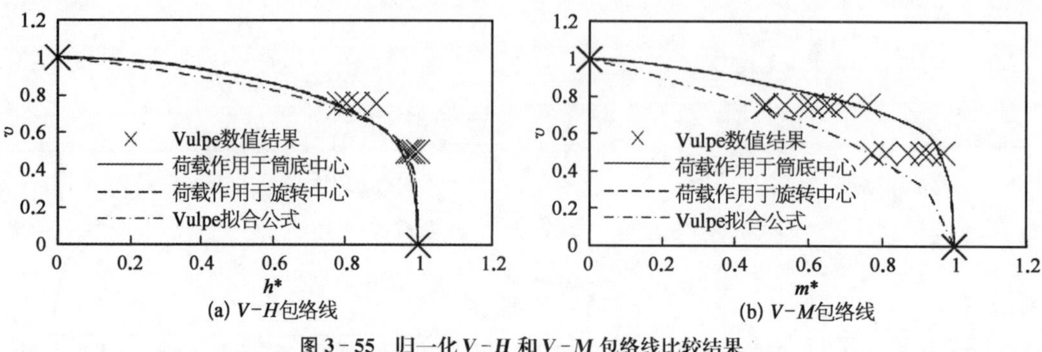

图3-55　归一化$V-H$和$V-M$包络线比较结果

由图3-55可知，荷载作用于筒型基础底部中心和旋转中心时，经过归一化的$V-H$和$V-M$包络线都已经基本重合，满足相同的规律性。试算的两条包络线均位于Vulpe在2014年的计算结果范围内，且式(3-132)所得结果明显比已有的计算结果更加保守，因此可以用式(3-132)来表示不同竖向荷载水平下，作用在筒型基础旋转中心处的水平向和抗倾覆极限承载力。

当加载点从筒型基础底部中心移动至旋转中心时，极限承载力系数N_c会产生变化，因此需要确定不同加载点情况承载力系数之间的关系。定义承载力加载点位置变化系数为θ_c，$\theta_c=N_{c,RC}/N_{c,BOT}$，其中$N_{c,BOT}$为加载点位于筒型基础底面中心处的承载力系数，$N_{c,RC}$为加载点位于筒型基础旋转中心处承载力系数。有限元计算可得θ_c的变化规律，如图3-56所示。

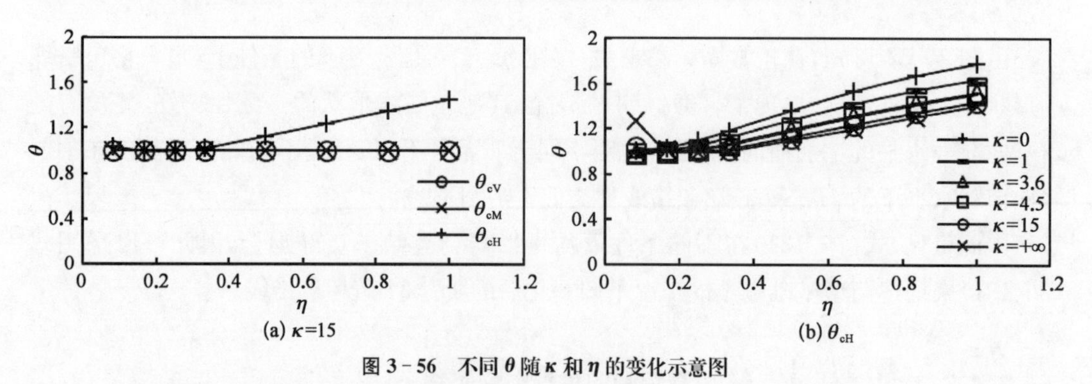

图3-56　不同θ随κ和η的变化示意图

由图3-56可知，θ_{cV}和θ_{cM}没有随着η的增加而产生变化，值始终为1；θ_{cH}随着η的增加而变化，整体上呈现出上升的趋势，但在$\kappa\neq0$且η较小时，会出现小幅的下降情况。将计算结果列于表3-7中，其余θ_{cH}值可以通过插值得到。

表 3-7　不同条件下的 θ_{cI} 值

筒型基础长径比 η	土体强度的不均匀系数 κ					
	0	1	3.6	4.5	15	$+\infty$
1/12	1.00	0.98	0.98	0.98	1.04	1.27
1/6	1.04	1.02	1.00	1.00	1.00	1.02
1/4	1.10	1.06	1.02	1.02	1.00	1.00
1/3	1.18	1.13	1.07	1.06	1.02	1.01
1/2	1.36	1.28	1.20	1.18	1.13	1.10
2/3	1.54	1.43	1.32	1.30	1.24	1.20
5/6	1.67	1.55	1.43	1.42	1.35	1.31
1	1.78	1.65	1.53	1.51	1.45	1.41

因此，结合式(3-131)、式(3-132)、图 3-56 以及表 3-7 可以得到，荷载作用于旋转中心处筒型基础的 $V-H-M$ 包络面拟合公式：

$$\begin{cases}\left(\dfrac{h}{h^*}\right)^2+\left(\dfrac{m}{m^*}\right)^2=1\\ h^*=1-v^{4.69}\\ m^*=1-v^{2.12}\end{cases}\tag{3-133}$$

式中，$\begin{cases}h^*=\dfrac{N_{cH,\ v}}{N_{cH}}\\ m^*=\dfrac{N_{cM,\ v}}{N_{cM}}\\ N_c=\theta_c N_{c,\ BOT}\end{cases}$，$N_c$ 的取值可以参考 Fu、Vulpe 的研究成果，θ_c的取值可以参考表 3-7。

当以旋转中心作为荷载加载点时，所有工况下的包络线均应满足式(3-133)。绘制 $V-H-M$ 荷载空间内完整的破坏包络面，如图 3-57 所示。

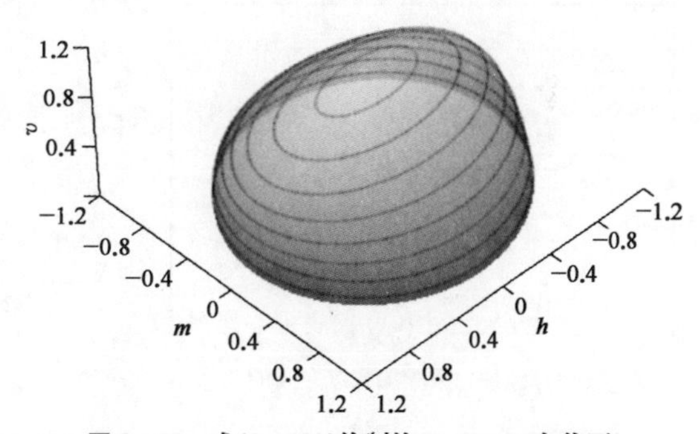

图 3-57　式(3-133)绘制的 $V-H-M$ 包络面

3.4.3.3　基于旋转中心的筒型基础承载力包络面公式

因传统的筒型基础包络线通常将荷载的加载位置设置于基础底部中心，因此为方便使用，可将式(3-133)转换为传统的包络线形式，具体关系如图 3-58 所示。

由图 3-58 可以得到，针对某一确定的荷载组合，作用在两个加载点上的荷载具有如下关系：

$$\begin{cases}M_{BOT}=M+H\times(\eta-\lambda)D \\ H_{BOT}=H\end{cases} \tag{3-134}$$

式中　λ——旋转中心深度与基础直径的比值。

由图3-56可知，在不同条件下均有 $\theta_{cM}=1$，因此 $M_{ult,RC}=M_{ult,BOT}$。

将式(3-134)代入式(3-133)可以得到

$$\left(\frac{H_{BOT}}{H'_{ult,BOT,v}}\right)^2+\left(\frac{M_{BOT}}{M_{ult,BOT,v}}\right)^2-\frac{2(\eta-\lambda)DM_{BOT}H_{BOT}}{M^2_{ult,BOT,v}}=1 \tag{3-135}$$

式中，$\left(\frac{1}{H'_{ult,BOT}}\right)^2=\left[\frac{(\eta-\lambda)D}{M_{ult}}\right]^2+\left(\frac{1}{H_{ult}}\right)^2$。

经过试算后发现，$H'_{ult,BOT,v}$ 和 $H_{ult,BOT,v}$ 差距很小，所以令 $H'_{ult,BOT,v}=H_{ult,BOT,v}$，简化后可以得到

$$\begin{cases}\left(\frac{h_{BOT}}{h^*_{BOT}}\right)^2+\left(\frac{m_{BOT}}{m^*_{BOT}}\right)^2-2\alpha\frac{h_{BOT}m_{BOT}}{h^*_{BOT}m^*_{BOT}}=1 \\ h^*_{BOT}=1-v^{4.69} \\ m^*_{BOT}=1-v^{2.12}\end{cases} \tag{3-136}$$

式中，$\alpha=\frac{2(\eta-\lambda)N_{cH,BOT,v}}{N_{cM,BOT,v}}$。

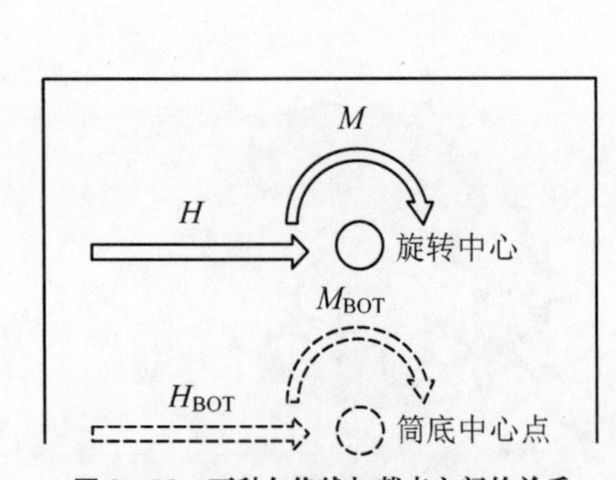

图3-58　两种包络线加载点之间的关系

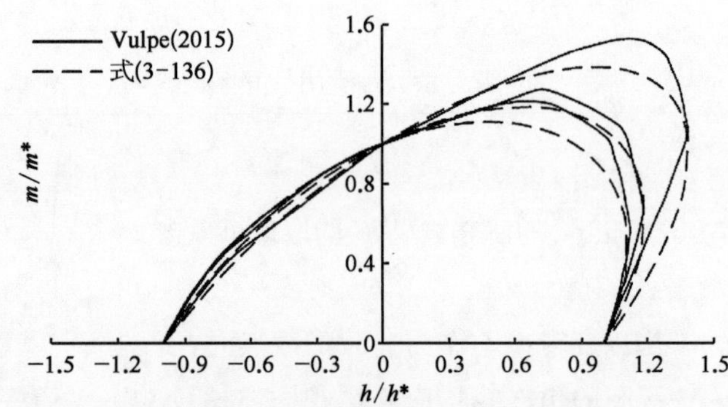

图3-59　包络线计算结果与式(3-136)对比

将不同长径比筒型基础包络线的计算结果和式(3-136)进行对比，并绘制于图3-59中。

由图3-59可以得到，式(3-136)可以很好地描述黏性土中不同长径比条件下筒型基础的包络线形式，且拟合曲线比计算曲线要更加保守，可以应用于工程实践。

利用式(3-136)绘制将不同长径比筒型基础在 $V-H-M$ 空间内包络面，如图3-60所示。

由图3-60可以得到，在 κ 相同的时候，整体包络面的非对称性随着 η 的增加而增加；在 η 相同的时候，整体包络面的非对称性随着 κ 的增加而稍有降低，结论与前人的研究成

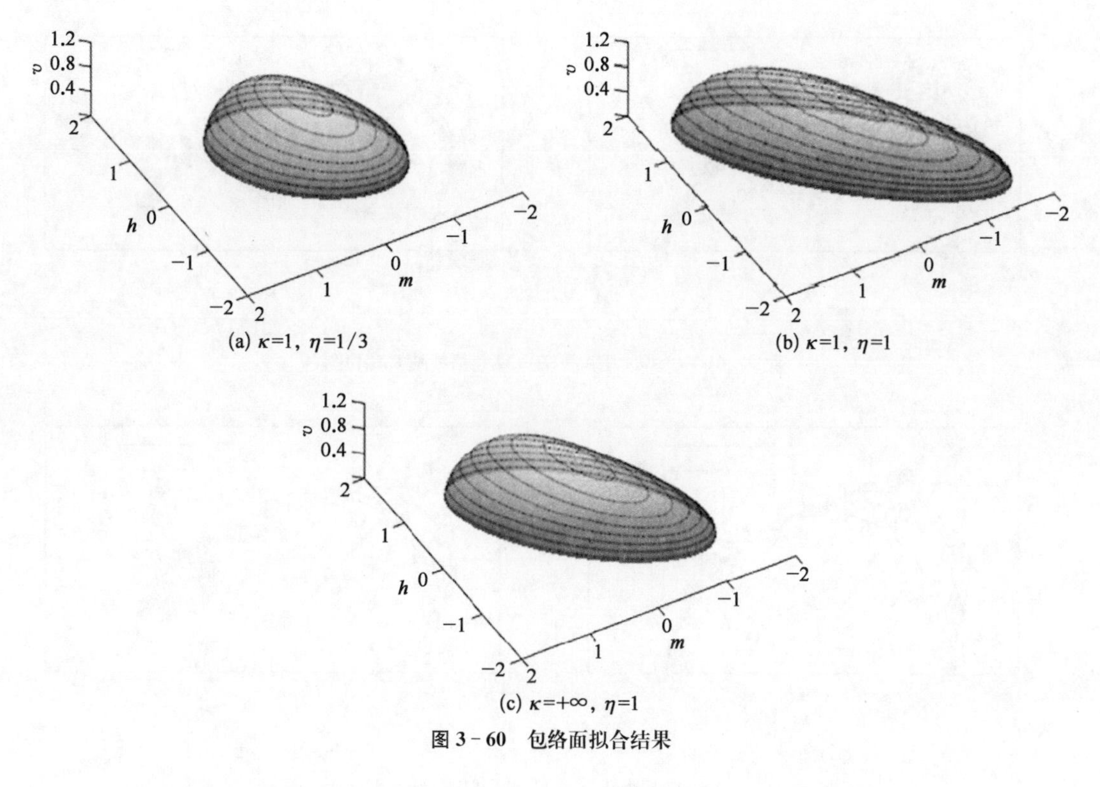

(a) $\kappa=1,\ \eta=1/3$　(b) $\kappa=1,\ \eta=1$

(c) $\kappa=+\infty,\ \eta=1$

图3-60　包络面拟合结果

果一致。因此可以认为,利用式(3-136)可以较好地描述黏性土中不同长径比条件下筒型基础的包络面形式。

3.4.4　筒型基础和墩式基础承载力包络面的差异

为了研究筒型基础与筒内土体脱开情况对其承载力包络面的影响,开展了筒型基础与墩式基础承载力包络面的对比研究(Ma P等,2019)。

3.4.4.1　黏土中的筒型基础与墩式基础

1) $H-M$ 荷载空间的包络线

在倾覆力矩作用下,筒型基础与筒内土体协同作用较弱,$H-M$ 荷载作用下筒型基础与墩式基础归一化承载力包络线如图3-61所示,其中长径比 $\eta=0.4$。

由图3-61可知,不同类型摩擦条件下,筒型基础和墩式基础的 $H-M$ 包络线变化呈现相同的规律:当 H 与 M 反向时,$H-M$ 包络线随 κ 的增大而向内收缩;当 H 与 M 同向时,$H-M$ 包络线随 κ 的增大而向外扩张。

在土强度增长系数 $\kappa=7.5$ 的情况下,筒型基础和墩式基础归一化 $H-M$ 承载力包络线如图3-62所示。

由图3-62可知,两种基础随 κ 和 η 变化的规律相似,为定量分析两种基础 $H-M$ 包络线的关系,首先拟合 $H-M$ 包络线:

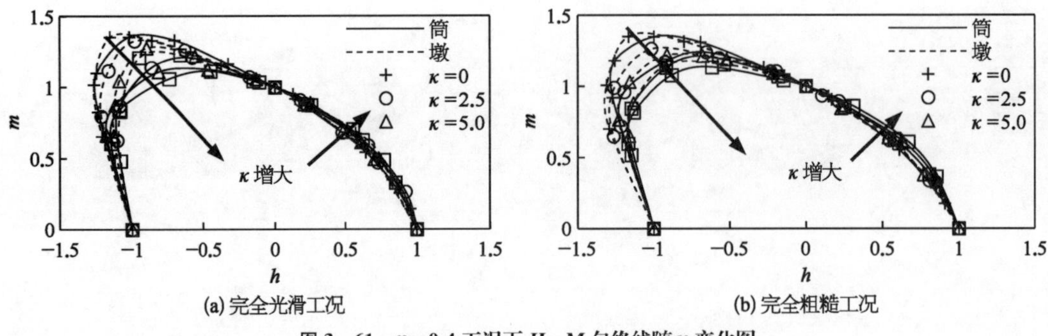

图 3-61　η=0.4 工况下 H-M 包络线随 κ 变化图

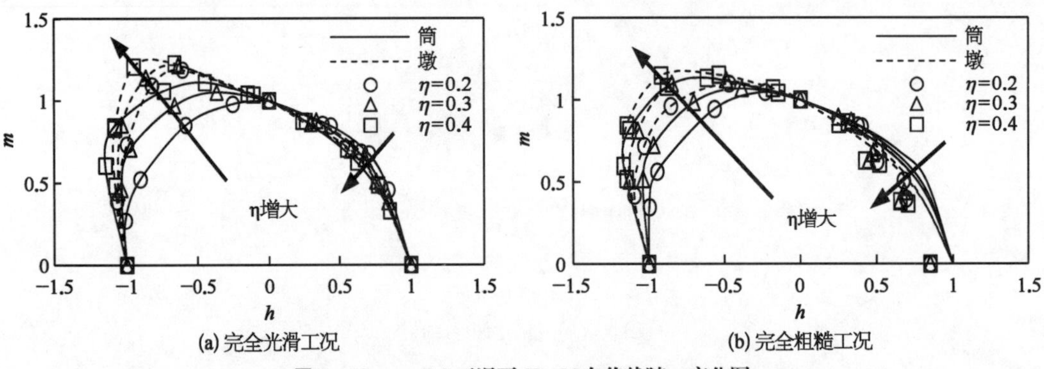

图 3-62　κ=7.5 工况下 H-M 包络线随 η 变化图

$$\frac{(h-m)^2}{2a^2}+\frac{(h+m)^2}{2b^2}=1 \tag{3-137}$$

式中　a——H-M 包络线的反向荷载工况下形状系数，表示 H-M 包络线在反向荷载区间内 $\sqrt{h^2+m^2}$ 的最大值；

b——H-M 包络线的同向荷载工况下形状系数，表示 H-M 包络线在同向荷载区间内 $\sqrt{h^2+m^2}$ 的最大值。

a_b 和 b_b 表示筒型基础反向和同向荷载工况下形状系数，a_s 和 b_s 表示墩式基础反向和同向荷载工况下形状系数，见表 3-8。

表 3-8　两种基础形状系数及比例关系

工　况	κ	η	a_b	b_b	a_s	b_s	a_b/a_s	b_b/b_s
完全粗糙	0	0.4	1.70	0.79	1.72	0.80	0.98	1.00
	2.5	0.4	1.52	0.83	1.61	0.80	0.95	1.04
	5	0.4	1.45	0.84	1.54	0.81	0.94	1.04
	7.5	0.4	1.39	0.86	1.44	0.83	0.96	1.04
	7.5	0.3	1.21	0.90	1.37	0.85	0.88	1.06
	7.5	0.2	1.11	0.93	1.27	0.88	0.87	1.06

（续表）

工　况	κ	η	a_b	b_b	a_s	b_s	a_b/a_s	b_b/b_s
完全光滑	0	0.4	1.67	0.80	1.67	0.82	0.92	1.03
	2.5	0.4	1.41	0.85	1.62	0.81	0.87	1.05
	5	0.4	1.41	0.84	1.52	0.82	0.92	1.03
	7.5	0.4	1.35	0.85	1.54	0.81	0.93	1.01
	7.5	0.3	1.19	0.90	1.61	0.80	0.86	1.05
	7.5	0.2	1.05	0.96	1.72	0.80	0.79	1.08

由表 3-8 可知，随着 η 增大和 κ 减小，a_b/a_s 线性增大，b_b/b_s 线性减小，而摩擦类型对 a_b/a_s 和 b_b/b_s 的影响很小。在 $H-M$ 反向区间内 $0<a_b/a_s\leqslant1$，$H-M$ 同向区间内 $b_b/b_s\geqslant1$。形状系数的比值 a_b/a_s 和 b_b/b_s 越接近 1.0，两基础 $H-M$ 包络线形状越相似。在实际工程中筒型基础内部设置了分舱板，有利于提高了筒型基础的承载力，图 3-62 给出了分舱板数量 n_c 对筒型基础 $H-M$ 包络线的影响。

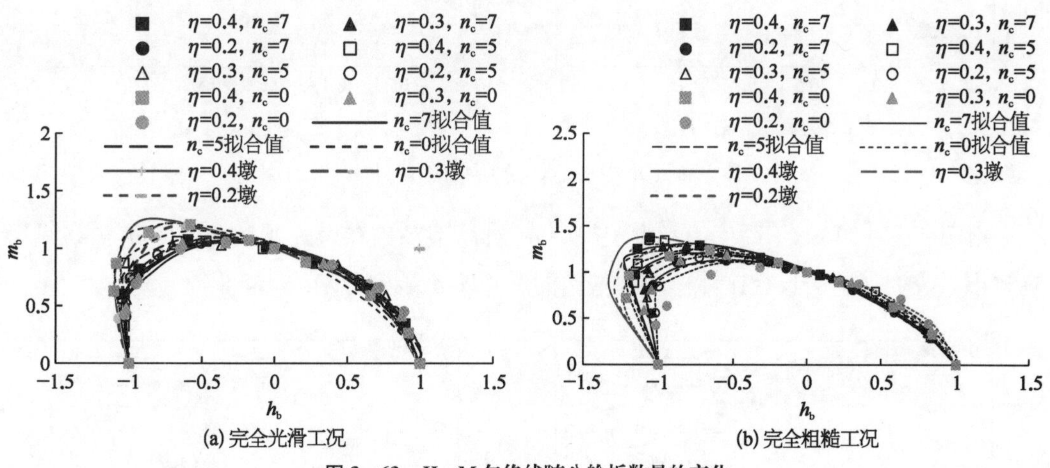

图 3-63　$H-M$ 包络线随分舱板数量的变化

由图 3-63 可知，在接触面完全光滑的情况下，H 与 M 反向时的 $H-M$ 包络线随 n_c 的增多而向内收缩，H 与 M 同向时的 $H-M$ 包络线随 n_c 的增多而向外扩张；随着分舱数量 n_c 的减少，筒型基础 $H-M$ 包络线向墩式基础逼近。结合数值模拟结果及 Mana 的研究结果可对该现象进行解释，完全光滑工况下宽浅式筒型基础的承载力由筒-土间的法向作用力提供，分舱板的存在使筒-土接触面积增大，$H-M$ 荷载作用下筒土交界面处易产生应力集中现象，在达到承载极限时筒内土体出现塑性应力区，从而造成完全光滑工况下 n_c 的增加减弱了筒-土协同作用。

完全粗糙工况下分舱数量 n_c 对筒型基础 $H-M$ 包络线的影响与完全光滑工况相反，随着分舱数量 n_c 的增多，基础对土体的约束作用增强，筒型基础 $H-M$ 包络线向墩式基础逼近。

完全粗糙工况下，形状系数之间的关系简化为 $a'_n/a_n = 0.45\eta + 0.82$、$b'_n/b_n = -0.28\eta + 1.14$，因此可知 a'_n/a_n 随 η 的增加而增大，b'_n/b_n 随 η 的增加而减小，筒-土协同作用随 η 的减小逐渐减弱。

2) $V-H$ 荷载空间的包络线

将筒型基础与墩式基础达到极限承载状态时的荷载组合(V, H)分别与竖向极限承载力 V_{ult} 和水平向极限承载力 H_{ult} 相比，得到归一化 $V-H$ 承载力包络线(以下简称"$V-H$ 包络线")，如图 3-64 所示。

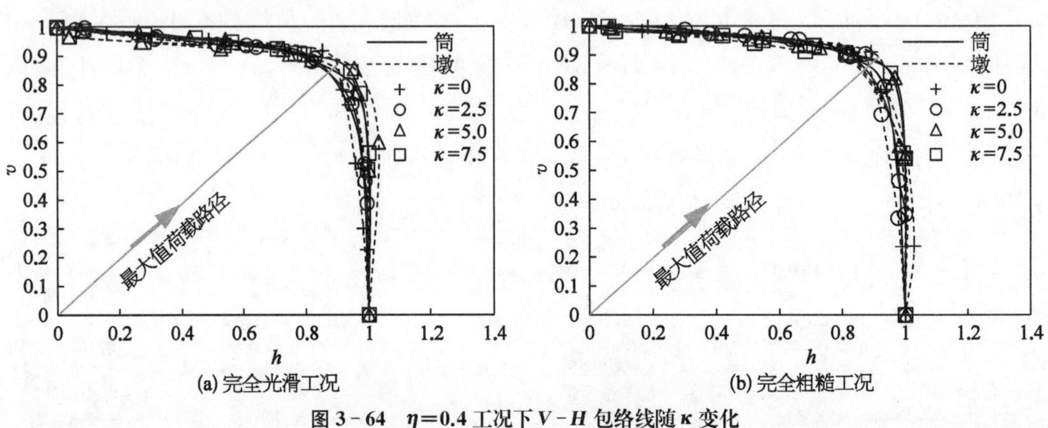

(a) 完全光滑工况 (b) 完全粗糙工况

图 3-64 $\eta=0.4$ 工况下 $V-H$ 包络线随 κ 变化

由图 3-64 可知，不同摩擦类型工况下，κ 对筒型基础和墩式基础的 $V-H$ 包络线影响较小。改变基础的长径比计算两种基础的 $V-H$ 承载力包络线，如图 3-65 所示。

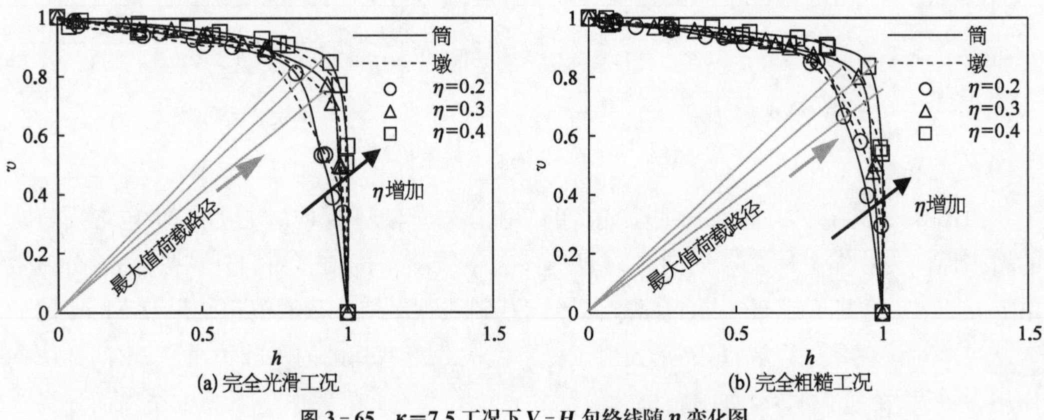

(a) 完全光滑工况 (b) 完全粗糙工况

图 3-65 $\kappa=7.5$ 工况下 $V-H$ 包络线随 η 变化图

由图 3-65 可知，两种摩擦工况下宽浅式筒型基础和墩式基础的 $V-H$ 包络线均随 η 的减小而向内收缩。筒型基础和墩式基础包络线相似，这说明筒型基础在受竖向-水平向荷载作用时，筒-土协同作用较强。

不同分舱数量对筒型基础 $V-H$ 包络线的影响如图 3-66 所示。

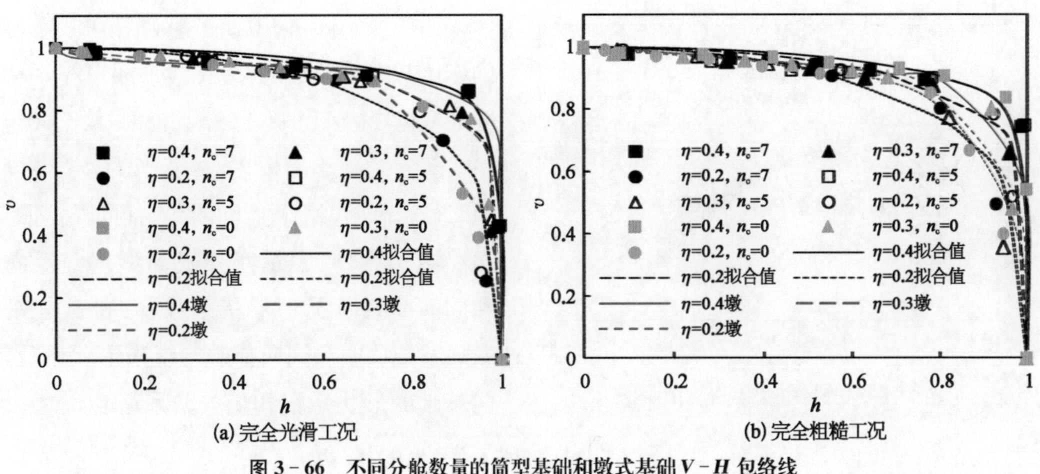

图 3-66　不同分舱数量的筒型基础和墩式基础 $V-H$ 包络线

由图 3-66 可知，分舱板数量 n_c 对筒型基础 $V-H$ 包络线影响较小，不同分舱板数量下筒型基础的承载能力均接近墩式基础。

3) $V-H-M$ 荷载空间的包络线

为对比 $V-H-M$ 三维荷载作用下两种基础承载力包络面的差异，在基础上分别施加 $0.25V_{ult}$、$0.50V_{ult}$ 和 $0.75V_{ult}$ 的竖向荷载，分析 $\eta=0.4$、$\kappa=2.5$ 工况下不同竖向荷载对 $H-M$ 包络线的影响，如图 3-67 所示。

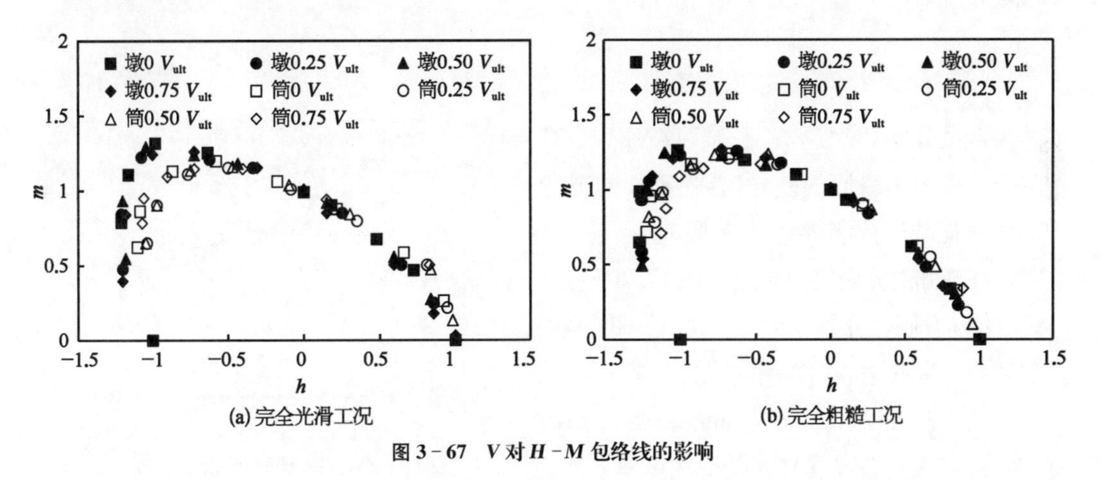

图 3-67　V 对 $H-M$ 包络线的影响

由图 3-67 可知，竖向荷载对筒型基础和墩式基础 $H-M$ 包络线形状影响较小。

3.4.4.2　砂土中的筒型基础与墩式基础

1) $H-M$ 荷载空间的包络线

按照上述方法计算得到筒型基础和墩式基础的 $H-M$ 承载力包络线，如图 3-68 所示。

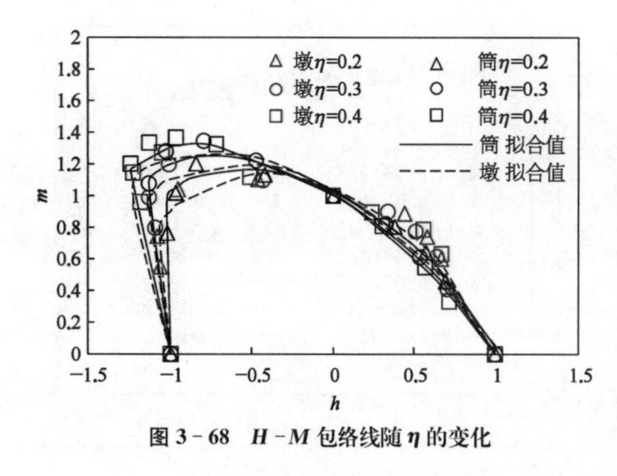

图 3-68　$H-M$ 包络线随 η 的变化

由图 3-68 可知，筒型基础和墩式基础的 $H-M$ 包络线均随长径比 η 的变化呈现相同的变化规律：当 H 与 M 反向时，$H-M$ 包络线随 η 的减小而向内收缩；当 H 与 M 同向时，$H-M$ 包络线随 η 的减小而向外扩张。

用 a_b 和 b_b 表示宽浅式筒型基础反向和同向荷载工况下形状系数，a_s 和 b_s 表示墩式基础反向和同向荷载工况下形状系数，两基础的形状系数和相关关系见表 3-9。

表 3-9　两种基础形状系数及相关关系

摩擦工况	长径比 η	筒型基础		墩式基础		形状系数比较	
		a_b	b_b	a_s	b_s	a_b/a_s	b_b/b_s
完全粗糙	0.2	1.43	0.84	1.35	0.88	1.059	0.954
	0.3	1.58	0.80	1.50	0.84	1.053	0.952
	0.4	1.70	0.78	1.62	0.81	1.049	0.962

由表 3-8 可知，$H-M$ 同向区间内 $0<b_b/b_s\leqslant 1$，$H-M$ 同向区间内 $a_b/a_s\geqslant 1$。且随着 η 的增大，a_b/a_s 线性减小，也就是说随着 η 的增大，形状系数比值 a_b/a_s 和 b_b/b_s 接近 1.0，两基础 $H-M$ 包络线形状越接近。

2) $V-H-M$ 荷载空间的包络线

为定量分析 $V-H-M$ 三维荷载作用下两种基础承载力包络面的差异，首先需要对砂土中的竖向荷载进行无量纲化处理 $v_{sand}=V/A\gamma' DN_q$。在基础上分别施加 $v_{sand}=16.75$ 和 $v_{sand}=33.50$ 的竖向荷载，分析 $\eta=0.2$ 工况下不同竖向荷载对 $H-M$ 包络线的影响，如图 3-69 所示。

由图 3-69 可知，筒型基础和墩式基础 $H-M$ 包络线的差异受竖向荷载的影响较小。

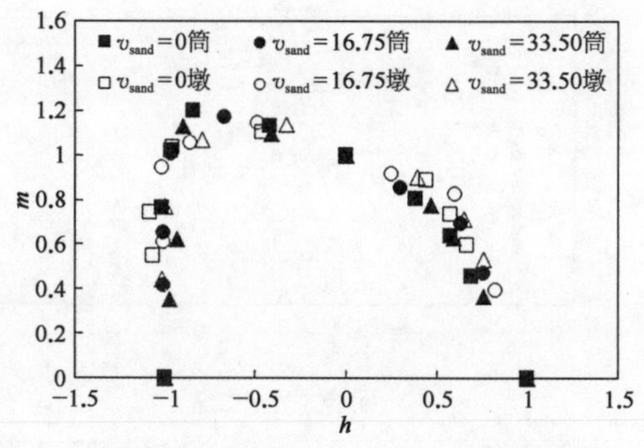

图 3-69　V 对 $H-M$ 包络线的影响

3.5　多筒基础的地基稳定性

3.5.1　海上风电多筒基础的应用

海上风电的多筒基础结构通常由多个单筒基础组成，通过多筒协同承载提供更大的地基承载能力，可为控制制造和安装成本提供更有效的解决方法，也使得筒型基础适用于更深的水域。

海上风电的多筒基础根据筒体的数量分为三筒基础和四筒基础，对于场地存在显著的主导风向时，多采用三筒基础，而对于场地风向、浪向复杂多变时，四筒基础一般更为优越，适用于水深小于 50 m 的各类海床地质环境（Kim 等，2014），典型的基础结构形式如图 3 - 70 所示。图中，D 为单筒的直径，L 为单筒的筒裙高度，S 为单筒中心点到多筒几何形心轴的垂直距离。值得注意的是，在实际应用中，多筒结构常采取偏心处理，即筒间距往往大于图中指示值 S，各筒沿径向向外偏离一定距离，可获取更大的多筒协同力臂，以便发挥更多的抗倾承载力。

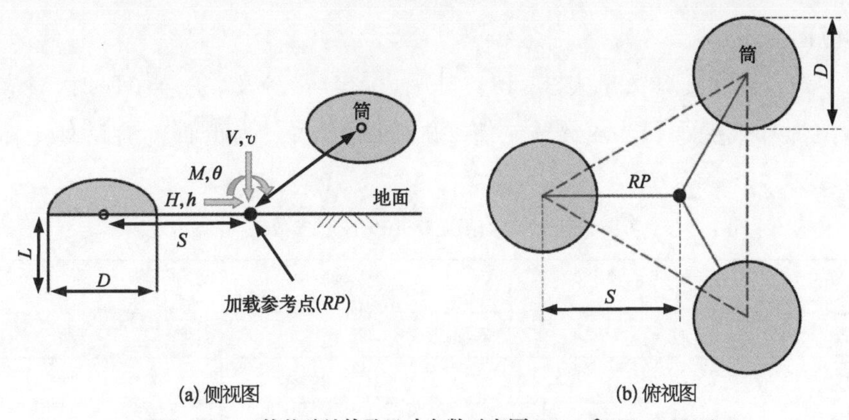

图 3 - 70　三筒基础结构及尺寸参数示意图(Hung 和 Kim, 2014)

与单筒基础结构相比，筒间距 S 是多筒基础结构设计的重要参数，其不仅影响到结构整体的材料用量，而且影响着上部结构水动力和地基承载力的大小等，需综合考虑各项指标才能得到最终的优选方案。

本节针对多筒基础的地基稳定性设计，阐述其承载特性、破坏机制与单筒基础的差异，为多筒基础在海上风电领域的应用提供参考。

3.5.2　多筒基础的单向承载力与荷载分担机制

3.5.2.1　筒间距对多筒基础单向承载力的影响

多筒基础的单向承载力主要包括竖向承载力 V_0、水平承载力 H_0 及抗倾覆承载力 M_0。组成多筒基础的每个单筒是其整体承载力的来源，筒间距和布置方式决定了单筒对多筒基础整体承载力的贡献。因此，在对单筒承载力评估的基础上合理量化筒间距 S 对多筒承载力的影响，是设计多筒基础单向承载力的核心。

Kim 等(2014)通过系统的三维有限元分析，对典型尺寸的三筒基础单向承载力进行了评估，其中单筒长径比 L/D 涵盖了 0.25、0.5、0.75 及 1，无量纲筒间距 S/D 包括 1、1.5、2、2.5 及 3。模拟中并未考虑筒体自身变形对承载力的影响，各筒均设置为刚体。作者借助无量纲参数 kD/s_{um} 模拟了典型黏性土海床的初始强度分布，在 0～30 的范围内开展了系统的敏度分析。典型的有限元模拟模型如图 3 - 71 所示，RP 为荷载施加作用点，在三

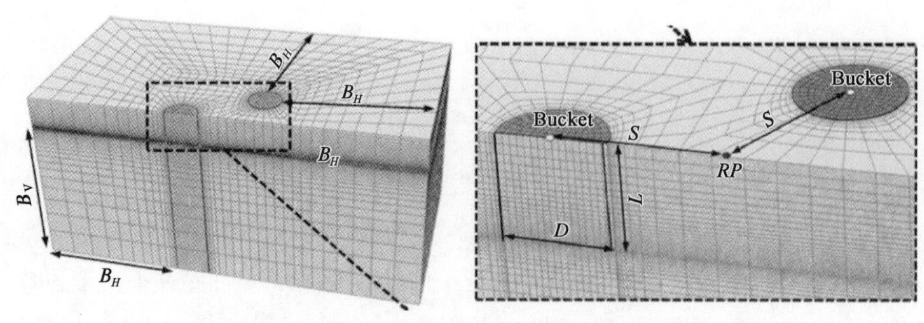

图 3-71 典型的三筒基础的有限元分析模型(Kim 等,2014)

筒结构的泥面形心处。

分析中涉及的主要参数见表 3-10。其中,(∗)=(S)及(∗)=(T)时,对应单筒及三筒的各评价指标;$A(*)$为单筒或三筒基础横截面积;s_{uo}为距筒底 $4/D$ 处土体的不排水抗剪强度。

表 3-10 有限元分析中的相关参数

物理量	竖 向	水平向	弯 矩
参考点荷载	V	H	M
参考点位移	v	h	θ
承载力	$V_0(*)$	$H_0(*)$	$M_0(*)$
承载力系数	$N_{cV}(*)=V_0(*)/[A(*)s_{uo}]$	$N_{cH}(*)=H_0(*)/[A(*)s_{uo}]$	$N_{cM}(*)=M_0(*)/[A(*)Ds_{uo}]$
多筒效应因子	$E_{cV}=N_{cV(T)}/N_{cV(S)}$	$E_{cH}=N_{cH(T)}/N_{cH(S)}$	$E_{cM}=N_{cM(T)}/N_{cM(S)}$

主要分析结果如下。

1) 竖向承载力

对三筒和单筒基础承载力系数的对比分析如图 3-72 所示。

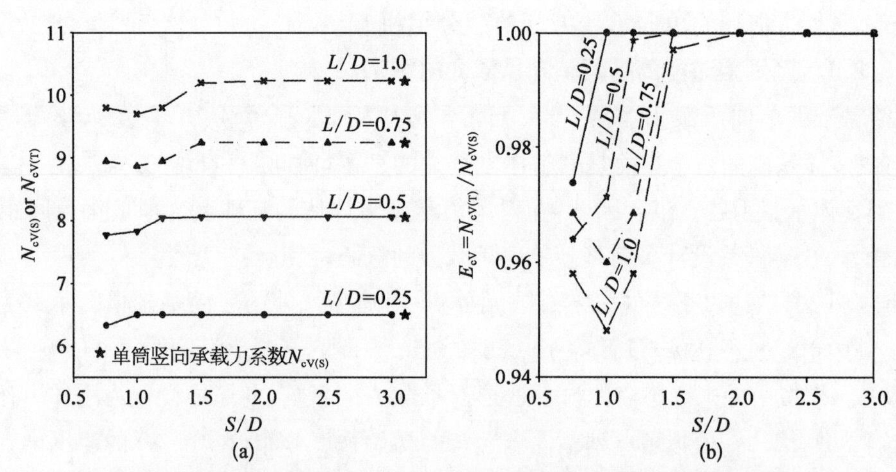

图 3-72 竖向承载力系数及多筒效应因子随筒间距因子的演变规律(Kim 等,2014)

图3-72表明对于不同长径比L/D的多筒基础，其无量纲筒间距S/D对竖向承载力的影响较小，当S/D小于1.5时，三筒基础的竖向承载力系数$N_{cV(T)}$约为单筒竖向承载力系数$N_{cV(S)}$的0.95～0.99，即多筒效应因子$E_{cV}=0.95\sim0.99$，设计中可按下式计算：

$$
\begin{aligned}
&V_{0(T)}=E_{cV}\sum(V_b^i+V_s^i)\\
&S/D\geqslant1.5\text{ 时},E_{cV}=1.0\\
&S/D<1.5\text{ 时},E_{cV}=0.95
\end{aligned}
\tag{3-138}
$$

式中　V_b^i、V_s^i——分别是第i个单筒基础的端阻力与摩阻力。

2) 水平承载力

类似地，对三筒和单筒基础承载力系数的对比分析如图3-73所示。

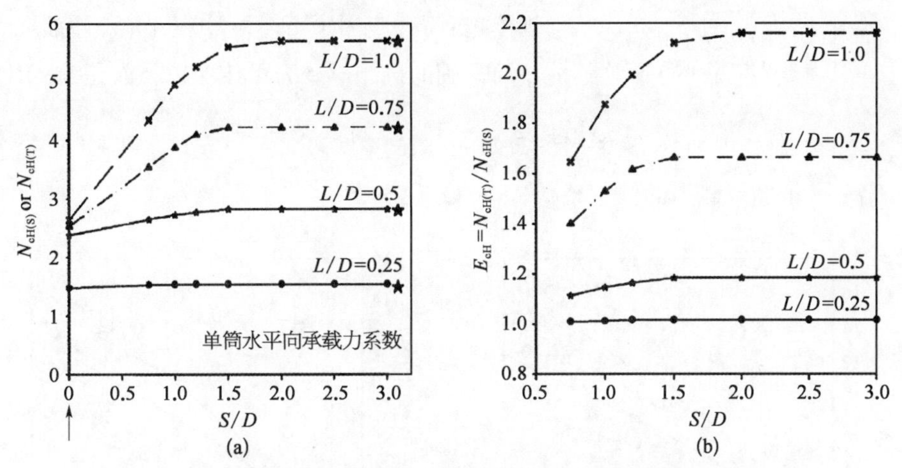

图3-73　水平承载力系数及多筒效应因子随筒间距因子的演变规律(Kim等,2014)

由图3-73可知，除长径比小的多筒基础外，无量纲筒间距S/D对水平承载力的影响明显，当S/D小于2.0时，较大的长径比工况分析结果揭示了三筒基础的水平承载力系数$N_{cH(T)}$约为单筒竖向承载力系数$N_{cH(S)}$的0.45～0.99，即多筒效应因子$E_{cV}=0.45\sim0.99$，为设计方便，多筒基础的水平承载力可按照下列各式计算：

$$H_{0(T)}=E_{cH}N_{cH(S)}A_{(T)}s_{uo}\tag{3-139}$$

$$E_{cH}=1+\alpha(1-e^{(-\beta S/D)})\tag{3-140}$$

式中　α、β——多筒效应因子的拟合参数，计算可按下述公式：

$$\alpha=1.26\left(\frac{L}{D}\right)^{2.4};\ \beta=1.5-0.3\left(\frac{L}{D}\right)\tag{3-141}$$

3) 抗倾承载力

多筒基础的抗倾承载力是海上风电基础设计的核心问题。以三筒基础为例，Senders (2005)及 Houlsby 等(2005)的研究表明，三筒基础的抗弯承载力是基于“拉-压”破坏模式，由受压侧的抗压承载力和受拉侧的抗拔承载力共同组成，典型的作用模式如图 3-74 所示(Kim 等，2014)，筒间距决定了多筒基础抗倾力臂的大小，因此对基础整体的抗倾承载力至关重要。Kim 等(2014)通过系统的数值模拟对比分析了三筒和单筒基础承载力系数(图 3-75)。

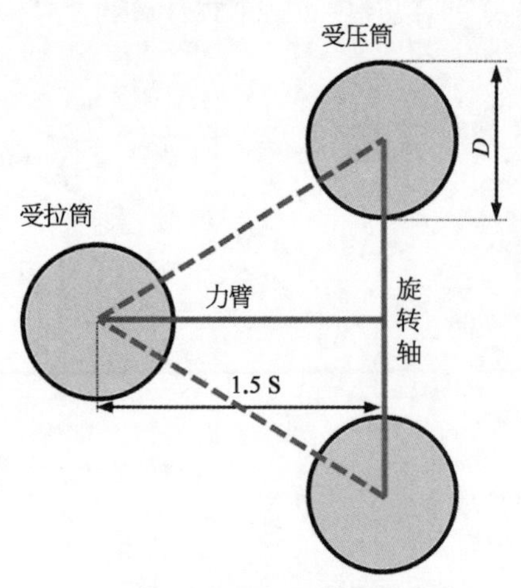

图 3-74 典型抗弯承载力工况下拉-压破坏模式(Kim 等，2014)

图 3-75 表明，三筒基础的抗倾承载力系数 $N_{cM(T)}$ 随无量纲筒间距 S/D 的增加近似呈线性增长规律，多筒效应因子 $E_{cM}=2.0\sim14.3$。为设计方便，多筒基础的抗倾承载力可按照以下简化公式计算：

$$M_{0(T)}=f_M \mid Vo_{(S)} \mid 1.5s \tag{3-142}$$

式中 f_M——抗倾承载力的修正系数，本节取 $f_M=1.1$。

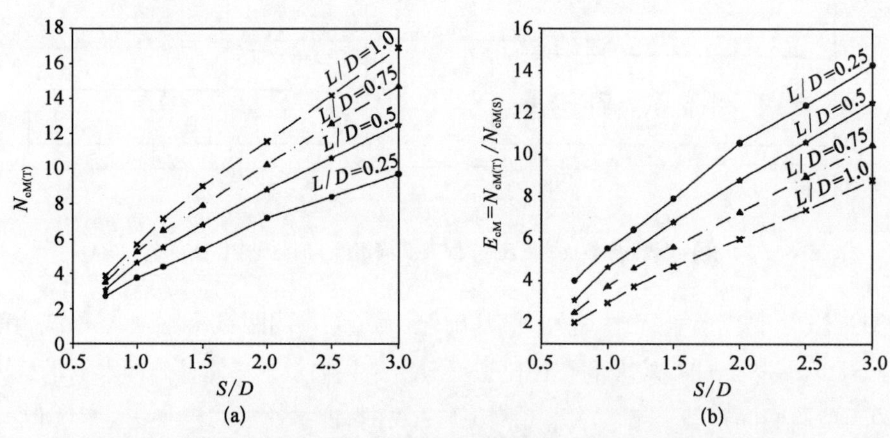

图 3-75 弯矩承载力系数及多筒效应因子随筒间距因子的演变规律(Kim 等，2014)

上述公式简化了筒间距对抗倾承载力的影响，也可用下列公式进行准确计算：

$$M_{0(T)}=E_{cM}N_{cM(S)}A_{(T)}Ds_{uo} \tag{3-143}$$

$$E_{cM}=1+\lambda\frac{s}{D} \tag{3-144}$$

式中 λ——多筒效应因子的拟合参数，计算方法如下：

$$\lambda=5.6e^{[-0.8(L/D)]} \tag{3-145}$$

此外，Kim 等(2014)发现，对强度分布不同的黏土海床，不论是竖向、水平，还是抗倾承载力对无量纲强度参数 kD/s_{um} 都没有明显的区别，因此强度分布可能对多筒基础的各单向承载力的影响较小。

3.5.2.2　多筒基础荷载分担的简化算法

参考《建筑地基基础设计规范》(GB 50007—2011)中群桩基础的荷载分担方法，可将作用于多筒基础结构顶面的荷载按照简化的“拉-压”模式分配到单个筒型基础上，而后进行单筒基础的地基稳定性校核。以下以中心连接的三筒基础为例说明荷载的分配方法，如图 3-76 所示。

由图 3-76 可见，按照荷载作用的最不利方向，即基础中的一个单筒受到上拔荷载的工况，将构成多筒基础结构的三个筒型基础分为上拔筒和下压筒。其中，上拔筒是指在力矩荷载的作用下承受上拔力的筒，下压筒是指在力矩荷载作用下承受下压力的筒。此时竖向荷载和水平荷载平均分配到各个基础筒上，即上部荷载和基础自重按照式(3-146)进行分配，水平力按式(3-147)进行分配：

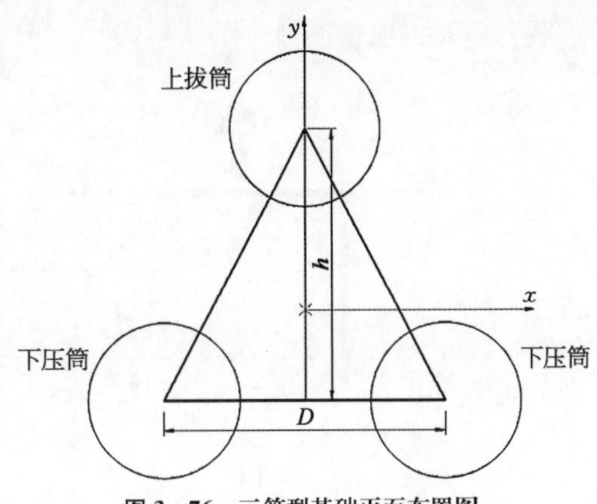

图 3-76　三筒型基础平面布置图

$$V_1 = V_2 = \frac{V+G}{3} \tag{3-146}$$

式中　V_1、V_2——上拔筒型基础和下压筒型基础分别承担的竖向荷载；

V——上部风机竖向荷载；

G——筒型基础自重。

$$H_1 = H_2 = \frac{H}{3} \tag{3-147}$$

式中　H_1、H_2——上拔筒型基础和下压筒型基础分别承担的水平荷载；

H——多筒基础在泥面受到的总水平力。

力矩荷载则依据筒的相对位置，按照式(3-148)分配到各个基础筒上：

$$\begin{cases} V_{M1} = -\dfrac{My_1}{\sum y^2} \\ V_{M2} = \dfrac{My_2}{\sum y^2} \end{cases} \tag{3-148}$$

式中　V_{M1}、V_{M2} ——弯矩产生的上拔荷载和下压荷载；

y_1、y_2 ——分别为上拔筒型基础和下压筒型基础形心到 x 主轴的距离，其中 $y_1=2h/3$，$y_2=h/3$；

$\sum y^2$ ——各筒型基础形心至 x 主轴距离的平方和；

M ——作用于泥面、绕通过三筒型基础平面形心 x 主轴的力矩。

采用上述式(3-146)～式(3-148)进行荷载分配后，多筒基础的地基承载力验算就转换为每个单筒基础的地基承载力验算。其中对只受到下压荷载作用的单筒基础，其承载力的验算可参照3.1节中的方法。对于有可能承受上拔荷载作用的单筒基础，目前常用的承载力验算方法如图3-77所示。

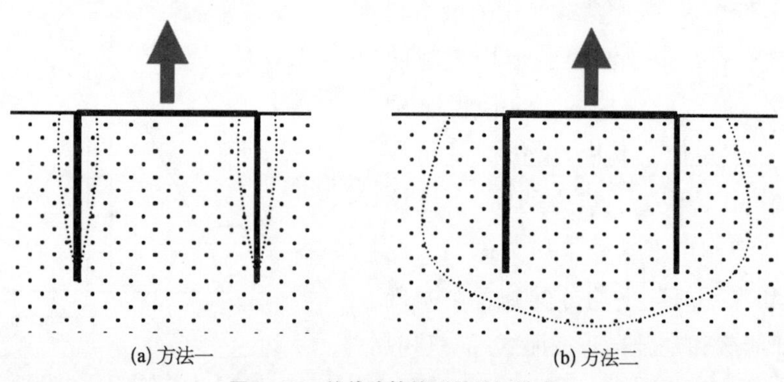

图3-77　抗拔验算的两种破坏模式

图3-77中方法一在计算筒型基础的抗拔力时，仅考虑基础自重和上拔过程中筒壁产生的侧摩阻力，侧摩阻力计算方法见3.1节的相应内容。该方法适用于上拔速度慢或土体渗透性好的情况；方法二在计算筒型基础的抗拔力时，除考虑基础自重和侧壁摩阻力外，还考虑了上拔过程中筒型基础端部的反向承载力。该方法适用于上拔速度很快或土体渗透性很差的情况，如黏性海床地质条件。在实际工程中，因筒内外压差提供的反向吸力难以准确计算，因此通常采用方法一，并考虑一定的安全储备作为筒型基础的抗拔承载力。此外，3.5.2.2节所述方法在应用中往往可能给出了一个优化解，但未必是最保守的评估方法。值得一提的是，3.5.2.1节中图3-74中的力臂选取方式可给出单侧受拉(或压)筒的最大弯矩荷载。因此，应用3.5.2.2节中的方法时，需同时参考图3-74的最保守受力分析图，可依据具体需求给出合理设计方案。

3.5.2.3　多筒基础荷载分担的复杂性

Dekker(2014)、Sturm(2017)和Wang(2018)的研究表明，复合荷载作用下多筒基础中的单筒除了发生上拔或下压运动外，还会发生水平向运动和转动，即单筒的受力情况为竖向-水平-力矩的复合荷载作用，因此将多筒荷载准确分配到单个筒基上往往需要通过上部结构与下部筒-土系统刚度矩阵的反复迭代才能实现。但在迭代过程中，上部结构与下部筒-土系统的分界点却很难确定。目前计算中分界点的位置有三种选取方式，如图 3-78 所示。

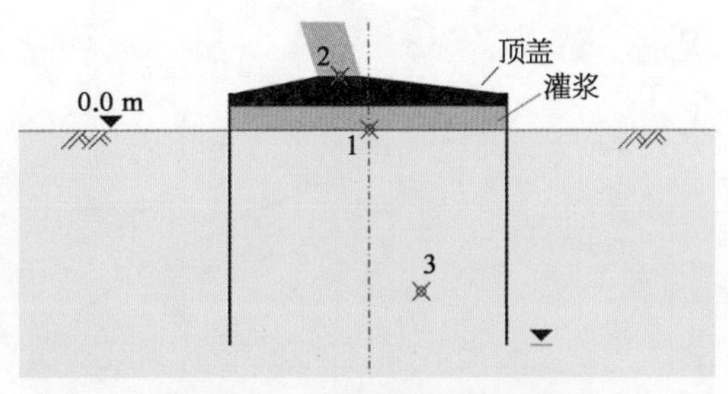

图 3-78 分界点的三个位置

图中点 1 位于过筒体中心线的泥面处，应用广泛，但是因为点 1 与结构不直接相连，需要设置一个“超级单元”来将力传递至结构，顶盖与灌浆的刚度会影响“超级单元”的准确度；点 2 位于结构与基础的连接处，该点的优势是不需要“超级单元”，可将岩土部分与结构部分分开设计，岩土设计部分需考虑顶盖的影响，但因基础力-位移关系的复杂性，该点处的刚度矩阵一般包括对角线元素与非对角线元素，难以准确获得；点 3 处的刚度矩阵仅包括主对角元素，意味着在点 3，竖向、横向、倾覆力矩只引起竖向、横向及转动位移，结构设计师可通过一个刚性“超级单元”连接点 2 与点 3，然而点 3 的位置并不确定，取决于荷载大小、荷载组合情况及力-位移关系。

综上所述，多筒基础的荷载分担情况与土质参数、筒体刚度、筒-土相互作用、结构刚度以及结构基础连接方式等密切相关，比较复杂，因此，在设计中往往需要更为准确的筒土相互作用评估模型支持。

3.5.3 多筒基础的复合承载力

海上风电的结构及环境荷载自身具有竖向荷载不大、倾覆和水平荷载作用明显的特点，因此，当多筒结构作为海上风电的基础方案时，科学地评估多筒基础在多向复合荷载作用下的承载力非常重要。

Martin 和 Hazell(2005)基于塑性理论研究了在不同强度分布的黏性地基中，刚性连接的条形基础，当基础间距较小时提供的竖向承载力系数大于单个条形基础。刘润和刘孟孟(2015，2016)提出了新型复合条形防沉板基础的结构型式，并通过优化基础条数量、宽度和间距实现了复合条形基础承载效率系数的最大化。Gourvenec 和 Steinepreis(2007)及 Gourvenec 和 Jensen(2009)通过平面应变数值模拟研究，分别发现了双条形基础的单向及复合(水平-弯矩，即 $H-M$ 复合)承载力均随着基础间距的增加而提高。以此为研究基础，Hung 和 Kim(2014)通过大量的三维有限元模拟，借助破坏包络面理论量化分析了三筒基础的复合承载力，分析中将筒型基础按照刚性连接的方式进行了两种简化处理：一是将上部结构受到的风浪流荷载等效作用于三筒基础结构上方，三个筒形成一个没有任何变形的刚体；二是将上部的导管架结构简化为一组相互连接的梁单元。荷载作用方式如图 3-79 所示。两种模拟方法得到的承载力对比结果表明，三筒

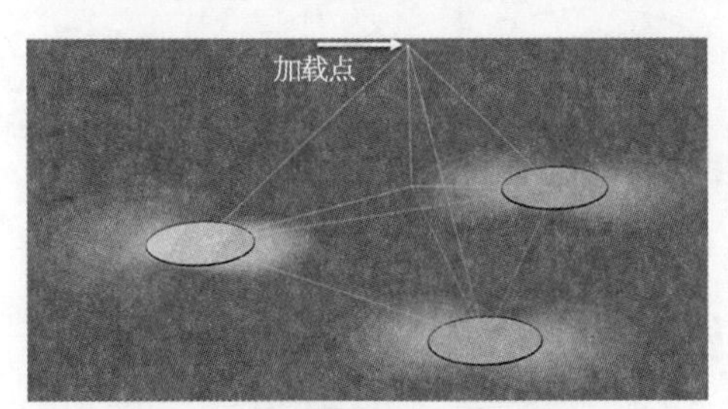

图 3-79 复合承载力数值模型荷载作用方式(Hung 和 Kim，2014)

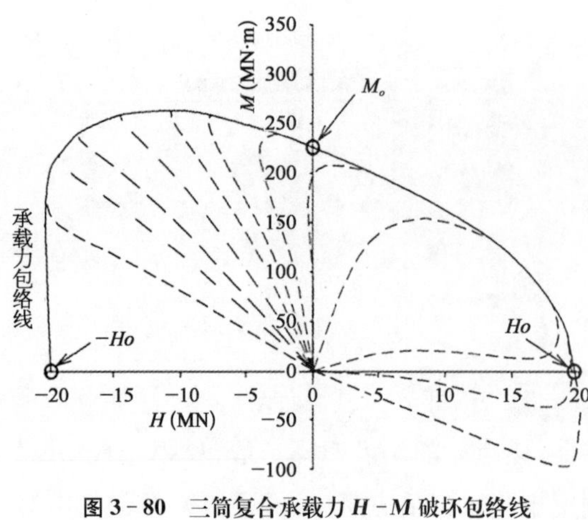

图 3-80　三筒复合承载力 $H-M$ 破坏包络线
(Hung 和 Kim, 2014)

基础上部的连接结构对其地基承载力影响很小,仅对静刚度有影响。

为了获得三筒基础结构的复合承载力,采用常位移比法计算得到典型的三筒复合承载力破坏包络线,如图 3-80 所示。

我国沿海黏性土海床广泛分布,因此黏性土中多筒基础复合承载特性的研究成果具有可借鉴价值。Hung 和 Kim(2014)针对较为典型($kD/s_{\mathrm{um}}=10$)的黏性土海床,对不同的 L/D 及 S/D 的设计工况进行了复合承载力研究,通过对比 $H-M$ 的破坏包络线,总结出不同长径比 L/D 下,无量纲复合承载力包线在 $H-M$ 荷载空间的扩张规律,如图 3-81 所示。

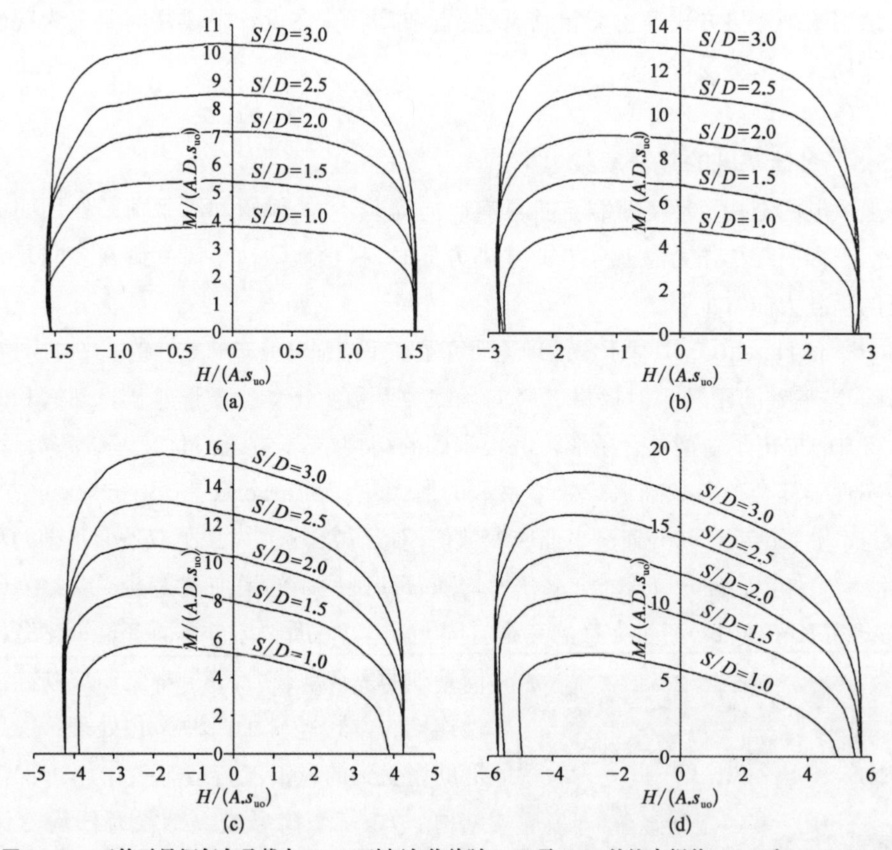

图 3-81　三筒无量纲复合承载力 $H-M$ 破坏包络线随 L/D 及 S/D 的演变规律(Hung 和 Kim, 2014)

由图 3-81 可知,$H-M$ 包络线随 L/D 的增加或 S/D 的增加而向外扩张。为了方便实际工程的设计需求,对上述各破坏包络线进行了归一化处理,结果如图 3-82 所示。

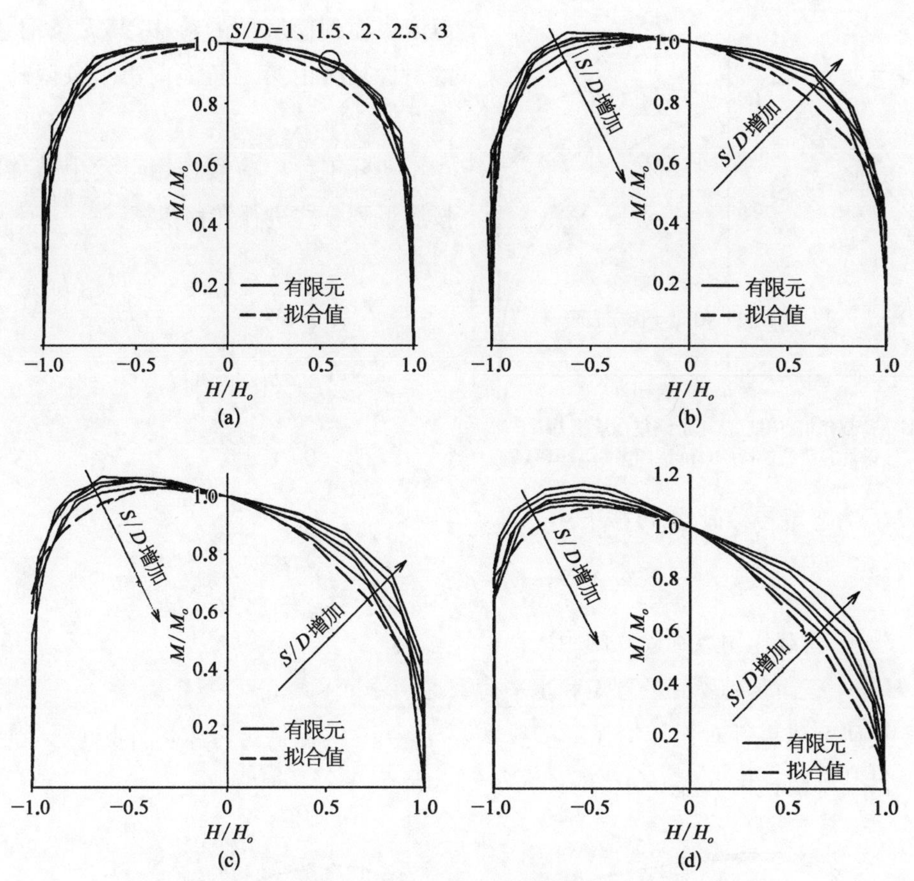

图3-82　三筒归一化复合承载力 $H-M$ 破坏包络线(Hung 和 Kim, 2014)

图3-82的拟合公式为

$$f_{HM}=\left(\frac{M}{M_o}\right)^2+\eta\left(\frac{H}{H_o}\right)\left(\frac{M}{M_o}\right)+\chi\left(\frac{M}{M_o}\right)^2-1=0 \tag{3-149}$$

其中，η 及 χ 为三筒基础包络线表达式中的拟合参数，计算方法如下：

$$\eta=0.69\times\left(\frac{L}{D}\right)^{1.98}+0.036 \tag{3-150}$$

$$\chi=0.389\times\left(\frac{L}{D}\right)^{2.053}+0.553 \tag{3-151}$$

尽管筒型基础的设计中，习惯将风、浪、流环境荷载及上部结构荷载(如自重)转移至泥面处进行筒土相互作用的设计，但对于复合荷载作用下的多筒基础结构而言，荷载作用点的位置对多筒基础的复合承载力有一定的影响。Bransby 和 Randolph(1999)、Yun 和 Bransby(2007a)及 Hung 和 Kim(2014)相关研究表明，荷载作用点的转移，对无量纲复合承载力包线有一定形状转换的影响。对于三筒基础的 $H-M$ 破坏包络线，荷载作用点从

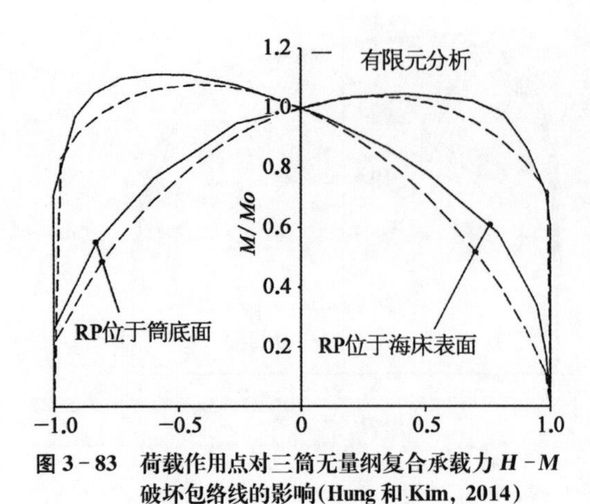

图 3-83　荷载作用点对三筒无量纲复合承载力 $H-M$ 破坏包络线的影响(Hung 和 Kim, 2014)

海床表面到筒底面的转移,其无量纲包络面的对称轴将由第二象限向第一象限转移,如图 3-83 所示。

实际工程中荷载作用点发生转移时,可按照下列公式进行转移换算:

$$f_{(MH)}=\left(\frac{M*}{M_o}\right)^2+\eta\left(\frac{H}{H_o}\right)\left(\frac{M*}{M_o}\right)+\chi\left(\frac{H}{H_o}\right)^2-1=0 \tag{3-152}$$

其中,M^* 为弯矩转移荷载,可按下述公式:

$$M^*=M-(l-L)\times H \tag{3-153}$$

式中　l——荷载作用点到筒底的距离;

M、H——三筒基础受到的弯矩和水平荷载。

上述研究成果针对无量纲强度参数 $kD/s_{um}=10$ 的黏性土海床,不同 kD/s_{um} 取值得到的三筒基础归一化承载力包络线如图 3-84 所示。

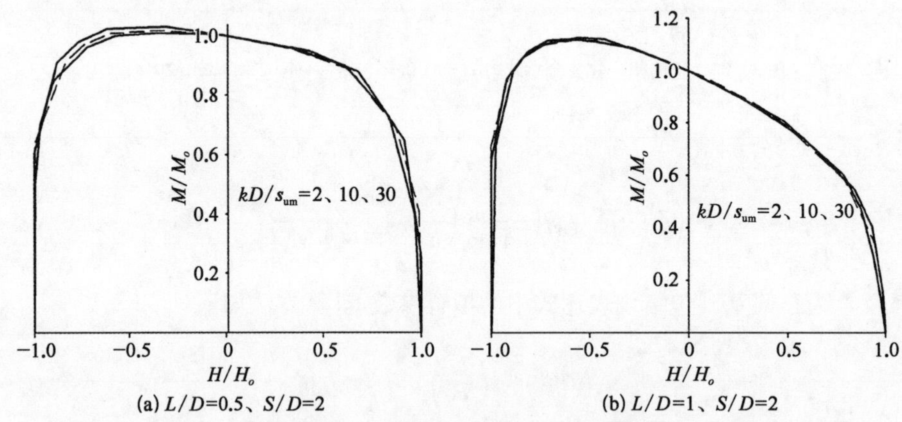

图 3-84　三筒归一化复合承载力 $H-M$ 破坏包络线受 kD/s_{um} 的影响(Hung 和 Kim, 2014)

由图 3-84 可知,kD/s_{um} 的取值对三筒基础的破坏包络线影响很小,可以忽略。

3.6　单桩-筒型基础的地基稳定性

3.6.1　桩筒共同承载机制

单桩-筒型基础的提出旨在充分发挥单桩基础抵抗竖向荷载与筒型基础抵抗倾覆力

矩的优势，实现在相对较小的桩径与筒径情况下有效控制风机法兰面倾斜率的目标。为明确单桩-筒型基础的承载机制，研究了单桩-筒型基础结构的桩筒结构尺寸与入土深度对地基承载力及变形的影响(刘润等，2015)。

3.6.1.1　地基破坏模式研究

采用有限元模拟方法获得该种新型基础形式的地基承载模式。有限元分析中基桩长 $L_p=30$ m，筒顶面以上桩长 $l=10$ m，外径 $d=2.5$ m，壁厚 $t_p=40$ mm，基础筒长度 $L_r=1.95$ m，顶盖厚 $t_{bs}=50$ mm，外径 $D=10$ m，壁厚 $t_b=100$ mm。基桩与基础筒接触部分摩擦系数取0.3，地基土体采用Mohr - Coulomb理想弹塑性本构模型，模型如图3 - 85所示。

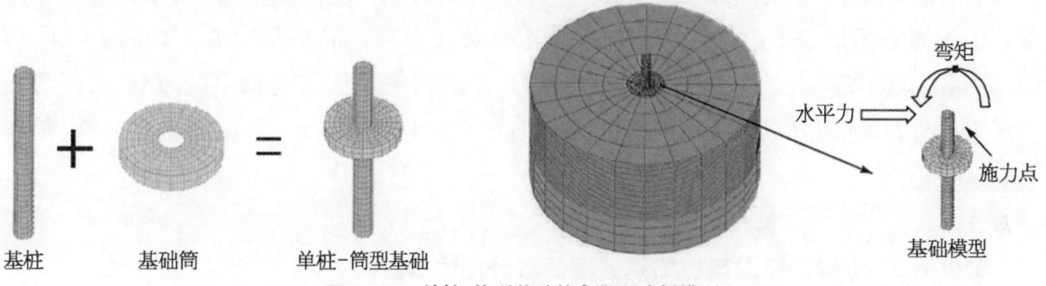

图3 - 85　单桩-筒型基础的有限元分析模型

计算得到单一水平荷载和倾覆力矩荷载作用下单桩、筒型基础与单桩-筒型基础地基中的等效塑性云图分别如图3 - 86和图3 - 87所示。

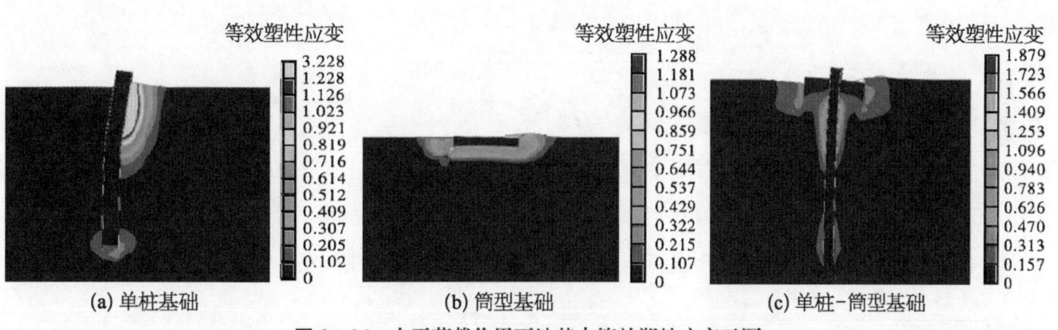

图3 - 86　水平荷载作用下地基中等效塑性应变云图

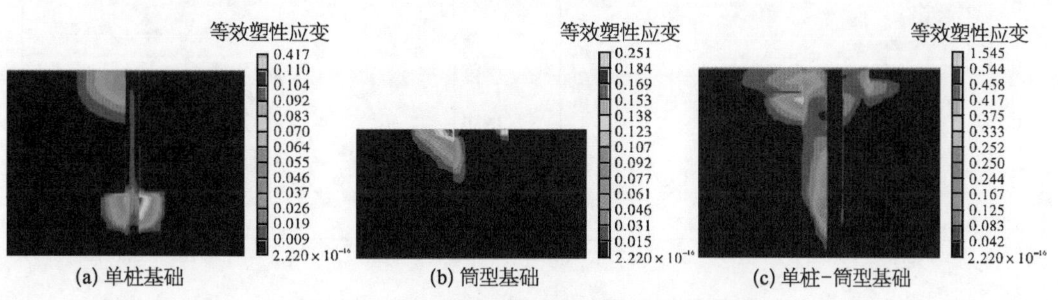

图3 - 87　力矩荷载作用下地基中等效塑性应变云图

由图 3-86 可知，当达到水平极限荷载时，单桩基础在桩底形成半圆形破坏区域，桩顶背向施力一侧与地基土接触区域产生较大的剪切破坏，桩的上下端部所受到的力相对集中；筒型基础在筒顶背向施力一侧与地基土接触区域产生较大的塑性贯通区，筒型基础对周围土体所产生的扰动范围较大；单桩-筒型基础由于基础筒的约束作用，使得基桩的受力及塑性变形区域与单桩基础存在较大差异，基础筒部分的受力及变形状态与筒型基础相似。由以上分析可知，单桩-筒型基础充分发挥了筒型基础抵抗水平向变形的优势，有效控制了基桩的水平变形。

由图 3-87 可知，在极限倾覆力矩作用下，单桩基础在桩的顶部和底部受力集中，桩底土体中形成半圆形破坏区域，桩顶背向施力一侧的地基土中产生了较大的剪切破坏区；筒型基础，背向施力一端底部受力较大且对周围土体所产生的扰动范围较广，在筒顶背向施力一侧地基中产生较大的塑性贯通破坏区；单桩-筒型基础由于桩筒的共同作用，达到了共同抵抗力矩的效果，表现为基桩与基础筒的塑性应变集中区域减小，变形发生了重新分布，地表处基础结构的倾斜率与筒型基础相近，远低于单桩基础，抗倾极限承载力显著提高。

3.6.1.2 桩筒直径对基桩与基础筒荷载分担比的影响

在数值模拟中，分别取基桩直径 $d=1.0\sim5.0$ m、基础筒直径 $D=12\sim30$ m，进行组合计算。在基桩顶施加水平荷载 1 500 kN，研究各个模型中基桩与基础筒对水平荷载的分担情况。计算结果如图 3-88 所示，图中 K_{FP} 为基桩水平力分担比。

$$K_{FP}=\frac{|F_P|}{|F_P|+|F_B|}\times100\% \tag{3-154}$$

式中 F_P——基桩所承担的水平向合力(MN)；

F_B——基础筒所承担的水平向合力(MN)。

由图 3-88 可以看出，当 $d/D\leqslant0.2$ 时，d/D 的变化对基桩水平力分担比的影响较小；$d/D>0.2$ 时，对于不同的基桩直径，基桩水平力分担比 K_{FP} 随 d/D 的增加呈指数衰减。

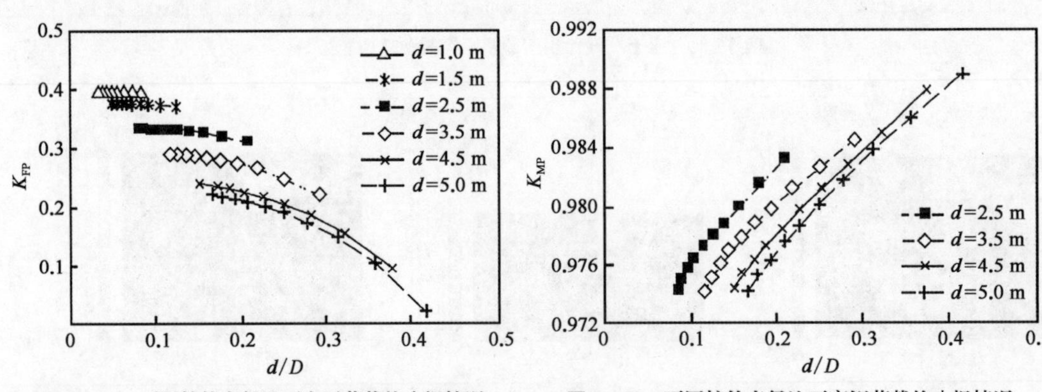

图 3-88 不同桩筒直径比下水平荷载的分担情况

图 3-89 不同桩筒直径比下弯矩荷载的分担情况

在基桩顶施加弯矩 120 MN·m，研究各个模型中基桩与基础筒对弯矩的分担情况。计算结果如图 3-89 所示，图中 K_{MP}为基桩弯矩分担比：

$$K_{MP}=\frac{|M_P|}{|M_P|+|M_B|}\times 100\% \tag{3-155}$$

式中　M_P——基桩所承担的弯矩(MN·m)；

M_B——基础筒所承担的弯矩(MN·m)。

由图 3-89 可以看出，弯矩分担比 K_{MP}随着 d/D 的增加而增大。d/D 在 0.1～0.4 区间时，基桩弯矩分担比值较为稳定，均在 97%～99%。由此可知，在该区间内改变基桩直径或基础筒直径对单桩-筒型基础中弯矩的分担影响不明显。

3.6.1.3　桩筒直径比对基础水平向变形的影响

水平荷载作用时单桩-筒型基础顶面的水平变形情况如图 3-90 所示。由图可以看出，增加基桩直径 d 与基础筒直径 D 都可以减小基础顶面的水平变形，当基础筒直径超过 22 m 后，直径的增加对整个基础水平变形的影响减弱。当基桩直径小于 2 m 时，增加基础筒直径对控制水平位移更为有效。

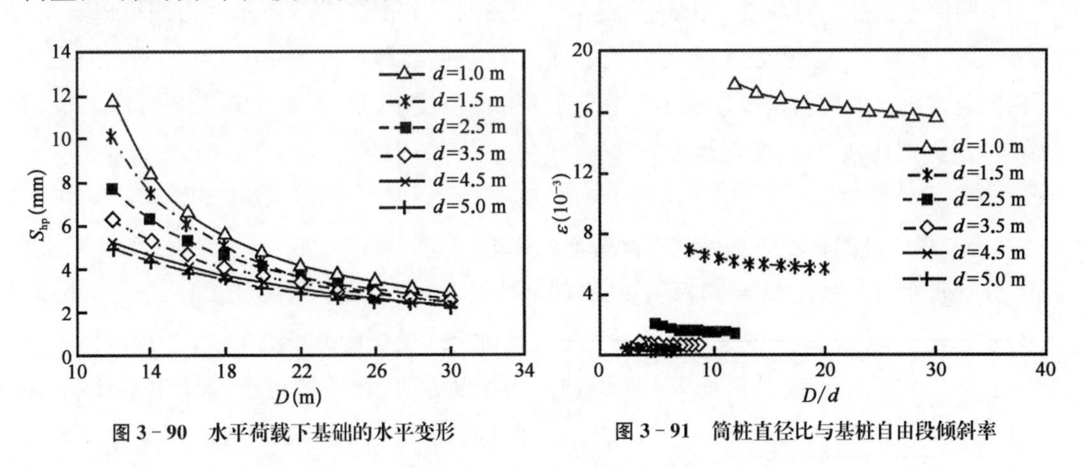

图 3-90　水平荷载下基础的水平变形　　图 3-91　筒桩直径比与基桩自由段倾斜率

筒桩直径比与基桩自由段倾斜率的关系如图 3-91 所示，其中：

$$\varepsilon=(S_{hp}-S_{hf})/l \tag{3-156}$$

式中　ε——筒顶面以上基桩自由段倾斜率；

S_{hp}——基桩顶端水平向变形(m)；

S_{hf}——地表处水平向变形(m)；

l——基桩自由段长度(m)。

由图 3-91 可以看出，$D/d<10$ 且 $d>2.0$ m 时，ε 值相对较小，变化幅值小于 0.3%，表明筒桩直径比对桩身的倾斜程度影响不明显；而 $D/d>10$ 且 $d<2.0$ m 时，ε 值随着

D/d 的增大逐渐减小。

倾覆力矩作用时单桩-筒型基础顶面的水平变形情况如图 3-92 所示。由图可知，当 $D<22$ m 时，基桩直径 d 为 2.5 m、3.5 m 的单桩-筒型基础的水平变形随筒径的增加明显减小；当 $D\geqslant 22$ m 时，不同基桩直径的单桩-筒型基础的水平变形趋于稳定；可以看出，基桩直径较小时，基础筒直径的变化对水平变形影响较大。

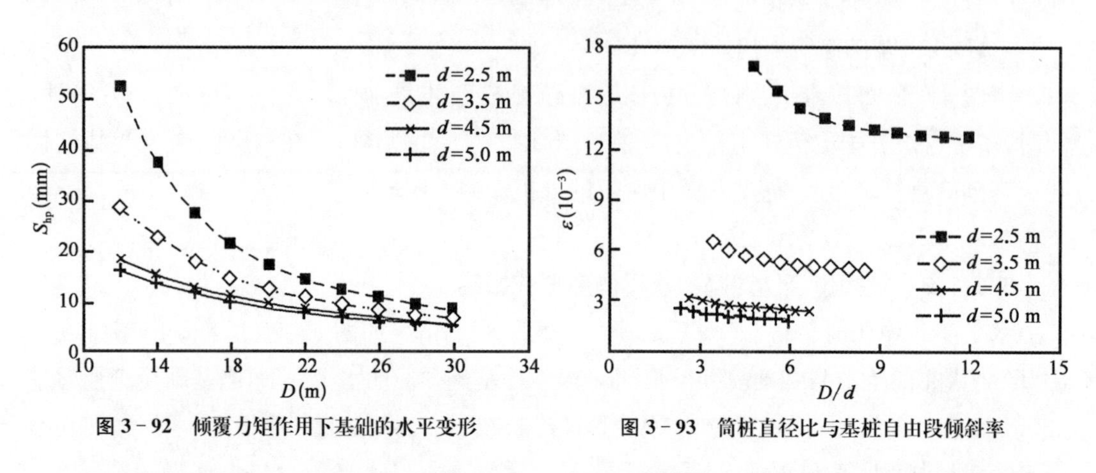

图 3-92 倾覆力矩作用下基础的水平变形

图 3-93 筒桩直径比与基桩自由段倾斜率

不同筒桩直径比与基桩自由段倾斜率的关系曲线如图 3-93 所示。由图可以看出，D/d 在 3～6 且基桩直径较大时，ε 值较小且稳定，表明当基桩直径 d 一定时，基础筒直径 D 的变化对桩身的倾斜程度影响不明显；而基桩直径较小，D/d 在一定范围内时，ε 值随 D/d 的增大逐渐减小，且变化较大。

3.6.1.4 桩筒长度对基础水平向变形的影响

分别研究基桩总长 $L_p=30\sim70$ m(上部基桩长 $l=10$ m，入土深度 $L_{pr}=20\sim60$ m)和基础筒入土深度 $L_r=2\sim6$ m 的情况。采用力控制方法，在基桩桩顶施加 100 MN · m 的弯矩，得到不同筒裙长度时基础在地表处的水平变形，如图 3-94 所示。由图可以看出，随 L_r 的增加，单桩-筒型基础在地表处的水平变位减小，当 $L_r>5$ m 时，基础的水平变位趋于稳定。基桩入土深度 L_p 与基础筒入土深度 L_r 相比较，对单桩-筒型基础在地表处的水平变位影响较小。

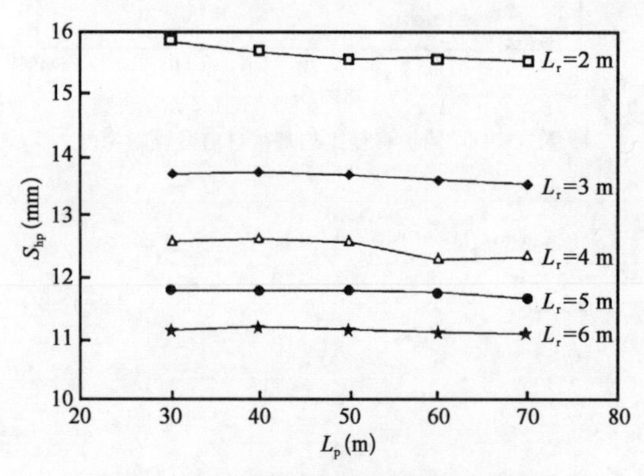

图 3-94 不同筒裙长度时基础的水平变形

3.6.2 单桩-筒型基础的单向承载力

采用有限元软件开展数值模拟分析。基桩直径与基础筒直径、基桩埋深与基础筒埋深为单桩-筒型基础的主要结构参数，为了考虑各因素对不排水饱和软黏土地基竖向承载力、水平承载力和抗倾覆能力的影响，对基础筒与基桩直径比分别为 $D/d=2$、3、4、6，埋深比分别为 $l/L_p=3$、5、10、12 的基础开展了一系列模拟计算，并对计算结果进行为了归一化处理(刘润等，2016；李宝仁，2014)。

3.6.2.1 竖向承载力

图 3-95 为单桩-筒型基础不同直径比的地基竖向荷载-位移曲线，图中 N_v 为无量纲化的竖向荷载，$N_V=V/As_u$，V 为竖向荷载，A 为基础筒顶面面积，s_u 为软黏土饱和不排水抗剪强度，w 为竖向位移。

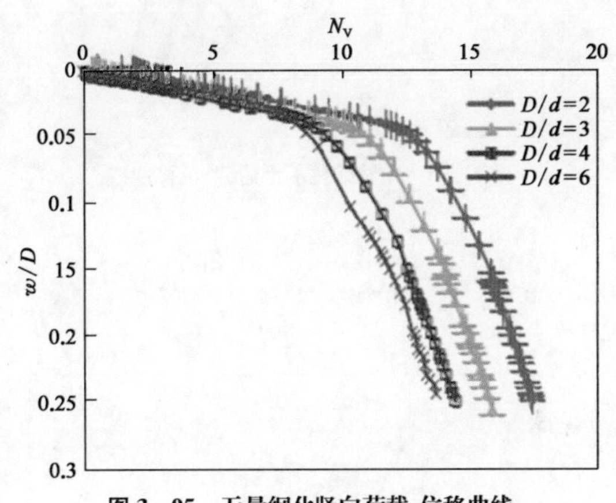

图 3-95 无量纲化竖向荷载-位移曲线

由图 3-95 可知，单桩-筒型基础的竖向承载力随着基础筒与基桩直径比 D/d 的增大而逐渐减小。图 3-96 给出了无量纲地基竖向极限承载力 V_{ult}/As_u 和 D/d 之间的关系，当 $2\leqslant D/d\leqslant 6$ 时，单桩-筒型基础的竖向极限承载力为

$$\frac{V_{ult}}{As_u}=-0.161\left(\frac{D}{d}\right)^3+2.255\,8\left(\frac{D}{d}\right)^2-10.757\,\frac{D}{d}+26.954 \qquad (3-157)$$

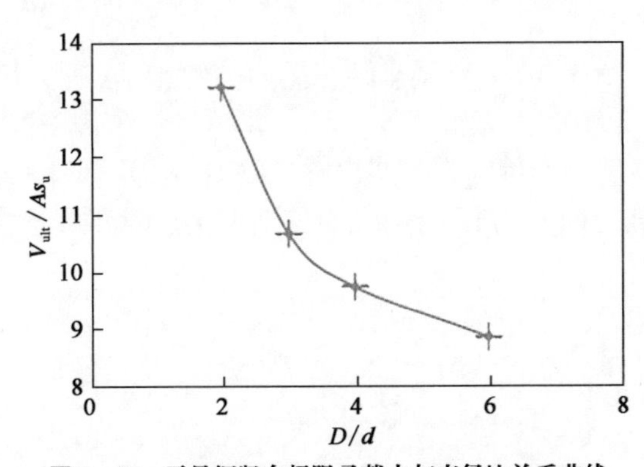

图 3-96 无量纲竖向极限承载力与直径比关系曲线

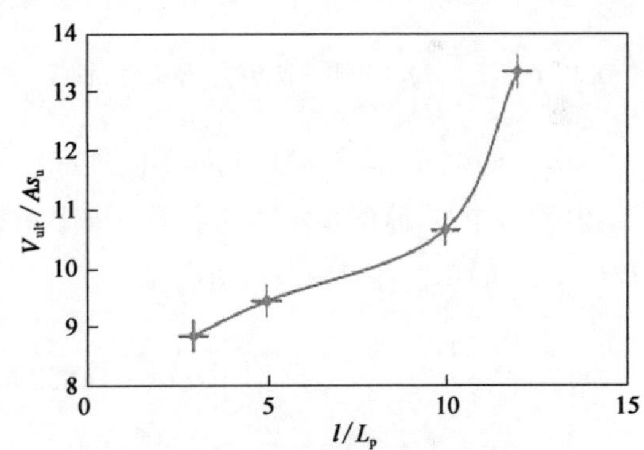

图 3-97 无量纲竖向极限承载力与埋深比关系曲线

图 3-97 为单桩-筒型基础不同埋深比与地基无量纲竖向极限承载力的关系曲线。由图可知，单桩-筒型基础的竖向极限承载力随埋深比 l/L_p 的增大而逐渐增大。对于 $3\leqslant l/L_p\leqslant 12$ 的单桩-筒型基础，竖向极限荷载为

$$\frac{V_{ult}}{As_u}=0.018\,4\left(\frac{l}{L_p}\right)^3-0.339\,6\left(\frac{l}{L_p}\right)^2+2.115\,6\,\frac{l}{L_p}+5.035\,3 \qquad (3-158)$$

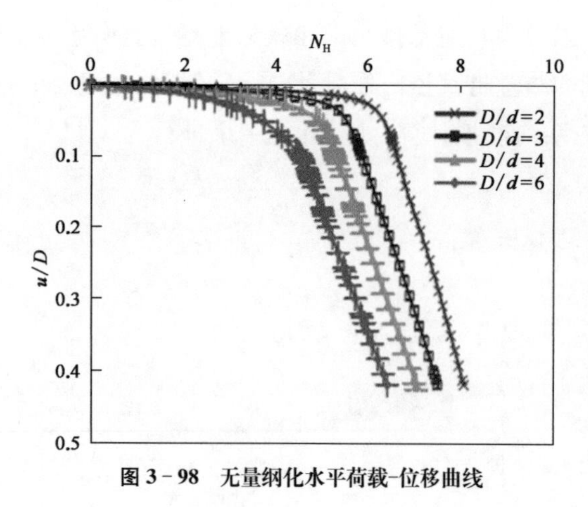

图 3-98 无量纲化水平荷载-位移曲线

3.6.2.2 水平向承载力

图 3-98 为单桩-筒型基础不同直径比的地基水平荷载-位移曲线。图中，N_H 为无量纲化的水平荷载，$N_H = H/As_u$，H 为水平荷载；u 为水平位移。

由图 3-98 可知，随着基础筒与基桩直径比 D/d 的增大，单桩-筒型基础水平向承载力逐渐减小。图 3-99 给出了无量纲水平极限承载力 H_{ult}/As_u 和 D/d 之间的关系，对于 $2 \leqslant D/d \leqslant 6$ 的单桩-筒型基础：

$$\frac{H_{ult}}{As_u} = -0.0417\left(\frac{D}{d}\right)^3 + 0.625\left(\frac{D}{d}\right)^2 - 3.3333\frac{D}{d} + 11 \tag{3-159}$$

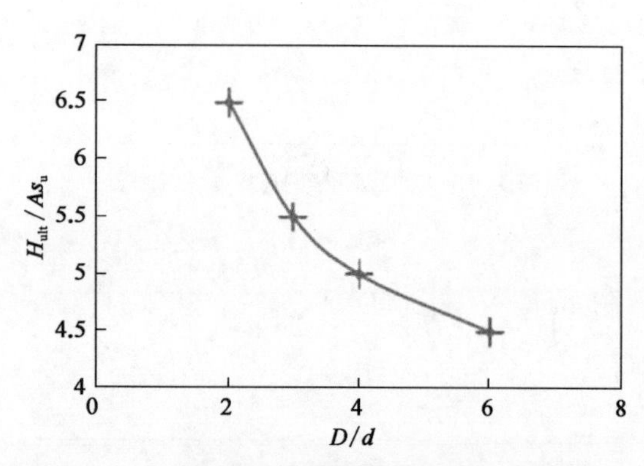

图 3-99 无量纲水平极限承载力与直径比关系曲线

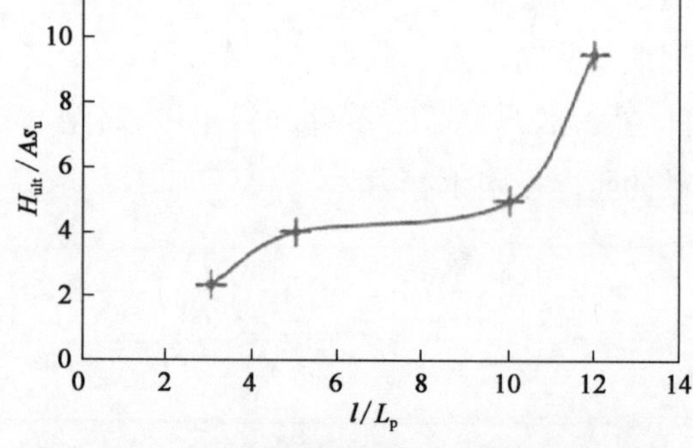

图 3-100 无量纲水平极限承载力与埋深比关系曲线

图 3-100 为单桩-筒型基础不同埋深比与地基无量纲水平向极限承载力的关系曲线。由图可知，单桩-筒型基础地基水平向极限承载力随着 l/L_p 的增大而逐渐增大。对于 $3 \leqslant l/L_p \leqslant 12$ 的单桩-筒型基础，可得到

$$\frac{H_{ult}}{As_u} = 0.0429\left(\frac{l}{L_p}\right)^3 - 0.8622\left(\frac{l}{L_p}\right)^2 + 5.6155\frac{l}{L_p} - 7.8581 \tag{3-160}$$

3.6.2.3 抗倾覆承载力

图 3-101 为单桩-筒型基础不同直径比的地基抗倾覆荷载-位移曲线。图中，N_M 为无量纲化的弯矩荷载，$N_M = M/ADs_u$，M 为弯矩荷载；D 为基础筒直径；θ 为转角位移。

由图 3-101 可知，随着基础筒与基桩直径比 D/d 的增大，单桩-筒型基础抗倾覆承载力逐渐减小。图 3-102 给出了无量纲抗倾覆极限承载力 M_{ult}/ADs_u 和 D/d 的关系，由此可得

$$\frac{M_{\mathrm{ult}}}{ADs_{\mathrm{u}}}=-0.089\left(\frac{D}{d}\right)^{2}-1.573\,\frac{D}{d}+19.888 \tag{3-161}$$

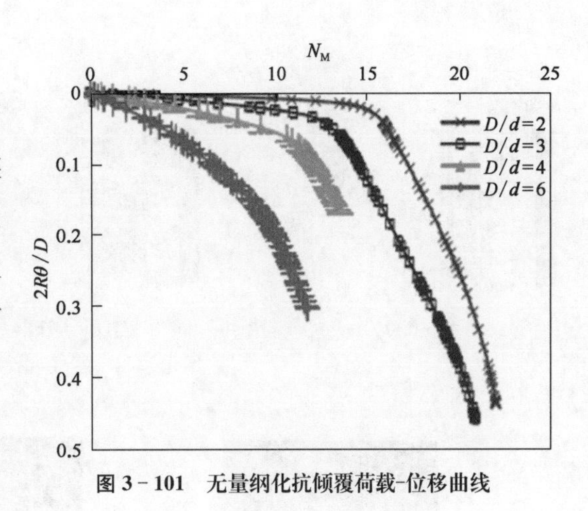

图 3-101　无量纲化抗倾覆荷载-位移曲线

图 3-103 为单桩-筒型基础不同埋深比与地基无量纲抗倾覆极限承载力的关系曲线。由图可知，单桩-筒型基础的抗倾极限承载力随着 l/L 的增大而逐渐增大。对于 $3\leqslant l/L\leqslant 12$ 的单桩-筒型基础可得

$$\frac{M_{\mathrm{ult}}}{ADs_{\mathrm{u}}}=0.0853\left(\frac{l}{L_{\mathrm{p}}}\right)^{3}-1.6819\left(\frac{l}{L_{\mathrm{p}}}\right)^{2}+11.36\,\frac{l}{L_{\mathrm{p}}}-18.371 \tag{3-162}$$

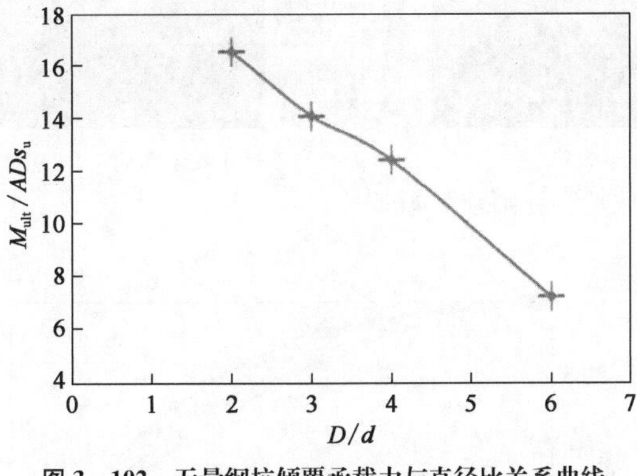

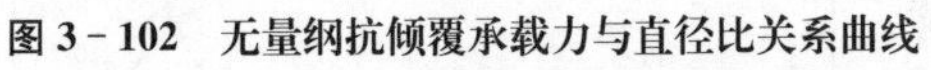
图 3-102　无量纲抗倾覆承载力与直径比关系曲线

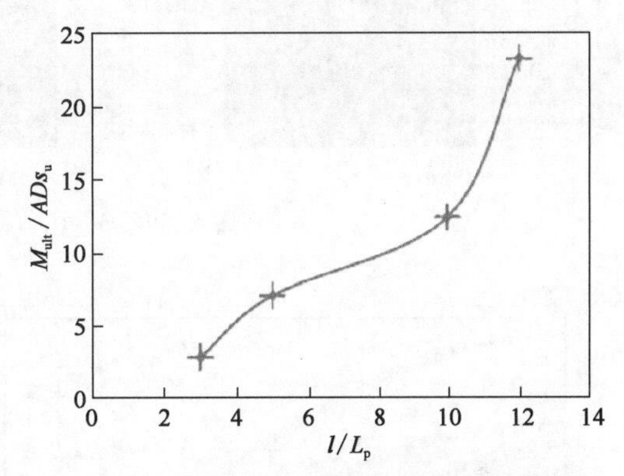

图 3-103　抗倾覆极限承载力与埋深比的关系曲线

3.6.3　黏土中单桩-筒型基础的承载力包络线

3.6.3.1　*V*-*H* 荷载空间

采用数值模拟方法分析了 V-H 荷载空间单桩-筒型基础的地基承载模式(刘润等，2016;李宝仁，2014)，图 3-104、图 3-105 分别给出了不同水平荷载与竖向荷载联合作用下的单桩-筒型基础地基中的位移矢量图和等效塑性应变分布图。

由图 3-104 和图 3-105 可知，随着 u/v 的增大，基础底部破坏区逐渐向两侧延伸扩大，发生深层滑动破坏，并可观察到基础绕泥面与基底之间某一点发生转动，旋转中心随着 u/v 的增大逐渐向下移动；主动区一侧土体出现裂缝，被动区一侧土体隆起。

采用 Swipe 法计算得到 V-H 二维加载空间中不同直径比 $D/d=2$、3、4、6 的单桩-筒型基础无量纲承载力包络线和归一化的包络线(图 3-106)。

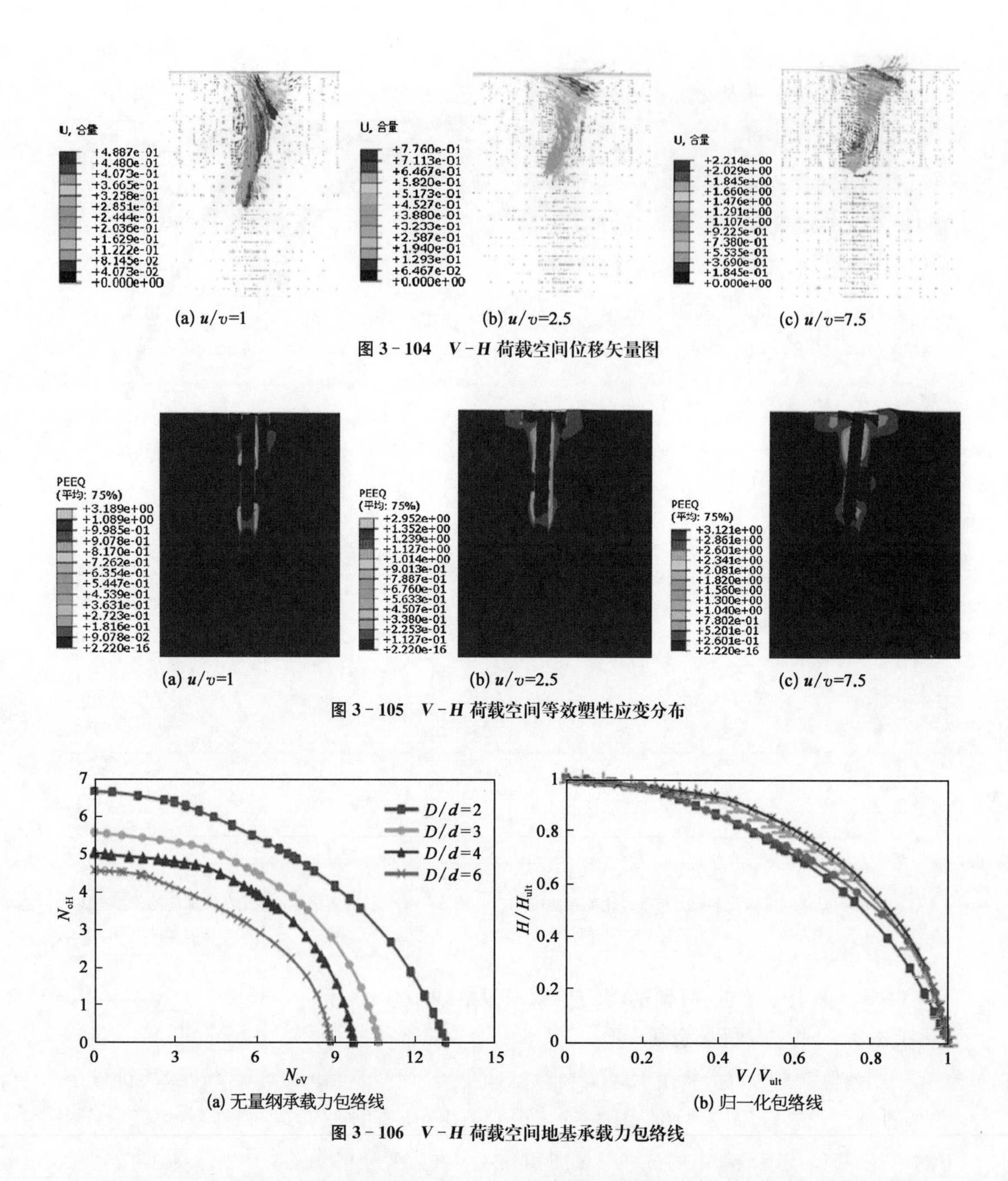

(a) u/v=1 (b) u/v=2.5 (c) u/v=7.5

图 3-104 $V-H$ 荷载空间位移矢量图

(a) u/v=1 (b) u/v=2.5 (c) u/v=7.5

图 3-105 $V-H$ 荷载空间等效塑性应变分布

(a) 无量纲承载力包络线 (b) 归一化包络线

图 3-106 $V-H$ 荷载空间地基承载力包络线

由图 3-106 可知，单桩-筒型基础 $V-H$ 的承载性能随着 D/d 的增加而减小，而归一化的承载力包络面随着 D/d 的变化趋势基本相似。

3.6.3.2 $V-M$ 荷载空间

图 3-107 和图 3-108 分别给出了不同弯矩荷载与竖向荷载联合作用下单桩-筒型基础地基中的位移矢量图和等效塑性应变分布云图，图中 θ 为基础转角位移。

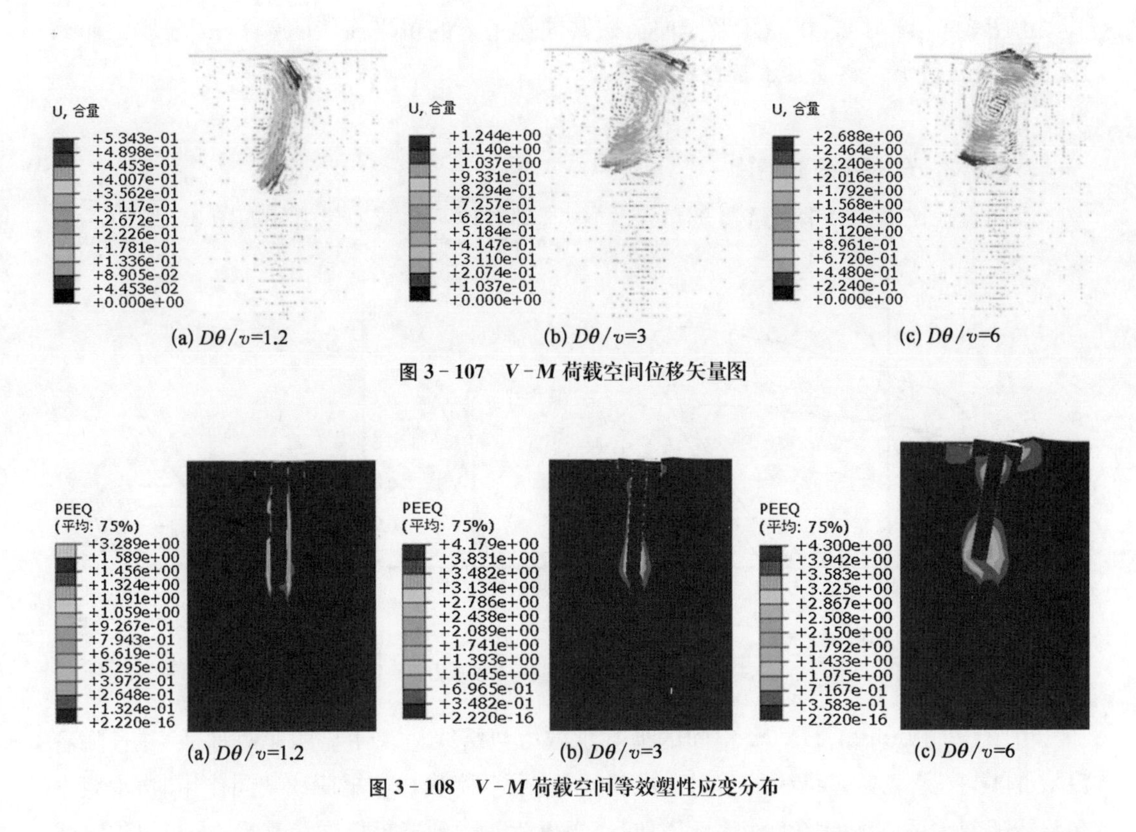

(a) $D\theta/v$=1.2　　(b) $D\theta/v$=3　　(c) $D\theta/v$=6

图 3-107　V-M 荷载空间位移矢量图

(a) $D\theta/v$=1.2　　(b) $D\theta/v$=3　　(c) $D\theta/v$=6

图 3-108　V-M 荷载空间等效塑性应变分布

由图 3-107 和图 3-108 可知，随着 $D\theta/v$ 的增大，基础底部破坏区逐渐向两侧延伸扩大，发生深层的滑动破坏，上部及底部形成较大的位移变化，可以清晰地发现基础绕泥面与基底之间某一点发生转动，旋转中心随着 $D\theta/v$ 的增大逐渐向下移动，主动区一侧的土体出现裂缝，被动区一侧土体产生隆起。

计算得到 V-M 二维荷载空间中不同直径比 D/d=2、3、4、6 的单桩-筒型基础无量纲地基承载力包络线和归一化的包络线(图 3-109)。

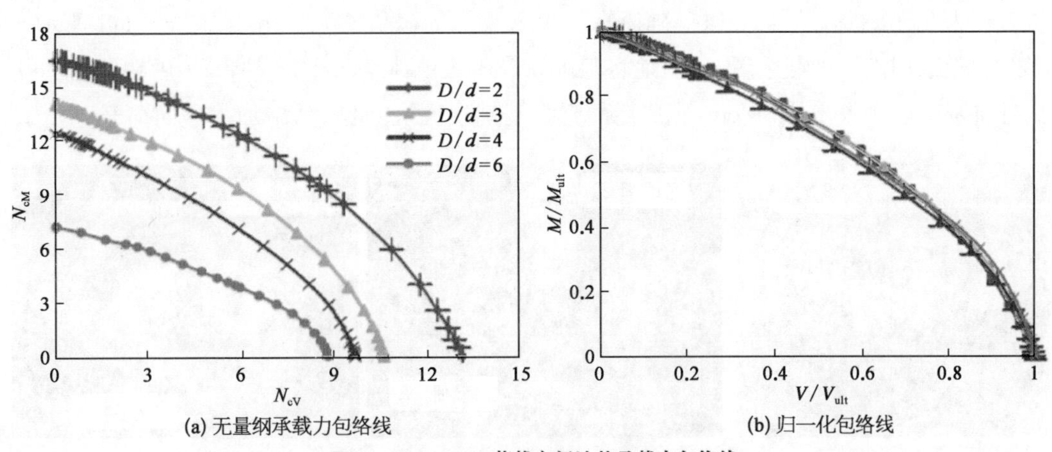

(a) 无量纲承载力包络线　　(b) 归一化包络线

图 3-109　V-M 荷载空间地基承载力包络线

由图 3 - 109 可知，在弯矩及竖向荷载共同作用下的包络面能随着 D/d 的增大而缩小，归一化承载力包络面基本重合。

3.6.3.3 *H* - *M* 荷载空间

不同直径比 $D/d=2$、3、4、6 的单桩-筒型基础的地基承载力包络线如图 3 - 110 所示。

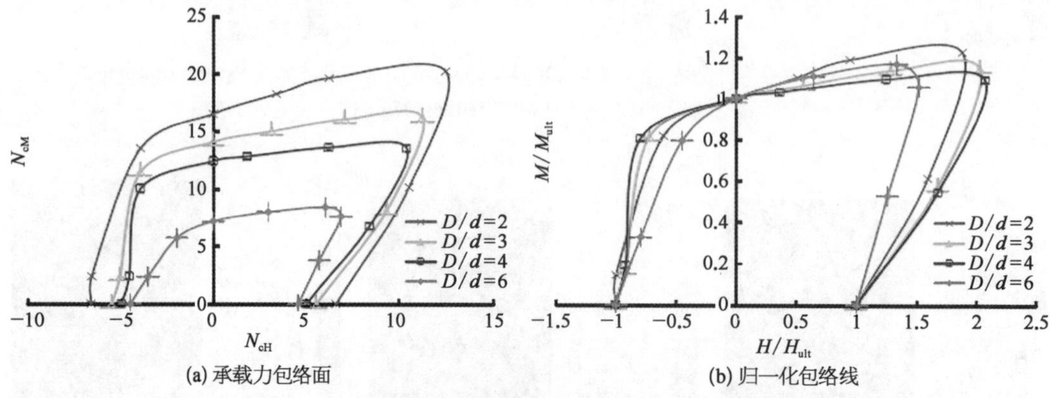

(a) 承载力包络面　　(b) 归一化包络线

图 3 - 110　*H* - *M* 荷载空间地基承载力包络线

由图 3 - 110 可知，*H* - *M* 空间的地基承载力包络线呈现明显的非对称性，并且随着 D/d 的减小，承载力包络线的非对称性越明显；水平荷载与弯矩荷载共同作用时，承载力包络线随着水平荷载的增大而逐渐增加；当弯矩荷载达到弯矩极限荷载后，承载力包络线陡然下降；归一化的地基承载力包络面也存在相似的规律。

为了验证上述包络线研究的正确性，采用室内缩比尺模型试验方法对 *H* - *M* 空间的地基承载力包络线进行了验证。试验在天津大学水利工程试验中心 2＃试验池开展，池内为取自响水近海的粉质黏土，填土厚度为 1.5 m，平面尺寸为 4 m×4 m，试验前对土体进行了饱和并静止至地表沉降稳定，测得其试验用土的饱和容重为 20.3 kN/m^3、含水率为 28.3％、压缩模量为 4 MPa、直剪固快强度指标 c 为 15.1 kPa、φ 为 11°。试验用单桩-筒型基础模型基桩直径为 5 cm、桩长为 40 cm、基础筒直径为 20 cm、筒裙长度为 5 cm，如图 3 - 111 所示。

试验采用液压加载装置，试验前将基础筒静压入土体至与土面齐平，然后在预留的孔洞处将基桩静压入土体 30 cm，完成后静置至基础顶面沉降稳定，施加水平向荷载开始试

图 3 - 111　基础模型

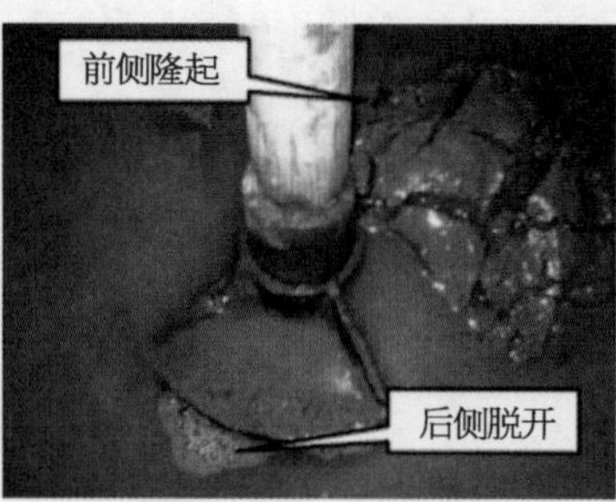

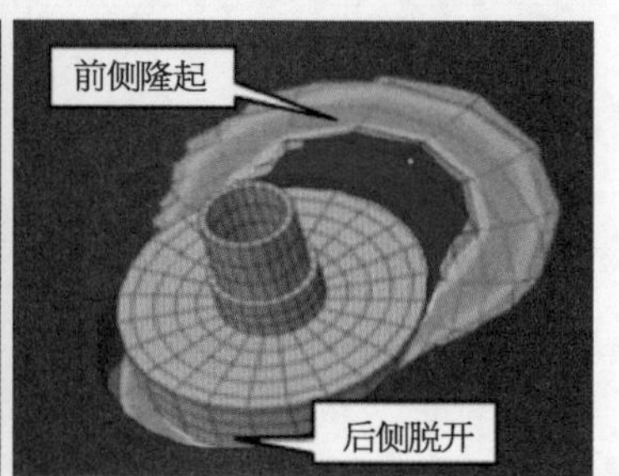

图 3 - 112　地基破坏状态

验。试验过程中观察到,随着荷载的施加,位于基础主动侧的土体与基础筒脱开,被动侧土体逐渐产生隆起,随着荷载的增加,脱离与隆起进一步发展,当试验加载完成后,填土表面出现明显的破坏现象,试验现象及有限元模拟结果如图 3-112 所示。

由此可见,基础筒与基桩共同承担水平力和弯矩荷载的作用,基础发生了整体的倾覆而破坏。试验过程中分别在距筒面为 10 cm、25 cm、40 cm、50 cm 处施加水平荷载,获得作用于基础筒顶面的不同水平向作用力和弯矩荷载的组合,将对应的极限荷载组合值整理绘入 $M-H$ 坐标系中,得到试验模拟的承载力包络线(Enl. Test),如图 3-113 所示。采用前述有限元方法对室内模型试验进行了模拟,通过施加不同比例的 H、M 荷载搜索 $H-M$ 荷载空间的包络线。

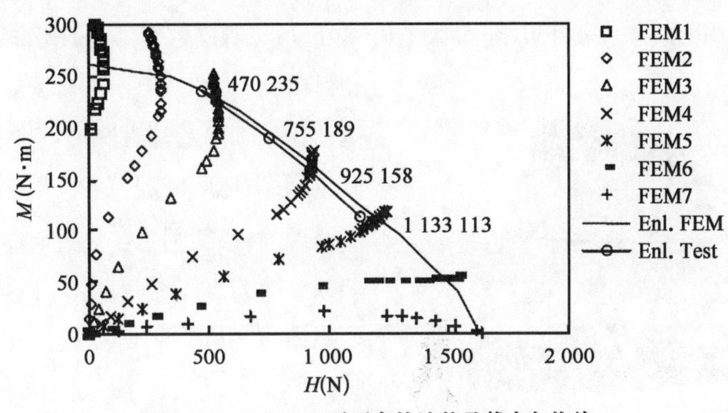

图 3-113　$H-M$ 平面内的地基承载力包络线

由图 3-113 可知,随着加荷位置与筒顶距离的增加,基础达到承载力极限的水平向荷载与弯矩荷载荷载组合值减小。模型试验得到的 $H-M$ 荷载空间内承载力包络线与数值模拟所得的承载力包络线基本一致,验证了数值模拟结果的可靠性。

3.6.3.4　$V-H-M$ 荷载空间

图 3-114 和图 3-115 给出 $V-H-M$ 荷载空间内单桩-筒型基础($D/d=2$)处于极限平衡状态时的地基位移矢量图和等效塑性应变分布云图。

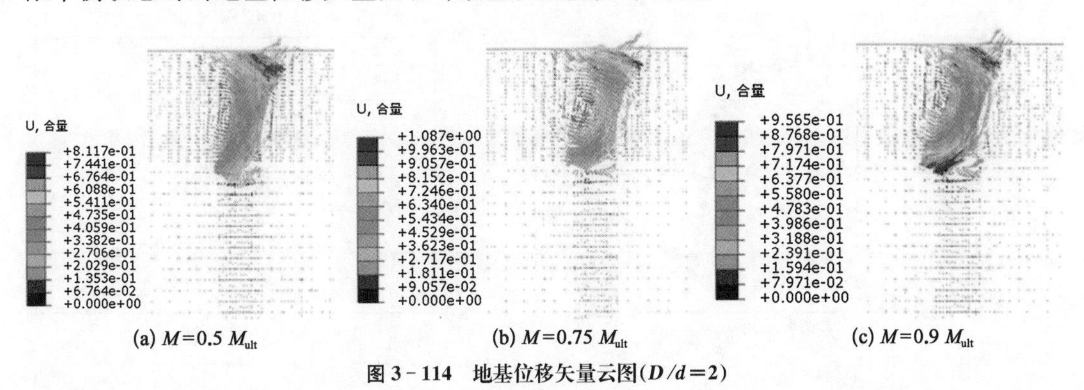

(a) $M=0.5\ M_{ult}$　　(b) $M=0.75\ M_{ult}$　　(c) $M=0.9\ M_{ult}$

图 3-114　地基位移矢量云图($D/d=2$)

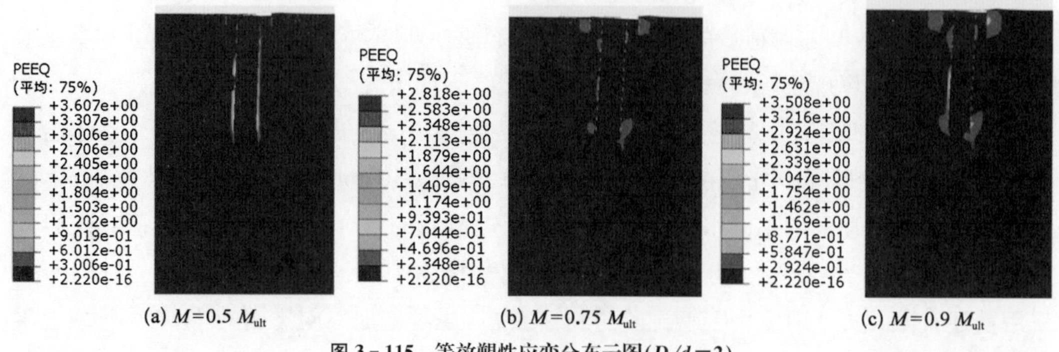

图 3-115 等效塑性应变分布云图($D/d=2$)

由图 3-114 和图 3-115 可知，随着弯矩荷载分量 M 的增大，竖向自由度、水平自由度和转动自由度三者的耦合作用越发明显，单桩-筒型基础在基础筒及基桩底形成明显的圆形破坏区域，圆形破坏区域随着弯矩荷载分量 M 的增大迅速扩大；在基础主动区一侧土体出现裂缝，被动区一侧的土体隆起，形成了楔形塑性破坏区。

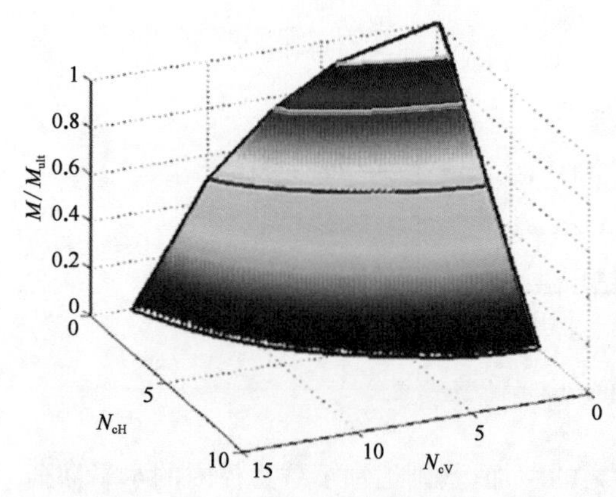

图 3-116 $V-H-M$ 三维地基承载力包络面($D/d=2$)

图 3-116 给出了 $D/d=2$ 时单桩-筒型基础的 $V-H-M$ 荷载空间包络面。由图可知，随着弯矩荷载的增加，$V-H$ 平面内的破坏包络线逐渐缩小，最终退缩为一点，由此形成一个封闭的部分椭球体。

3.6.4 无黏性土中单桩-筒型基础的地基承载力包络线

采用与上述分析相同的有限元方法，可得砂土中无量纲化的地基水平承载力与抗倾承载力(汪嘉钰等，2015)，如图 3-117 所示。

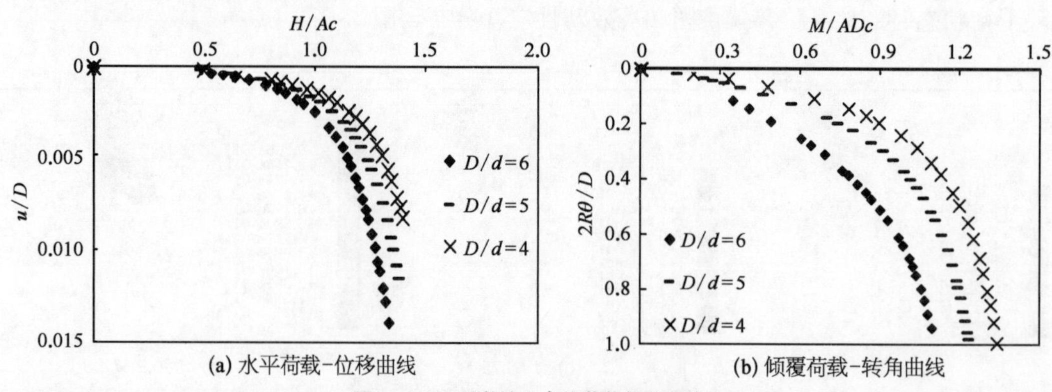

图 3-117 无黏性土中的荷载位移曲线

由图 3 - 117 可以得到，随着 D/d 比值的增加，水平向极限荷载会随之减小，弯矩极限荷载也会随之减小。

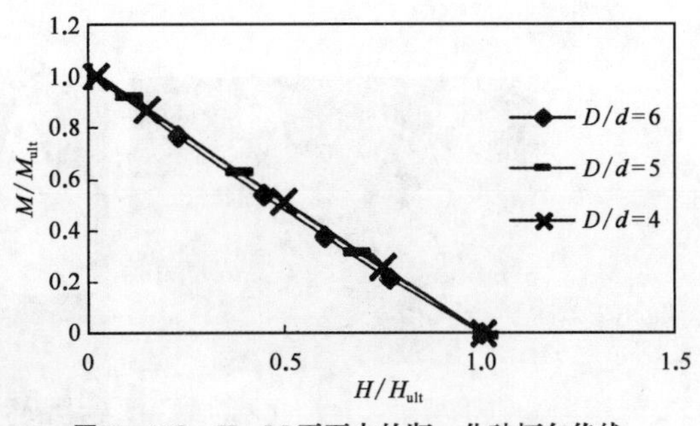

图 3 - 118　$H-M$ 平面内的归一化破坏包络线

Swipe 方法计算得到无黏性土中 $H-M$ 荷载空间单桩-筒型基础的地基承载力包络线，如图 3 - 118 所示。由图可知，基础所承受的水平向荷载与弯矩荷载同向时，较单独承受该两个方向的荷载时更容易失稳倾覆，所以该种情况属于较危险的荷载组合形式。对 $H-M$ 荷载空间内的破坏包络线进行归一化处理后，发现各包络线变化趋势基本一致，从而可以得出包络线的拟合公式：

$$\frac{M}{M_{\text{ult}}}+\frac{H}{H_{\text{ult}}}=1 \tag{3-163}$$

采用室内缩比尺模型试验对上述承载力包络线公式进行了验证。试验砂土为级配均匀的细砂，内摩擦角为 35°。试验用的单桩-筒型基础模型采用不锈钢材料加工而成，基桩直径为 3 cm、基桩桩长为 40 cm、基础筒直径为 20 cm、筒裙长度为 5 cm，试验模型与装置如图 3 - 119 所示。

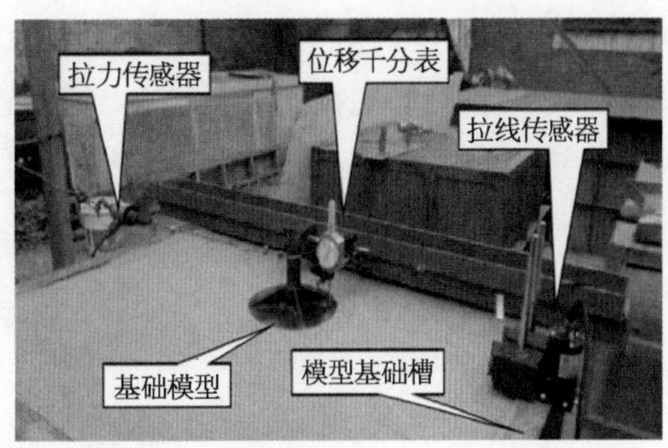

图 3 - 119　试验模型与试验装置

试验用砂土分层夯实填于模型槽中，基础模型埋设于砂土中，使基础筒顶面与砂土表面齐平，逐级施加水平向荷载。试验过程中可观察到，随着荷载的施加，位于基础主动侧的土体与基础筒之间脱开，被动侧土体逐渐产生隆起，随着荷载的增加，脱离与隆起进一步发展，当试验加载完成后，填土表面出现明显的破坏现象，试验现象及有限元模拟结果如图 3 - 120 所示。

试验过程中分别在距桩顶以下 $D_{is}=2$ cm、4 cm、6 cm、8 cm 处施加水平荷载，获得作用于基础筒顶面的不同水平向作用力和弯矩的组合，将加荷过程及对应的极限荷载组合值整

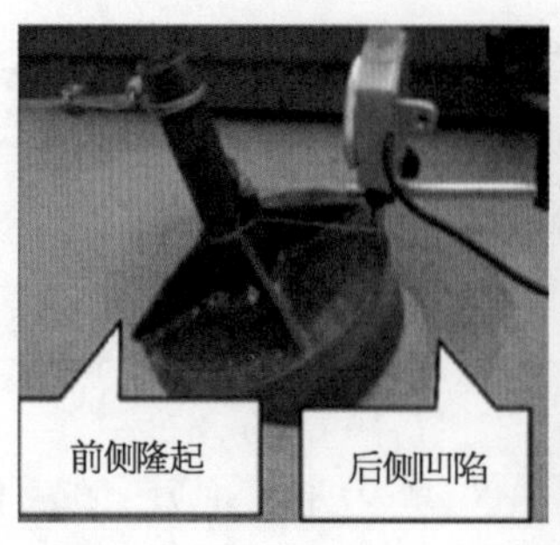

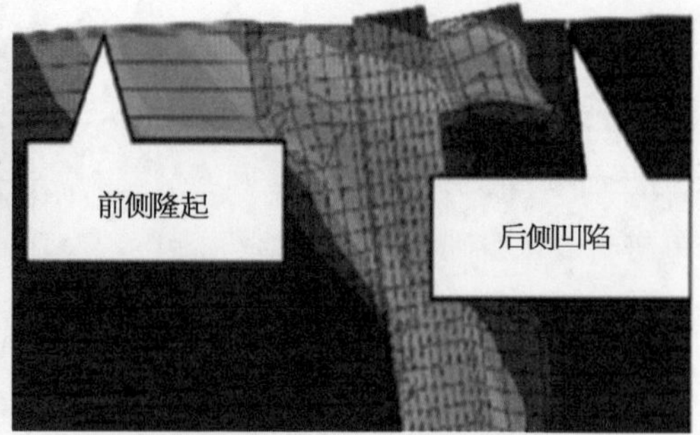

图 3-120 地基破坏状态

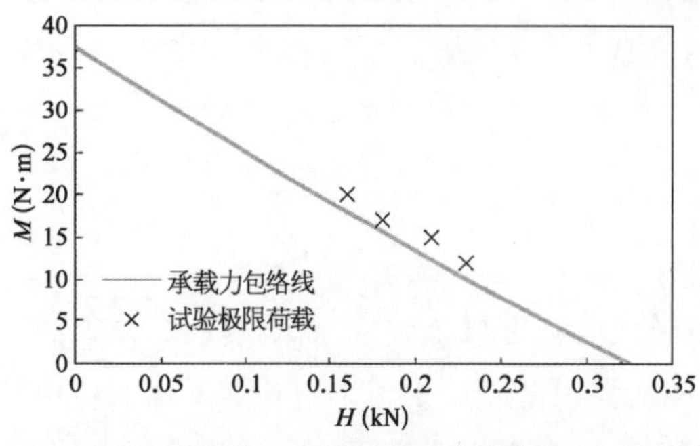

图 3-121 $H-M$ 平面内的地基承载力包络线

理绘入 $H-M$ 坐标系中，得到试验模拟的承载力包络线。与 Swipe 方法计算 $H-M$ 荷载空间的包络线同时绘于图 3-121 中。由图可知，模型试验得到的 $H-M$ 荷载空间内承载力包络线与数值模拟所得的承载力包络线基本一致，验证了数值模拟结果的可靠性。

3.6.5 单桩-摩擦盘基础的地基承载特性

改变单桩-筒型基础中筒裙长度，若筒裙长度为 0，主要依靠顶盖及顶盖压载来提升单桩基础的抗倾覆承载力及限制桩顶水平变位，该种新型基础被称为单桩-摩擦盘基础。单桩-摩擦盘基础主要结构型式有三种(图 3-122)：单桩-实体盘基础，圆盘由混凝土制作；

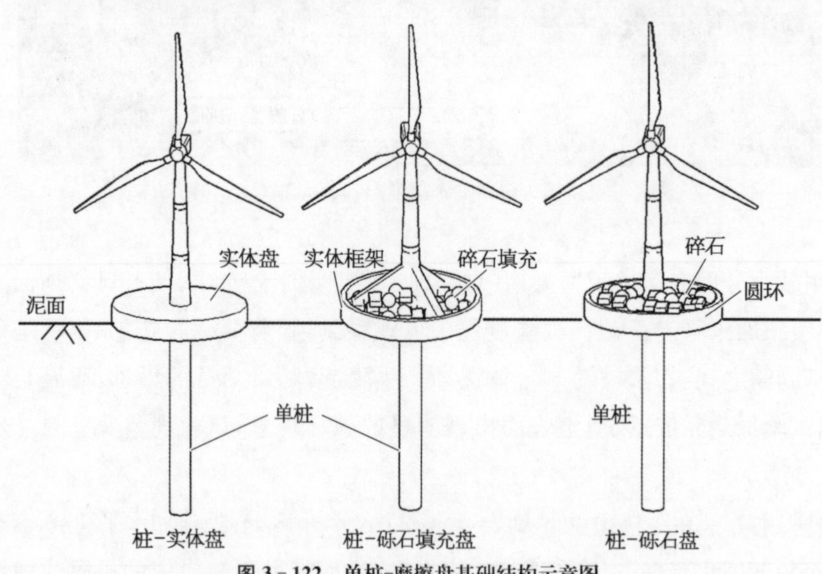

图 3-122 单桩-摩擦盘基础结构示意图

单桩-砾石填充盘基础，该基础用钢或混凝土制作实体带肋板的圆盘框架，其中填充碎石，可充分利用海岸砾石，节省材料；桩-砾石盘基础，该基础在实体圆环内抛砾石，砾石直接与泥面接触。

三种型式中，桩-实体盘基础与桩-砾石填充盘基础的承载特性类似，其摩擦盘主要通过以下几个方面来提升单桩的抗倾覆能力：摩擦盘底产生的剪力（摩擦力）可直接提供横向反力；摩擦盘底产生的基底压力可提高桩前土压力，增加桩基提供的横向反力；横向荷载产生弯矩，使得摩擦盘的一部分嵌入土中，盘前土压力可提供横向反力；由于摩擦盘的约束，极限承载状态下桩头挠度降低。桩-砾石盘基础中，砾石盘的加入可增加单桩的有效埋深，从而提高单桩承载性能。

3.6.5.1　单桩-实体盘基础的抗倾覆承载特性

在凯斯西储大学（Case Western Reserve University）的离心机中开展了单桩-实体盘基础的抗倾覆承载性能离心机模型试验（Yang 等，2019），如图 3－123 所示，图中尺寸均为原型尺寸，试验中在距土面 4.7 m 处施加横向力。试验用土为丰浦砂（Toyoura sand），其平均粒径为 0.17 mm、土粒密度为 2.65 g/cm^3、最大孔隙比为 0.98、最小孔隙比为 0.6。试验中地基土采用人工落雨法制备，砂土相对密实度控制在 30%。

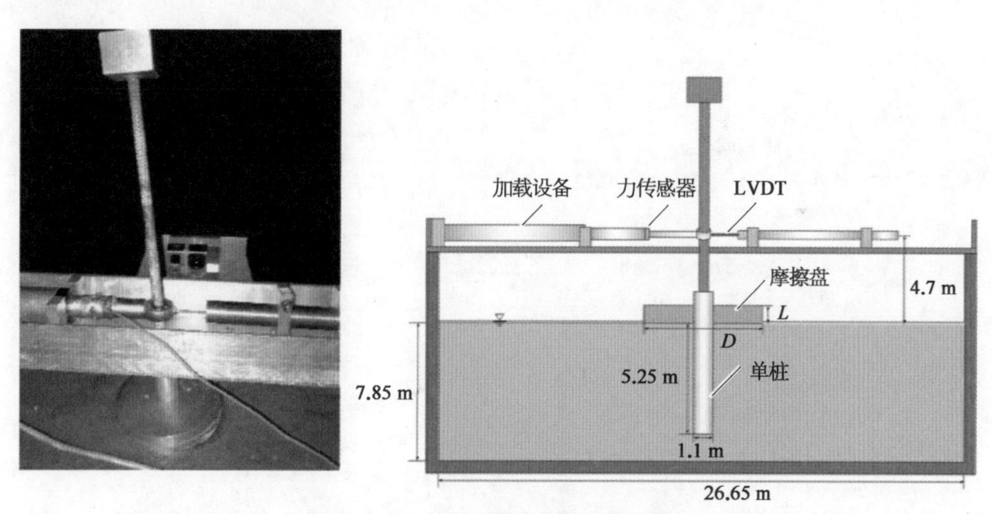

图 3－123　单桩-实体盘离心机模型试验

图 3－124 显示了不同盘径下单桩-实体盘基础的承载力与刚度，其中 D 为盘径，L 为盘高，可见在桩头增设实体摩擦盘可有效增加单桩基础的抗倾覆承载力和刚度，而且承载力随着摩擦盘直径的增大有明显的增大。

3.6.5.2　单桩-砾石盘基础的抗倾覆承载特性

对单桩-砾石盘基础同样进行了离心机模型试验（Yang 等，2019）。图 3－125 展示了

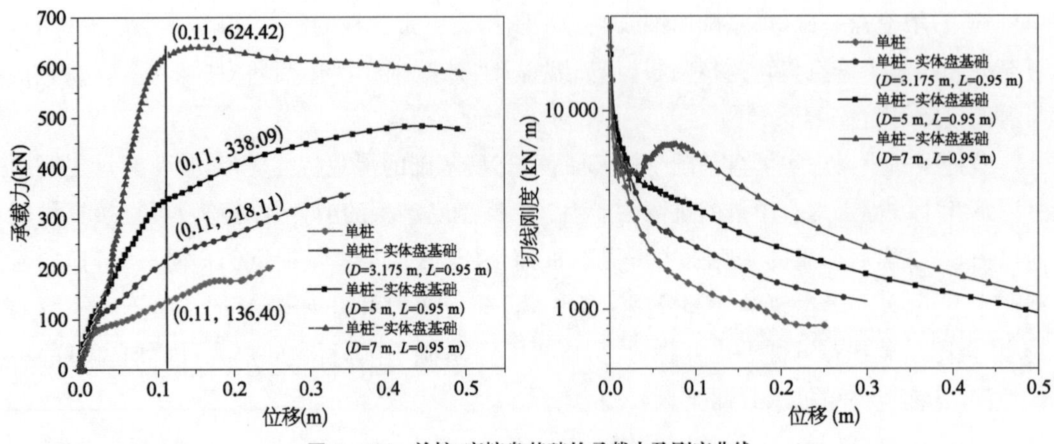

图 3-124　单桩-摩擦盘基础的承载力及刚度曲线

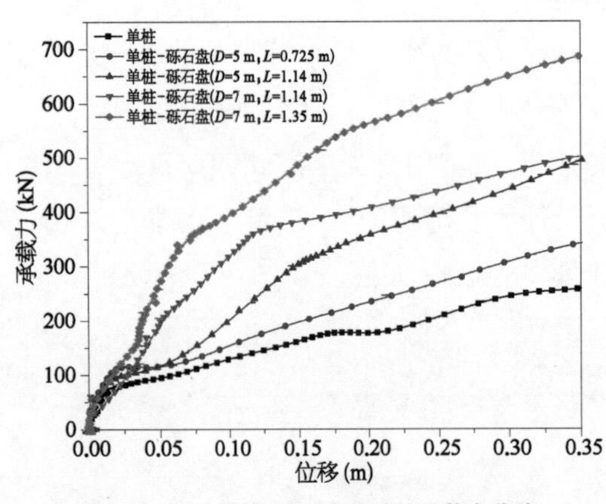

图 3-125　单桩-砾石盘基础的承载力曲线

不同盘径与盘高条件下单桩-砾石盘的承载力曲线，可见砾石盘也可提高单桩基础的抗倾覆承载力，但提升效果不如实体盘明显，增加盘径与盘高均可有效提高基础的抗倾覆承载力。

砾石盘通过增加单桩的有效埋深来提高单桩的承载性能。建立基于离心机模型试验的有限元模型，对比试验验证后，绘制桩前桩后土压力沿深度分布曲线，如图 3-126 所示。由图可知，当砾石盘直径达到 7 m，即 7

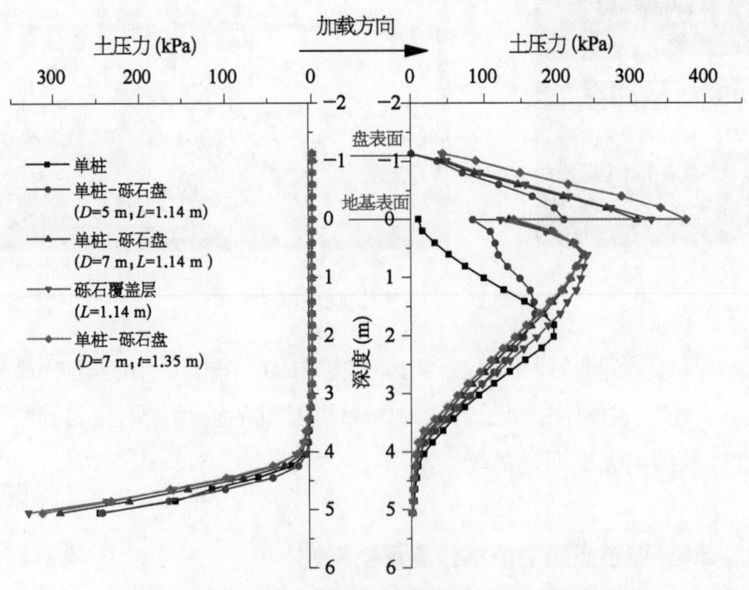

图 3-126　单桩-砾石盘基础沿桩身的土压力分布曲线

倍桩径左右，砾石盘与单桩接触土压力与同深度的砾石土层相同。基于此，提出了一种等效土层计算法来计算单桩-砾石盘的抗倾覆承载力，该方法主要步骤如下：首先将砾石盘用等体积法等效为一个参照盘；将参照盘的高度赋予等效土层；将单桩-砾石盘的承载力转化为桩基础在多层土中的承载力问题，并利用 p－y 法进行求解。利用该方法对本试验中的单桩-砾石盘基础进行计算，p－y 曲线采用 API 砂土模型，计算结果与试验结果对比如图 3－127 所示，证实了该方法的可靠性。

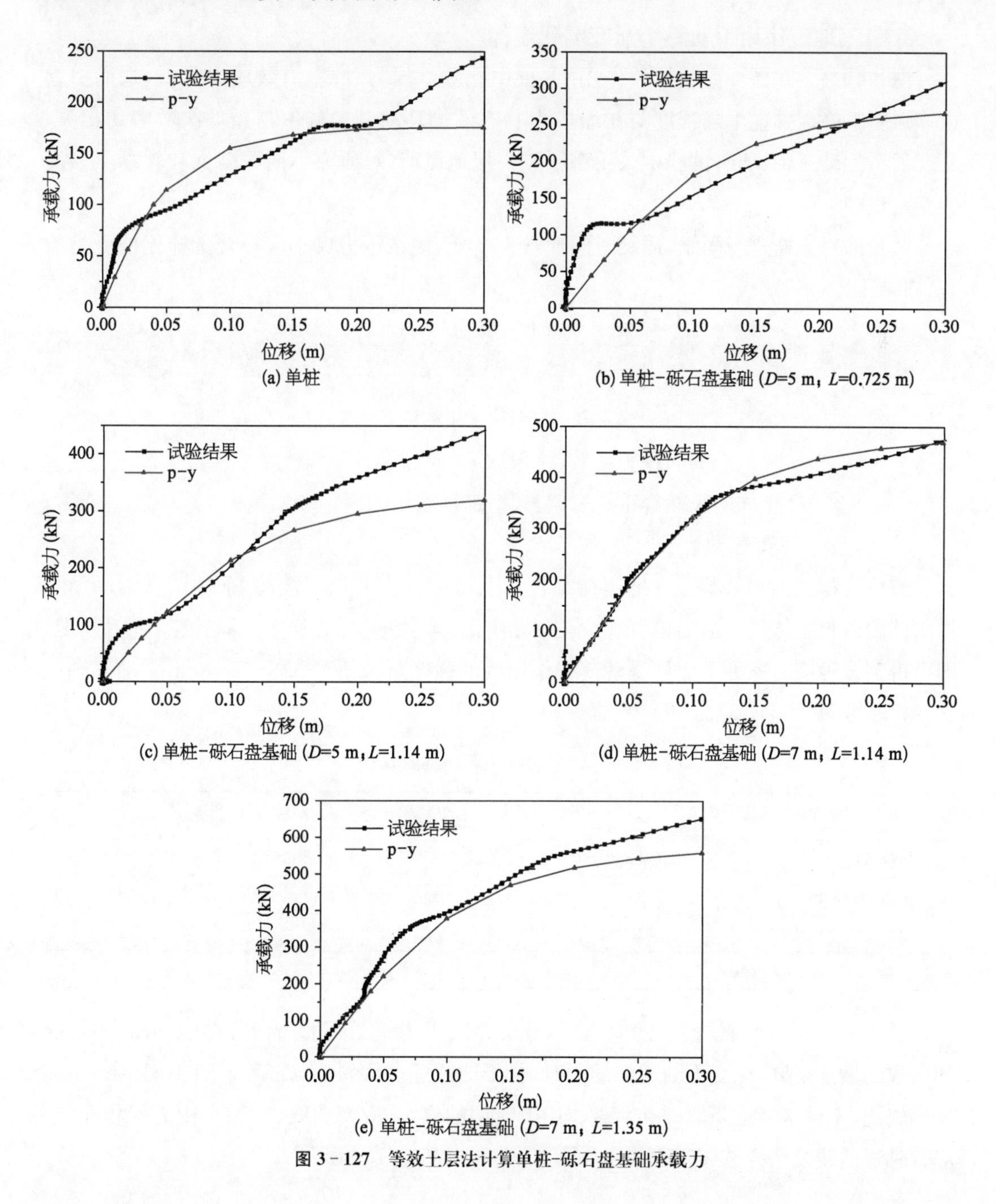

(a) 单桩

(b) 单桩-砾石盘基础 (D=5 m，L=0.725 m)

(c) 单桩-砾石盘基础 (D=5 m，L=1.14 m)

(d) 单桩-砾石盘基础 (D=7 m，L=1.14 m)

(e) 单桩-砾石盘基础 (D=7 m，L=1.35 m)

图 3－127　等效土层法计算单桩-砾石盘基础承载力

3.7 地震作用下新型筒型基础的稳定性

地震作用下饱和砂土地基易发生液化，饱和软黏土地基易发生振陷。由于新型筒型基础具有“宽浅”特征，因此对地震引发的地基液化或振陷较为敏感。

3.7.1 地震作用下软黏土强度弱化规律

饱和软黏土在循环荷载持续作用下，土中孔隙水压力升高，有效应力降低，从而引起土体强度下降。强度下降程度与初始应力状态及循环荷载的幅值与循环次数密切相关，开展了系列动三轴试验，试验中采用正弦波模拟地震荷载，研究不同深度饱和软黏土强度的变化规律。

试验前对土样进行固结，固结时间通常为 24 h，固结压力大小应符合土样原位受力状态，固结压力：

$$\sigma_c = \frac{(\sigma_z + 2\sigma_h)}{3} = \frac{(1 + 2k_0)}{3}\sigma_z = \frac{(1 + 2k_0)}{3}\gamma z \tag{3-164}$$

式中 σ_z、σ_h——地基自重应力引起的上覆压力和侧向压力；

k_0——地基土侧向压力系数，一般取 $k_0 = 0.6$；

γ——土样的天然容重；

z——覆土深度。

为最终得到饱和软黏土在地震荷载作用下抗剪强度的折减规律，采用了三轴固结不排水试验获得土体振动前后的强度。对比相同土样，相同固结条件，振动前后抗剪强度，即可得到该种应力条件下土样受动荷载作用后的强度折减值。表 3－11 给出了动三轴试验的控制参数。

表 3－11 试样动三轴试验参数(CU)

土样描述	淤泥			
加载条件	σ_c(kPa)	20	σ_d(kPa)	6
振前应变(%)	1.1	振前孔压(kPa)		8.8
原状土强度(kPa)	15.1	振后孔压(kPa)		9.1
强度折减率		60.3%		

循环荷载下，饱和软黏土的应力-应变关系表现为一系列的滞回圈曲线，并且随着循环次数的增加，轴向应变不断增加的同时，骨干曲线逐渐倾斜，即在动荷载的作用下，土体发生软化，不排水强度降低。动荷载作用下典型的应力-应变曲线、孔隙水压力累积曲线、应变时程曲线及土样破坏时程曲线如图 3－128～图 3－131 所示。

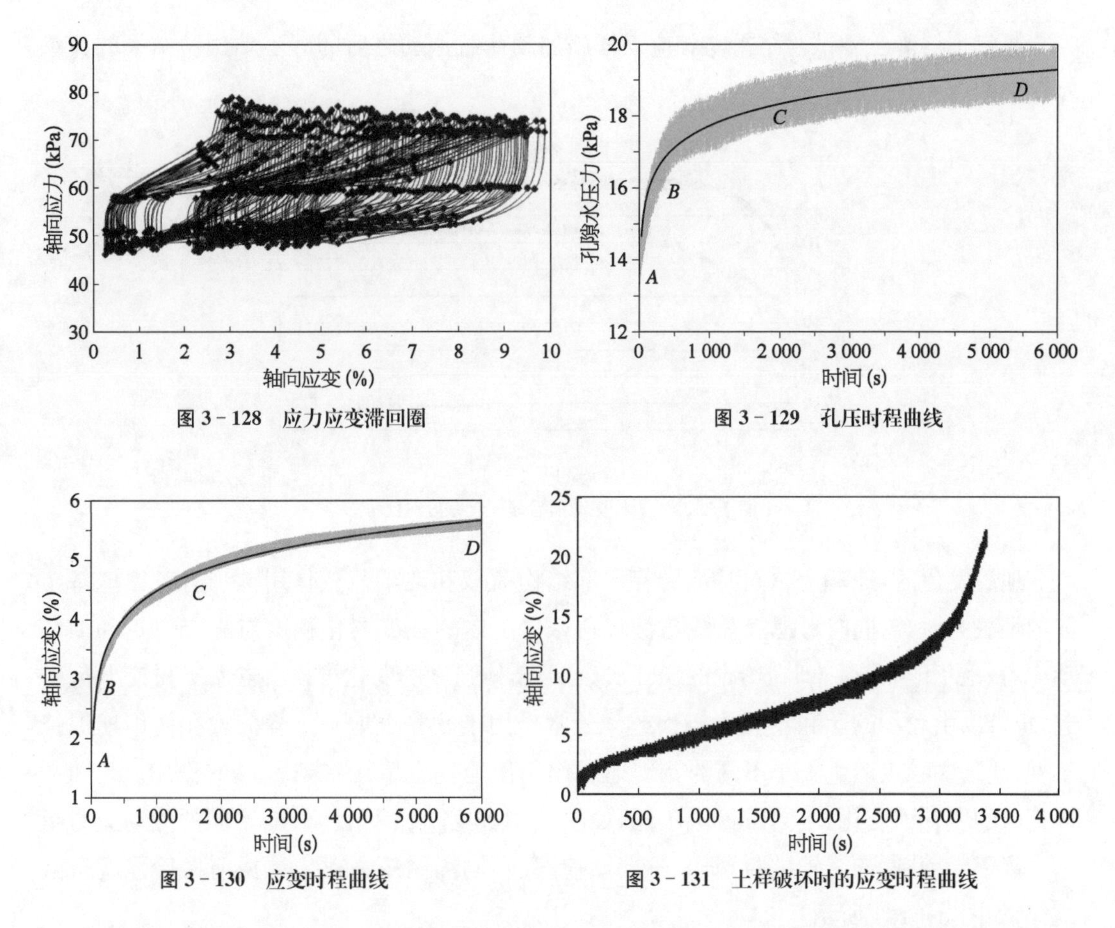

图 3-128 应力应变滞回圈

图 3-129 孔压时程曲线

图 3-130 应变时程曲线

图 3-131 土样破坏时的应变时程曲线

由图 3-128～图 3-131 可以看出，振动荷载作用于饱和黏土初期，即在试验开始的几十个至上百个周期内，孔隙水吸收主要能量，循环荷载产生的动能转化为孔隙水的势能，该阶段孔隙水压力沿直线急剧上升，在短时间内达到最大值的 50%～60%，如图 3-129 中的 *AB* 段。根据有效应力原理，该阶段土体的有效应力迅速降低，累积变形迅速增加，孔压累积与应变累积发展趋势一致。

在 *AB* 阶段末，振动荷载的能量逐渐向土骨架转移，孔隙水压力的增长速率减缓。随着振动次数的不断增加，土骨架累积变形继续增加，但增幅较 *AB* 段显著降低，如图 3-130 中的 *BC* 段。在该阶段末，孔压累积趋势进一步减缓并趋于稳定。

随着振动次数继续增加，孔压基本维持不变，振动荷载的能量完全由土骨架承担，如果累积的能量小于某个界限值，土骨架仅产生可恢复的弹性变形，振次增加只能使土骨架不断压缩并恢复，最终这部分能量由土颗粒间的弹性摩擦以热能的形式耗散，累积变形增长也基本趋于稳定值，如图 3-130 中的 *CD* 段。如果能量积累超过某个界限值，大于土颗粒之间的结合能时，土颗粒间将发生相对滑移，结构受损，强度显著降低。该阶段土样的累积应变也将出现继续增加甚至出现急剧增长的现象，直至土样破坏，如图 3-131 所示，其主要原因是循环荷载使软黏土内部产生不可恢复的结构性破坏所致。

原状土样静三轴试验结果与相应土样施加动荷载振动之后的静三轴试验结果的典型对比如图 3－132 所示。

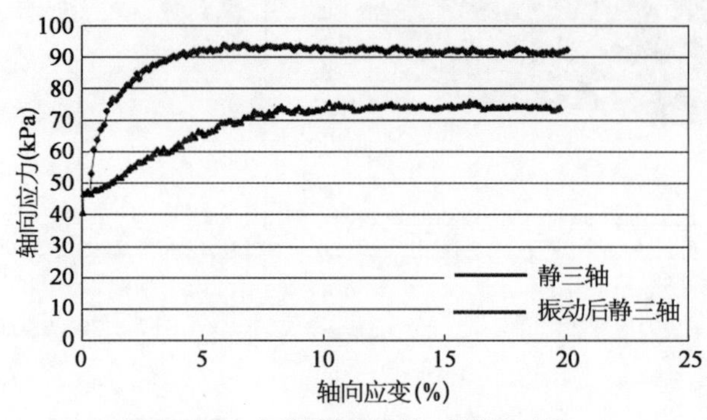

图 3－132　土样振动前后静三轴强度对比

地震发生时，地基土体同时承受着上部结构荷载和地震荷载作用，因此，考虑地基土体的承载力时，需同时考虑静荷载与循环荷载。土体的强度弱化程度与静应力 σ_j 和循环动应力 σ_d 的组合有关，即在给定的循环次数下，土体强度的弱化可以由较大 σ_j 和较小 σ_d 引起，也可以由较小的 σ_j 和较大的 σ_d 引起。通常作用于软黏土地基上静荷载在使用期保持不变，地基中各点产生大小不同的 σ_j。地震作用使地基土单元受到了 σ_d 的作用。σ_d 随循环荷载的变化而变化，不同位置 σ_d 不同，如图 3－133 所示。因此，针对不同的静动应力组合开展了系列动、静三轴试验，研究不同动荷载、不同固结压力对土体振前振后强度折减规律，如图 3－134 所示。

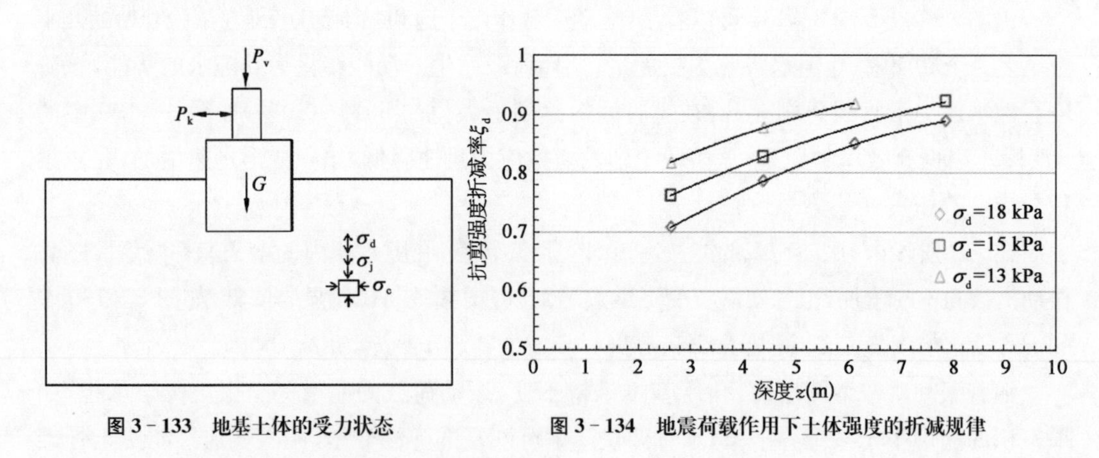

图 3－133　地基土体的受力状态

图 3－134　地震荷载作用下土体强度的折减规律

图中土体强度的折减率 ξ_d 的计算公式为

$$\xi_d = (\tau_{fs} - \tau_{fd}) / \tau_{fs} \tag{3-165}$$

式中　τ_{fs}——土样原始静三轴强度；

τ_{fd}——土样振动后的静三轴强度。

图 3-134 揭示了土体抗剪强度的衰减规律，饱和软黏土抗剪强度折减率随着动应力幅值的增高而增加，随着初始固结压力的增加而减小。拟合图中土体强度折减趋势线可得

$$\xi_d = (-0.000\,2\sigma_d - 0.006)z^2 + (0.006\,5\sigma_d + 0.005\,2)z - 0.058\,9\sigma_d + 1.085\,8 \tag{3-166}$$

式中　σ_d——剪切面上动剪应力幅值。

在分析循环荷载作用下基础承载力时，首先要确定静荷载在地基中引起的组合应力，据此确定地基土强度折减率，进而算出土体强度的弱化程度。

3.7.2　黏土地基上新型筒型基础的地震响应

为了研究黏土地基上宽浅式筒型基础的地震响应，开展了离心机振动台试验。

3.7.2.1　离心机振动台试验概述

试验采用了 500g · t 土工离心机、离心机振动台和不锈钢矩形层状剪切箱。试验用土选用英格瓷高岭土，塑限为 22.5%，液限为 46.2%，不排水强度如图 3-135 所示。为等效原型筒的一阶自振频率，模型筒上部设有配平加载杆和配重块，如图 3-136 所示。试验中相似比尺(原型：模型)为 1：50，模型筒和原型筒的参数见表 3-12。试验中所用传感器及测试目的见表 3-13，模型内传感器布置方式如图 3-136 所示。

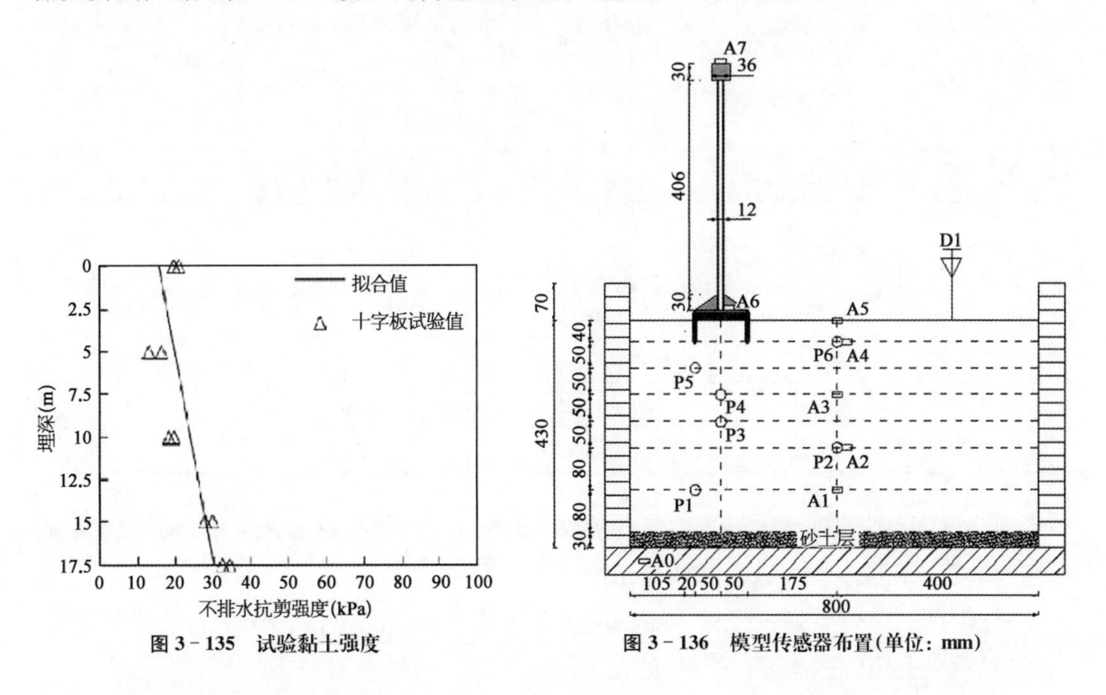

图 3-135　试验黏土强度　　　图 3-136　模型传感器布置(单位：mm)

试验采用逐级加载方式，采用频率 f_p=50 Hz 的正弦波及 EL centro 波，波形如图 3-137 所示，试验具体方案见表 3-14。

表 3-12 模型筒与原型筒参数

类 型	筒 径	裙 高	壁 厚	盖 厚	一阶自振频率(Hz)
原型筒	5.0 m	2.0 m	50 mm	—	0.335
模型筒	100 mm	40 mm	1.0 mm	15.0 mm	16.75

表 3-13 传感器汇总表

传感器类型	编 号	测试目的
TYANFS16 型孔隙水压力传感器	P1、P3、P4、P5	监测模型筒周边土体的孔压响应
TYANFS16 型孔隙水压力传感器	P2、P6	监测自由土体的孔压响应
动态差动位移传感器	D1	监测土体的位移变化
三轴加速度传感器	A0	监测台面加速度
单轴加速度传感器	A1—A5	监测模型土体内加速度响应
单轴加速度传感器	A6、A7	监测模型筒的加速度响应

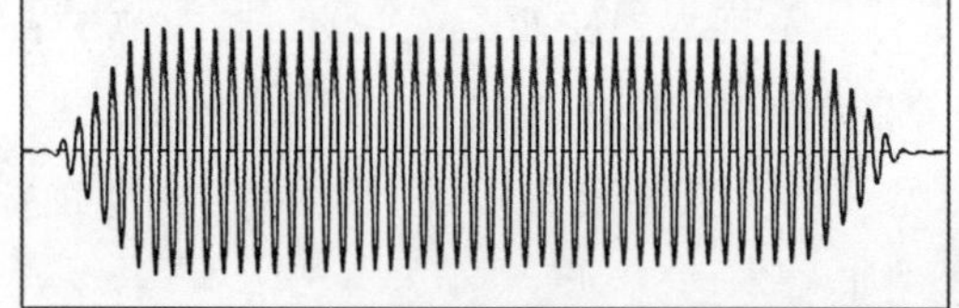
(a) 正弦波

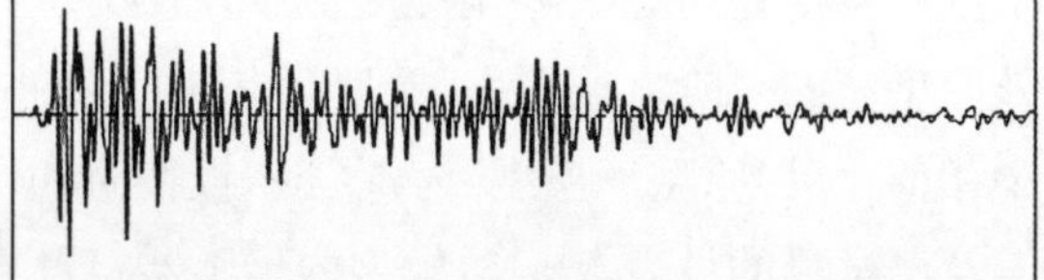
(b) EL centro波

图 3-137 地震波形

表 3-14 试 验 方 案

阶 段	地震波波形	地震波峰值(g)	等效峰值(g)	时长(s)
1	EL centro 波	50.00	1.00	1.18
2	正弦波	25.00	0.50	1.20
3	EL centro 波	100.00	2.00	1.18
4	正弦波	37.50	0.75	1.20
5	EL centro 波	150.00	3.00	1.18
6	正弦波	50.00	1.00	1.20

为分析离心加速度增大过程中各传感器的位置是否改变，对加速度增大过程中不同深度处的静止孔隙水压力进行测试，如图 3-138 所示。

根据图 3-138 所示的孔压实测值和黏土饱和后液面高度(0 m)计算孔压传感器埋深，可得 P1～P6 孔压传感器所在位置，见表 3-15。

表 3-16 所示各孔压传感器实测埋深与图 3-136 所示试验布置图所示孔压传感器预设深度相近，表明了试验传感器埋设的可靠性。

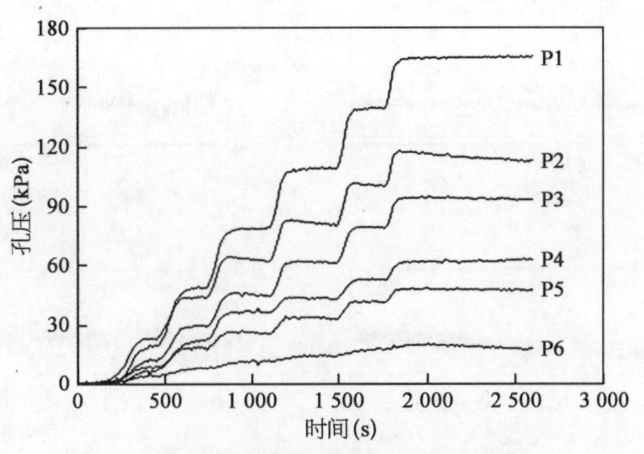

图 3-138　离心机加速旋转过程中孔隙水压力变化

表 3-15　孔压传感器埋深

编　号	P1	P2	P3	P4	P5	P6
埋深(m)	16.5	11.5	9.4	6.25	4.75	1.85

3.7.2.2　离心机振动台试验结果分析

1) 震中孔压响应

为分析孔压响应，计算不同位置处超静孔压比 ζ_p，计算公式如下：

$$\zeta_p = \frac{\Delta P_w}{\sigma'_v} \tag{3-167}$$

式中　ΔP_w——超孔压增量；

σ'_v——地震作用前土的有效应力(自重应力＋附加应力)。

由于各阶段孔压响应特点相近，以阶段 1 为例分析 EL centro 地震波作用下土体的孔压响应。阶段 1 超静孔压比随加速度的响应如图 3-139 所示。

由图 3-139 中 P1、P3、P4 和 P5 的对比可知，随着埋深的增加，模型筒下土体中的超静孔压比没有明显累积。对比自由场地 P2、P6 和基础以下 P1、P3、P4、P5 可知，在地震荷载作用下，自由场地 P6 的响应幅值最为明显，这说明筒型基础的作用减小了黏土地基中孔压累积的幅值，使基础以下黏土的强度弱化程度减小。

2) 震后孔压响应

各阶段试验超静孔压的累积过程的分析显示孔压累积特点在各阶段相似，因此以阶段 1 为例分析超静孔压累积过程，如图 3-140 所示。由图可知，筒壁以下埋深较小的 P5 处超静孔压比明显大于埋深较大的 P1 处，自由场地中埋深较小的 P6 处超静孔压比略大于埋深较大的 P2 处，说明超静孔压比的累积程度随埋深的减小逐渐增加，震后浅层土体

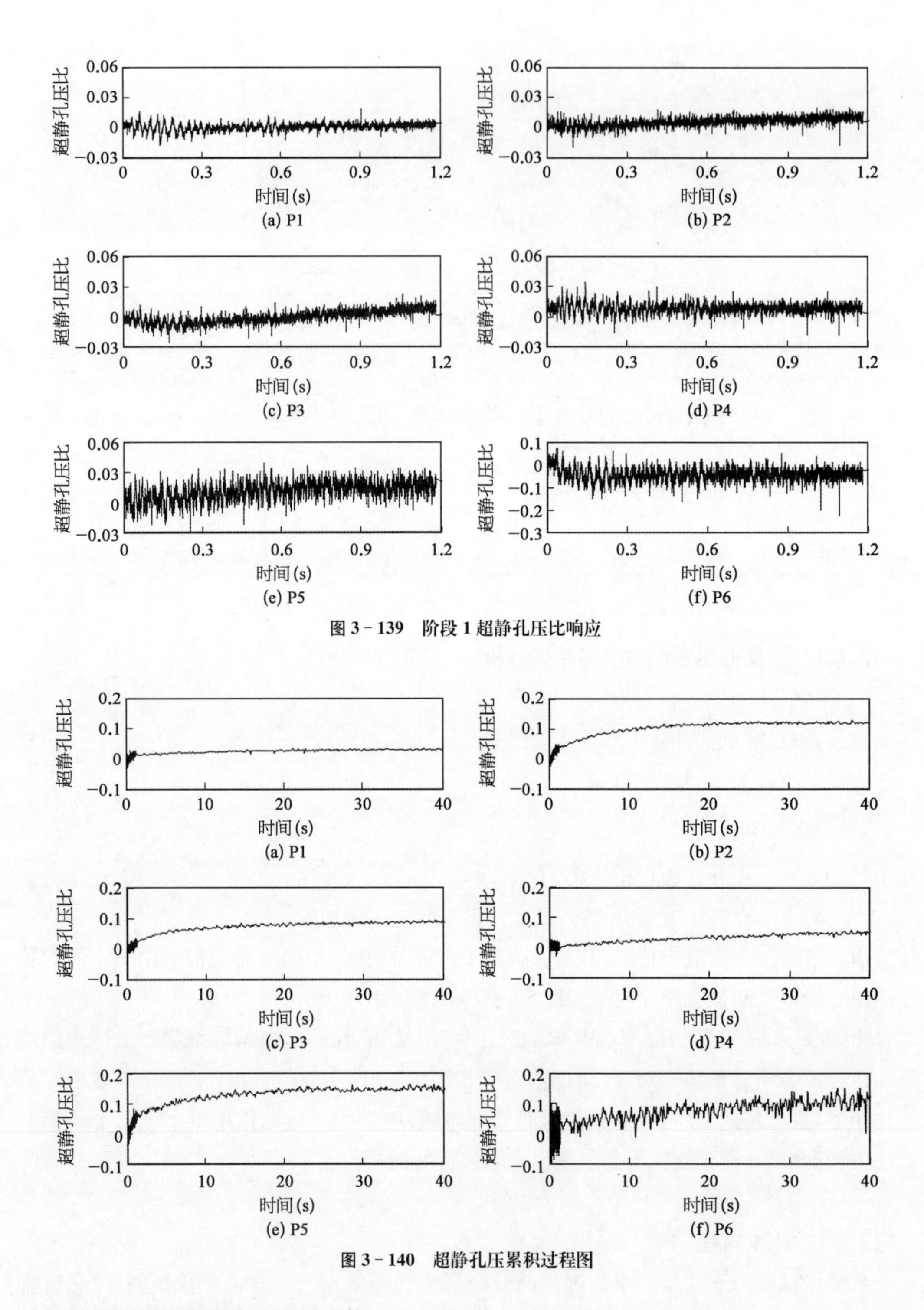

图 3－139　阶段 1 超静孔压比响应

图 3－140　超静孔压累积过程图

的超静孔压累积程度高于深层土体。

自由场地中的 P2 和 P6 处孔压累积程度高于基础中心线上的 P3 和 P4 处，P3 处超静孔压比约为 P2 处的 60%，说明筒型基础可以抑制黏土地基的孔压累积，使筒型基础以下土体的强度弱化程度降低。由 P4 和 P5 的超静孔压比可知，基础中心线的 P4 处超静孔压比小于筒壁以下的 P5 处，说明筒型基础中心线上土体强度弱化程度相对较小，筒型基础对其下黏土的强度弱化有减弱作用。

3）黏土地基对筒型基础加速度的影响

典型的筒型基础和地基的加速度响应如图 3－141 所示，其中阶段 1 为 EL centro 波作用下的加速度响应，阶段 2 为正弦波作用下的加速度响应。

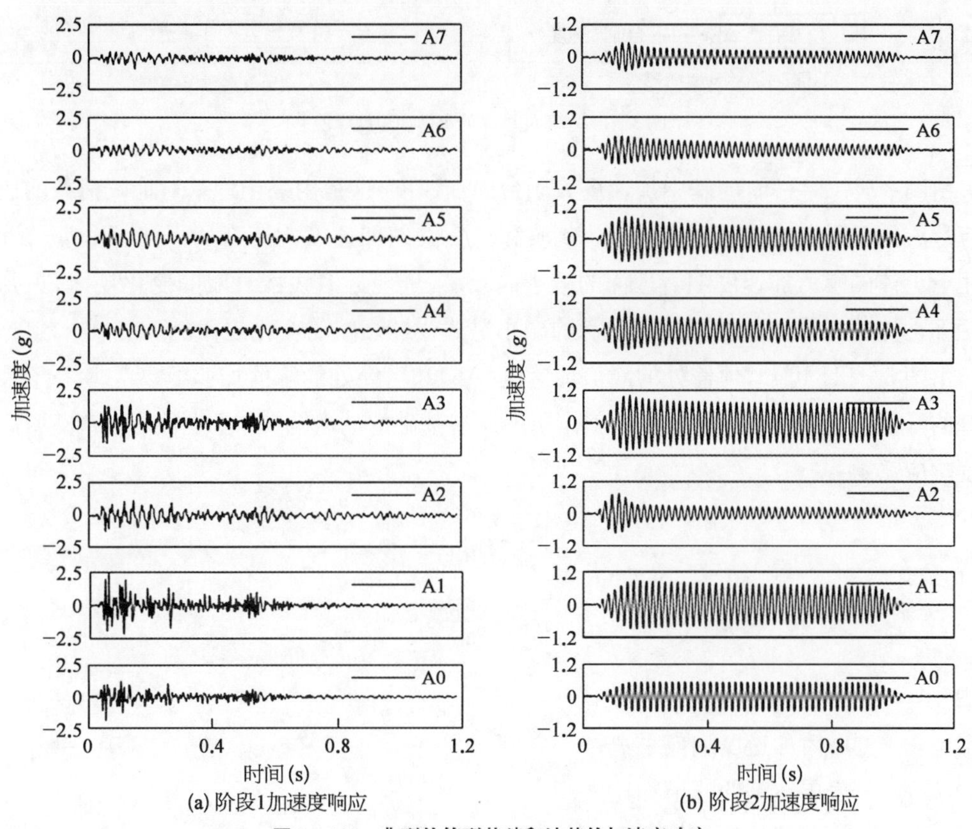

(a) 阶段1加速度响应　　(b) 阶段2加速度响应

图 3－141　典型的筒型基础和地基的加速度响应

由图 3－141 可知，A1 处的加速度均大于 A0 处（台面处），说明深层地基对台面加速度具有放大效应，随着埋深的减小，土体的峰值加速度逐渐减小，说明地震波在黏土地基中向表层传播时逐渐衰减。A2 位置处的加速度响应均与 A1 和 A3 有较大的不同，原因是加速度传感器的测试具有方向性，A2 传感器在安装过程中产生了一定的偏角，使加速度测试结果偏小。

为进一步分析土体中不同埋深位置处的加速度响应，图 3－142 给出了不同埋深处土体加速度峰值。

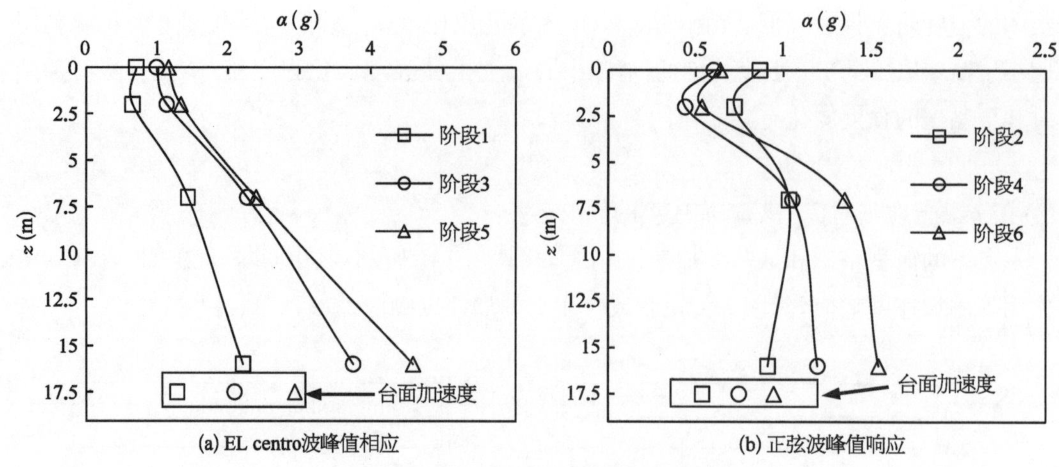

(a) EL centro波峰值相应　　　　(b) 正弦波峰值响应

图 3-142　不同埋深处土体加速度峰值

由图 3-142 可知，地基中加速度大于台面加速度，这是由黏土地基对地震荷载的放大效应造成的。而黏土地基对 EL centro 波和正弦波的加速度响应有所不同，EL centro 波作用下土体的峰值加速度随着埋深的减小而减小，呈现近似线性衰减的变化规律，正弦波作用下土体的峰值加速度则随着埋深的减小呈非线性衰减的变化规律。

由图 3-141 可知，顶盖处的峰值加速度(A6)和塔筒处的峰值加速度(A7)均小于表层地基的峰值加速度(A5)，为分析地震作用下筒型基础的动力响应，通过下式计算模型筒加速度响应系数：

$$\begin{cases} \lambda_1 = \dfrac{\alpha_{A6}}{\alpha_{A5}} \\ \lambda_2 = \dfrac{\alpha_{A7}}{\alpha_{A5}} \end{cases} \tag{3-168}$$

式中　λ_1——顶盖加速度响应系数；

λ_2——塔筒加速度响应系数；

α_{A5}——表层地基的峰值加速度；

α_{A6}——顶盖处的峰值加速度；

α_{A7}——塔筒处的峰值加速度。

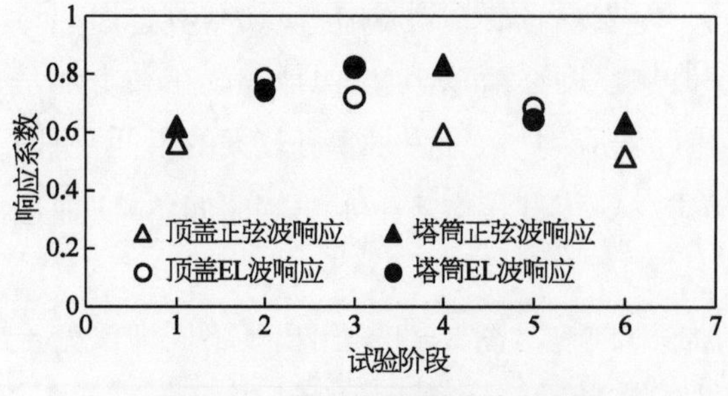

图 3-143　模型筒上加速度响应系数

不同试验阶段模型筒响应系数如图 3-143 所示。由图可知，对于所有加载阶段，模型筒上的加速度响应系数均小于 1.0，且顶盖处和塔筒处的峰值加速度相近，这是由于模型筒相较于黏土而言刚度较大，在地震荷载作用下，模型筒整体呈现相似的加速度响应。模型筒加速度响应系数在[0.5, 0.8]区间内变化，由此可知对于黏土地基上的筒型基础，在校核地震荷载时，可将基础上的加速度取为0.8倍浅层地基的加速度。

4）筒底剪应变分布规律

分析黏土地基在地震荷载作用下的剪应力-剪应变关系，其中剪应力 τ 通过对加速度在深度上一次积分获得，剪应变 γ_s 通过对加速度在时间上两次积分后算得，如下式：

$$\begin{cases} \tau(z)=\int_0^z \rho \ddot{u} dz \\ \gamma_s=\dfrac{u_2-u_1}{z_2-z_1} \end{cases} \tag{3-169}$$

式中　ρ——土体密度；

$\ddot{u}$——土体加速度；

u_1和u_2——以计算点为中点的上下两点的位移；

z_1和z_2——以计算点为中点的上下两点的埋深。

根据图3-141所示A1～A4点加速度响应情况，通过式(3-169)可得不同阶段地基的典型剪应力与剪应变的关系，如图3-144所示。

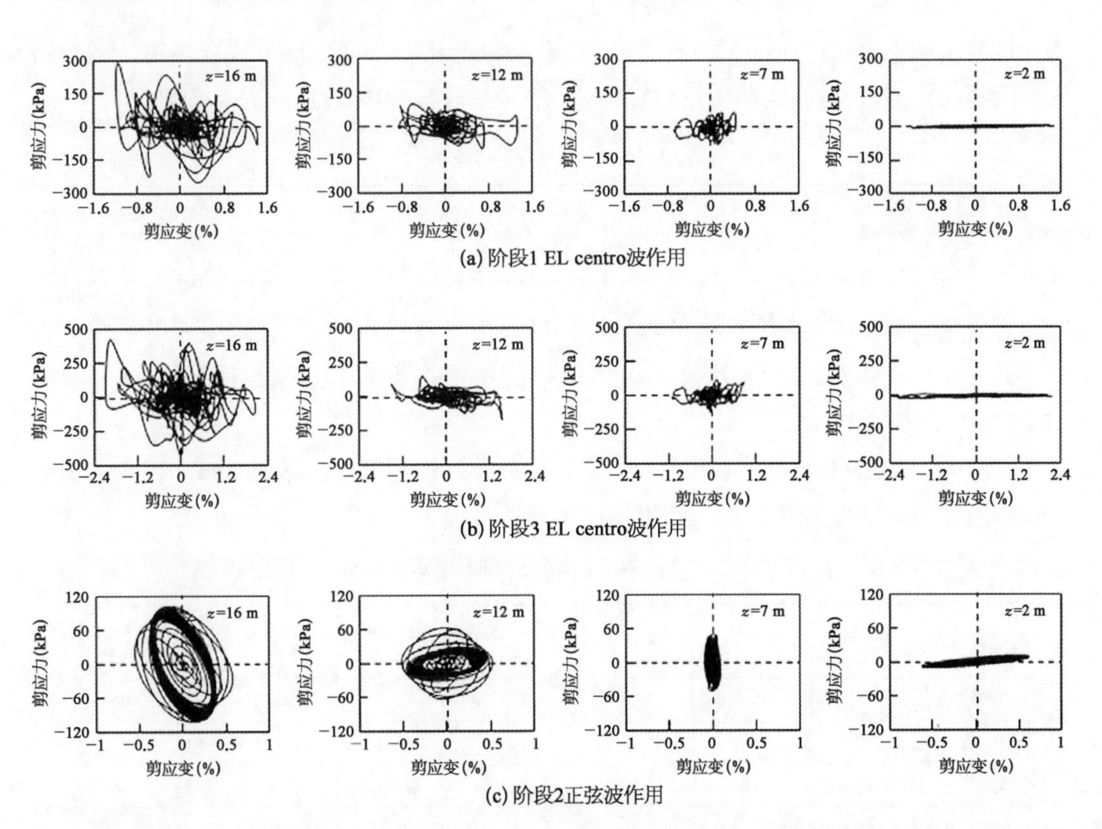

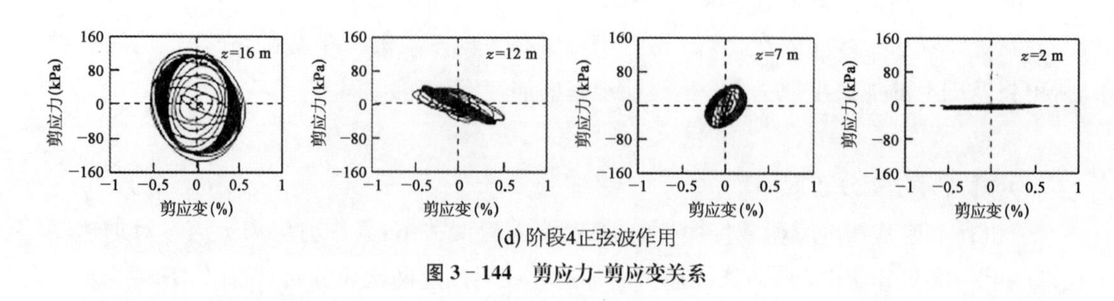

(d) 阶段4正弦波作用

图 3-144 剪应力-剪应变关系

由图 3-144 可知,基础以下地基(7 m、12 m 和 16 m)的应力应变滞回圈随埋深的增加而增大,随地震荷载的施加,基础以下土体的剪应力随埋深的增加而增加,剪应变随埋深的增加而减小。对比各阶段 2 m 和 7 m 埋深处的剪应力-剪应变关系可知,基础底面处的剪应变大于基础以下地基,而基础底面处地基的剪应力则小于基础以下地基,说明地震荷载作用下筒型基础会使基础埋深范围内的黏土地基产生较大剪应变,这是由于地震荷载作用下筒型基础有产生水平向位移的趋势,使底面处土体产生了较大的剪应变。

3.7.3 砂土地基上新型筒型基础的地震响应

为了研究砂土地基上宽浅式筒型基础的地震响应,开展了离心机振动台试验。

3.7.3.1 离心机振动台试验概述

试验采用了 400g · t 土工离心机、离心机振动台和不锈钢矩形层状剪切箱。试验用土选用福建标准砂,砂雨法制备,相对密实度为 51%,物理力学性质见表 3-16。

表 3-16 福建标准砂参数

参数	内摩擦角(°)	黏聚力(kPa)	相对密实度	孔隙比	干密度(kg/m^3)	饱和密度(kg/m^3)
数值	30	0	51%	0.780	1 479	1 920

为研究筒型基础安装后产生的附加应力对砂土液化程度的影响,试验加工了两个重量不同的筒型基础模型,为等效原型筒的一阶自振频率,模型筒上部设有配平加载杆和配重块,如图 3-145 所示。

试验中相似比尺(原型:模型)为 1 : 50,模型筒和原型筒的参数见表 3-17。试验中所用传感器及测试目的见表 3-18,模型内传感器布置方式如图 3-145 所示。

表 3-17 模型筒与原型筒参数

类 型	编 号	筒 径	裙 高	壁 厚 (mm)	盖 厚 (mm)	一阶自振频率 (Hz)	基底附加应力 (kPa)
原型筒	—	5.0 m	2.0 m	50	—	0.335	100.0
轻模型筒	B1	100 mm	40 mm	1.0	15.0	16.75	71.3
重模型筒	B2	100 mm	40 mm	1.0	36.0	16.75	141.3

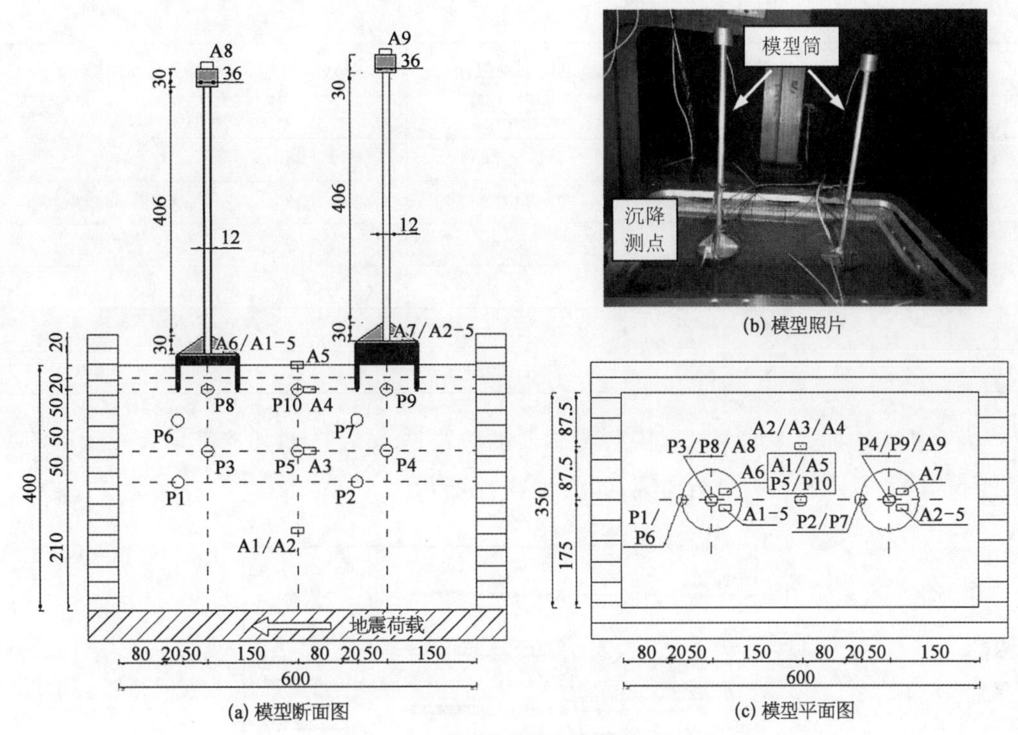

(a) 模型断面图　　(b) 模型照片　　(c) 模型平面图

图 3-145　模型传感器布置(单位: mm)

表 3-18　传感器汇总表

传感器类型	编　号	测试目的
TML KPE 型微型孔压计	P1、P3、P6、P8	监测轻模型筒周边土体孔压响应
TML KPE 型微型孔压计	P2、P4、P7、P9	监测重模型筒周边土体孔压响应
TML KPE 型微型孔压计	P5、P10	监测两模型筒间土体的孔压响应
三轴加速度传感器	TRI	监测台面加速度
单轴加速度传感器	A1～A5	监测模型土体内加速度响应
单轴加速度传感器	A6～A9	监测模型筒的加速度响应

试验采用逐级加载方式,以减少开机旋转对施振前模型场地的影响。试验采用频率 $f_p=60$ Hz 的正弦波及 EL centro 波,波形如图 3-146 所示,试验具体方案见表 3-19。

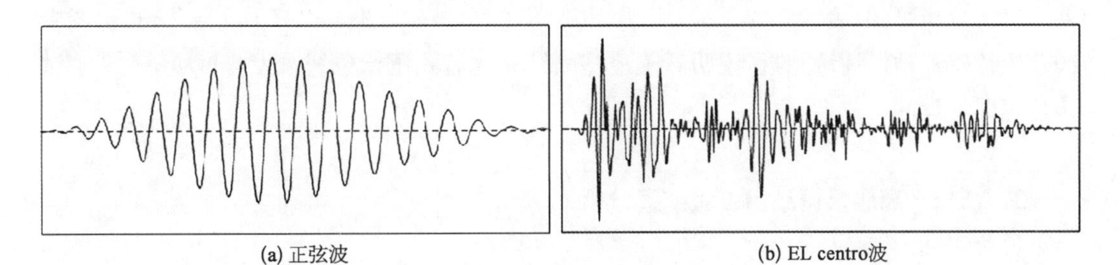

(a) 正弦波　　(b) EL centro波

图 3-146　地震波形

表 3-19 试验方案

阶 段	地震波波形	地震波峰值(g)	等效峰值(g)	烈度等级
1	正弦波	3.00	0.06	6 度
2	EL centro 波	2.50	0.05	6 度
3	正弦波	4.00	0.08	7 度弱
4	EL centro 波	4.00	0.08	7 度弱
5	正弦波	7.50	0.15	7 度强
6	EL centro 波	8.00	0.16	7 度强
7	EL centro 波	13.50	0.27	8 度

为分析离心加速度增大过程中各传感器的位置是否改变，对加速度增大过程中不同深度处的静止孔隙水压力进行研究，如图 3-147 所示。

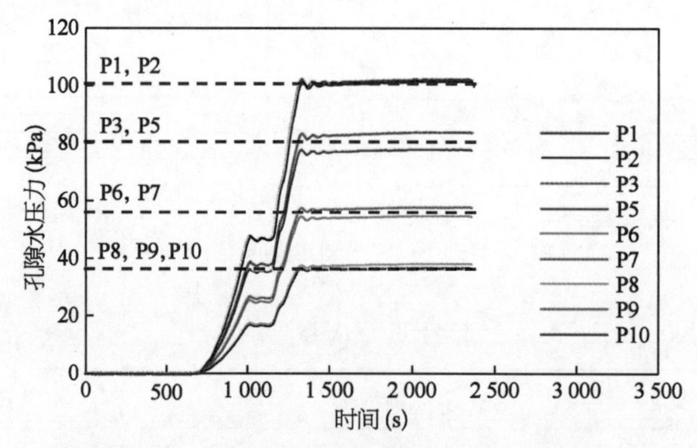

图 3-147 离心机加速旋转过程中孔隙水压力变化

分析图 3-147 可知，同一层的孔压传感器数值相近。根据图中所示的孔压实测值和模型饱和后液面的高度(0.034 m)，可得 P1～P10 孔压计的埋置深度，见表 3-20。

表 3-20 孔压计埋深和距液面距离

编 号	P1	P2	P3	P4	P5	P6	P7	P8	P9	P10
埋深(m)	0.166		0.126			0.076		0.040		
距液面距离(m)	0.200		0.160			0.110		0.074		

对比分析可知，表 3-20 所示各孔压传感器实测埋深与图 3-145 所示试验布置图中的孔压传感器预设埋深相近，说明砂土地基固结完成后孔压计位置未发生改变，验证了试验传感器埋设的可靠性。

3.7.3.2 离心机振动台试验结果分析

1) 震中孔压响应

由于各阶段孔压响应特点相近，以阶段 1 为例分析正弦地震波作用下土体的孔压响应;以阶段 7 为例分析 EL centro 地震波作用下土体的孔压响应。孔压响应规律采用前述超静孔压比 ζ_p进行分析。

阶段 1 土体加速度与超静孔压比的对应关系如图 3-148 所示。需要说明的是,埋深 0.166 m 处和 0.076 m 处的土体加速度是通过对邻近埋深土体的加速度线性差值求得。

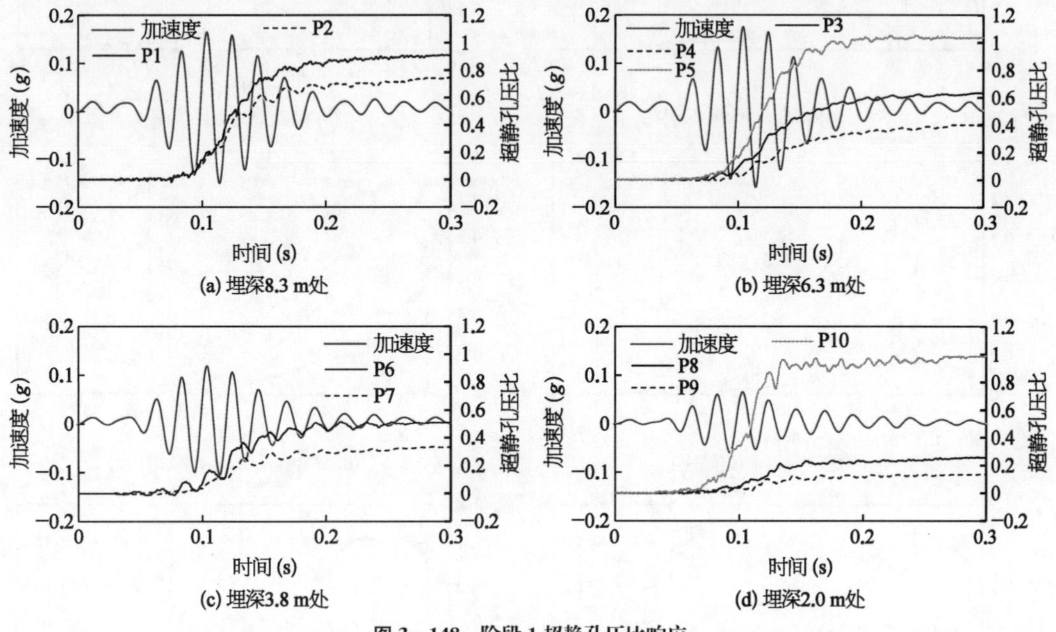

图 3-148　阶段 1 超静孔压比响应

由图 3-148 可知,重模型筒下的土体超静孔压＜轻模型筒下的土体超静孔压＜两筒之间土体超静孔压,这说明模型筒所产生的附加应力提高了土体的抗液化能力。P1、P3、P6、P8 的对比或 P2、P4、P7、P9 的对比可知,同一模型筒作用下的土体中的超静孔压比随埋深的增加而增加,埋深最深的 P1 和 P2 位置处土体已接近完全液化状态,这与地震作用下自由场地中超静孔压比随埋深的增加而减小的响应特点相反。这也说明了筒型基础对其下土体的孔压累积起到了抑制作用,基础以下土体的超静孔压比约为自由场地处的 20%～80%。P5、P10 处土体的超静孔压比随地震波的施加逐渐增长为 1.0,达到完全液化状态,这是由于 P5、P10 和 P12 处土体受基底附加应力影响较小,其抗液化能力趋近于自由场地。

EL centro 波作用下地基中各点土体的液化规律与正弦波作用下的规律相似,这里不做赘述。

2) 震后孔压响应

以阶段 1(正弦波)和阶段 7(EL centro 波)为例分析震后孔压响应过程,如图 3-149 所示。

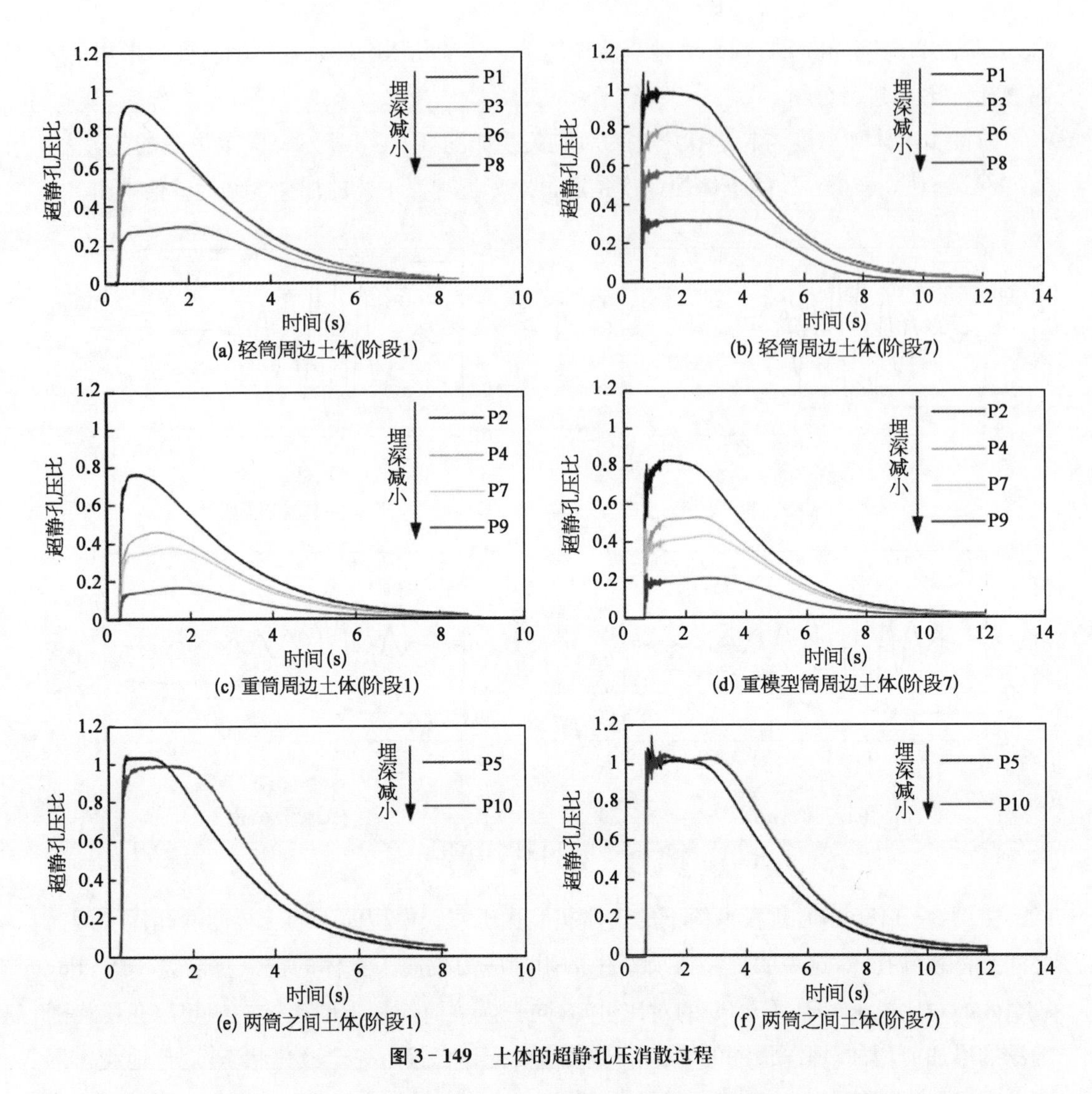

(a) 轻筒周边土体(阶段1)
(b) 轻筒周边土体(阶段7)
(c) 重筒周边土体(阶段1)
(d) 重模型筒周边土体(阶段7)
(e) 两筒之间土体(阶段1)
(f) 两筒之间土体(阶段7)

图 3-149　土体的超静孔压消散过程

由图 3-149 可知，同一竖直面内，浅层土体的超静孔压的消散速度低于深层土体，出现上述现象的原因在于，砂土地基受到地震荷载时产生的超静孔压是由深层土层向上方自由面消散，致使深层土体的超静孔压消散速度较快。位于同一土层的 P3、P4、P5 或 P8、P9、P10 所在位置处土体的超静孔压的对比显示，两筒之间土体超静孔压比>轻筒周边土体超静孔压比>重筒周边土体超静孔压比，说明附加应力的增大使土体的超静孔压比减小，即附加应力有效提高了土体的抗液化能力；随着时间的增长，同一土层的超静孔压消散速度相近，说明附加应力的大小对土体的超静孔压消散速度影响较小。

3）砂土地基对筒型基础加速度的影响

以阶段 1 和阶段 4 为例分析地基和筒型基础上的加速度响应，加速度响应如图 3-150 所示。图中，TRI1 表示台面输入加速度，A1～A5 为地基中不同埋深处的加速度(其中加速度计 A2 在试验中失效)，A6 为轻筒筒身加速度，A7 为重筒筒身加速度，详见图 3-145 所示各加速度传感器安装位置。需要说明的是，塔筒上的加速度传感器 A8、A9 无加速度响应。

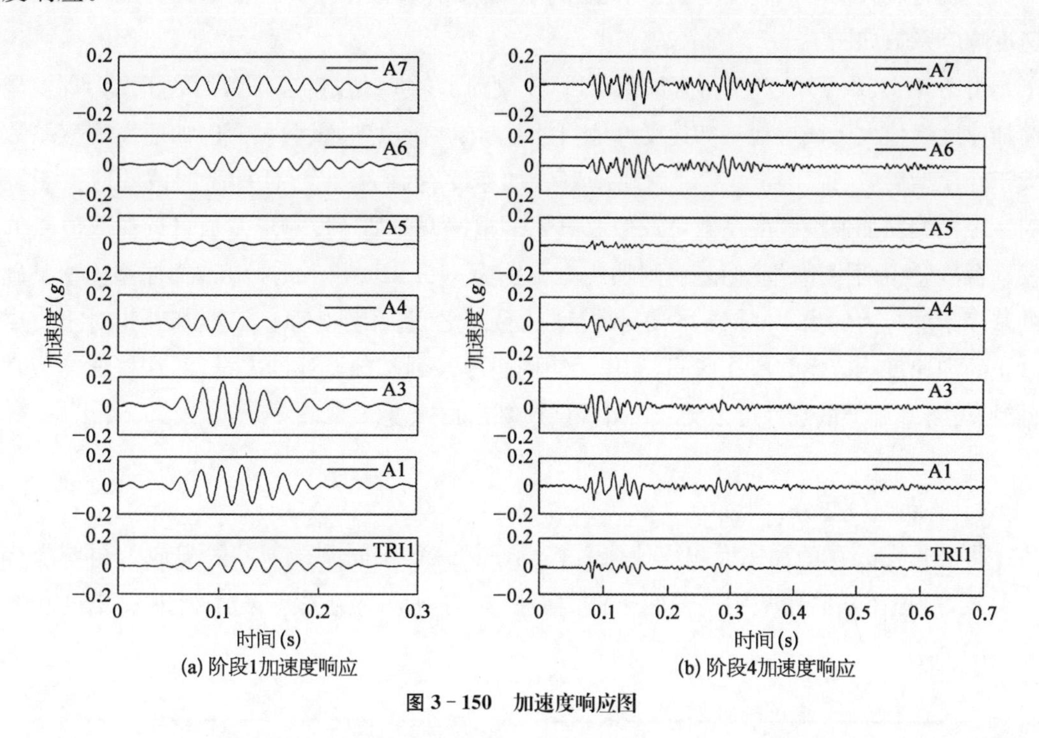

图 3-150　加速度响应图

图 3-150 显示，地基中各位置处的加速度传感器(A1～A5)与筒型基础上的加速度传感器(A6、A7)所监测的加速响应与台面输入加速度 TRI1 同步，说明地基和筒型基础均产生了与输入加速度同步的加速度响应。提取各埋深处的加速度峰值，如图 3-151 所示。根据式(3-168)计算各试验阶段模型筒加速度响应系数，如图 3-152 所示。

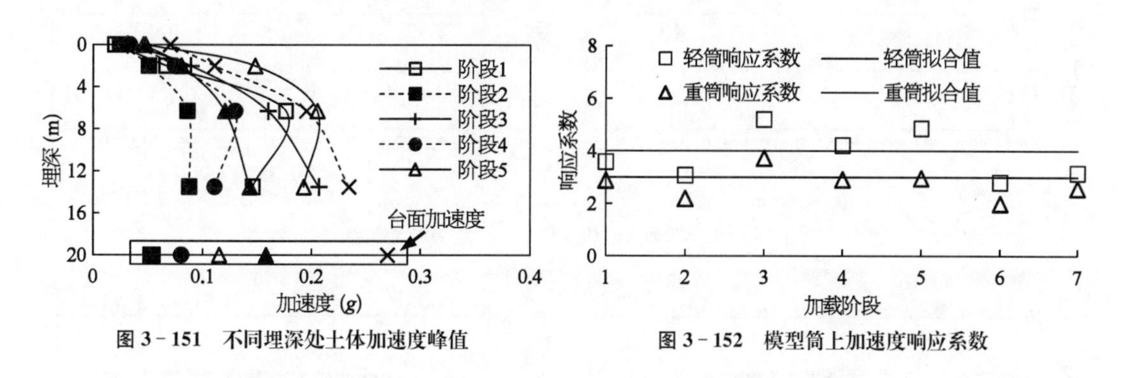

图 3-151　不同埋深处土体加速度峰值

图 3-152　模型筒上加速度响应系数

由图 3-151 可知，在阶段 1～阶段 5 的试验中，靠近底部的土体(A1 处)加速度均大于台面加速度，说明深层地基对台面加速度具有放大效应。随着埋深的减小，土体的峰值加速度逐渐减小，在接近土体表面(A5)位置达到最小值，说明地震作用下砂土地基的液化会对地震波的传递产生衰减作用。这种现象的原因是地震波的作用下砂土地基中产生超孔隙水压力，超孔隙水压力可起到滤波和隔震的作用。综上所述，未液化的深层土体对台面加速度有放大效应，而砂土液化对地基中加速度有衰减作用。不同试验阶段模型筒加速度响应系数如图 3－152 所示。

由图 3－152 可知，对于所有加载阶段，模型筒上的加速度响应系数均大于 1.0，即模型筒加速度峰值大于浅层地基加速度峰值，且同一试验阶段中，重模型筒的加速度响应系数大于轻模型筒，这说明筒型基础对地基表层加速度有放大效应，且重筒的该效应大于轻筒。轻模型筒加速度响应系数可近似取值 3.0，重模型筒加速度响应系数可近似取值 4.0。振动台试验中两模型试验筒基底附加应力分别为 71.4 kPa 和 141.4 kPa，而原型筒型基础的基底附加应力约为 100 kPa，介于两模型试验筒之间。因此，原型筒型基础相对于表层砂土的加速度响应系数应在区间[3.0, 4.0]内。考虑到基础设计的安全性，在校核筒型基础时，可将基础上的加速度取为 4.0 倍浅层地基的加速度。

4) 筒底剪应变分布规律

将 A1～A5 点的加速度响应值代入式(3－169)得不同阶段地基的剪应力与剪应变的关系，阶段 1 与阶段 7 中两筒间土体的剪应力与剪应变的关系分别如图 3－153 和图 3－154 所示。

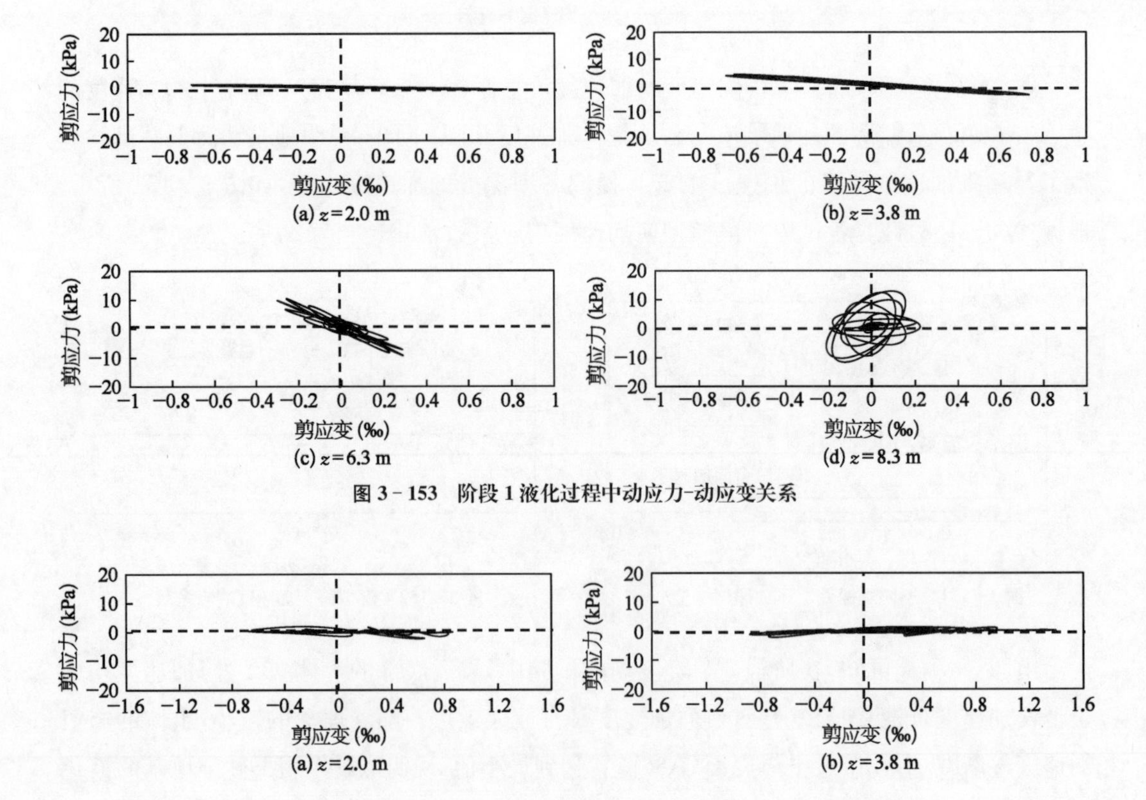

图 3－153 阶段 1 液化过程中动应力-动应变关系

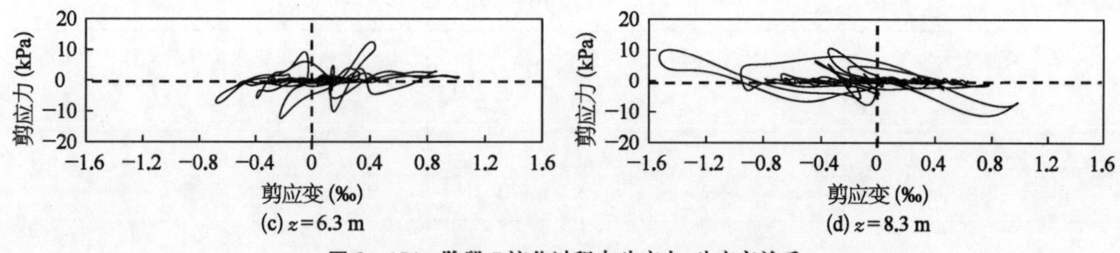

图 3-154　阶段 7 液化过程中动应力-动应变关系

由图 3-153 可知，在正弦波和 EL centro 波作用下，地基的应力应变滞回圈随埋深的增加而增大，基础以下土体的剪应力随埋深的增加而增加，剪应变随埋深的增加而减小，即剪切模量随深度的增加而增加。

3.8　冲刷深度对新型筒型基础稳定性的影响

筒型基础在位工作期间长期受到海流的冲刷作用，现场观测表明基础周边有冲刷坑存在，通常集中于筒型基础后侧，因此有必要研究冲刷深度对宽浅式筒型基础地基稳定性的影响。

3.8.1　冲刷工况下筒型基础竖向极限承载力

3.8.1.1　单侧冲刷工况的模型试验

为描述基础单侧土体被冲刷程度，引入土体冲刷率的概念(图 3-155)，定义冲刷率 n 为

$$n=(L_{f1}-L_{f2})/L_{f1} \tag{3-170}$$

式中　L_{f1}——未受冲刷侧筒型基础的埋深；

L_{f2}——受冲刷一侧的埋深。

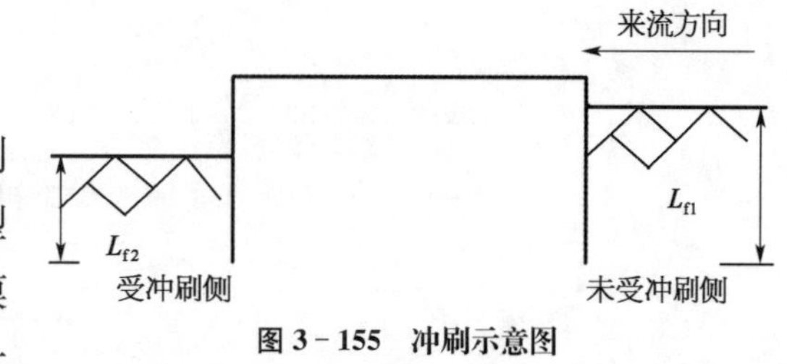

图 3-155　冲刷示意图

天津大学岩土工程研究所针对不同冲刷率条件下筒型基础的地基稳定性，开展模型试验研究。筒型基础模型采用钢制圆筒模型，参数见表 3-21；试验用土为粉土，通过十字板剪切试验得到土体不排水剪切强度，具体见表 3-22；通过室内土工试验得到土的各项物理力学参数，具体见表 3-23。

表 3-21　筒型基础模型参数

模型编号	直径 D(cm)	筒高 L(cm)	壁厚 t(cm)	长径比 L/D
1#	20	15	0.8	0.75
2#	20	20	0.8	1

表 3-22 土的不排水剪强度

深度(cm)	1号孔不排水剪强度 s_u(kPa)	2号孔不排水剪强度 s_u(kPa)
10	28	24
15	30	27
20	33	34
25	36	35
30	37	36
平均值	32.8	30.6

表 3-23 土的物理性质

土类别	饱和容重 (kN/m³)	液限 w_L (%)	塑限 w_p (%)	塑性指数 I_P	黏聚力 c(kPa)	内摩擦角 φ(°)	压缩模量 E_s(MPa)
粉土	20.42	22.67	15.41	7.26	14	28	12

试验模拟了单侧冲刷率 $n=0$、0.5 和 1 的工况，不同冲刷率下的试验结果如图 3-156 所示。

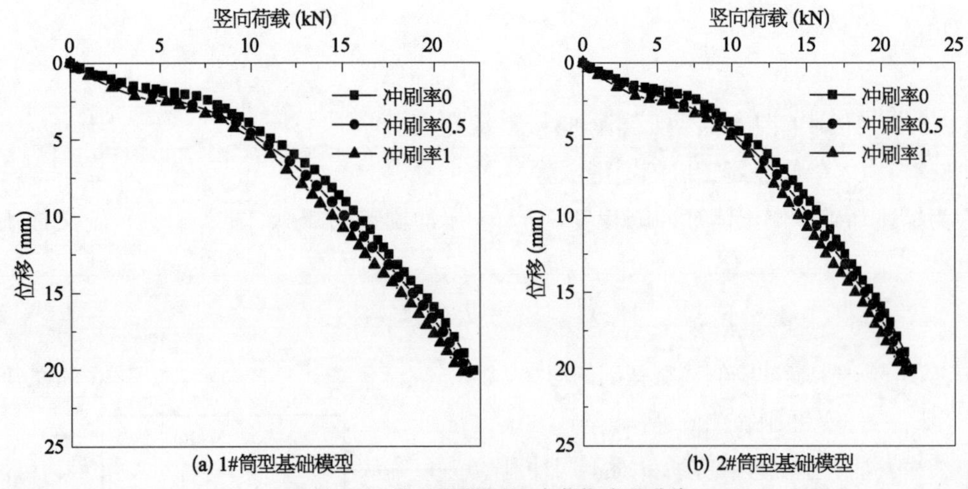

图 3-156 筒型基础模型竖向荷载-位移曲线

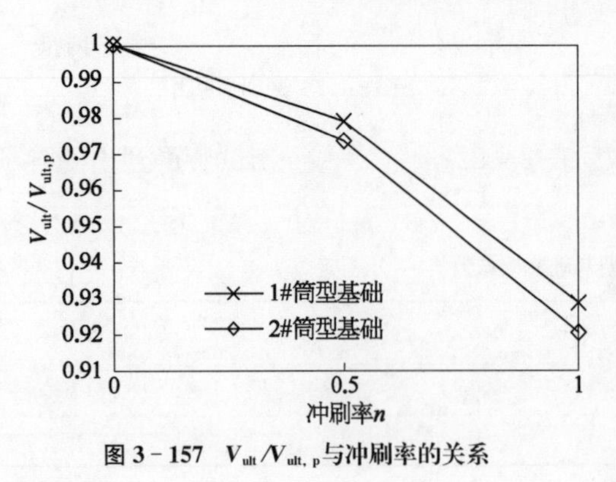

图 3-157 $V_{ult}/V_{ult,p}$与冲刷率的关系

从图 3-156 可知，两模型筒不同冲刷率下的竖向荷载-位移曲线相似，随着冲刷率的增大，筒型基础竖向极限承载力会发生不同程度的折减。竖向承载力的折减规律如图 3-157 所示，图中 $V_{ult,p}$ 为未冲刷工况下筒型基础的竖向极限承载力，V_{ult} 为不同冲刷率条件下筒型基础的竖向极限承载力。

3.8.1.2　单侧冲刷工况的数值模拟

在数值模拟中采用生死单元法模拟土体单侧冲刷情况，分别计算了模型试验中各工况筒型基础的竖向极限承载力，典型荷载-位移曲线如图 3-158 所示。

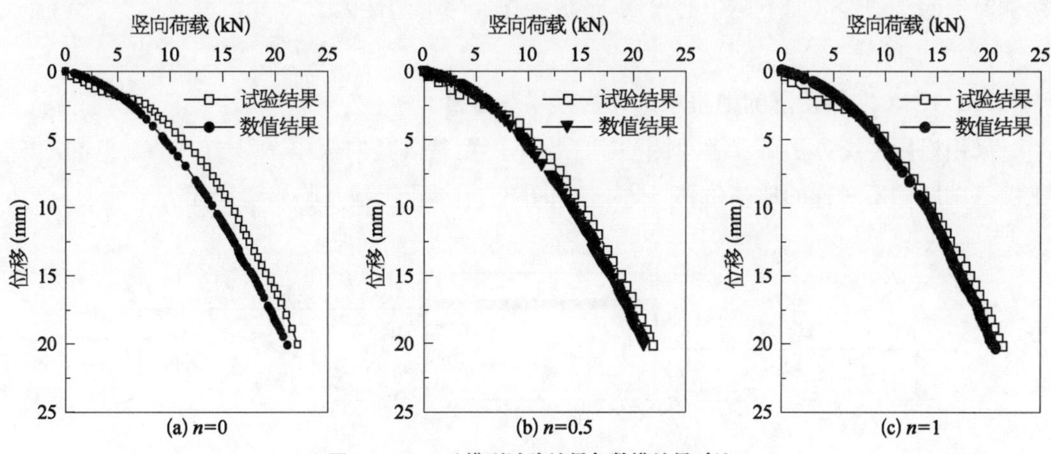

图 3-158　1#模型试验结果与数模结果对比

从图 3-158 可以看出，试验结果和数值结果比较接近，可以证明数值模拟方法的正确性。基于此，进一步分析了单侧冲刷工况下地基竖向承载模式。图 3-159 和图 3-160 为不同冲刷率下 1#筒型基础模型受竖向荷载作用时的地基位移云图和塑性应变分布。

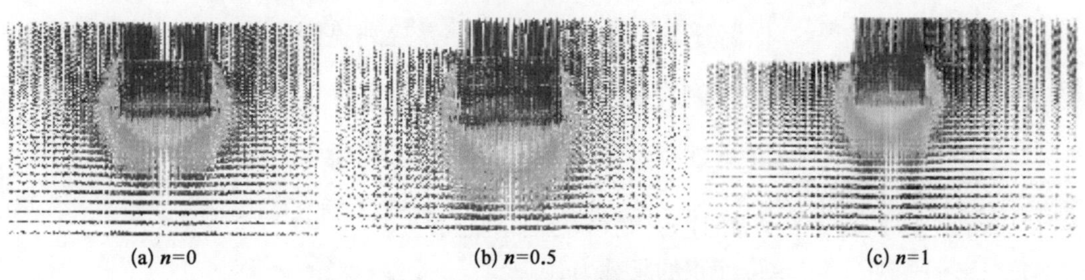

图 3-159　1#筒型基础竖向加载下地基位移云图

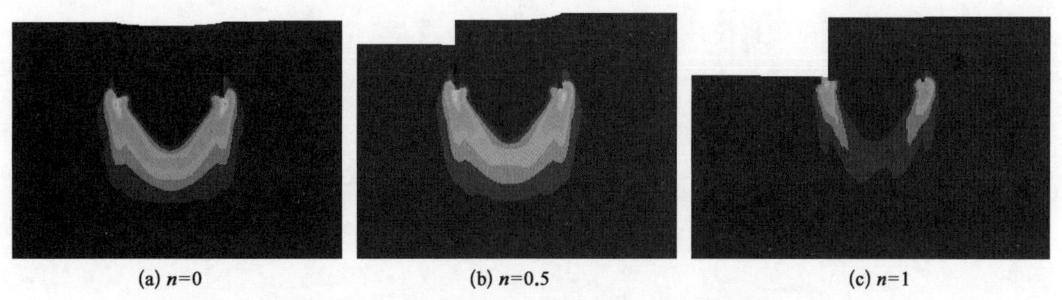

图 3-160　1#筒型基础模型竖向加载下塑性应变分布

由图 3-159 可知，竖向加载下，筒内土体受筒壁限制，会跟随筒盖一起运动，运动方向竖直向下；筒端及筒内土的下部土体成楔形向外扩散运动；楔形区外围的土体向上向外滑动形成一滑动曲面，止于筒壁某一点位置。在冲刷率由 0 增大至 0.5 时，地基滑动面变化较小；在冲刷率为 1 时，筒型基础一侧土体被完全冲刷，冲刷侧滑动面区域小于未冲刷侧，呈不对称特征。图 3-160 可以看出，塑性区发生在筒壁底端部分，随着加载位移的增大，两侧筒壁底端塑性区向下向中心发展，形成一连通勺形塑性区。

3.8.1.3 冲刷工况的地基承载力极限平衡分析

采用极限平衡方法可求解单侧冲刷工况下筒型基础竖向极限承载力。基于单侧冲刷工况基础两侧不对称的地基位移场，构造如图 3-161 所示地基临界滑裂面。

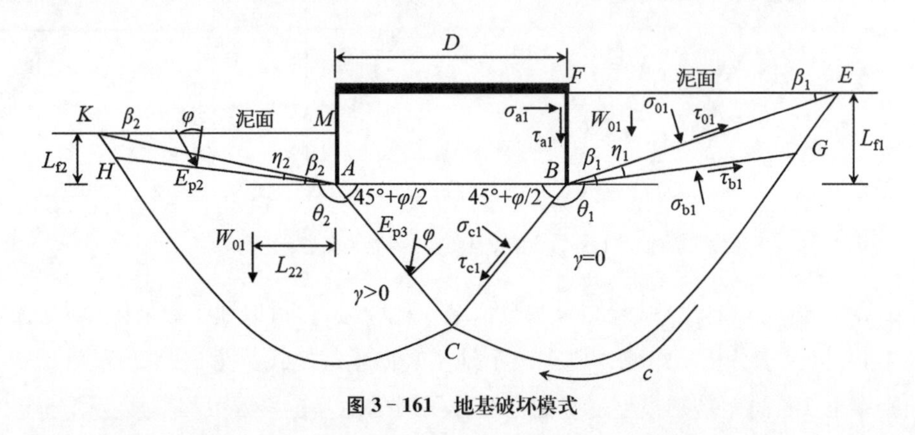

图 3-161 地基破坏模式

基于 Meyerhof 理论，根据各部分的极限平衡，推导得到单侧冲刷工况下地基的竖向极限承载力计算公式(陆罗观等，2019)：

$$V_{ult}=q\cdot A_D+0.5\pi DL_{f1}[\tau_{a1}+\tau_{a2}(1-n)] \tag{3-171}$$

式中 V_{ult}——筒型基础的竖向极限承载力；

q——AB 面上单位面积的承载力；

A_D——筒型基础顶板及筒壁端部面积之和；

D——筒型基础直径；

τ_{a1}——未冲刷侧土体受到的摩擦力；

τ_{a2}——被冲刷侧土体受到的摩擦力；

S_c——形状系数。

S_c和 q：

$$\left.\begin{aligned}&S_c=1+0.2K_p\\&q=c\cdot S_c\left(\frac{N_{c1}+N_{c2}}{2}\right)+\frac{1}{2}\sigma_{01}N_{q1}+\frac{1}{2}\sigma_{02}N_{q2}+\frac{1}{2}\gamma D\left(\frac{N_{\gamma1}+N_{\gamma2}}{2}\right)\end{aligned}\right\} \tag{3-172}$$

式中　K_p——被动土压力系数；

σ_{01}和σ_{02}——分别表示BE面和AK面上的法向应力；

γ——土体的容重，水位以下取浮容重，筒型基础单侧受冲刷之后，基础两侧土体不对称，因此两侧土体对应的承载力系数不同；

N_{c1}、N_{q1}和$N_{\gamma1}$——未冲刷侧土体对应的承载力系数；

N_{c2}、N_{q2}和$N_{\gamma2}$——冲刷侧土体对应的承载力系数，各承载力系数的表达式分别为

$$\left.\begin{aligned}N_{c1}&=(N_{q1}-1)\times\cot\varphi\\N_{q1}&=\frac{(1+\sin\varphi)e^{2\theta_1\tan\varphi}}{1-\sin\varphi\times\sin(2\eta_1+\varphi)}\\N_{\gamma1}&=\frac{4E'_{p3}\sin\left(45^\circ+\frac{\varphi}{2}\right)}{\gamma D^2}-\frac{1}{2}\tan\left(45^\circ+\frac{\varphi}{2}\right)\end{aligned}\right\}\tag{3-173}$$

式中　θ_1——对数螺旋线GC的中心角；

φ——土的内摩擦角；

η_1——BG面与BE面的夹角；

E'_{p3}——BC面上的被动土压力。

$$\left.\begin{aligned}N_{c2}&=(N_{q2}-1)\times\cot\varphi\\N_{q2}&=\frac{(1+\sin\varphi)e^{2\theta_2\tan\varphi}}{1-\sin\varphi\times\sin(2\eta_2+\varphi)}\\N_{\gamma2}&=\frac{4E_{p3}\sin\left(45^\circ+\frac{\varphi}{2}\right)}{\gamma D^2}-\frac{1}{2}\tan\left(45^\circ+\frac{\varphi}{2}\right)\end{aligned}\right\}\tag{3-174}$$

式中　θ_2——对数螺旋线HC的中心角；

η_2——AK面与AH面的夹角；

E_{p3}——AC面上的被动土压力。

采用式(3-171)计算冲刷率分别为0.5、1时，1#和2#筒型基础的竖向极限承载力，并与试验结果对比见表3-24。

表3-24　理论结果与试验结果对比　　(单位：kN)

基础模型	1#		2#	
冲刷率n	0.5	1	0.5	1
试验结果	16.22	15.4	16.76	15.87
理论结果	15.58	15.41	15.8	15.63
与试验结果误差(%)	3.97	0	5.75	1.49

由表 3-24 可以看出,式(3-171)计算结果与试验结果吻合很好。

3.8.2 冲刷工况下新型筒型基础水平向极限承载力

3.8.2.1 单侧冲刷工况的模型试验

天津大学岩土工程研究所在粉土地基中开展了单侧冲刷宽浅式筒型基础水平向承载力试验,试验采用与竖向承载力试验相似的方法模拟单侧冲刷工况,在筒顶盖中心处施加水平向荷载。设置 0、0.2 及 0.5 三种不同的冲刷率,试验所用的筒型基础模型尺寸见表 3-25。

表 3-25 筒型基础模型尺寸

编 号	直径 D(cm)	筒高 L(cm)	壁厚 t(cm)	长径比 η
1#	10	3	0.2	0.3
2#	10	4	0.2	0.4
3#	10	5	0.2	0.5

试验之前,选取两个不同的位置进行十字板剪切试验,测得地基土体的不排水剪切强度,试验结果见表 3-26。

表 3-26 地基土体的不排水剪切强度

深度(cm)	1 号孔不排水剪切强度 s_u(kPa)	2 号孔不排水剪切强度 s_u(kPa)
5	22	21
10	22	22
15	24	22
20	26	25
25	27	26
平均值	24.2	23.2

试验得到三个筒型基础的水平向荷载-位移曲线相似如图 3-162 所示。图中,H 表示施加在基础筒盖中心的水平向荷载,u 表示基础筒盖中心发生的水平向位移,n 表示冲刷率。

图 3-162 可以看到,随着冲刷率的增大,基础的水平向承载力出现了明显的降低。

定义土体冲刷率为 n 时基础的水平向极限承载力折减率为 i_{hn}:

$$i_{hn}=(1-H_{ultn}/H_{ult0})\times 100\% \tag{3-175}$$

式中 H_{ult0}——土体冲刷率 $n=0$ 时基础的水平向极限承载力;

H_{ultn}——土体冲刷率为 n 时基础的水平向极限承载力。

基础水平向极限承载力的折减率和土体冲刷率的关系如图 3-163 所示。随着 n 的增大,i_{hn} 逐渐增大,当 $n=0.2$ 时,三个筒型基础模型的水平向承载力折减率为 17%~23%,当 $n=0.5$ 时,三个筒型基础模型的水平向承载力折减率为 36%~48%。

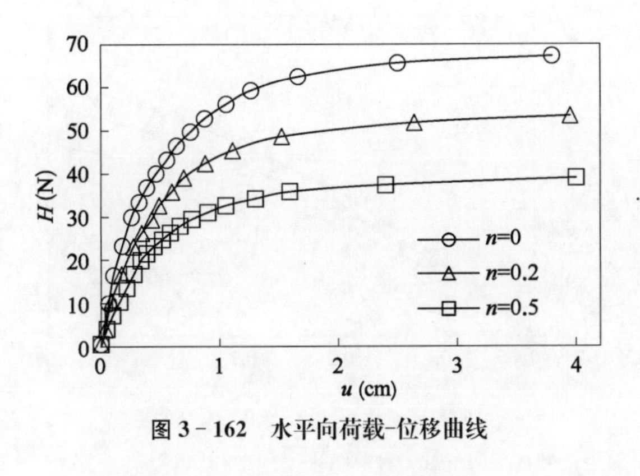

图 3-162　水平向荷载-位移曲线

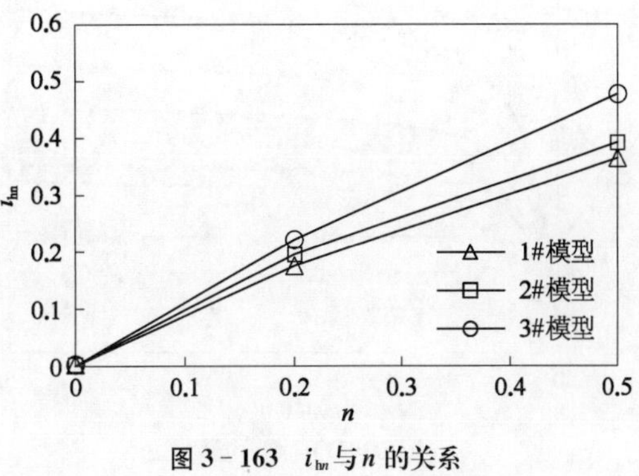

图 3-163　i_{hn} 与 n 的关系

3.8.2.2　单侧冲刷工况的数值模拟

对单侧冲刷工况下筒型基础的水平向极限承载力进行数值模拟，数值结果和试验结果如图 3-164 所示。

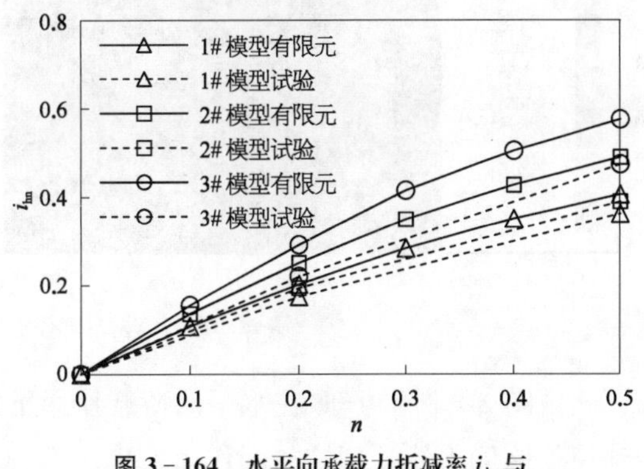

图 3-164　水平向承载力折减率 i_{hn} 与冲刷率 n 之间的关系

计算了不同冲刷率条件下，直径 $D=30$ m，筒高 $L=9$ m、12 m 及 15 m 的筒型基础的水平向极限承载力，计算结果如图 3-165 所示，图中"$D30L9$"表示直径 $D=30$ m、筒高 $L=9$ m 的筒型基础。

图 3-165(a)～(c)所示的荷载-位移曲线与模型试验得到的荷载位移曲线发展趋势一致；筒型基础水平向极限承载力的折减率与冲刷率的关系如图 3-165(d)所示，当 $n=0.1$ 时，水平向承载力折减率为 10%～15%，当 $n=0.5$ 时，水平向承载力折减率为 34%～50%，即随着冲刷率的增大，筒型基础水平向极限承载力的折减率逐渐增大，且增大的趋势逐渐减缓。

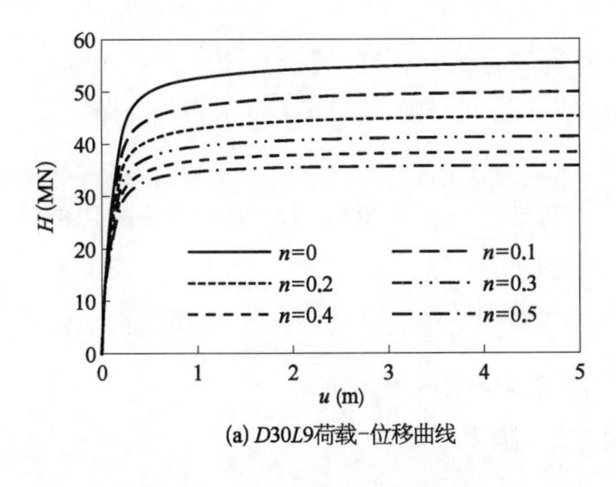

(a) $D30L9$荷载-位移曲线

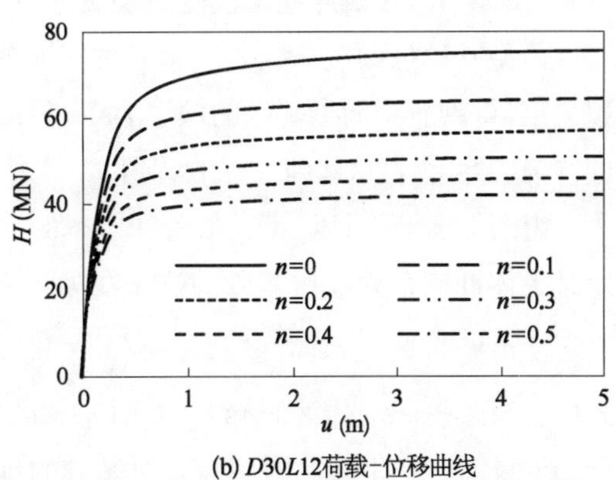

(b) $D30L12$荷载-位移曲线

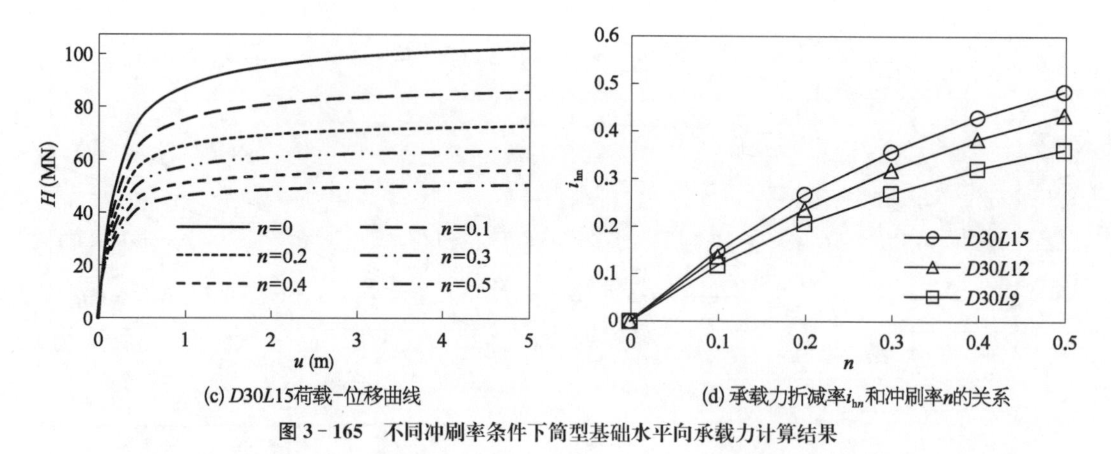

(c) $D30L15$荷载-位移曲线 (d) 承载力折减率i_{hn}和冲刷率n的关系

图 3-165 不同冲刷率条件下筒型基础水平向承载力计算结果

筒型基础受水平向荷载作用时的地基位移如图 3-166 所示。

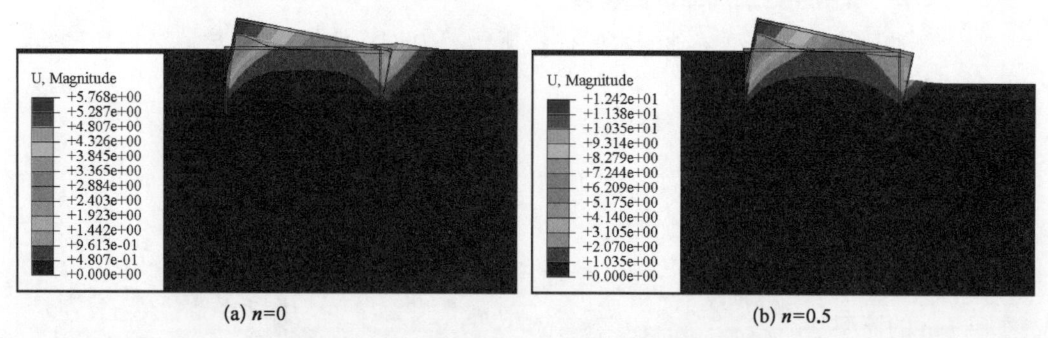

(a) $n=0$ (b) $n=0.5$

图 3-166 筒型基础在水平向荷载作用下的位移云图

由图 3-166 可知，在水平向荷载作用下，基础同时发生了平动和转动破坏，筒内后侧和筒外前侧土体受到筒壁的作用发生变形，向上隆起，变形区域形状近似为倒立直角三角形；单侧冲刷工况下，随着冲刷率的增大，筒外前侧变形区域面积逐渐缩小，导致该区域土体抗力减小，因此基础的水平向承载力随土体冲刷率的增大而减小。

3.8.3 冲刷工况下新型筒型基础抗倾极限承载力

3.8.3.1 单侧冲刷工况的模型试验

筒型基础抗倾覆承载力试验条件与水平向承载力试验相同，通过对顶盖中心施加倾覆力矩，得到三个筒型基础的倾覆力矩-转角曲线(图 3-167)，图中 M 表示施加在基础上的倾覆力矩，θ 表示基础发生的转角。

由图 3-167 可以看出，随着冲刷率的增大，基础的抗倾覆承载力出现了明显的降低。定义土体冲刷率为 n 时基础的抗倾覆极限承载力折减率为 i_{mn}：

$$i_{mn}=(1-M_{ultn}/M_{ult0})\times 100\% \tag{3-176}$$

式中 M_{ult0}——土体冲刷率 $n=0$ 时基础的抗倾覆极限承载力；

M_{ultn}——土体冲刷率为 n 时基础的抗倾覆极限承载力。

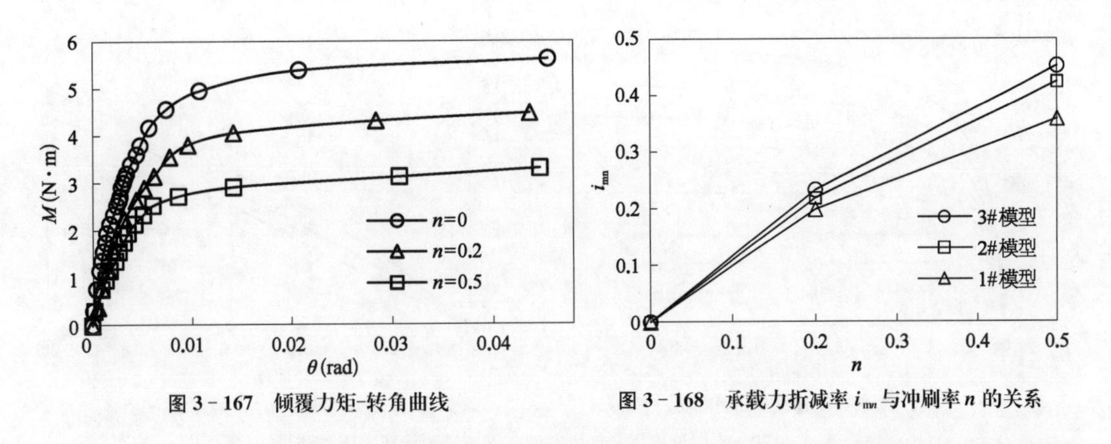

图 3-167　倾覆力矩-转角曲线

图 3-168　承载力折减率 i_{mn} 与冲刷率 n 的关系

基础抗倾覆承载力的折减率和冲刷率的关系如图 3-169 所示，i_{mn} 随着 n 的增大而增大，且 i_{mn} 随 n 增大的趋势减缓。当 $n=0.2$ 时，三个筒型基础模型的抗倾覆承载力折减率为 19%～24%，当 $n=0.5$ 时，三个筒型基础模型的抗倾覆承载力折减率为 35%～45%。

3.8.3.2　单侧冲刷工况的数值模拟

采用计算水平向极限承载力的数值方法，对单侧冲刷工况下新型筒型基础的抗倾覆极限承载力进行研究，模型筒数值结果和试验结果如图 3-169 所示。

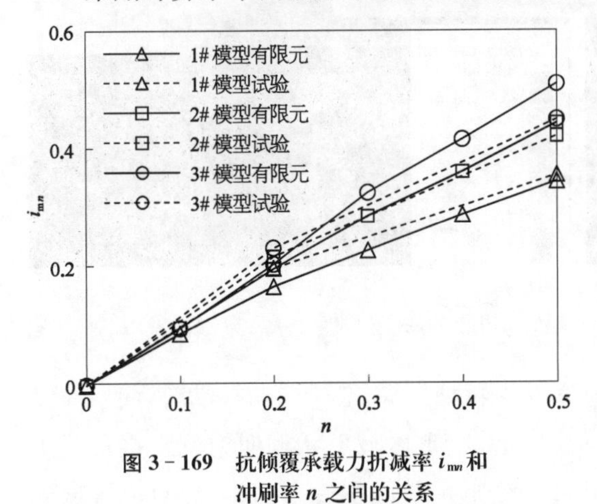

图 3-169　抗倾覆承载力折减率 i_{mn} 和冲刷率 n 之间的关系

计算了不同冲刷率条件下，直径 $D=30$ m，筒高 $L=9$ m、12 m 及 15 m 的筒型基础的抗倾覆极限承载力，计算结果如图 3-170 所示。

图 3-170(a)～(c)所示的倾覆力矩-转角曲线与模型试验得到的倾覆力矩-转角曲线发展趋势一致；筒型基础抗倾覆极限承载力的折减率 i_{mn} 与冲刷率 n 的关系如图 3-170(d)

(a) $D30L9$倾覆力矩-转角曲线

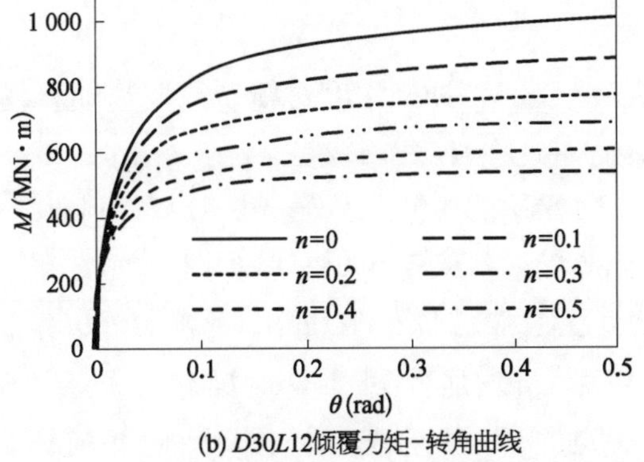

(b) $D30L12$倾覆力矩-转角曲线

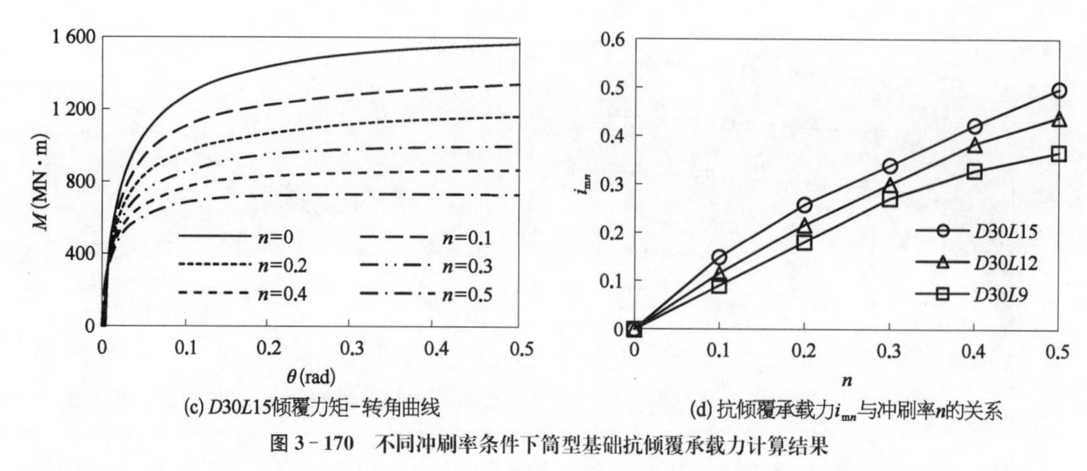

(c) D30L15倾覆力矩-转角曲线　　(d) 抗倾覆承载力i_{mn}与冲刷率n的关系

图 3-170　不同冲刷率条件下筒型基础抗倾覆承载力计算结果

所示，当$n=0.1$时，抗倾覆承载力折减率为9%～15%，当$n=0.5$时，抗倾覆承载力折减率为36%～50%，即随着冲刷率的增大，筒型基础抗倾覆极限承载力的折减率逐渐增大，且增大的趋势逐渐减缓。

筒型基础受倾覆力矩作用时的地基位移如图 3-171 所示。

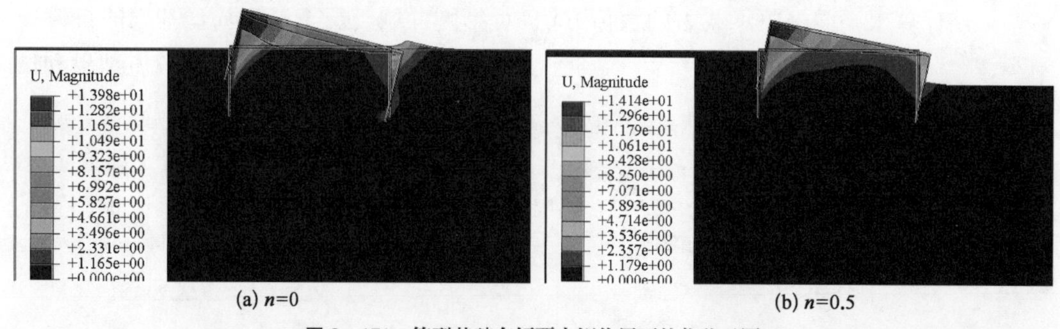

(a) $n=0$　　(b) $n=0.5$

图 3-171　筒型基础在倾覆力矩作用下的位移云图

由图 3-171 可知，在倾覆力矩作用下，基础发生转动失稳；基础受荷转动时，筒内后侧和筒外前侧土体受到筒壁的作用发生变形，向上隆起，变形区域形状近似为倒立直角三角形；单侧冲刷工况下，随着冲刷率的增大，筒外前侧变形区域面积逐渐缩小，导致该区域土体抗力减小，因此基础的抗倾覆承载力随土体冲刷率的增大而减小。

3.8.4　冲刷深度对新型筒型基础承载力包络线的影响

1) $V-H$ 包络线

采用前述包络线分析法，计算得到冲刷率$n=0$、0.5、0.8条件下，筒型基础的$V-H$荷载空间地基承载力包络线，如图 3-172 和图 3-173 所示。

从图 3-172 可以看出，冲刷率由 0 增加到 0.5 时，$V-H$ 包络线明显向内收缩；而冲刷率由 0.5 增加至 0.8 时，$V-H$ 包络线变化不明显。归一化后的包络线表明冲刷工况筒型基础的 $V-H$ 承载特性与未冲刷工况有较大差异。

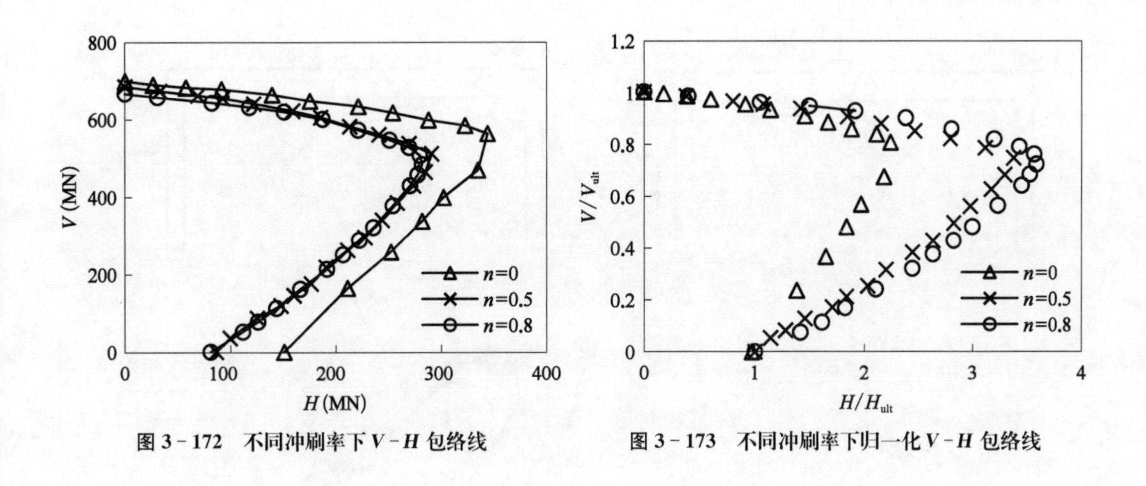

图 3-172　不同冲刷率下 V-H 包络线

图 3-173　不同冲刷率下归一化 V-H 包络线

2) $V-M$ 包络线

冲刷率 $n=0$、0.5、0.8 条件下，筒型基础的 $V-M$ 荷载空间地基承载力包络线，如图 3-174 和图 3-175 所示。

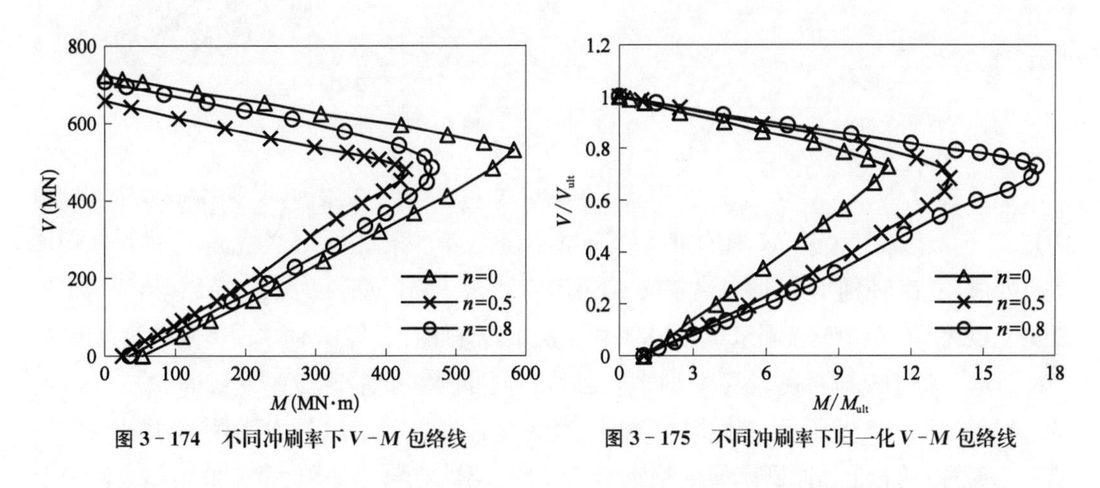

图 3-174　不同冲刷率下 V-M 包络线

图 3-175　不同冲刷率下归一化 V-M 包络线

由图 3-174 可知，不同冲刷率下的 $V-M$ 包络线形状相似，随着冲刷率的增加，$V-M$ 包络线轮廓就越小，说明筒型基础单侧地基受冲刷深度越大，竖向极限承载力和抗弯极限承载力均会减小。图 3-175 所示的归一化包络线表明冲刷对筒型基础的 $V-M$ 包络线影响较大。

3) $H-M$ 包络线

筒型基础单侧发生冲刷之后，地基具有不对称的特点，因此在研究 $H-M$ 承载特性时需要对荷载方向进行规定，如图 3-176 所示。

以直径 $D=30$ m、筒裙高度 $L=12$ m 的筒型基础为例进行研究，基础在未冲刷工况下的 $H-M$ 包络线如图 3-177 所示。

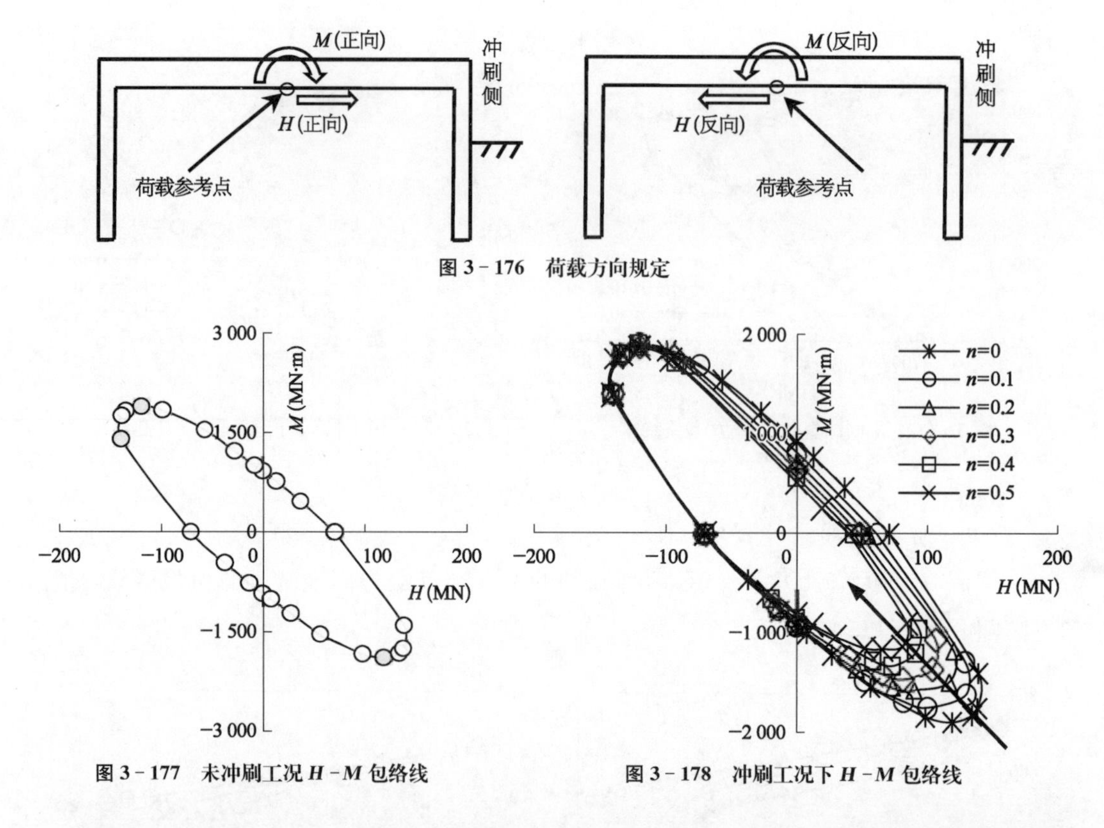

图 3-176　荷载方向规定

图 3-177　未冲刷工况 $H-M$ 包络线

图 3-178　冲刷工况下 $H-M$ 包络线

图 3-177 中 $H-M$ 包络线关于坐标原点中心对称，在第一象限内，水平向荷载 H 和倾覆力矩 M 近似呈线性关系，M 随 H 的增大而减小；而在第二象限内，M 首先随 H 的增大而增大至峰值，之后 M 随 H 的增大快速减小，最后阶段 H 和 M 同时减小；$H-M$ 包络线与坐标轴的交点为基础的单向极限承载力，未冲刷工况下，基础的正向和反向单向极限承载力相等。

计算了筒型基础单侧地基发生冲刷之后，不同冲刷率条件下，筒型基础的 $H-M$ 包络线，结果如图 3-178 所示，基础周围单侧土体发生冲刷之后，其 $H-M$ 包络线并非关于原点中心对称；随着土体冲刷率 n 的增大，$H-M$ 包络线在第一象限、第二象限部分区域及第四象限内存在明显向内收缩的趋势。包络线与坐标轴的交点表示基础单向受荷时的正向及反向极限承载力，可以得到单侧冲刷对基础的正向极限承载力具有明显的影响，对基础的反向水平极限承载力几乎没有影响，对基础的反向抗倾覆承载力影响较小。

基础受水平向荷载及倾覆力矩作用时的地基位移如图 3-179 所示。

由图 3-179(a)和(b)可知，未冲刷工况下，筒外后侧土体的位移很小，而筒内部分区域土体及筒外前侧土体有较大位移，即筒外后侧土体对基础的单向极限承载力贡献很小，而筒外前侧及筒内土体有较大的贡献；由图 3-179(c)和(d)可知，冲刷工况下，基础受正向的水平荷载及倾覆力矩作用时，其位移云图和未冲刷工况的位移云图存在明显的差异，此时被冲刷侧为筒前一侧，冲刷导致筒外前侧土体破坏区域明显缩小，因此筒外前侧土体对基础承载力的贡献明显降低，基础的正向单向极限承载力会随着土体冲刷率的增大而

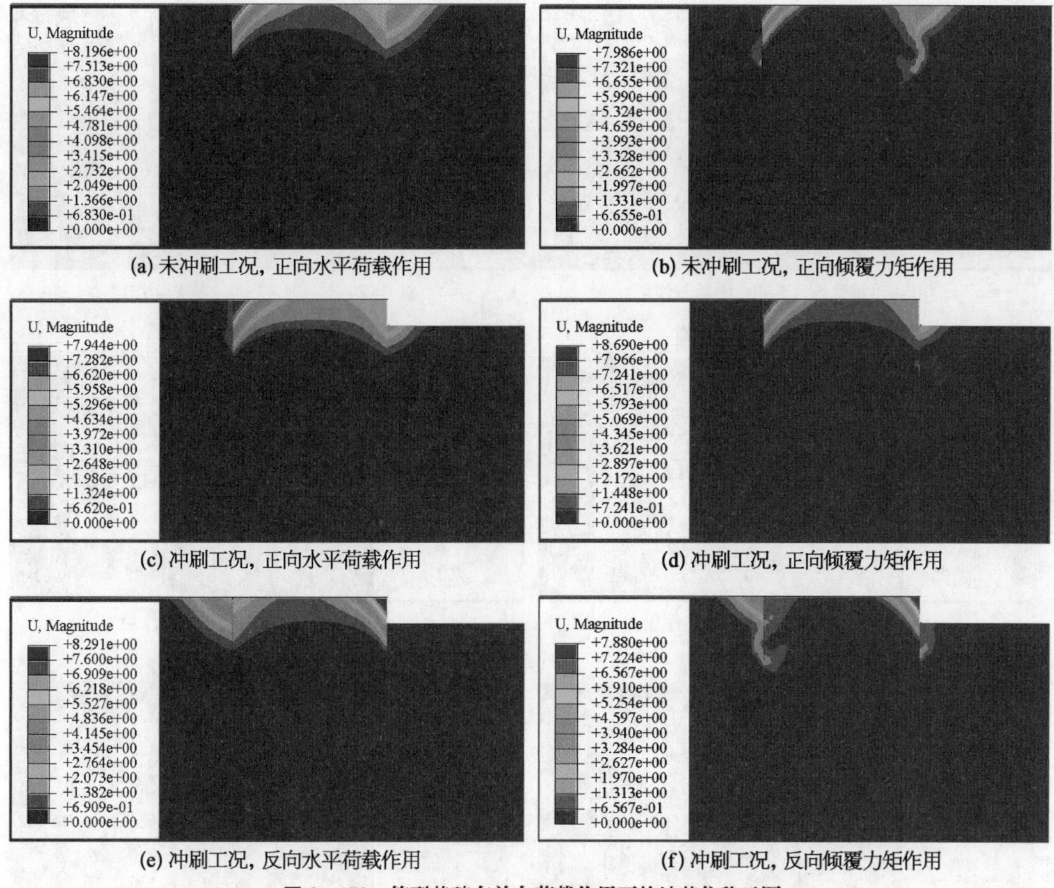

(a) 未冲刷工况，正向水平荷载作用　(b) 未冲刷工况，正向倾覆力矩作用

(c) 冲刷工况，正向水平荷载作用　(d) 冲刷工况，正向倾覆力矩作用

(e) 冲刷工况，反向水平荷载作用　(f) 冲刷工况，反向倾覆力矩作用

图 3-179　筒型基础在单向荷载作用下的地基位移云图

减小；由图 3-179(e)和(f)可知，冲刷工况下，基础受反向的水平荷载及倾覆力矩作用时，其位移云图和未冲刷工况的位移云图并无明显差别，因为此时被冲刷侧位于筒后一侧，而筒外后侧土体对基础的单向极限承载力贡献很小，因此当冲刷率增大时，基础的反向单向极限承载力没有出现明显的降低。

基础受水平向荷载及倾覆力矩作用时的等效塑性应变如图 3-180 所示。图 3-180(a)(c)(e)中，基础在水平向荷载作用下，筒外后侧土体的塑性应变很小，加载时筒后侧壁逐渐与筒外后侧土体分离，所以筒外后侧土体对基础的反向水平极限承载力贡献很小，因此在图 3-178 中，不同冲刷率条件下的 $H-M$ 包络线和 H 轴负半轴的交点几乎是重合的；但是在图 3-180(b)(d)(f)中，在倾覆力矩作用下，筒外后侧土体在靠近筒端的部分较小区域内存在一定的塑性应变，因此当反向倾覆力矩作用在冲刷工况下的基础上时，由于筒外后侧部分土体受到冲刷，导致该区域上覆土压力减小，筒外后侧靠近筒端的部分区域内土体的抗力减小，因此基础的反向抗倾覆极限承载力出现了一定程度的折减，但并不明显，在图 3-178 中体现为 $H-M$ 包络线与 M 轴负半轴的交点会随着冲刷率的增大逐渐向靠近原点的方向移动，虽然幅度较小，但并不重合，与 H 轴负半轴的规律是

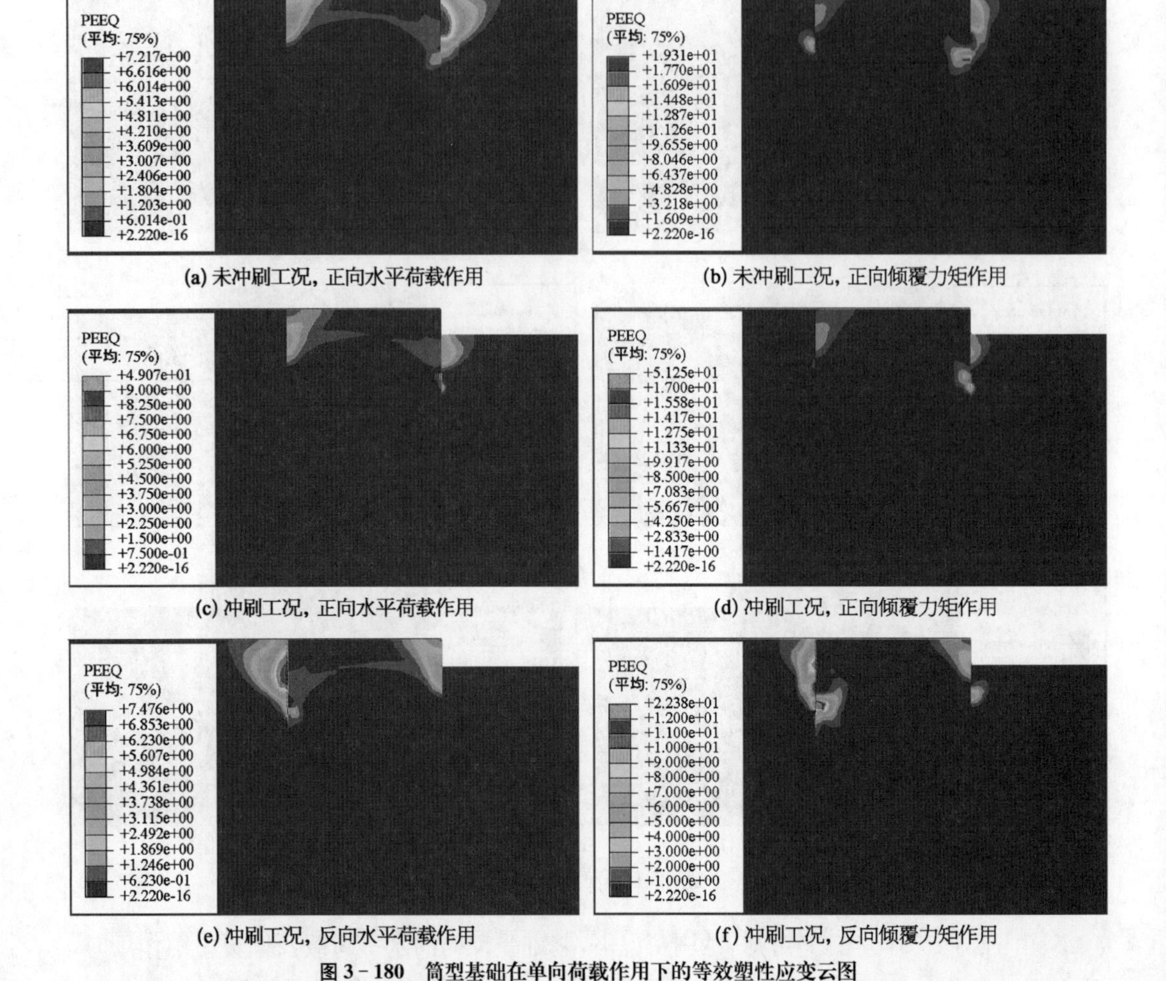

(a) 未冲刷工况，正向水平荷载作用　　(b) 未冲刷工况，正向倾覆力矩作用

(c) 冲刷工况，正向水平荷载作用　　(d) 冲刷工况，正向倾覆力矩作用

(e) 冲刷工况，反向水平荷载作用　　(f) 冲刷工况，反向倾覆力矩作用

图 3-180　筒型基础在单向荷载作用下的等效塑性应变云图

不同的。

3.9　预挖法提高新型筒型基础的承载力

增加基础埋深是提高地基承载力的重要方法。当软土层深厚，作为筒型基础持力层的土层埋深较深时，可采用海上挖泥船将浅表层软土挖除而后再安放筒型基础，从而使筒型基础的有效埋深增加。以下结合福建某海上风电工程，说明预挖法对提高单筒多舱筒型基础承载力的有效性。

3.9.1　工程概况

海上风电单筒多舱筒型基础直径 40 m、筒长 6 m、筒壁厚 2.5 cm、筒盖厚 2 cm、土层土质参数见表 3-27。

表3-27　土质参数表

土层编号	土　质	层厚 (m)	浮容重 (kN/m^3)	黏聚力 (kPa)	摩擦角 (°)	弹性模量 (MPa)
1	粉细砂	0.8	8	1	22	6
2	含淤泥质粉土砂	3.1	8.5	13	13	11
3	粉细砂	3.3	8	1	23	22
4	含砂淤泥	16	8	8	4	7.5
5	含淤泥质粉土砂	8.9	8.5	13	13	20

根据对环境荷载和风机类型计算可得荷载为对泥面力矩 $M=243.655$ MN·m，水平荷载 $H=6\,218.026$ kN，竖向荷载 $V=8\,612.8$ kN。

3.9.2　预挖提高筒型基础承载力的理论分析

预挖法对主要从以下两个方面提高筒型基础承载力：

(1) 下层土体一般比上层土体坚硬，挖除表层软土后再安放筒型基础，可有效利用下层土体，提高筒基持力层土体性质。

(2) 预挖可提高筒型基础的有效埋深。在理论计算中，将预挖后筒基顶盖两侧土体看作基础两侧上覆压力进行计算。以上述工程实例基础、土质为例，计算不同预挖深度下单筒多舱筒型基础的竖向承载力、抗倾覆承载力及水平向承载力安全系数，因该筒型基础长径比较小($L/D=0.15$)，故采用顶盖承载模式进行计算。结果如图3-181所示。

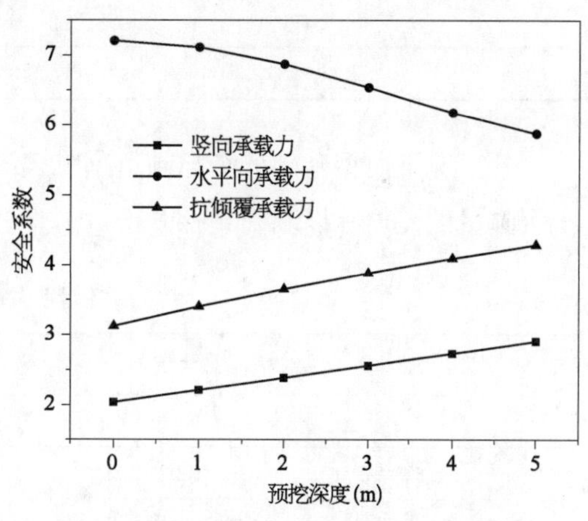

图3-181　不同预挖深度下的承载力安全系数

图3-181可见，对于该工程实例，随着预挖深度的增加，筒型基础的竖向承载力与抗倾覆承载力安全系数基本线性增大，但水平向承载力安全系数略微减小。这是因为随着预挖深度增加，筒型基础外侧摩阻力增大，底面压力减小，底面摩阻力[式(3-118)]减小，所提供的水平抗力变小。

3.9.3　预挖法提高筒型基础承载力的数值模拟

采用有限元软件进行模拟分析。数值模型按照真实基础尺寸建立，计算范围180 m，高取为30 m，土体采用Mohr-Coulomb模型。筒-土接触类型为主-从面接触，法向设置硬接触，根据实际设置接触可分离；切向设置面-面接触，以刚度较大的筒体外表面为主面，采用系数为0.35的罚函数接触。划分网格时，筒体和土体均采用C3D8R单元。因模型具有对称性，为节约计算资源，有限元计算模型采用半模型建立，如图 3-182 所示。

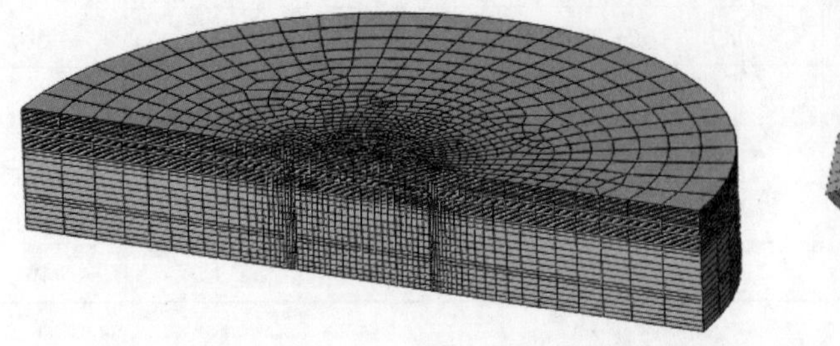
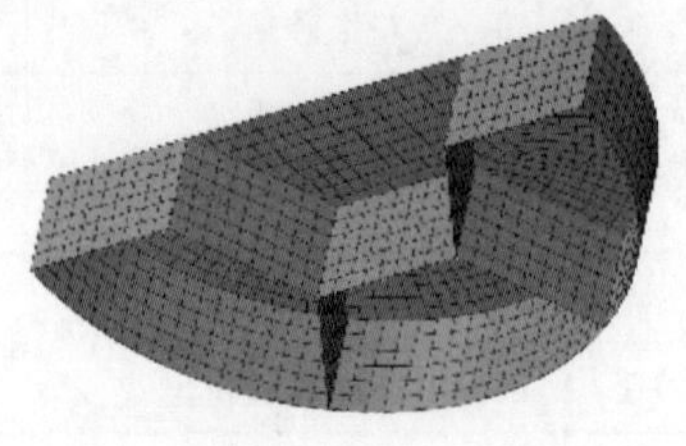

图 3-182　筒型基础有限元半模型

边界条件为土体底面全约束，侧面采用法向固定约束。为更方便提取、分析数据，在筒型基础顶盖中心设置一参考点，和筒体建立耦合约束，耦合约束后，参考点的运动状态即代表筒体的运动状态，提取参考点受的力即是筒体受的力。

数值模拟中分别取表 3-28 中 3 种工况进行计算。

表 3-28　计 算 工 况

工　况	描　述
1	原工况
2	预挖 2 m
3	预挖+回填 2 m

各工况下筒型基础沉降与倾斜率见表 3-29。表中倾斜率数值可由筒型基础最大、最小沉降量的差值除以基础直径获得。

表 3-29　各工况下计算结果

工　况	最大沉降(m)	最小沉降(m)	倾斜率
1	0.018 97	−0.090 14	0.003 031
2	0.022 223	−0.044 49	0.001 853
3	0.010 879	−0.053 39	0.001 785

由计算结果可知，预挖可增加筒型基础地基在环境荷载作用下的稳定性，预挖后再回填可进一步加强筒型基础的承载性能。

图 3-183 为不同工况下单筒多舱筒型基础受环境荷载作用下的地基位移矢量图。从图可以看出，在水平荷载、竖向荷载、弯矩荷载的联合作用下，筒内土体受筒壁限制作用形成“土塞”，跟随筒体一起运动，筒端下方土体有一楔形区域和筒体运动方向一致，楔形区外有土体向外向上滑动至土面的区域。筒型基础既会向下运动也会发生旋转，地基土体

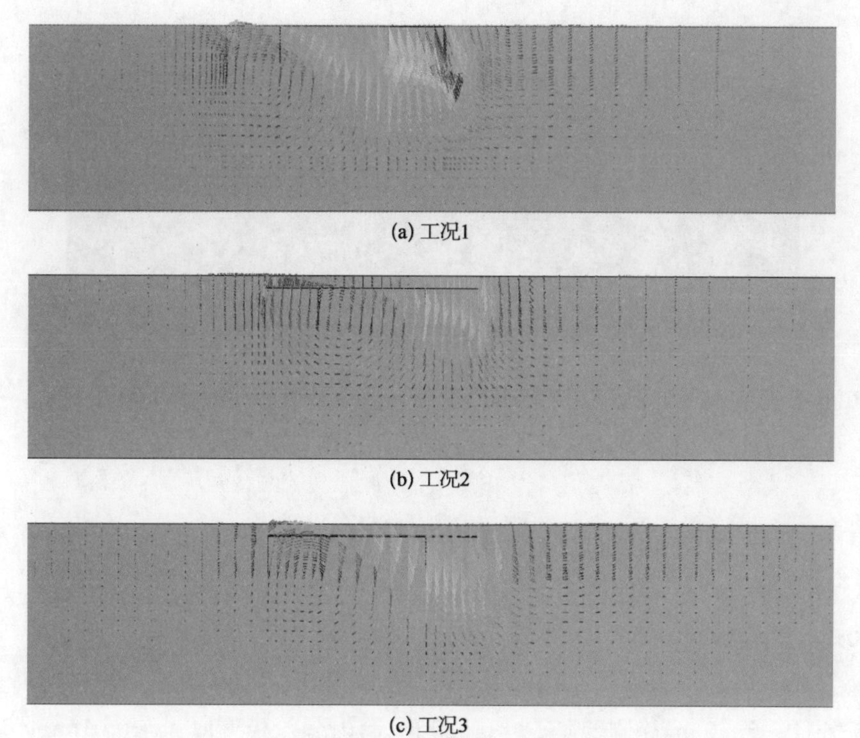

(a) 工况1

(b) 工况2

(c) 工况3

图 3-183　筒型基础地基位移矢量图

受筒壁的带动作用，绕一旋转中心做旋转运动。同时可发现，预挖再回填工况相较于原工况而言，土体旋转中心的水平位置更加靠近筒型基础中心。

图 3-184 为不同工况下筒型基础受环境荷载作用下的地基位移云图。

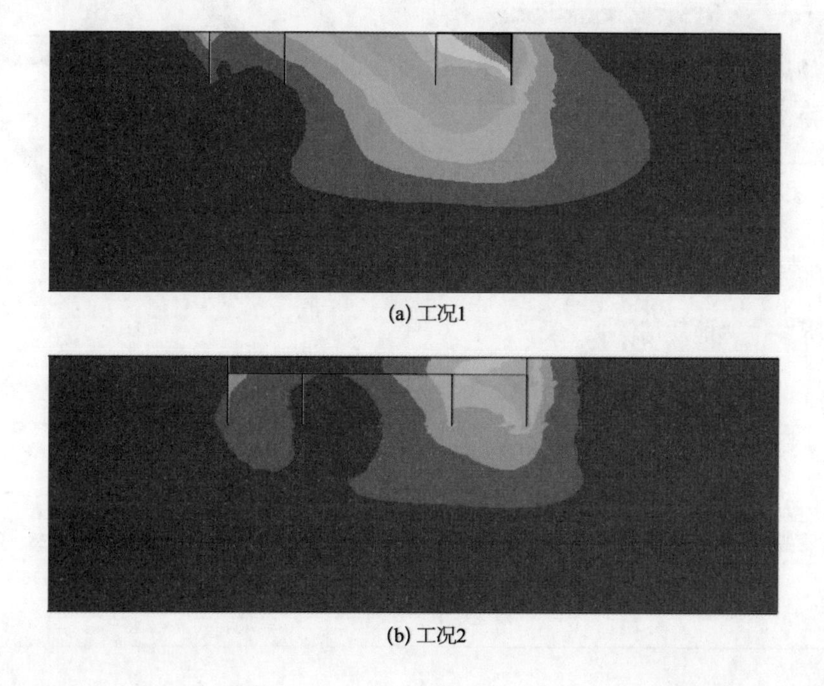

(a) 工况1

(b) 工况2

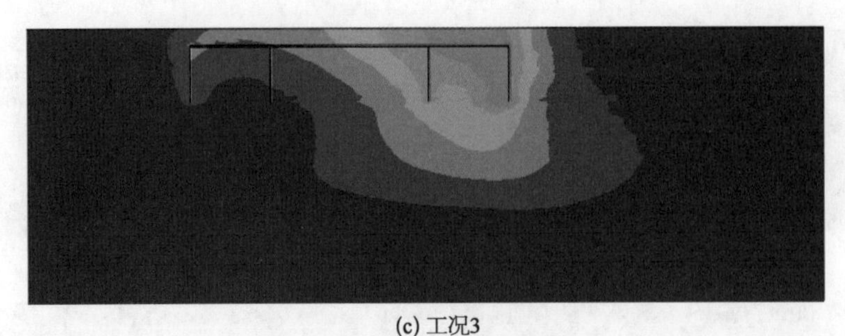

(c) 工况3

图 3-184　筒型基础地基位移云图

从图 3-184 可以看出,筒型基础地基位移云图特征和地基位移矢量图基本一致,地基土体绕一中心点旋转,且预挖工况地基土位移明显小于原未开挖工况。

3.10　新型筒型基础地基稳定性分析实例

3.10.1　工程概况

某海上风电工程位于中国东南沿海,单机容量为 3.3 MW,采用单筒多舱筒型基础。筒型基础外径 $D=30$ m,筒侧壁厚 $t_1=0.025$ m,筒内分舱板壁厚 $t_2=0.015$ m,基础高度 $h=9.0$ m,如图 3-185 所示。

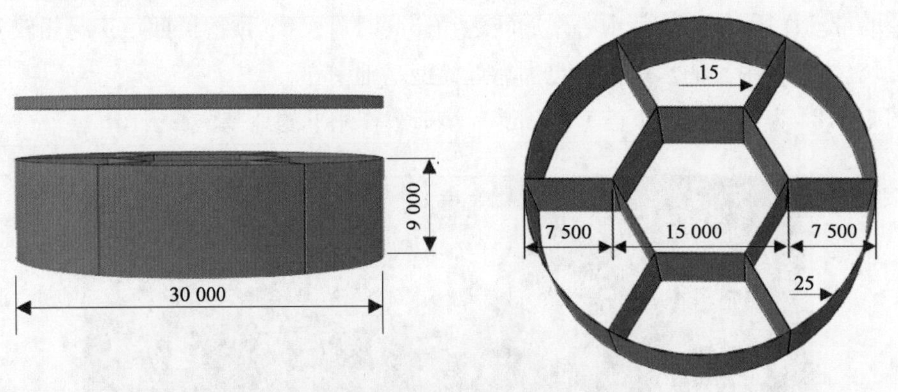

图 3-185　筒型基础示意图(单位: mm)

风机所在位置地质情况见表 3-30。

表 3-30　土层参数表

土质类型	层顶标高	层底标高	层厚(m)	土体强度参数
粉砂	0	6.0	6.0	$\varphi=33.8°$, $c=5.0$ kPa, $\gamma_{sat}=19.7$ kN/m^3
淤泥质粉质黏土夹粉土	6.0	10	3.0	$\varphi=11.9°$, $c=22$ kPa, $\gamma_{sat}=18.7$ kN/m^3
粉土	10	11.5	2.5	$\varphi=32.4°$, $c=7.0$ kPa, $\gamma_{sat}=19.2$ kN/m^3
粉砂	11.5	13.5	2.0	$\varphi=33.4°$, $c=3.5$ kPa, $\gamma_{sat}=20.0$ kN/m^3

（续表）

土质类型	层顶标高	层底标高	层厚(m)	土体强度参数
粉土夹粉质黏土	13.5	25.0	11.5	$\varphi=23.9°$，$c=12.7$ kPa，$\gamma_{sat}=18.9$ kN/m^3
粉质黏土夹粉土	25.0	29.0	4.0	$\varphi=11.0°$，$c=18.7$ kPa，$\gamma_{sat}=18.3$ kN/m^3
粉质黏土	29.0	33.7	4.7	$\varphi=18.4°$，$c=56.5$ kPa，$\gamma_{sat}=20.0$ kN/m^3

风机在承载能力极限状态极端工况下荷载组合见表3-31和表3-32。

表3-31 3.3 MW风机竖向承载力校核荷载组合值

荷载值			分项系数	组合系数	结构重要性系数	组合值	作用点（泥面为零点）
上部风机荷载（极限工况）	M(MN·m)	85.7	1.1	1.0	1.1	103.70	26 m
	H(kN)	1 133.7	1.0	1.0	1.1	1 247.1	
	V(kN)	4 196.6	1.0	1.0	1.1	4 616.3	
波浪力（1%波高）	H_1(kN)	6 270.0	1.0	0.7	1.1	4 827.9	9.5 m

表3-32 3.3 MW风机抗倾覆、抗滑移校核荷载组合值

荷载值			分项系数	组合系数	结构重要性系数	组合值	作用点（泥面为零点）
上部风机荷载（极限工况）	M(MN·m)	85.7	1.35	1.0	1.1	127.2	26 m
	H(kN)	1 133.7	1.35	1.0	1.1	1 683.5	
	V(kN)	4 196.6	1.0	1.0	1.1	4 616.3	
波浪力（1%波高）	H_1(kN)	6 270.0	1.35	0.7	1.1	6 517.7	9.5 m

以下采用前述方法验算单筒多舱基础的地基稳定性。

3.10.2 地基承载力验算

根据《海上风电场工程风电机组基础设计规范》(NB/T 10105—2018)规范，采用极端工况下的荷载组合进行地基承载力验算。

3.10.2.1 竖向承载力

依据表3-31，将荷载及自重换算到筒底中心处，得出竖向力$V=87\ 241$ kN、横向力$H=6\ 075.0$ kN、弯矩$M=227.23$ MN·m。由于筒型基础长径比为0.3，属宽浅式基础，依据3.1.1节，其承载模式为筒顶承载，采用3.1.2节中圆形浅基础式(3-4)计算其竖向承载力：

根据持力层土体$\varphi=11.9°$，得到$N_c=9.229\ 7$、$N_q=2.945\ 0$、$N_\gamma=0.614\ 8$；根据荷载情况、基础尺寸计算承载力修正系数为$K_c=1.138\ 7$、$K_q=1.154\ 9$、$K_\gamma=0.612\ 4$，代入汉

森公式得

$$q_u = 553.17 \text{ kPa}$$

计算基底压力：

$$\bar{p} = \frac{V}{\pi R^2} = \frac{87\,241}{3.14 \times 15^2} = 123.48 \text{ kPa}$$

$$p_{max} = \frac{V}{\pi R^2} + \frac{M}{W} = \frac{87\,241}{3.14 \times 15^2} + \frac{227\,230}{2\,650.7} = 209.21 \text{ kPa}$$

因此，筒型基础竖向地基承载力安全系数：

$$SF_v = \min(1.2q_u/p_{max},\ q_u/\bar{p}) = \min\left(\frac{1.2 \times 553.17}{209.15},\ \frac{553.17}{123.42}\right) = 3.17$$

满足竖向承载力的安全系数大于 2 的要求。

3.10.2.2 抗倾覆能力验算

依据表 3－32，将荷载及自重换算到筒底中心处，得出竖向力 $V = 84\,718$ kN、横向力 $H = 8\,201.21$ kN、弯矩 $M = 306.77$ MN·m。首先采用 3.2.1.1 节的顶盖承载模式进行迭代计算确定基础的旋转轴位置：$ox = 2.7$ m。再由式(3－49)～式(3－54)可得：

地基承载力提供的抗倾力矩为：$M_{R1} = q'_u A_x l_x = 0.32 \times 272.87 \times 5.15 = 449.69$ MN·m。

摩阻力提供的抗倾力矩为：$M_{fs} = 2Q_{总} R(2\sin\delta' - 2\lambda'\delta' + \lambda'\pi)/\pi = 2 \times 1.64 \times 15 \times (2 \times \sin 1.39 - 2 \times 0.18 \times 1.39 + 0.18 \times 3.14) = 99.98$ MN·m。

竖向荷载与基础自重提供的抗倾力矩为：$M_V = V\lambda R = 8.47 \times 27 = 228.74$ MN·m。

水平荷载导致的倾覆力矩为：$M_H = 73.81$ MN·m。

被动侧土压力提供的抗倾力矩 M_{Ep} 大于主动侧产生的倾覆力矩 M_{Ea}，因此将土压力作用视为筒型基础抗倾能力的安全储备，不计入总的抗倾力矩，则筒型基础的总抗倾力矩为：$M_R = M_{R1} + M_{fs} + M_V = 449.79 + 99.85 + 228.74 = 778.38$ MN·m。

筒型基础受到的倾覆力矩为：$M_q = M_H + M = 73.81 + 227.23 = 301.04$ MN·m。

因此，筒型基础的抗倾安全系数为：$SF_t = \frac{M_R}{M_q} = \frac{778.4 \text{ MN·m}}{306.8 \text{ MN·m}} = 2.54$，满足抗倾覆安全系数大于 1.6 的要求。

3.10.2.3 水平向承载能力验算

依据式(3－116)～式(3－119)验算筒型基础的水平向承载能力，具体计算如下：

筒型基础底面摩阻提供的水平抗力为：$R_H = A\tau_{fh} = A[(Q_v - Q_{外})/A\tan\varphi + c] = 706.86 \times [(84.72 - 21.88)/706.86 \times \tan 0.21 + 0.022] = 28.94$ MN。

被动侧土压力提供的水平抗力为：$E_p = 36.37$ MN。

主动侧土压力导致的水平力为：$E_a = 1.69$ MN。

筒型基础水平向总抗力为：$H_R = R_H + E_p = 28.79 + 36.37 = 65.16$ MN。

筒型基础受到的总水平力为：$H_q = H + E_a = 8.20 + 1.69 = 9.89$ MN。

因此，水平向承载力安全系数 $SF_H = \frac{H_R}{H_q} = \frac{65.16\ \text{MN}}{9.89\ \text{MN}} = 6.59$，达到水平向承载力安全系数大于 1.3 的要求。

3.10.2.4 包络面方法验算地基承载力

基于西澳大学(UWA)三维破坏包络面方法验算该工程中单筒多舱基础的地基承载力，计算所得承载力包络面如图 3－186 所示。

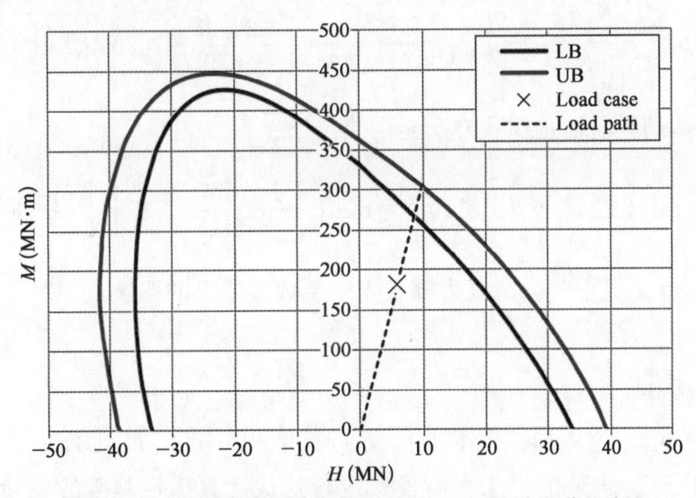

图 3－186 筒型基础极端状况下荷载与 *H*－*M* 破坏包络线的关系

图 3－186 给出了该筒型基础的水平力与倾覆力矩共同作用下的 $H-M$ 破坏包络线，其中红线 UB 为上限值，蓝线 LB 为下限值。由于承载力包络线计算时以泥面处为加载点，因此将承载能力极限状态下的荷载转换到泥面处可得：$V=4.5$ MN、$H=8.3$ MN、$M=232$ MN，将这一荷载组合绘制于对应的 $H-M$ 破坏包络线中，可见极限荷载点位于包络线内，其安全系数的上限值为 1.65，下限值为 1.47，均大于该方法规定的安全系数 1.2。因此，该单筒多舱筒型基础设计满足要求，并有一定的安全储备。

3.10.2.5 冲刷工况下的承载力验算

根据工程经验假设筒型基础周边发生最大冲刷深度为 3 m，验算此时的地基承载力。竖向承载力验算考虑筒型基础发生双侧冲刷的最不利工况，抗倾承载力和水平向承载力验算中考虑筒型基础发生与受荷方向一致的单侧冲刷最不利工况。

1) 竖向承载力验算

同样采用式(3-4)计算筒型基础的竖向承载力,计算中考虑基础埋深减少 3 m,其余同前。

根据持力层土体 $\varphi=11.9°$,得到 $N_c=9.229\,7$、$N_q=2.945\,0$、$N_\gamma=0.614\,8$;根据荷载、基础情况计算承载力修正系数为 $K_c=1.138\,7$、$K_q=1.154\,9$、$K_\gamma=0.612\,4$,代入汉森公式可得

$$q_u=457.59\text{ kPa}$$

计算基底压力:

$$\bar{p}=\frac{V}{\pi R^2}=\frac{87\,241}{3.14\times15^2}=123.48\text{ kPa}$$

$$p_{max}=\frac{V}{\pi R^2}+\frac{M}{W}=\frac{87\,241}{3.14\times15^2}+\frac{227\,230}{2\,650.7}=209.21\text{ kPa}$$

因此,筒型基础竖向地基承载力安全系数:

$$SF_v=\min(1.2q_u/p_{max},\ q_u/\bar{p})=\min\left(\frac{1.2\times457.59}{209.15},\ \frac{457.59}{123.42}\right)=2.62$$

双侧冲刷 3 m 工况下竖向承载力满足安全系数大于 2 的要求。

2) 抗倾承载力验算

单侧冲刷 3 m 后,考虑地基极限承载力、冲刷侧侧摩阻力、冲刷侧土压力的变化,其余同前。首先采用 3.2.1.1 节的顶盖承载模式进行迭代计算确定基础的旋转轴位置: $ox=0.9$ m。再由式(3-49)~式(3-54)可得:

地基承载力提供的抗倾力矩为: $M_{R1}=q'_uA_xl_x=0.264\times326.45\times5.96=513.65$ MN·m。

摩阻力提供的抗倾力矩为: $M_{fs}=M_{fs主动侧}+M_{fs被动侧}=53.85+25.38=72.24$ MN·m。

竖向荷载与基础自重提供的抗倾力矩为: $M_V=V\lambda R=8.47\times27=228.74$ MN·m。

水平荷载提供的倾覆力矩为: $M_H=73.81$ MN·m。

被动侧土压力提供的抗倾力矩 M_{Ep} 大于主动侧产生的倾覆力矩 M_{Ea},因此将土压力作用视为筒型基础抗倾承载能力的安全储备,不计入总的抗倾力矩,则有:

筒型基础的总抗倾力矩为: $M_R=M_{R1}+M_{fs}+M_V=661.89$ MN·m。

筒型基础受到的倾覆力矩为: $M_q=M_h+M=73.81+227.23=301.04$ MN·m。

因此,筒型基础的抗倾安全系数为 $SF_t=\dfrac{M_R}{M_q}=\dfrac{668.81\text{ MN}\cdot\text{m}}{306.8\text{ MN}\cdot\text{m}}=2.18$,满足抗倾覆安全系数大于 1.6 的要求。

3）水平向承载力验算

单侧冲刷3 m后，考虑冲刷侧侧摩阻力、冲刷侧土压力的变化，其余同前。

依据式(3-111)～式(3-114)验算筒型基础的水平向承载能力，具体计算如下：

筒型基础底面摩阻提供的水平抗力为：$R_H = A\tau_{fh} = A[(Q_v - Q_{外})/A \tan\varphi + c] = 706.86 \times [(84.72 - 10.72)/706.86 \times \tan 0.21 + 0.022] = 31.32\ \text{MN}$。

被动侧土压力提供的水平抗力为：$E_p = 16.92\ \text{MN}$。

主动侧土压力导致的水平力为：$E_a = 1.69\ \text{MN}$。

筒型基础水平向总抗力为：$H_R = R_H + E_p = 31.15 + 16.92 = 48.24\ \text{MN}$。

筒型基础受到的总水平力为：$H_q = H + E_a = 8.20 + 1.69 = 9.89\ \text{MN}$。

因此，水平向承载力安全系数 $SF_H = \dfrac{H_R}{H_q} = \dfrac{48.07\ \text{MN}}{9.89\ \text{MN}} = 4.86$，达到水平向承载力安全系数大于1.3的要求。

3.10.3 地基承载力验算结果

该海上风电工程单筒多舱基础的地基承载力验算结果总结于表3-33。

表3-33 地基承载力安全系数

工 况	竖向承载安全系数(2.0)	抗倾覆承载安全系数(1.6)	水平向承载安全系数(1.3)
未冲刷工况	3.17	2.53	6.58
冲刷3 m工况	2.62	2.18	4.86
未冲刷工况包络面法宏观安全系数		上限值1.67 下限值1.47	

因此，该单筒多舱筒型基础方案满足地基稳定性要求。

参考文献

[1] 陆罗观，刘润，练继建，等.考虑冲刷影响的筒型基础竖向极限承载力研究[J].海洋工程，2019，37(3)：69-77.

[2] 刘润，陈广思，刘禹臣，等.海上风电大直径宽浅式筒型基础抗弯特性分析[J].天津大学学报(自然科学与工程技术版)，2013，46(5)：393-400.

[3] 刘润，李宝仁，练继建，等.海上风电单桩复合筒型基础桩筒共同承载机制研究[J].天津大学学报(自然科学与工程技术版)，2015，48(5)：429-437.

[4] 刘润，刘孟孟.饱和黏土中复合条形防沉板基础承载特性研究[J].水利学报，2015(S1)：74-78.

[5] 刘润，刘孟孟.底板带有栅缝的复合型防沉板基础及其制造方法：ZL201510028439.X[P].2016-6-1.

[6] 刘润，祁越，李宝仁，等.复合加载模式下单桩复合筒型基础地基承载力包络线研究[J].岩土力学，2016，37(5)：1486-1496.

[7] 刘润，祁越，练继建.无黏性土中筒型基础静压下沉模型试验研究[J].水利学报，2016，47(12)：1473-

1483.
[8] 刘润，王磊，丁红岩，等.复合加载模式下不排水饱和软黏土中宽浅式筒型基础地基承载力包络线研究[J].岩土工程学报，2014，36(1)：146 - 154.
[9] 刘润，王迎春.一种探测筒型基础沉放过程侧摩阻力的环形触探装置：ZL2018208691764[P].2019 - 1 - 1.
[10] 李宝仁.单桩复合筒型基础地基极限承载力研究[D].天津：天津大学，2014.
[11] 马鹏程，刘润，张浦阳，等.黏土中宽浅式筒型基础筒土协同承载模式研究[J].土木工程学报，2019，52(04)：88 - 97.
[12] 王磊，刘润.筒壁长度对筒型基础地基承载力影响研究[J].低温建筑技术，2013，3：88 - 91.
[13] 王磊.黏性土中大直径筒型基础地基极限承载力研究[D].天津：天津大学，2012.
[14] 汪嘉钰，刘润，李宝仁，等.桩筒复合风电基础 HM 荷载空间的承载力包络线研究[J].水利学报，2015(S1)：354 - 359.
[15] American P. Geotechnical and foundation design considerations[S]. API RP 2GEO.
[16] Bransby M F, Randolph M F. The effect of embedment depth on the undrained response of skirted foundations to combined loading[J]. Soils and Found, 1999, 39(4), 19 - 33.
[17] Chen G, Liu R, Lian J, et al. Upper Bound Solution of the Horizontal Bearing Capacity of a Composite Bucket Shallow Foundation in Sand[C]. The 29th International Ocean and Polar Engineering Conference. International Society of Offshore and Polar Engineers, 2019.
[18] Dekker M J. The Modelling of Suction Caisson Foundations for Multi-Footed Structures[D]. Institutt for marin teknikk, 2014.
[19] Gottardi G, Butterfield R. On the bearing capacity of surface footings on sand under general planar loads[J]. Soils and Foundations, 1993, 33(3): 68 - 79.
[20] Gourvenec S. Shape effects on the capacity of rectangular footings under general loading[J]. Géotechnique, 2007, 57(8): 637 - 646.
[21] Gourvenec S, Steinepreis M. Undrained limit states of shallow foundations acting in consort[J]. Int. J. Geomech, 2007, 7(3), 194 - 205.
[22] Gourvenec S, Randolph M. Effect of strength non-homogeneity on the shape of failure envelopes for combined loading of strip and circular foundations on clay[J]. Géotechnique, 2003, 53(6): 575 - 586.
[23] Gourvenec S, Jensen K. Effect of embedment and spacing of conjoined skirted foundation systems on undrained limit states under general loading[J]. Int. J. Geomech, 2009, 9(6), 267 - 279.
[24] Gourvenec S. Effect of embedment on the undrained capacity of shallow foundations under general loading[J]. Geotechnique, 2015, 58(3): 177 - 185.
[25] Houlsby G T, Ibsen L B, Byrne W B. Suction caissons for wind turbines[C]. In: Gourvenec, Cassidy (Eds.), Frontiers on Offshore Geotechnics (ISFOG 2005). London: Taylor & Francis Group.
[26] Hung L C, Kim S R. Evaluation of combined horizontal-moment bearing capacities of tripod bucket foundations in undrained clay[J]. Ocean Engineering, 2014, 85: 100 - 109.
[27] Kim S R, Hung L C, Oh M H. Group effect on bearing capacities of tripod bucket foundations in undrained clay. Ocean Engineering, 2014, 79: 1 - 9.
[28] Jijian Lian, Liqiang Sun, Jinfeng Zhang, et al. Bearing Capacity and Technical Advantages of Composite Bucket Foundation of Offshore Wind Turbines[J]. Transactions of Tianjin University, 2011, 17(2): 132 - 137.
[29] Liu R, Chen G, Lian J, et al. Vertical bearing behaviour of the composite bucket shallow foundation of offshore wind turbines[J]. Journal of Renewable and Sustainable Energy, 2015, 7(1): 013123.
[30] Ma P, Liu R, Lian J, et al. An investigation into the lateral loading response of shallow bucket

foundations for offshore wind turbines through centrifuge modeling in sand[J]. Applied Ocean Research, 2019, 87: 192 - 203.

[31] Ma P, Liu R, Chen G, et al. A comparison of the bearing capacity between shallow bucket foundations and solid foundations in clay[J]. Ships and Offshore Structures, 2019(9): 1 - 15.

[32] Martin C M, Hazell E J. Bearing capacity of parallel strip footing on non-homogeneous clay[C]. In: Gourvenec, Cassidy (Eds.), Frontiers on Offshore Geotechnics (ISFOG 2005). London: Taylor & Francis group, 2005.

[33] Sturm H. Design aspects of suction caissons for offshore wind turbine foundations[A]. In Unearth the Future, Connect beyond. Proceedings of the 19th International Conference on Soil Mechanics and Geotechnical Engineering, 2017.

[34] Senders M. Tripod with suction caissions as foundations for offshore wind turbines on sand[C]. In: Gourvenec, Cassidy (Eds.), Frontiers on Offshore Geotechnics (ISFOG 2005). London: Taylor & Francis Group, 2005.

[35] Taiebat H A, Carter J P. A failure surface for the bearing capacity of circular footings on saturated clays[J]. Proc. 8th Int. Symp. Numer. Models Geomech., NUMOG VIII, 457 - 462.

[36] Taiebat H A, Carter J P. Numerical studies of the bearing capacity of shallow foundations on cohesive soil subjected to combined loading. Geotechnique, 2000, 50(4): 409 - 418.

[37] Ukritchon B, Whittle A J, Sloan S W. Undrained limit analyses for combined loading of strip footings on clay[J]. Journal of Geotechnical and Geoenvironmental Engineering, 1998, 124(3): 265 - 276.

[38] Wang J, Liu R, Yang X, et al. An optimised failure envelope approach of bucket foundation in undrained clay[J]. Ships and Offshore Structures, 2020: 1 - 14.

[39] Wang L Z, Wang H, Zhu B, et al. Comparison of monotonic and cyclic lateral response between monopod and tripod bucket foundations in medium dense sand[J]. Ocean Engineering, 2018, 155: 88 - 105.

[40] Yang X, Zeng X, Wang X, et al. Performance and bearing behavior of monopile-friction wheel foundations under lateral-moment loading for offshore wind turbines[J]. Ocean Engineering, 2019, 184: 159 - 172.

[41] Yang X, Zeng X, Wang X, et al. Assessment of monopile-gravel wheel foundations under lateral-moment loading for offshore wind turbines[J]. Journal of Waterway, Port, Coastal, and Ocean Engineering, 2019, 145(1): 04018034.

[42] Yun G, Bransby M F. The horizontal-moment capacity of embedded foundations in undrained soil[J]. Can. Geotech. J. 2007, 44: 409 - 424.

[43] Zhang Y, Bienen B, Cassidy M, et al. Undrained bearing capacity of deeply buried flat circular footings under general loading[J]. Journal of Geotechnical and Geoenvironmental Engineering, 2011, 138(3): 385 - 397.

第 4 章

海上风电筒型基础–塔筒–风机的整体浮运

海上风电多舱筒型基础结构通过顶部充气实现自浮，并结合专用船舶的扶正系统，可完成海上风电筒型基础-塔筒-风机整体运输，创新性地解决了海上风电整机结构一体化运输的难题，大大提升了海上施工作业效率。海上风电筒型基础-塔筒-风机整体浮运过程中，要承受风、浪、流等复杂环境荷载作用，筒型基础-塔筒-风机与专用船舶多体流固耦合作用的安全性问题突出。针对这种全新海上风电整体运输方式的可靠性和安全性，本章重点阐述筒型基础气浮稳性与分舱优化、筒型基础-塔筒-风力发电机与船舶多体耦合安全性及现场监测分析的最新研究成果。

4.1 筒型基础浮稳性与分舱优化

筒型基础在浮输过程中可视为气浮结构，它不同于普通船舶在水中的漂浮，区别在于：普通船舶运动相当于大刚度结构与水弹簧相互作用，而筒型基础浮运相当于大刚度结构与柔性气弹簧-水弹簧串联弹簧的相互作用。由于串联后弹簧刚度小于水弹簧的刚度，此时在相同的下沉位移量下，气浮体的抗力(矩)小于常规刚性浮体的抗力(矩)，也即稳性差；另外，从运动特性方面分析可得出气浮体升沉、摇摆的固有频率比通常浮体的固有频率低许多，所以筒型基础为代表的气浮结构在风、浪、流环境荷载作用下会产生更大的动力响应(别社安等，2000)。由于上述气浮体与实浮体的差异及工程中气浮结构的复杂性，船舶稳性分析理论不再适用于气浮结构，为了保证筒型基础在浮运过程中不发生倾覆且符合整机运输要求，必须对筒型基础在浮运过程中的稳性进行研究。

4.1.1 筒型基础结构的浮稳性原理与静态稳性分析

4.1.1.1 浮稳性原理

底部刚性封闭的普通浮体结构，当其重心高于浮心，且浮体的稳心高于结构重心时，结构就能够稳定地漂浮；但对于底部开口的单筒气浮体(圆柱形、长方体或其他形状)，当其重心高于浮心时，结构反而不能稳定地浮起，如图 4-1 所示。

实浮体结构在倾斜一个小角度时，其重心保持在原来位置，结构排水总体积也未发生变化，但由于水下形状发生了变化，故浮心的位置会发生移动，此时浮心和重心不再位于同一铅垂线上，重力和浮力就形成了一个力偶(复原力矩)，促使船舶恢复到原来的平衡位置。而底部开口的气浮体结构在受到外力的影响发生偏斜时，在结构偏斜的过程中，筒内气-水面仍保持水平，使得气浮力的浮心始终位于筒竖向中轴线上，而筒壁浮力的变化使总浮力的浮心侧移距离很小，这样浮力和重力构成的是倾覆力矩，倾斜会继续发展下去

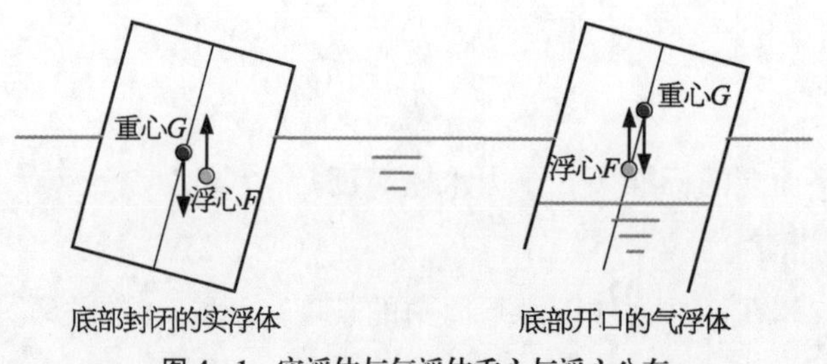

图 4-1　实浮体与气浮体重心与浮心分布

(别社安等,2002)。因此,当单筒气浮体的重心高于浮心时,在扰动作用下,气浮体处于不稳定状态。

筒型基础由于顶盖和上部露水支撑结构的存在,使得其湿拖浮运过程中的重心一般都是高于浮心的,同时湿拖过程中筒型基础自身又要直接面对周围复杂的环境作用,此时若采用单舱筒型基础,无法形成复原力矩,其本身是不具有浮稳性的。为了使得单筒结构通过气浮方式稳定地漂浮,需要采取一些工程措施,常用的工程措施有增加辅助浮箱、辅助吊索、多筒绑扎及筒内分舱等措施,如图 4-2 所示。

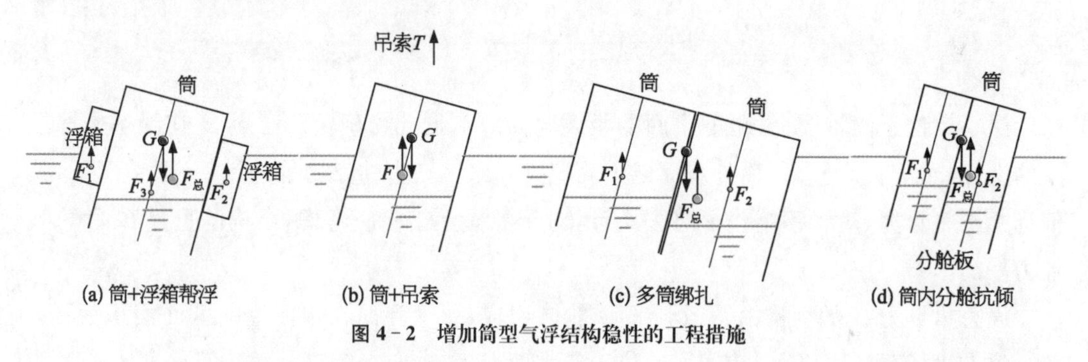

图 4-2　增加筒型气浮结构稳性的工程措施

浮箱帮浮筒型基础组合结构倾斜一个小角度时,筒型基础气浮力(F_3)的作用点仍在结构的中心轴线上,但周围刚性封闭浮箱提供的浮力(F_1和 F_2)发生了变化,使得总浮力($F_{总}$)和结构重力构成了复原力矩,从而保持了结构的稳定性。吊索则是通过直接施加外力来抵抗结构所承受的环境荷载,进而扶正倾斜的结构。多筒绑扎和筒内分舱结构的浮稳性原理基本一致,结构可视为多个并列连接的气浮体,当结构倾斜时,各筒/舱内的气浮力(F_1和 F_2)依旧保持在各筒中心轴线上,但各筒/舱内的气-水面位置并不相同,也就各筒/舱内的气浮力发生了变化,总浮力($F_{总}$)作用点发生了偏移,这时便与重力形成了复原力矩,使得结构在一定范围内能够抵抗倾覆力矩,保持稳定。

4.1.1.2　静态稳性分析

处于气浮状态的单筒体,设筒高为 H_i、筒内充气横截面积为 A_{di}、气柱顶面中心距筒外静水面的垂直距离为 h_i、筒内气-水界面距离静水面的距离为 h_{wi}、筒内气压强度 p_i和 h_{wi}的关系为

$$h_{wi}=\frac{p_i}{\gamma_w}-h_{p0} \tag{4-1}$$

式中 h_{p0}——海平面上的标准大气压力水柱高度；

γ_w——水的重度。

设 l_{p0i} 为筒内气体在标准大气压力下筒中的长度，l_{p0i} 和 h_{wi} 的关系为

$$h_{wi}=\frac{1}{2}\left[\sqrt{(h_{p0}+h_i)^2-4(h_{p0}\cdot h_i-h_{p0}\cdot l_{p0i}\cdot\cos\phi)}-(h_{p0}+h_i)\right] \tag{4-2}$$

式中 ϕ——筒轴线与铅垂线的夹角。

l_{p0i} 和 h_{wi} 的关系亦可以表示为

$$l_{p0i}=(h_i+h_{wi})\frac{(h_{p0}+h_{wi})}{h_{p0}} \tag{4-3}$$

单筒的气浮力 F_{Bi} 表示为

$$F_{Bi}=\left(\frac{A_{di}}{\cos\phi}\right)\cdot h_{wi}\cdot\gamma_w \tag{4-4}$$

浮心点位于筒轴线上，距静水面的距离为 $h_{wi}/2$，据此可确定浮心点 B 在浮态坐标系中的坐标(x_{bi}, y_{bi}, z_{bi})。筒外水面以下筒壁排开水体产生的浮力另外计，一般情况下，其值远小于气浮力，对于钢结构可略去不计，对于混凝土结构应考虑，结构的重量 G 和总气浮力平衡。

设总重量为 G 的结构由 N 个浮筒或舱体组成，每个浮筒在水面上的截面面积为 A_i，建立浮态坐标系$(OXYZ)_B$，其 XOY 位于静水面上，Z 轴向上为正。每个浮筒在水面上的截面形心坐标为(x_{bi}, y_{bi})，根据浮体摇摆的等浮力变化原则，可得结构在水面上的摇摆中心点坐标(x_c, y_c)为

$$x_c=\frac{\sum_{i=1}^{n}(A_i\cdot k_{ai}\cdot x_{bi})}{A},\ y_c=\frac{\sum_{i=1}^{n}(A_i\cdot k_{ai}\cdot y_{bi})}{A},\ A=\sum_{i=1}^{n}(A_i\cdot k_{ai}) \tag{4-5}$$

式中 A——结构各浮筒在水面上的截面积加权面积和；

k_{ai}——浮筒气浮力折减系数。

在静水面上，将浮态坐标系的原点平移至(x_c, y_c)处，得到新的平面坐标系 $X'O'Y'$，气浮结构在扰动力矩作用下将绕 X'轴和 Y'轴摇摆。根据重心移动原理可导得气浮结构绕 X'轴和 Y'轴摇摆的稳心半径 d_x 和 d_y 为

$$d_x=\frac{I_x}{V},\ d_y=\frac{I_y}{V} \tag{4-6}$$

式中 V——与气浮体结构重量 G 相等的水体体积。

用于计算气浮结构的摇摆稳心半径的截面惯性矩 I_x 和 I_y 按下式计算：

$$I_x=\sum_{i=1}^{N}[A_i\cdot(y_{bi}-y_c)^2\cdot k_{ai}],\ I_y=\sum_{i=1}^{N}[A_i\cdot(x_{bi}-x_c)^2\cdot k_{ai}] \quad (4-7)$$

气浮结构的初稳性高 a_x 和 a_y 计算方法如下：

$$a_x=d_x-(z_g-z_B),\ a_y=d_y-(z_g-z_B) \quad (4-8)$$

式中 z_g——气浮结构重心点 G 的 z 坐标；

z_B——气浮结构浮心点 B 的 z 坐标。

当 a_x 和 a_y 大于0时(即稳心在重心上)，气浮体稳定，a_x 和 a_y 小于0时(即稳心在重心下)，气浮体不具有恢复能力，倾斜将发生下去(别社安等，2001)。

CCS(中国船级社)、DNV(挪威船级社)、BV(法国船级社)、ABS(美国船级社)等主要船级社对立柱稳定式海上结构物的完整稳性的要求见表4-1，K 为稳性衡准数(面积比)。

表4-1 完整稳性要求对比表

规范		CCS	DNV	BV	ABS
初稳性高 GM(m)		≥0.15	≥1.0；≥0.3(临时状态)	≥0.3	≥0
面积比 K	自存状态	≥1.3	≥1.3	≥1.3	≥1.3
	其他状态	≥1.3	≥1.3	≥1.3	≥1.3

以某海上风电3 MW筒型基础为例进行静稳性分析，基础总重为2 200 t、筒型基础直径30 m、筒裙高12 m，基础整体重心位置位于顶板以上1.91 m。通过理论计算和数值模拟方法分别计算在吃水为4.0～5.0 m的初稳性高，并对稳性衡准数进行校核。

分别采用理论公式及数值模拟的方法对筒型基础静稳性进行计算，计算结果显示两种方法在计算筒型基础吃水分别为4.0 m(筒内水封1.0 m)、4.5 m(筒内水封1.5 m)和5.0 m(筒内水封2.0 m)时的初稳性高相差不大，且MOSES计算的值略大于理论计算值，增幅依次为1.6%、1.4%、1.37%，见表4-2。

表4-2 初稳性高度

吃水(m)	筒内水封(m)	理论计算 GM(m)	MOSES计算 GM(m)
4.0	1.0	7.41	7.53
4.5	1.5	6.98	7.08
5.0	2.0	6.54	6.63

筒型基础为底部开口的基础结构，浮运过程中内部封闭有高压气体，在计算其静稳性时需考虑其底部最不利舱体内高压气体漏出的情况，此时对应于筒型基础不同的吃水和液封情况，会有相应的最大不漏气转角限值，如图4-3所示。此筒型基础吃水4 m、4.5 m

和 5 m 的时候，对应的底部液封高度为 1 m、1.5 m 和 2 m，则最大不漏气转角分别为 3.32°、5.13°和 6.90°。

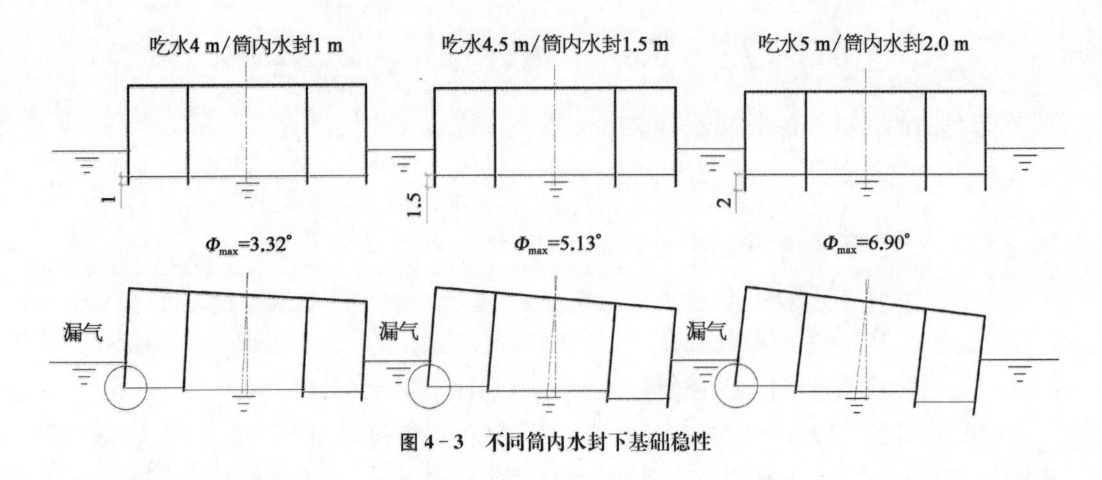

图 4-3　不同筒内水封下基础稳性

静稳性臂 l 随横倾角的变化比较复杂，不能用简单的公式来表示。通常根据计算结果绘制成图 4-4 所示的曲线图，这种图称为静稳性曲线图。它表示结构在不同倾角时复原力矩(或复原力臂)的大小。

为了研究刚性浮体及底部开口气浮体稳性的区别，刚性浮体采用常规表征方法，气浮体以不同吃水及水封工况下的漏气倾角为最大控制倾角，可以得到图 4-4～图 4-6。

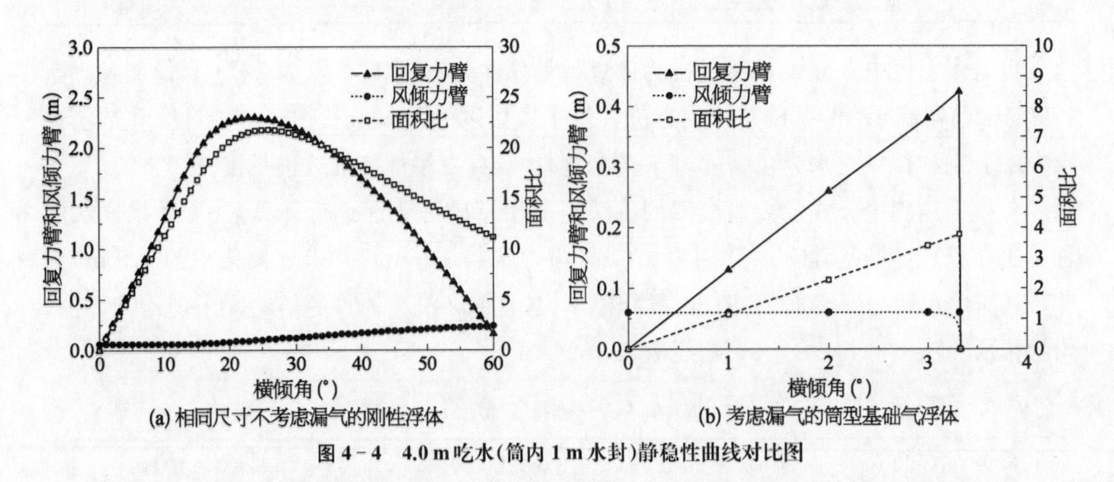

图 4-4　4.0 m 吃水(筒内 1 m 水封)静稳性曲线对比图

从图 4-4～图 4-6 中可以看出，在结构的静稳定浮态附近，静稳性臂曲线接近于直线，气浮体由于避免漏气存在最大的限制转角，回复力臂在对应的位置存在直线下降的拐点，这是由于气浮体在漏气后将即刻倾覆，不再处于稳性状态。

计算各吃水深度下基础的稳性衡准数见表 4-3，从表中可以看出，在不同吃水下的面积比 K 都大于 1.3，满足规范要求，可以进行浮运拖航。但吃水深度及水封高度对其影响较大，因此筒型基础进行气浮拖航时，需确保与一定的吃水深度及水封高度。

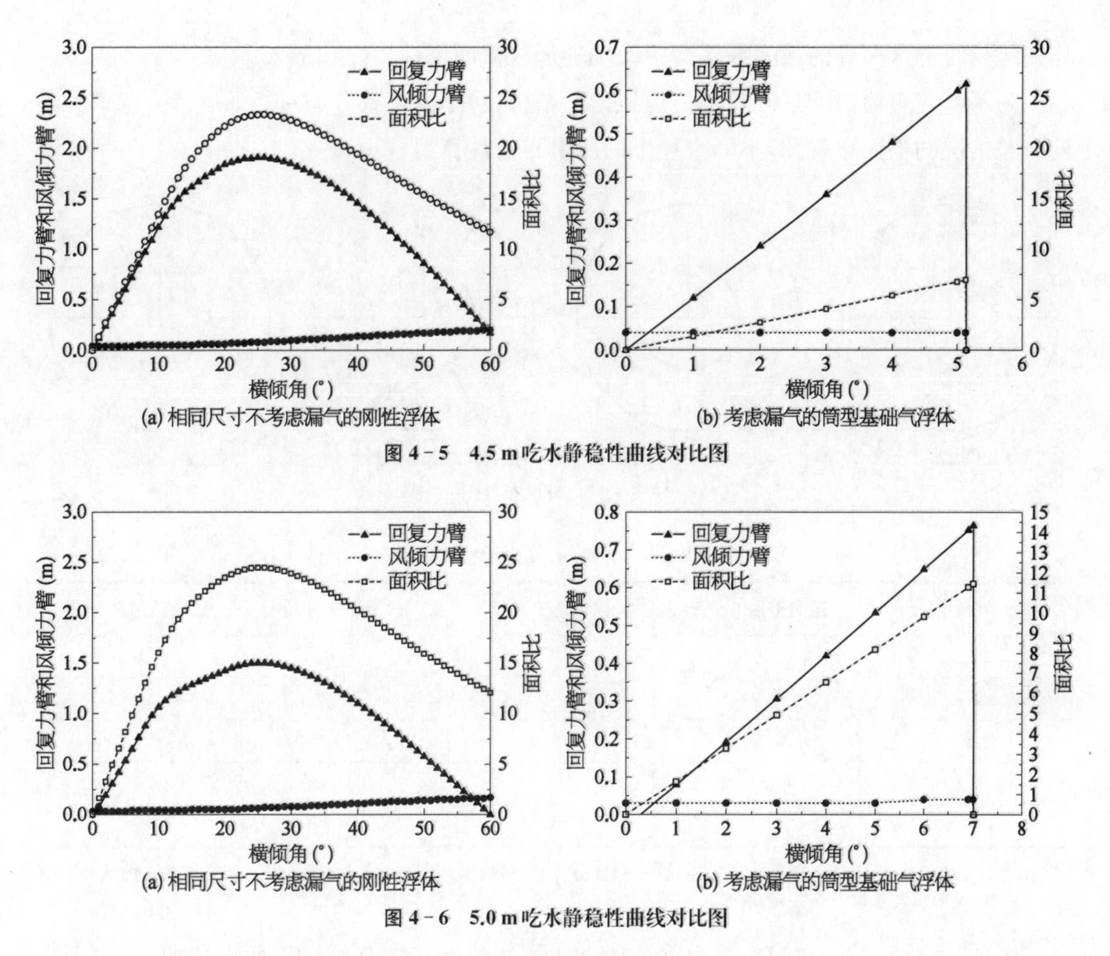

图4-5　4.5 m吃水静稳性曲线对比图

图4-6　5.0 m吃水静稳性曲线对比图

表4-3　面积比 K

吃水(m)	筒内水封(m)	刚性体 K	气浮体 K	判　别
4.0	1.0	10.52	3.77	>1.3,满足
4.5	1.5	10.73	6.94	>1.3,满足
5.0	2.0	11.03	11.44	>1.3,满足

参考《海上风电场工程风电机组基础设计规范》(NB/T 10105—2018)中有关重力式基础浮运稳定性验算要求小于6°的规定,并结合上述分析,当此筒型基础底部液封高度分别为1.0 m、1.5 m和2 m时,最大不漏气转角分别为3.32°、5.13°和6.90°,综合后推荐此宽浅式筒型基础浮运过程中最小液封高度不得小于1.5 m。

4.1.2　筒型基础结构的分舱优化方法

从气浮结构稳心半径计算式(4-7)和式(4-8)可以看出,当气浮结构的舱格在静水面处的截面绕摇摆中心轴的加权截面惯性矩之和最大时,气浮结构的稳心半径最大,气浮结构的稳性高。因此,单筒基础内部舱格位置的优化,就是寻求如何布置舱格,使得气浮结构的舱格在静水面处的截面绕摇摆中心轴的加权截面惯性矩之和最大。

为了研究单筒筒型基础内部最优化分舱结构，对不同形式分舱进行研究，图 4-7 为不同分舱情况的平面布置图，不同半径下的舱室布置计算组合见表 4-4。

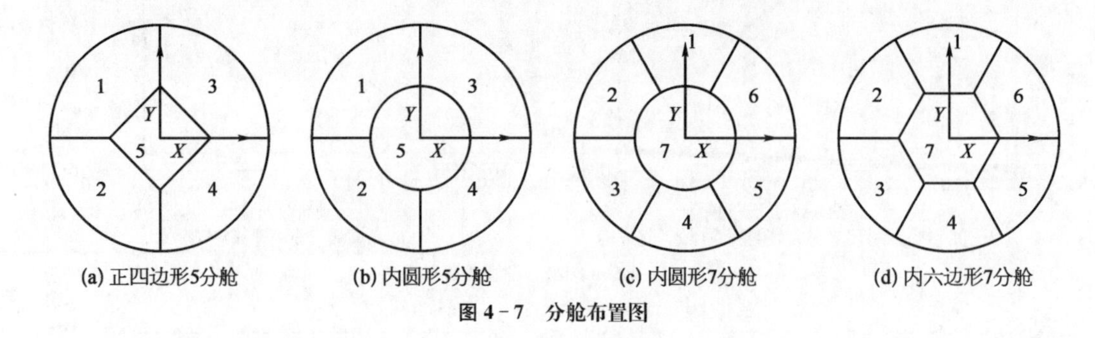

图 4-7 分舱布置图

表 4-4 分舱组合表

半径(m)	正四边形 5 分舱	内圆形 5 分舱	内圆形 7 分舱	正六边形 7 分舱
15	V	—	—	V
12.5	V	V	V	V
10	V	V	V	V
7.5	V	V	V	V
5	V	V	V	V

注：1. 内舱室为正多边形布置时，所述半径为外接圆的半径，舱室为圆形布置时，所述半径就是圆本身的半径。
2. 表中 V 表示组合存在，—表示组合不存在。

图 4-8 为相同吃水深度时四种分舱方式的初稳性高随分舱半径的变化曲线，从图中可以看出，在其他外部条件相同的前提下，分舱初稳性高都随着内舱半径的增加而降低，从而浮稳性降低；且在相同的吃水深度下，四边形分舱形式和六边形分舱形式的初稳性高都比圆形布置的初稳性高大；当内舱分舱半径小于 11.61 m 时，六边形分舱的初稳性高大于四边形分舱的初稳性高，当分舱半径大于 11.61 m 时，四边形分舱的初稳性高大于六边形分舱的初稳性高(丁红岩等，2016)。

图 4-9 为相同吃水深度时四种分舱方式抗倾覆力矩随半径变化的曲线图，从图中可以得到，抗倾覆力矩随着半径的增加而降低，内舱半径从 5 m 按照 2.5 m 的幅度增加变化到 15 m 的过程中，四边形分舱的抗倾覆力矩降幅依次 2.82%、7.82%、17.9%、39.67%，圆形分舱降幅依次为 7.34%、21.34%、57.2%，六边形分舱降幅依次为 4.7%、13.3%、32.3%、87.0%，且 5 m 到 10 m 变化过程中的降幅明显的小于从 10 m 增加到 15 m 时的降幅，说明随着分舱半径的降低，结构抗倾覆力矩提高的空间有限。

通过上述比较应优先选用正多边形分舱形式静稳性最好，进而对正多边形分舱形式进行更深入的优化比较，同时综合考虑后期筒型基础沉放施工过程中基础调平的需要，对分舱个数及各舱室面积进行优化研究，计算结果见表 4-5。

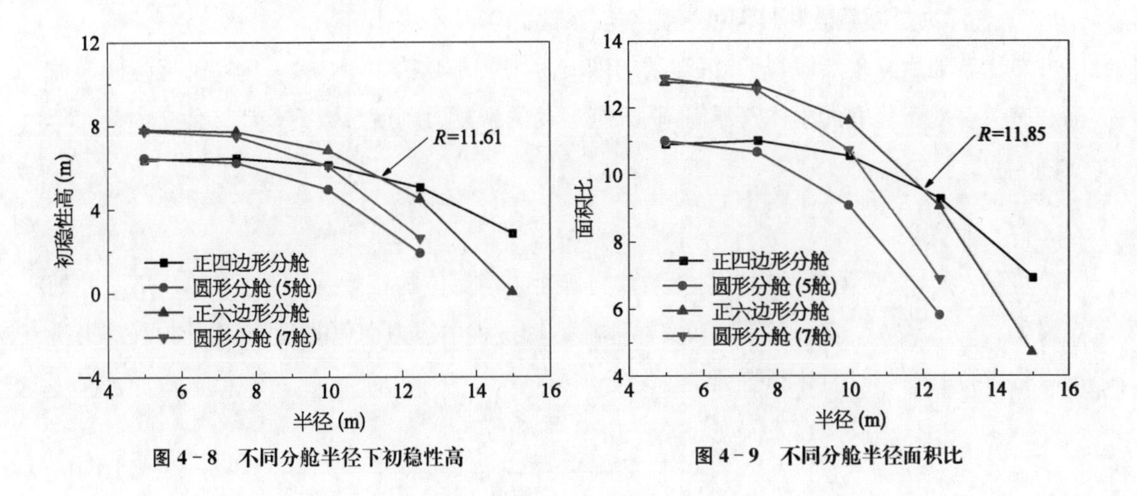

图4-8 不同分舱半径下初稳性高

图4-9 不同分舱半径面积比

表4-5 分舱个数-初稳性高-边舱与中舱面积比关系分布表

正多边形(n)	4	6	8	10	12	18	24
GM(m)	6.46	7.69	8.13	8.35	8.42	8.58	8.60
A_i/A_0	1.32	0.64	0.43	0.32	0.27	0.17	0.13

注：n代表正多边形的边数，A_i代表相应分舱形式边舱的XY平面沿Z轴的投影面积，A_0代表相应分舱形式内舱的XY平面沿Z轴的投影面积。

从表4-5中可以看出，随着分舱数的增加，初稳性高相应增加。正多边形n值逐渐由4增加至24时，GM其增幅依次为19.04%、25.85%、29.26%、30.34%、32.82%、33.12%，增幅值差越来越小，说明随着n值增加，初稳性高的提高有限。同时可以看出随着n的增大，A_i/A_0值相应减小，由精细调平的施工要求可知，各分舱面积比值越接近1，精细调平越容易进行。由于n值的增大对于初稳性高的提高在$n>8$之后并不明显，故单独考虑精细调平施工要求，内分舱为正四边形或正六边形较优。

经上述优化分析可以得到，综合考虑稳性最好和沉放施工要求(各舱室等面积)两种因素，可以确定出此大直径宽浅式筒型基础选用正六边形的内分舱形式最优。

4.1.3 筒型基础结构的动态稳性分析

4.1.3.1 气浮折减系数

气浮体与实浮体气浮特性上有很大的差异，主要是因为气浮体底部与水直接接触的是封闭的压缩性气体，可视为气弹簧与水弹簧的串联，但此刚度要明显小于实浮体的水弹簧，从而使得气浮体刚度要更差。为了确保气浮结构水上作业时的安全性，需要考虑气浮结构在浮态、稳性和动力学特性上的影响，此处拟从气浮结构受力原理出发，提出“气浮折减系数”来考虑气浮结构对上述特性的减弱作用(别社安等，2004)。

1) 气浮力折减系数和气浮恢复力刚度系数

对于普通直立单浮筒,其升沉运动的恢复力刚度系数为 $K_z=\gamma_w \cdot A_{di}$,仅与筒体横截面积有关。对于直立的单体气浮筒,其升沉运动的恢复力刚度系数 K_{bzi} 计算公式为

$$K_{bzi}=\frac{\partial F_{bi}}{\partial Z}=\gamma_w \cdot \frac{\partial h_{wi}}{\partial h_i} \cdot A_{di} \tag{4-9}$$

可见,单体气浮筒的回复力刚度系数与普通刚性浮体的相差一个系数 $\partial h_{wi}/\partial h_i$,此处定义 $k_{ai}=\partial h_{wi}/\partial h_i$,表示气浮体和实浮体在运动过程中浮力变化的差异,称其为气浮力折减系数,可由式(4-10)计算得到:

$$K_{ai}=\frac{\partial h_{wi}}{\partial h_i}=\frac{1}{2}\left(\frac{h_i-h_{p0}}{\sqrt{(h_i-h_{p0})^2+4h_{p0}(l_{p0i} \cdot \cos\phi-h_i)}}-1\right) \tag{4-10}$$

式中各符号含义参照式(4-2)中的注释。

进而可以得到气浮结构升沉运动的恢复力刚度系数 k_{Bz} 计算公式为

$$K_{Bz}=\frac{\partial F_B}{\partial z}=\sum_{i=1}^{N}\frac{\partial F_{bi}}{\partial z}=\sum_{i=1}^{N}\left(\gamma_w \cdot \frac{A_{di}}{\cos\phi} \cdot \frac{\partial h_{wi}}{\partial h_i}\right)=\sum_{i=1}^{N}\left(\gamma_w \cdot \frac{A_{di}}{\cos\phi} \cdot k_{ai}\right) \tag{4-11}$$

2) 升沉运动的附加质量系数和运动周期

一般可利用气浮的工程结构都具有足够的刚度,其浮运过程中的升沉运动可当作单自由度体系来考虑。忽略水阻尼影响,根据动力学理可得到气浮结构升沉运动的固有周期 T_z表达式为

$$T_z=2\pi \cdot \sqrt{\frac{m_{sw}}{K_{Bz}}} \tag{4-12}$$

$$m_{sw}=m_s+m_w=k_{mz} \cdot m_s \tag{4-13}$$

式中 m_s——结构自身质量;

m_w——随结构运动的水质量;

m_{sw}——气浮结构体系质量,包括结构自身质量和随结构运动的水质量;

k_{mz}——附加质量系数。

如果通过试验测得了气浮结构的自由升沉周期 T_z,则由式(4-12)及式(4-13)可以得到

$$k_{mz}=K_{Bz}T_z^2/(4\pi^2 m_s) \tag{4-14}$$

这样就可以通过试验来测算气浮结构作升沉运动的附加质量系数。

4.1.3.2　气浮结构原型试验

基于上述气浮结构力学特性原理，在天津渤海某海域进行了三筒气浮结构原型试验，此三筒系泊平台总重 2 400 kN，采用三筒基础结构，每个筒基直径为 6 m、高 9 m，筒中心间距为 15.0 m。

1）气浮力折减系数

基于现场原型试验实测数据得到的三筒系泊平台气浮结构的气浮力折减系数 k_{ai}、结构自重 G 和干舷高度 h_i 的关系曲线如图 4-10 所示，其中三筒平台每个筒内的气压值大约为 2.83 m 水头高度，当浮筒干舷高度分别为 1.0 m、3.0 m 和 5.0 m 时，气浮力折减系数分别是 0.77、0.69 和 0.62，也即气浮体的恢复力系数仅为普通浮体的 77%、69% 和 62%。在干舷高度相同的情况下，结构重量越大，气浮力折减系数越小，变化幅度随干舷高度的增大而减小。同时，从图 4-10 中可以看出，气浮力折减系数与干舷高度呈弱非线性关系。

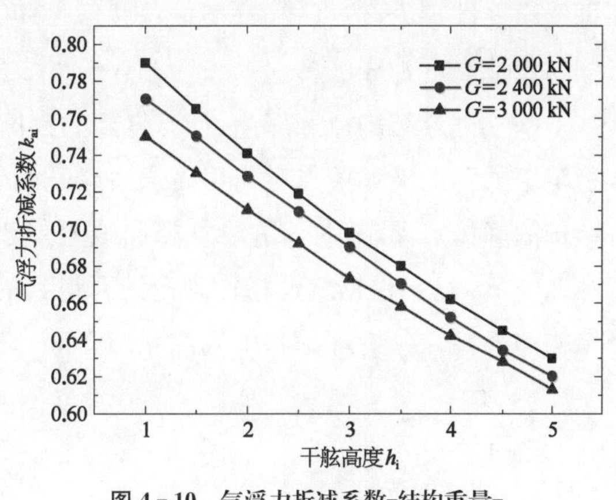

图 4-10　气浮力折减系数-结构重量-浮筒干舷高度关系曲线

2）升沉运动附加质量系数

在对结构的升沉和摇摆周期进行计算时，需要确定附加水质量系数 k_{mz} 和 k_{mx}。附加水质量系数所表达的内容是指浮体作升沉和摇摆运动时，浮体及其带动水体量与浮体自身质量之比，因此附加水质量系数至少应与浮体结构的形状和吃水深度有关。在船舶动力学中，k_{mz} 和 k_{mx} 均可取为 1.2，但船舶为实浮体结构，船舶自重和载货量确定了船舶的吃水深度，而在筒型气浮体结构中，一方面结构升沉和摇摆时会带动筒内外的水体运动，另一方面结构的吃水深度与筒内的充气量有关。鉴于对气浮结构附加水质量系数进行理论分析的复杂性，一般先通过试验来测定其值。

现场试验中，通过施加外力使结构发生自由升沉运动，测量气浮筒内的压力时程和结构升沉运动量的时程对这些时程进行频谱分析，就可得到气浮结构的自由升沉运动周期，见表 4-6。根据结构的浮态计算出相关的参数，将测算的自由升沉运动周期代入式(4-14)，就可计算得到试验中结构的附加水质量系数 k_{mz}。如果基本质量直接按结构的岸上质量考虑，结构升沉运动的附加质量系数为 1.96；如果基本质量取结构的质量和浮筒底部包住的水体质量，则升沉运动的附加质量系数为 1.14。

表 4-6　试验结构的升沉周期计算参数

筒入水深度(m)	结构质量 m_{s1}(kg)	结构和筒内水质量 m_{s2}(kg)	恢复力刚度系数 K_{Bz}(kN/m)	自由运动周期(s)	附加水质量系数 k_{mz}	
					m_{s1}	m_{s2}
4.84	239 000	411 200	578.1	5.66	1.96	1.14

3) 初稳性高

三筒系泊平台现场试验中，当 3 个筒体的干舷高度分别为 3.7 m、3.0 m 和 3.0 m 时，根据气浮稳性理论，依据式(4-6)～式(4-8)可计算得到结构横摇初稳性高度为 3.12 m，纵摇初稳性高度为 3.00 m。

基于气浮结构浮态理论，计算得到的三筒结构静稳性力臂曲线如图 4-11 所示，图中稳定矩力臂的极大值点对应于筒顶边缘开始入水。结构沿 X 轴对称，沿 Y 轴不对称。在结构的静稳定浮态附近，静稳性臂曲线近似于直线，绕 X 轴和 Y 轴的斜率分别为 3.13 m 和 3.03 m，这与根据气浮稳性理论计算得到的初稳性高 3.12 m 和 3.00 m 吻合，表明气浮结构的静稳性分析理论和由气浮浮态理论分析得到的静稳性曲线得到了相互验证。

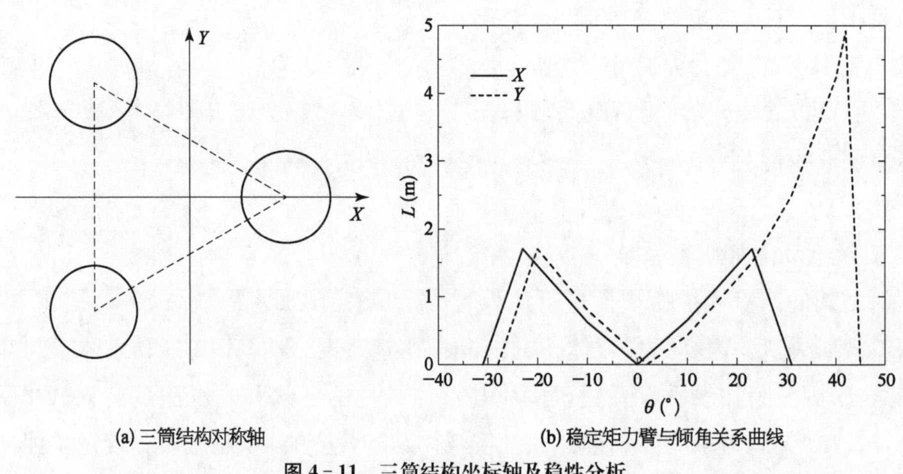

(a) 三筒结构对称轴　　(b) 稳定矩力臂与倾角关系曲线

图 4-11　三筒结构坐标轴及稳性分析

4.1.3.3　筒型基础自稳性分析算例

以某海上风电 3 MW 筒型基础为例进行静稳性分析，理论分析模型及基础结构工程实际浮态如图 4-12 所示，根据 4.1.1.2 节的气浮静稳性公式，可以得到筒型基础静稳性见表 4-7。

表 4-7　筒型基础静稳性

项　目	筒 型 基 础
重量(t)	3 150
水线面面积(m^2)	803.84

（续表）

项　　目	筒 型 基 础
液位差(m)	3.9
安全吃水(m)	3.9+3=6.9
重心位置(水面为坐标0)	+6.9
浮心位置	−1.95
横稳心半径(m)	16.3
初稳性高 GM(m)	7.6

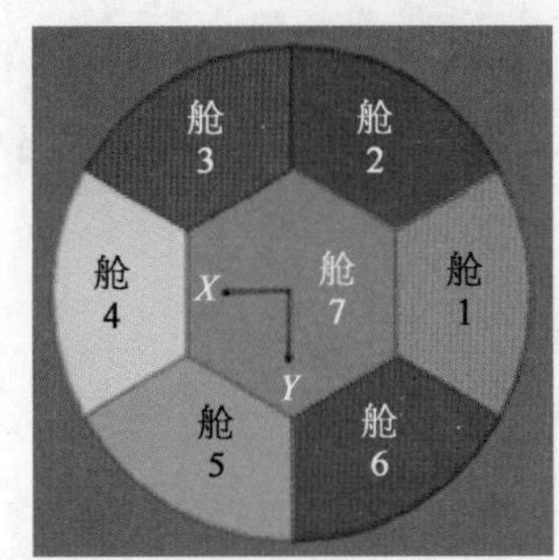

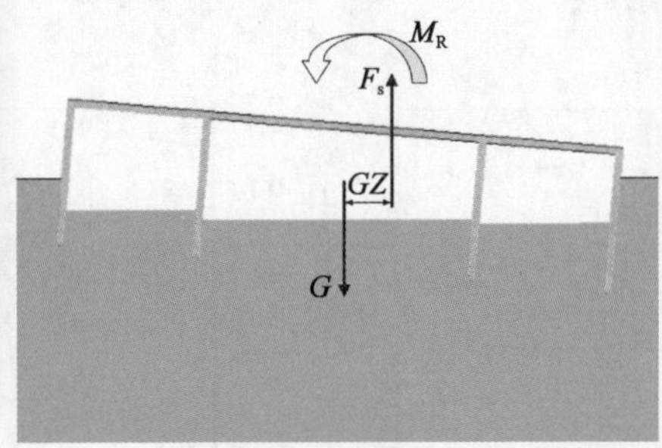

图4-12　筒型基础受力分析模型及工程实际结构

根据筒型基础的静稳性绘制筒型基础的稳定性曲线，如图4-13所示。

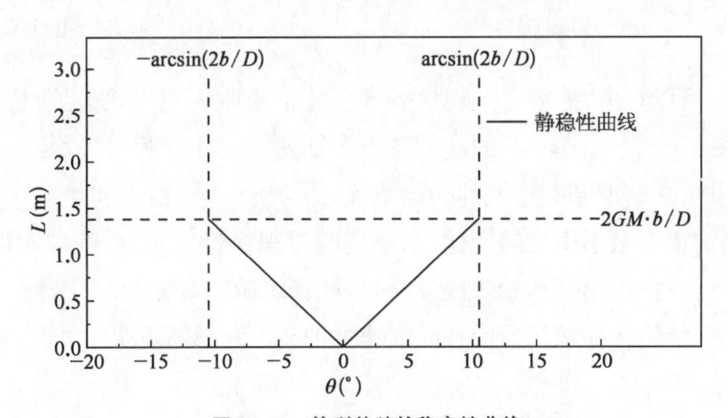

图4-13　筒型基础的稳定性曲线

（注：b 代表安全液封高度，D 代表筒型基础直径，GM 代表筒型基础整机的初稳性高）

根据筒型基础的稳性曲线可以看出，筒型基础在未破舱情况下，回复力臂为正，具有较好的稳性。

4.1.3.4　动稳性分析

依旧以4.1中某海上风电3 MW筒型基础为例进行拖航过程稳性分析，图4-14～图4-17分别为筒型基础吃水5 m、拖航中风速15 m/s(7级风)、拖航速度2 m/s、波高1 m和周期7 s的工况下拖缆的张力及拖航过程中的垂荡、横荡和纵荡加速度时程曲线图。

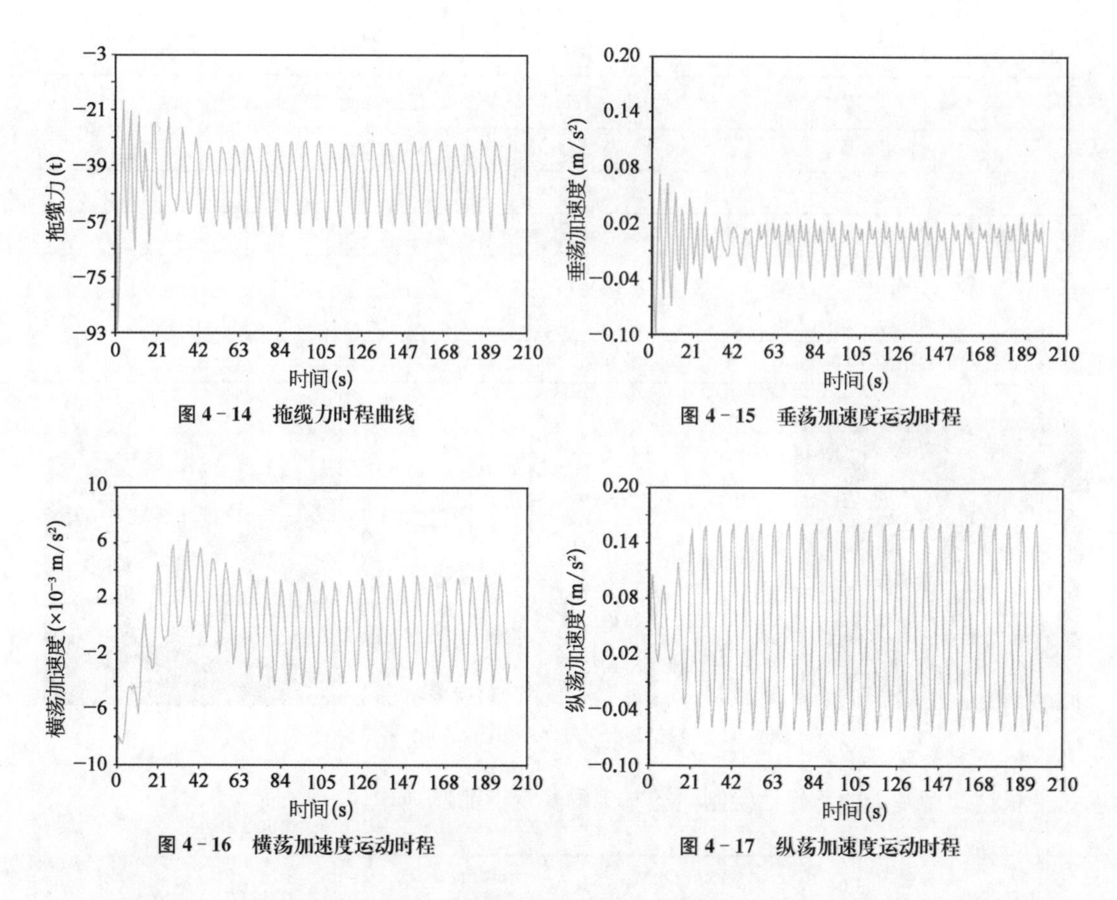

图 4-14　拖缆力时程曲线

图 4-15　垂荡加速度运动时程

图 4-16　横荡加速度运动时程

图 4-17　纵荡加速度运动时程

从图 4-14 可以看出，拖缆力呈现比较规则的正弦曲线变化，稳定阶段的最大拖缆力为 610 kN，从图 4-15～图 4-17 的基础各方向加速度变化时程可以得到，垂荡加速度运动的最大幅值发生在筒型基础拖航的初始阶段，为 0.1 m/s^2；由于初始阶段波浪突然作用于基础上，横荡加速度呈不稳定的变化，而在拖航过程保持稳定，横荡加速度以 0.04 m/s^2 的振幅保持稳定；纵荡加速度初始阶段较小，拖航稳定阶段最大加速度为 0.15 m/s^2。从上述分析可以看出，结构在拖航过程中各向加速度的幅值和振荡幅度都很小，拖航是安全的。

4.2　海上风电筒型基础专用运输安装船舶

4.2.1　专用安装船舶简介

海上风电场所处环境较为恶劣，施工困难，且施工费用较高，从安全性和经济性等方面考虑，需要在新型基础结构和装备上进行技术创新。目前，海上风电场按照安装方式的不同主要分海上分体安装和海上分步安装，其中海上分体安装就是在海上将风机的各个部件安装在一起，但由于海上风浪大、风机很高，给海上起重作业和安装带来很大的难度，为了提高安装效率，仍然考虑尽可能在陆地组装风机部件，以减少起吊次数和高空安装作业量；分步安装是指先进行海上风电基础结构的施工，再用驳船或起重机吊住组装好的风电机组运输到安装地点，利用起重机把组装好的风电机组安装在已建成的基座上。既有常规的分体及分步安装都需要进行大量的海上施工作业，受到海上作业窗口期及恶劣海况的影响，实际可施工作业天数及成本都非常大及不可控，海上风电高效建造技术及装备亟待研发。

宽浅式筒型基础可实现陆上批量化预制、码头整机安装调试、海上整体拖航及一步式安装，将大量的海上作业时间移植到了陆上，从而大大降低了基础结构的制造和安装成本，该技术可实现大型海上风机“即装即用”的目标，可同时满足“安全、高效、经济、环保”及海上风电规模化开发的需求(练继建等，2012)。海上风电整机安装的思路为：基础结构及风机部件(塔筒、机组及扇)全部在陆上或船坞建造，整体浮运至海上指定机位后，整机一步式安装。

从上述分析可以看出，宽浅式筒型基础本身具有较好的稳性，其基础单独进行远距离拖航是可行的，但为了满足“基础-塔筒-机组-扇叶”整机运输的要求及机组远距离浮运过程中的高标准要求，其自身的稳性就不再能满足要求了。天津大学海上风电技术研发团队成功研发了“道达”号海上风电一步式安装专用船舶，如图 4-18 所示。“道达”号风电装船于 2016 年下水，并已成功地在多个风电场成功的整机一步式安装了十多台海上风电筒型基础结构。

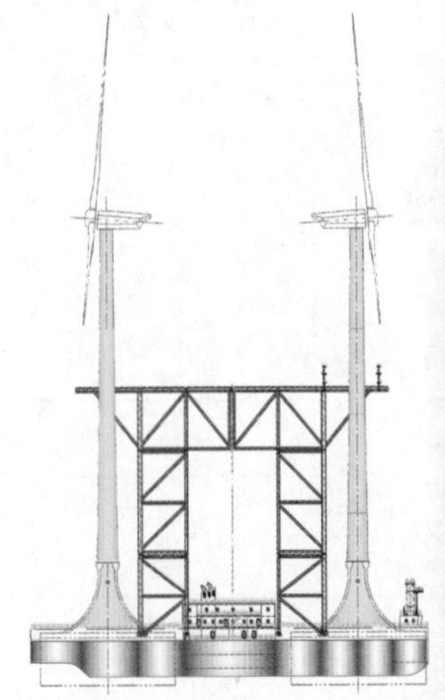

图 4-18　海上风电筒型基础整机一步式安装专用船舶(“道达”号)

筒型基础整机运输方式在初始设计阶段，考虑有单筒湿拖、船-筒干拖、筒顶船湿拖三种一步式拖航方法(练继建等，2018)，其中由于筒型基础自身稳性有限及整机运输中塔筒及机组的高标准要求，只有采用专用船舶的“筒船一体运输”才能够满足整个运输期的整机稳性要求(Jijian Lian 等，2019)。

筒型基础整机浮运过程中，对筒型基础舱室内部充气使其起浮，与船体凹槽处顶盖板紧密接触，“筒顶船整机运输”受力体系及工程示例如图 4-19 所示。

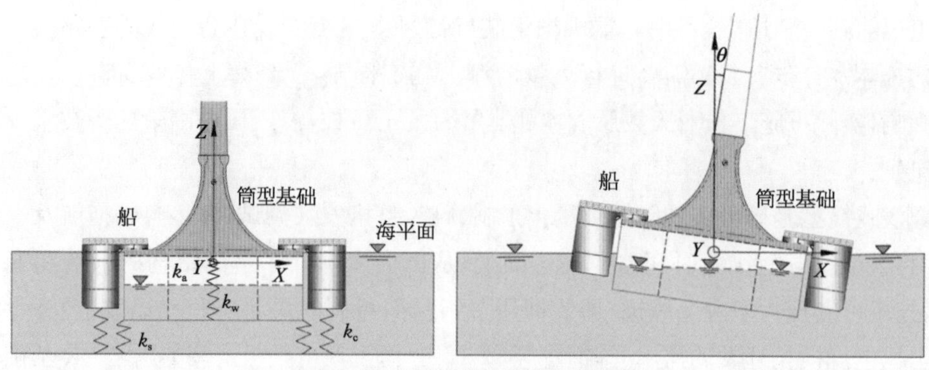

图 4-19　风电机组结构受力示意图

4.2.2　设计特点、用途

此专用安装船舶主要用于整体运输风力发电机的筒体、机头、叶片及其基础，并将整机一步式安装到位。本船的设计和建造均满足 RINA 及 CCS 的关于最新驳船规范及 CB 中的相关要求。本船在船艏区域配备桁架式结构用以固定风机设备，全船设有 1 200 kW 发电机 4 台，艉部设有 2 台 1 500 kW 全回转舵桨；艏部设有 2 台 600 kW 侧推。通过将风机放入海水中并扶正、固定于本船，然后本船拖带风电机组于沿海航区作业，到达安装位置后通过全球 GPS 锚泊定位软件进行定位，依靠自身舵桨的推进系统进行移动、定位并最终通过定位桩腿保持船位。

4.2.3　主要参数

此专用安装船主要参数见表 4-8。

表 4-8　专用船舶主要参数表

项　目	参　数
总　长	103.2 m
型　宽	51.6 m
型　深	9 m
吃　水	6 m
排水量	≈16 900 t(不含风机排水量)
船　速	5.0 kts
船　员	46 人(80 kg/人)
甲板荷载	20 t/m^2
船　重	5 188 t
船重心位置	船长方向 $X=52.876$ m 船宽方向，船艏朝左舷 $Y=0.145$ m 高度方向 $Z=6.630$ m

4.2.4 作业水域及环境条件

作业水域海况：

风力≤8级(蒲氏风级)；

流速≤1.5 m/s；

有义波高≤4.0 m。

4.2.5 风电基础安装相关系统

4.2.5.1 海底整平系统

(1) 海底整平装置用于本船到达指定安装位置后对安装区域海底表层泥面进行整平，整平精度可控制至50 mm。

(2) 整平系统通过变频式起降齿轮箱控制起降，可整平深度范围水面以下5～25 m。

(3) 整平系统设计参数：长42.6 m、高47.5 m。

4.2.5.2 高压注浆系统

高压注浆系统用于风机基础沉放到位后，对各分舱内压注水泥混合浆液，填充各舱内空隙并固结表层土，各项主要参数见表4-9。单台风机基础各舱内预计总填充量为20～40 m^3，填充时间在3 h左右，填充压力3～5 MPa。采用可调式限压卸荷阀结构，压力在0.5～5 MPa范围内任意调定。档注浆压力超出调定值时，卸荷阀自行开启，浆液返回储浆池，不致因超压影响工程质量并有效地保护设备和管路。

表4-9 注浆系统参数表

序号	基本参数	数值
1	灰浆输送量(m^3/h)	15～20
2	工作压力(MPa)	3～5
3	输送高度(m)	30～40
4	水平输送(m)	100～150

4.3 筒型基础-塔筒-风机与船舶静态稳性分析

一般在讨论船舶或海洋平台稳性问题时候，主要把稳性问题分为初稳性和大倾角稳性，其中初稳性(小倾角稳性)一般指倾斜角度小于10°～15°或上甲板边缘开始入水前(取其小值)的稳性；大倾角稳性一般指倾斜角度大于10°～15°或上甲板边缘开始入水之后的稳性。由于筒型基础需满足舱内不漏气的基本要求，经4.1节分析可知，筒型基础在整个浮运阶段均处于初稳性(小倾角稳性)阶段，所以认为在进行筒型基础稳性分析均为初稳性分析。

基于筒型基础-塔筒-风机一体化运输和安装的设想，最为便捷的方法是筒型基础自身不借助任何扶助措施，靠自身稳性来直接进行浮运，但这就需要筒型基础自身具有极高的浮稳性。因此需要对筒型基础、筒型基础-塔筒-风机两种体系分别进行设计和稳性计算，若上述两种体系不能满足整体浮运要求，则需要提出相应的辅助稳性措施，此处拟基于“道达”号专用安装船舶展开分析，研究筒型基础-塔筒-风机与船舶的静态稳性，以确保整体浮运过程中的安全性。

4.3.1 筒型基础-塔筒-风机体系静态稳性分析

从上述分析可以看出，筒型基础自身具有较好的稳性，能够满足自身远距离拖航的需求，但筒型基础-塔筒-风机组成一体后会使得结构重心大幅提高，如果基础同时也能够满足塔筒-风机整机拖航稳性的要求，将是一种最为经济的海上运输安装方式，因此拟对筒型基础-塔筒-风机体系稳性进行分析，各部分结构分解图及整体如图 4-20 所示。

图 4-20 筒型基础-塔筒-风机结构示意图

根据 4.1.1.2 节的气浮静稳性公式，同样以某海上风电 3 MW 筒型基础-塔筒-风机体系为例进行静稳性分析，静稳性分析结果见表 4-10。

表 4-10 筒型基础整机静稳性

项　目	筒型基础整机
重量(t)	3 150(基础)+700(风机)=3 850
水线面面积(m^2)	803.84
液位差(m)	4.8
安全吃水(m)	4.8+3(安全水封 b)=7.8
重心位置(水面为坐标 0)	+21.7
浮心位置	−2.4

(续表)

项　目	筒型基础整机
横稳心半径(m)	13.4
初稳性高 GM(m)	−10.7

根据筒型基础-塔筒-风机的静稳性可以看出，该体系整体初稳性高为负值，说明该体系没有回复力臂，在轻微扰动下也不能处在平衡状态，所以单独依靠筒型基础自身的浮稳性来实现基础-塔筒-风机进行远距离拖航浮运是不可行的，需要借助其他辅助结构以增强整体的浮稳性。

4.3.2　筒型基础-塔筒-风机与船舶体系静态稳性分析

同样以某海上风电 3 MW 筒型基础-塔筒-风机与船舶体系为例进行稳性分析，整体理论分析模型及实际拖航过程如图 4-21 所示，进一步根据 4.1.1.2 节的气浮静稳性公式得到静稳性，见表 4-11。

图 4-21　筒型基础-塔筒-风机整体浮运数值模型与原型

表 4-11　筒型基础整机与船舶静稳性

项　目	筒型基础整机与船舶	
重量(t)	5 188(船重)/8 296.070 3(运行)	
水线面面积(m^2)	3 993.12	
安全吃水(m)	2(船)/7.8～8(筒)	
重心位置(水面为坐标 0)	+13.35	
浮心位置	−1.0	
横稳心半径(m)	54.1	31.2
初稳性高 *GM*(m)	(横摇)39.7	(纵摇)16.9

根据整体结构的静稳性可绘制结构稳定性曲线，如图 4-22 所示。

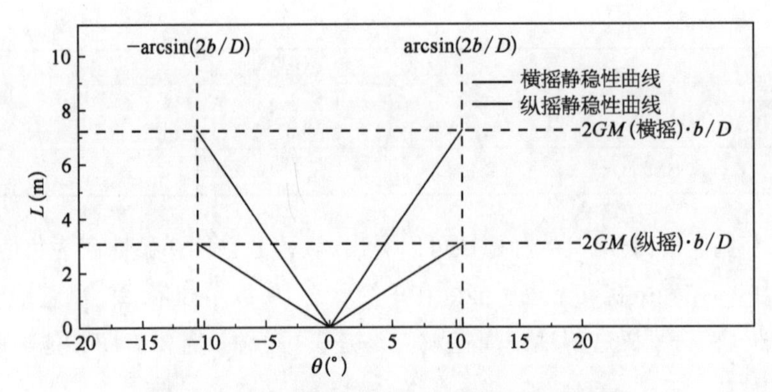

图 4-22　筒型基础-塔筒-风机与船舶体系稳定性曲线

（注：b 代表安全液封高度，D 代表筒型基础直径，GM 代表筒型基础整机的初稳性高）

根据筒型基础-塔筒-风机与船舶体系的稳性曲线可以看出，筒型基础在舱体未漏气的情况下，回复力臂为正，具有较好的稳性，能够满足整机运输的浮稳性要求。

4.4　筒型基础-塔筒-风机与船舶多体耦合安全性

4.4.1　筒型基础-塔筒-风机与船舶多体耦合作用

4.4.1.1　风电机组结构吃水深度不同时与运输安装船的相互作用

一步式风电运输安装系统包括运输安装船和风电机组结构（含筒型基础、塔筒、机头、扇叶）两部分（天津大学，2014），为了研究风电机组结构吃水深度对运输安装船浮运的影响，选取吃水深度分别为 3 m、4 m 和 5 m 的三种工况（黄旭，2011）。通过调节内部充气量，保证三种工况下内外液面高度差相同（2 m），使吊索初始张力相同。对三种吃水深度下一步式风电运输安装系统浮运过程进行时域分析，给定外部环境为：波浪条件为波高 2 m、周期为 5 s、拖航速度为 3 m/s。对运输安装船和风电机组结构各向加速度、风电机组结构各向位移（主要是绕 x 和 y 轴转角）及吊索张力、拖缆力进行对比分析。

1）不同吃水条件下风电机组结构和运输安装船加速度对比

不同吃水深度条件下，风电机组结构各向加速度时程对比曲线如图 4-23～图 4-25 所示。

从图中可以看出，对于风电机组结构，随着吃水深度的增大，其横向（X 向）加速度、垂向（Z 向）加速度和横摇加速度（绕 Y 轴）均有所增大，这是由于随着吃水深度的增加，波浪对风电机组结构的作用面积增大，因而其作用力也随之增大，使得在浮运过程中风电机组结构运动加速度增大。当吃水由 3 m 增大至 4 m 时，结构运动加速度增大幅度较小；而当吃水由 4 m 增大至 5 m 时，结构运动加速度有较大幅度的增大，垂向（Z 向）加速度表现最为明显。

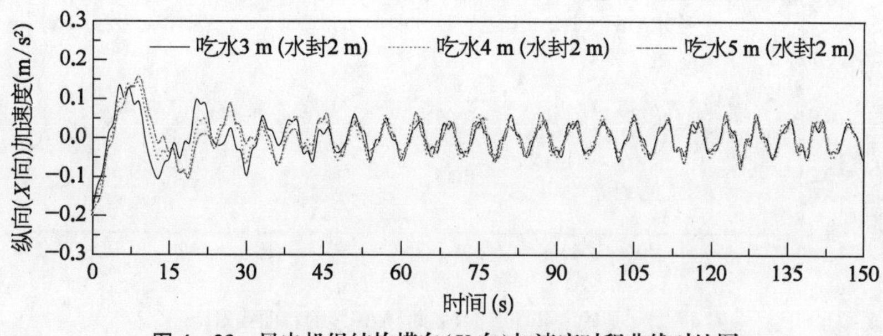

图 4-23　风电机组结构横向(*X* 向)加速度时程曲线对比图

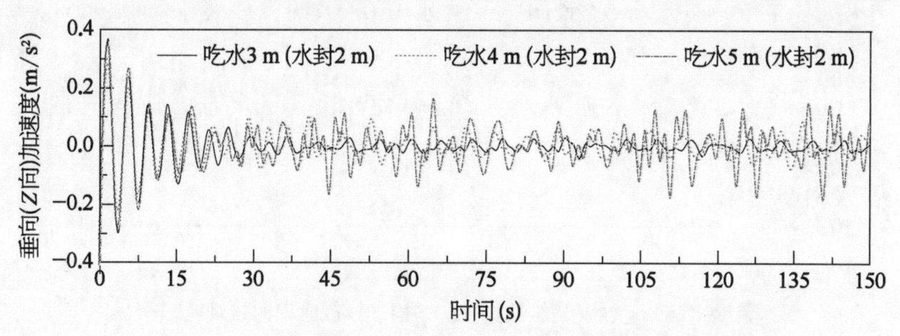

图 4-24　风电机组结构垂向(*Z* 向)加速度时程曲线对比图

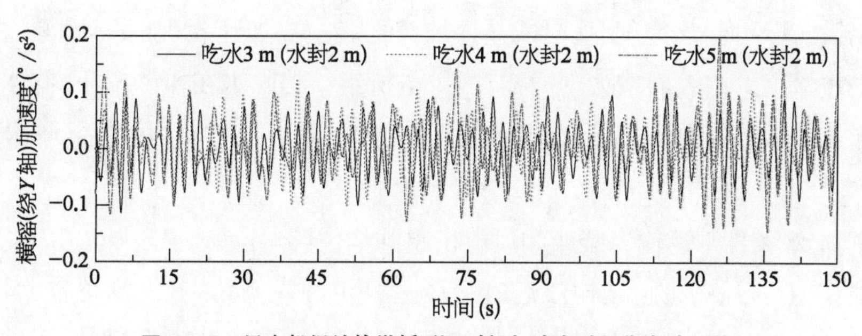

图 4-25　风电机组结构纵摇(绕 *Y* 轴)加速度时程曲线对比图

不同吃水深度条件下，运输安装船各向加速度时程对比曲线如图 4-26～图 4-28 所示。

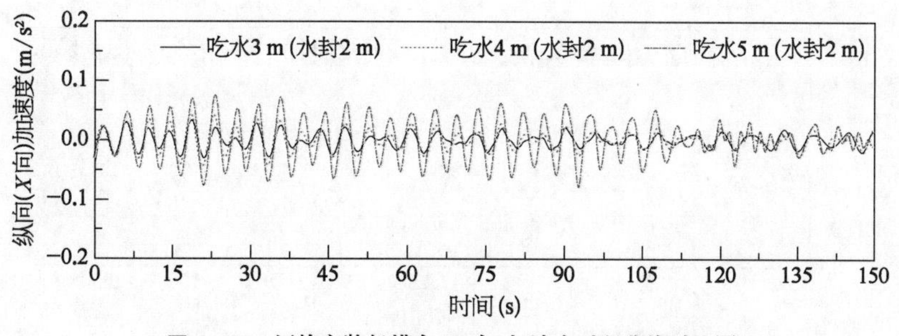

图 4-26　运输安装船横向(*X* 向)加速度时程曲线对比图

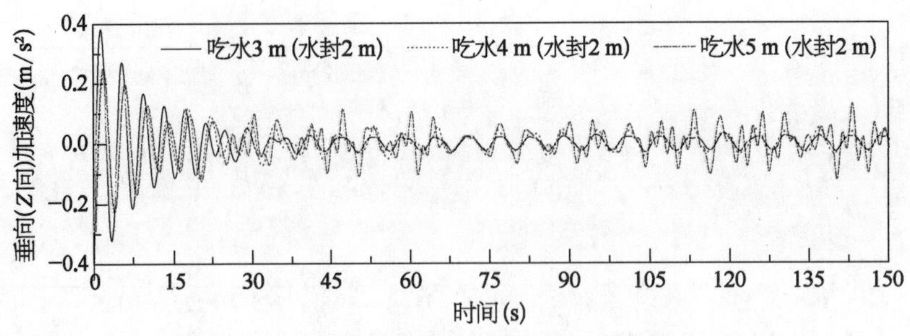

图 4-27　运输安装船垂向(Z 向)加速度时程曲线对比图

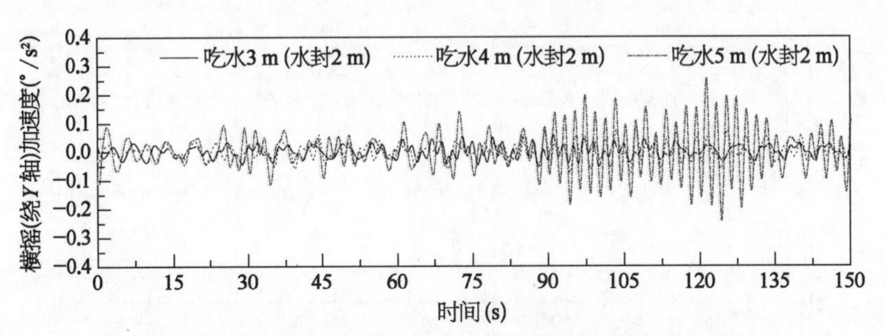

图 4-28　运输安装船纵摇(绕 Y 轴)加速度时程曲线对比图

从图上可以看出，运输安装船各向加速度与风电机组结构各向加速度变化趋势一致，运输安装船横向(X 向)加速度、垂向(Z 向)加速度和横摇加速度(绕 Y 轴)幅值也随风电机组结构吃水深度的增大而增大。同样，当风电机组结构吃水在 4 m 以下，吃水对运输安装船各向加速度影响较不明显，当吃水增大至 5 m 时，其影响增大，不利于行船安全。

2) 不同吃水条件下运输安装船和风电机组结构位移对比

在波浪作用下，风电机组结构浮运时会产生一定的纵倾角，若纵倾角较大，运输安装船将处于较危险的状态，并且由于自身调节能力较差，安全储备较小，当遇到较大波浪时则可能造成倾覆，因此风电机组的纵倾角是浮运阶段严格控制的参数之一，它直接影响到一步式风电运输安装系统的安全稳定。不同吃水深度条件下，风电机组结构总倾角时程对比曲线如图 4-29 所示。

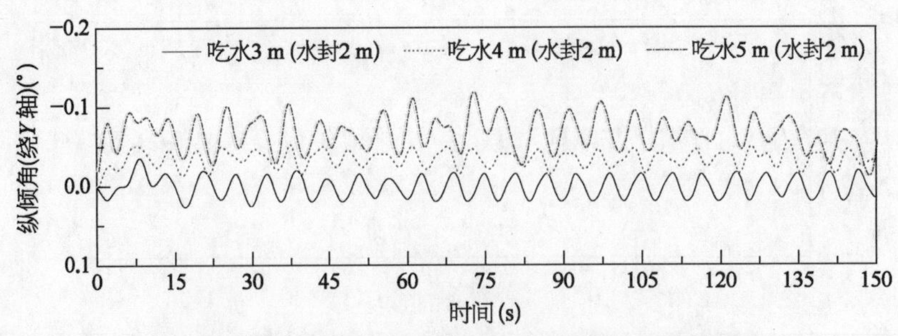

图 4-29　风电机组结构纵倾角(绕 Y 轴)位移时程曲线对比

从图中可以看出，当风电机组结构吃水增大时，风电机组结构纵倾角越大。这同样是由于风电机组结构入水越深，其受到的波浪作用越大，使得风电机组结构产生较大的纵倾（张浦阳等，2013）。

3）不同吃水条件下一步式风电运输安装系统吊索张力及拖缆力对比

不同吃水深度条件下，一步式风电运输安装系统吊索张力及拖缆力对比曲线如图 4-30 和图 4-31 所示。

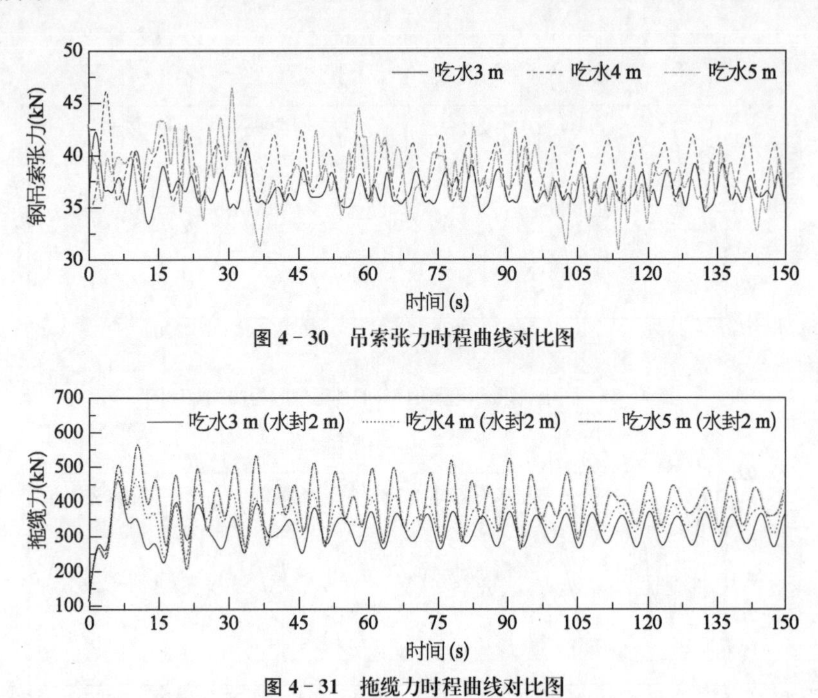

图 4-30　吊索张力时程曲线对比图

图 4-31　拖缆力时程曲线对比图

从图中可以看出，当风电机组结构吃水增大，吊索张力也随之增大。由分析可知，风电机组结构吃水增大，其纵倾角增大，因而需要吊索提供更大的扶正力来保持平衡。随着吃水增大，拖缆力也增大，这是由于受力面积增大，拖航阻力随之增大，从而导致拖缆力增大。

由上述分析可知，一步式风电运输安装系统浮运过程中，当风电机组结构吃水增大，运输安装船与风电机组结构运动加速度增大，风电机组结构纵倾角增大，不利于浮运安全，吊索张力与拖缆力也有一定程度增大。当吃水在 4 m 以下时，吃水深度对一步式风电运输安装系统浮运影响较小，可设为安全吃水深度。

4.4.1.2　风电机组结构内外液面高度差不同时与运输安装船的相互作用

除了风电机组结构吃水深度以外，内外液面高度差对风电机组结构浮态具有一定影响，即筒型基础内部气压（丁红岩等，2017）。当吃水在 4 m 以下时，吃水深度对一步式风电运输安装系统浮运影响较小，一步式风电运输安装系统拖运较稳定。为了选取较大范围的液面高度差值，选用较大吃水情况，即保持风电机组结构吃水 4 m。由平衡方程可知，当内外液面高度差越大，吊索张力越小。在保持风电机组结构吃水深度为 4 m 时，通过改变筒型基础舱内初始充气量来改变内外液面高度差。同样，给定外部环境，波浪条件为波高 2 m、周期为 5 s、拖航速度为 3 m/s。

1) 内外液面高度差不同时风电机组结构和运输安装船加速度

内外液面高度差不同时，风电机组结构各向加速度时程对比曲线如图 4－32～图 4－34 所示。

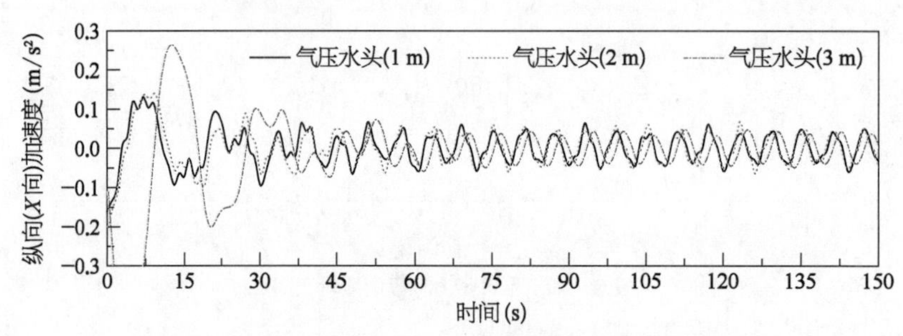

图 4－32　风电机组结构横向（X 向）加速度时程曲线对比图

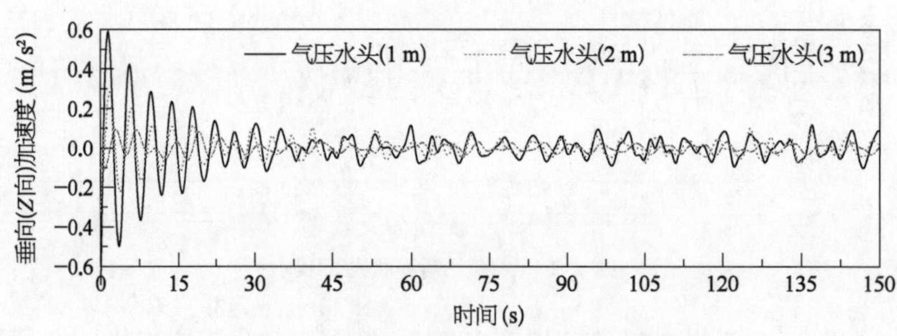

图 4－33　风电机组结构垂向（Z 向）加速度时程曲线对比图

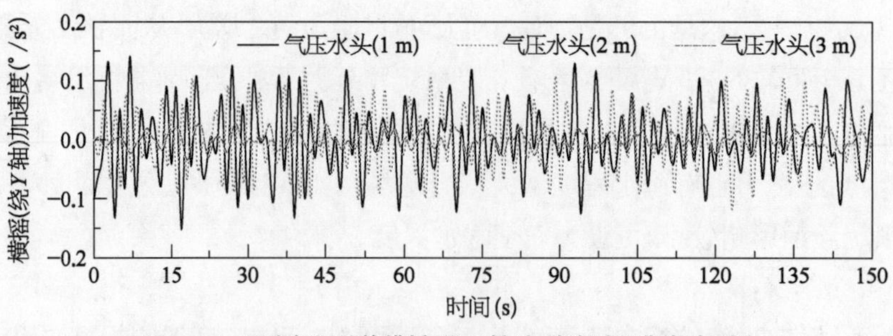

图 4－34　风电机组结构横摇（绕 Y 轴）加速度时程曲线对比图

内外液面高度差不同时，运输安装船各向加速度时程对比曲线如图 4－35～图 4－37 所示。

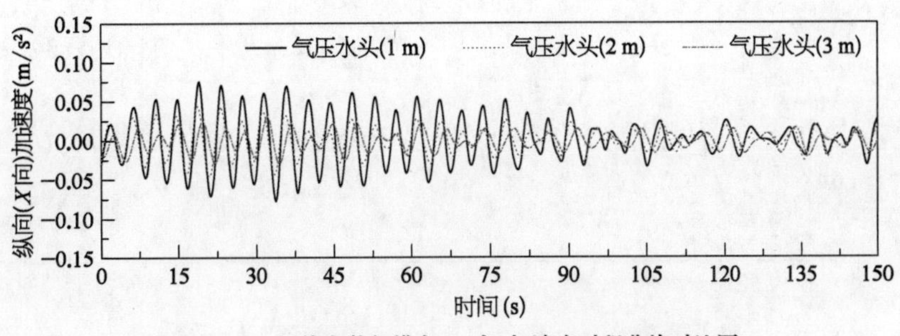

图 4-35　运输安装船横向(*X* 向)加速度时程曲线对比图

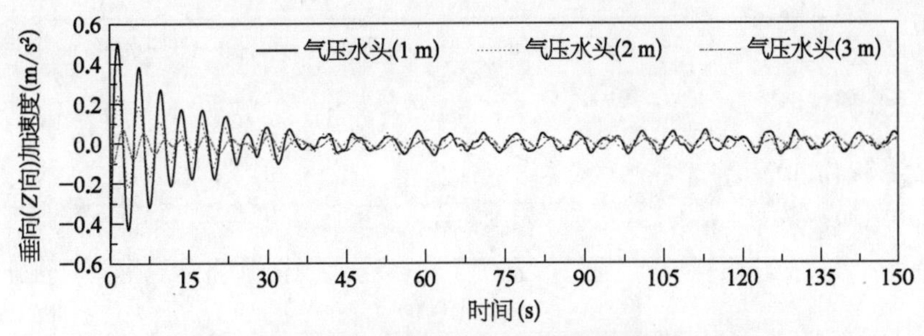

图 4-36　运输安装船垂向(*Z* 向)加速度时程曲线对比图

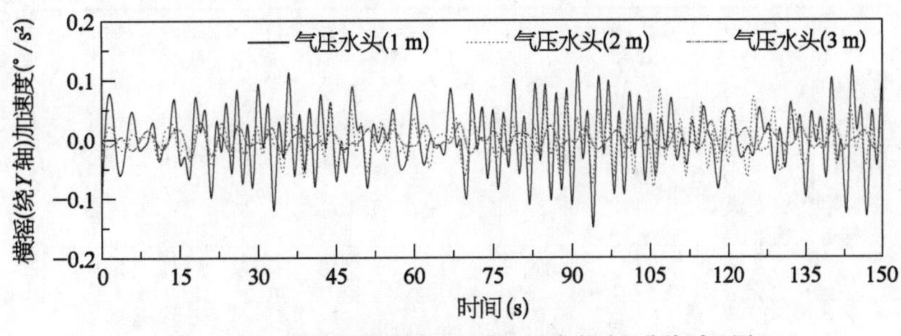

图 4-37　运输安装船横摇(绕 *Y* 轴)加速度时程曲线对比图

从图中可以看出,在吃水深度一定的条件下,随着筒型基础内外液面高度差的增大,风电机组结构和运输安装船运动加速度减小,即结构内部气压越大,浮运越平稳。

2) 内外液面高度差不同时运输安装船和风电机组结构位移对比

内外液面高度差不同时,风电机组纵摇位移时程对比曲线如图 4-38 所示。

从图中可以看出,在吃水深度一定的条件下,随着风电机组结构内外液面高度差的增大,风电机组结构纵倾角越小,浮运越安全。

3) 内外液面高度差不同时运输安装船和机组结构吊索张力及拖缆力对比

内外液面高度差不同时运输安装船和风电机组结构吊索张力及拖缆力时程变化曲线如图 4-39 和图 4-40 所示。

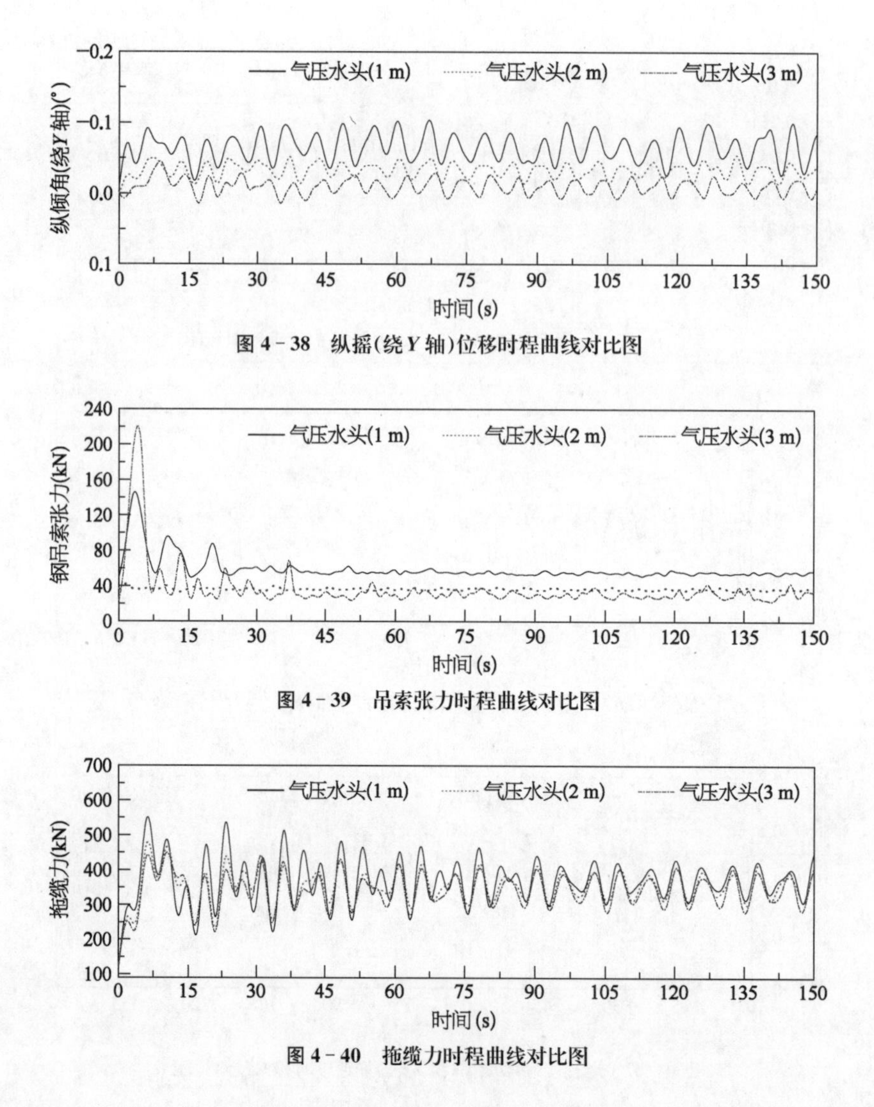

图 4-38 纵摇(绕Y轴)位移时程曲线对比图

图 4-39 吊索张力时程曲线对比图

图 4-40 拖缆力时程曲线对比图

从图中可以看出,在吃水深度一定的条件下,随着筒型基础内外液面高度差的增大,吊索张力减小,拖缆力大小也随着筒型基础内外液面高度差的增大而减小。

由上述分析可知,一步式风电运输安装系统浮运过程中,当筒型基础内外液面高度差增大,运输安装船与风电机组结构运动加速度减小,浮运越平稳;风电机组结构纵倾角减小,浮运越安全;同时,吊索张力与拖缆力减小也减小。但筒型基础内外液面高度差应有一个限值,以保证风电机组结构有一定的水封高度(内液面高度),防止内部气体溢出,产生严重侧倾,影响一步式风电运输安装系统的浮运平衡。

4.4.2 海上风电整体浮运性态数值分析与模型试验

4.4.2.1 海上风电结构整体浮运性态的数值模拟分析

采用海洋工程水动力学分析软件对一步式风电运输安装系统的浮运性态进行模拟,

计算模型如图 4－41 所示。在不影响运动分析结果的前提下进行了简化，将船艏和船艉处的桁架结构以刚性圆管代替（天津大学，2014）。在船艏和艉布置的 2 台风电机组结构均采用气浮模型，运输安装船结构采用实浮模型，风电机组结构与运输安装船结构通过柔性吊索进行连接，柔性吊索仅能承受拉力，同时在模型中考虑了风机叶片及机舱引起的自重偏心（丁红岩等，2016）。

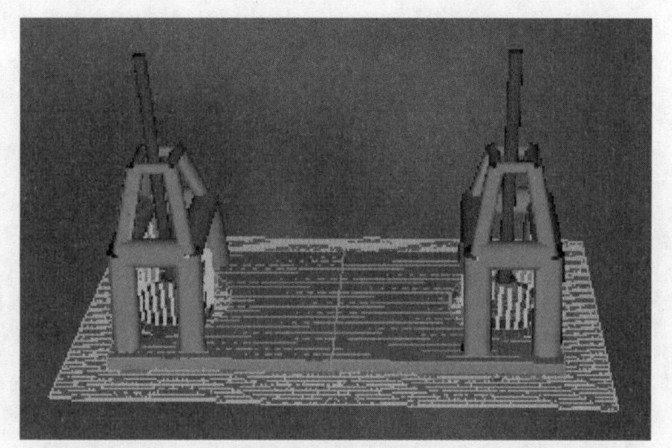

图 4－41　一步式风电运输安装系统数值模型

通过软件计算分析得到海上风电一体化安装技术一步式风电运输安装系统在波浪作用下的拖缆力、吊索张力、运输安装船结构和两个风电机组结构各向加速度时程变化曲线，如图 4－42～图 4－45 所示。

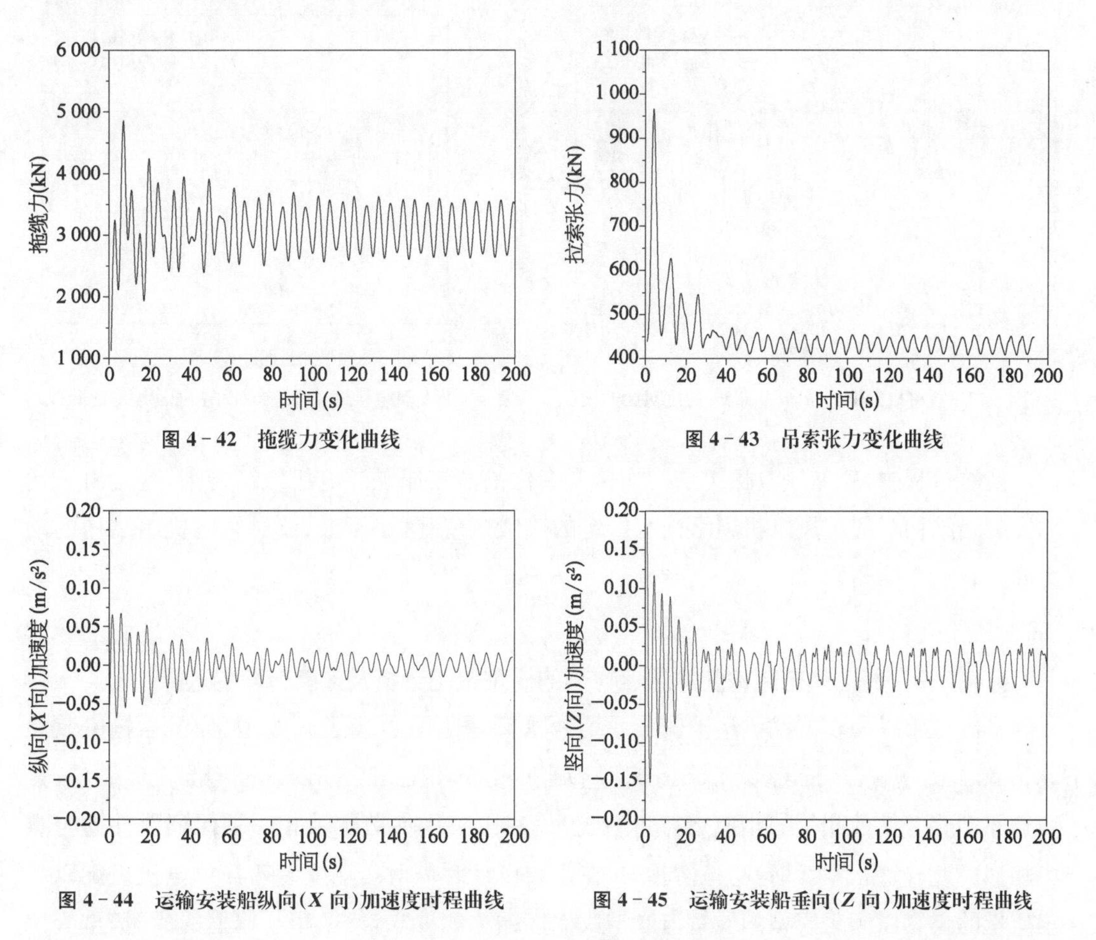

图 4－42　拖缆力变化曲线

图 4－43　吊索张力变化曲线

图 4－44　运输安装船纵向（X 向）加速度时程曲线

图 4－45　运输安装船垂向（Z 向）加速度时程曲线

图 4－42 与图 4－43 分别为拖缆力变化曲线及连接风电机组结构与运输安装船结构吊索的张力变化曲线，由上图可以看出拖缆张力与吊索张力在拖运一开始有较大幅值，待拖运

平稳后保持较为平稳的波动，吊索张力初始最大张力能达到运动平稳后吊索张力的 2 倍。

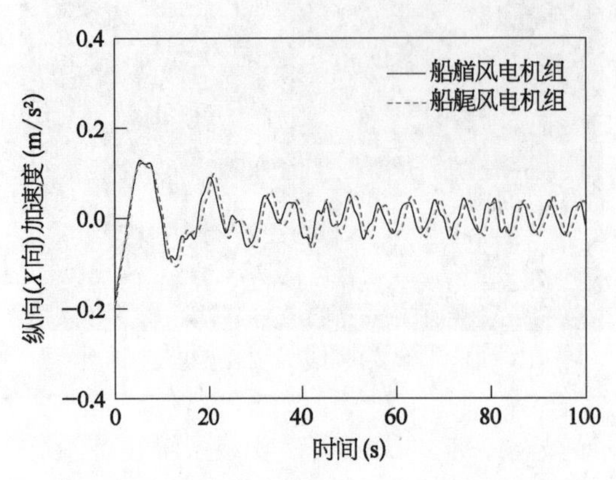

图 4 - 46　风电机组结构纵向(X 向)加速度对比曲线

运输安装船纵向(X 向)加速度和垂向(Z 向)加速度变化曲线与拖缆力变化曲线和吊索张力变化曲线相对应，初始阶段变化幅值较大，之后趋于平稳，如图 4 - 44 和图 4 - 45 所示。MOSES 分析得到的运输安装船横向(Y 向)加速度为零。

船艏、艉各装载一组风电机组结构，两部风电机组结构纵向(X 向)、横向(Y 向)和竖向(Z 向)加速度变化曲线如图 4 - 46～图 4 - 48 所示。

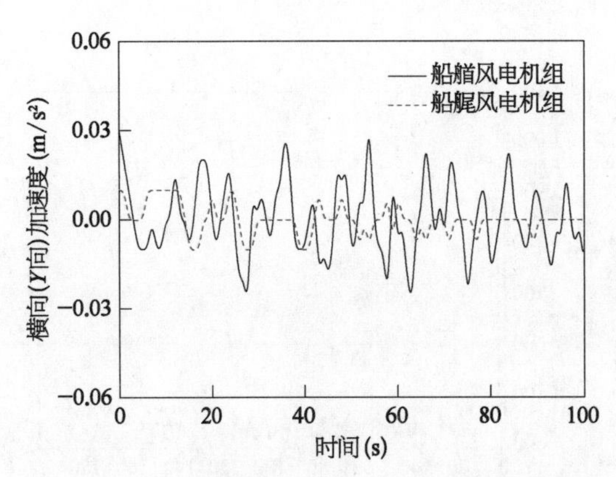

图 4 - 47　风电机组结构横向(Y 向)加速度对比曲线

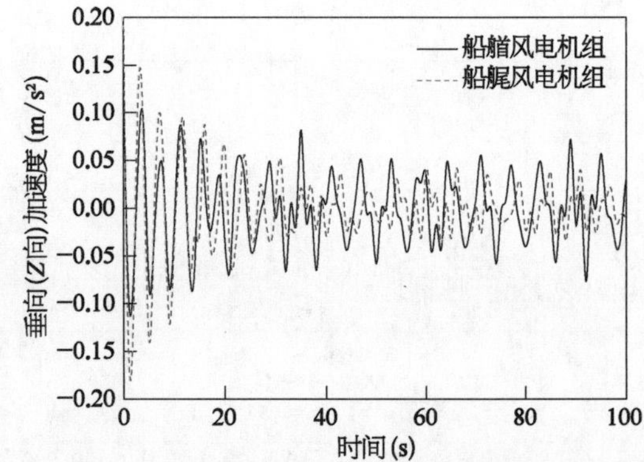

图 4 - 48　风电机组结构垂向(Z 向)加速度对比曲线

拖航过程中，船艏风电机组结构加速度变化幅值较船艉风电机组结构大，这是由于运输安装船结构对船艉风电机组结构有一定的遮蔽效应，减小了浪、流对风电机组结构的动力效应。

4.4.2.2　海上风电结构整体浮运性态的模型试验分析及拖航方案的选择

本次试验以一步式风电运输安装系统为原型，采用 1 ∶ 10 比尺模型(原型运输安装船总长 128 m，型宽 57 m，型深 7.5 m；筒型基础外径 35 m，筒高 9 m)。模型为全钢制造，按照与原型弗劳德数相等的相似定律进行比尺设计，其中弗劳德数相等是保证惯性力与重力相似。此外，由于本试验与稳性相关，在模型设计时需对运输安装船与风电机组配以一定质量的重物以满足模型的质量与原型成比例缩小的要求，使模型与原型的质量、重心位置相似(Puyang Zhang 等，2015)。

原型与模型的主要尺寸参数见表 4 - 12，结构形式如图 4 - 49 所示。

表 4 - 12　结 构 尺 寸

结构	船体总长	船舶型宽	船舶型深	凹槽有效高度	凹槽上部直径	凹槽下部直径	筒体直径	筒体高度	筒体截面积	筒凸出船底高度	风电机组总重	船体总重
原型	128 m	57 m	7.5 m	7 m	22 m	36.5 m	35 m	9 m	5 475 m^2	2 m	3 806 t	17 885 t
模型	12.8 m	5.7 m	0.75 m	0.7 m	2.2 m	3.65 m	3.5 m	0.9 m	54.75 m^2	0.2 m	3.806 t	17.885 t

(a) 运输体系正视图

(b) 运输体系侧视图

(c) 运输体系轴侧图

(d) 运输体系仰视图

(e) 模型局部细节图

(f) 模型下水试航

图 4 - 49　一步式运输安装体系结构形式

图 4 - 50 为压力变送器、拉力传感器及陀螺仪的布置示意图，图中为半结构，对称部位布置原理相同。结构坐标系 $OXYZ$ 的设定满足右手螺旋法则，以船底长度与型宽的中心

处为原点 O,沿运输安装船型宽方向为 X 轴方向,即运输安装船横摇运动方向,同时也为波浪方向;沿长度方向为 Y 轴方向,即运输安装船纵摇运动方向,同时也为拖航前进方向;以竖直向上为 Z 轴正方向,即运输安装船垂荡运动方向。

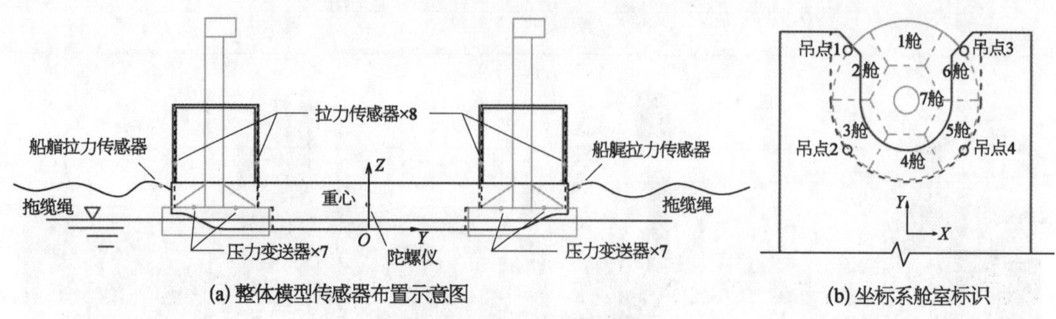

图 4-50 设备仪器布置图

试验组合主要考虑了船上压载及筒内气压两种因素,其中筒内气压以内外液面差衡量,运输安装船吃水情况与筒内气体是一一对应关系,故将船上压载及运输安装船吃水作为变量。根据单一变量原则,综合考虑现场实现情况,共进行试验 32 组,组合情况见表 4-13~表 4-16。

表 4-13 压载为 0 t 试验设计组合表

拖航次数	压载(t)	液位差(m)	筒内气压(kPa)(相对压强)	吃水(m)
组合 1、5	0	0.249	2.5	0.367
组合 2、6	0	0.224	2.25	0.376
组合 3、7	0	0.149	1.5	0.402
组合 4、8	0	0	0	0.454

压载为 0 t 状态下船舶理论初始吃水 0.294 m,内外初始液位差 0.455 m,筒内初始气压 105.897 kPa。

表 4-14 压载为 2 t 试验设计组合表

拖航次数	压载(t)	液位差(m)	筒内气压(kPa)(相对压强)	吃水(m)
组合 1、5	2	0.264	2.65	0.397
组合 2、6	2	0.239	2.4	0.406
组合 3、7	2	0.119	1.2	0.448
组合 4、8	2	0	0	0.49

压载为 2 t 状态下船舶理论初始吃水 0.321 m,内外初始液位差 0.48 m,筒内初始气压 106.147 kPa。

表 4-15　压载为 4 t 试验设计组合表

拖航次数	压载(t)	液位差(m)	筒内气压(kPa)(相对压强)	吃水(m)
组合 1、5	4	0.279	2.8	0.428
组合 2、6	4	0.199	2	0.456
组合 3、7	4	0.119	1.2	0.484
组合 4、8	4	0	0	0.526

压载为 4 t 状态下船舶理论初始吃水 0.348 m，内外初始液位差 0.505 m，筒内初始气压 106.397 kPa。

表 4-16　压载为 9 t 试验设计组合表

拖航次数	压载(t)	液位差(m)	筒内气压(kPa)(相对压强)	吃水(m)
组合 1、5	9	0.299	3	0.51
组合 2、6	9	0.199	2	0.545
组合 3、7	9	0.119	1.2	0.573
组合 4、8	9	0	0	0.615

压载为 9 t 状态下船舶理论初始吃水 0.402 m，内外初始液位差 0.555 m，筒内初始气压 106.897 kPa。

表 4-13～表 4-16 分别表示不同压载情况下筒内气体压力对拖航的影响，此外，将上述表横向比较可得不同压载对拖航的影响。

上述每种工况的组合 2、6 均表示船舶自然状态入水的情况，由于船舶入水时水体的流动性及涌浪的影响，运输安装船处于不平衡状态，筒内将存在一个失效水封高度，即筒内的部分气体在运输安装船的运动过程中因初始水封高度不足而外泄直至水封高度满足要求，因此船舶的实际初始状态与理论求解存在一些误差。组合 1、5 表示筒内气量充满的情况，该种组合经过充分考虑了失效水封高度而得。组合 4、8 表示筒内无富余气体的情况，即筒内外液位差为零，筒内气压为当地大气压。气压均为相对气压，所有组合中 1、2、3、4 为南往北向，组合 5、6、7、8 为北往南向。

试验经历的波高范围在 0.216～0.375 m，且大部分波浪基本在 0.3 m 范围内，变化幅度较小，试验过程中的环境荷载较小且相对稳定。

运输安装船一次运输携带两套风电机组结构，根据筒型基础优化分舱技术，每个基础内部分 7 个舱，共 14 个舱；每套风电机组结构通过 4 根吊索与运输安装船连接，共 8 根吊索，运输安装船前后各一根缆绳，对比分析不同工况下舱内气压、吊索力及拖缆力试验结果，可得出浮运稳性规律。

1）筒内气压影响拖航性能分析

由于分舱、吊索较多，现仅以船艏风电机组 1 号舱、1 号吊索及船艏缆绳的单次拖航试验（即组合 1～4）数据为例进行分析，所有数据均选取运输安装船航行至河道中央时采集，尽可能地避免岸边及码头的回波对运输安装船的影响，同时也使前后拖缆绳处于水平位置。

（1）不同充气量对筒内气压变化的影响。0 t、2 t、4 t、9 t 压载情况下，船艏风电机组 1 号舱内的气压在不同试验组合中的变化情况对比曲线如图 4－51～图 4－55 所示，图中仅选取运输体系正常工作的 100 s 显示。不同压载情况下船艏风电机组 1 号舱气压在不同试验组合中的变化幅值如图 4－51 所示。

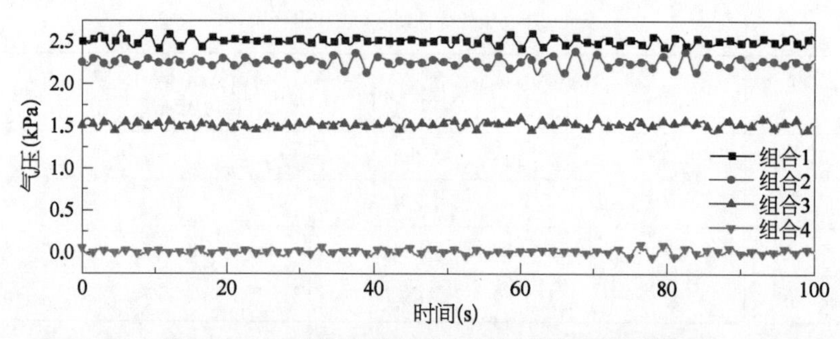

图 4－51　0 t 压载下船艏风机 1 号舱气压变化对比曲线

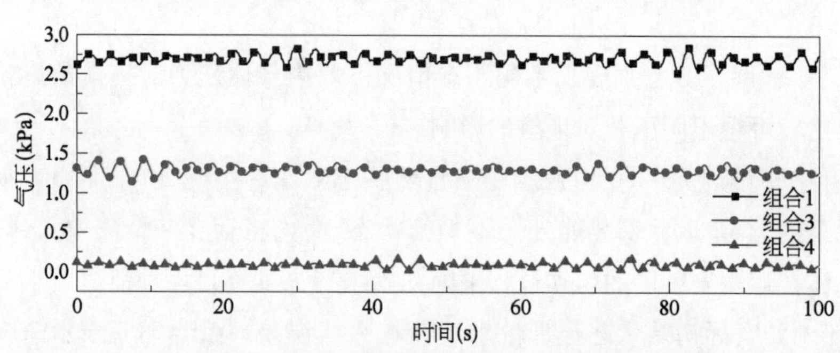

图 4－52　2 t 压载下船艏风机 1 号舱气压变化对比曲线

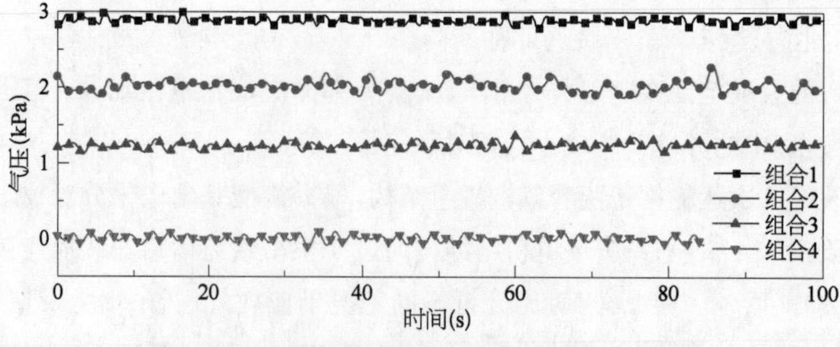

图 4－53　4 t 压载下船艏风机 1 号舱气压变化对比曲线

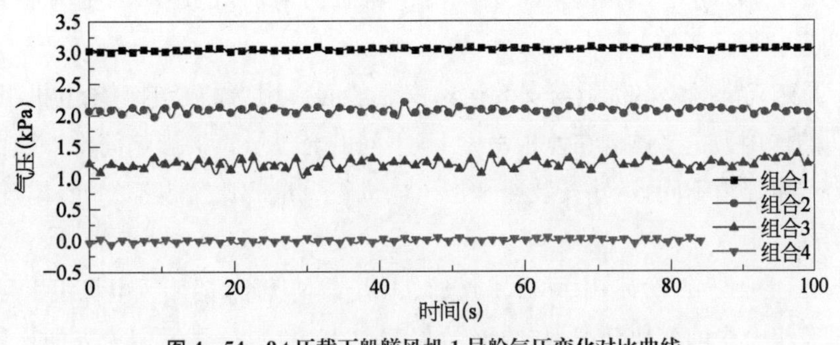

图 4－54　9 t 压载下船艏风机 1 号舱气压变化对比曲线

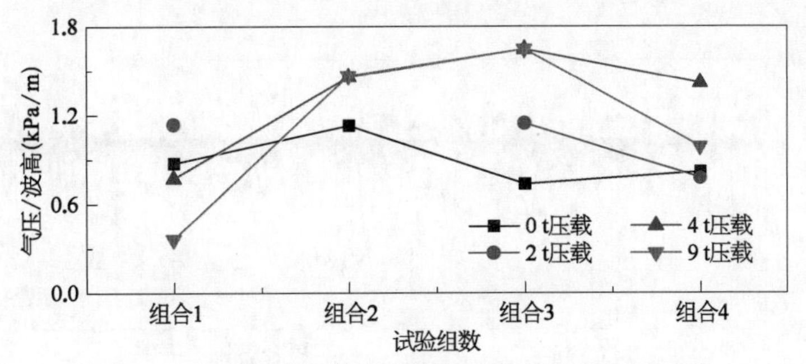

图 4－55　不同压载下船艏风机 1 号舱气压变化幅值对比曲线

由图 4－51～图 4－54 可以看出，气压变化曲线均相对较为规则，幅值不大。在相同压载情况下，不同充气量对气压变化值影响也不显著，因为试验过程中一步式风电运输安装系统采用了缩尺模型，但无法对空气进行缩尺模拟，原型气体对本模型而言可压缩性大大减小，以致筒内气压可变化范围较小。

图 4－55 是对图 4－51～图 4－54 中曲线幅值的总结，由于波高对筒内气压量及气压变化有较为直接的影响，故图中数值均为考虑波高影响后所得。对比发现，气压变化在不同充气量时基本都呈现先上升后下降的趋势，且随着压载的增大趋势越明显。组合 1 为筒内气量最满的情况，气体量趋于饱和，气压最大，风电机组自重大部分由筒内气压承担，基础结构给予运输安装船一个很大的顶升作用力，两者运动协调，相对运动较小，整体运动稳定，故组合 1 气压相比更为稳定。组合 4 为筒内气量最少的情况，气体量趋于零，气压最小，风电机组的重量完全通过 4 根吊索由运输安装船承担，由于吊索受力变形伸长，筒型基础与运输安装船间有一定的空余空间，两者运动协调性受很大影响，故可近似认为风机在垂荡方向上有明显的单独运动性；除此之外，气量最少也意味着相对可压缩的气量最小，筒内气弹簧基本不存在，故组合 4 的气压变化也较小。组合 2、3 的情况介于组合 1、4 之间，吊索与筒内气压共同协调风电机组与运输安装船的运动，风电机组与运输安装船间既有相对运动，筒内气体量又有可压缩空间，故这两种情况筒内气压变化较组

合 1、4 大，其中又以组合 3 的情况最甚。由于压载的增加，上述原因更为显著，因此这种现象更明显。

(2) 不同充气量对风电机组与安装运输安装船间作用力的影响。风电机组与安装运输安装船间的作用力主要体现在 4 根吊索上，不同的充气量直接影响筒内外液面差，不同的气体压力产生浮力不同，运输安装船承担风电机组重量的比例也不相同，体现了吊索不同的张力情况。

图 4－56～图 4－59 分别表示 0 t、2 t、4 t、9 t 压载情况下，船艏风电机组 1 号吊索的张力在不同试验组合中的变化情况对比曲线，仅截取 100 s 数据显示。为方便比较，均将图中数据平衡位置移至零线附近。

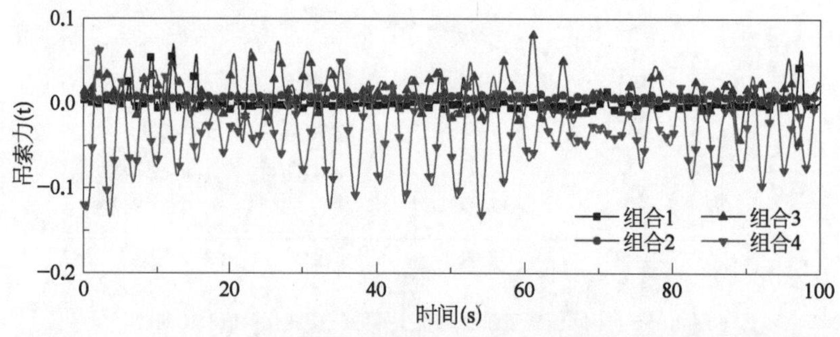

图 4－56　0 t 压载下船艏风机 1 号吊索张力变化对比曲线

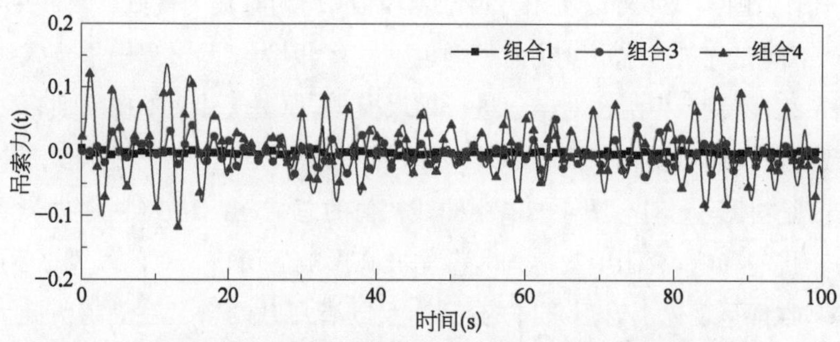

图 4－57　2 t 压载下船艏风机 1 号吊索张力变化对比曲线

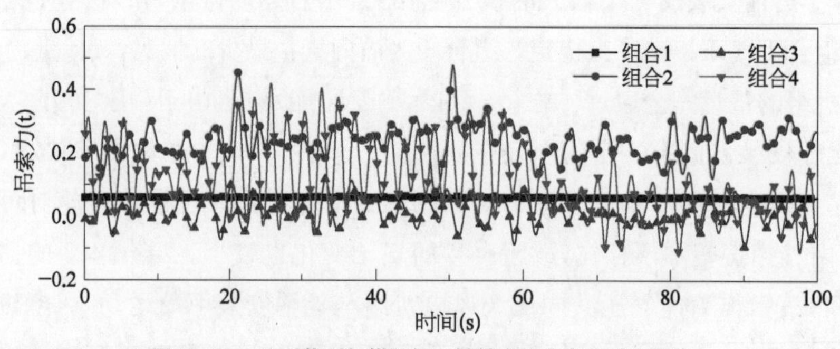

图 4－58　4 t 压载下船艏风机 1 号吊索张力变化对比曲线

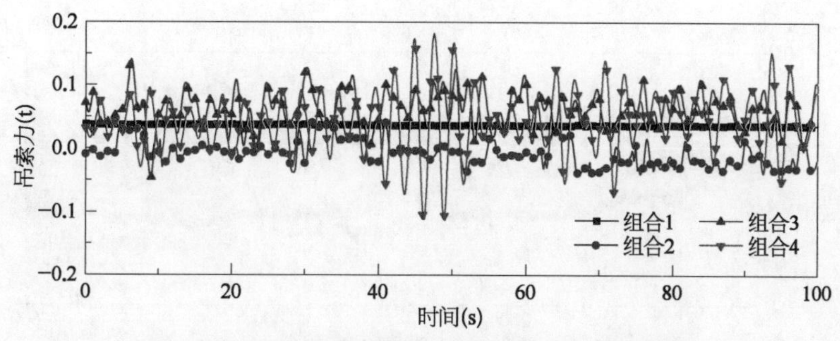

图 4-59 9 t 压载下船艏风机 1 号吊索张力变化对比曲线

由图 4-56～图 4-59 可清晰看出，在压载相同的情况下，吊索张力变化与充气量之间存在负相关的关系，其原因在于随着充气量的减小，风电机组的重量从由内外液面压差承担转移至由吊索完全承担，而吊索为柔性结构，在承担结构重量的同时自身产生一定竖向变形，致使筒型基础与一步式风电运输安装系统间存在一定间隙，两者在拖航过程中必定会产生不协调的运动，因此吊索需要更大的张力用以缓冲风电机组与安装运输安装船之间这种相对运动的竖向位移分量；另一方面，由于风电机组不能保证自身拖航稳性，风电机组与运输安装船不协调运动且筒内气压不足的条件，其回复力矩将由吊索承担。随着充气量的减小，吊索需要承担的结构重量增加，吊索的伸长量越大，需要提供更大的回复力矩，上述现象更明显，所以随着充气量的减小，吊索张力变化幅值大幅度增加。

故筒内气压的增大更有利于风电机组与运输安装船的协调运动，同时也很大程度上降低了由于拖航过程中风电机组与运输安装船之间的相对运动所产生的冲撞可能造成的风机各部结构受损的风险。

(3) 不同充气量对一步式风电运输安装系统拖航力的影响。运输安装船作为无自航能力的被拖船，在拖航过程中所需要的拖缆力是十分关键的。图 4-60～图 4-63 分别表示 0 t、2 t、4 t、9 t 压载情况下，船艏拖缆绳张力在不同试验组合中的变化情况对比曲线，短时间内的拖缆力变化规律不明显，故根据数据采集情况截取 600 s 数据显示。

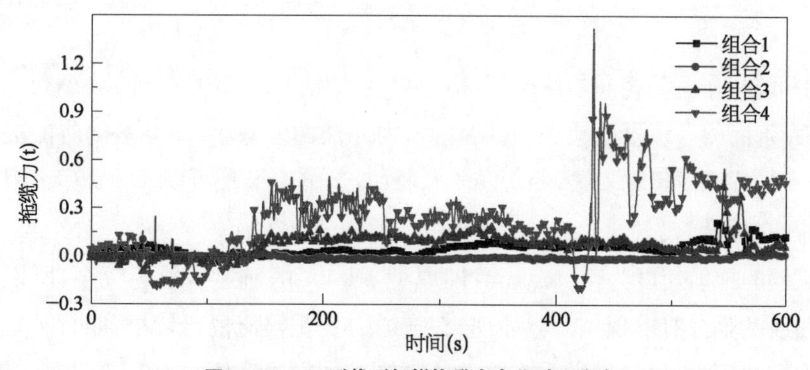

图 4-60 0 t 压载下船艏拖缆力变化对比曲线

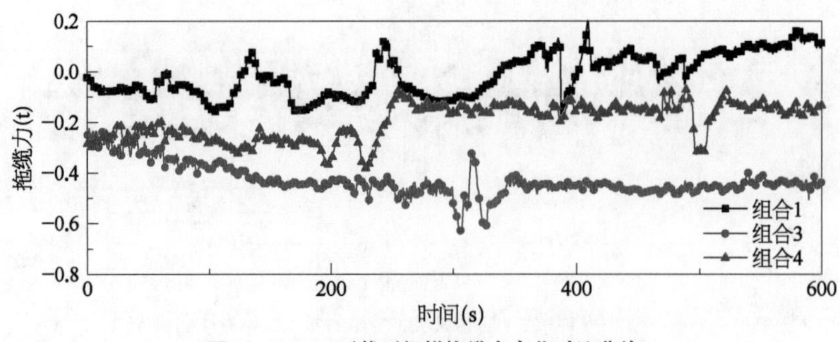

图 4-61　2 t 压载下船艏拖缆力变化对比曲线

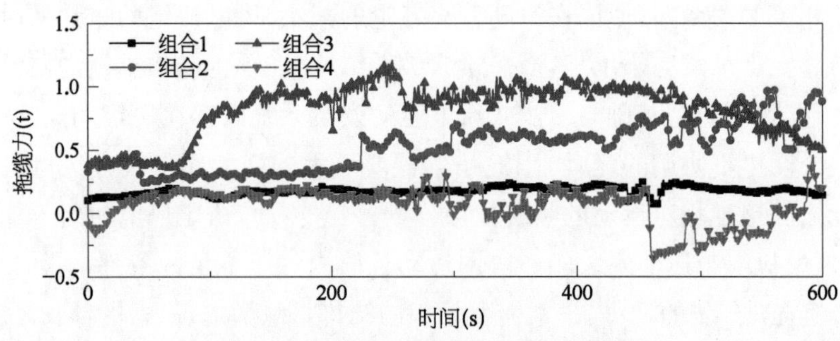

图 4-62　4 t 压载下船艏拖缆力变化对比曲线

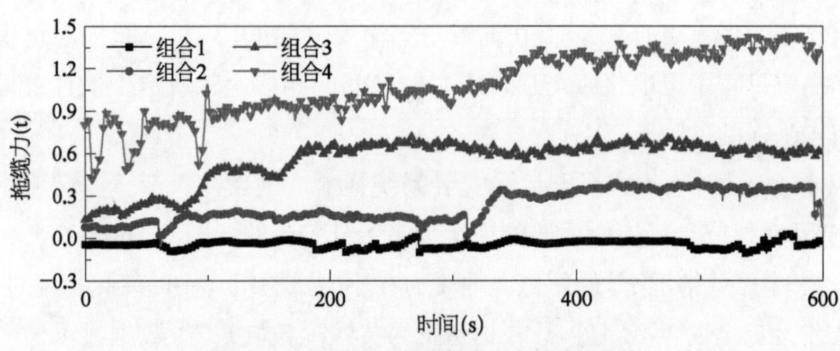

图 4-63　9 t 压载下船艏拖缆力变化对比曲线

由图中可知，在压载相同的情况下，拖缆力变化值随着筒内气压的减小有一定程度的增大，这是由于筒内气体量的减少，气压降低，内外液面差减小，筒型基础所能提供的浮力减小，整个一步式风电运输安装系统的吃水增加，运输安装船受力面积增大，因此所受的波浪与海流的阻力增大。

由于试验的拖航速度为 10 m/min（即原型 1 knot 的航速），航速较小，所以图中所示的拖缆力曲线基本没有出现拉力脉冲现象，拖缆力变化幅值也比较小，船行平稳。由于该航速下拉力基数不大，故气压影响拖缆力的趋势不是非常明显。

2）压载影响拖航性能分析

在实际工程中，船舶航行过程时在船舱内会抽入大量压载水，主要作用是让船舶在空载状态时保持一定的吃水深度不至于倾覆；或是在船舶运载的状态时调节各个压载舱的压载，保持一定的吃水差（或平吃水，即前后吃水差为零），以此保证船舶在特定的水域中能安全顺利的航行。

同理，压载对一步式安装运输安装船的拖航稳性有重要影响，在稳心 M 不变的情况下增加压载能降低整体结构由于风机机头重量而拉高的重心 G，加大初稳心高 GM，增加运输安装船可提供的复原力矩。但是过量的压载很可能造成运输系统有较大的惯性力，在风浪较大的条件下变成不利因素。

(1) 不同压载对筒内气压变化的影响。在空气的可压缩系数一定的情况下，增加一步式风电运输安装系统的压载重量，势必会增大筒内气压，进而影响运输安装船的运动，筒内气压变化也会呈现一定的规律性。

图 4-64～图 4-67 分别表示在不同组合中（同一组合代表该情况下筒内气压相近），船艏风电机组 1 号舱内的气压在不同压载情况下的变化情况对比曲线。

由图中可看出，在不同的组合中，筒内气压的变化值基本呈现先增大后减小的趋势。筒型基础作为气浮结构，实际是由气弹簧和水弹簧的耦合支撑，与气弹簧相比，水弹簧有

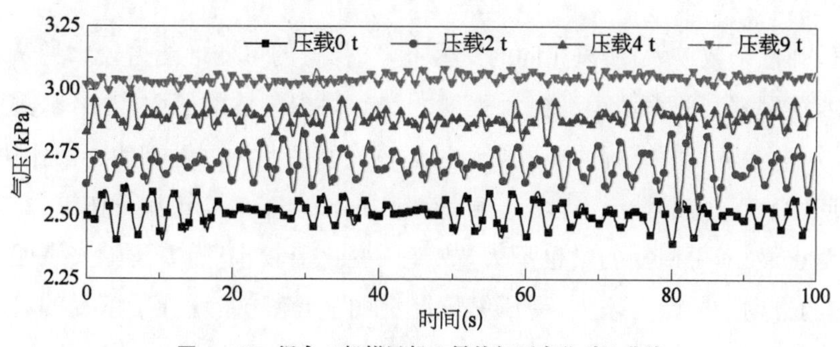

图 4-64　组合 1 船艏风机 1 号舱气压变化对比曲线

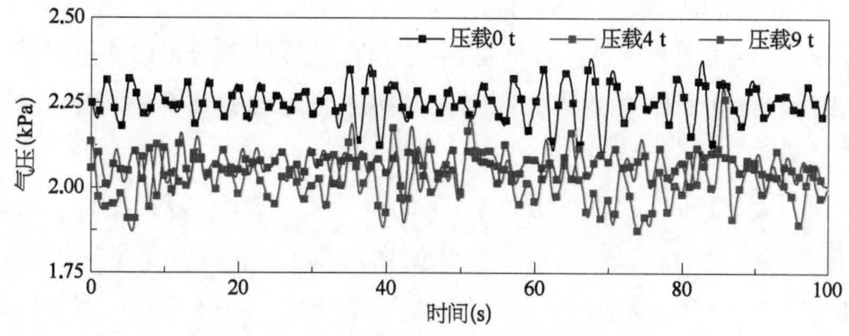

图 4-65　组合 2 船艏风机 1 号舱气压变化对比曲线

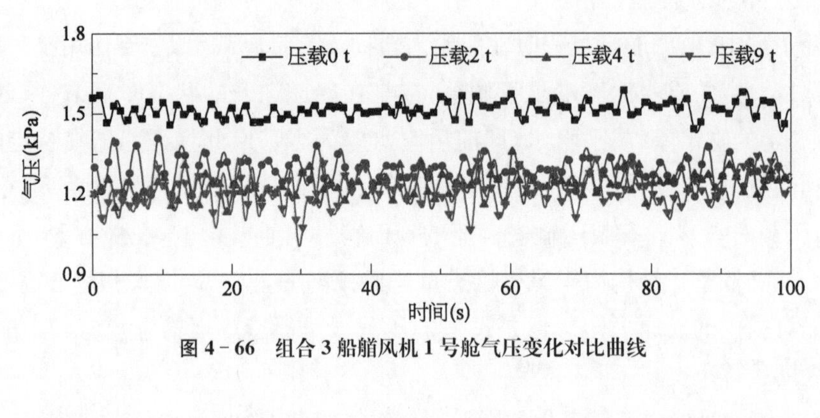

图 4-66　组合 3 船艏风机 1 号舱气压变化对比曲线

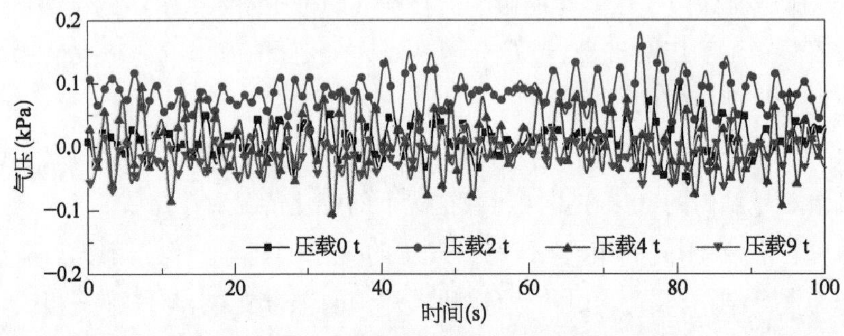

图 4-67　组合 4 船艏风机 1 号舱气压变化对比曲线

更大的刚度，弹性系数较大，所以相同的受力下，气弹簧的可变形能力较水弹簧大，在实际拖航过程中，筒型基础的垂荡运动更大程度上是对筒内气体的压缩作用，影响筒内气压，而对一步式风电运输安装系统的压载则通过运输安装船与筒型基础的连接作用于气弹簧上。在气弹簧刚度一定的情况下，当运输安装船压载为 0 t 时，气弹簧在重力方向上受力最小，受压缩也最小，可回复的量也不大，故气压变化值较小；随着运输安装船压载增大，气弹簧在重力方向上的受力增大，受压缩情况更明显，意味着增加了恢复的趋势，弹簧回复力更大，在数值上与压载重量相近，由于整体结构的质量变大，运输安装船的惯性力也随之增大，在气弹簧的作用力与惯性力的共同作用下，运输体系竖直方向上的运动更为剧烈，故筒内气压变化加剧；但是，当运输安装船压载增大至 9 t 时，压载重量几乎达到运输安装船总重的 50%，呈现一种过压载的情况，作用在气弹簧上的力达到最大，弹簧回复力小于重力，在巨大的惯性下，运输体系在竖直方向上的运动变回相对平缓，因此筒内气压的变化也趋于缓和。

基于上述原因，气压变化值在压载 9 t 下的组合 4 中较小，因为此时气压最小，回复力最小，而压载最大，惯性力最大；气压变化值在压载 4 t 下的组合 2 中较大，因为这种工况下气压值约为 2 kPa，根据筒型基础尺寸，气弹簧产生的回复力约等于压载重量，两者作用下筒内气压变化最剧烈；除此之外，气压变化值在压载 9 t 下的组合 1 中也呈现较小值，原因与第一种情况相反，此时气压最大，压载也最大，筒型基础与运输安装船间呈现“顶紧”的情况，两者协同作用最好，在整体运动平稳的情况，筒内气压变化也相对最平缓。

（2）不同压载对风电机组与安装运输安装船间作用力的影响。图 4－68～图 4－71 分别表示在组合 1、2、3、4 中，船艏风电机组 1 号吊索的张力在不同压载情况下的变化情况对比曲线。不同组合中能船艏风电机组 1 号吊索在不同压载情况下的变化幅值如图 4－71 所示。

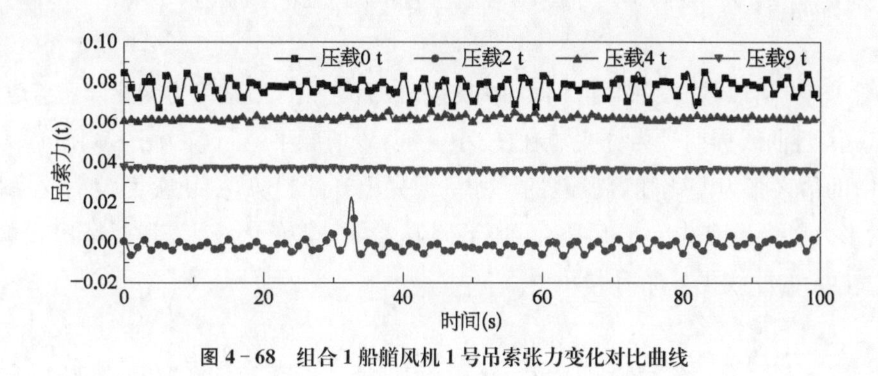

图 4－68　组合 1 船艏风机 1 号吊索张力变化对比曲线

压载0 t
压载4 t
压载9 t
0.08
0.06
0.04
0.02
0.00
-0.02
-0.04
-0.06
吊索力(t)
0
20
40
60
80
100
时间(s)

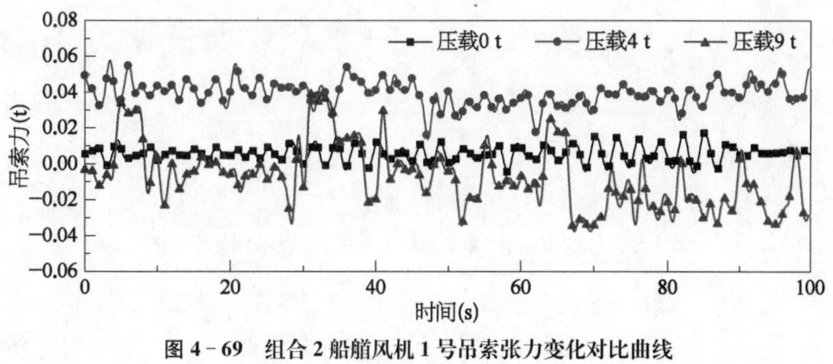

图 4－69　组合 2 船艏风机 1 号吊索张力变化对比曲线

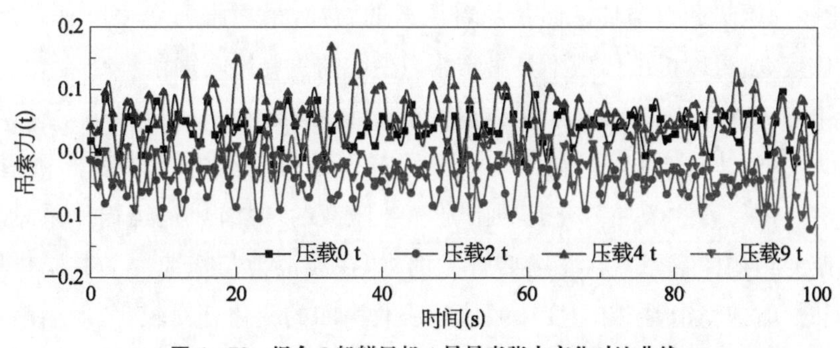

图 4－70　组合 3 船艏风机 1 号吊索张力变化对比曲线

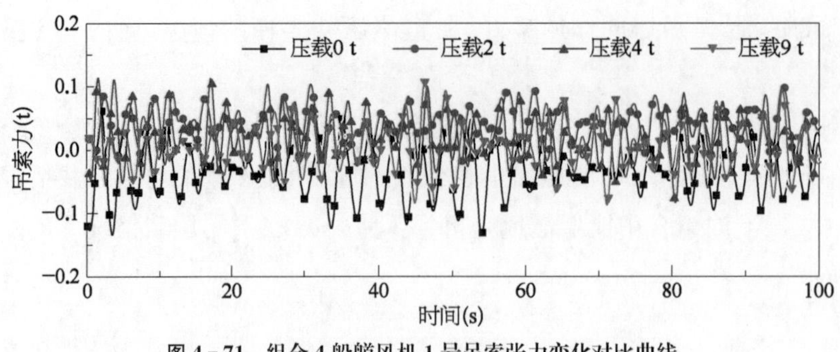

图 4-71　组合 4 船艏风机 1 号吊索张力变化对比曲线

由图 4-68 可以看出，在组合 1 即筒内充满气的状态下，吊索张力变化随压载增加先略增加后减小，且曲线周期较为分明，幅值较小，说明该情况下船行较为平稳；图 4-69 显示组合 2 中的吊索张力变化随着压载的增加呈现先上升的趋势，变化幅度较小；在图 4-68 中，吊索张力变化也有先上升后下降的趋势，压载 4 t 是变化较大，其他情况振幅相似；图 4-72 显示的曲线先下降后上升。

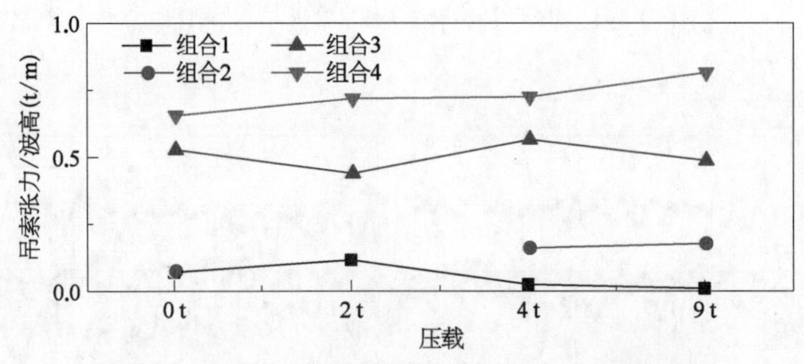

图 4-72　不同组合中船艏风机 1 号吊索张力变化对比曲线

图 4-72 是综合图 4-68～图 4-71 中吊索张力变化幅值的一个比对分析，同气压变化比对分析一致，这里也考虑的波高对吊索张力变化的影响。从图中可以清晰地看出吊索张力变化随气压降低而增加。但是随着压载的增加，吊索张力变化没有一个统一的规律，离散性比较大，可以得出压载不是吊索张力变化的主要影响因素。

(3) 不同压载对一步式风电运输安装系统拖航力的影响。

由图 4-73～图 4-76 可以得出与气压影响拖缆力变化相似的规律，随着压载的增加，拖缆力有一定程度的增加。究其原因是随着压载的增加，风机运输体系总质量增加，惯性变大，改变结构体系当下状态需要更大的力，在波浪力与拖缆力的共同作用下，船行至河道中间时，航速稳定，拖航力变化幅值随压载增加的变化相对较小，于启航或靠泊时，变化稍大。

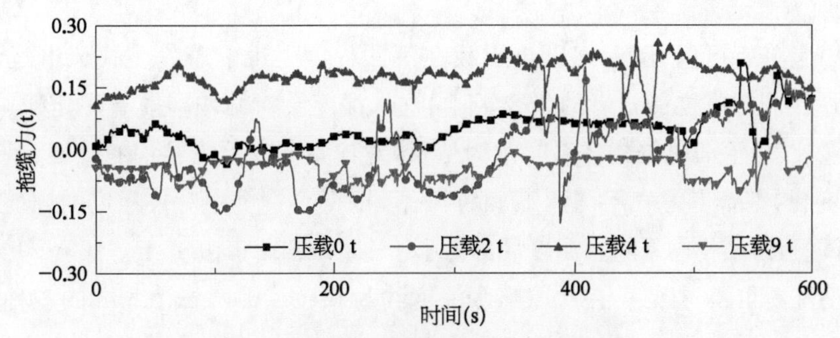

图 4－73　组合 1 船艏拖缆力变化对比曲线

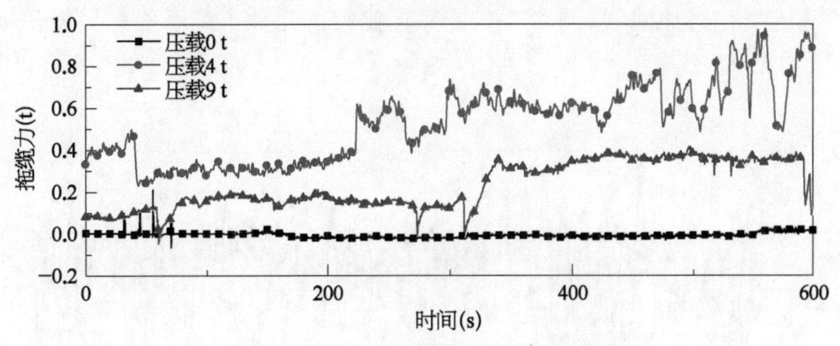

图 4－74　组合 2 船艏拖缆力变化对比曲线

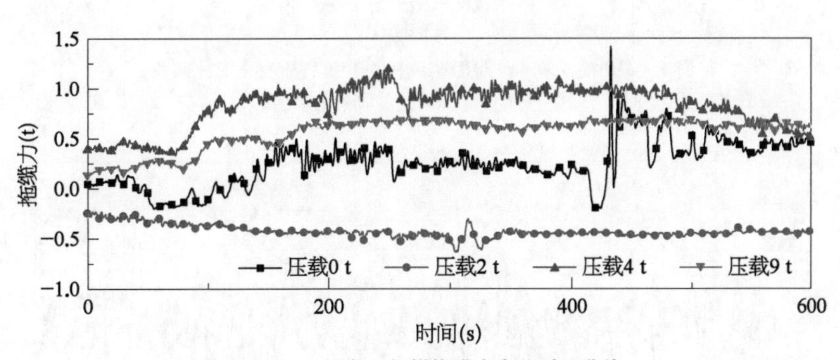

图 4－75　组合 3 船艏拖缆力变化对比曲线

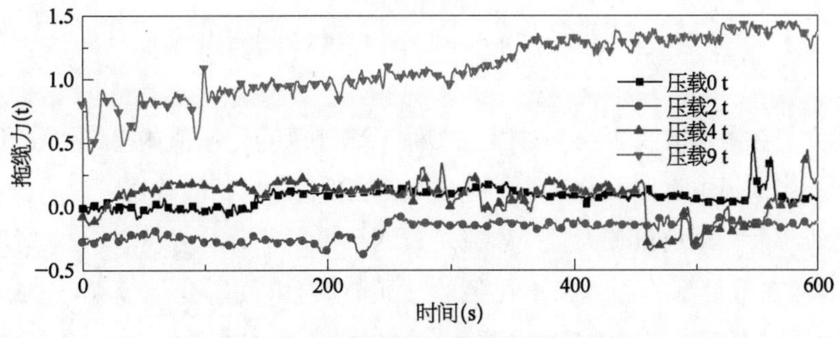

图 4－76　组合 4 船艏拖缆力变化对比曲线

3) 拖航方案选择

根据以上分析可以看出,气压与压载在不同程度上影响着一步式风电运输安装系统的拖航稳性。根据之前学者的研究,不同吃水深度会对结构拖航有一定影响(Puyang Zhang 等,2019),下面以结构体系吃水为变量,对比不同吃水下结构的气压、吊索张力及拖缆绳的变化,综合考虑气压与压载两种因素,以得出一个相对较稳定的拖航条件。根据试验测试组合,结构体系吃水深度可分为小于 0.4 m、0.4 m、0.45 m、0.5 m、大于 0.5 m,具体组合情况不再一一详述,在此取吃水深度约为 0.4 m、0.45 m、0.5 m 的三种情况进行对比。

(1) 不同吃水时筒内气压变化对比。图 4-77~图 4-79 是不同吃水情况下船艏风电机组 1 号舱气压变化对比曲线,图 4-80 是综合比较这几种工况下船艏风电机组 1 号舱的气压变化。

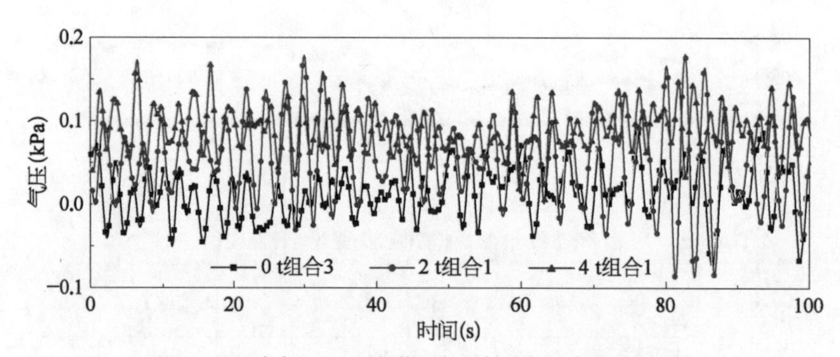

图 4-77　吃水 0.4 m 时船艏风机 1 号舱气压变化对比曲线

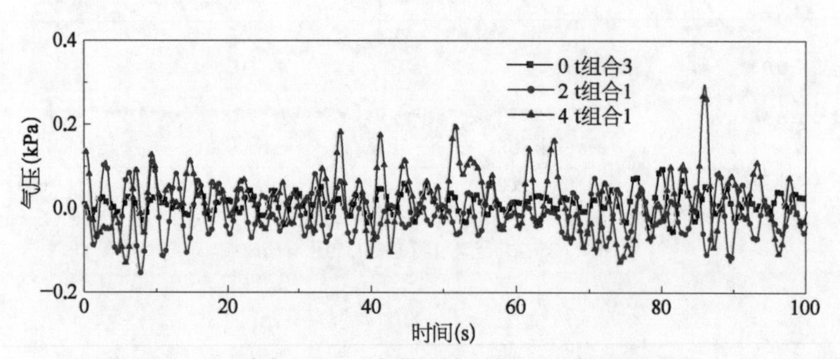

图 4-78　吃水 0.45 m 时船艏风机 1 号舱气压变化对比曲线

图 4-80 是在考虑波高影响下对以上几种工况气压变化幅值的总结。由于气压变化小更有利于一步式风电运输安装系统的拖航,综合以上几组试验数据可以得出,在不压载同时气压比较小及压载质量较大且气压充足这两种情况下,筒内气压变化较小,拖航相对稳定;而同时存在不足量的压载和不充足的气压时,筒内气压变化较大,拖航相对不稳。因此,在实际拖航中应该首选前两种情况。

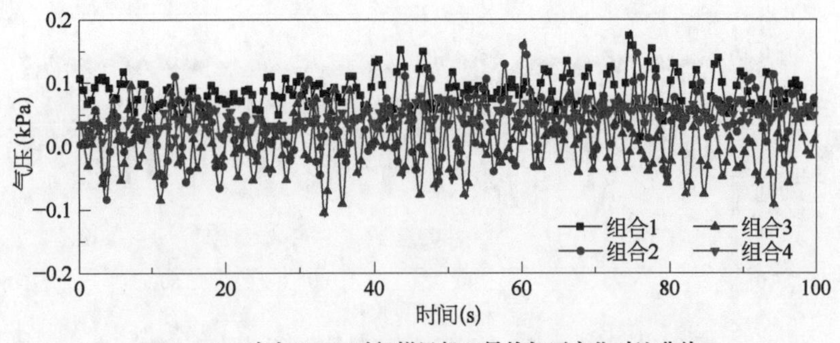

图 4-79　吃水 0.5 m 时船艏风机 1 号舱气压变化对比曲线

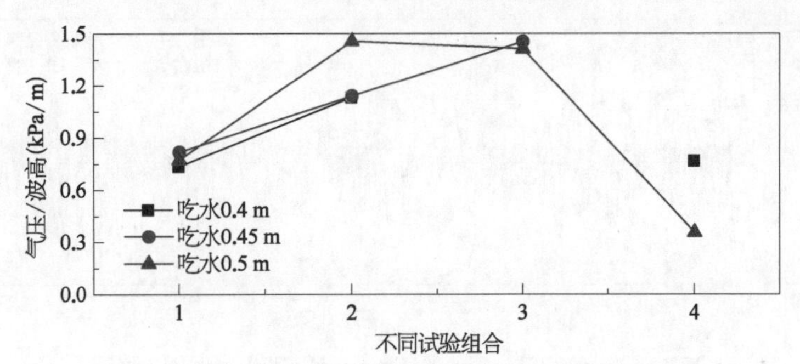

图 4-80　不同吃水时船艏风机 1 号舱气压变化对比曲线

(2) 不同吃水时吊索张力变化对比。图 4-81～图 4-83 是不同吃水情况下船艏风电机组 1 号吊索张力变化对比曲线，图 4-84 是综合比较这几种工况下船艏风电机组 1 号吊索张力的气压变化。

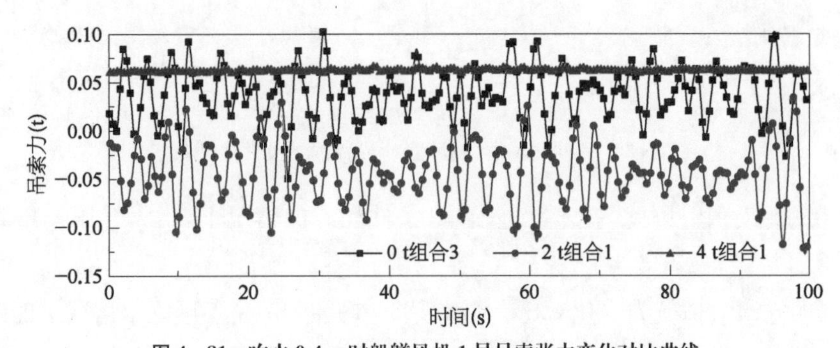

图 4-81　吃水 0.4 m 时船艏风机 1 号吊索张力变化对比曲线

由图 4-81～图 4-84 可以看出，在吃水不同时，依次对比几组数据的吊索张力变化均呈现下降趋势。结合这一规律并综合比较上述几种工况可以得出这样的结论，吊索张力变化随着压载的增加及气压的变大而减小，随着压载的减小及气压的变小而增大。此外，根据前两节的结论，增大气压的同时可以减小风电机组与运输安装船间的作用力，减

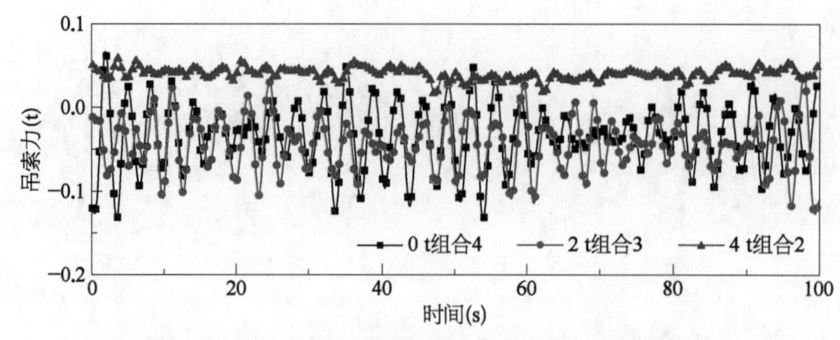

图 4-82　吃水 0.45 m 时船艏风机 1 号吊索张力变化对比曲线

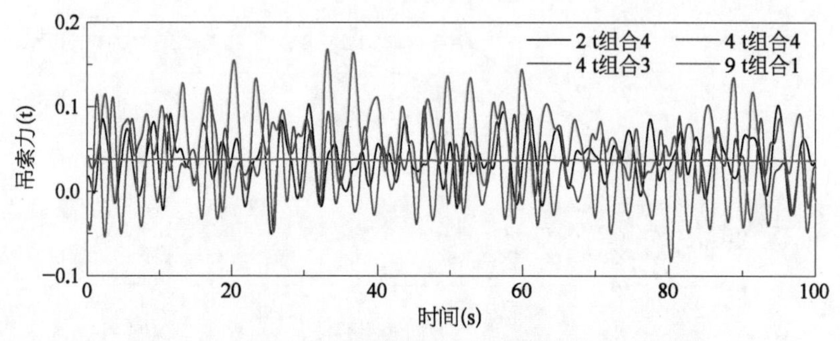

图 4-83　吃水 0.5 m 时船艏风机 1 号吊索张力变化对比曲线

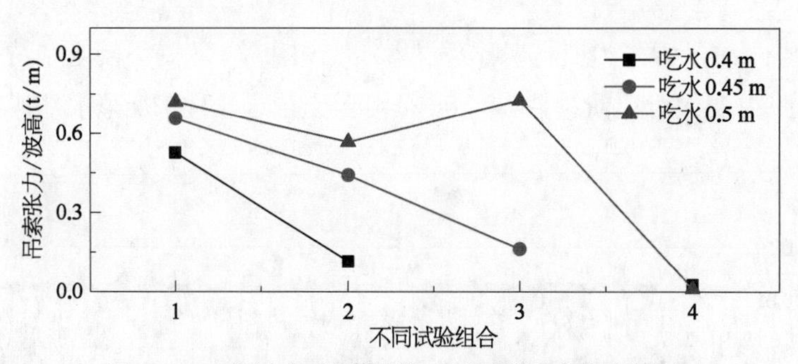

图 4-84　不同吃水时船艏风机 1 号吊索张力变化对比曲线

小吊索张力的绝对值。因此，在实际拖航中，条件允许的情况下，增大气压及压载更有利于拖航稳性。

(3) 不同吃水时拖航力变化对比。图 4-85～图 4-87 是不同吃水情况下船艏风电机组 1 号吊索张力变化对比曲线。

根据图 4-85～图 4-87 可以看出，吃水相同时，拖缆力在几种工况下呈小幅度下降的趋势，由于压载和气压不是硬性拖缆力的关键因素，所以变化程度不大。综合考虑以上几种工况，相同吃水情况下，压载和气压同时越大，拖缆力变化越小，但是对比不同吃水，随着吃水增加，拖缆力增大，这是由于运输体系在吃水增加的情况下，水下面积增大，受波浪和海流影响增大，而流速是影响拖航力的主要因素之一。

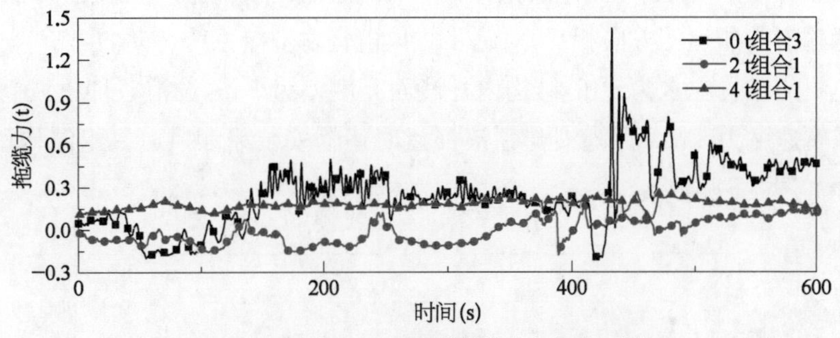

图 4－85　吃水 0.4 m时船艏拖缆力变化对比曲线

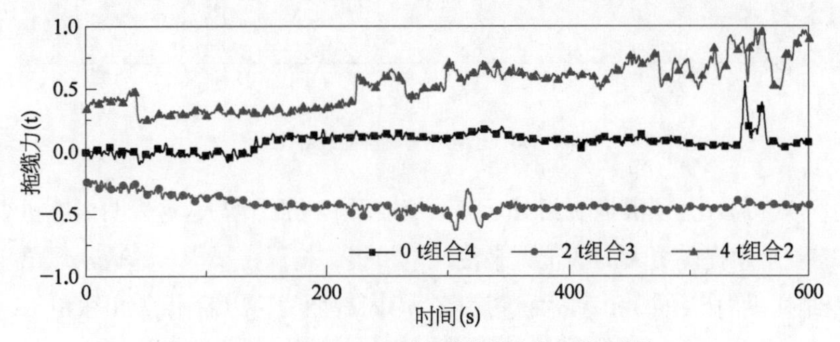

图 4－86　吃水 0.45 m时船艏拖缆力变化对比曲线

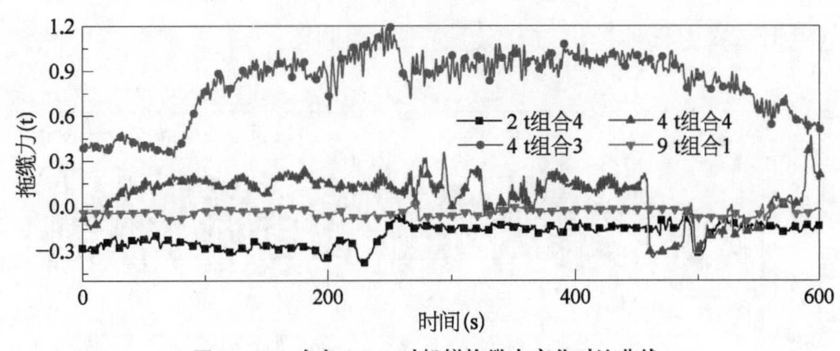

图 4－87　吃水 0.5 m时船艏拖缆力变化对比曲线

对上述试验结果进行分析可知，拖航时应首选充足压载充足气压或不压载不充气这两种情况以保证筒内气压稳定；在条件允许的情况下，增大船上压载及筒内气压可以减小风电机组与运输之间的作用力，也减轻吊索负载；足够的压载和气压能够一定程度减小拖航力的变化，使船行稳定，但是同时可能会增加拖航力。

4.4.3　多体耦合动力安全的影响因素分析

4.4.3.1　波浪方向对一步式风电运输安装系统浮运的影响

一步式风电运输安装系统实际拖航时，波浪作用方向是任意的。利用 MOSES 分析一步式风电运输安装系统随浪拖航(波浪方向与运输安装船运动方向相同)与顶浪拖航(波浪方向与运输安装船运动方向相反)对一步式风电运输安装系统运动的影响。

取风电机组结构吃水为4 m,结构内外液面高度差为2 m,波浪条件中波高为2 m、周期为6 s,拖航速度为3 m/s。随浪与顶浪浮运时运输安装船和风电机组结构吊索张力时程变化曲线如图4-88所示。

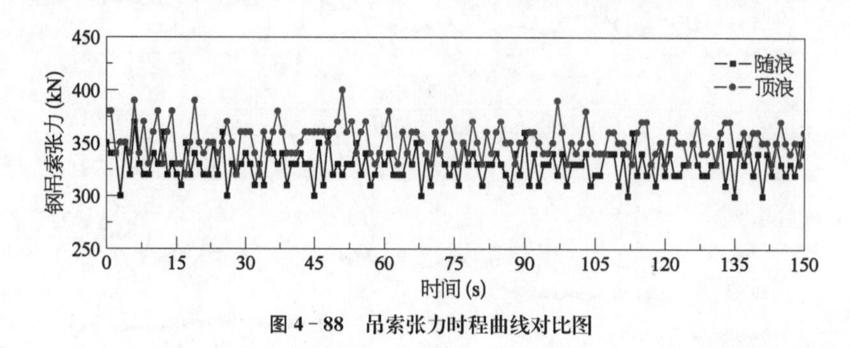

图4-88 吊索张力时程曲线对比图

由图4-88可看出,顶浪拖航相对于随浪拖航,吊索张力增大,这表明风电机组结构运动更为剧烈,需要吊索提供更大的扶正力来使风电机组结构保持平衡。这也从风电机组结构和运输安装船结构纵向(X向)和垂向加速度(Z向)时程曲线可以看出。如图4-89~图4-91所示,顶浪浮运风电机组结构和运输安装船结构纵向(X向)和垂向加速度均大于随浪浮运,随浪浮运较顶浪浮运更平稳。在顶浪浮运时应保证风电机组结构内有一定的水封高度,防止风电机组结构内气体逸出,造成运输安装船倾覆。

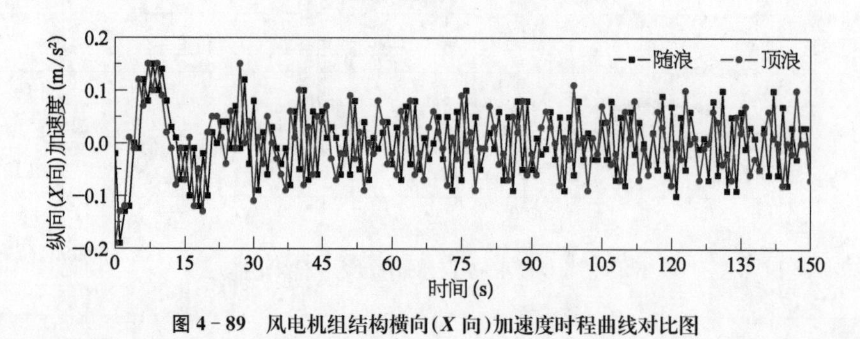

图4-89 风电机组结构横向(X向)加速度时程曲线对比图

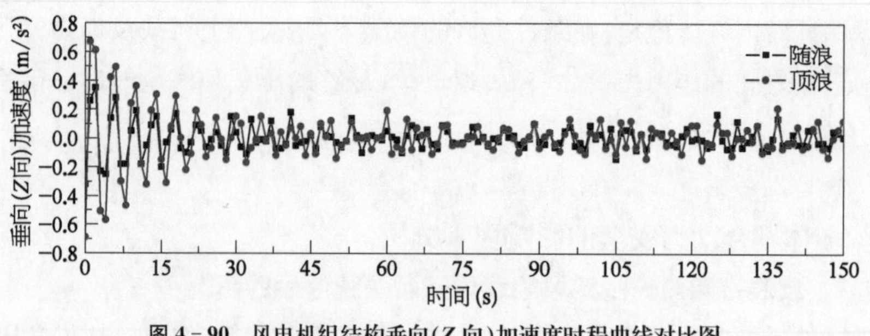

图4-90 风电机组结构垂向(Z向)加速度时程曲线对比图

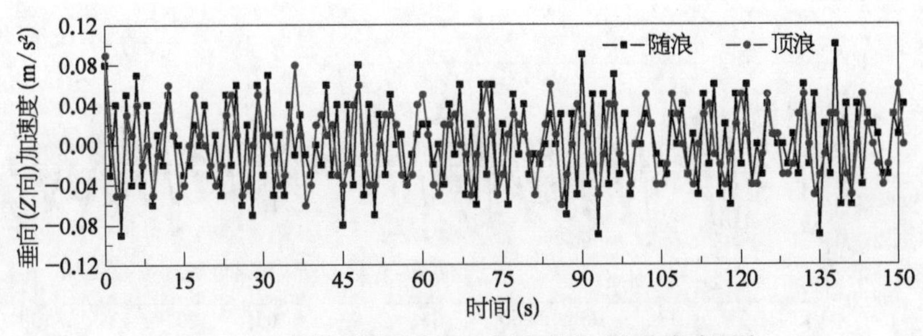

图4-91　运输安装船垂向(Z向)加速度时程曲线对比图

由上述分析可知,一步式风电运输安装系统随浪浮运较顶浪浮运更为平稳,运输安装船耐波性更好。在顶浪浮运时应更为小心一步式风电运输安装系统的稳定,在风浪较大的情况下,尽量不要顶浪航行,以保证浮运的安全。

4.4.3.2　波高对一步式风电运输安装系统浮运的影响

波高对一步式风电运输安装系统浮运稳定有较大的影响,下面将分析不同波高条件下一步式风电运输安装系统随浪浮运的稳定性。保证一步式风电运输安装系统浮态及其他条件相同,选取波高1 m、2 m和3 m三种情况进行对比分析。

波高增大对吊索张力有较大影响,尤其是当波高接近一步式风电运输安装系统所能承受的极限波高时,吊索张力突然变大,此时一步式风电运输安装系统的稳定性非常差,只要外荷载稍有增大,运输安装船则会丧失稳定,如图4-92中波高3 m的情况。

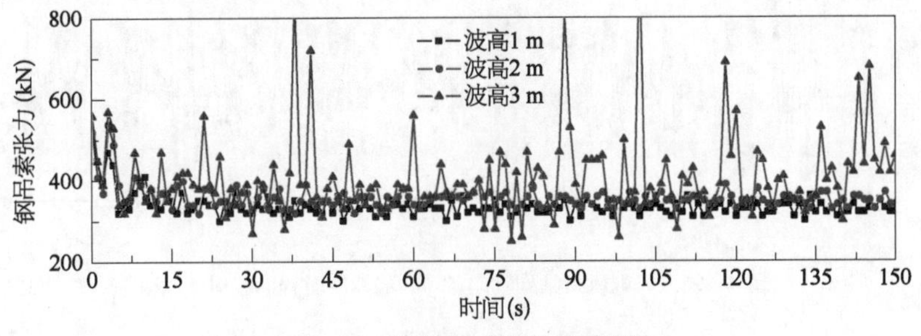

图4-92　吊索张力时程曲线对比图

当增大波高时,总的拖缆力有较大幅度的提高,这也造成了运输安装船结构纵向加速度随着波高的增大有较大幅度的提高,如图4-93所示。如图4-94和图4-95所示,风电机组结构各向加速度增大,其中变化幅度最大的是垂向(Z向)加速度,说明波高的增大对风电机组结构垂向运动影响最大。当波高从1 m逐步增大至3 m时,风电机组结构各向运动加速度也逐渐增大。

由于拖缆力变化的影响,运输安装船纵向(X向)加速度受波高影响较大(图4-96)。运输安装船与风电机组结构一样,垂向(Z向)加速度有一定程度的提高,但其提高幅度不如风电机组结构大,如图4-97所示。

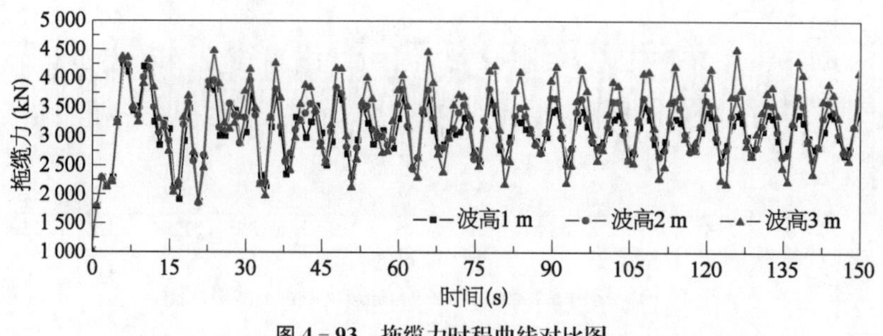

图 4-93　拖缆力时程曲线对比图

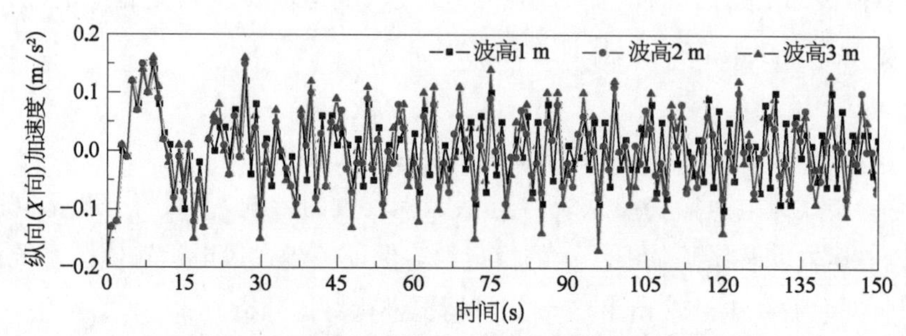

图 4-94　风电机组结构横向(*X* 向)加速度时程曲线对比图

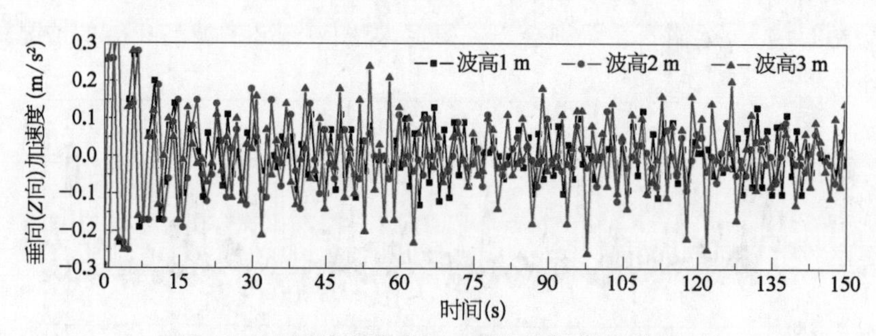

图 4-95　风电机组结构垂向(*Z* 向)加速度时程曲线对比图

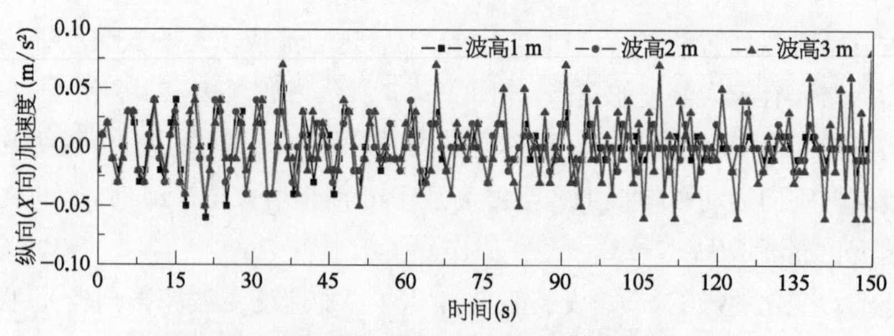

图 4-96　运输安装船纵向(*X* 向)加速度时程曲线对比图

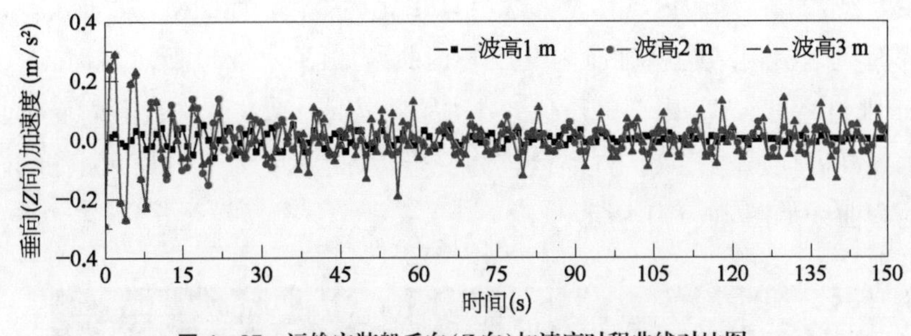

图4－97　运输安装船垂向(Z向)加速度时程曲线对比图

风电机组结构舱内气压时程曲线如图4－98所示。当波高较小时，舱内气压值较为平稳，其波动幅值较小；而随着波高增大至2 m，舱内气压总体较为平稳，但已出现个别较大气压值；当波高增大至接近极限波高(3 m)时，舱内气压变化剧烈，气压值较大，反映出风电机组结构运动较为剧烈。由于舱内液面高度与舱内气压值成反比，因而此时，舱内液面高度较小且变化较大，极易出现水封高度为零，导致舱内气体逸出。

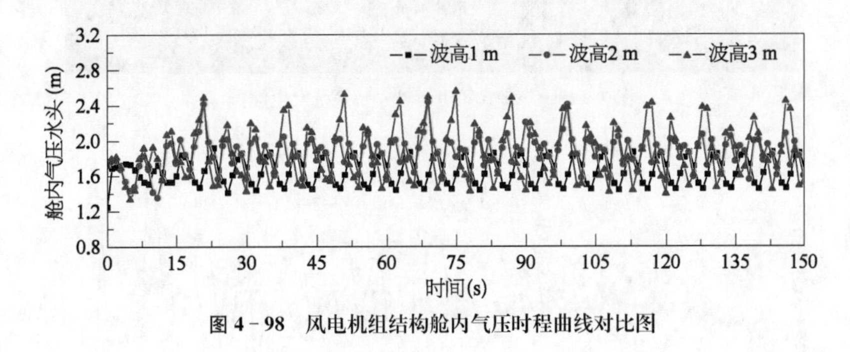

图4－98　风电机组结构舱内气压时程曲线对比图

波高对一步式风电运输安装系统浮运有较大影响，当波高增大至接近极限波高时，钢吊缆张力突然变大同时舱内气压值变化剧烈。通过对钢吊缆张力及舱内气压值的观测，能对一步式风电运输安装系统在较大波浪作用下的稳定进行评估，及时采取相应措施保证浮运的稳定。

4.4.3.3　极限波浪作用下一步式风电运输安装系统浮运稳定分析

海上风电一体化安装技术具有安装速度快的特点，风机运输及安装作业时间较短(天津大学，2014)，在作业前能根据气象预报进行合理安排，选择风浪较小的时间段进行海上浮运施工作业，浮运作业设计极限风速17 m/s、流速3 m/s、浪高不超过4 m。当海上波浪较大时，应保证风电机组结构基础舱内有一定高度的水封，以防止舱内气体逸出(霍思逊，2014)。设置风电机组结构吃水为4 m，取水封高度分别为1 m、2 m和3 m进行极限工况下浮运分析，即取浪高4 m、风速17 m/s、流速3 m/s。

通过分析在极限工况下，当水封高度为1 m和2 m时，时域分析中，筒型基础舱内气压发生突变，气压为零，即舱内气体全部逸出，最终产生倾覆，如图 4－99 所示；水封高度为 1 m 和 2 m 时风电机组结构基础舱内气压时程曲线如图 4－100 所示。而当水封高度为 3 m时，由于水封高度较高，内部气压值较小，内部气压一直在允许范围内变化，保证舱内有一定的水封高度，在极限工况下，浮运较为安全，水封高度为 3 m 时风电机组结构基础舱内气压时程曲线如图 4－101 所示。

图 4－99　一步式风电运输安装系统发生倾覆

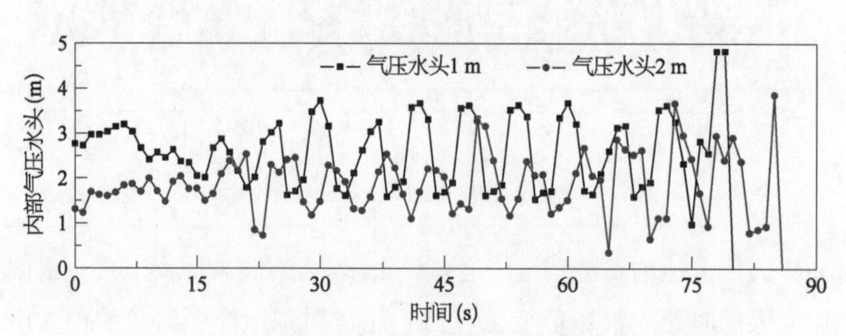

图 4－100　水封高度较小时风电机组结构内部气压时程曲线

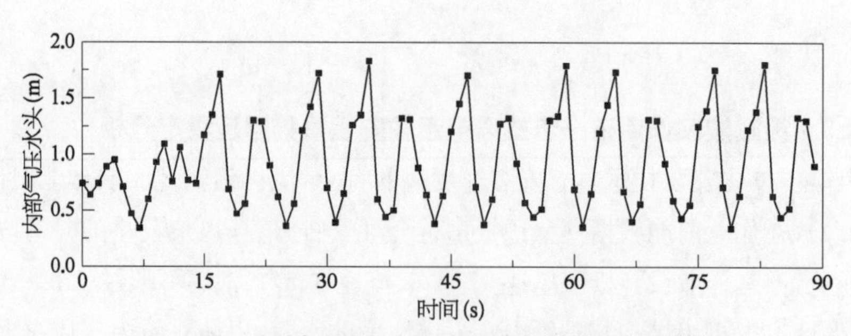

图 4－101　水封高度较大时风电机组结构内部气压时程曲线

在风电机组结构吃水相同时，水封高度越大，其耐波性越好，能经受大的波浪，一步式风电运输安装系统随浪浮运耐波性较逆浪浮运耐波性好。对于不同水封高度的风电机组结构，应对随浪及逆浪浮运时，一步式风电运输安装系统能经受的极限波高进行分析。以风电机组结构 4 m 吃水为例进行了一步式风电运输安装系统极限波高分析，如图 4 - 102 所示。

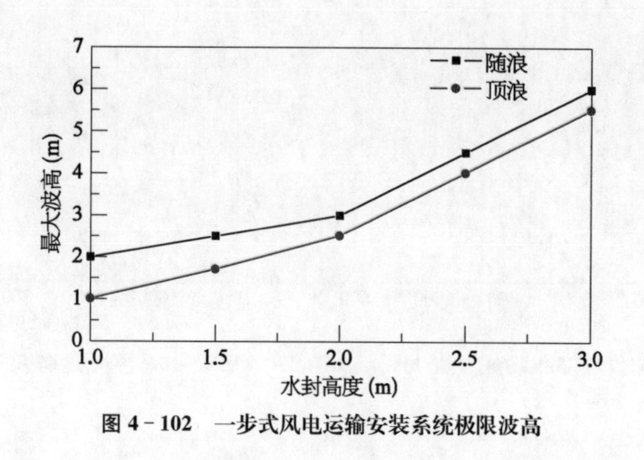

图 4 - 102 一步式风电运输安装系统极限波高

由图 4 - 102 可以看出，无论是随浪还是顶浪，随着风电机组结构水封高度的越大，一步式风电运输安装系统能经受的波高也越大；在水封高度较小时(小于 2 m)，逆浪浮运的耐波性较差。

4.5 筒型基础-塔筒-风机整体浮运过程的现场测控分析

4.5.1 拖航分析

以某复合筒型基础-塔筒-风机整体浮运工程施工原型为分析对象，对其整个浮运过程中各项指标进行分析(Jijian Lian 等，2020)。在拖航浮运过程中，筒型基础与运输安装船之间始终保持 500 t 左右的上顶力，因此可认为船和筒保持同步运动，由于拖航过程(天津大学，2016)及下沉安装历时较长(天津大学，2019)，现选取典型工况，整理见表 4 - 17；利用倾角仪对运输安装船倾角进行测量，全程监测数据如图 4 - 103～图 4 - 108 所示。

表 4 - 17 复合筒型基础拖航工况表

工 况	日 期	时 间	航速(节)	风速(级)	波高(m)
工况 1	××.1.1	14:00	4.9	4	1.2
工况 2	××.1.2	13:00	3.8	4	1.0
工况 3	××.1.5	11:00	抛锚	8	2.0

从图 4 - 103～图 4 - 108 中可以看出，运输安装船横、纵摇角度始终不大于 1°，复合筒型基础也与运输安装船有着相同的倾角，说明复合筒型基础及运输安装船在拖航过程中具有较好的稳性。

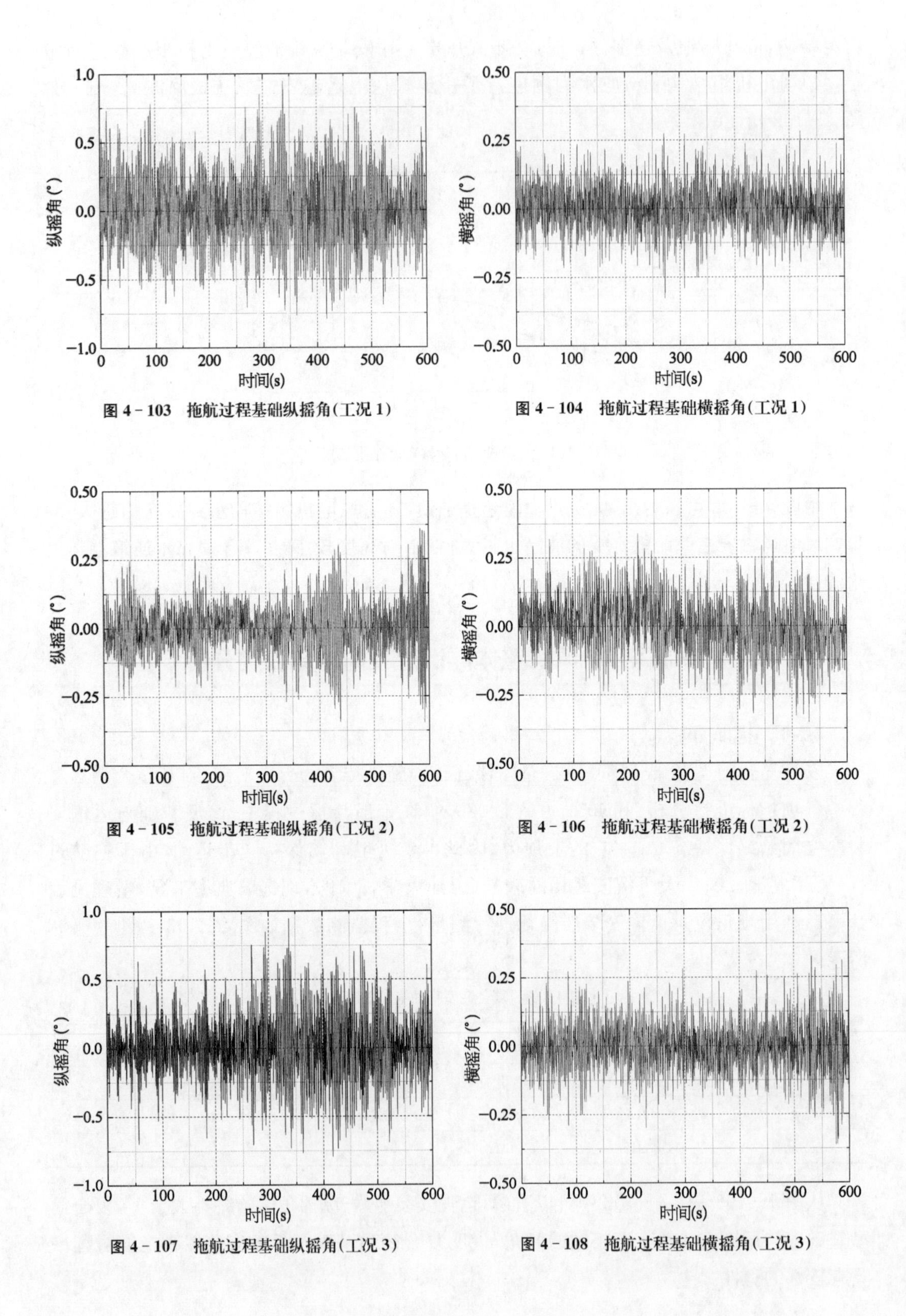

图 4-103　拖航过程基础纵摇角(工况 1)

图 4-104　拖航过程基础横摇角(工况 1)

图 4-105　拖航过程基础纵摇角(工况 2)

图 4-106　拖航过程基础横摇角(工况 2)

图 4-107　拖航过程基础纵摇角(工况 3)

图 4-108　拖航过程基础横摇角(工况 3)

4.5.2　浮运过程的船舶性态与水封安全性

4.5.2.1　拖航过程中船筒间相互作用监测与分析

在拖航过程中，利用压力传感器对船筒间作用力进行测量，由于拖航过程及准备安装历时较长，现选取典型工况整理见表 4-18，各工况下船筒间作用力如图 4-109～图 4-112 所示。

表 4-18　复合筒型基础拖航工况表

工　况	日　期	时　间	航速(节)	风速(级)	波高(m)
工况 1	××.1.1	14:00	4.9	4	1.2
工况 2	××.1.2	13:00	3.8	4	1.0
工况 3	××.1.5	11:00	抛锚	8	2.0
工况 4	××.1.8	12:00	抛锚	8	3.0

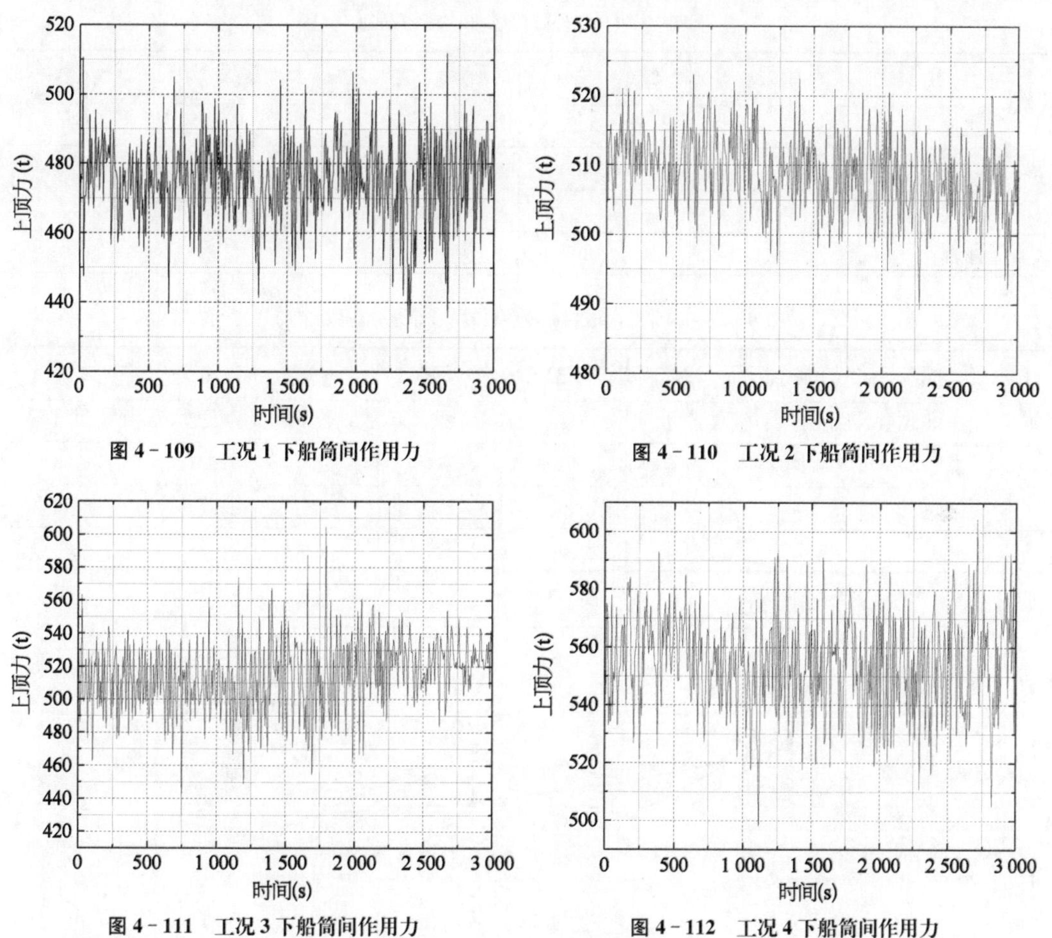

图 4-109　工况 1 下船筒间作用力

图 4-110　工况 2 下船筒间作用力

图 4-111　工况 3 下船筒间作用力

图 4-112　工况 4 下船筒间作用力

由图 4-109～图 4-112 可以看出，在拖航及预备安装时，船筒之间最少仍有 430 t 以上的结合力，船筒之间结合得足够紧密。复合筒型基础一步式安装法能够满足拖航过程和预备安装时船筒不脱开的要求。

表 4-19　各工况船筒间作用力

工　况	控制值(t)	最大值(t)	最小值(t)	均方根值(t)	标准差(t)	标准差/控制值
工况 1	500	510	430	475	12	2.4%
工况 2		525	490	509	6	1.2%
工况 3		600	430	517	21	4.2%
工况 4		600	500	556	19	3.8%

4.5.2.2　拖航过程中复合筒型基础筒内液封监测与分析

在拖航过程中，利用雷达液位计对筒内液封高度进行测量，由于拖航过程及准备安装历时较长，现选取典型工况，监测结果见表 4-20。

表 4-20　复合筒型基础拖航工况表

工　况	日　期	时　间	航速(节)	风速(级)	波高(m)
工况 1	××.1.1	14:00	4.9	4	1.2
工况 2	××.1.2	13:00	3.8	4	1.0
工况 3	××.1.5	11:00	抛锚	8	2.0
工况 4	××.1.8	12:00	抛锚	8	3.0

表 4-21　24#筒内液封高度表(筒内液面至分舱板底部)

工　况	1 舱	2 舱	3 舱	4 舱	5 舱	6 舱	7 舱
工况 1	222	229	198	232	233	230	203
工况 2	223	223	197	217	225	212	196
工况 3	229	219	209	223	226	228	198
工况 4	217	217	196	221	199	213	190

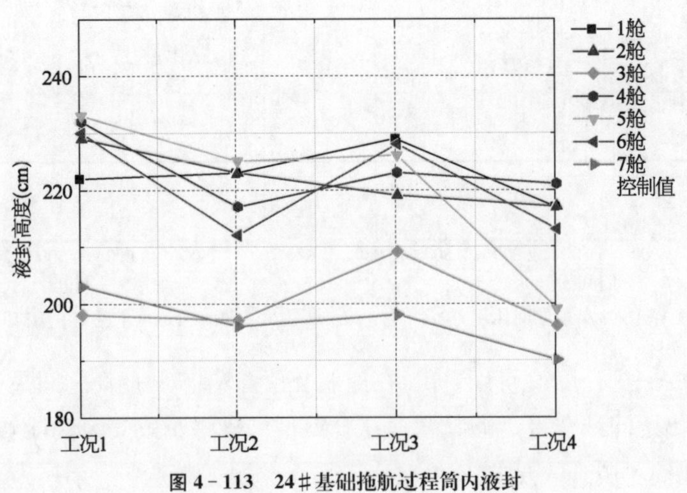

图 4-113　24#基础拖航过程筒内液封

由表4-21和图4-113可以看出，24#筒在拖航和预备安装时，筒内液封高度始终大于190 cm，能够保证筒内气体不逸出，且由船筒间作用力波动情况及船舶倾角可以推算出筒内液面波动始终在20 cm以内，能够提供比较稳定的浮力。

4.5.3　浮运过程的风机振动

在拖航过程中，利用加速度传感器对风机塔筒顶部振动加速度进行测量，其中对于风浪较大的时段，进一步加大采集频率对塔筒振动进行了监测，实测数据如图4-114所示。

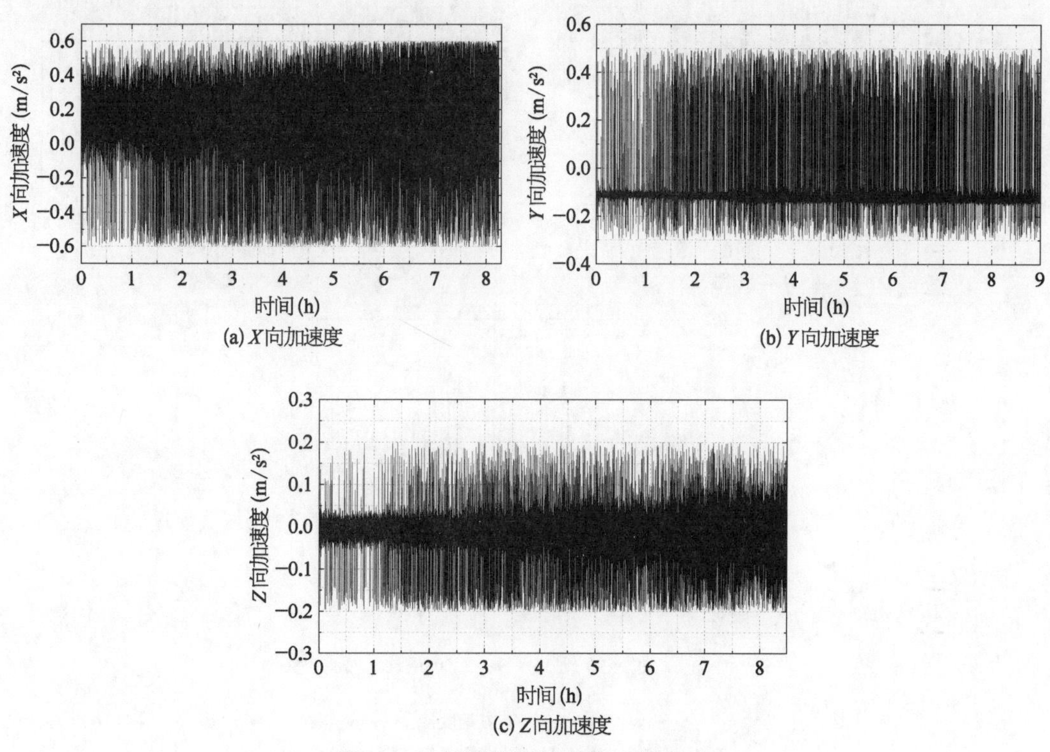

图4-114　风机塔筒顶部实测三向加速度

由于拖航过程及准备安装历时较长，数据采集频率高，使得实测数据量较大，不利于寻找规律进行分析，现选取典型工况整理见表4-22。

表4-22　复合筒型基础拖航工况表

工　况	日　期	时　间	航速(节)	风速(级)	波高(m)
工况1	××.1.1	14:00	4.9	4	1.2
工况2	××.1.2	13:00	3.8	4	1.0
工况3	××.1.5	11:00	抛锚	8	2.0
工况4	××.1.8	12:00	抛锚	8	3.0

将图 4-115～图 4-118 中塔筒振动幅值整理成表 4-23，可以看出，风机塔筒在拖航过程中(工况 1、工况 2)，全程水平加速度不大于 0.05g，垂向加速度不大于 0.02g，此值要远远小于风机要求的水平加速度允许值 0.25g、垂向加速度允许值 0.2g；即使在恶劣工况，风速 13 级浪高 3 m 时，抛锚后水平加速度也不大于 0.08g，垂向加速度不大于 0.02g。经过实际工程的检验也说明，复合筒型基础一步式安装法能够满足风机对塔筒振动的要求。

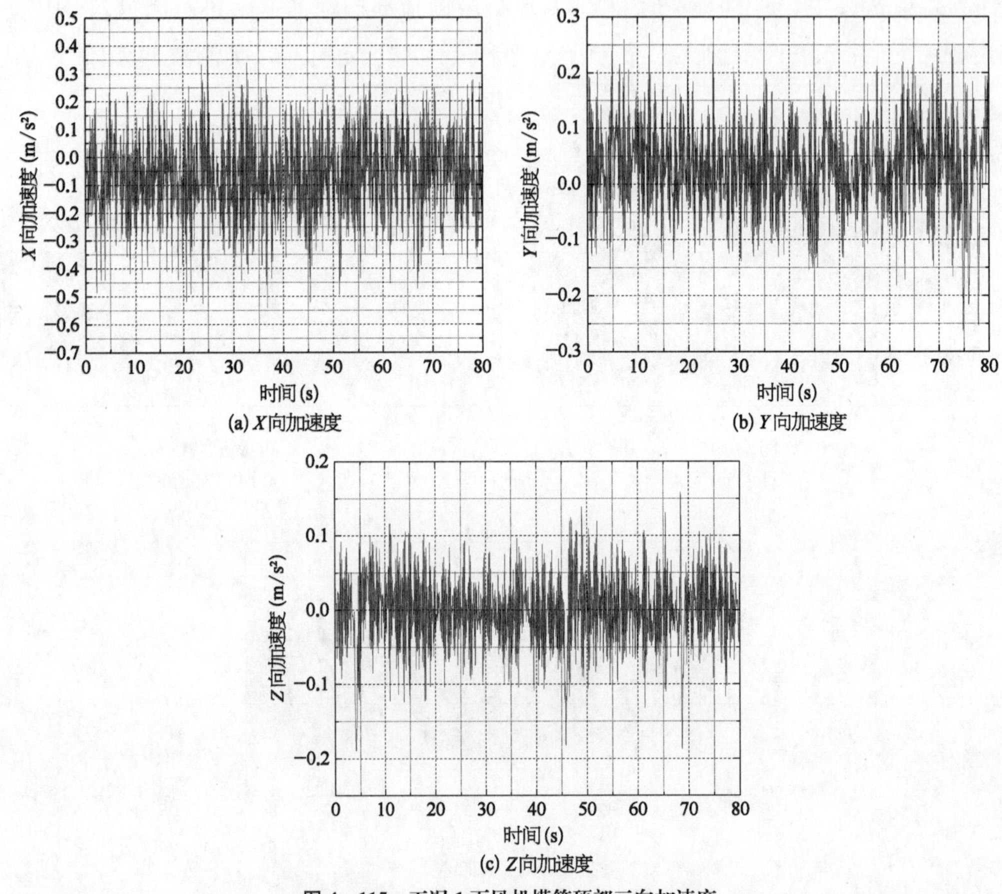

(a) X向加速度　(b) Y向加速度

(c) Z向加速度

图 4-115　工况 1 下风机塔筒顶部三向加速度

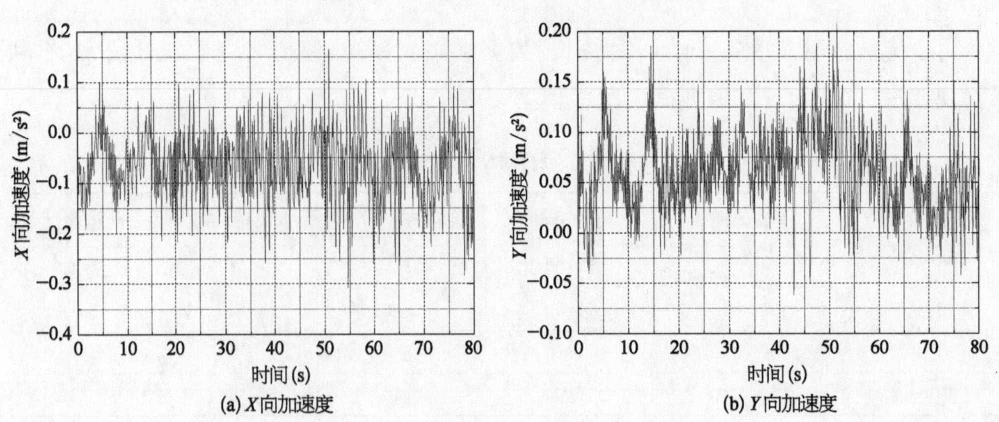

(a) X向加速度　(b) Y向加速度

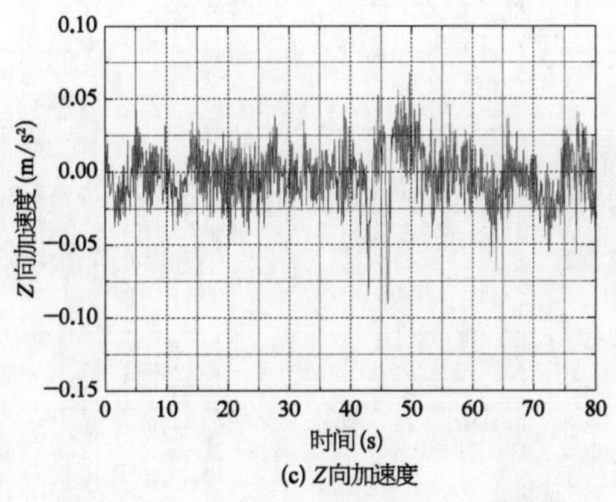

(c) Z向加速度

图 4－116　工况 2 下风机塔筒顶部三向加速度

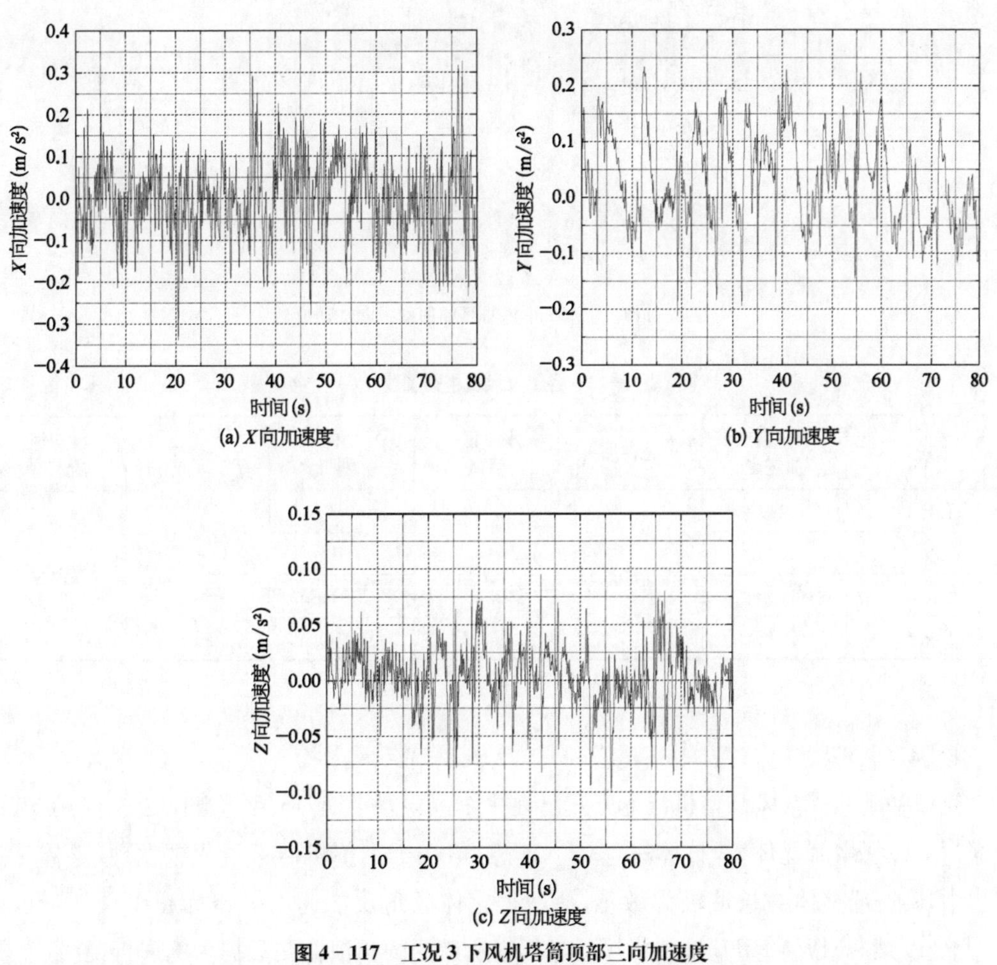

(a) X向加速度　　(b) Y向加速度

(c) Z向加速度

图 4－117　工况 3 下风机塔筒顶部三向加速度

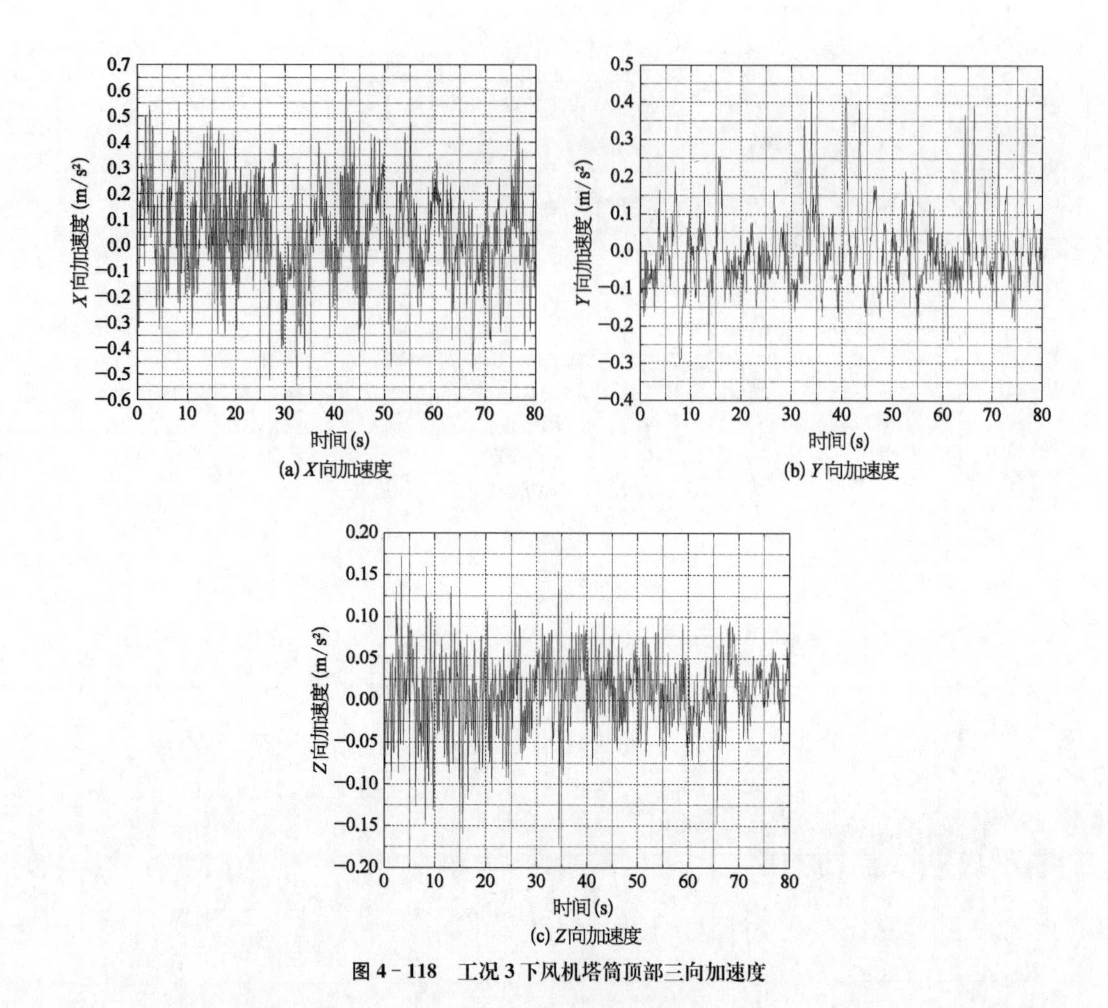

(a) X向加速度　(b) Y向加速度

(c) Z向加速度

图 4-118　工况 3 下风机塔筒顶部三向加速度

表 4-23　各工况风机塔筒加速度表

<table>
<tr><th>工况</th><th>水平合成
加速度</th><th>允许值</th><th>水平值/
允许值</th><th>垂向
加速度</th><th>允许值</th><th>垂向值/
允许值</th></tr>
<tr><td>工况 1</td><td>0.047g</td><td rowspan="4">0.25g</td><td rowspan="4">28.8%</td><td>0.015g</td><td rowspan="4">0.2g</td><td rowspan="4">7.5%</td></tr>
<tr><td>工况 2</td><td>0.025g</td><td>0.01g</td></tr>
<tr><td>工况 3</td><td>0.036g</td><td>0.01g</td></tr>
<tr><td>工况 4</td><td>0.072g</td><td>0.015g</td></tr>
</table>

4.5.4　浮运

筒型基础-塔筒-风机整机浮运方式已在多个风电场共计 15 台基础上成功应用，其中遭遇过各种恶劣海况环境，整体过程较为理想；但在个别整机浮运过程中发现，整体浮运过程中基础-船整体对长浪极为敏感，会使得整体倾角及加速度等指标超出预计限值要求，此处以某 3 MW 筒型基础整机浮运过程中所遭遇的长浪监测数据为例进行说明。

某批次借助专用安装船舶，单次整机浮运安装一台 3 MW 复合筒型基础，运输过程前期较为稳定，但在中途遭遇了波长 90～100 m，周期 8～10 s 的表层长波影响，正好与船舶总长 103.2 m 重叠，使得基础-船舶整体发生了较大的摇摆，其中基础顶部加速度及整体倾角如图 4 - 119 所示。从图中可以看出，此次遭遇长浪过程中，整机及船舶整体个别时刻存在加速度及倾角超标的情况，实际浮运过程中，通过及时调整航向和航速，降低了船舶动力响应，确保了整机浮运过程中的安全性，使得整机顺利的浮运至现场。此次遭遇时刻警醒我们，对整机浮运的分析及全程实时监控十分必要，且需根据各海域实际情况制定相应的应急方案。

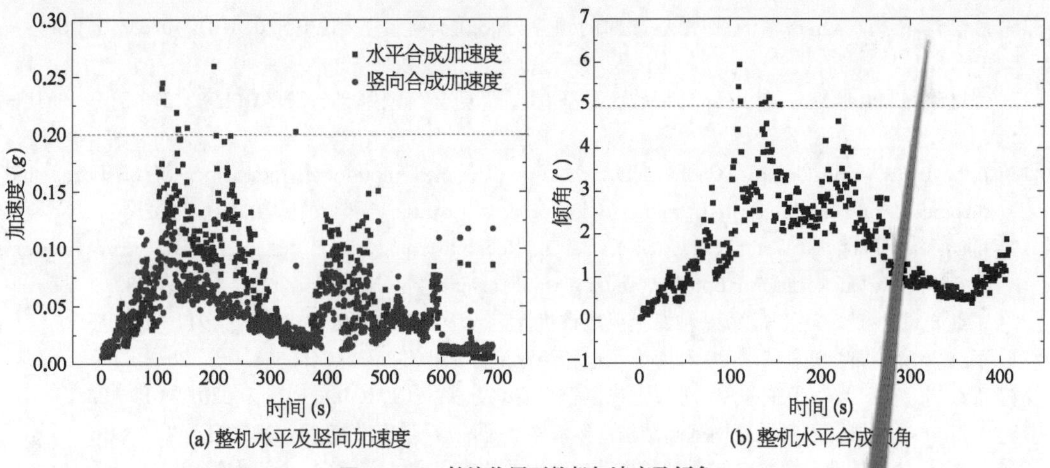

(a) 整机水平及竖向加速度　　(b) 整机水平合成倾角

图 4 - 119　长浪作用下整机加速度及倾角

参 考 文 献

[1] 别社安，时钟民，王翎羽.气浮结构的静浮态分析[J].中国港湾建设，2000(6)：18 - 23.

[2] 别社安，时钟民，王翎羽.气浮结构的小倾角浮稳性分析[J].中国港湾建设，2001([illegible])：31 - 36.

[3] 别社安，徐艳杰，王光纶.气浮结构的静稳性分析[J].清华大学学报(自然科学版)，2002，42(2)：274 - 277.

[4] Shean Bie, Chunning Ji, Zengjin Ren, et al. Study on floating properties and stability of air floated structures[J]. China Ocean Engineering, 2002, 16(2): 263 - 272.

[5] 别社安，徐元锡，祝业浩.增强结构气浮稳性的分舱法及优化分析[J].中国港湾建设，2003(1)：1 - 4.

[6] 别社安，任增金，李增志.结构气浮的力学特性研究[J].应用力学学报，2004，21(1)：68 - 71.

[7] Jijian Lian, Hongyan Ding, Aidong Li, et al. Offshore wind power complete machine floating method: EP, 2770198A1[P]. 2014 - 8 - 27.

[8] Jijian Lian, Hongyan Ding, Aidong Li, et al. Offshore wind power complete machine floating method: DE, 1151870[P]. 2017 - 2 - 15.

[9] Jijian Lian, Hongyan Ding, Aidong Li, et al. Offshore wind power complete machine floating method: UK, 1152028[P]. 2017 - 2 - 15.

[10] Jijian Lian, Hongyan Ding, Aidong Li, et al. Offshore wind power complete machine floating method: DK, 1152028[P]. 2017 - 3 - 1.

[11] Jijian Lian, Hongyan Ding, Aidong Li, et al. Floating type shipping method for sea wind generator: KR, 1016432320000[P]. 2016 - 7 - 21.

[12] Jijian Lian, Hongyan Ding, Aidong Li, et al. Method for transporting an offshore wind turbine in a floating manner: AUS, 2013317303[P]. 2014 - 6 - 5.

[13] Jijian Lian, Hongyan Ding, Aidong Li, et al. Method for transporting an offshore wind turbine in a floating manner: US, 9297355B2[P]. 2016 - 3 - 29.

[14] 练继建,丁红岩,李爱东,等.一种海上风电整机浮运方法：日本,2014 - 546308[P].2016 - 4 - 15.

[15] 练继建,王海军,吕娜.一种采用预应力混凝土筒型结构的海上风电机组地基基础：CN201010102601.5[P].2016 - 4 - 15.

[16] 练继建,刘梅梅,王海军.一种带斜支撑的预应力混凝土筒型基础：CN201310174028.2[P].2013 - 5 - 11.

[17] 练继建,刘润,燕翔.一种内部自带破土装置的厚壁复合筒型基础：CN201620821376.3[P].2016 - 7 - 27.

[18] Jijian Lian, Junni Jiang, Xiaofeng Dong, et al. Coupled motion characteristics of offshore wind turbines during the integrated transportation process[J]. Energies, 2019, 12(10): 2023.

[19] Jijian Lian, Pengwen Wang, Conghuan Le, et al. Reliability analysis on one-step overall transportation of composite bucket foundation for offshore wind turbine[J]. Energies, 2020, 13(1): 23.

[20] 丁红岩,练继建,李爱东,等.一种海上风电整机浮运方法：201210468568.7[P].2014 - 10 - 15.

[21] 丁红岩,练继建,李爱东,等.一种海上风电整机浮运方法：CN201210468568.7[P].2012 - 11 - 19.

[22] 丁红岩,练继建,李爱东,等.一种海上风电整机安装方法：201210468464.6[P].2014 - 11 - 26.

[23] 丁红岩,霍思逊,等.气浮筒型基础结构规则波中运动响应[J].船海工程,2015(2)：115 - 119.

[24] 王高峰.筒型基础平台的自摇运动和拖航过程中的响应研究[D].天津：天津大学,2007.

[25] 刘宪庆.气浮筒型基础拖航稳性和动力响应研究[D].天津：天津大学,2012.

[26] 丁红岩,朱岩.海上风电大尺度筒型基础分舱优化设计[J].船海工程,2016,45(3)：140 - 145.

[27] 黄旭.海上风电结构一体化安装技术的浮运分析[D].天津：天津大学,2011.

[28] 丁红岩,韩彦青,张浦阳,等.气压对海上风电一步式运输安装船稳性的影响[J].天津大学学报,2017,50(9)：915 - 920.

[29] 丁红岩,石建超,张浦阳,等.风电机组浮态对风机运输船浮运的影响分析[J].天津大学学报,2016,49(10)：1034 - 1040.

[30] 霍思逊.气浮风电结构一步式安装技术拖航性能的模型实验研究[D].天津：天津大学,2014.

[31] 刘润,汪嘉钰,练继建,等.用于筒型基础下沉的负压控制装置的使用方法：201810092153.1[P].2019 - 10 - 11.

[32] Puyang Zhang, Yanqing Han, Hongyan Ding, et al. Field experiments on wet tows of an integrated transportation and installation vessel with two bucket foundations for offshore wind turbines[J]. Ocean Engineering, 2015, 108(NOV.1): 769 - 777.

[33] Puyang Zhang, Disheng Liang, Hongyan Ding, et al. Floating state of a one-step integrated transportation vessel with two composite bucket foundations and offshore wind turbines[J]. Journal of Marine Science and Engineering, 2019, 7(8): 263.

第 5 章

海上风电筒型基础沉放与精细调平

海上风电筒型基础沉放可以采用分步沉放，即先沉放筒型基础，再吊装塔筒和风机，也可采用筒型基础-塔筒-风机整体沉放。沉放过程包括水中沉放和土中沉放。水中沉放要突破风、浪、流作用下海上风电筒型基础、塔筒、风机与施工安装船舶或安装平台多体耦合作用的技术难题，达到控制好海上风电筒型基础沉放的姿态和安全性。土中沉放要突破沉放土阻力的计算、屈曲控制、渗流破坏控制和负压合理控制、精细调平等技术难题，涉及水-气-结构-土之间的复杂相互作用，存在大量的理论和技术问题亟待解决。

5.1 筒型基础水中沉放

当筒型基础及上部结构整体浮运至安装地点并脱离与船体的绑定后，在缆绳和扶正系统控制下开始水中沉放施工，水中沉放过程的安全性分析需明确风-浪-流荷载作用下缆绳和扶正系统受力（F_1、F_2、F_3、F_4）和筒型基础动力响应，必要时可开展模型试验。

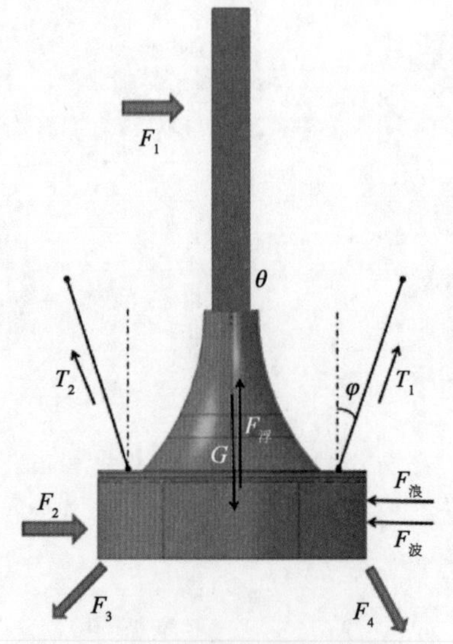

图 5-1 筒型基础沉放受力图

图 5-2 筒型基础-塔筒-风机整机沉放

5.1.1 模型试验

以我国江苏海域某海上风电场 6.45 MW 风机为例，开展筒型基础整机水下沉放过程的动力响应研究。采用 1∶50 的模型比尺，如图 5-3 所示。模型与原型满足几何相似、波流运动和动力相似，原型与模型的主要尺寸参数见表 5-1。测量仪器主要有拉压传感器、陀螺仪、压力变送器、拉线位移计、振动加速度传感器、电阻式应变计等。

图5-3　筒型基础水中沉放试验模型

表5-1　原型与模型的主要参数

参　数	原　型	模　型	配　重
筒型基础直径	36 m	0.72 m	
筒型基础高度	12 m	0.24 m	
过渡段高度	21 m	0.42 m	
筒型基础重心高度	13.6 m	0.272 m	
单个筒基底面积	≈1 018 m^2	≈0.407 m^2	
重心	29.472 m	0.589	
基础(包括过渡段)	2 889 t	23.11 kg(实际模型 18 kg)	+5.11 kg
机头重	423.4 t	3.387 kg(实际模型 3.6 kg)	−0.113 kg
塔筒	494.5 t	3.956 kg(实际模型 3.8 kg)	+0.156
总重	3 807 t	30.5 kg(实际模型 25.4 kg)	+5.15 kg

5.1.2　水中沉放过程吊索受力

在筒型基础水中沉放过程中吊索受力与波流条件和姿态控制密切相关。同样的波流条件,不同控制模式吊索受力存在区别,倾斜度 2°范围以内一般可把吊索受力控制小于 5 000 kN。图 5-4 给出波流作用下吊索受力的时程曲线,在筒型基础水中下沉过程下,吊索力响应因波浪作用呈现周期性。图 5-5 给出了吊索受力随波高、波浪周期和沉放深度的变化规律。

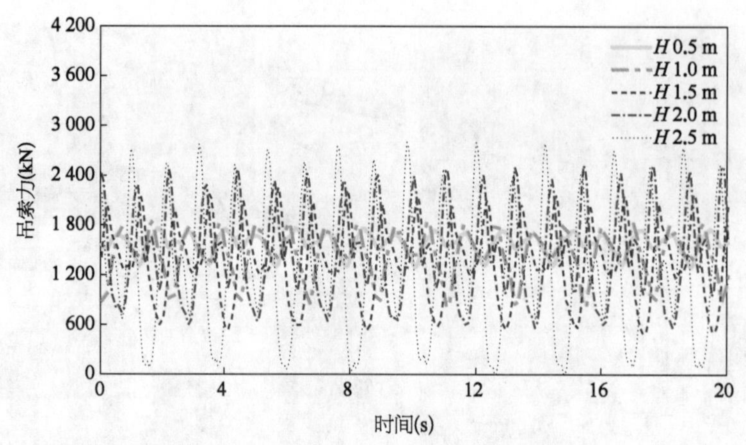

图 5-4　水中下沉 12 m 时部分吊索力时程图

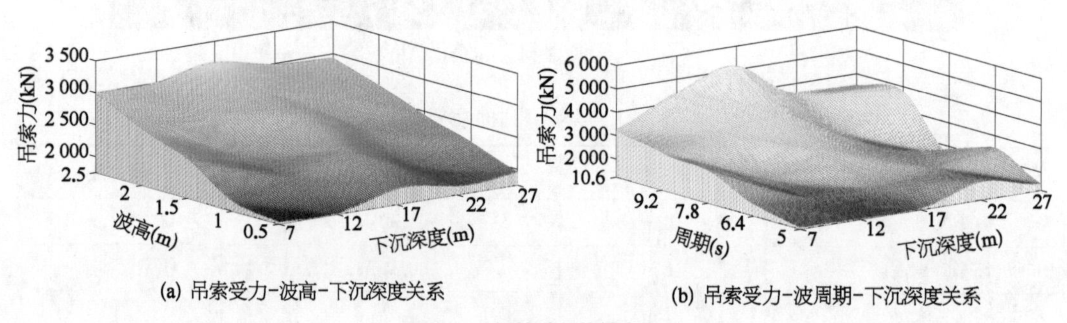

(a) 吊索受力-波高-下沉深度关系

(b) 吊索受力-波周期-下沉深度关系

图 5-5　沉放过程的吊索力

5.1.3　水中沉放过程筒型基础风机的加速度

在筒型基础水中沉放过程中一般控制风机机头处加速度小于某一阈值(如 $0.25g$)。图 5-6 给出典型的波流作用下水中沉放过程中风机机头加速度时程图,其加速度响应在

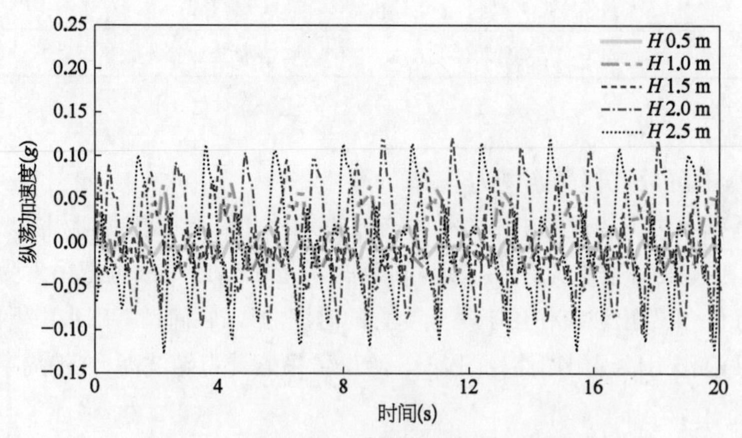

图 5-6　水中下沉 12 m 时风机机头加速度时程图

波浪作用下呈现周期性。图 5-7 和图 5-8 给出了风机机头加速度随波高、波浪周期和沉放深度的变化规律。

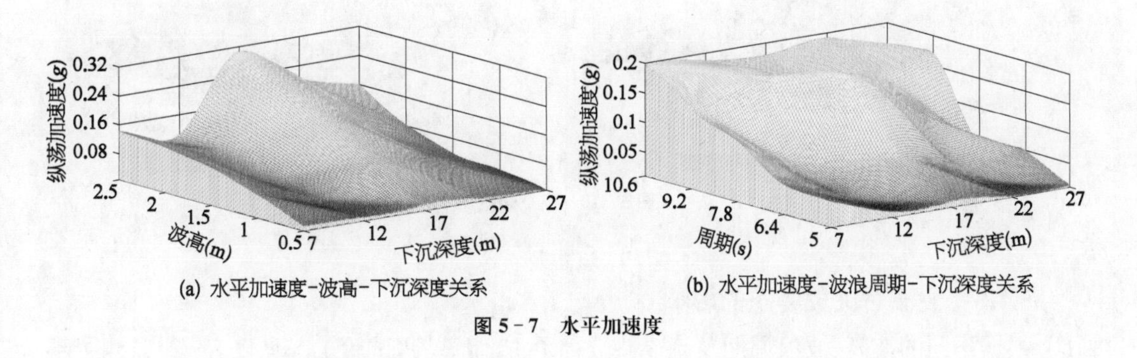

(a) 水平加速度-波高-下沉深度关系　　(b) 水平加速度-波浪周期-下沉深度关系

图 5-7　水平加速度

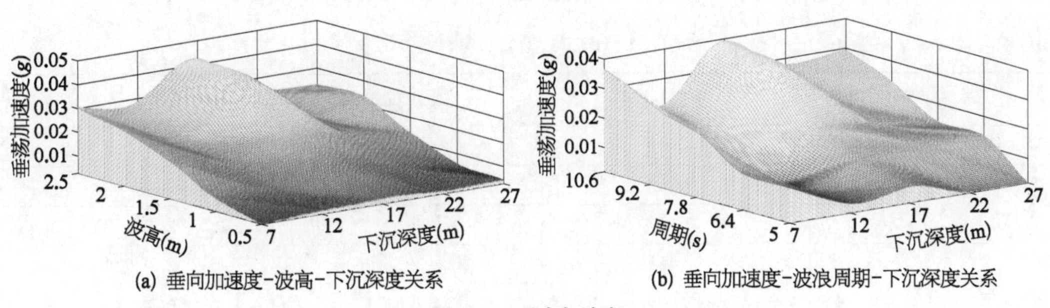

(a) 垂向加速度-波高-下沉深度关系　　(b) 垂向加速度-波浪周期-下沉深度关系

图 5-8　垂向加速度

5.1.4　水中沉放过程筒型基础风机的纵摇角度

在筒型基础水中沉放过程中一般将纵摇角度控制在5°以内。图 5-9 给出了典型的波流作用下水中沉放过程中纵摇时程图。图 5-10 给出了纵摇角度随波高、波浪周期和沉放深度的变化规律。

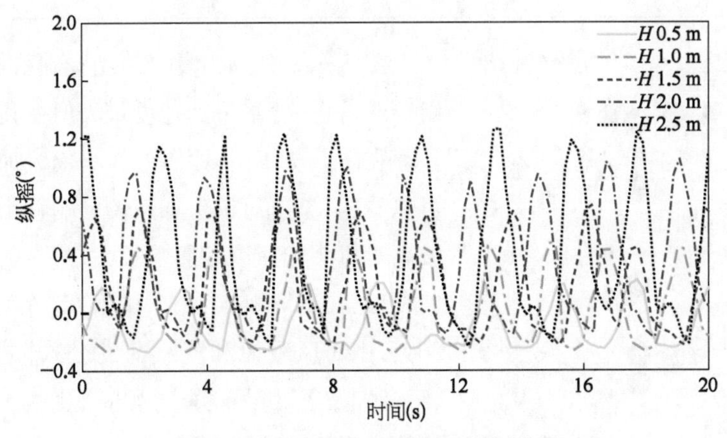

图 5-9　水中下沉 12 m时部分纵摇时程图

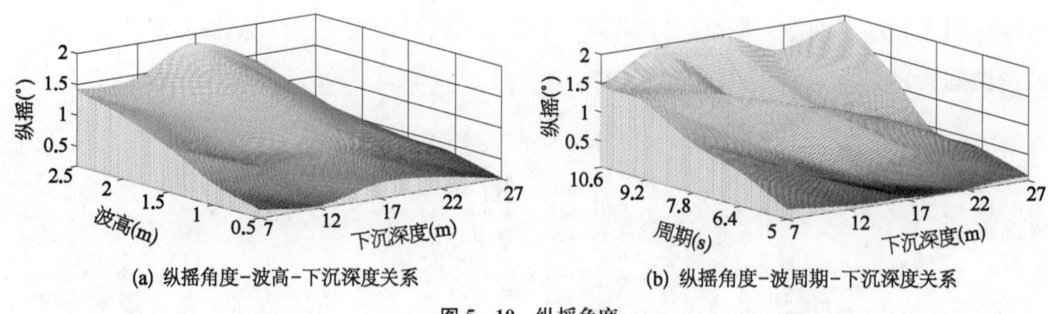

(a) 纵摇角度-波高-下沉深度关系　　(b) 纵摇角度-波周期-下沉深度关系

图 5-10　纵摇角度

5.1.5　波流对沉放姿态的影响

根据不同的波高、波浪周期及流速共进行了 13 组试验，试验工况见表 5-2，监测了不同工况下的风机机头加速度，开展了筒型基础-塔筒-风机整机沉放姿态分析。

表 5-2　工 况 参 数

工　况	周期(s)	波高(m)	流速(m/s)
1	4.949	2.5	2.382 59
2	6.363	2.5	2.382 59
3	7.777	2.5	2.382 59
4	9.191	2.5	2.382 59
5	10.605	2.5	0.480 76
6	10.605	2.5	0.707
7	10.605	2.5	1.244 32
8	10.605	2.5	1.937 18
9	10.605	0.5	2.382 59
10	10.605	1	2.382 59
11	10.605	1.5	2.382 59
12	10.605	2	2.382 59
13	10.605	2.5	2.382 59

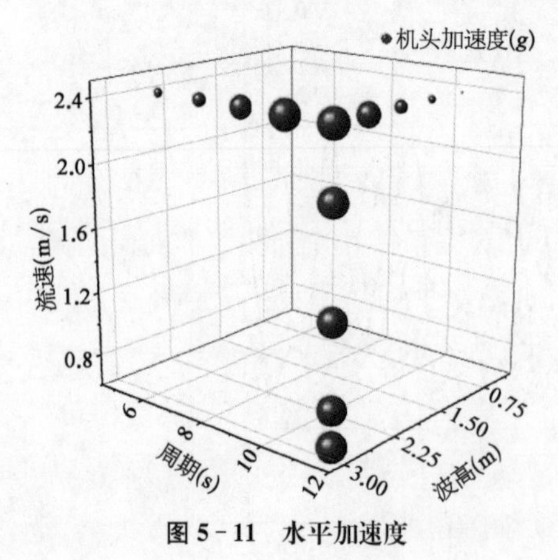

图 5-11　水平加速度

图 5-11 分别为复合筒型基础整机在不同工况组合时，机头处水平加速度最大值变化情况。

在图 5-11 中，原点的大小代表加速度的大小。可以看出，流速对机头加速的影响较小；波浪周期和波高对机头加速度的影响较大。

根据 DNV 规范(文献[51]，DNVGL-RP-C205，2007)中对风载荷和流载荷的公式[式(5-1)和式(5-2)]及 William 关于考虑辐射力和绕射力的圆柱体水平波浪载荷公式[式(5-3)](William，2013

年)，运用多元线性回归方法研究风速、波高、流速与机头处各方向加速度的关系。

流速项：

$$F_{\text{CURRENT}} = CU_c^2 \tag{5-1}$$

风速项：

$$\begin{cases} q = \dfrac{1}{2}\rho U_{T,z}^2 \\ F_{\text{WIND}} = BqS\sin\alpha \end{cases} \tag{5-2}$$

$$\begin{cases} F_{\text{WAVE}} = \mid F \mid \cos(\omega t + \beta) \\ F = -\dfrac{2\pi\rho g A a}{k_0}\left\{J_1(k_0 a) - J_1'(k_0 a)\dfrac{H_{1/3}^{(1)}(k_0 a)}{H_{1/3}^{(1)}(k_0 a)}\right\}(1 - e^{-k_0 b}) \end{cases} \tag{5-3}$$

式中　F_{CURRENT}——海流力；

C——拖曳力系数；

u——流速；

q——平均风压；

U——高度 z 处 t 时间内的平均风速；

B——形状系数；

S——投影面积；

α——风速角；

a——筒半径；

A——波幅；

k——波数；

J——贝塞尔函数；

H——汉克尔函数；

b——筒高。

机头加速度 A 与风速项 $X_{波周期}$、波高 $X_{波高}$、流速 $X_{流}$ 的关系式可以由如下回归函数给出：

$$A_{机头} = 2.00E - 2X_{波周期} + 8.16E - 2X_{波高} + 7.02E - 3X_{流} - 0.27 \tag{5-4}$$

计算得到的回归标准差与回归系数分别见表5-3和表5-4。

表5-3　回归参数

回归参数	复相关系数 R	重要性系数 F	标准误差
加速度	0.981	9.21E−07	1.19E−2

表5-4　回归系数

项　目	系　数	标准误差	t 统计量	P-value(假定值)
Intercept	−0.27	3.96E−2	−6.77	8.2E−05
$X_{波周期}$	2.00E−2	2.26E−3	8.87	9.63E−06

(续表)

项　目	系　数	标准误差	t 统计量	P - value(假定值)
$X_{波高}$	8.16E−2	6.38E−3	12.79	4.46E−07
$X_{流速}$	7.02E−3	6.22E−3	1.13	2.88E−1

从上述分析中可以看出，波高的回归系数在三向加速度分析中小于其他系数，表明在下沉过程中，波高对于机头处加速度的影响最大，波周期对于机头处加速度影响次之，流速对机头处加速度影响较小。

运用回归函数[式(5-4)]计算同工况下的机头处加速度和实测值进行比较，可以得到图 5-12，可以看出计算值和实测值差距很小，可以用于实际工程中对下沉过程机头加速度值的估测。

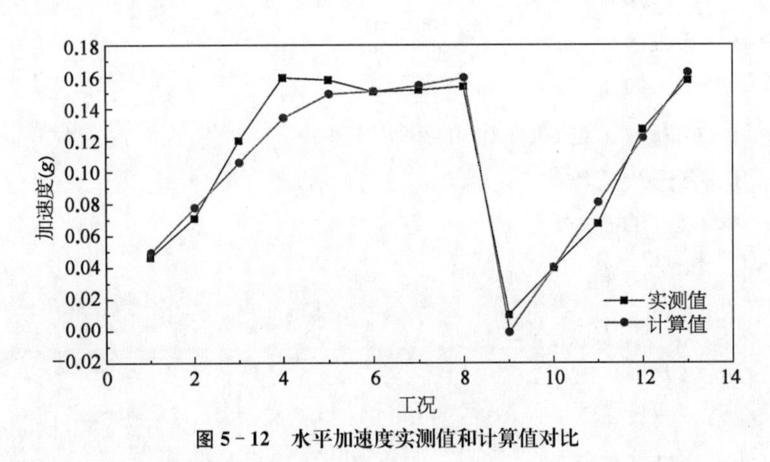

图 5-12　水平加速度实测值和计算值对比

5.2　筒型基础的土中沉放

筒型基础的土中沉放包括自重沉放与负压沉放两个阶段。自重沉放阶段是指筒型基础在其自重及上部结构总重量的作用下贯入土体；负压沉放阶段是指通过抽气或抽水使筒型基础内外形成压力差，最终沉放到设计标高的阶段。

5.2.1　自重沉放阶段的阻力计算

5.2.1.1　受力分析

该阶段筒型基础在自重和上部荷载的共同作用下沉贯入土，其受力状态如图 5-13 所示。图中，V 为上部荷载，W'为筒型基础有效自重，P_o、P_i为筒外、内壁土压力，F_o、F_i为筒外、内壁侧摩阻力，D_o、D_i分别为筒体外径与内径，Q_{tip}为筒端阻力，t 为筒壁厚度，l 为入土深度。

由图 5-13 可知，筒型基础受到自重、上部荷载、筒壁内外的侧摩阻力及筒端阻力的共同作用，其中筒壁内外侧摩阻力与作用于筒壁上的土压力相关联。当筒型基础受到的地基土体阻力等于其自重和上部荷载的共同作用时，达到受力平衡，自重沉放阶段结束，即自重和外部压力与贯入阻力满足：

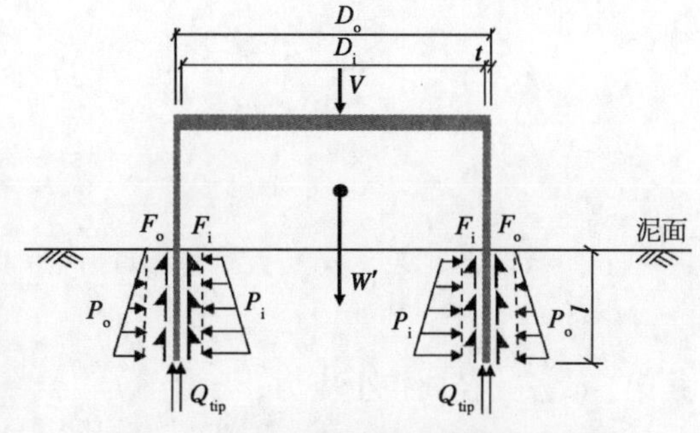

图 5-13　自重沉放阶段筒型基础受力分析

$$V+W'=F_o+F_i+Q_{tip} \tag{5-5}$$

F_o、F_i、Q_{tip}为

$$\begin{cases} F_o=\pi D_o\mu_{o1}\int_0^h p_o(l)\mathrm{d}l \\ F_i=\pi D_i\mu_{i1}\int_0^h p_i(l)\mathrm{d}l \\ Q_{tip}=q_{tip}\pi D_i t \end{cases} \tag{5-6}$$

式中　p_i、p_o、q_{tip}——分别为筒内外壁及筒端土压力；

μ_{i1}、μ_{o1}——分别为内、外筒-土摩擦系数。

5.2.1.2　砂土中筒型基础的自重沉放阻力

1) 计算方法研究(刘润等，2016)

筒型基础在自重作用下贯入土体对筒周土体产生了明显的挤土效应，为了有效模拟这一过程，可将环形筒壁看作紧密排列的等直径圆柱体，忽略圆柱体之间的相互作用，将外筒壁挤土过程看作圆孔扩张问题，如图 5-14 所示。

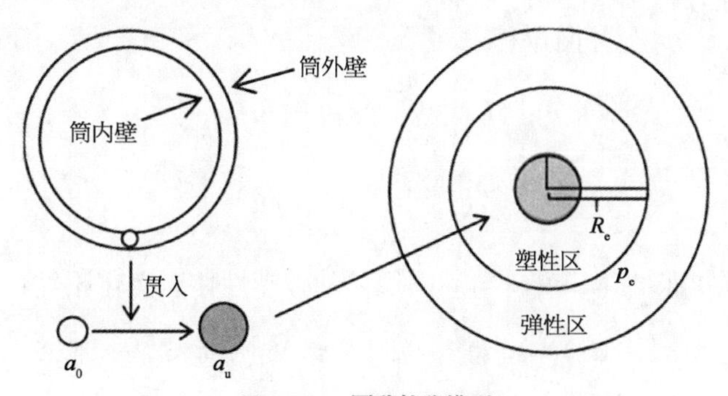

图 5-14　圆孔扩张模型

孔周土体需满足平面轴对称问题的基本方程与变形协调方程如下：

$$\frac{\mathrm{d}\sigma_r}{\mathrm{d}r}+\frac{\sigma_r-\sigma_\theta}{r}=0 \tag{5-7}$$

$$\begin{cases}\varepsilon_{\mathrm{r}}=-\dfrac{\partial u}{\partial r}\\[2ex]\varepsilon_{\theta}=-\dfrac{u}{r}\end{cases}\tag{5-8}$$

$$\frac{\mathrm{d}\varepsilon_{\theta}}{\mathrm{d}r}+\frac{\varepsilon_{\theta}-\varepsilon_{\mathrm{r}}}{r}=0\tag{5-9}$$

式中　σ_{r}——径向挤土应力；

σ_{θ}——切向挤土应力；

r——计算点距圆孔中心的距离；

ε_{r}——径向应变；

ε_{θ}——切向应变；

u——径向位移。

在初始水平应力为 q 的情况下，弹性区与塑性区交界处的一点应力状态需同时满足弹性条件[式(5-9)]与 Mohr-Coulomb 屈服准则[式(5-10)]：

$$\begin{cases}\varepsilon_{\mathrm{r}}=\dfrac{1}{E}(\sigma_{\mathrm{r}}-\mu\sigma_{\theta})\\[2ex]\varepsilon_{\theta}=\dfrac{1}{E}(\sigma_{\theta}-\mu\sigma_{\mathrm{r}})\end{cases}\tag{5-10}$$

$$(1-\sin\varphi')\sigma_{\mathrm{r}}-(1+\sin\varphi')\sigma_{\theta}=0\tag{5-11}$$

式中　E——土体的变形模量；

μ——泊松比；

φ'——土体有效内摩擦角。

根据弹塑性交界处的一点应力状态所满足的平衡方程、弹性条件与塑性屈服条件，可解得交界处径向应力 p_{e}与径向位移 u_{p}：

$$p_{\mathrm{e}}=(1+\sin\varphi')q\tag{5-12}$$

$$u_{\mathrm{p}}=\frac{1}{E}(1+\mu)(p_{\mathrm{e}}-q)\frac{a^{2}}{r}\tag{5-13}$$

扩孔过程中孔扩张的体积变化与周围土体的弹塑性体积变化相等：

$$\pi(a_{\mathrm{u}}^{2}-a_{0}^{2})=\pi[R_{\mathrm{e}}^{2}-(R_{\mathrm{e}}-u_{\mathrm{p}})^{2}]+\pi(R_{\mathrm{e}}^{2}-a_{\mathrm{u}}^{2})\Delta\tag{5-14}$$

式中　a_{0}——初始孔半径；

a_{u}——最终扩孔半径；

R_{e}——最终塑性半径；

Δ——塑性区的平均塑性体积应变，由塑性区内的应力状态和土的体积变化应力关系确定，通常取 $\Delta=0.015$。

联立式(5-12)与式(5-13)可得最终塑性半径 R_e：

$$R_e=\sqrt{\frac{a_u^2(\Delta+1)-a_0^2}{\Delta-\frac{(1+\mu)^2(p_e-q)^2}{E^2}+\frac{2(1+\mu)(p_e-q)}{E}}} \tag{5-15}$$

根据最终塑性半径结果，对塑性区进行分析可得最终扩孔半径 a_u 处的扩张力，即筒壁对外侧土体的挤土压力 p_u：

$$p_u=q(1+\sin\varphi')\left(\frac{a_u}{R_e}\right)^{\frac{-2\sin\varphi'}{1+\sin\varphi'}} \tag{5-16}$$

筒壁排开土体的体积与孔扩张体积变化相等，对于壁厚为 t 的筒型基础，设 $a_u=2a_0$，则

$$\pi[(2a_0)^2-a_0^2]=\pi t^2 \tag{5-17}$$

不同深度土体的初始水平应力 q 按静止土压力理论计算，对于正常固结无黏性土，静止土压力系数采用 Jaky 公式，则

$$q=\gamma' h(1-\sin\varphi') \tag{5-18}$$

若令 K_o 为筒外壁侧向土压力系数，则筒外壁土压力为

$$P_o=K_o\gamma' h \tag{5-19}$$

其中，$K_o=\cos^2\varphi'\left(\frac{a_u}{R_e}\right)^{\frac{-2\sin\varphi'}{1+\sin\varphi'}}$。

与外壁土压力相比，由于筒壁对土体存在明显的约束作用，在筒型基础自重沉放阶段筒内会形成致密的土塞，因此筒内壁受到的土压力远远大于筒外壁。对筒内环状土塞微元体进行力学平衡分析，如图 5-15 所示。由竖向受力平衡得

$$\begin{aligned}&\sigma\cdot\pi(R^2-f^2R^2)+\gamma'\pi(R^2-f^2R^2)\mathrm{d}l+\sigma K\tan\delta\cdot 2\pi R\mathrm{d}l\\&=(\sigma+d\sigma)\pi(R^2-f^2R^2)+\sigma K\tan\delta\cdot 2\pi fR\mathrm{d}l\end{aligned} \tag{5-20}$$

式中　R——筒内土塞半径；

σ——竖向有效应力；

γ'——土体浮容重；

f——土塞影响系数，$0<f<1$；

δ——有效外摩擦角；

K——筒内侧向压力系数。

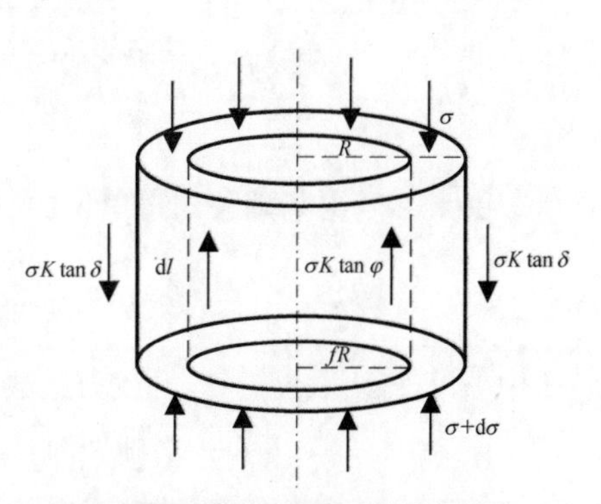

图 5-15　筒内土塞微元体受力分析

为了简化计算，取环状土塞内摩擦角 φ 与外摩擦角 δ 相同，则有

$$\gamma' + \frac{2 \cdot K \cdot \sigma \cdot \tan\delta}{(1+f)R} = \frac{\mathrm{d}\sigma}{\mathrm{d}l} \tag{5-21}$$

令 $m = \dfrac{2 \cdot K \cdot \tan\delta}{(1+f)R}$，解方程得

$$\sigma = \left(\int \gamma' e^{\int -m\mathrm{d}l} \mathrm{d}l + C\right) e^{\int m\mathrm{d}l} = -\frac{\gamma'}{m} + Ce^{ml} \tag{5-22}$$

将边界条件 $\begin{cases} l=0 \\ \sigma=0 \end{cases}$ 代入式(5-6)，可解得 $C = \dfrac{\gamma'}{m}$。

故筒内土侧向应力随深度的变化关系为

$$\sigma = \frac{\gamma'}{m} \cdot (\mathrm{e}^{ml} - 1) \tag{5-23}$$

因此，内筒壁所受土压力随深度的变化关系为

$$p' = K \cdot (\mathrm{e}^{ml} - 1) \cdot \frac{\gamma'}{m} \tag{5-24}$$

由于筒端形状为圆环形且贯入深度要远大于筒壁厚度，可近似将其看作环状的条形深基础。同时考虑到筒壁入土过程的挤土效应，对太沙基深基础极限承载模式和公式进行改进(图 5-16)。

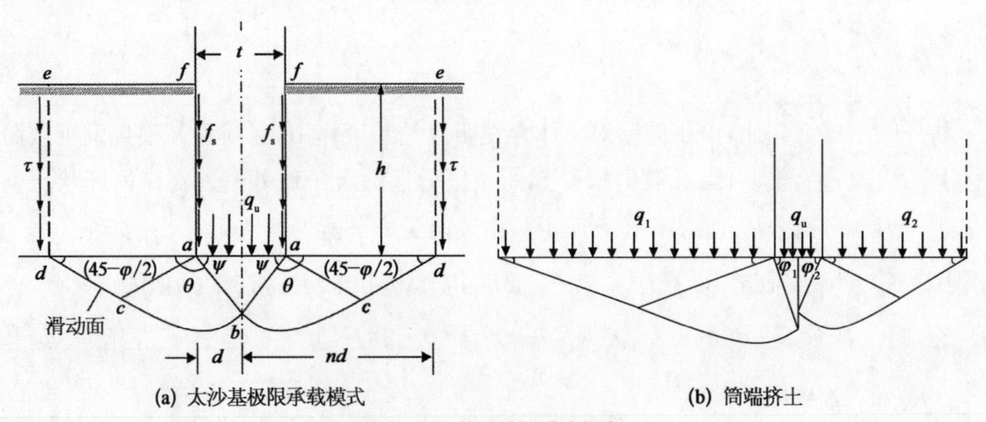

(a) 太沙基极限承载模式　　(b) 筒端挤土

图 5-16　筒端破坏模式假定

由太沙基深基础公式得单位面积的筒端阻力 q_u：

$$q_u = 1.2cN_c + \gamma_1 hN_q + 0.6\gamma dN_\gamma \tag{5-25}$$

式中　N_c、N_q、N_γ——承载力系数；

h——基础埋深；

d——筒壁厚度的一半；

γ_1——基底以上土的等效容重，根据条形面积 ad 上移时其竖向力的平衡条件来确定；

γ——基底以下土的容重。

设条形基础的影响范围为 nd，则等效容重可表示为

$$\gamma_1=\gamma_0+\frac{f_s+\tau}{(n-1)d} \tag{5-26}$$

式中　γ_0——基底以上土的容重；

f_s——基础侧面与土之间的极限摩阻力。

$$n=1+2\frac{e^{(3\pi/4-\varphi/2)}\cos(\pi/4-\varphi/2)}{\cos\varphi} \tag{5-27}$$

式中　τ——环形圆柱体边界 de 上的剪阻力，一般情况下 $\tau=\tau_f$（土的抗剪强度），对于砂性土，τ 常取 0。

图 5-16(b)中筒外侧端阻力为 q_{u2} 按式(5-24)计算，筒内侧端阻力为 q_{u1}，需重新确定受到挤土作用后筒内土体的摩擦角，计算方法如下：

(1) 根据前述土塞影响系数 f 确定影响范围 B'。

(2) 根据 $B'=nd$ 及式(5-26)反推出筒内环形土塞的内摩擦角 φ_1。

则考虑内外挤土差异的单位面积筒端阻力 q_u 为

$$q_u\cdot s=q_{u1}\cdot\frac{s}{2}+q_{u2}\cdot\frac{s}{2} \tag{5-28}$$

式中　s——单位长度筒端面积。

2) 模型试验验证(刘润等，2016)

试验地点位于天津大学水利工程试验中心风电试验室，试验用土为饱和中砂，不均匀系数 C_u 为 3.6，曲率系数 C_c 为 1.1，土体的物理力学指标见表 5-5。

表 5-5　砂土物理性质指标与力学参数

土质	土体深度(m)	饱和容重 γ_{sat} (kN/m³)	泊松比/μ	内摩擦角 φ (°)	孔隙比 e	压缩模量 E_s (MPa)	相对密度 D_r
中砂	1.5	20.5	0.3	33.3	0.61	27.9	0.68

试验用模型尺寸见表 5-6，采用螺栓将筒壁与筒盖相连如图 5-17 所示。筒体内、外侧壁及筒体端部安装了土压力盒，如图 5-18 所示。使用液压千斤顶以 0.1 cm/s 的速度匀速加载直至筒体完全贯入土中。监测沉放过程筒壁与筒端土压力的变化与筒体位移。

通过实测土压力，计算筒端和筒内、外侧壁摩阻力，筒型基础正压沉放过程中总阻力与各部分阻力随深度变化如图 5-18 所示。

表 5-6 模型筒尺寸

模 型	外径(mm)	壁厚(mm)	厚径比	裙高(mm)	高径比	重量(kg)
模型 1	508	3	0.006	500	0.98	50
模型 2	508	10	0.02	500	0.99	120
模型 3	508	18	0.035	500	0.98	170

图 5-17 模型筒

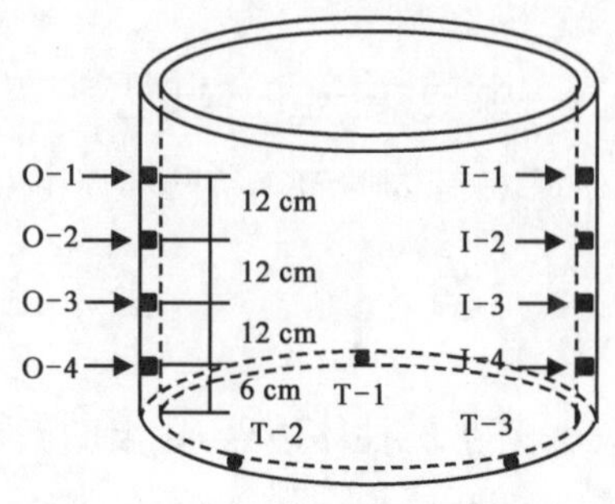

图 5-18 土压力盒布置

由图 5-19 可知,筒型基础正压下沉过程中端阻力占比较大,且随着贯入深度的增加,内壁侧摩阻力的增加程度大于外壁侧摩阻力。采用前述方法分别计算了筒内外土压力与筒端阻力,并与实测结果进行了对比。

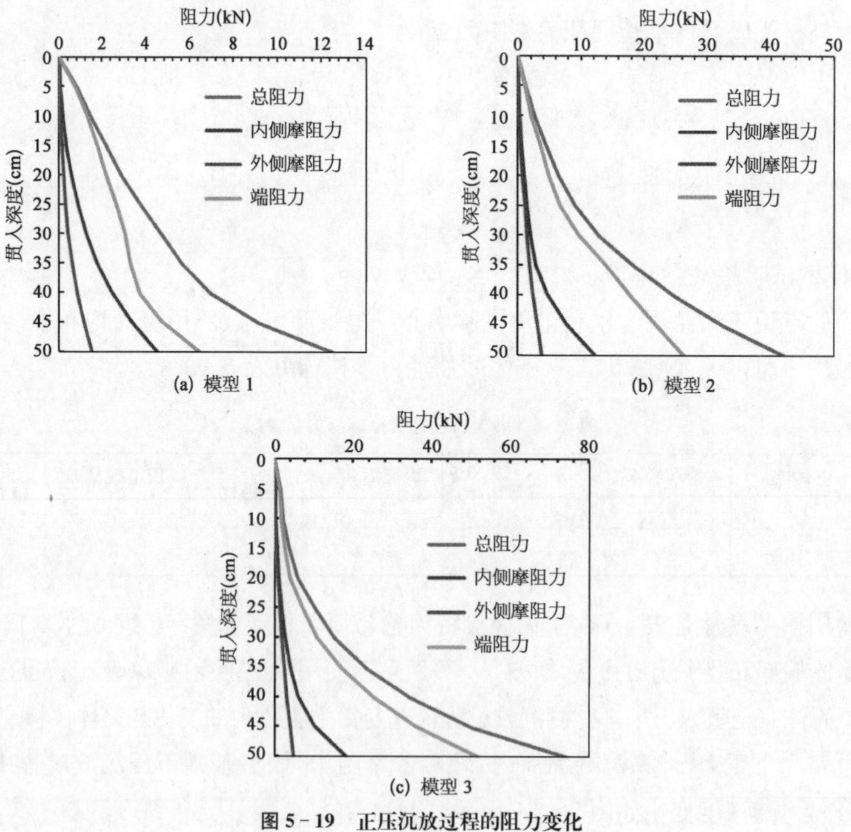

图 5-19 正压沉放过程的阻力变化

(1) 筒外壁土压力。由表 5-5 可知，模型试验用土 E_s 为 27.9 MPa、μ 为 0.3、φ' 为 33.3°，考虑到不同壁厚对周围土体的体积变化影响不同，计算并得到了不同塑性应变下 K_o 的变化情况，其结果如图 5-24 所示。

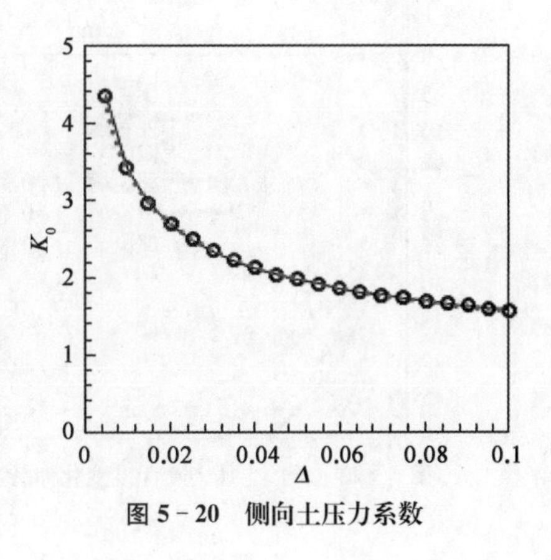

图 5-20　侧向土压力系数

由图 5-20 可知，随着平均塑性应变的增加，侧向土压力系数减小，说明该值对扩孔状态影响较大，根据实测外壁土压力对外壁土压力计算结果进行校准，其结果如图 5-21 所示。因此，对于长径比为 1 的筒型基础，在已知厚径比的前提下，可根据式(5-28)选取相应的平均塑性体积应变，式(5-28)由图 5-22 拟合得到，再通过图 5-20 求得筒外壁水平土压力系数 K_o。

$$\Delta = 0.06e^{-75\frac{t}{D}} \tag{5-29}$$

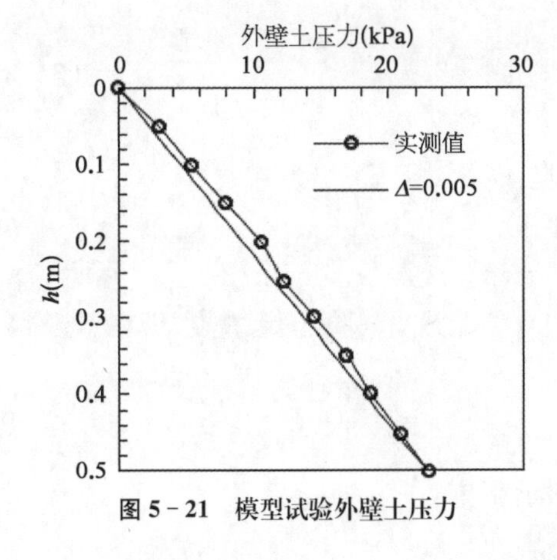

图 5-21　模型试验外壁土压力

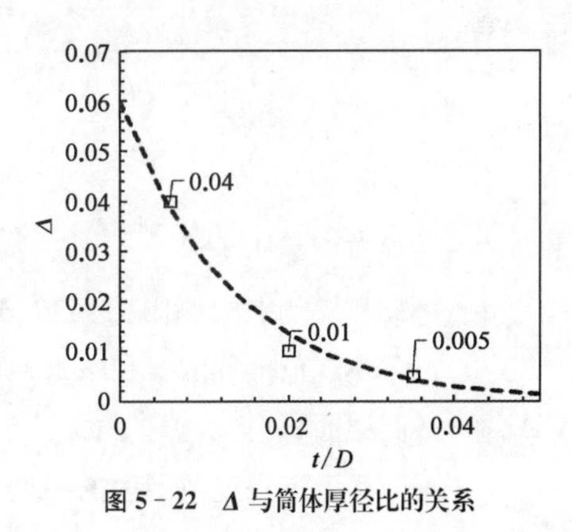

图 5-22　Δ 与筒体厚径比的关系

(2) 内筒壁土压力。若取 $\Delta = 0.015$ 计算，依据图 5-20 可以得到 $K = 2.96$，根据试验结果，土体外摩擦角 $\delta = 22$。计算得到内壁土压力随深度变化情况如图 5-23 所示。

由图 5-23 可知，内壁土压力值随土塞影响系数 f 的增大而升高，说明 f 越大环形的土塞体积就越大，其相应的土塞效应也就越强。模型 3 实测数据与 $f = 0.9$ 时的计算结果吻合较好，说明内壁土压力的计算关键在于土塞影响系数的取值。壁厚越大的筒型基础土塞影响半径也越大，厚径比为 0.035 的模型 3 影响半径已经接近筒内径。

(3) 筒端阻力。采用前述方法对模型筒端阻力进行计算，与模型试验结果对比如图 5-24 所示。

由图 5-24 可知，筒端阻力的计算结果与实测结果较为吻合。

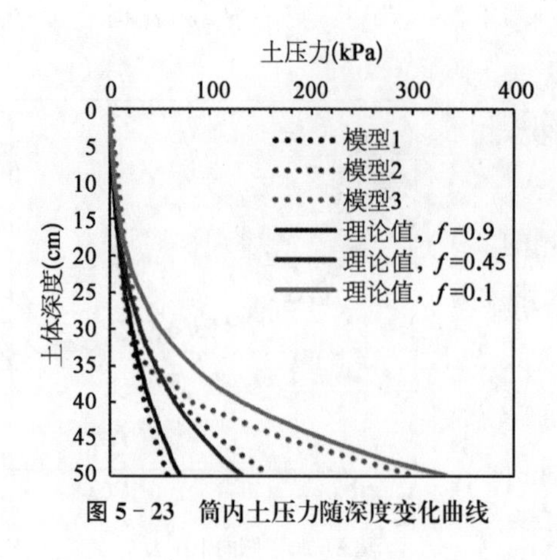

图 5-23 筒内土压力随深度变化曲线

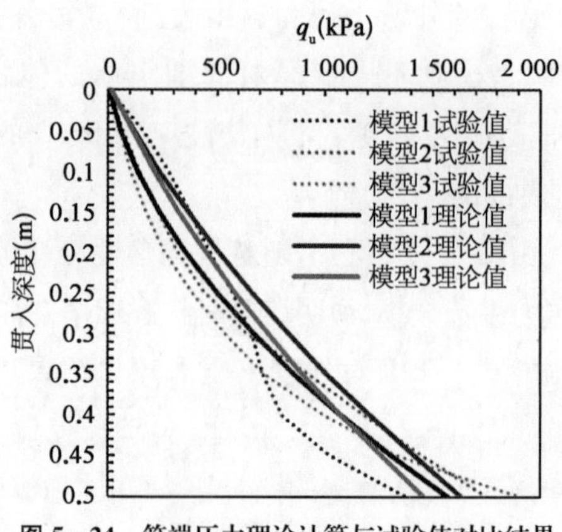

图 5-24 筒端压力理论计算与试验值对比结果

5.2.1.3 黏土中筒型基础的自重沉放阻力

1) 计算方法研究

API 和 DNV 规范推荐的筒侧壁摩阻力计算方法分别为

$$F_{\mathrm{i}} = \alpha A_{\mathrm{wall}} s_{\mathrm{u,\ h}}^{\mathrm{av}} \tag{5-30}$$

$$F_{\mathrm{o}} = \pi D \int_0^l k_{\mathrm{f}}(z) q_{\mathrm{c}}(z) \mathrm{d}z \tag{5-31}$$

式中 F_{i}——筒壁侧摩阻力；

α——API 规范中的侧阻力系数(通常取 $\alpha = 1/S_{\mathrm{t}}$，试验土灵敏度 S_{t} 在 3～4，故 API 规范推荐的 α 在 0.25～0.33)；

A_{wall}——筒裙面积；

$s_{\mathrm{u,\ h}}^{\mathrm{av}}$——筒裙下沉深度范围内的平均不排水剪强度；

F_{o}——筒外侧摩阻力；

q_{c}——CPT 实测锥尖阻力；

k_{f}——DNV 规范中的侧阻力系数，DNV 规范中 k_{f} 取值推荐为 0.03～0.05。

DNV 和 API 规范推荐的筒端阻力计算方法分别为

$$q_{\mathrm{tip}} = N_{\mathrm{c}} s_{\mathrm{u,\ tip}} + \gamma' z \tag{5-32}$$

$$q_{\mathrm{tip}} = k_{\mathrm{p}}(z) q_{\mathrm{c}}(z) \tag{5-33}$$

式中 q_{tip}——单位面积筒端阻力；

N_{c}——承载力系数；

$s_{\mathrm{u,\ tip}}$——筒端处的平均不排水剪强度；

k_{p}——端阻系数，取值见表 5-7。

表5-7 阻力系数取值

土质类型	建议取值 R_{prob}		最大取值 R_{max}	
	k_p	k_f	k_p	k_f
黏性土	0.4	0.03	0.6	0.05

2) 模型试验验证(马煜祥,2016)

试验用土为江苏省响水近海粉质黏土,其物理及力学指标见表5-8。试验用模型尺寸见表5-9。

表5-8 黏土物理性指标及力学参数

土 质	饱和容重 γ_{sat} (kN/m³)	含水率 w(%)	液限 w_L (%)	塑限 w_p (%)	孔隙比 e	压缩模量 E_S(MPa)	内摩擦角 φ(°)	黏聚力 c(kPa)
粉质黏土	20.3	28.3	31.5	19	0.75	3.9	11.2	9

表5-9 模型筒尺寸

模 型	直径 D(cm)	壁厚 t(cm)	厚径比 t/D	筒裙高度 H(cm)	重量(kg)
模型 JP-30	30.5	0.8	0.026	60.5	48.5

得到的沉放阻力曲线如图5-25所示,图中JP-30-1和JP-30-2分别表示沉放速度为0.1 cm/s和0.2 cm/s两组试验。

对比图5-24可知,筒型基础的沉放阻力随着沉放深度的增加而增加,由于砂土中的挤土效应更加明显,因此沉放总阻力在砂土中的增长速度大于黏土。实测内壁摩阻力与规范计算内壁摩阻力如图5-26所示,计算中侧阻力系数 $\alpha=0.47$、$k_f=0.06$。

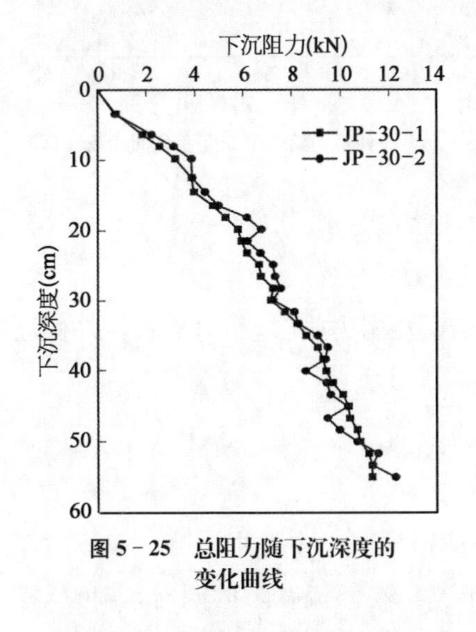

图5-25 总阻力随下沉深度的变化曲线

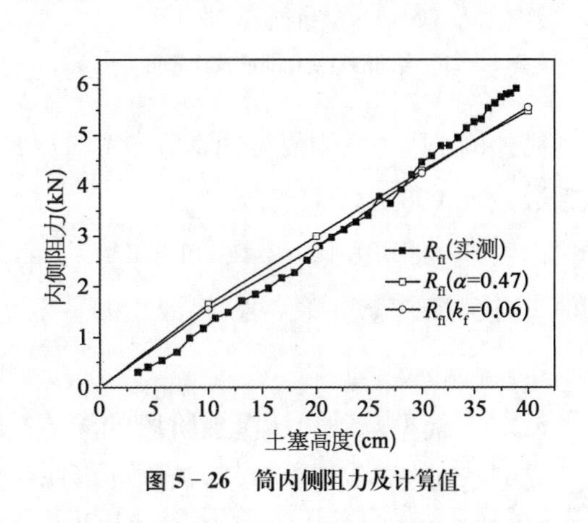

图5-26 筒内侧阻力及计算值

由图5-26可知,筒内侧摩阻力随土塞高度的增长近似线性增加,$\alpha=0.47$、$k_f=0.06$的计算阻力值与实测内阻吻合良好。

采用前述黏土中筒端阻力计算方法得到模型试验中的筒端阻力，如图 5－27 所示，图中 T－1、T－2 为土压力传感器实测单位端阻力。

由图 5－27 可知，筒端阻力经历了迅速增大而稳定的变化过程，阻力值稳定在约 250 kPa，即达到一定贯入深度后筒端阻力不随入土深度的增加而增加。当 $k_{\mathrm{p}}=0.95$、$N_{\mathrm{c}}=7.3$ 时，两种计算方法得到的端阻和实测值吻合较好。

根据实测的模型总阻力、端阻力和筒内摩阻力，利用式(5－33)即可计算出筒外侧阻力和单位面积外侧阻力。

$$G'+F_{\mathrm{s}}=R_{\mathrm{t}}=F_{\mathrm{f}}+Q_{\mathrm{tip}}=F_{\mathrm{i}}+F_{\mathrm{o}}+Q_{\mathrm{tip}} \tag{5-34}$$

式中 G'——筒体和配重的浮重量；

F_{s}——液压缸的静压力；

R_{t}——沉放总阻力；

F_{f}——总侧阻力；

Q_{tip}——端阻力。

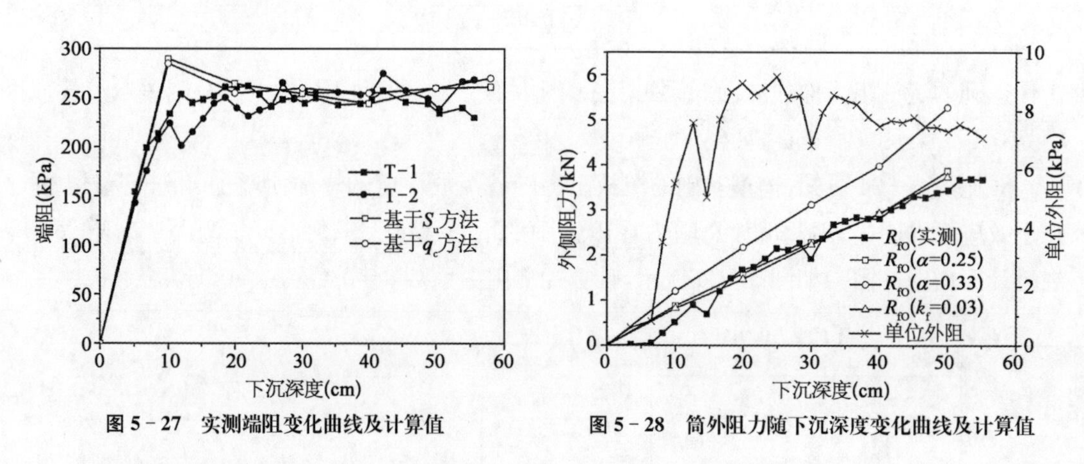

图 5－27　实测端阻变化曲线及计算值　　**图 5－28　筒外阻力随下沉深度变化曲线及计算值**

筒外侧摩阻力实测值与计算值如图 5－28 所示。计算中分别取 $\alpha=0.25$、$\alpha=0.33$、侧阻系数 $k_{\mathrm{f}}=0.03$。

由图 5－28 可知，$\alpha=0.25$ 和 $k_{\mathrm{f}}=0.03$ 的计算与实测阻力吻合较好，故计算外侧摩阻力时，建议侧阻系数 α 取 0.25、k_{f}取 0.03。

5.2.2　筒型基础负压沉放阶段的渗流减阻

筒型基础在负压沉放阶段，筒内外形成的压差使得地基土中发生渗流。渗流力作用下，特别是在砂土地基中，渗流的减阻作用十分明显。但在渗流减阻的同时，若负压控制不好则很容易产生渗透破坏，甚至导致沉放失效。分舱板对筒型基础负压沉放阶段的渗流减阻也会产生一定的影响。因此，研究负压沉放阶段的渗流减阻规律十分重要。

5.2.2.1 负压沉放阶段的受力分析

负压贯入时，筒型基础受力分析如图5-29所示，图中符号意义同前。

由图5-29可知，当筒自重、上部荷载、筒内外压差产生的贯入力与筒型基础受到的贯入阻力相等时，筒型基础达到受力平衡，负压沉放停止，即

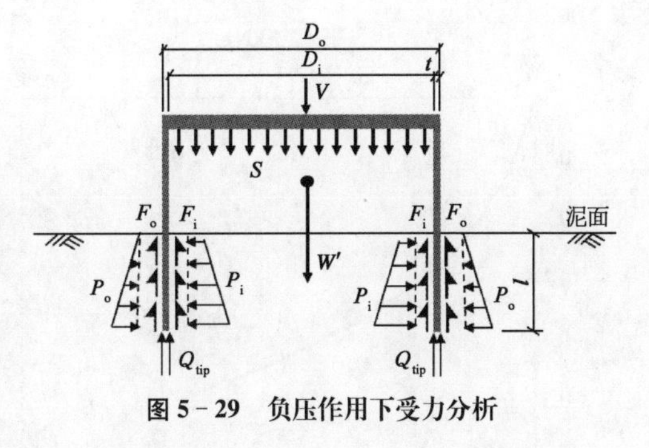

图5-29 负压作用下受力分析

$$S \cdot 0.25\pi D_i^2 + V + W' = F_o + F_i + Q_{tip} \tag{5-35}$$

式中，F_o、F_i、Q_{tip}为

$$\begin{aligned} F_o &= \pi D_o \mu_{o2} \int_0^h p_o(l)\,dl \\ F_i &= \pi D_i \mu_{i2} \int_0^h p_i(l)\,dl \\ Q_{tip} &= q_{tip} \pi D_i t \end{aligned} \tag{5-36}$$

式中，S 为负压，μ_{i2}、μ_{o2}分别为内外筒-土摩擦系数，其他符号意义同前。

5.2.2.2 渗流减阻的试验研究

开展了室内小比尺模型试验，分析正压与负压两种贯入方式下，筒侧壁摩阻力与土压力、筒端阻力随沉放深度的变化规律，定量评价了减阻效果。正压沉放试验方法与5.2.1.2节所述相同。负压沉放试验中采用分级施加负压的加载方式，即先在储压罐内存储一定量负压，通过导气管对模型筒进行抽气直至筒体不能下沉，接着关闭通气阀，存储下一级负压进行抽气下沉，模型筒完全下沉后停止试验(Run Liu 等，2019)。下沉所需负压和位移变化分别通过负压传感器、拉线传感器进行测量，筒-土压力使用土压力盒进行测量。为了更好地控制下沉过程中的负压，试验中应配合使用专门的控压试验装置(刘润等，2018；刘润等，2019)。

1) 正压沉放试验结果

图5-30给出了筒型基础模型的典型正压力随贯入深度变化曲线。下沉过程中，筒外侧壁、筒内侧壁土压力和筒端阻力变化情况分别如图5-31～图5-33所示(图5-31至图5-37中O-1、O-2、O-3、O-4表示筒外壁由上到下四个土压力传感器；I-1、I-2、I-3、I-4表示筒内壁由上到下四个土压力传感器；T1、T2表示筒端部两个土压力传感器；F 为实测沉放阻力，S 为端部面积，F/S 表示依据实测阻力计算的单位面积端阻力；k_0表示静止土压力系数)。

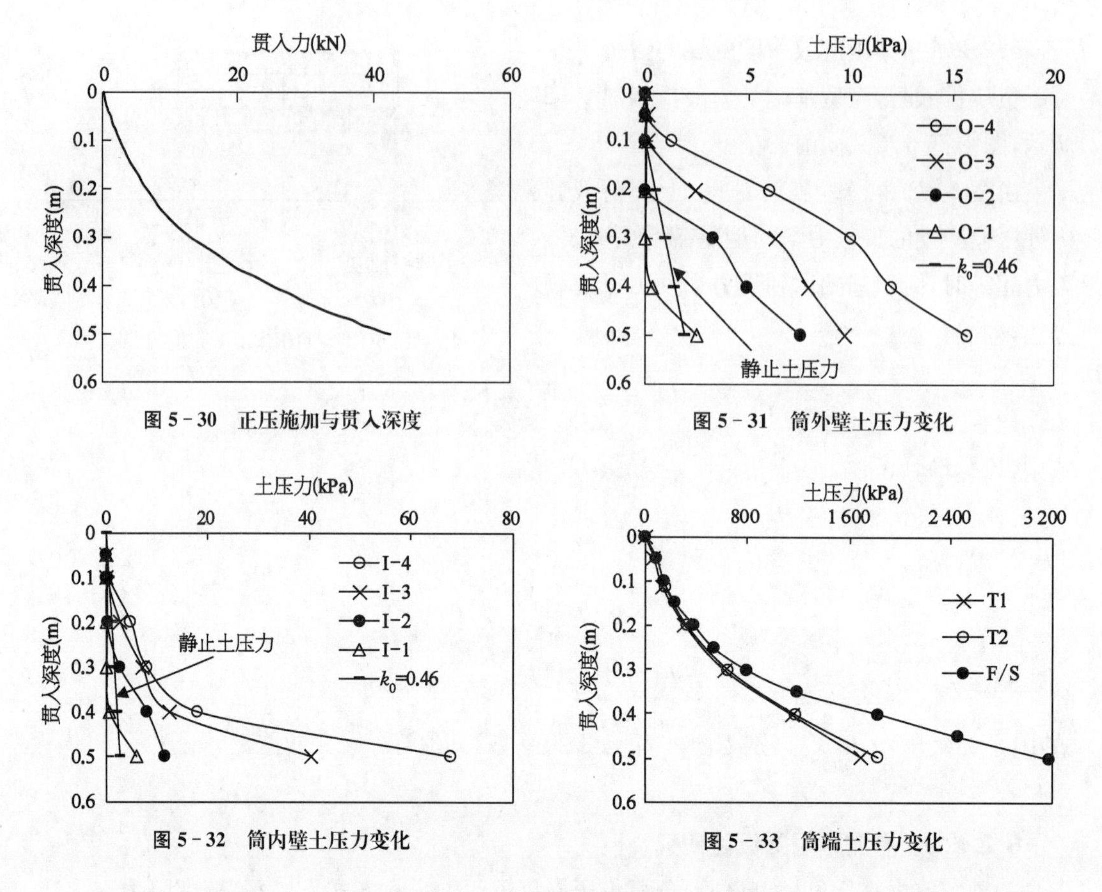

图 5-30　正压施加与贯入深度

图 5-31　筒外壁土压力变化

图 5-32　筒内壁土压力变化

图 5-33　筒端土压力变化

由图 5-30～图 5-33 可知,贯入过程中,筒外侧壁土压力随贯入深度增加基本呈线性增长;筒内侧壁土压力前期呈线性增长趋势,贯入深度超过 0.2 m 后,土压力呈指数形式急剧增长,且筒内土压力大于筒外土压力,筒端土压力基本呈线性增长。

2）负压沉放试验结果

图 5-34 给出了筒型基础模型的典型负压随贯入深度变化的曲线。下沉过程中,筒外侧壁、筒内侧壁和筒端土压力的变化情况分别如图 5-35～图 5-37 所示。

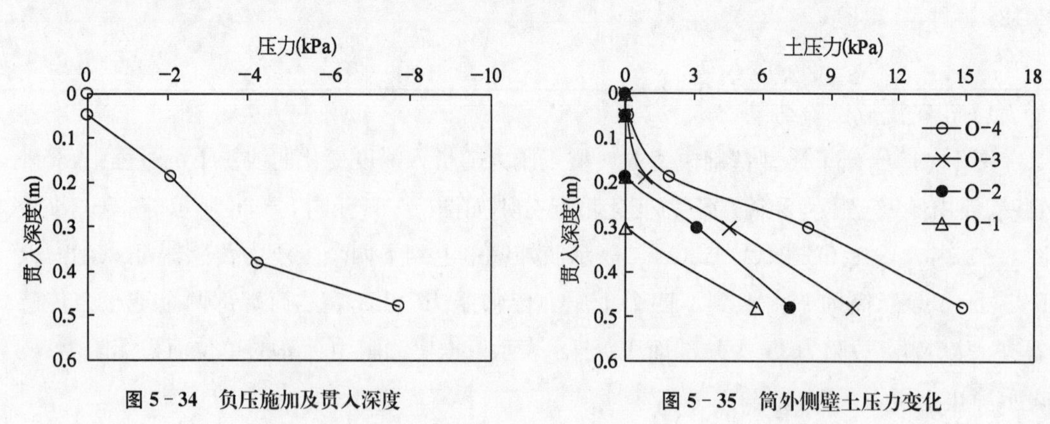

图 5-34　负压施加及贯入深度

图 5-35　筒外侧壁土压力变化

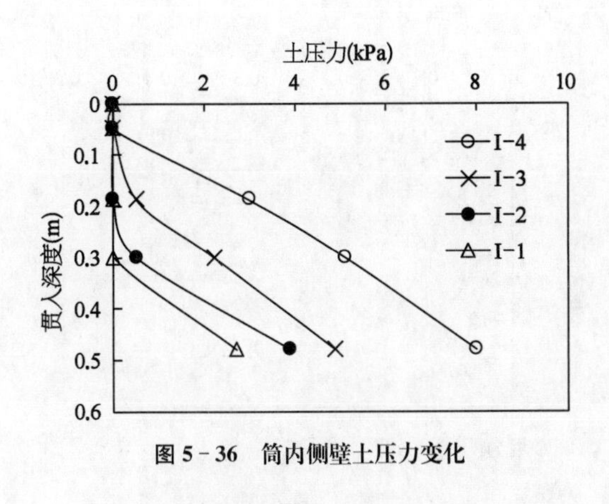

图5-36 筒内侧壁土压力变化

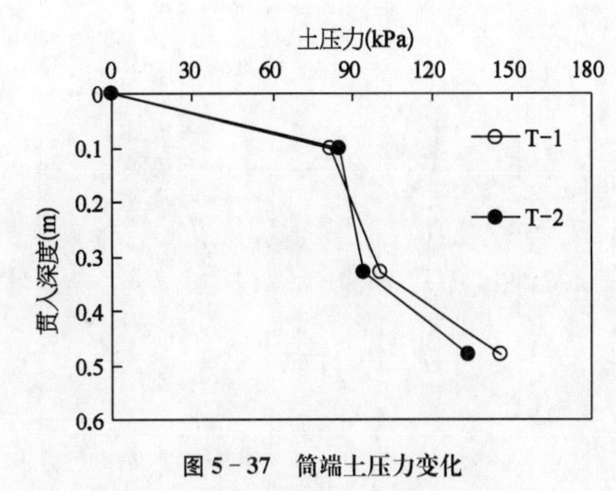

图5-37 筒端土压力变化

由图可知,随每级负压施加,筒壁土压力呈线性增长,且筒外壁土压力大于筒内壁土压力,越靠近筒端土压力值越大。筒端压力值在自重作用下稳定后,随每级负压施加,土压力缓慢增长。

3) 负压减阻效果分析

将正压贯入不同深度土压力实测值代入式(5-6)并结合式(5-5),可得正压贯入方式侧壁筒-土摩擦系数 $\mu_{o1}=\mu_{i1}=0.4$;同理,将负压贯入不同深度土压力实测值代入式(5-35)并结合式(5-34),可得负压贯入方式筒侧壁筒-土摩擦系数 $\mu_{o2}=\mu_{i2}=0.2$。将校核得到的外侧筒-土摩擦系数 μ_{o1}、μ_{o2}、μ_{i1}、μ_{i2} 分别代入式(5-6)与式(5-36)可计算出筒型基础外壁和内壁的侧摩阻力,得到了三个模型筒两种贯入方式筒壁内、外侧摩阻力沿深度变化情况对比,如图5-38所示。

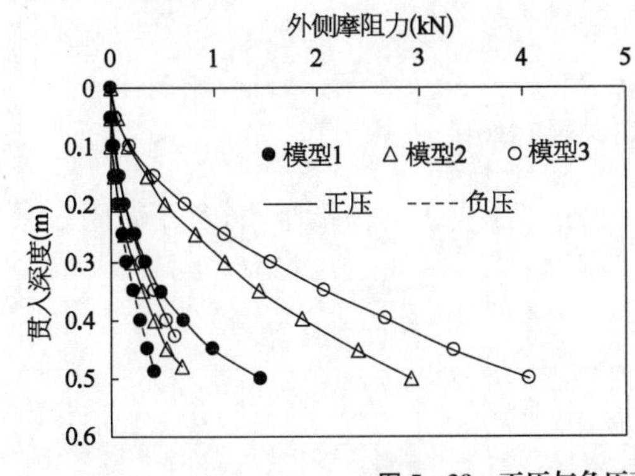

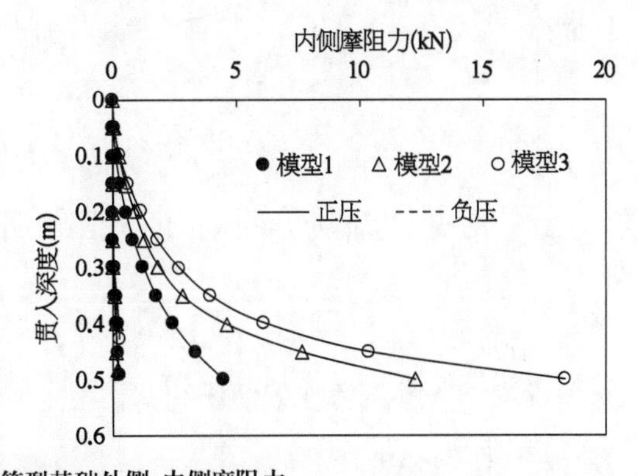

图5-38 正压与负压下筒型基础外侧、内侧摩阻力

图5-38表明负压作用下,筒壁内外的侧摩阻力明显减小,说明负压的减阻效果显著。若定义减阻系数 λ_0 和 λ_1 分别为贯入某一深度,负压贯入方式的内、外壁侧摩阻力与正压方式贯入的内、外壁侧摩阻力比值,则三个模型筒减阻系数随深度的变化如图5-39所示。

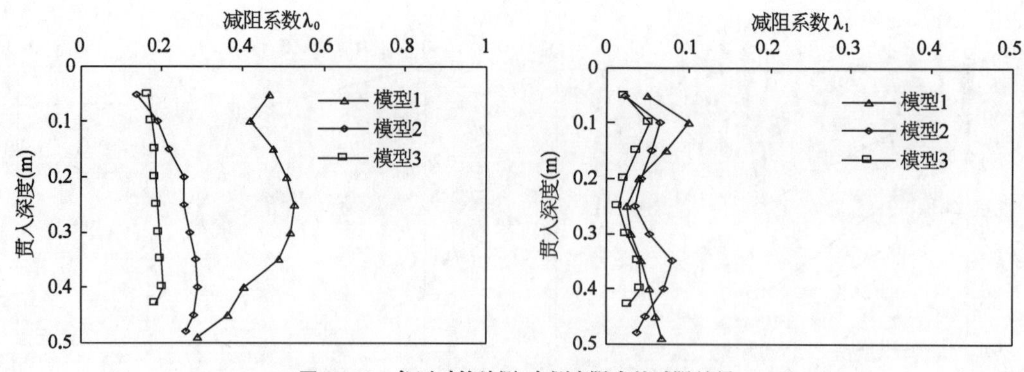

图 5-39　负压对筒外侧、内侧摩阻力的减阻效果

由图 5-39 可知,筒壁内侧的减阻效果明显大于筒壁外侧的减阻效果,这是因为负压产生由外向内的渗流场,减轻了筒型基础内部土体的自重应力。减阻效果变化的总体趋势是随着筒型基础厚径比增大而增强。

负压对筒端减阻效果的分析如图 5-40 所示。图中 λ_2 为贯入某一深度的筒端减阻系数,即负压贯入方式的筒端阻力与正压贯入方式的筒端阻力比值。

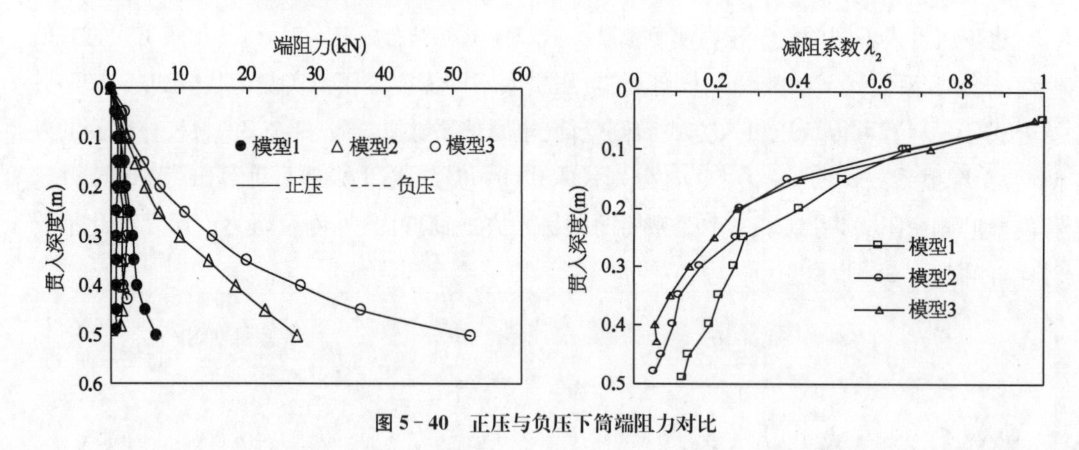

图 5-40　正压与负压下筒端阻力对比

由图 5-40 可知,负压贯入的筒端阻力明显小于正压贯入的筒端阻力,负压减阻效果明显。

5.2.2.3　渗流特性数值研究

1) 均质土地基

在 ABAQUS 中建立三维有限元计算模型,直径 D 为 25～40 m,基础入泥深度 6～15 m,筒裙钢板厚度为 25 mm,分舱板厚度为 12 mm,基础模型采用 8 节点减缩积分单元(C3D8R)。土体为砂性土,采用 Mohr - Coulomb 弹塑性本构模型和 8 节点孔压单元(C3D8P),渗透系数为 1×10^{-4} cm/s。计算过程中,通过在筒体内、外侧土面设置不同的孔压边界条件,来实现对沉放阶段施加负压的模拟。计算过程中假定筒内外砂土渗透系数相同，且不受渗流的影响，计算模型如图 5-41 所示。取 $h/D=0.2$ 时的计算结果为例分析渗流场分布特征。

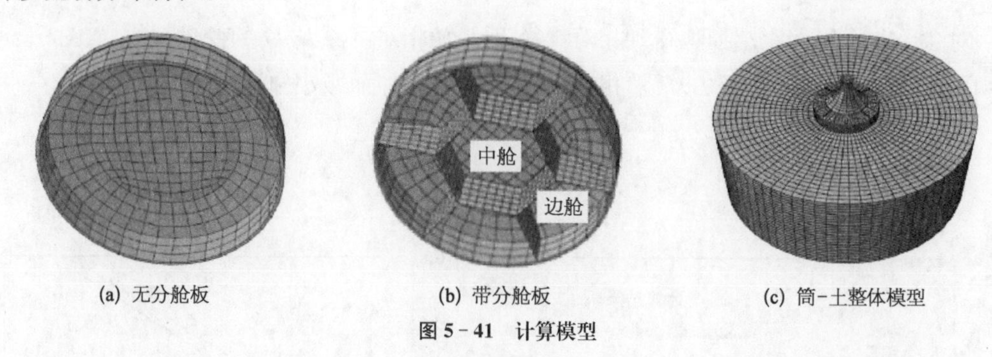

(a) 无分舱板　　(b) 带分舱板　　(c) 筒-土整体模型

图 5-41　计算模型

图 5-42 给出了负压 30 kPa 时有无分舱板复合筒型基础截面 OM 稳态渗流场水头等势线分布。

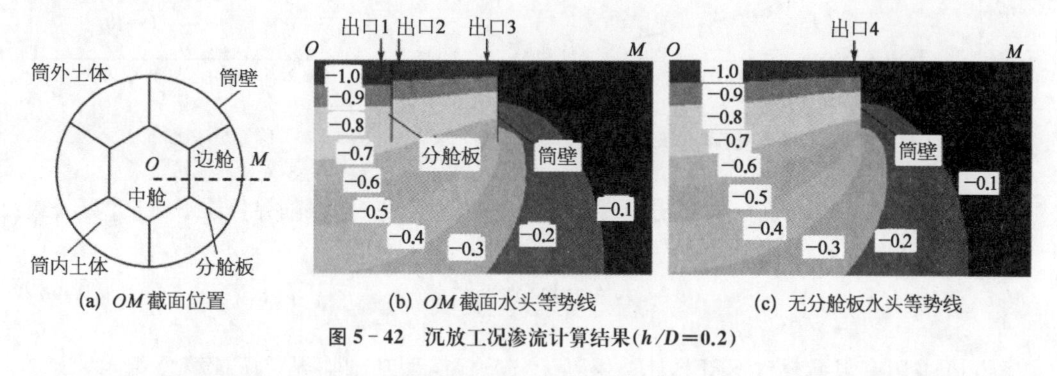

(a) OM 截面位置　　(b) OM 截面水头等势线　　(c) 无分舱板水头等势线

图 5-42　沉放工况渗流计算结果($h/D=0.2$)

由图 5-42 可以看出，筒内土体等势线密集且分布均匀，水力梯度远大于筒外土体。分舱板的存在改变了筒内土体的渗流场，并使边舱和中舱的水力梯度有所不同，计算得到 OM 截面上筒壁内侧出口 1、分舱板外侧出口 2、分舱板内侧出口 3 的水力梯度分别为 0.18、0.22、0.27，说明边舱内土体水力梯度大于中舱，边舱更容易发生渗透破坏，出口水力梯度最大的部分位于筒壁周围的表层土体处。比较不同沉放深度时出口 3 和出口 4[图 5-42(c)]的出口水力梯度，如图 5-43 所示。

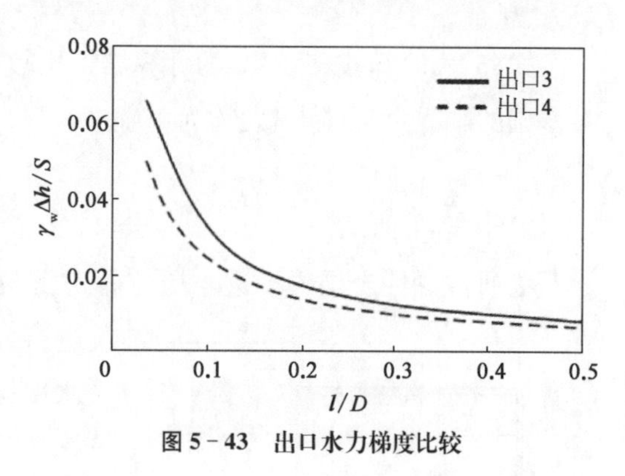

图 5-43　出口水力梯度比较

由图 5-43 可知，有分舱板时渗流出口水力梯度较大。

根据土力学中临界水力梯度 i_{cri} 的公式可计算出该种土的 i_{cri} 为 0.92～1.07。设筒裙出口附近水力梯度为 i，则有

$$L=\frac{S}{\gamma_w i} \tag{5-37}$$

式中　L——渗径；

γ_w——水的容重。

对渗径进行无量纲化处理，得到相对渗径 L/h 随相对沉深 h/D 的变化规律，如图 5-44 所示。可以看出，相对渗径 L/h 随相对沉深 l/D 的增加而减小.拟合可得

$$\frac{L}{l}=1.33\left(\frac{l}{D}\right)^{-0.18} \tag{5-38}$$

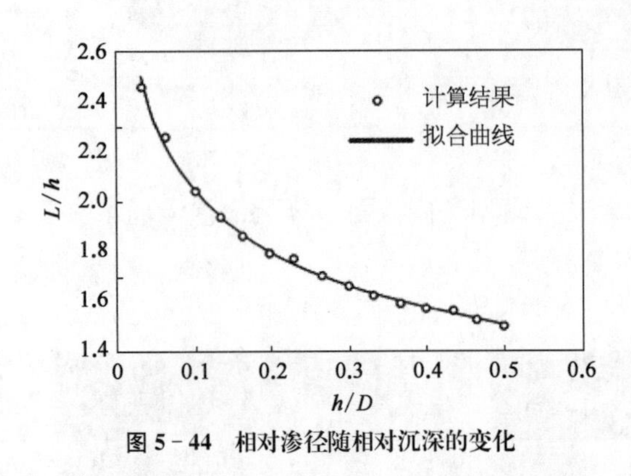

图 5-44　相对渗径随相对沉深的变化

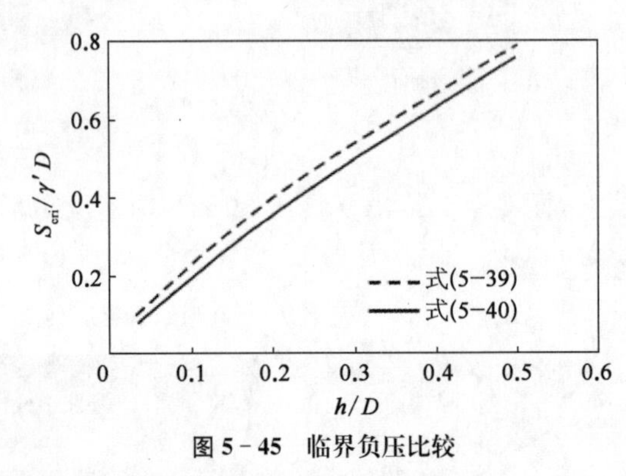

图 5-45　临界负压比较

将式(5-38)代入式(5-37)得到复合筒型基础负压沉放阶段临界负压 S_{cri} 的计算公式：

$$\frac{S_{cri}}{\gamma' D}=1.33\left(\frac{l}{D}\right)^{0.82} \tag{5-39}$$

Feld 采用有限元软件 SEEP 计算得到无分舱板筒型基础临界负压计算公式：

$$\frac{S_{cri}}{\gamma' D}=1.32\left(\frac{l}{D}\right)^{0.75} \tag{5-40}$$

式(5-39)和式(5-40)的计算结果比较如图 5-45 所示。可以看出，分舱板降低了筒型基础的临界负压，降幅大约为 10%。

2）成层土地基

为研究黏性土层等不透水层位置对沉放渗流场的影响，选取一系列不透水层埋深情况进行分析，即 l_{imp}/D=0.1、0.2、0.3、0.4、0.5（l_{imp}为不透水层埋深），如图 5-46 所示，计算时不透水层的渗透系数设为 0，施加负压大小为 30 kPa。同样以出口水力梯度为控制条件，计算相对渗径与临界负压，并绘制了其与筒型基础相对贯入深度的关系曲线，如图 5-47、图 5-48 所示。

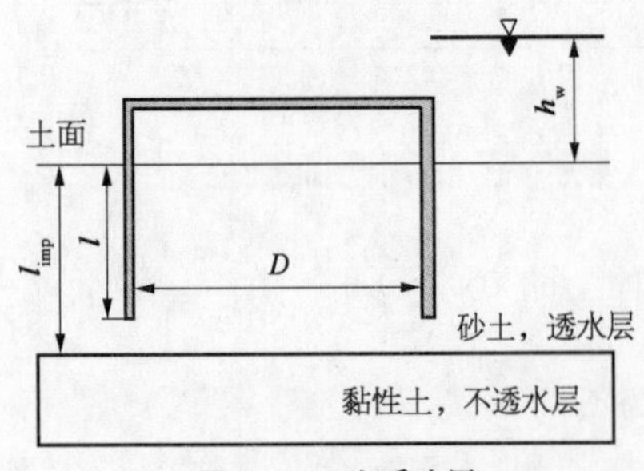

图 5-46　土质分层

由图 5-47、图 5-48 可以看出，当存在不透水层

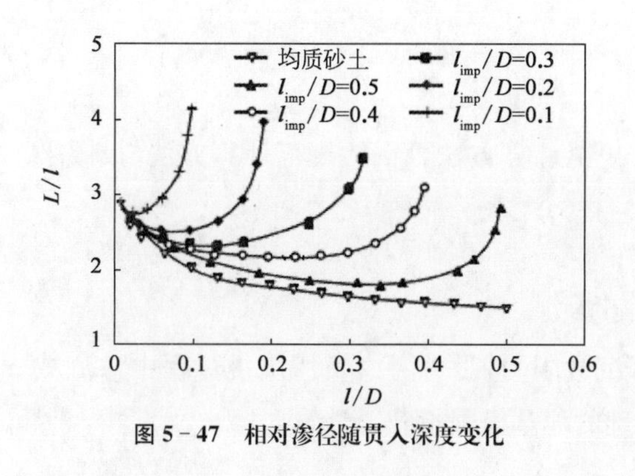

图 5-47 相对渗径随贯入深度变化

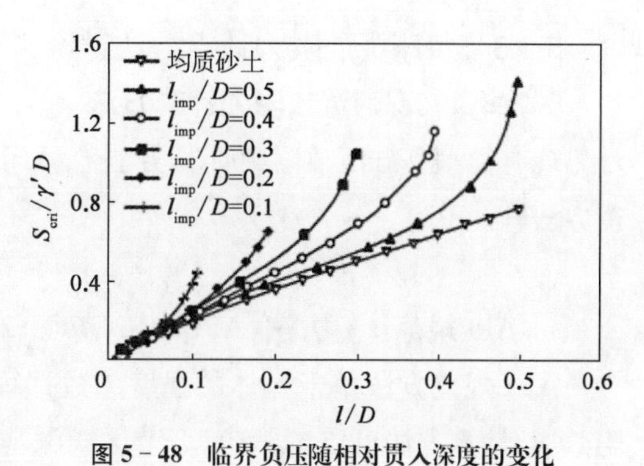

图 5-48 临界负压随相对贯入深度的变化

时，相对渗径 L/h 随着筒型基础相对贯入深度的增加呈现先减小后增大的趋势，渗流出口水力梯度减小，临界负压逐渐增大；特别是当筒端下沉深度接近不透水层时，由于端部渗流通道变窄，筒内水头损失占总水头的比例下降，临界负压迅速增大。但当筒壁进入不透水层后，渗流受阻，渗流减阻作用也随之消失，需要增大负压才能实现进一步沉放。

3）渗透破坏保护机制

负压会引发筒外向筒内的渗流，筒内土体有效应力减小，这使得筒内原本紧密结合的土颗粒变得疏松，孔隙比增加，渗透系数随之增加。为了研究土体渗透特性改变对筒型基础相对渗径和临界负压的影响，通过数值模拟方法计算了不同工况。分别用 k_1、k_2 表示筒内、外土体的渗透系数，计算中取 $k_1=k_2$、$1.5k_2$、$2.0k_2$、$3.0k_2$、$4.0k_2$，分析渗流场的变化，如图 5-49 和图 5-50 所示。

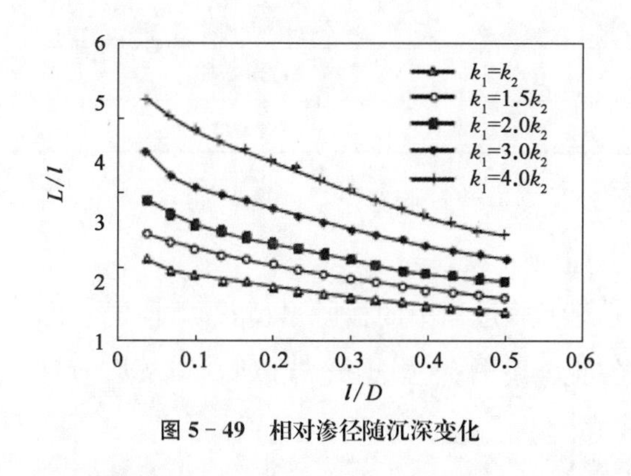

图 5-49 相对渗径随沉深变化

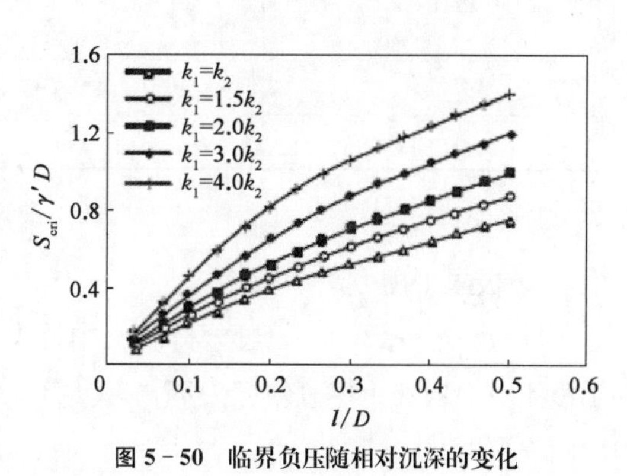

图 5-50 临界负压随相对沉深的变化

由图 5-49 和图 5-50 可以看出，筒内土体渗透系数增大后，相对渗径 L/h 增大，筒内土的水力梯度变小，临界负压增大，即当筒体沉放至某一深度，若施加负压使筒内的土达到临界状态而即将破坏时，筒内土颗粒却在渗流的作用下变疏松，渗透系数增大，使得水力梯度减小，降到临界水力梯度以下，筒内土体恢复稳定。这被称为“砂土的渗透破坏保护机制”。

5.2.3 负压沉放阻力计算方法讨论

5.2.3.1 现有沉放阻力计算方法

现有筒型基础沉放阻力计算方法有 API 规范计算方法、DNV 规范计算方法、极限平衡方法等。

1) API 规范计算方法(API RP 2GEO, 2003)

API 规范方法基于土体的强度参数计算沉放阻力,没有考虑负压沉贯过程中渗流减阻效应,计算方法可以参考 3.1.2 节墩式深基础的地基极限承载力计算内容。

2) DNV 规范计算方法(DNV－CN－30－4, 1992)

DNV 规范基于静力触探实测锥尖阻力计算筒型基础沉贯阻力,没有考虑筒型基础负压沉贯过程中渗流减阻效应,筒型基础沉放阻力为

$$R = k_{\mathrm{p}}(z) A_{\mathrm{p}}\, \overline{q_{\mathrm{c}}} + A_{\mathrm{s}} \int_0^d k_{\mathrm{f}}(z)\, \overline{q_{\mathrm{c}}}\, \mathrm{d}z \tag{5-41}$$

式中 A_{p}——筒端面积;

$\overline{q_{\mathrm{c}}}$——平均锥尖阻力;

A_{s}——单位高度筒侧壁面积(m^2/m);

k_{p}、k_{f}按表 5－10 取值。

表 5－10 k_{p}及 k_{f}取值范围

土 性	k_{p}	k_{f}
黏 土	0.4～0.6	0.03～0.05
砂 土	0.3～0.6	0.001～0.003

3) 极限平衡方法

Houlsby 等(2005)通过分析砂土中筒型基础沉放过程中的极限平衡状态,同时考虑了渗流对筒内外土体有效应力和筒端土压力分布的影响,提出了砂土中负压沉放所需负压随深度变化公式:

$$\begin{aligned} V' + s\left(\frac{\pi D_{\mathrm{i}}^2}{4}\right) = & \left(\gamma' + \frac{as}{h}\right) Z_{\mathrm{o}}^2 \left[\exp\left(\frac{h}{z_{\mathrm{o}}}\right) - 1 - \frac{h}{z_{\mathrm{o}}}\right] \times (K\tan\delta)_{\mathrm{o}}(\pi D)_{\mathrm{o}} \\ & + \left(\gamma' - \frac{(1-a)s}{h}\right) Z_{\mathrm{i}}^2 \left[\exp\left(\frac{h}{Z_{\mathrm{i}}}\right) - 1 - \frac{h}{Z_{\mathrm{i}}}\right] \times (K\tan\delta)_{\mathrm{i}}(\pi D)_{\mathrm{i}} \\ & + \left\{\left(\gamma' - \frac{(1-a)s}{h}\right) Z_{\mathrm{i}} \left[\exp\left(\frac{h}{Z_{\mathrm{i}}}\right) - 1\right] N_{\mathrm{q}} + \gamma' t N_{\gamma}\right\} (\pi D t) \end{aligned} \tag{5-42}$$

式中 V'——筒型基础水下重量；

Z_o、Z_i——分别为筒下沉过程筒壁摩阻力对土体有效应力影响的因素，按式(5-43)、式(5-44)计算；

f_o、f_i——分别为考虑加载速率对筒内外土应力变化影响因素，建议值1；

a——负压作用筒内压降比按式(5-45)确定；

N_q、N_γ——均为承载力系数，按式(5-46)、式(5-47)取值。

$$Z_o = \frac{D_o\{[1+2f_o z/D_o]^2 - 1\}}{4(k\tan\delta)_o} \tag{5-43}$$

$$Z_i = \frac{D_i\{1-[1-2f_i z/D_i]^2\}}{4(k\tan\delta)_i} \tag{5-44}$$

$$a = \frac{a_1 k_{fc}}{(1-a_1)+a_1 k_{fc}},\ a_1 = 0.45 - 0.36\left[1-\exp\left(-\frac{h}{0.48D}\right)\right] \tag{5-45}$$

式中 k_{fc}——内外渗透系数在负压作用下发生变化的渗透系数比，建议取值3。

$$N_q = \frac{e^{(3\pi/2-\varphi)\tan\varphi}}{2\cos^2(\pi/2+\varphi/2)} \tag{5-46}$$

$$N_\gamma = 1.8(N_q - 1)\tan\varphi \tag{5-47}$$

Houlsby等通过分析筒型基础在黏土中的极限平衡状态，认为土的不排水强度随深度线性增长，负压沉放会减小筒端阻力，给出了黏土中负压沉放需要负压随深度的变化公式：

$$V' + S\left(\frac{\pi D_i^2}{4}\right) = h\alpha_o s_{u,h}^{av}(\pi D_o) + h\alpha_i s_{u,h}^{av}(\pi D_i) + (\gamma' h - S + s_{u,tip} N_c)(\pi D t) \tag{5-48}$$

式中 $s_{u,h}^{av}$——下沉深度内土的平均不排水强度；

$s_{u,tip}$——下沉深度处土的不排水强度；

N_c建议取值9。

4) 经验公式

天津大学海上风电课题组通过大量室内试验和复合筒型基础的工程实践，提出了应用土力学的别列柴策夫公式(简称“别式公式”)和迈耶霍夫公式(简称“迈式公式”)计算负压沉放阻力的方法，其中别式公式更加适用无黏性地基。

(1) 别式公式。筒侧壁单位阻力计算方法如下：

$$f_s = c + \sigma'_0 \tan\delta \tag{5-49}$$

式中　σ_0'——计算点处有效应力。

筒端阻力采用别列柴策夫深基础承载力公式：

$$q_u = q_D N_q + \gamma t N_\gamma \tag{5-50}$$

式中，N_q、N_γ 由基地下土的 φ 值确定(图 5-51)；q_D 为基底平面处的超载，$q_D = \alpha_T \gamma_0 h$，$\alpha_T$ 取决于基地面以上土体的 φ 值与 D/t 的值(表 5-11)。

表 5-11　衰减系数 α_T 值

D/t	α_T			
	$\varphi=25°$	30°	35°	40°
5	0.73	0.77	0.81	0.85
10	0.61	0.67	0.74	0.79
20	0.47	0.57	0.67	0.75
30	0.37	0.50	0.63	0.73
50	0.27	0.41	0.59	0.70
70	0.22	0.39	0.57	0.69

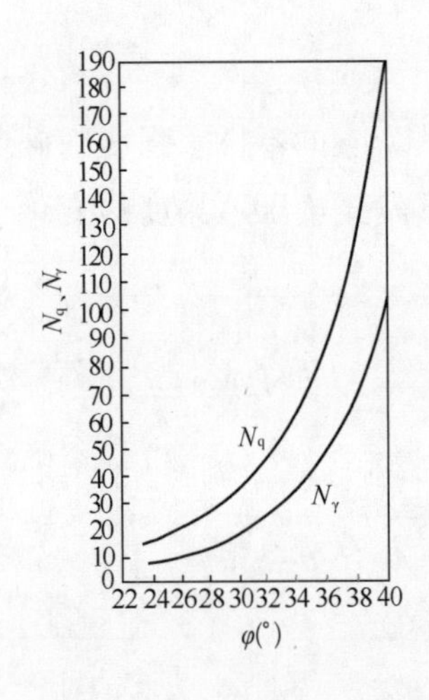

图 5-51　N_q、N_γ 与 φ 关系曲线

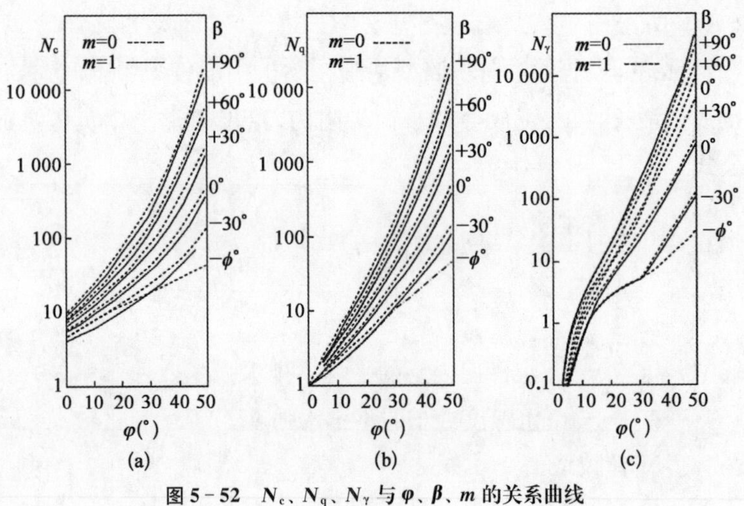

图 5-52　N_c、N_q、N_γ 与 φ、β、m 的关系曲线

(2) 迈式公式。筒侧壁摩阻力计算方法采用式(5-49)。

筒端阻力采用迈耶霍夫深基础承载力公式：

$$q_u = cN_c + \sigma_0 N_q + 0.5\gamma t N_\gamma \tag{5-51}$$

式中　N_c、N_q、N_γ——按图 5-52 取值；

σ_0——筒壁的侧向压力，$\sigma_0 = k_0 \gamma h$，k_0 底层静止土压力系数。

5.2.3.2　各种计算方法的比较

开展了室内小比尺模型试验与现场大比尺试验，对上述沉放阻力计算方法的准确性进行了评估。

1) 砂土小比尺模型试验

试验装置和方法详见 5.2.1 节和 5.2.2 节。筒型基础沉放前，对土体进行了原位静力触探试验，图 5－53 为三组静力触探试验结果。

采用上述方法计算三个模型筒的沉放阻力，并且与实测沉放阻力进行对比，见表 5－12～表 5－14。

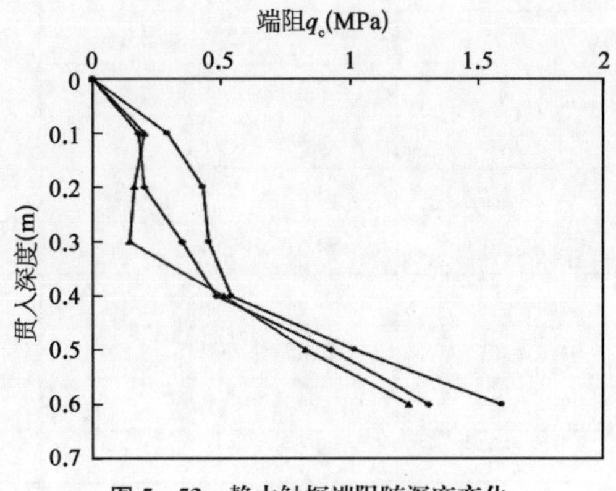

图 5－53　静力触探端阻随深度变化

表 5－12　模型 1 砂土中沉放阻力实测结果与理论计算对比

下沉深度(m)	下沉阻力(kN)					
	实测结果	API 规范	DNV 规范	极限平衡方法	别式公式	迈式公式
0.05	0.49	0.22	0.34	0.18	0.25	0.37
0.1	0.91	0.44	0.75	0.29	0.49	0.73
0.15	0.97	0.66	0.81	0.44	0.74	1.09
0.2	0.98	0.88	0.87	0.55	0.99	1.45
0.25	0.86	1.1	1.08	0.66	1.23	1.81
0.3	0.97	1.33	1.23	0.77	1.48	2.17
0.35	0.99	1.55	1.77	0.88	1.72	2.52
0.4	1.11	1.77	2.18	0.99	1.97	2.88
0.49	1.21	1.99	2.98	1.10	2.22	3.24

表 5－13　模型 2 砂土中沉放阻力实测结果与理论计算对比

下沉深度(m)	下沉阻力(kN)					
	实测结果	API 规范	DNV 规范	极限平衡方法	别式公式	迈式公式
0.05	1.18	0.33	1.07	1.40	0.46	0.95
0.1	1.47	0.67	2.26	1.57	0.88	1.73
0.15	1.45	1.00	2.39	1.69	1.29	2.51
0.2	1.45	1.33	2.52	1.81	1.71	3.29
0.25	1.97	1.67	3.06	1.92	2.12	4.07
0.3	2.00	2.00	3.40	2.03	2.54	4.86
0.35	2.21	2.33	4.80	2.14	2.95	5.64
0.4	2.59	2.67	5.80	2.25	3.37	6.42
0.48	2.58	3.00	7.79	2.36	3.78	7.20

表 5-14 模型 3 砂土中沉放阻力实测结果与理论计算对比

下沉深度 (m)	下沉阻力(kN)					
	实测结果	API 规范	DNV 规范	极限平衡方法	别式公式	迈式公式
0.05	2.05	0.46	1.86	1.94	0.76	1.79
0.1	2.07	0.92	3.92	2.13	1.37	3.05
0.15	2.08	1.39	4.12	2.25	1.98	4.30
0.2	2.05	1.85	4.32	2.36	2.57	5.57
0.25	2.51	2.31	5.22	2.46	3.19	6.83
0.3	2.63	2.77	5.78	2.56	3.80	8.10
0.35	2.65	3.23	8.11	2.67	4.41	9.36
0.4	2.60	3.69	9.77	2.77	5.02	10.62
0.43	3.20	4.16	13.05	2.87	5.62	11.88

由表 5-12～表 5-14 可知，API 方法与别式方法计算结果与实测结果较为接近；DNV 规范计算结果随厚径比增加呈现偏大趋势；迈式公式计算结果相比试验结果偏大；极限平衡计算相比试验结果偏小。

2) 黏土小比尺模型试验

试验装置和方法详见 5.2.1 节和 5.2.2 节。采用上述方法计算三个模型筒的沉放阻力，并且与实测沉放阻力进行对比，见表 5-15。

表 5-15 黏土中负压下沉阻力实测结果与理论计算对比

下沉深度 (m)	下沉阻力(kN)				
	实测结果	API 规范	DNV 规范	极限平衡方法	迈式公式
0.05	1.75	3.22	3.12	3.21	3.42
0.1	2.60	4.01	3.22	4.00	4.28
0.15	3.40	4.79	3.74	4.86	5.25
0.2	4.20	5.58	4.26	5.83	6.31
0.25	4.50	6.36	4.78	6.86	7.44
0.3	5.20	7.15	5.29	7.94	8.63
0.35	5.70	7.93	6.71	9.06	9.87
0.4	6.10	8.71	7.31	10.22	11.16
0.47	6.82	9.81	8.14	11.92	13.02

由表 5-15 可知，极限平衡方法计算的结果与负压下沉阻力实测值较为接近，但总体偏小，不利于指导工程实施，故不推荐使用；别式方法计算砂土下筒型基础沉放阻力较为准确，推荐采用；黏土中 API 方法在预测端阻力较为准确，推荐采用；DNV 方法的计算结果虽与实测值有一定偏差，但具有原位测试的优势，故推荐采用。

3) 砂土中大比尺现场试验(刘永刚,2014)

试验所用筒型基础为全钢结构,如图 5-54 所示,基础直径 3.5 m、高 0.9 m;塔筒直径 0.66 m,高 5 m,筒型基础内部分为 7 个舱,筒壁、分舱板、筒顶盖及塔筒壁厚均为 8 mm;筒型基础总重约 2.8 t。

图 5-54　筒型基础模型

图 5-55　顶盖拆卸孔

筒型基础模型顶盖开有两个直径 30 cm 的可拆卸孔,如图 5-55 所示,筒型基础下沉及加载时通过螺栓进行密封,可随时打开对筒内情况进行观测,并进行静力触探试验以测量筒内土质参数。土压力传感器布置如图 5-56 所示。

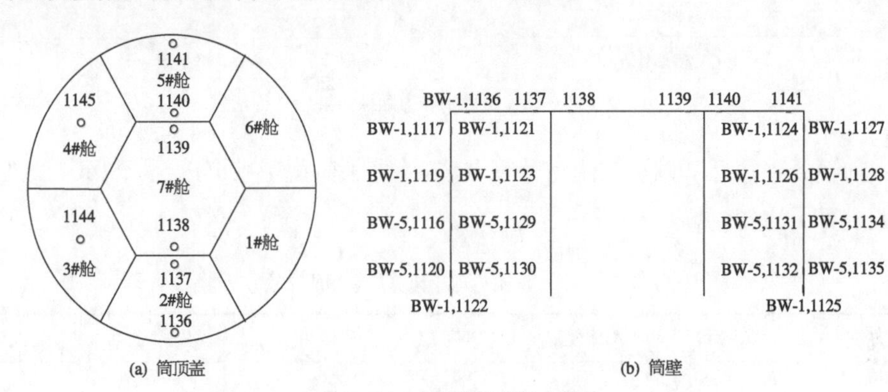

图 5-56　土压力传感器布置图

试验水深 0.5 m,筒型基础沉放完毕后如图 5-57 所示。

图 5-57　筒型基础沉放完毕

试验土体为均匀粉砂,物理性质及力学指标见表 5-16。原位静力触探结果如图 5-58 所示。

表 5-16 土体物理性指标及力学指标

土 质	含水率 w (%)	孔隙比 e	饱和容重 γ_{sat} (kN/m³)	内摩擦角 φ (°)	黏聚力 c (kPa)	压缩模量 E_s (MPa)
粉 砂	20	0.62	18.5	29	2.8	5

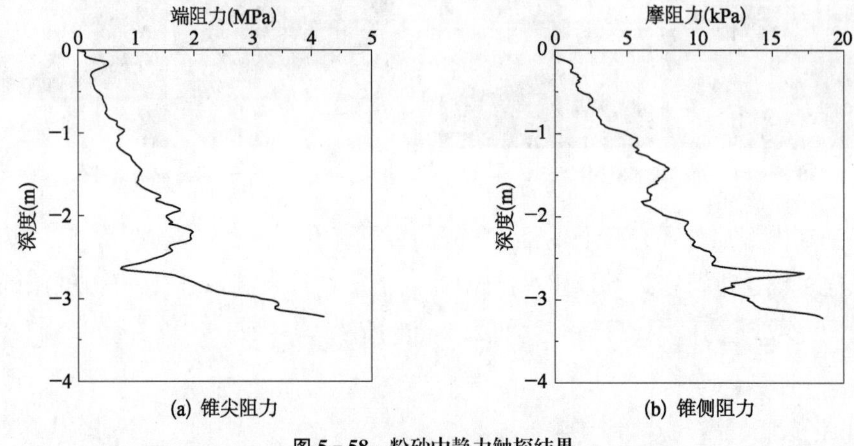

图 5-58 粉砂中静力触探结果

使用前述各种筒型基础沉放阻力计算方法,计算了筒型基础沉放至 0.9 m 处的阻力并与实测值进行了比较,见表 5-17。

表 5-17 下沉阻力理论计算与实测值比较

计算方法	实测值	API 规范	DNV 规范	极限平衡方法	别式公式	迈式公式
下沉阻力(kN)	115.78	67.68	80.49	84.21	214.81	284.26

由表 5-17 可知,API 方法、极限平衡方法、DNV 方法均小于实测值,别式方法与迈式方法大于实测值,其中别式方法与实测值较为接近。

4) 黏土中大比尺现场试验

试验用土体物理力学指标见表 5-18。原位静力触探结果如图 5-59 所示。

表 5-18 土体物理性指标及力学指标

土 质	含水率 w (%)	塑性指数 I_p	饱和容重 γ_{sat} (kN/m³)	内摩擦角 φ (°)	黏聚力 c (kPa)	压缩模量 E_s (MPa)
粉质黏土	36.8	11.75	17.8	7.14	3.84	3.69

筒型基础自重沉放如图 5-60 所示,沉放完毕如图 5-61 所示。

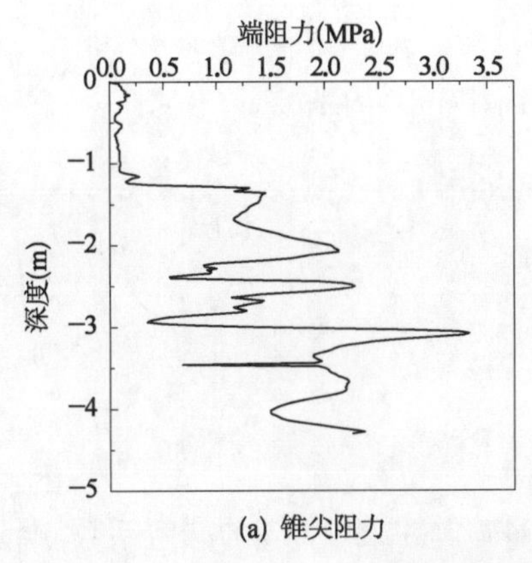

(a) 锥尖阻力

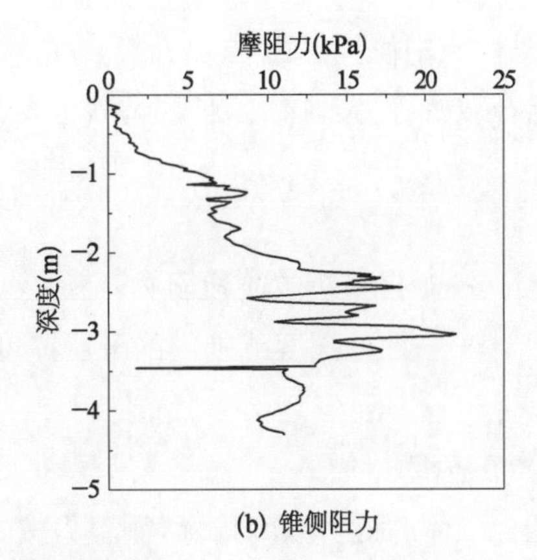

(b) 锥侧阻力

图 5－59　粉质黏土中静力触探结果

图 5－60　筒型基础自重下沉

图 5－61　筒型基础沉放完毕

使用前述各种筒型基础沉放阻力计算方法，计算了筒型基础沉放至 0.9 m 处的阻力并与实测值进行了比较，见表 5－19。

表 5－19　下沉阻力理论计算与实测值比较

计算方法	实测值	API 规范	DNV 规范	极限平衡方法	迈式公式
下沉阻力(kN)	211.17	232.05	118.76	232.59	521.09

由表 5－19 可知，API 方法、极限平衡方法与实测值较为接近，迈式方法大于实测值，DNV 方法小于实测值。

5.2.3.3　筒型基础阻力计算方法的改进

上述室内小比尺模型试验和现场大比尺试验结果表明，5.2.2.2 节的各种计算方法确定的筒型基础下沉阻力均不够准确，因此提出以下改进算法。

1）自重沉放阶段

结合土体的抗剪强度指标，侧阻力按式(5－49)确定，端阻力在砂性土中使用别式方法计算，黏性土中使用 API 方法计算；

结合双桥静力触探实测数据，砂土及黏土中均乘以 0.6 的系数：

$$R_G = 0.6\sum \pi D h_c f_s + 0.6 q_c(h_c) A_p \tag{5-52}$$

式中 R_G——自重沉放阶段阻力；

h_c——计算深度范围内的分层厚度。

2）负压沉放阶段

结合土体的抗剪强度指标，侧阻力按式(5-49)确定并乘以 0.5 的减阻系数，端阻力在砂性土中使用别式方法计算并乘以 0.5 的减阻系数，黏性土中使用 API 方法计算并乘以 0.4 的减阻系数；结合双桥静力触探实测数据，砂土中端阻力乘以系数 0.3，侧摩阻力乘以系数 0.1，黏土中端阻乘以 0.5 的系数，侧摩阻力乘以 0.7 的系数。

$$R_S = k_f \sum \pi D h_c f_s + k_p q_c h_c A_p \tag{5-53}$$

式中 R_S——负压沉放阶段阻力，其他符号意义同前。

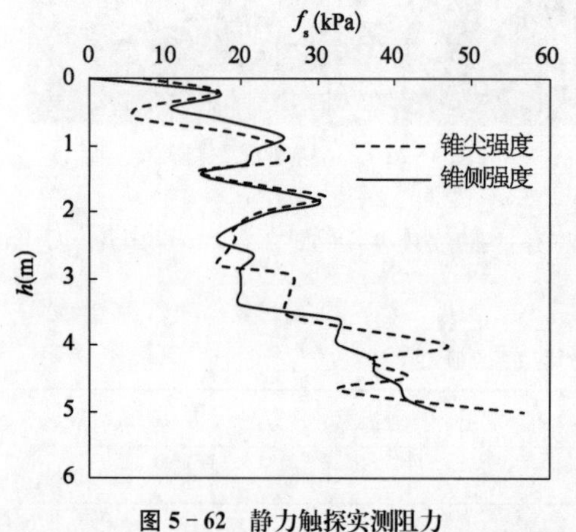

图 5-62 静力触探实测阻力

5.2.4 筒型基础的减阻措施

在实际工程中采用必要的减阻措施是保证筒型基础沉放到位的重要手段，为此提出多种沉放减阻措施，包括改变筒端形式、设置减阻环或构造破土减阻装置等方法（马文冠等，2019；练继建等，2019）。以下对工程中常用的减阻环和削尖筒端的减阻方法进行现场沉放试验研究。试验场地土层为砂质粉土，物理及力学指标见表 5-20，沉放范围内静力触探结果如图 5-62 所示。

表 5-20 物理力学参数

土 质	土体深度 h (m)	饱和重度 γ_{sat} (kN/m³)	内摩擦角 φ (°)	黏聚力 c (kPa)	渗透系数 k (cm/s)
粉 土	5	18.5	24	12	4.65×10^{-4}

试验用筒型基础顶盖焊接有 20 t 配重块，如图 5-63 所示，筒型基础的重量及尺寸见表 5-21。

筒型基础顶盖内外分别安置了两个压力盒，通过测量筒内外压力差，计算压差部分提供的贯入力，筒型基础的管路系统及压力盒位置示意如图 5-64 所示。

表 5-21　筒型基础尺寸与重量

参　数	外径 D_o (m)	内径 D_i (m)	壁厚 t (m)	厚径比 t/D_o	裙高 H (m)	高径比 H/D_o	重量 W (kN)
数　值	1.6	1.56	0.02	0.012 5	5	3.125	40

图 5-63　筒型基础及配重

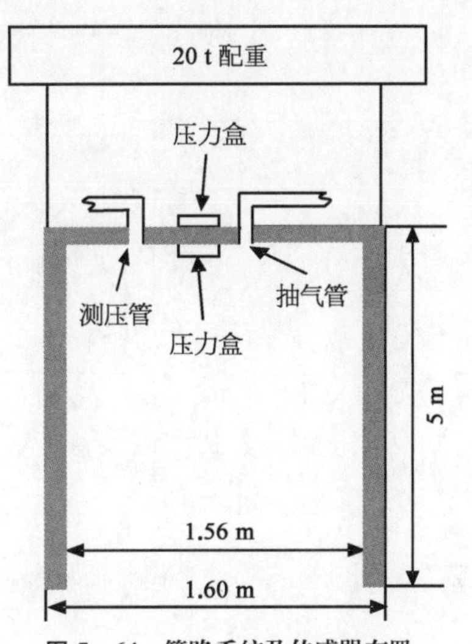

图 5-64　管路系统及传感器布置

试验设计了三种筒端型式：① 平筒端，如图 5-65(a)所示；② 尖筒端，尖头的角度为 30°，如图 5-65(b)所示；③ 尖筒端＋减阻环，即在筒壁内侧和外侧分别焊接了直径为 5 mm 的钢圈，如图 5-65(c)所示。

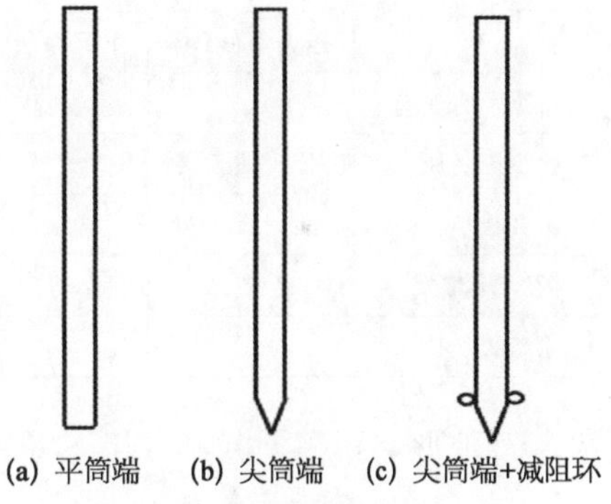

图 5-65　筒端型式示意

筒型基础贯入过程分为三个阶段：第一阶段，使用吊车将筒型基础吊至海中，缓慢释放吊绳，使筒型基础下沉直至筒端接触海床；第二阶段，筒型基础自重沉放阶段；第三阶段为负压沉放阶段，负压分级施加。三种筒端型式筒型基础贯入过程中筒顶盖内外压力盒实测结果如图 5-66 所示。其中，A 点为筒型基础完全入水时刻，B 点为筒型基础接触海床，BC 和 CD 段为自重沉放入土段；DE 段、EF 段、FG 段为三级负压施加阶段，筒型基础在负压作用下逐步沉放入土。

筒型基础在不同压力作用下的下沉深度见表 5-22。

由表 5-22 可知，尖筒端＋减阻环型式筒型基础在自重及水头差作用下共入土 3.1 m，但在 3 级负压作用下没有继续下沉，分析其原因为筒体自重下沉过程中，减阻环破坏了筒壁周围土体，形成了渗流通道，随每级负压施加，土中的水通过渗流通道进入筒内，筒内水位上升，负压未提供有效贯入力。

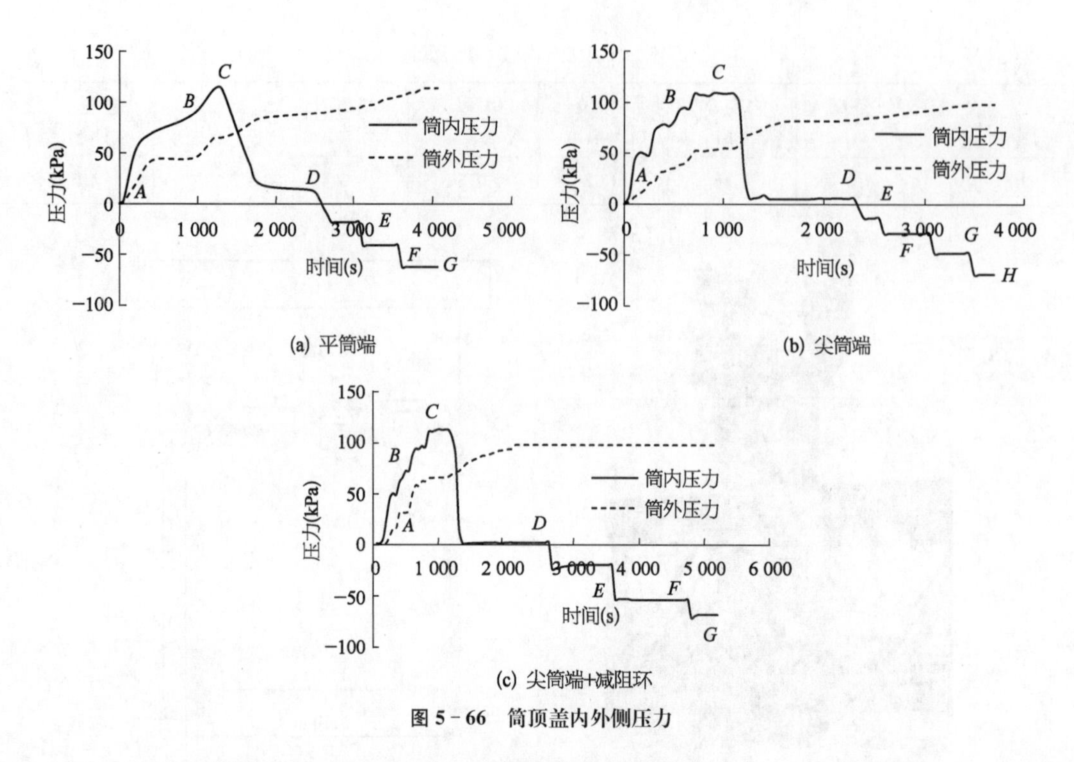

图 5-66 筒顶盖内外侧压力

表 5-22 筒型基础负压下沉深度

压力类别	平筒端		尖筒端		尖筒端+减阻环	
	压力值(kPa)	下沉深度(m)	压力值(kPa)	下沉深度(m)	压力值(kPa)	下沉深度(m)
自重及水头差	—	1.9	—	2.1	—	3.1
第 1 级负压	−18.6	2.2	−13.6	2.4	−24.3	3.1
第 2 级负压	−41.3	2.9	−28.5	2.8	−54.2	3.1
第 3 级负压	−62.8	3.7	−48.4	3.5	−69.1	3.1
第 4 级负压	—	—	−69.7	3.9	—	—

三种形式筒端下沉阻力与下沉深度关系曲线比较如图 5-67 所示。

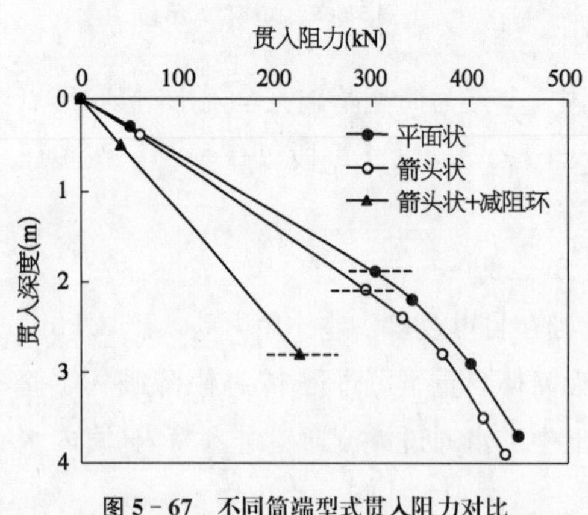

图 5-67 不同筒端型式贯入阻力对比

由图 5-67 可知，自重贯入阶段，三种筒端型式筒型基础贯入阻力随深度基本呈线性增加；与平筒端的筒型基础相比，尖筒端的筒型基础略有减阻效果，尖筒端+减阻环式筒型基础有明显的减阻效果，说明减阻环对土体的扰动大幅降低了筒壁的侧摩阻力。

负压沉放过程，与平筒端相比尖筒端具有明显的减阻效果，但尖筒端+减阻环的筒型基础在负压作用下并沉放到位。由于试验中减阻环设置位置距筒端太近，对土体存在明显的扰动导致筒端无法形成密闭的负压区，土体发生了渗透破坏。因此实际工程中，减阻环应在距筒端一定高度处设置，可设置一道或多道以达到减小筒型基础沉放阻力的目的。

5.3　沉放过程屈曲控制

在筒型基础内外形成压差是实现筒型基础顺利沉放的关键。但当筒型基础的入土部分采用钢结构时，通常筒壁较薄，一般外筒壁厚约 2.5 cm，分舱板壁厚约 1.5 cm，在压差的作用下应考虑筒壁发生屈曲变形的可能性，并在沉放设计需给出屈曲破坏的临界压差，作为沉放工况的重要控制参数，同时预先采取必要的措施降低屈曲变形的可能性，保证筒壁屈曲可控(练继建等，2019)。

5.3.1　筒内外压差作用

筒内外受到均布压差作用出现在筒型基础沉放过程中的均匀下沉工况。此时作用于外筒壁的荷载包括筒型基础自重、上部结构重及作用于外筒壁的压力差。该压力差由筒内形成的负压环境及外部的水压力共同组成。该种工况下筒内各个分舱受到的压力相同，如图 5－68 所示。

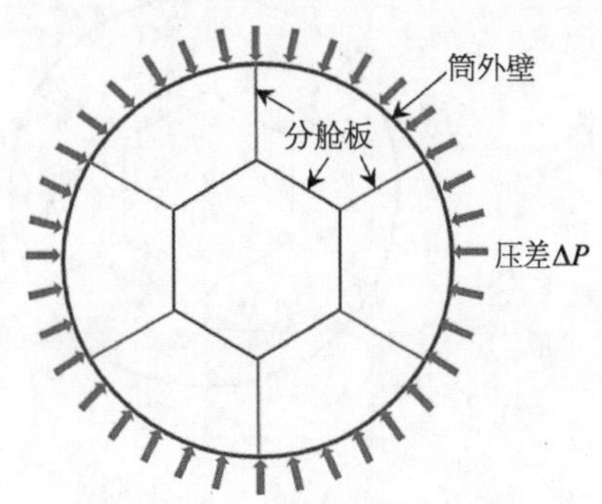

图 5－68　筒内外均布压差工况

采用 ABAQUS 软件对处于不同沉放深度的筒型基础进行压差 ΔP 作用下屈曲分析。首先采用静力分析考虑筒型基础自重和上部荷载重的作用，而后采用 Buckle 分步进行屈曲临界压力分析。计算中筒型基础直径 30 m、筒顶盖厚 1.2 m、筒裙高 12 m、筒外壁厚 0.025 m、分舱板厚 0.015 m，沿筒裙及分舱板均匀分布 18 根纵肋(加筋作用)，考虑浮力作用下筒重 1 500 t。通过改变筒型基础的入土深度和筒壁所受压差，计算了筒型基础下沉过程中的屈曲临界压差，得到图 5－69 所示的筒型未入土段高度与临界压差的关系。筒型基础的典型筒壁屈曲模式如图 5－70 所示。

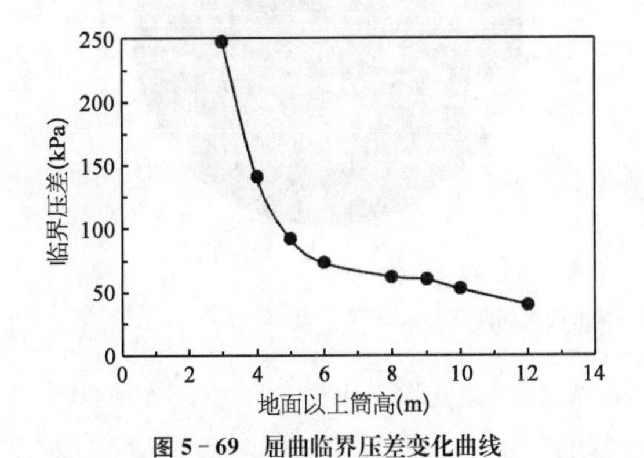

图 5－69　屈曲临界压差变化曲线

图 5－70　筒型基础屈曲变形云图

由图 5-69 和图 5-70 可知，筒型基础的屈曲临界压差随基础入土深度的增加而增加，即在筒基的下沉过程中屈曲临界压差逐渐增大。分舱板屈曲是筒型基础在外部压力作用下发生屈曲破坏的主要风险。

5.3.2 分舱压差作用

筒型基础内各分舱压力不同的情况出现在筒型基础的调平过程中。此时作用于筒型基础上的荷载包括筒型基础自重、上部结构重及作用于分舱板上的压差。这一压差由筒型基础调平时各分舱的压力不同导致。该种工况下筒内各个分舱受到的压力不同，可分为图 5-71 所示的两种情况。

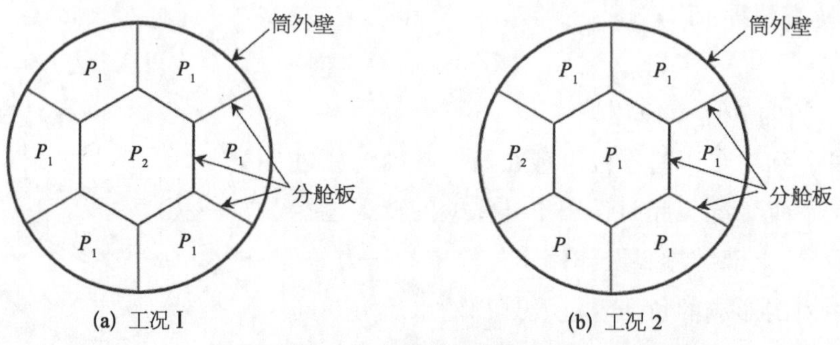

图 5-71 筒基舱内压差工况

采用 ABAQUS 软件对图 5-71 中 $P_1 = -70$ kPa 的工况进行计算。计算中筒型基础直径 30 m、筒顶盖厚 1.2 m、筒裙高 12 m、筒外壁厚 0.025 m、分舱板厚 0.015 m，通过改变筒型基础入土深度和压力值 P_2，计算不同入土深度下，筒型基础调平可以使用的屈曲临界压差。图 5-72 给出了基础入泥 4 m 时在临界压差下的屈曲变形云图。

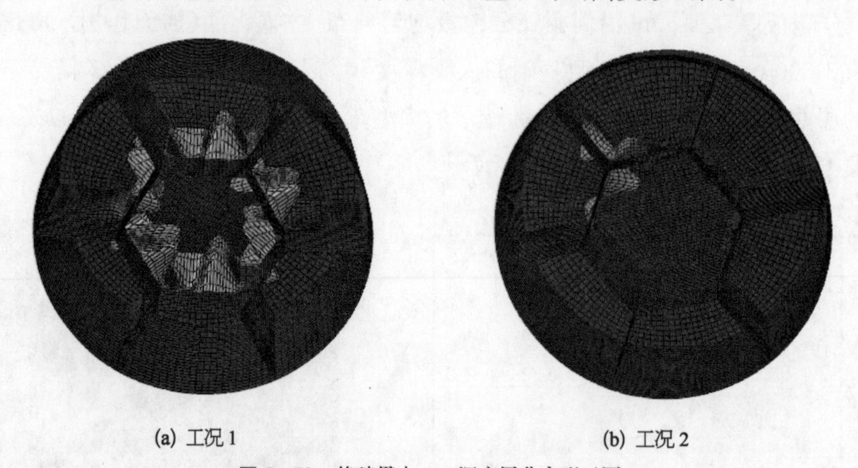

(a) 工况 1　　(b) 工况 2

图 5-72 基础贯入 4 m 深度屈曲变形云图

图 5-72 显示，对于中舱压差变化的工况 1，其屈曲变形沿中舱分布；对于边舱压差变化的工况 2，屈曲变形分布在压差作用的边舱附近。

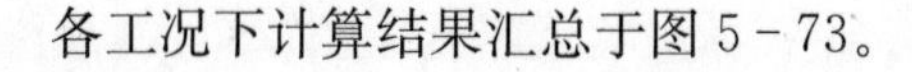
各工况下计算结果汇总于图 5 - 73。

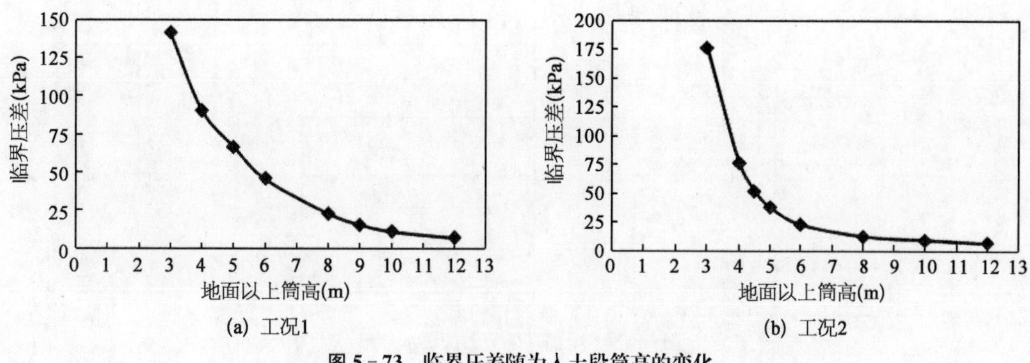

图 5 - 73　临界压差随为入土段筒高的变化

由图 5 - 73 可知,对于工况 1 和工况 2,筒型基础内部分舱板能承受的最大的屈曲压差均随筒型基础入土深度的增加而增大。对比工况 1 和工况 2 可知,同一入土深度下,工况 1 对应的临界压差大于工况 2,说明边舱受压不均比中舱受压不均更加危险。

5.4　沉放精细调平控制

海上风电筒型基础的多分舱结构不但在筒型基础及上部结构整体拖航运输过程中极大地提高了浮稳性和安全性,而且在沉放精细化调平控制上也发挥出了其独特的优势(练继建等,2014)。海上风电基础结构安装完成后的水平度是施工质量控制的关键指标,DNV 规范要求基础安装完成后泥面处的倾斜度不超过±5°(DNV · GL, 2018);2008 年颁布的我国电力行业规范《风电机组地基基础设计规定》(水电水利规划设计总院,2007)要求陆上风机基础倾斜率不得超过 3‰;2019 年颁布的《海上风电场工程风电机组设计规范》规定:单桩基础计入施工误差后,泥面整个运行期内的循环累积总倾角不应超过 0.50°,其余基础计入施工误差后,基础顶位置整个运行期内循环累积总倾角不应超过 0.50°(国家能源局,2019)。如何使筒型基础顺利沉贯至设计深度,并在下沉过程中实现精准调平是沉放安装过程中的技术难点。

5.4.1　薄壁筒型基础压差精细调平控制方法

对于筒壁为薄壁钢结构钢时,可采用压差精细控制调平方法。在筒型基础安装过程中,负压沉放是关键环节,它是依靠筒内外压力差实现的。使用泵抽吸筒内部的水和气,筒内外形成压力差,当压力差超过下沉阻力时,基础会被缓缓压入土中,如图 5 - 74 所示。

多分舱筒型基础沉放过程中(图 5 - 75),当因土质不均匀等原因发生小角度倾斜(一般控制在 0.5°以内),需要及时对基础进行精细调平,若不及时调平,倾斜角度大了就难以

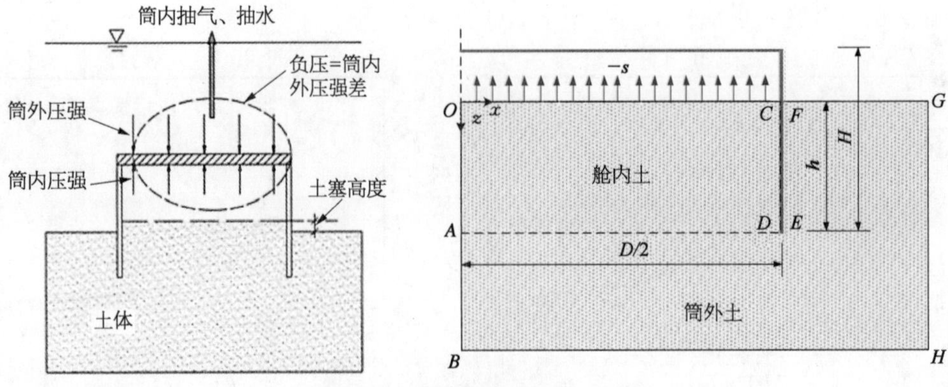

图 5-74　单筒基础吸力沉贯示意图

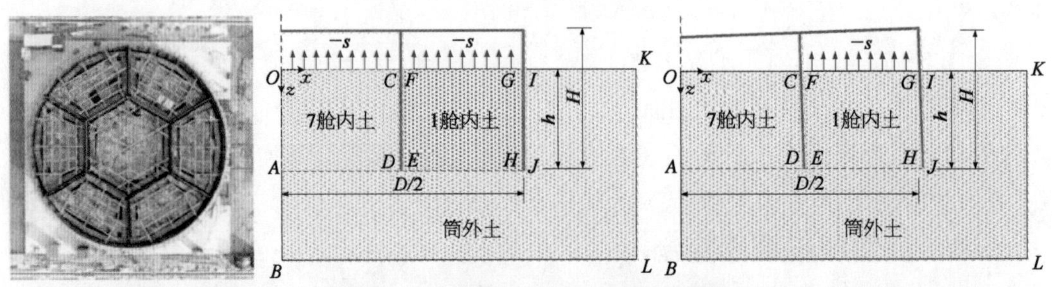

图 5-75　复合筒型基础吸力沉贯示意图

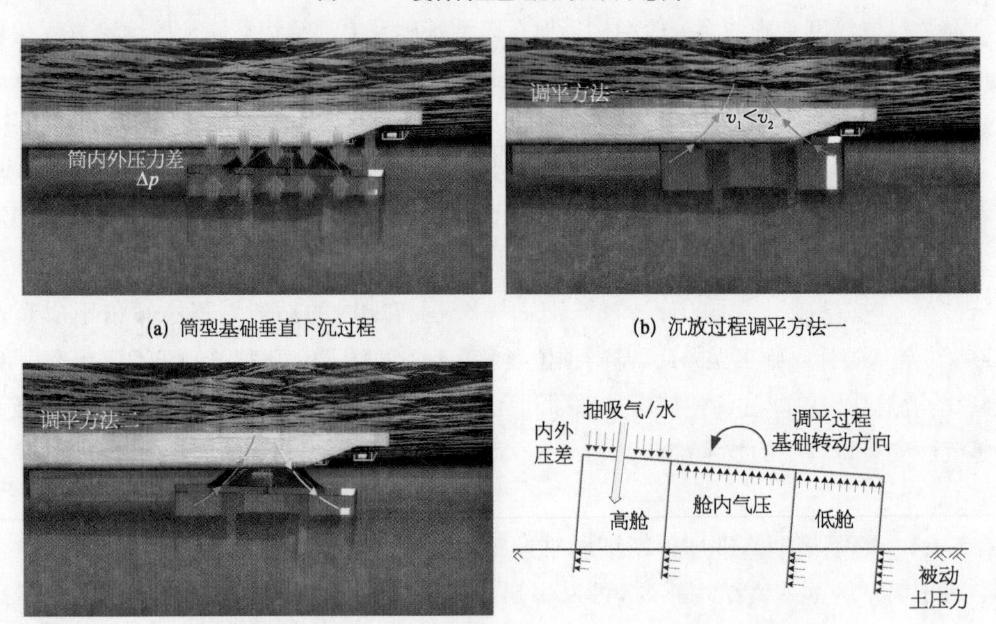

(a) 筒型基础垂直下沉过程　(b) 沉放过程调平方法一

(c) 沉放过程调平方法二　(d) 调平控制机理

图 5-76　多舱筒型基础沉放过程调平方法

调平了。基础自重沉放阶段水平度对后期负压沉放的影响大，若发生倾斜应及早压力调平，以保证后续沉放保持高水平度下沉。如图 5-76 所示，当多舱型筒型基础在负压沉放过程中发生倾斜，调平方法一是降低高舱处抽气/水速度、提高低舱处注气/水速度；调平方法二是向高舱处抽气/水、向低舱处注气/水，沉放全过程通过精细的舱压控制，保持基础沉放各个阶段的高水平度，使基础沉贯到位后的水平度达到规范的要求（练继建等，2014，2019）。

5.4.2　厚壁筒型基础的沉放与调平

世界首台海上风电单筒多舱筒型基础于 2010 年在江苏启东海域建成并投入使用。该筒型基础外壁采用了厚壁混凝土结构，内部分舱板采用了钢结构，如图 5 - 77 所示。

图 5 - 77　厚壁筒型基础

结合厚壁混凝土的结构特点，练继建等(2017)针对性地提出了高压气举破土与负压下沉相结合的新型沉放方式。该方法可通过高压冲砂、破土、气举来减小混凝土厚壁的下沉阻力，其工作原理如图 5 - 78 所示。因此，在厚壁筒型基础预制过程中，需将管路系统预埋于混凝土侧壁内。

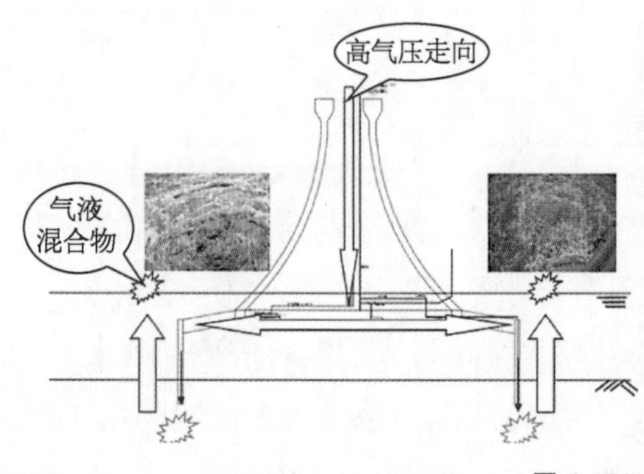

图 5 - 78　高压气举破土下沉

厚壁筒型基础沉放过程通常包括作业准备阶段、基础排气排水阶段、负压沉放和气举破土冲砂阶段、地基加固阶段及压力注浆阶段。具体如下：

1）作业准备阶段

该阶段首先要进行基础拖航定位，并通过仪器对安装位置的水深、潮位等参数进行测量确认，具备安装条件后检查设备、人员是否就位，各工位间要做好自检与互检。

2）基础排气排水阶段

基础排气排水过程包括排气、坐底、控制排气与抽水三个环节。排气环节需均匀放气，保证基础平稳下沉，并且根据施工要求控制下沉速度。坐底环节是指基础下沉至泥面的过程，要求基础到达泥面后保持稳定并基本水平。控制排气与抽水环节是指基础在进入泥面后随着舱内气体和水的排出而继续下沉的过程，该过程需要控制排气抽水的速度。为了使筒型基础能够平稳下沉并保证水平度，在排气排水的整个阶段需要实时检查各舱内空气压力，并控制下沉进度。

3）负压沉放和冲砂阶段

负压沉放和冲砂阶段首先要关闭各舱排水排气阀门和抽真空阀门，而后轮流开启各个冲砂管进行冲砂，直到出现泥浆上涌时停止。随后各舱阀门全开继续抽水直到基础下沉至接触泥面为止，再关闭各舱阀门，重复以上步骤直至基础沉放到位。该阶段需观测各舱真空度，保证其小于土体渗流破坏临界值。

4）地基加固阶段

该阶段可分为抽水加固与地基加固两个步骤。其中抽水加固是指在基础沉放到位后各舱阀门全部打开继续抽水不少于 1 h，以达到筒型基础与筒内土体充分接触的目的。地基加固是指在抽水加固后，依次对中舱和边舱抽负压，持续不少于 2 h，已达到对筒内土体的初步加固效果。在该阶段需实时观测基础的水平度，沉降量与负压大小。当基础水平度超过 0.5％时应及时调平。

5）压力注浆阶段

必要时压力注浆可用于调整筒型基础的在位水平度并填充筒顶盖与筒内土体间的空隙。注浆所用材料需达到设计要求。在注浆施工前需根据基础水平度监测结果，确定最低点。随后开始对基础最低点所在分舱及其左右两分舱进行注浆。整个过程需实时监控基础水平度变化，及时调整压力和注浆量。当完成基础水平度调整后，再对其余边舱及中舱注浆，对应舱排水孔出现返浆即可停止。这一施工过程通常需要约 2 h。注浆过程示意如图 5－79 所示。

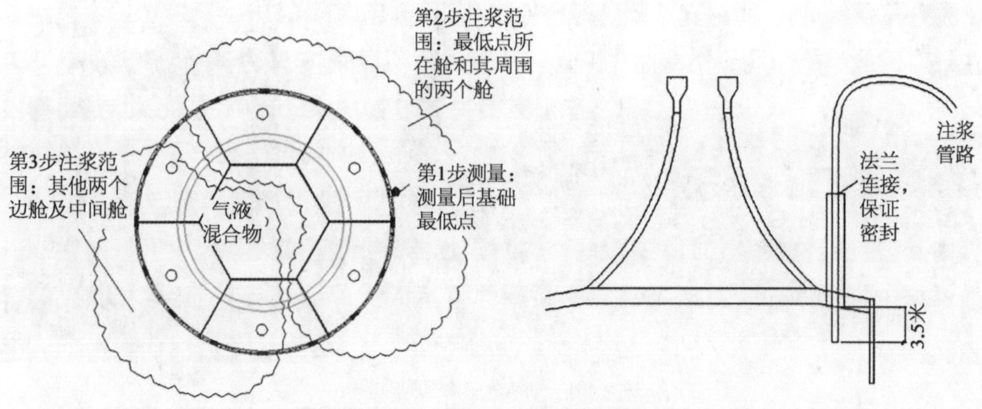

图 5－79　筒型基础注浆示意图

为保证达到设计的注浆压力，该阶段要求注浆通道与筒顶盖内预留管路的连接保持密封。图 5－80 给出了厚壁筒型基础现场注浆过程。

图 5－80　厚壁筒型基础注浆

厚壁筒型基础成功沉放到位的工程实践表明，高压气举结合负压的沉放方式可有效消减筒型基础的沉放阻力并控制沉放姿态，地基加固与注浆施工方法可保证筒型基础的精准性。

5.5　筒型基础的整机沉放过程实例

5.5.1　工程概况

本节详细阐述我国江苏某海上风电场单筒多舱筒型基础整机沉放及精细化调平全过程。该风电场中心离岸直线距离约 10 km、场区水深 8～12 m。项目总装机容量 202 MW，共安装 37 台单机容量 4.0 MW 和 18 台单机容量 3.0 MW 的风电机组，其中 2 台 3.0 MW 海上风机采用筒型基础型式。为了适应该场地的地质条件，设计采用了钢质薄壁筒型基础（马煜祥，2016）。筒壁内侧设置竖向加劲肋，顶板及弧形过渡段为混凝土材质，具体结构如图 5－81 所示。

图 5-81　钢质薄壁筒型基础结构

筒型基础整机沉放及精细化调平过程的主要施工流程包括：抛锚与插桩定位、整体沉放准备、基础沉放及调平、地基加固、拔桩移船等，海上安装现场情况如图 5-82 所示。

图 5-82　筒型基础结构整机沉放与调平过程

5.5.2　整机沉放施工

1）抛锚与插桩定位

运输筒型基础的船舶到达指定安装位置后要先进行抛锚定位，现场根据一个潮位周期内水位的变化来实时调整张紧锚绳并监测船体位移情况。插桩前明确定位桩入土深度，当流速较小时开始进行插桩。插桩时首先拔出固定桩的定位销，并调整定位桩的插销孔与顶升座的插销位置保持在同一中线上。再顶升油缸提升至最高处使得顶升座插销插入钢管桩的插销孔内。随后顶升油缸开始下压钢管桩，4 根定位桩同时插入到设计入土深度，最后在钢管桩顶部插入安全横档完成插桩作业。定位桩插入海床地基后，观测一个潮位周期，在船体摆动幅度小于 10 cm 时开始基础沉放。

在整个抛锚与插桩定位过程，实时对风速、风向、流速、浪高、潮位、船体倾角、锚点位置、筒内各舱气压、筒内液位、筒体倾角、钢丝绳受力、液压油缸受力等指标进行监测，以确保船体安全稳定与操作系统顺利工作。

2) 整体沉放准备

筒型基础开始沉放前现场对各项工序、设备等进行检查,包括顶部抱紧装置油缸伸缩性能、100 t 吊点绞车的能动性、电动阀开合性能、水泵启动性能、控制柜电源等。对于筒型基础与船体进行分项检查。

对于筒型基础主要检查出水口是否通畅、阀门开合、泵启停是否正常以及筒内各舱气压、筒内液位、筒体倾角等情况。对于船体重点观测角度位置、吃水及水平度、锚绳张紧度、定位桩入土深度、钢丝绳受力、各个液压油缸受力状态等。此外,潮位时间表、风速风向预报、下沉安装使用各监测仪器同时准备就绪。

完成设备检查与准备工作后,在船体位移情况、天气预报情况满足施工要求时,开展沉放准备作业。首先拆除 6 根用于固定筒型基础的水平向钢丝绳,船体通过 100 t 绞车的竖向荷载保持筒型基础稳定。随后使筒内各舱气压维持在固定压力值不变,调整各舱气压使船-筒间的压力减小至零。根据图 5-83 所示的单筒多舱筒型基础管路原理图,按照规定的操作流程顺次打开与关闭电动阀进行排气降低各舱内的压力,同时调整船体压载使船处于水平状态。

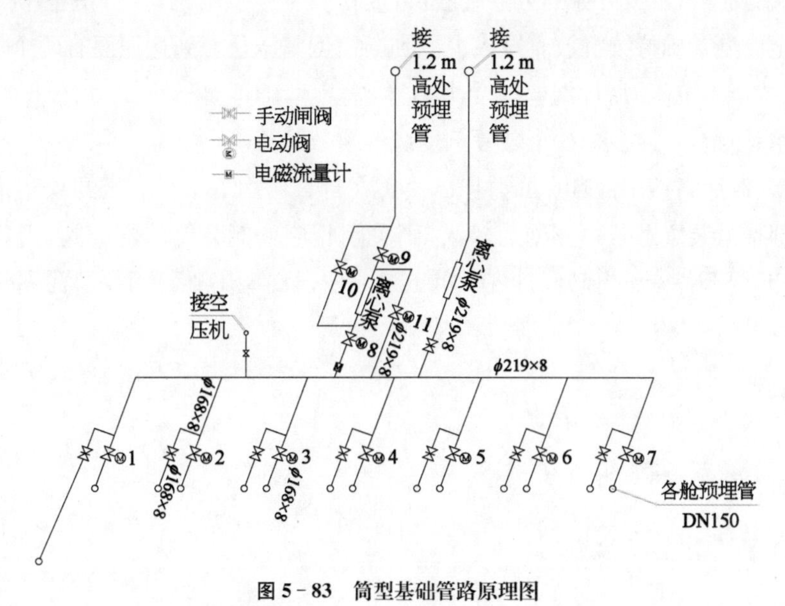

图 5-83 筒型基础管路原理图

按相同流程重复操作各阀门使各舱压力陆续降低,这个过程中实时调整船体水平度,并使各绞车吊点保持要求在规定的拉力范围内。

3) 基础沉放及调平

在筒型基础各舱气压降低至一定程度后,船-筒间基本不存在接触压力,船吃水艏艉部相差不超过 10 cm。此时,通过继续排气使筒型基础与整机开始向下沉放,沉放时筒型基础与船体、水面、泥面的位置关系如图 5-84 所示。

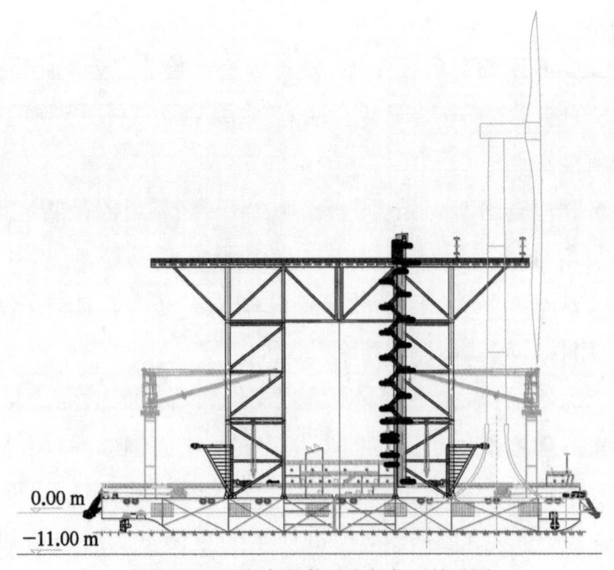

图 5－84　风机与船体及水位位置关系图

筒型基础及整机沉放开始后，船-筒脱离，放松绞车吊点的钢丝绳，使各吊点的受力逐渐减少，直至筒型基础持续沉放直至入泥。判断筒型基础是否到达泥面有两个标准：一是筒内气压保持至一定压力后，钢丝绳受力为零，筒型基础不再下沉；二是根据实时潮位水深、船体吃水、筒型基础吃水、扶正装置刻度线等参数计算确定。

在筒壁入泥后，打开各舱电动阀排气，使其在自重作用下下沉。松开绞车钢丝绳并解钩，放松上部抱紧装置。若一侧受力较大，则关闭相应一侧分舱的电动阀，当各油缸受力均匀后再打开全部各分舱电动阀排气下沉。这一阶段筒型基础与潮位及泥面位置关系如图 5－85 所示。

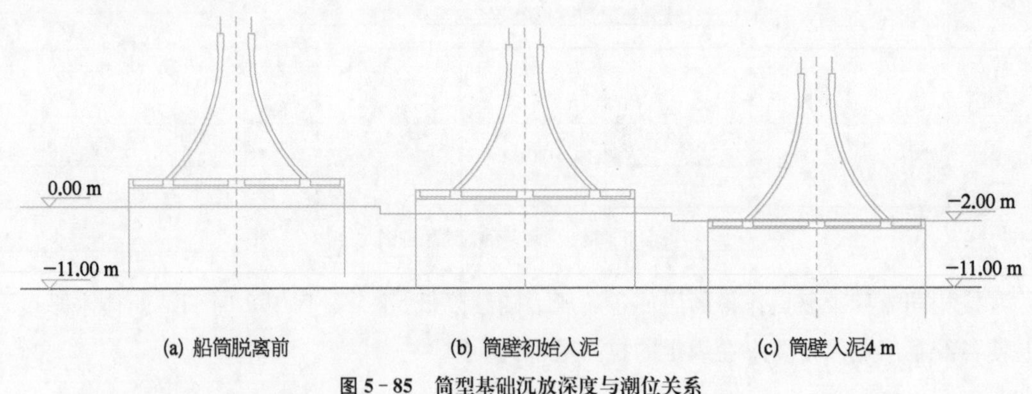

图 5－85　筒型基础沉放深度与潮位关系

随着筒型基础入土深度的增加，筒壁侧摩阻力和端阻力逐渐增大，当筒型基础及风机结构自重与其受到的土体阻力相等时，则需要借助抽水系统使筒内外产生压力差继续下沉。该阶段利用水泵抽水下沉，依次松开顶部三个抱紧油缸，使得抱紧装置距离塔筒 5～10 cm 间隙。随后开启筒型基础沉放调平自动控制系统，如图 5－86 所示。

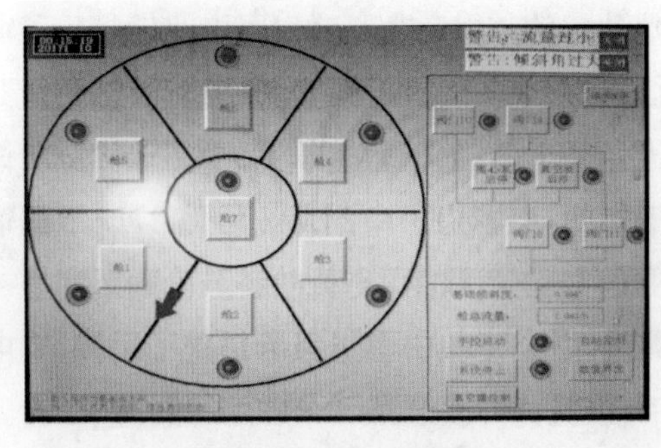

(a) 筒型基础沉放调平控制界面

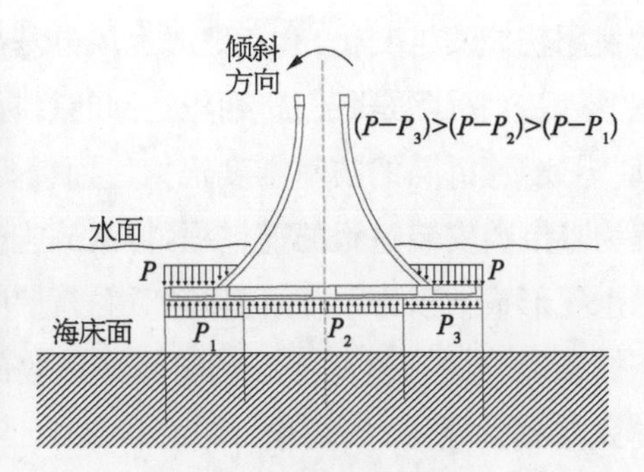

(b) 沉放调平原理示意图

图 5－86　筒型基础沉放调平控制系统

图 5－86 中的控制系统可根据实时监测到的筒型基础水平度，通过对不同舱位电动阀门的控制，实现调整在整个沉放过程中保持筒型基础的水平度在 0.1°以内。在筒型基础的沉放过程中，自重下沉阶段的下沉速率不大于 10 cm/min(6 m/h)，负压下沉阶段的下沉速率不大于 5 cm/min(3 m/h)。当筒型基础顶盖距离泥面 1 m 以内时，完全打开顶部抱紧装置，并实时监测筒型基础与泥面的位置关系。

4）地基加固

在筒型基础顶盖接触泥面后，对筒内土体进行加固，以达到加速筒内土体固结与提高地基承载力的目的。负压加固时间约 4 h，在加固过程中实时监测和调整基础的水平度，控制在 3‰以内。

5）拔桩移船

筒型基础完全安装就位并经过负压加固后，开始准备移船作业。首先拆除筒型基础内外附属构件、管路、线路等，而后在最低潮位之前 1～2 h 前拔出定位桩。拔桩过程中要密切关注船体位移情况及 8 个锚绳受力状态，确保定位桩拔出时船体不发生较大位移。定位桩拔出后即时收紧后侧两条锚绳，逐步放松前端两个锚绳，并利用船体自身动力侧推防止船艏部发生横向偏移，通过锚绞机和锚艇使船体向后移动 50 m，利用锚艇依次收回 8 个锚，至此筒型基础安装结束。

该工程整机海上沉放施工时间共计 10 h，安装完成后筒型基础顶法兰水平度稳定在 0.35‰，满足施工与设计要求。

5.6　筒型基础的顶升与回收

当筒型基础沉放过程发生大角度倾斜时，无法采用上述方法调平的条件下，可以通过把筒型基础的顶升到一定高度，重新安装。此外，海上风电场达到设计使用寿命之后或海域的使用功能发生变化，会考虑海上风电基础结构的顶升拆除。为了恢复原有生态环境，实现“零残余”拆除是我们所期望达到的目标。采用桩式基础(单桩、高桩承台、导管架等)实现“零残余”拆除的技术难度很大。而筒型基础“零残余”拆除的难度较小，其顶升回收过程为其沉放安装过程的逆过程，将沉放施工中的抽排筒内水气形成下吸力，改为向筒内充打水气形成上顶力，克服筒体自重和摩擦阻力实现筒体的顶升回收。

筒型基础的其他海洋结构有较多回收的案例。例如，丹麦 Horns Rev 2 海上风电场单筒式基础测风塔，安装于 2009 年，2015 年成功拆除，如图 5-87 所示；渤海 JZ9-3 油田筒型基础系缆平台，安装于 1999 年，2006 年实现顶升回收(丁红岩，2006)，如图 5-88 所示。

图 5-87　丹麦 Horns Rev 2 海上单筒测风塔基础回收

图 5-88　中国渤海系缆平台顶升

为了验证海上风电筒型基础顶升回收的可行性，2010 年在首台多分舱海上风电筒型基础沉放安装过程中对筒型基础进行了 0.5 m 的顶升作业，采用往筒内各舱室注气的方式顶升复合筒型基础整体，顺利地实现了基础上升 0.5 m，现场试验实际操作流程见表 5-23。筒型基础原型结构现场顶升及再下沉试验过程如图 5-89 所示，整个试验过程平稳顺利，很好的验证了多分舱筒型基础结构所具有的稳性好、自调平、可迁移、零残余回收等特点。但是筒型基础的回收再利用，需要验算顶升回收顶工况的结构强度。采用充气顶升时，特别是要注意防止气弹事故，在筒型基础快顶出的泥面时，要停止充气，用浮吊等装备辅助提升回收。

表 5-23　基础顶起和再下沉

步　骤	操 作 项 目	操　作　要　求
1	控制充气	各舱压力差不超过 0.3 MPa，先充边舱后中舱
2	基础顶升	基础底面离开泥面 0.5 m
3	排气排水下沉	重复作业步骤 2、3
4	冲砂下沉	
5	顶盖接触泥面	
6	抽水	

图5-89　筒型基础顶升及再下沉

参考文献

[1] 陈飞.砂土中海上风机筒型基础沉放过程筒-土作用研究[D].天津：天津大学,2014.

[2] 别社安,薛润泽,郭林林,等.箱筒型基础结构及其气浮拖运和定位下沉安装方法[J].港口科技,2019(3)：12-17.

[3] 陈国庆,李蔚.桶形基础平台沉放姿态控制[J].中国海上油气工程,2000(5)：1-4.

[4] 丁红岩,张浦阳.海上吸力锚负压下沉渗流场的特性分析[J].海洋技术,2003,22(4)：44-48.

[5] 丁红岩,闵巧玲,张浦阳,等.一种分舱式沉箱基础下沉姿态馈控系统：201710166789.1[P].2017-7-14.

[6] 丁红岩,贾楠,张浦阳.砂土中筒型基础沉放过程渗流特性和沉贯阻力研究[J].岩土力学,2018,39(9)：3130-3138.

[7] 葛川.近海风电场环境载荷和支撑结构强度研究[D].上海：上海交通大学,2009.

[8] 郭耀华,张浦阳,丁红岩,等.一种复合筒型基础下沉姿态馈控系统：201710166788.7[P].2017-7-28.

[9] 郭小亮,崔文涛.筒型基础屈曲强度及非线性有限元分析[J].江苏船舶,2016(4)：16-18.

[10] 季春群.浮式生产系统的设计考虑[J].中国海洋平台,1989(5)：42-44.

[11] 雷栋,摆念宗.我国风电发展中存在的问题及未来发展模式探讨[J].水电与新能源,2019,33(5)：74-78.

[12] 李蔚,时忠民,谭家华.桶形基础平台海上沉放安装[J].海洋工程,2001(1)：19-23.

[13] 李蔚,谭家华,时忠民.桶形基础平台沉放过程数值模拟分析[J].上海交通大学学报,2000(12)：1742-1745.

[14] 李蔚,谭家华,陈国庆.桶形基础平台沉放模型试验[J].中国海上油气工程,2000(1)：23-28.

[15] 刘永刚.海上风力发电复合筒型基础承载特性研究[D].天津：天津大学,2014.

[16] 刘树杰,王忠涛,栾茂田.单向荷载作用下海上风机多桶基础承载特性数值分析[J].海洋工程,2010,28(1)：31-35.

[17] 练继建,陈飞,杨旭,等.海上风机复合筒型基础负压沉放调平[J].天津大学学报(自然科学与工程技术版),2014(11)：987-993.

[18] 练继建,陈飞,马煜祥,等.一种海上风机复合筒型基础沉放姿态实时监测方法：ZL201410181040.0[P].2014-8-13.

[19] 练继建,马煜祥,王海军,等.筒型基础在粉质黏土中的静压沉放试验研究[J].岩土力学,2017,38(7)：1856-1862.

[20] 练继建,刘润,燕翔.一种内部自带破土装置的厚壁复合筒型基础：ZL2016208213763[P].2017-1-4.

[21] 练继建，刘润，燕翔.一种提高筒型基础的浮运水封与负压下沉稳定性的装置：ZL2017209742913[P].2018-6-12.

[22] 练继建，刘润，燕翔.一种破土减阻保压的筒型基础沉放装置及其沉放方法：ZL2017101568650[P].2017-5-24.

[23] 练继建，燕翔，刘润，等.一种筒型基础防屈曲结构：ZL2018210277279[P].2019-4-9.

[24] 练继建，王海军，刘润，等.一种海上风电深水一步式安装装置：ZL2018215993627[P].2019-8-27.

[25] 练继建，刘润，燕翔，等.筒型基础风机整体深水沉放姿态控制装置：ZL2018210286687[P].2019-4-12.

[26] 刘润，汪嘉钰，练继建，等.一种控制筒型基础下沉负压的试验装置：ZL2016109866808[P].2018-8-10.

[27] 刘润，汪嘉钰，练继建，等.用于筒型基础下沉的负压控制装置的使用方法：ZL2018100921531[P].2019-8-28.

[28] 吕阳，王胤，杨庆.吸力式筒型基础沉贯过程的大变形有限元模拟[J].岩土力学，2015，36(12)：3615-3624.

[29] 马煜祥.粉质黏土中筒型基础沉放阻力特性试验研究[D].天津：天津大学，2016.

[30] 马文冠，刘润，练继建，等.粉土中筒型基础贯入阻力的研究[J].岩土力学，2019，40(4)：1307-1312+1323.

[31] 倪云林，辛华龙，刘勇.我国海上风电的发展与技术现状分析[J].能源工程，2009(4)：21-25.

[32] 祁越，刘润，练继建.无黏性土中筒型基础负压下沉模型试验[J].岩土力学，2018，39(1)：139-150.

[33] 邱大洪，王永学.21 世纪海岸和近海工程的发展趋势[J].自然科学进展，2000(11)：24-28.

[34] 水电水利规划设计总院.风电机组地基基础设计规定：FD003-2007[S].北京：水电水利规划设计总院，2007.

[35] 水电水利规划设计总院.海上风电场工程风电机组设计规范：NB/T 10105—2018[S].北京：水电水利规划设计总院，2008.

[36] 王芃文.筒型基础的抗拔力有限元软件分析及其实验验证[D].天津：天津大学，2016.

[37] 武星军，朱世强.可移动桶型基础平台下沉上浮过程调平能力研究[J].中国机械工程，2001(8)：14-17.

[38] 曲罡.海上风电筒型基础结构设计研究[D].天津：天津大学，2010.

[39] 薛扬.考虑流固耦合影响下的海上风电筒型基础的水平荷载特性研究[D].天津：天津大学，2014.

[40] 肖熙，谭开忍，王秀勇.海上筒型基础平台负压下沉渗流场的数值分析[J].上海交通大学学报，2002，36(11)：1644-1648.

[41] 于瑞.海上风电大尺度筒型基础调平研究[D].天津：天津大学，2012.

[42] 于聪.波浪作用下海上风电复合筒型基础周围海床动力响应研究[D].天津：天津大学，2014.

[43] 张佳丽，李少彦.海上风电产业现状及未来发展趋势展望[J].风能，2018，104(10)：48-53.

[44] 张浦阳，丁红岩，练继建.一种钢混复合筒型基础结构及其施工方法：201210334657.2[P].2013-1-16.

[45] 张延辉.箱筒型基础结构新施工工艺的开发与研究[D].天津：天津大学，2014.

[46] 朱小军，李文帅，龚维明，等.砂土中筒型基础静压下沉试验及受力特性.东南大学学报(自然科学版)，2018，48(3)：512-518.

[47] 中华人民共和国电力行业标准.水电水利工程常规水工模型试验规程：DL/T 5244—2010[S].北京：中国电力出版社.

[48] 中华人民共和国国家标准.港口工程地基规范：JT/J-250-98[S].北京：人民交通出版社，1998.

[49] API RP 2GEO. Petrolem and natural gas industries specific requirements for offshore structures part 4：geotechnical and foundation design considerations：ISO 19901-4：2003[S]. ANSI/API recommended practice 2 GEO，2014.

[50] Fei Chen, Jijian Lian, Haijun Wang, et al. Large-scale experimental investigation of the installation of suction caissons in silt sand[J]. Applied Ocean Research, 2016, 60: 109 - 120.

[51] DNVGL - RP - C205. Environmental conditions and environmental loads: DNVGL - RP - C205[S]. Oslo: DNV - GL, 2007.

[52] DNV - CN - 30 - 4. Foundations: DNV - CN - 30 - 4[S]. 1992.

[53] Doherty P, Gavin K. Shaft Capacity of Open-Ended Piles in Clay[J]. Journal of Geotechnical and Geoenvironmental Engineering, 2011, 137(11): 1090 - 1102.

[54] Houlsby G T, Byrne B W. Design procedures for installation of suction caissons in clay and othermaterials[J]. Geotechnical Engineering, 2005, 158(2): 75, 82.

[55] Jijian Lian, Fei Chen, Haijun Wang. Laboratory tests on soil-skirt interaction and penetration resistance of suction caissons during installation in sand[J]. Ocean Engineering, 2014, 84(JUL.1): 1 - 13.

[56] Liu R, Ma W, Qi Y, et al. Experimental studies on the drag reduction effect of bucket foundation installation under suction pressure in sand[J]. Ships and Offshore Structures, 2019, 14(5): 421 - 431.

[57] Randolph M F, May M, Leong E C, et al. Soil Plug Response in Open-Ended Pipe Piles[J]. Journal of Geotechnical Engineering, 1992, 118(5): 743 - 759.

第6章

海上风电筒型基础冲刷与防护

海上风电筒型基础与传统桩式基础的冲刷特性存在较大差异：其一是筒型基础阻水截面大，绕流影响区也大；其二是筒型基础埋深浅，冲刷对安全性的影响大；其三是筒型基础顶盖面积大对绕流冲刷有一定防护作用。目前，海上风电筒型基础冲刷范围和深度的预测方法还不成熟，本章综合理论分析、室内试验和数值模拟等手段阐述海上风电筒型基础周围海床在水流作用下的冲淤特性，根据基础周围水动力特性及海床土体特性，提出了风电基础周围仿生水草、蜂巢防护及淤泥固化等防护措施的最新研究成果和工程实践。

6.1 海上风电筒型基础的冲刷特性

复合筒型基础的抗冲刷特性是影响风电结构整体安全的重要指标之一，地基冲刷会影响地基基础的安全性与稳定性，乃至整个风电结构的安全性与稳定性。

6.1.1 复合筒型基础绕流水流特征

复合筒型基础由于其结构形态，在水流作用下，在筒前、筒侧和筒后形成了不同的水流特征(图 6-1)。

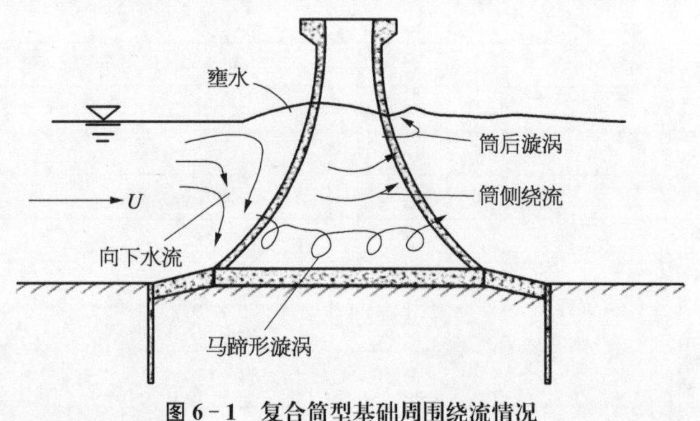

图 6-1 复合筒型基础周围绕流情况

6.1.1.1 筒前水流

水流流向筒型基础时，受到基础的阻挡和干扰，上层水面略有抬升，形成筒前壅水，并从筒型基础两侧绕流而过；下层水流则受阻沿基础向下流动，各层的水流均受阻转而向下不断汇合，形成向下水流。

6.1.1.2 筒侧水流

筒型基础两侧水流包括基础两侧的绕流挤压水流和底部形成的马蹄形漩涡系。筒型基础两侧的水流，由于基础的阻挡，过水面积减小，流速增大。基础底部形成的向下水流与筒侧绕流相互作用，会在基础两侧底部形成马蹄形漩涡系。马蹄形漩涡系的流速很大，其产生的河床剪切力是形成基础周围局部冲刷的主要原因。

6.1.1.3　筒后水流

筒后水流包括基础后的尾流漩涡，由于水流分离作用，水流在基础后形成尾流漩涡，逐渐向后扩散减弱。

6.1.2　复合筒型基础局部冲刷试验研究

6.1.2.1　试验设备

物理模型试验在天津大学港口与海岸工程实验室大厅往复流水槽中进行。实验室水槽模拟的流场为单向流，包括正向流和反向流。

试验水槽长 35 m、宽 7 m、深 1.6 m。试验段布置在水槽中段，距离进口(出口)13.5 m 处的 9 m 范围内，如图 6－2 所示。水槽从进口到出口分段依次为进口段、过渡段、试验段、过渡段、出口段(图 6－3)。在水槽的一段布置 2 台双向轴流泵用于生成水流，每台泵可以提供的最大流量为 0.637 m^3/s。为了消除壅水给试验带来的影响，将进口段和出口段均设置为 6.5 m。进口和出口分别设置 2 个“V”形的扩口，如图 6－4 所示，每个扩口长 2.5 m、宽 3.4 m、高 0.6 m。在靠近扩口出口内部均匀布置 6 条整流栅，用于平顺水流，每个整流栅长度为 1 m，相邻整流栅之间距离为 0.5 m。在系统调试阶段，发现水槽中的水流并不是完全平行于水槽壁面，在较大流速的工况下，进口段上方的水体有漩涡，在过渡段上方形成了横向水流，为了消除此影响，在水流进口前方均匀放置了 10 块由工程塑料制成的消能块体，并在过渡段上方靠前位置分别放置了一排整流栅，每片整流栅的尺寸为 0.8 m×0.8 m×0.8 m，相邻整流栅之间的间隔为 33 cm，每片整流栅通过不锈钢钢棍和角钢连接成一个整体与水槽固定，可以防止大流速的水流引起整流栅左右摆动造成后方水流不稳的现象。图 6－5 为试验用的整流栅和消能块体。

由于所采用的双向轴流泵要求最低进水位要比泵轴中心高出一定距离，综合考虑水

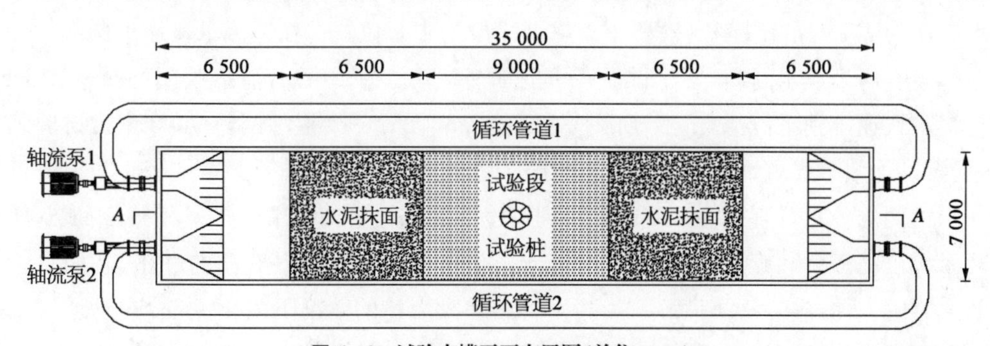

图 6－2　试验水槽平面布置图(单位：mm)

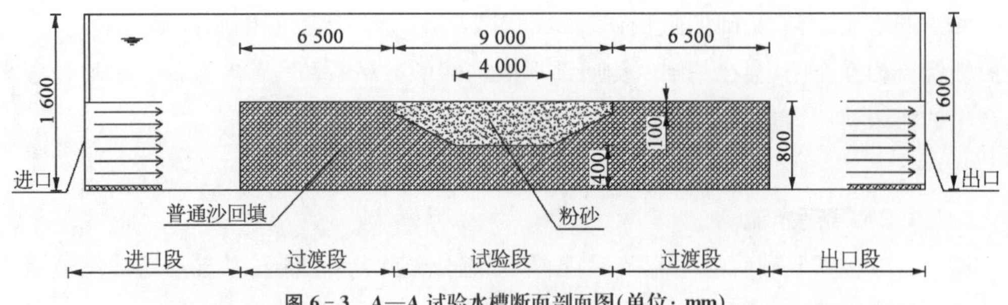

图 6-3 A—A 试验水槽断面剖面图(单位: mm)

图 6-4 “V”形扩口

图 6-5 整流栅和消能块体

槽内水流的稳定性,将过渡段部分抬高 0.8 m,试验段部分抬高 0.4 m,留出的试验段凹槽填埋厚度为 40 cm 的试验沙,模型布置在试验段的中心位置。在造流水槽靠近两端的侧边壁底部装有两个泄水闸门,用于试验后快速放水,口径为 20 cm,泄水阀门通过外接 PVC 管道将水快速排到沉沙池,沉沙池出口处每隔 1 m 设置一个拦沙网,一共 3 个。试验结果显示,沉沙池效果显著,能有效将水流带出的泥沙拦截在沉沙池内。

水槽两侧各布置直径为 700 mm 的高密度螺旋刚性管与两端的扩口相接,组成封闭的循环系统。高密度螺旋刚性管壁面内部嵌有钢片,可以抵抗外界对此的冲击力,而且管道与管道之间方便连接,密实性好。为防止管道在大流速的情况下发生颤动,在管道底部每隔一定距离砌筑了凹形底托。

造流控制系统由工控机、变频器、变频泵和流速仪组成。同时用ADV测量流速及水下地形测量，研发了平面自动定位机构，用于地形数据的自动采集(图6-6)。

图6-6　平面自动定位机构

6.1.2.2　模型比尺选择

复合筒型基础周围的冲刷属于三维问题，本模型采用正态比尺进行设计，正态比尺可以保证地形变化及模型水流流态的相似。根据复合筒型基础原型尺度、试验场地的范围及现有水泵提供的最大流量等特点，经过综合比选，确定系列模型比尺为1∶20、1∶40和1∶70。本模型其他比尺的确定见表6-1。当采用原型沙做模型沙时，泥沙颗粒的沉速、密度和粒径的比尺为1。

表6-1　模型比尺汇总表

比尺名称		计算公式	比尺1	比尺2	比尺3
几何比尺	水平比尺	λ_l	20	40	70
	垂直比尺	λ_h	20	40	70
	变　率	E	1.00	1.00	1.00
水流运动相似比尺	水流比尺	$\lambda_u=\lambda_y=\lambda_h^{1/2}$	4.47	6.32	8.37
	潮量比尺	$\lambda_w=\lambda_l^2\times\lambda_h$	8 000	64 000	343 000
	流量比尺	$\lambda_Q=\lambda_l\times\lambda_h^{3/2}$	1 788.85	10 119.29	40 996.34
	时间比尺	$\lambda_t=\lambda_l/\lambda_h^{1/2}$	4.47	6.32	8.37
	糙率比尺	$\lambda_n=\lambda_h^{2/3}/\lambda_l^{1/2}$	1.65	1.85	2.03

6.1.2.3　试验方案与组次

本次试验研究分别按照不同的试验比尺将原型筒型基础进行缩放，模型材料采用有机玻璃压膜制作而成，在大型有机玻璃板上裁剪一定面积的材料，然后在烘烤箱内加热软化，在预先制备好的加重橡胶模子上成型，制作完成的筒型基础如图 6－7 所示，外形满足试验设计要求，与原型几何形状吻合。对每个模型分别在各自的造流参数下进行冲刷试验，见表 6－2 与表 6－3。造流参数主要有三个变量：最大流速、周期和水深。将原型涨、落潮所对应的最大流速的平均值作为原型最大流速，取原型涨落潮所对应的历时时间之和作为一次涨落潮的周期，此试验暂不考虑潮位变化的情况，所有的工况均在恒定水位下进行单向流和往复流局部冲刷试验。

图 6－7　不同比尺的筒型基础结构模型

表 6－2　单向流造流参数表

比　尺	原　型	1∶20	1∶40	1∶70
流速(cm/s)	132	29.20	20.66	14.95

表 6－3　往复流造流参数表

水流条件	比　尺	造流参数		
		最大流速 U(cm/s)	周期 T(min)	水深(cm)
往复流	原　型	122	747	1 000
	1∶20	27.28	167.03	50
	1∶40	19.29	118.11	25
	1∶70	14.58	89.28	14.29

6.1.2.4　模型布置与试验方法

在试验水槽中间位置设有长 9 m、宽 7 m 的试验段，试验区凹槽内埋置 0.4 m 厚的试验沙，试验沙的中值粒径为 0.10 mm，试验段对角线中心交点位置处放置用有机玻璃加工的筒型基础模型，模型底座每个空舱内均填满沙子，保证模型在水流作用下不会发生移动和摇摆(图 6－8)。试验前将床面平整，使试验段与过渡段在同一个高程上并与水槽底面平行，放水浸泡 24 h，然后再开始试验。除了床面的平整(图 6-9)之外，筒型基础本身也要确保在同一个水平面上，以确保模型周围流态的合理性。

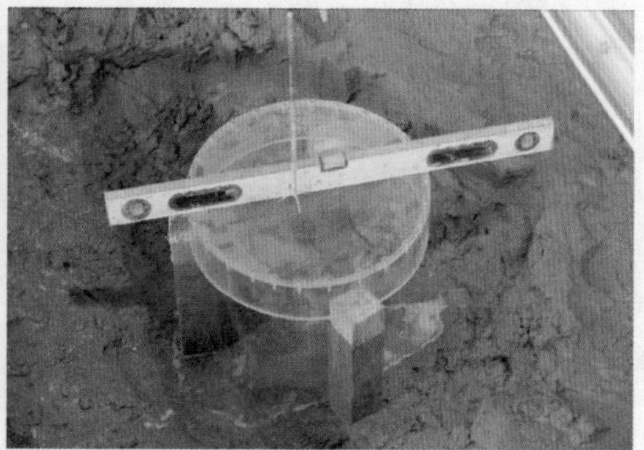

图 6-8 模型安装现场

由于此次试验沙为粉沙，相比普通试验用沙，浸水之后粉沙床面的整平难度较大，限于目前实验室水平，不能保证整个试验段的床面绝对在同一个高程上。冲刷试验确定试验前水深时进行如下处理：每次试验开始之前，在试验段床面上均匀取 100 个水深测点，按照大小顺序进行排序，去掉前 30%和后 30%的数据，将剩下的 40%水深取平均值作为此组试验的初始水深值。

图 6-9 床面整平

地形测点的布置主要是为了观测模型周围地形的变化情况，可以根据测点的测量时间顺序分为冲刷过程中的模型附近特征测点的监测和冲刷平衡之后整个地形的测量。

1) 监测冲刷过程的测点布置

根据各个测点布置位置的不同，将冲刷过程中的测点布置分为模型周围特征测点的布置和模型附近特征剖面上的测点布置。

为了准确反映冲刷过程中筒型基础周围地形的变化情况及判断冲刷是否达到平衡状态，以 1∶20 模型测点布置为例，在模型周围选取了 8 个特征监测点，每个特征监测点的布置位置如图 6-10 所示，表 6-4 给出了地形测点坐标。其他两个模型测点布置的位置均是在此基础上按照比尺缩放得到。

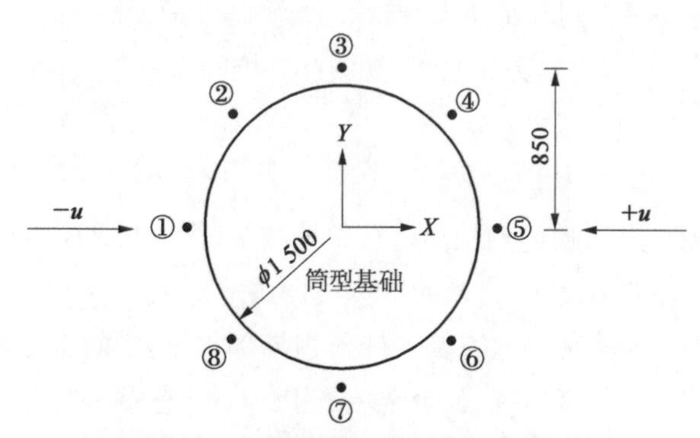

图 6-10 特征监测点布置图(单位：mm)

表 6-4 地形测点坐标

测 点	坐 标	测 点	坐 标
①	(−850, 0)	⑤	(0, −850)
②	(−600, 600)	⑥	(600, 600)
③	(−600, −600)	⑦	(600, −600)
④	(0, 850)	⑧	(850, 0)

各个特征监测点沿着直径为 170 cm 的圆周均匀对称布置，每个监测点距离筒型基础外壁的距离为 10 cm，为了方便说明，将①～⑧号特征监测点按照如下命名规则进行命名：①号特征监测点定义为 0°监测点，②号特征监测点定义为 45°监测点，以此类推，⑧号特征监测点定义为 315°监测点。

试验过程中，每间隔 1 h 对模型周围 8 个监测点进行冲刷深度的测量，绘制冲刷深度随时间变化的历时曲线，由于所有的监测点都是用一台流速仪进行测量，考虑到相邻两个监测点之间的距离和平面定位机构的定位速度，将相邻两个监测点测量时间间隔定为 3 min，如果每个监测点前后两次测量的冲刷深度相等或者变化幅度非常小，可以初步判断冲刷已经达到平衡状态，继续造流 1 h，然后继续对各个监测点进行冲刷深度的测量，如果各个测点的冲刷深度值确实不再变化，则停止造流，认为冲刷已经达到平衡状态，否则继续进行冲刷试验，直到地形平衡为止。

在冲刷过程中，除了布置典型测点之外，在垂直于来流方向还设置了特征监测剖面，布置位置如图 6-11 所示。

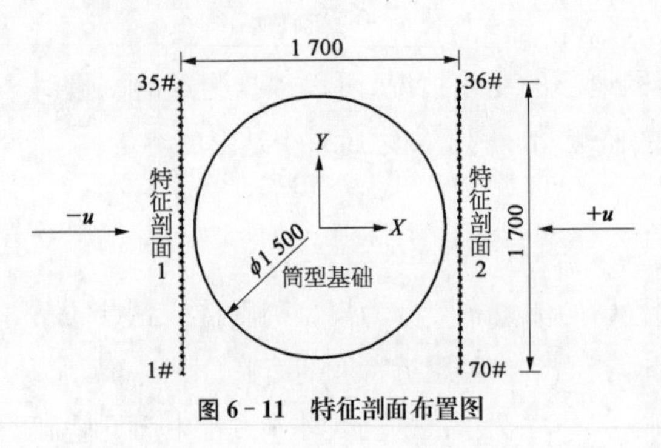

图 6-11 特征剖面布置图

试验共设置了两个特征监测剖面，在筒型基础的两侧呈对称布置，两个特征剖面距离筒型基础中心所在剖面的距离均为 85 cm，每个特征剖面上均匀设置了 35 个监测测点，相邻两个测点的距离为 5 cm，测点的命名规则如图 6-11 所示。从试验开始时刻，每间隔 1 h 对特征剖面进行测量，绘制各剖面随时间变化的历时曲线，观测冲刷坑的发展过程。

2）冲刷平衡后整体测点布置

当试验达到冲刷平衡以后，对模型周围一定区域内的地形进行整体测量（图 6-12），具体测量区域要根据实际冲刷的范围来确定，本次试验中测量的区域范围为 3.6 m×3.6 m。为了尽可能详细地反映冲刷坑的形态，在冲刷较为严重的位置处采用局部加密测量的方法，局部加密测量区域每间隔 5 cm 进行一次等距离测量，其余区域采用 10 cm 进行一次等距测量，共计 2 500 多个测点。

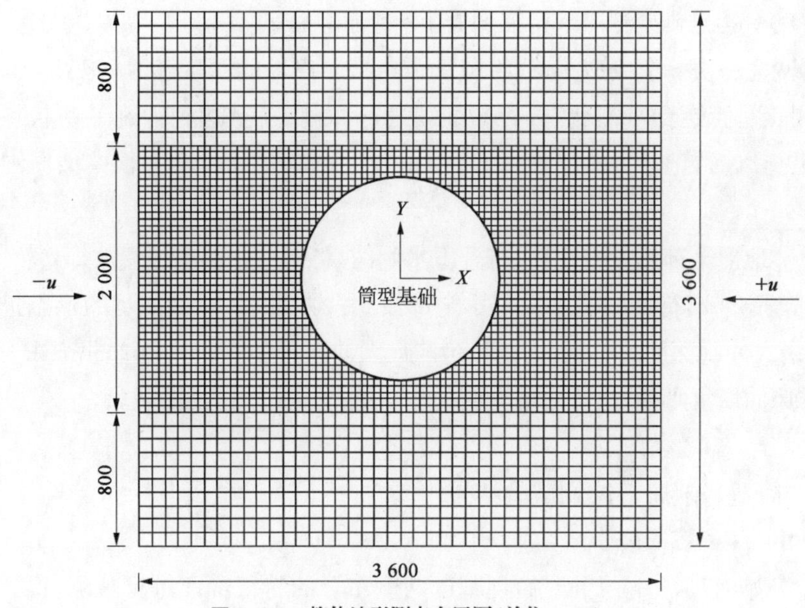

图 6-12　整体地形测点布置图(单位：mm)

试验依据的水文条件为响水海上风电场的现场实测资料，根据筒型基础的现场尺寸和实验室场地情况，确定了三个不同的系列比尺，进行了往复流水槽的建设和模型的制作。试验采用的方法为系列模型试验方法，对三个不同比尺的模型分别进行了冲刷试验，给出了现场实际的最大冲刷深度。此试验往复流周期较大，尤其是 1∶20 比尺模型的周期高达 167 min，达到冲刷平衡状态的时间较长。试验段的地形面积较大(7 m×9 m)，平整地形和冲刷后地形的测量都较为费时，下面就对本次试验的方法进行介绍。

试验前的准备工作主要有：

(1) 造流水槽的建设。根据研究任务进行往复流系统的构思与建设，并对系统及测量设备进行调试，确保能够达到试验要求。

(2) 模型加工和试验用沙准备。按照选定的比尺加工制作不同大小的筒型基础模型，将选用的试验沙从现场运到试验场地，进行颗粒分析试验。

(3) 仪器设备的率定。试验开始之前，对三个不同比尺的试验造流参数进行率定，并对测量水位的水位传感器也要进行率定。

(4) 测点布置和床面整平。针对试验的研究内容进行不同测点的布置。将床面进行平整，关闭水槽底部的阀门，用抽水泵向水槽内缓慢注水，以免试验段表面的床面泥沙受到过大扰动，待水位达到第一组试验设计水位时停止注水，浸泡 24 h，准备开始试验。

试验过程主要有以下四个步骤：

(1) 开启造流控制系统和测量系统，输入之前率定的造流参数。试验开始时，记录下试验开始时间，每隔 1 h 对筒型基础周围典型测点和两个特征剖面上的测点进行测量，测量顺序为：①～⑧号典型测点→特征剖面1→特征剖面2。

(2) 每测完一次8个典型测点，绘制每个典型测点冲刷深度随时间变化的历时曲线，观测每个测点是否达到平衡状态，否则继续进行冲刷，直至达到冲刷平衡状态为止。待试验达到平衡以后，记录冲刷平衡时间，停止造流，水槽不放水，进行模型周围地形的整体测量。

(3) 整体地形全部测量完之后，打开下水闸门，将水槽中的水缓慢放掉，避免大的流速破坏地形，静置24 h，待冲刷坑里的积水全部浸到沙体之后，对冲刷坑的形态进行拍照记录，确定出最大冲刷深度的位置，用钢尺量测最大冲刷深度值和冲刷坑的范围。

(4) 将床面恢复平整，进行之前介绍的步骤进行下一个比尺的试验。

6.1.3 筒型基础局部冲刷试验结果

6.1.3.1 冲刷坑形态

从试验开始时刻，每隔1 h对筒型基础两侧布置的特征剖面进行观测，得到了冲刷坑断面形态随时间演化的过程曲线。

1) 1∶20比尺模型试验

从特征剖面1(图6-13)的演化曲线可以看出筒型基础模型后方存在2个沿中心对称的冲刷坑，冲刷坑的深度随着时间不断增大，特征剖面1上监测到的最大冲刷深度达到12.4 cm，冲刷范围随着冲刷的进行不断扩大，最大冲刷范围贯穿整个特征剖面。待试验结束，将水槽中的水放掉之后，发现特征剖面1测量的断面位于两个冲刷坑内部，距离最大冲刷深度距离很小，所以特征剖面1中两个冲刷坑的演化过程较为明显，复合筒型基础模型后方的两个冲刷坑体积较大，基本呈对称分布。

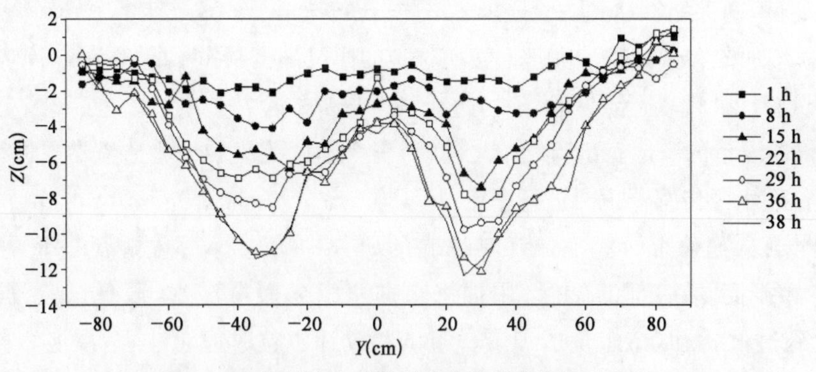

图6-13 特征剖面1演化过程曲线(模型比尺1∶20)

从特征剖面2(图6-14)的演化曲线可以看出特征断面处未出现冲刷坑，某些位置甚至出现了淤积的现象。待试验结束，将水槽中的水放掉之后，发现整个模型后方始终未出现冲刷坑。

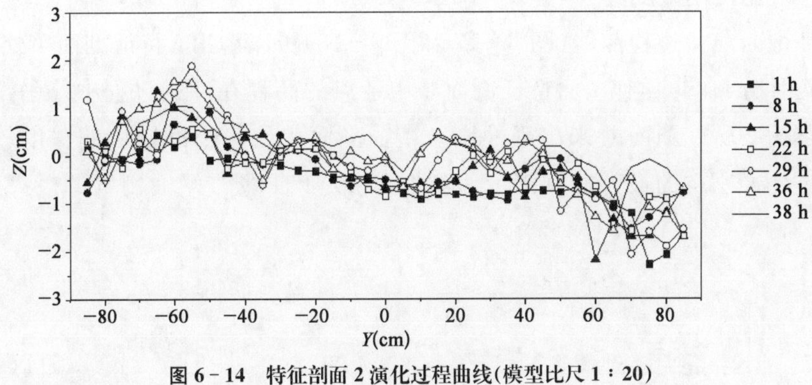

图 6-14　特征剖面 2 演化过程曲线(模型比尺 1∶20)

2) 1∶40 比尺模型试验

从特征剖面演化过程曲线(图 6-15 和图 6-16)可以看出：特征剖面 1 处出现了两个基本呈对称分布的冲刷坑,而特征剖面 2 中并未出现冲刷坑,表明特征剖面 2 所在断面并未出现冲刷。特征剖面 1 处两个冲刷坑的深度较为相近,位于曲线左侧冲刷坑的最大冲刷深度为 8 cm,位于曲线右侧冲刷坑的最大冲刷深度为 7.2 cm。

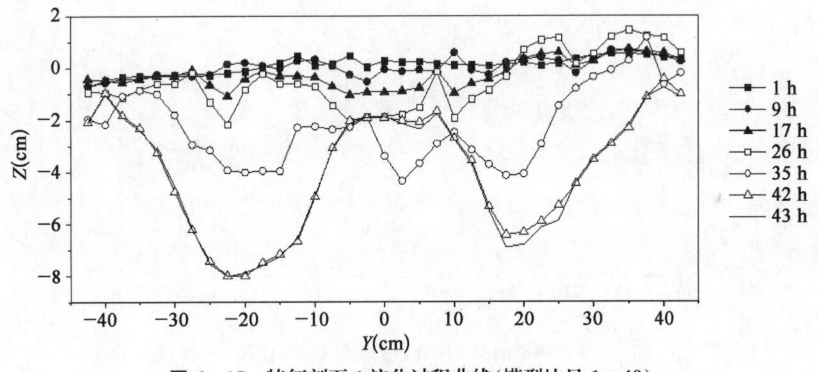

图 6-15　特征剖面 1 演化过程曲线(模型比尺 1∶40)

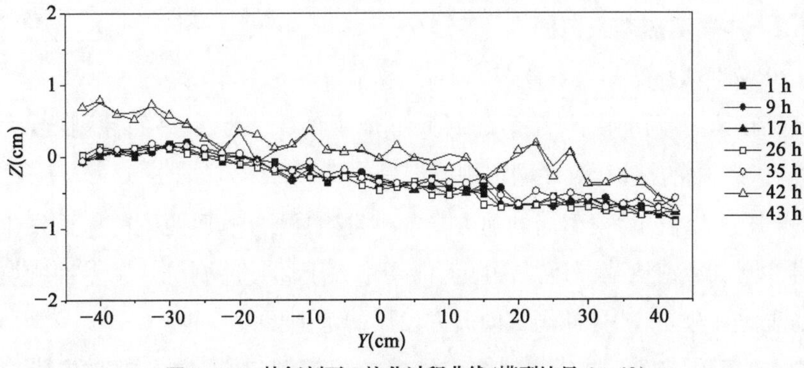

图 6-16　特征剖面 2 演化过程曲线(模型比尺 1∶40)

3) 1∶70 比尺模型试验

从特征剖面演化过程曲线(图 6－17 和图 6－18)可以看出：特征剖面 1 处出现了两个基本呈对称分布的冲刷坑，而特征剖面 2 中各点的高程在冲刷过程中几乎没有变化，表明特征剖面 2 所在断面并未出现冲刷。特征剖面 1 处两个冲刷坑的深度较为相近，位于曲线左侧冲刷坑的最大冲刷深度为 3.4 cm，位于曲线右侧冲刷坑的最大冲刷深度为 2.5 cm。

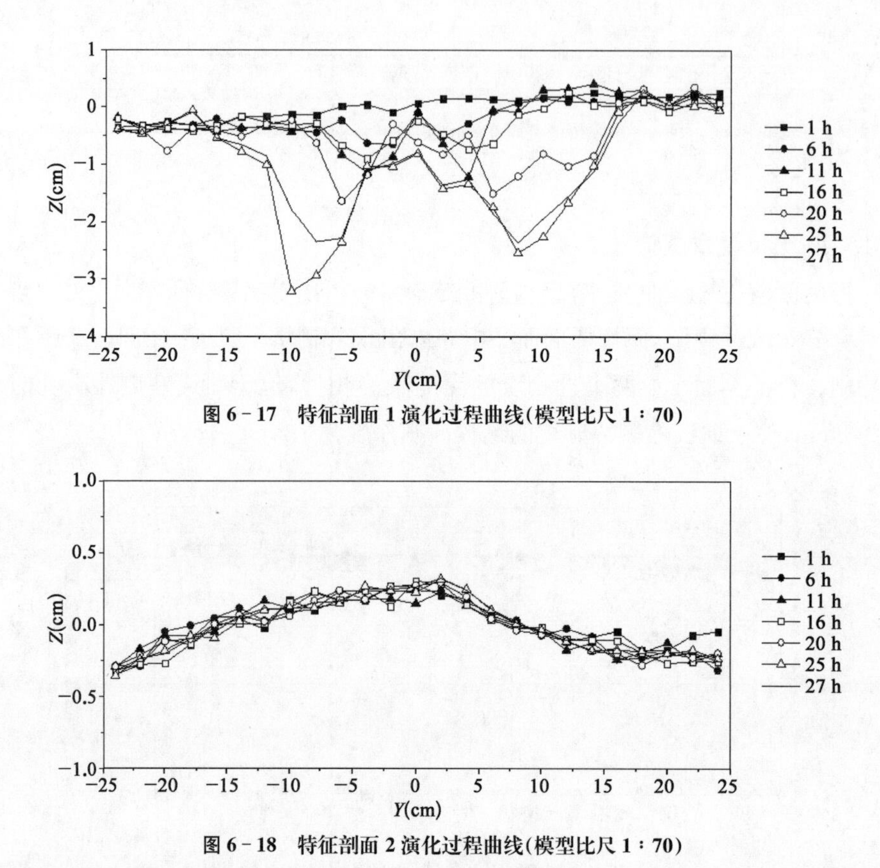

图 6－17　特征剖面 1 演化过程曲线(模型比尺 1∶70)

图 6－18　特征剖面 2 演化过程曲线(模型比尺 1∶70)

6.1.3.2 冲刷坑形态及范围

1) 1∶20 模型试验结果

筒型基础在单向流作用下，在筒的后方形成了两个大小不一的冲刷坑，为了方便说明：按照图 6－19 中的标识，对冲刷坑进行编号。

由图 6－19 可以看出，模型筒的前方基本不发生冲刷，模型两侧的床面发生了轻微的冲刷。①号冲刷坑无论从范围还是深度上都要略大于②号冲刷坑。①号冲刷坑与②号冲刷坑基本呈现对称分布，①号冲刷坑向后方发展的范围更大一些。

从冲刷坑的范围来看，两个冲刷坑均呈现“宽胖”型，冲刷坑的中心位置冲刷较为严

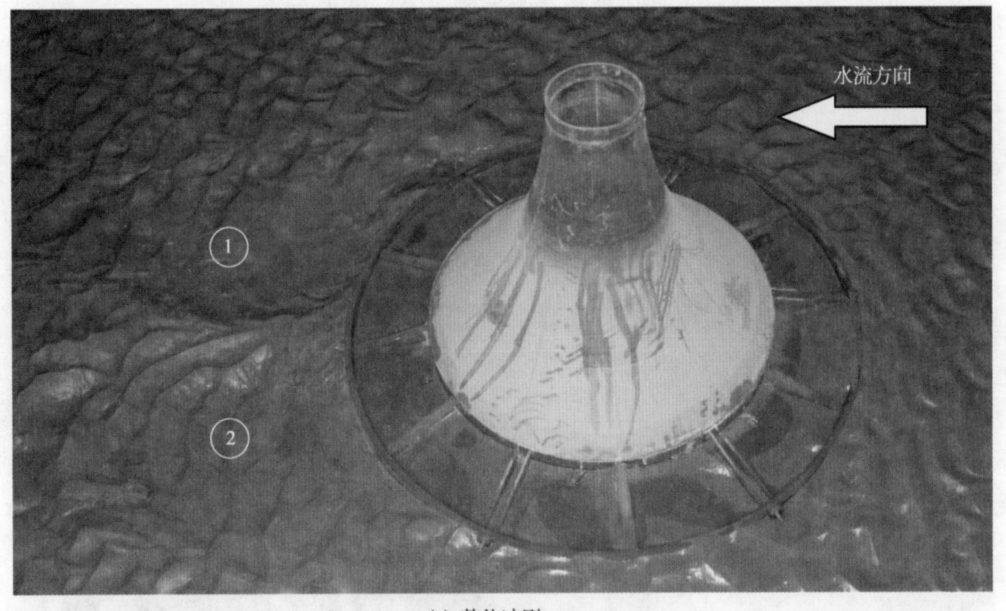

(a) 整体冲刷

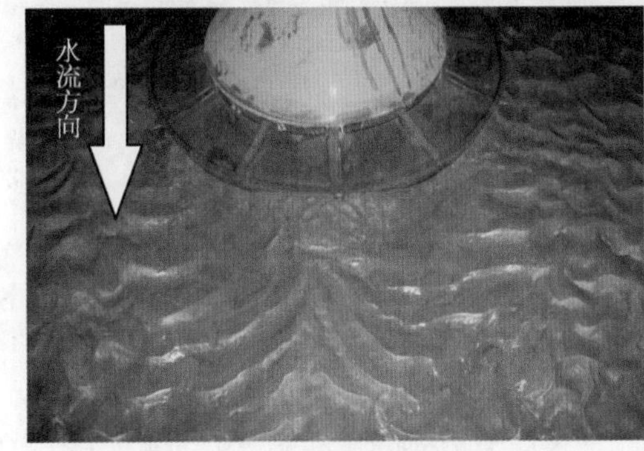

(b) 模型后方冲刷

(c) 模型前方冲刷

图 6－19　冲刷坑(模型比尺 1∶20)

重,最大冲刷深度约为 15 cm。虽然两个冲刷坑大小有所差异,但有共同的发展规律和形态：首先,冲刷坑沿着模型的壁面逐渐向筒型基础的中心线方向发展,越靠近中心位置,冲刷坑的范围越大,出现“前宽后窄”的椭圆形形状,待冲刷坑的基本形状形成以后,沿着水流的方向,逐渐向后方发展,如图 6－20 所示。

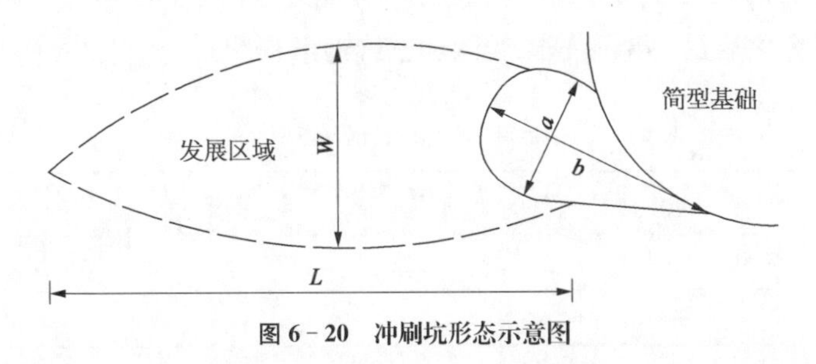

图 6－20　冲刷坑形态示意图

各个冲刷坑的特征尺寸及冲刷坑内最大冲刷深 S_{max}度见表 6-5。

表 6-5　冲刷坑特征尺寸统计表(模型比尺 1：20)　(单位：cm)

冲刷坑	*a*	*b*	*L*	*W*	S_{max}
①	54	100	117	75	15
②	50	105	110	95	15

虽然筒型基础周围采用了加密测量的处理，但并不能保证实际最大冲刷深度的点包含在所布置的测点之内，待整体地形测量完成，将水槽中的水放掉，用直尺对冲刷坑中最大冲刷深度点的深度值进行测量，并记录最大冲刷深度点的位置。图 6-21 和图 6-22 是将所有测点进行内插得到的冲刷平衡之后最终地形等深线图和三维地形视图。

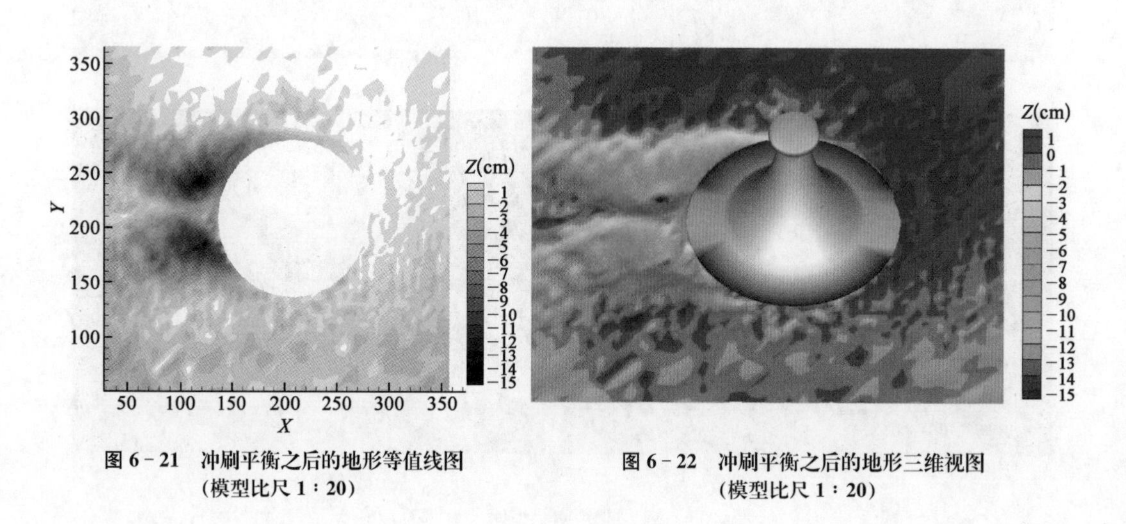

图 6-21　冲刷平衡之后的地形等值线图(模型比尺 1：20)

图 6-22　冲刷平衡之后的地形三维视图(模型比尺 1：20)

2) 1：40 模型试验结果

此组试验同样在模型的同一侧出现了两个冲刷坑，并呈对称分布，冲刷坑的外观形态如图 6-23 所示。

各个冲刷坑的特征尺寸及冲刷坑内最大冲刷深度见表 6-6。图 6-24 和图 6-25 分别给出了冲刷平衡之后最终地形等深线图和三维地形视图。

表 6-6　冲刷坑特征尺寸统计表(模型比尺 1：40)　(单位：cm)

冲刷坑	*a*	*b*	*L*	*W*	S_{max}
①	27	56	125	50	7.2
②	29	54	120	50	8

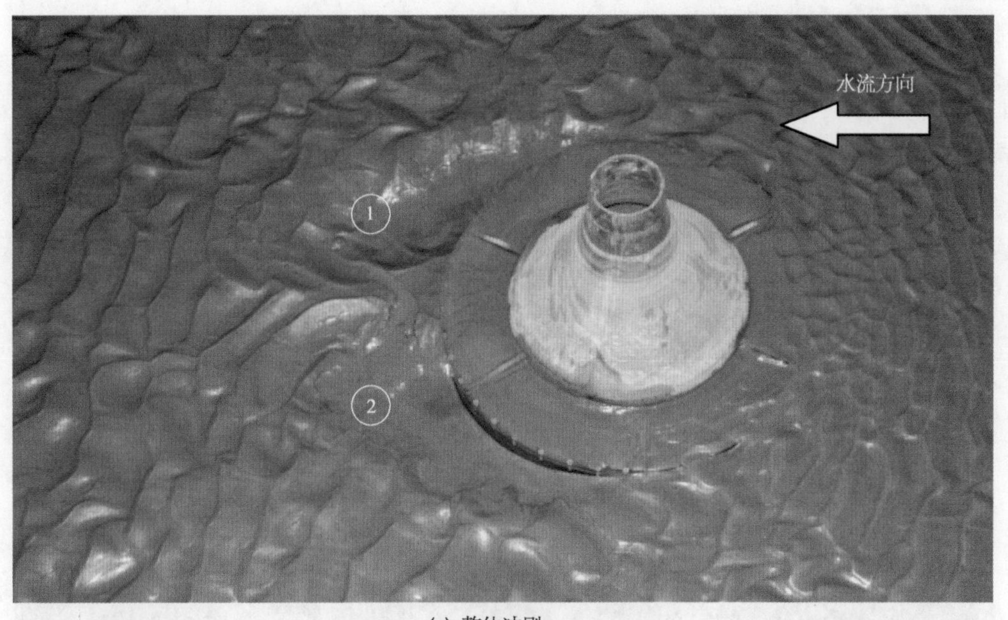

(a) 整体冲刷

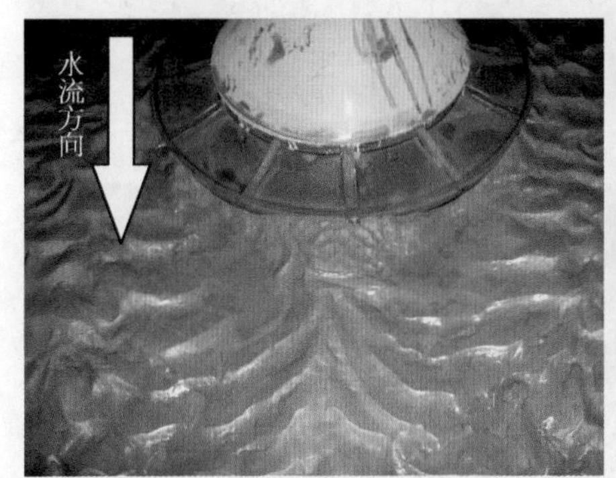

(b) 模型后方冲刷

(c) 模型前方冲刷

图 6-23　冲刷坑(模型比尺 1∶40)

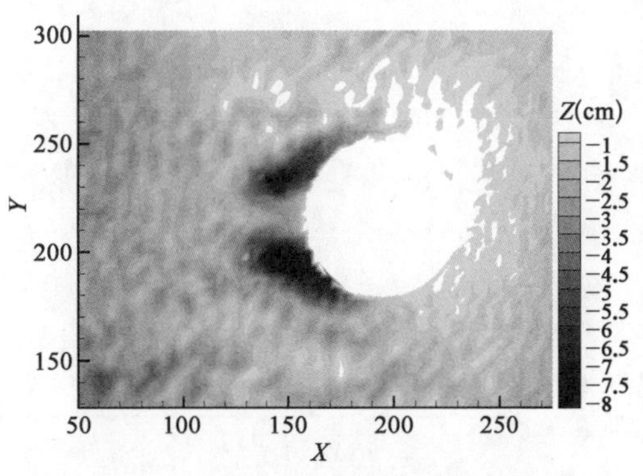

图 6-24　冲刷平衡之后的地形等值线图(模型比尺 1∶40)

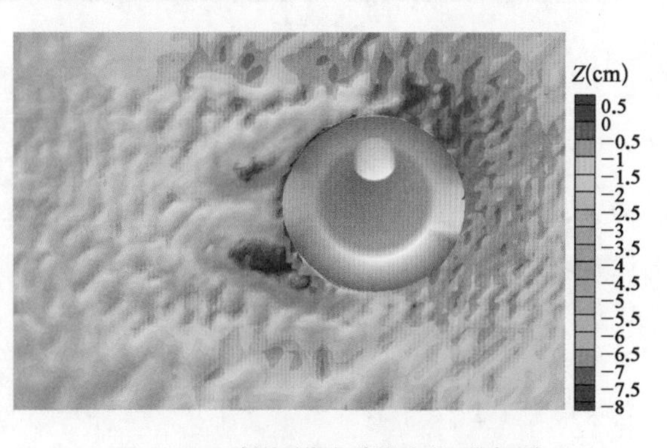

图 6-25　冲刷平衡之后的地形三维视图(模型比尺 1∶40)

3) 1∶70 模型冲刷坑形态

图 6-26 显示了此组试验条件下筒型基础周围地形冲刷结果，从图中可以看出筒型基础周围一共出现了两个冲刷坑，给冲刷坑进行编号。图 6-27 和图 6-28 分别给出了冲刷平衡之后最终地形等深线图和三维地形视图。

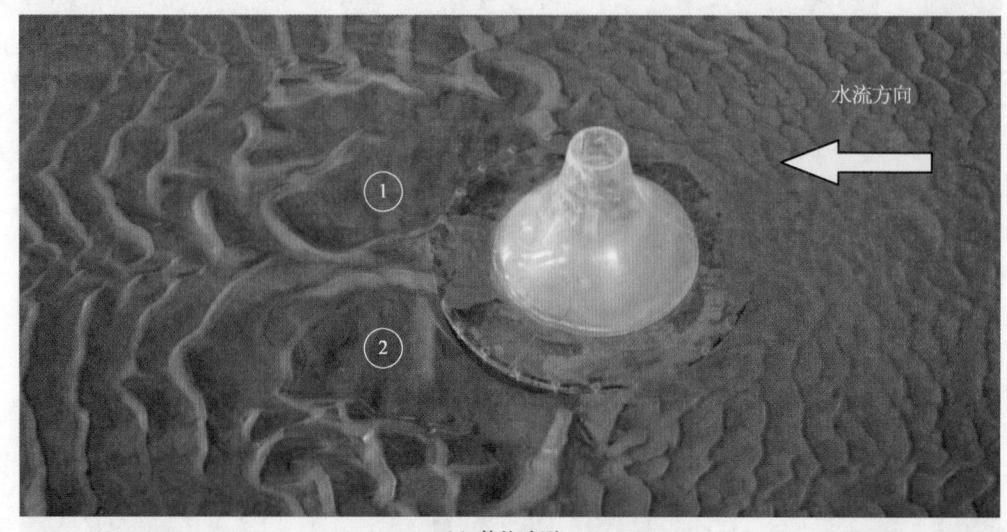

(a) 整体冲刷

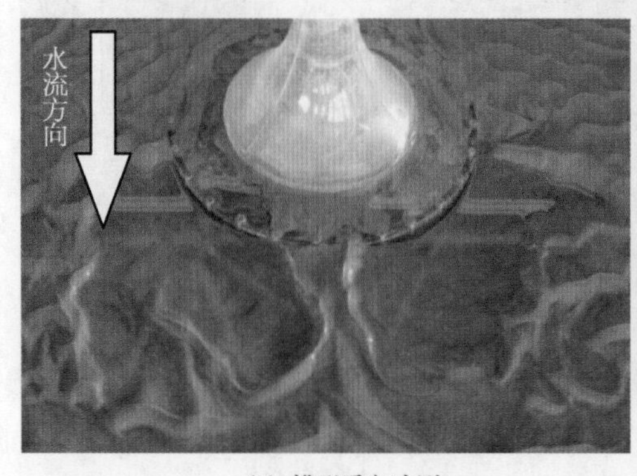

(b) 模型后方冲刷

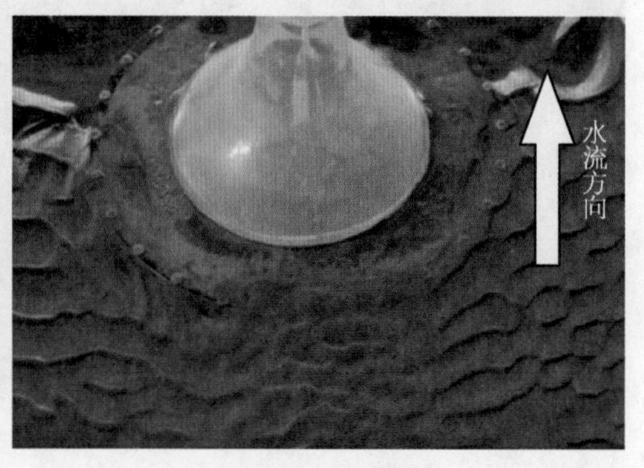

(c) 模型前方冲刷

图 6-26　冲刷坑(模型比尺 1∶70)

两个冲刷坑基本呈对称分布，两个冲刷坑内均呈现突起的沙脊，冲刷坑外观轮廓为“宽胖”型，冲刷坑的影响范围大约为 D(D 为筒型基础底直径)。冲刷坑的尺寸统计见表 6-7。

表 6-7　冲刷坑特征尺寸统计表(模型比尺 1∶70)　(单位：cm)

冲刷坑	a	b	L	W	S_{max}
①	14	24	30	20	3.8
②	17	28	35	20	4

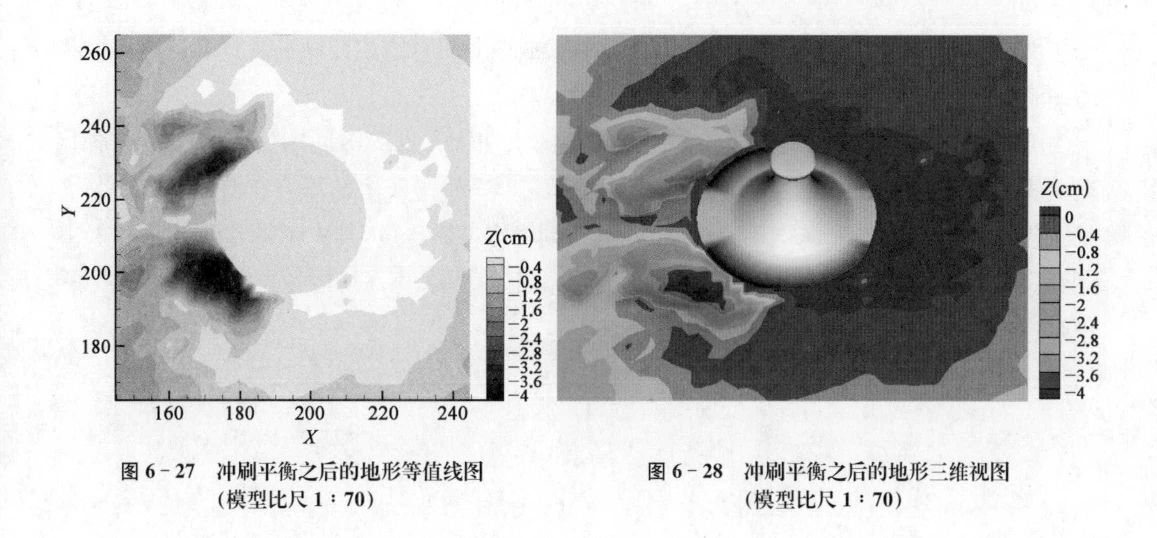

图 6-27　冲刷平衡之后的地形等值线图（模型比尺 1∶70）

图 6-28　冲刷平衡之后的地形三维视图（模型比尺 1∶70）

6.1.3.3　冲刷平衡时间

一般建筑物周围冲刷坑的形成过程有如下几个特点：① 随着冲刷坑的发展，冲刷率将减小；② 冲刷趋于平衡之后存在最大冲刷深度；③ 达到极限冲刷深度的过程是渐进的。为了确定冲刷达到平衡的时间，在筒型基础周围均匀布置了 8 个典型测点。通过对 8 个特征监测点的定时测量，可以掌握筒型基础周围的冲刷规律。

图 6-29 为 1∶20 模型试验中不同特征监测点冲刷深度随时间的变化曲线。从图中可以看出，36 h 以后各个特征监测点的冲刷深度值基本不再随时间变化，表明此时冲刷已经达到平衡状态，所以此组试验的冲刷平衡时间为 36 h。在冲刷过程中，除了①(0°)、②(45°)、⑧(315°)号三个监测点的深度变化比较大之外，其他五个点的冲刷深度变化不大，且一直在其平衡位置波动，波动范围比较大，最大波动范围甚至达到 2 cm。在整个冲刷过程中，①(0°)号监测点的冲刷深度在稳定上升，一直未发生波动；②(45°)、⑧(315°)号两个监测点的冲刷深度波动比较大，但一直呈现出深度不断增加的趋势，其中②(45°)号监测点的波动现象最明显；⑧(315°)号监测点波动情况不明显，尤其是在 20 h 之后基本不发

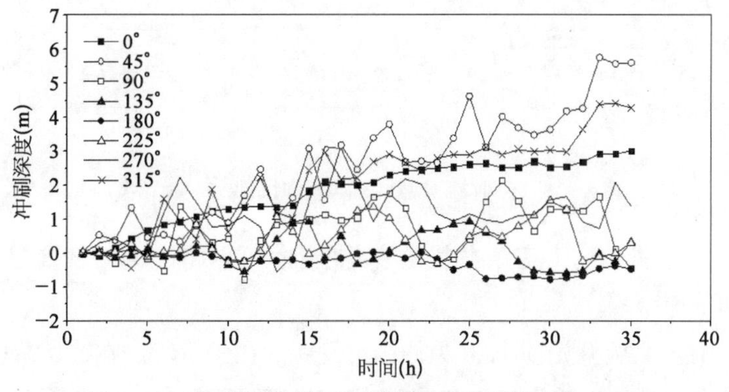

图 6-29　不同特征监测点的冲刷历时曲线（模型比尺 1∶20）

生波动，呈现出稳定上升的趋势。这三个监测点基本上同时到达冲刷平衡状态，在 36 h 以后冲刷坑的范围和深度都不再生变化。

图 6－30 为 1∶40 模型试验中不同特征监测点冲刷深度随时间的变化曲线。观察上述曲线可以分析冲刷发展过程，①(0°)、②(45°)、⑧(315°)号三个监测点在前 7 h 处于平稳状态，从第 7 h 开始冲刷深度不断变化，最后达到稳定冲刷深度，其中①号监测点在第 31 h 达到稳定冲刷深度，②⑧监测点在第 41 h 达到稳定冲刷深度。其他各点深度变化曲线平稳，在整个过程中基本不发生变化。

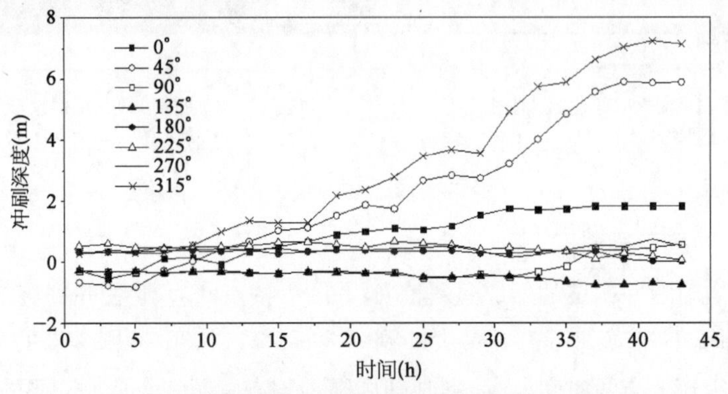

图 6－30　不同特征监测点的冲刷历时曲线(1∶40 比尺)

图 6－31 给出了 1∶70 比尺条件下，不同监测点的冲刷历时曲线。从历时曲线中各个监测点走势来看，较前两组不同比尺模型试验有较大差别，此组试验仅有②⑧号特征监测点的历时曲线出现较大的波动，其余监测点的历时曲线在小幅度的范围内上下波动，②⑧号特征点从第 11 h 才开始出现深度的变化。

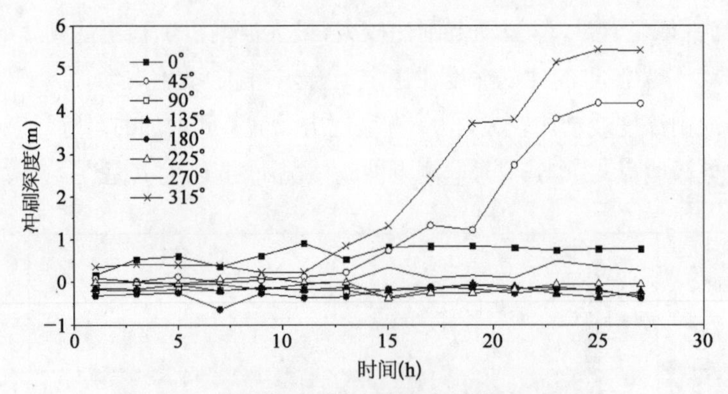

图 6－31　不同特征监测点的冲刷历时曲线(1∶70 比尺)

根据图 6－29～图 6－31 三条曲线的变化特征，可以将冲刷的发展过程分为初始阶段、发展阶段和平衡阶段。

(1) 初始阶段：试验开始前 11 h 为冲刷坑发展的初始阶段。在初始阶段，经过长时间沉积的泥沙，受到流动的水流作用以后，模型周围的泥沙开始有小部分开始运动，由于此阶段冲刷坑还尚未形成，水流对泥沙的挟带作用较小，所以整体曲线呈现出小幅度的上下波动现象；在 1∶20 和 1∶40 模型的试验中，由于流速较大，这个阶段非常短。其中 1∶20 模型的试验中，这个阶段大约为 1 h；1∶40 模型的试验中，这个阶段大约 5 h。

(2) 发展阶段：从第 11 h 到第 25 h 是冲刷发展阶段，此阶段的冲刷坑的发展趋势明显，主要是由于在开始阶段形成的较小冲刷坑逐渐地改变了冲刷坑里面的水流结构，水流在冲刷坑内形成了剧烈的紊乱结构，将冲刷坑内的泥沙大量的携带出冲刷坑，使冲刷坑深度逐渐增大。

(3) 平衡阶段：从第 25 h 以后是冲刷平衡阶段，此时冲刷发展到平衡状态，各个特征监测点的冲深不再随着时间增加，此阶段是判断冲刷平衡的主要依据。

6.1.3.4　最大冲刷深度

利用系列比尺模型的方法，将三个比尺下各自对应的最大冲刷深度值绘制在双对数坐标纸上进行外延，即可得到筒型基础原型的最大冲刷深度值，如图 6－32 所示。从图中可以看出：在流速为 1.32 m/s 的单向流、中值粒径为 0.10 mm 粉沙质泥沙条件下，筒型基础原型的最大冲刷深度为 3.5 m。

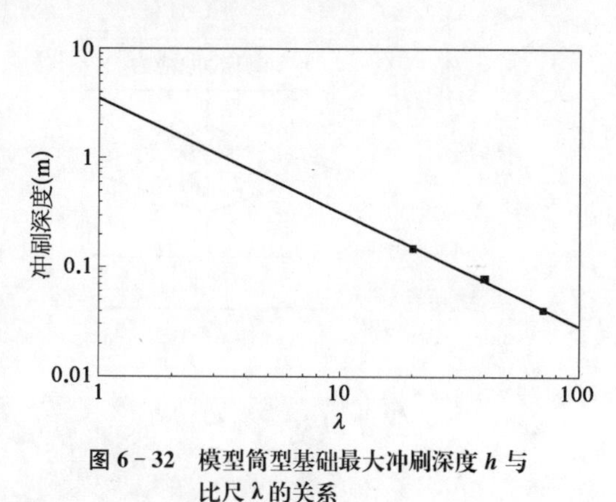

图 6－32　模型筒型基础最大冲刷深度 h 与比尺 λ 的关系

6.1.4　筒型基础局部冲刷数值模拟研究

建立三维水流冲刷数学模型并进行冲刷特性模拟，研究在水流作用下筒型基础周围的流态、床面切应力分布以及冲刷特性。

6.1.4.1　模型建立

基于 OpenFOAM 中的 interFOAM 求解器建立三维水流局部冲刷模型，其原理是求解气液两相流体的不可压黏性流动 NS 方程，并结合 VOF 方法捕捉自由面。冲刷模拟基于极限切应力平衡法，床面的高程变化通过床面动边界方法实现。

三维水流局部冲刷数学模型的计算主要分以下几个步骤。首先求解流体运动方程，当流动稳定后，计算床面切应力，判断床面切应力是否超过了泥沙的临界起动应力。若小于黏性泥沙的临界起动切应力，那么计算终止；反之则计算床面密实度的变化，并根据所得到的密实度，应用床面动边界的方法增加计算域内的网格，最后在新计算域的网格基础上，开始重新模拟水流流动。三维水流局部冲刷数学模型的整体框架如图 6－33 所示。

本算例计算域长取 350 m、宽取 140 m，筒中心位于距入流边界 175 m 处，计算区域网格整体划分如图 6－34 所示，整体网格划分采用结构化六面体网格，并在筒周围局部加密，为保证水流自由面和底部水流结构模拟的准确性，垂向网格采用在自由面及底部局部加密的方法(图 6－35)。

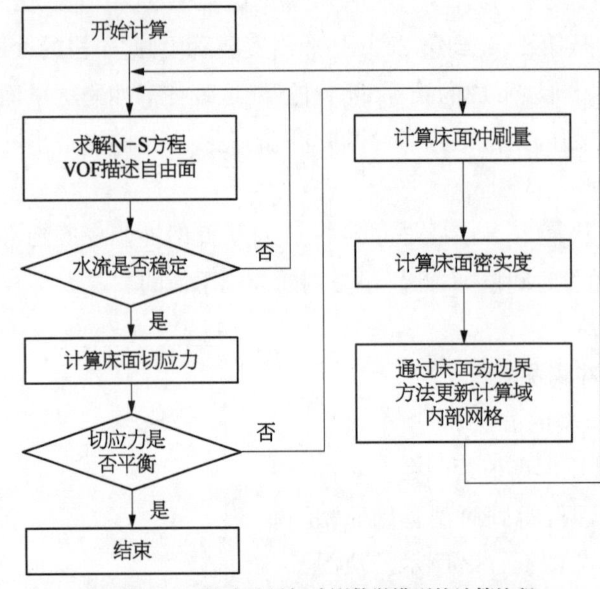

图 6－33　三维水流局部冲刷数学模型的计算流程

图 6－34　网格划分示意图

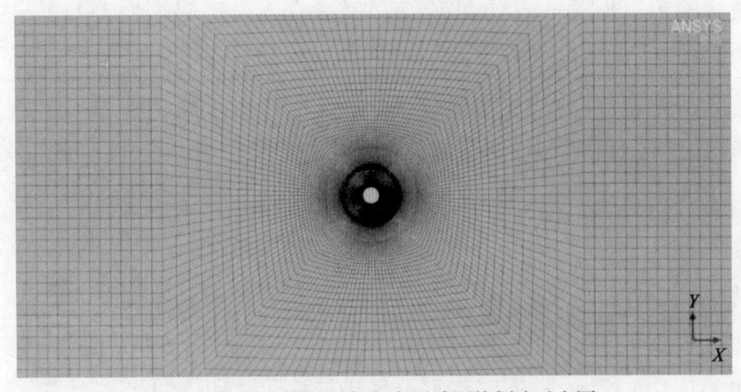

图 6－35　水平网格局部加密区域网格划分示意图

6.1.4.2　模拟结果分析

平衡冲刷坑示意图如图 6－36 所示，平衡冲刷坑高程分布如图 6－37 所示。平衡冲刷坑纵断面如图 6－38 所示，横断面如图 6－39 所示。由图 6－36 可知，基础迎流侧不发生冲刷的模拟结果与水流分析结果一致，冲刷坑主要集中在基础背流侧范围内，且宽度略大于基础直径，冲刷坑长度约为 2.0 倍筒型基础过渡段平均直径 D。模拟所得最大冲刷深度为 3.9 m，与 6.1.2 节中物理模型试验得到的最大冲刷深度 3.5 m 接近，最大冲刷深度位置位于(192 m，78 m)处。结合其切应力放大系数分布图可知，冲刷过程最开始发生在基础背流侧 25°左右，随着冲刷过程的发展，最大冲刷深度位置逐渐远离基础，最后达到冲刷平衡。

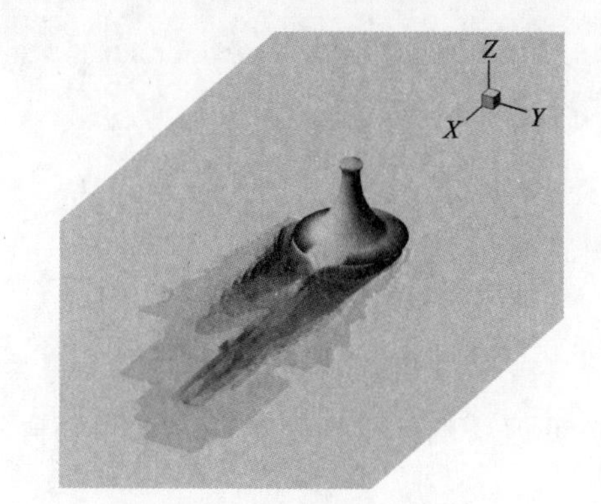

图 6－36　平衡冲刷坑示意图

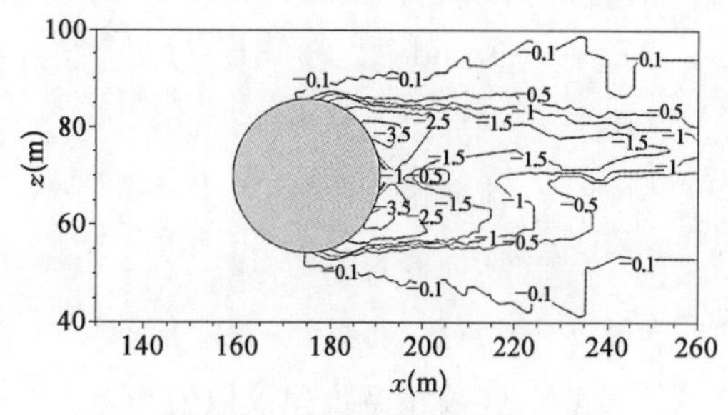

图 6－37　冲刷平衡时高程分布图

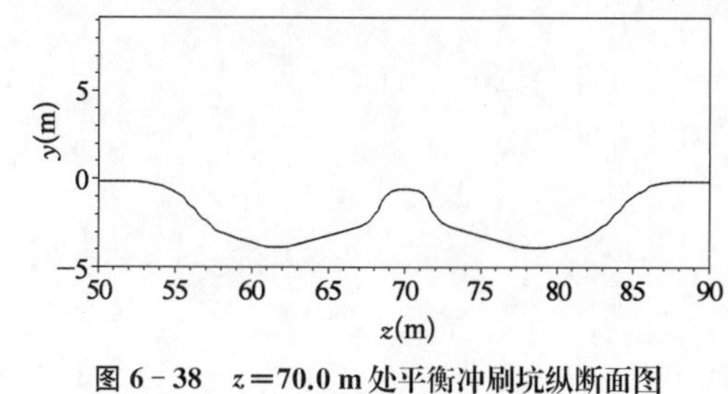

图 6－38　$z=70.0$ m 处平衡冲刷坑纵断面图

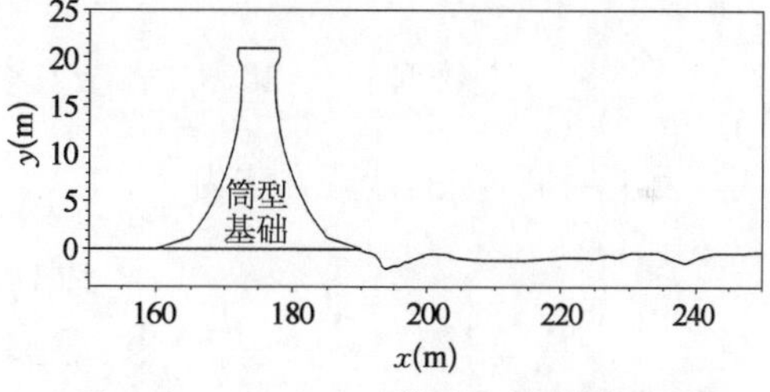

图 6－39　$x=195.0$ m 处平衡冲刷坑横断面图

6.1.5　筒型基础局部冲刷计算经验公式比较

关于结构物周围局部最大冲刷深度的经验公式，国内外学者在进行大量物理模型试验研究的基础上，先后提出了一系列冲刷深度的经验公式，这些公式主要是针对单向均匀流作用下圆柱体周围局部冲刷深度的计算公式。潮流作用下的最大冲刷深度经验公式研究较少，以下对已有的经验公式进行总结，并利用试验数据对公式进行评价，给出潮流作用下的最大冲刷深度建议公式。

1) CSU/HEC－18 公式(2001)

Richardson 与 Davis 对美国联邦公路局采用的 HEC－18 公式进行了修正，用于估算桥墩冲刷问题。修正后的公式主要基于美国科罗拉多州大学的物理模型试验结果推出，公式同时适用于清水冲刷和动床冲刷问题。

$$\frac{S}{D}=2.0K_1K_2K_3K_4\left(\frac{h}{D}\right)^{0.35}Fr^{0.43} \tag{6-1}$$

或

$$\frac{S}{h}=2.0K_1K_2K_3K_4\left(\frac{h}{D}\right)^{0.65}Fr^{0.43} \tag{6-2}$$

式中 S——局部冲刷深度(m)；
D——桩柱直径(m)；
h——水深(m)；
Fr——Froude 数 $Fr=U/(gh)^{0.5}$；
K_1——桩形修正系数；
K_2——流向修正系数；
K_3——床面修正系数 3；
K_4——粒径修正系数，最小值取 0.4。根据 56 座桥的 384 组现场冲刷观测资料，粒径修正系数建议取值为

$$K_4=1.0 \qquad (d_{50}<2\ \text{mm 或 } d_{95}<20\ \text{mm})$$

$$K_4=0.4U_*^{0.15} \qquad (d_{50}\geqslant 2\ \text{mm 或 } d_{95}\geqslant 20\ \text{mm})$$

其中，无量纲量 U_* 的计算方法为

$$U_*=\frac{U-U_{ic,\,d_{50}}}{U_{c,\,d_{50}}-U_{ic,\,d_{95}}}>0 \tag{6-3}$$

式(6-3)中的 $U_{\text{ic},\,d_{50}}$ 与 $U_{\text{c},\,d_{50}}$ 分别为中值粒径 d_{50} 对应的临界冲刷流速和临界起动流速，计算方法分别为

$$U_{\text{ic},\,d_{50}}=0.645\left(\frac{d_{50}}{D}\right)^{0.053}U_{\text{c},\,d_{50}},\ U_{\text{c},\,d_{50}}=K_{\text{u}}h^{1/6}d_{50}^{1/3},\ K_{\text{u}}=6.19$$

若床面沙丘尺寸较小，且粒径满足 $d_{50}<2$ mm 或 $d_{95}<20$ mm，式(6-2)可改写为

$$\frac{S}{h}=2.2\left(\frac{h}{D}\right)^{0.65}Fr^{0.43} \tag{6-4}$$

2) Breusers 公式(1977)

Breusers 等(1997)提出的桩基冲刷公式应用较广泛，具体形式为

$$\frac{S}{D}=f_1\left[k\tanh\left(\frac{h}{D}\right)\right]f_2 f_3 \tag{6-5}$$

式中　S——局部冲刷深度(m)；

D——桩柱直径(m)；

$k=1.5$(工程设计时取 2.0)；

f_1——平均流速和临界流速的函数

$$f_1\left\langle\frac{U}{U_c}\right\rangle=\begin{cases}0 & \dfrac{U}{U_c}\leqslant 0.5\\ 2\dfrac{U}{U_c}-1 & 0.5\leqslant\dfrac{U}{U_c}\leqslant 1.0\\ 1 & \dfrac{U}{U_c}\geqslant 1.0\end{cases}$$

f_2——形状修正系数，圆柱取 1.0，流线型取 0.75，矩形取 1.3；

f_3——流向修正系数，圆柱取 1.0。

综合以上参数取值，可推出圆柱的动床冲刷公式：

$$\frac{S}{D}=1.5\tanh\left(\frac{h}{D}\right) \tag{6-6}$$

对于细长桩，$h/D>1$，冲刷深度 $S\approx kD$；对于宽桩，$h/D<1$，冲刷深度 $S\approx kh$。h/D 趋近于 0 时，该公式计算的冲刷深度偏大。

3) Sumer 公式(1992)

Sumer 等(1992)在 Breusers 公式的基础上提出了恒定流中直立圆柱平衡冲刷计算公式：

$$\frac{S}{D}=1.3,\ \sigma_{S/D}=0.7 \tag{6-7}$$

式中　S——局部冲刷深度(m)；

D——桩柱直径(m)；

$\sigma_{S/D}$——S/D 的标准差，在工程设计中取 0.2。

4) Jones & Sheppard 公式(2000)

经过大量的模型试验，Jones 与 Sheppard(2000)认为影响冲刷坑深度的主要参数是 h/D、U/U_c、D/d_{50}。

(1) 清水冲刷：

$$\frac{S}{D}=c_1\left[\frac{5}{2}\left(\frac{U}{U_c}\right)-1.0\right]\quad\left(0.4\leqslant\frac{U}{U_c}\leqslant 1.0\right) \tag{6-8}$$

其中，临界起动流速 $U_c = K_u h^{1/6} d_{50}^{1/3}$，$K_u = 6.19$，$c_1 = 2k/3$。

$$k = \tanh\left[2.18\left(\frac{h}{D}\right)^{2/3}\right]\left[-0.279 + 0.049\exp\left(\log\frac{D}{d_{50}}\right) + 0.78\left(\log\frac{D}{d_{50}}\right)^{-1}\right]^{-1}$$

(2) 动床冲刷：

$$\frac{S}{D} = \begin{cases} c_2\left(\dfrac{U_{lp} - U}{U_c}\right) + c_3 & \left(1.0 < \dfrac{U}{U_c} \leqslant \dfrac{U_{lp}}{U_c}\right) \\ 2.4\tanh\left[2.18\left(\dfrac{h}{D}\right)^{2/3}\right] & \left(\dfrac{U}{U_c} > \dfrac{U_{lp}}{U_c}\right) \end{cases} \tag{6-9}$$

其中，$c_2 = (k - c_3)\left(\dfrac{U_{lp}}{U_c} - 1\right)^{-1}$，$c_3 = 2.4\tanh\left[2.18\left(\dfrac{h}{D}\right)^{2/3}\right]$。

5) Sheppard 公式(2003)

Jones 与 Sheppard(2003)进行了动床大流速冲刷试验，根据其试验结果及本次试验结果，拟提出以下的冲刷计算公式。

(1) 清水冲刷：

$$\frac{S}{D} = K_s 2.5 f_1\left(\frac{h}{D}\right) f_2\left(\frac{U}{U_c}\right) f_3\left(\frac{D}{d_{50}}\right) \quad \left(0.47 \leqslant \frac{U}{U_c} \leqslant 1.0\right) \tag{6-10}$$

$$f_1\left(\frac{h}{D}\right) = \tanh\left[\left(\frac{h}{D}\right)^{0.4}\right]$$

$$f_2\left(\frac{U}{U_c}\right) = 1 - 1.75\left[\ln\left(\frac{U}{U_c}\right)\right]^2$$

$$f_3\left(\frac{D}{d_{50}}\right) = \frac{D/d_{50}}{0.4(D/d_{50})^{1.2} + 10.6(D/d_{50})^{-0.13}}$$

(2) 动床冲刷：

$$\frac{S}{D} = \begin{cases} K_s f_1^*\left[2.2\left(\dfrac{U - U_c}{U_{lp} - U_c}\right) + 2.5 f_3^*\left(\dfrac{U_{lp} - U}{U_{lp} - U_c}\right)\right] & \left(1.0 < \dfrac{U}{U_c} \leqslant \dfrac{U_{lp}}{U_c}\right) \\ K_s 2.2\tanh\left[\left(\dfrac{h}{D}\right)^{0.4}\right] & \left(\dfrac{U}{U_c} > \dfrac{U_{lp}}{U_c}\right) \end{cases} \tag{6-11}$$

式中 U_{lp}——极值冲刷流速(m/s)；

U_c——临界起动流速(m/s)；

K_s——形状修正系数。

Sheppard 认为该冲刷计算公式对于低流速的动床冲刷问题，计算结果偏保守。根据该公式计算的冲刷坑深度，随着水深的增大而持续发展，这与实际状况不符合，因此该公式应用于深水冲刷计算时需修正计算结果。

6) 韩海骞公式

韩海骞(2006)总结了国内外潮流冲刷的研究成果，对杭州湾几座跨海大桥进行了试验研究，认为潮流作用下的桥墩局部冲刷深度比单向流作用下小 5%～11%，并应用多元回归及量纲分析的方法建立了往复流作用下桥墩局部冲刷的公式：

$$\frac{h_b}{h}=17.4k_1k_2\left(\frac{B}{h}\right)^{0.326}\left(\frac{d_{50}}{h}\right)^{0.167}Fr^{0.628} \tag{6-12}$$

式中　h_b——往复流作用下桥墩周围局部最大冲刷深度(m)；

h——行近水深(m)，取 4.5～31 m；

k_1——根据桩的平面布置形式进行确定，对于条形桩 $k_1=1.0$，梅花形桩 $k_1=0.862$；

k_2——取决于桩的垂直布置形式，直桩 $k_2=1.0$，斜桩 $k_2=1.176$；

B——全潮最大水深条件下平均阻水宽度，取 0.8～42 m；

d_{50}——泥沙的中值粒径，取 0.008～0.14 mm；

Fr——Froude 数，$Fr=U/\sqrt{gh}$，U 为全潮最大流速，取 1.4～8 m/s，g 为重力加速度。

韩海骞提出的公式在苏通大桥、杭州湾大桥、沽渚大桥的局部冲刷计算中取得了较好的计算结果，适用范围较广。

7) 国内规范公式

在《公路工程水文勘测设计规范》(JT/G C30—2002)中，非黏性土河床推荐采用式(6-13)修正和式(6-14)计算桥墩局部冲刷：

$$h_b=\begin{cases}K_\xi K_{\eta1}b^{0.6}(V-V'_0) & (V\leqslant V_0)\\ K_\xi K_{\eta1}b^{0.6}(V_0-V'_0)\left(\dfrac{V-V'_0}{V_0-V'_0}\right)^{n_1} & (V>V_0)\end{cases} \tag{6-13}$$

$$K_{\eta1}=0.8\left(\frac{1}{d_{cp}^{0.45}}+\frac{1}{d_{cp}^{0.15}}\right)$$

$$V_0=0.024\,6\left(\frac{h}{d_{cp}}\right)^{0.14}\sqrt{332d_{cp}+\frac{10+h}{d_{cp}^{0.72}}}$$

$$V'_0=0.462\left(\frac{d_{cp}}{b}\right)^{0.06}V_0$$

$$n_1=\left(\frac{V_0}{V}\right)^{0.25d_{cp}^{0.19}}$$

式中　h_b——桥墩局部冲刷深度(m)；
　　K_ξ——墩形系数，按规范推荐值选用；
$K_{\eta 1}$、$K_{\eta 2}$——河床颗粒影响系数；
　　b——墩宽(m)；
　　h——行进水深(m)；
　　V——墩前行进流速(m/s)；
　　V_0——床沙起动流速(m/s)；
　　V'_0——床沙始冲流速；
n_1、n_2——指数。

$$h_b=\begin{cases}K_\xi K_{\eta 2} b^{0.6} h^{0.15}\left(\dfrac{V-V'_0}{V_0}\right) & (V\leqslant V_0)\\ K_\xi K_{\eta 2} b^{0.6} h^{0.15}\left(\dfrac{V-V'_0}{V_0}\right)^{n_2} & (V>V_0)\end{cases} \tag{6-14}$$

$$K_{\eta 2}=\frac{0.002\,3}{d_{cp}^{2.2}}+0.375 d_{cp}^{0.24}$$

$$V_0=0.28(d_{cp}+0.7)^{0.5}$$

$$V'_0=0.12(d_{cp}+0.5)^{0.55}$$

$$n_2=\left(\frac{V_0}{V}\right)^{0.23+0.19\lg d_{cp}}$$

式中各变量意义同式(6-13)。

黏性土河床公式如下：

$$h_b=\begin{cases}0.83K_\xi b^{0.6} I_L^{1.25} V & \left(\dfrac{h}{b}\geqslant 2.5\right)\\ 0.55K_\xi b^{0.6} h^{0.1} I_L^{1.0} V & \left(\dfrac{h}{b}<2.5\right)\end{cases} \tag{6-15}$$

式中　I_L——底床黏性土液性指数，适用范围 0.16～1.48。

8) 王汝凯公式

王汝凯公式是波、流共同作用下的孤立桩周围沙基冲刷深度试验研究成果中考虑因素较全的一个，适用于无黏性的细沙和中粗沙：

$$\log\frac{h_b}{h_p}=-0.293\,5+0.191\,7\log\beta \tag{6-16}$$

$$\beta=\frac{V^3H^2L\left[V+\left(\frac{1}{T}-\frac{V}{L}\right)\frac{HL}{2h_{\mathrm{p}}}\right]^2D}{\frac{\rho_S-\rho_0}{\rho_0}g^2\nu d_{\mathrm{m}}h_{\mathrm{P}}^4} \tag{6-17}$$

式中　h_{b}——不计普遍冲刷深度的最终冲刷深度；

h_{p}——水深；

β——反映波流动力因素和泥沙、管径的综合参数；

V——流速；

T——波周期；

D——圆桩直径；

H——波高；

L——波长；

ρ_S——泥沙密度；

ρ_0——水的密度；

d_{m}——底床中值粒径；

ν——运动黏性系数。

9) 冲刷经验公式评价

上节所介绍的国内外常用冲刷深度计算公式除韩海骞公式和王汝凯公式是潮流作用下的公式以外，其余公式均为单向流作用下的经验公式。

关于潮流作用下的冲刷深度，已有研究存在两种不同的观点。第一种观点认为潮汐水流条件下存在反向水流的作用，墩柱局部冲刷的深度要小于单向流作用下的局部冲刷深度。第二种观点认为用单向流的平均流速代替潮流最大流速进行冲刷试验时，得到的最大冲刷深度是一样的，达到稳定的冲刷时间不一样。这是因为在潮流冲刷中，水槽中大部分水流的速度都是以低于最大峰值的流速流动，水流以小流速流动的时间在整个冲刷平衡时间中占据了很大一部分比重，而且在水流换向的一个时间区间内，水槽中存在一个流速基本接近为零的阶段，所以潮流条件下达到稳定冲刷的时间要更长一些。

卢中一等(2011)对苏通大桥墩基周围局部冲刷深度进行了研究，比较了大型桥墩基础局部冲刷中单向流与潮流试验结果的不同，发现潮流作用下的最大冲刷深度要比单向流作用下小，其比值在 0.78～0.83。韩海骞对杭州湾大桥桥墩在潮流与单向流作用下的冲刷进行了对比试验，发现潮流作用下的桥墩局部冲刷深度小于单向流作用下的冲刷深度，比值在 0.89～0.95。本研究试验结果发现往复流作用下的筒型基础周围冲刷深度为单向流时的 0.93 倍。

根据已有的物理模型试验获得的试验数据，与经验公式计算的最大冲刷深度进行对比，这项课题目前已有相当多的国内外专家与学者进行了研究，针对本次试验的环境条件和筒型基础特性，利用五种公式进行了计算，计算对比结果见表6-8。王汝凯公式充分考虑了波流的共同作用，计算值比试验值偏大，利用韩海骞公式所得单向流作用下的计算结果与试验值较接近，其他公式计算值与试验值相差较多。综合以上结果，对于细颗粒泥沙海床，建议采用王汝凯公式乘以0.73左右的折减系数或者韩海骞公式乘以0.92左右的折减系数计算潮流作用下筒型基础周围的冲刷深度。

表6-8　经验公式计算结果统计表

(单位：m)

公式名称	模型试验	数值模拟	HEC-18	韩海骞	王汝凯	Jones & Sheppard	Sheppard
冲刷深度	3.5	3.9	8.0	4.03	5.09	18.96	14.05

综上所述，比较整理物理模型试验、数值模拟以及经验公式计算结果，风电复合筒型基础冲刷坑沿着壁面逐渐向筒型基础的中心线方向发展，越靠近中心位置，冲刷坑的范围越大，出现"前宽后窄"的椭圆形形状，待冲刷坑的基本形状形成以后，沿着水流的方向，逐渐向后方发展。水流作用下筒型基础的冲刷范围是1.5～2.0倍的筒型基础过渡段平均直径D；最大冲刷深度受到海床特性和水流条件的影响，可以参考采用王汝凯公式乘以0.73左右的折减系数，或者韩海骞公式乘以0.92左右的折减系数计算潮流作用下筒型基础周围的冲刷深度。

6.2　海上风电筒型基础冲刷防护

水流与筒型基础的冲刷作用分为三个部分：前进水流漩涡、下降水流掏底、尾流漩涡冲坑。现有的冲刷防护措施大多是按照上述思路进行设计的，在实际工程中按照其位置可以分为筒前、筒侧、筒后三种防护措施。筒前阻水，旨在阻挡筒前的前进水流；筒侧加固，旨在护底防淘刷；筒后收尾，旨在减小尾流冲坑，降低其对筒后的冲刷作用。

6.2.1　环翼式防护

筒型基础附近的水流主要包括下降水流、筒前涌流、桩前冲击水流、桩后上冲水流以及桩后尾漩涡水流，其中下降水流是筒型基础局部冲刷破坏的主要原因。

环翼式防护是指在筒体上一定高度处设置一定厚度的护圈，护圈的存在使得筒型基础周围的下降水流和马蹄形漩涡对筒型基础的冲刷影响发生了较明显的削弱，从而起到防护的作用(图6-40)。

成兰燕等(2012)对桥墩防冲刷进行了有无挡板的对比试验，同时更改不同流速及不同的挡板位置，研究多种条件下的局部防冲刷效果。研究结果表明，当挡板位置距离河床约为水深的1/3时，与无挡板相比，垂向流速最大可减少96%，最大冲刷深度可减少57.6%，防冲刷效果明显。

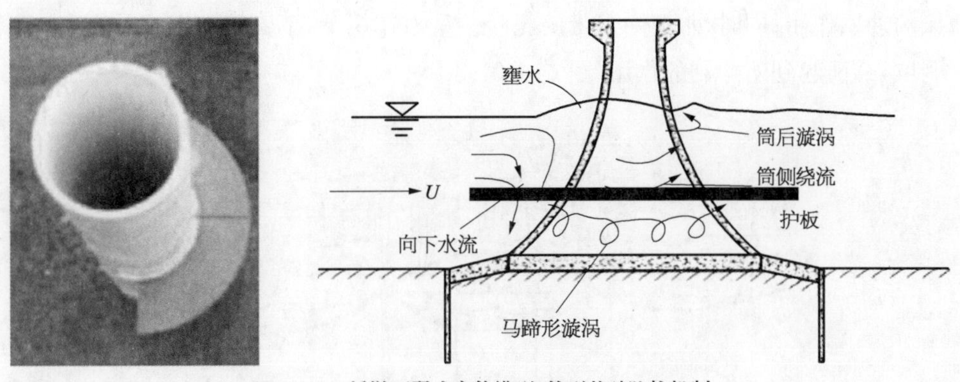

图 6-40　桥墩环翼式实体模型、筒型基础防护机制

6.2.2　抛石防护

抛石法是通过机械或人工抛投块石、卵石等人工或者天然石料，在制定区域堆砌形成符合设计要求的结构，使之具备某种特定功能的施工方法。

抛石法的工作原理主要表现在两个方面，首先是抛石对床沙有保护作用，抛石的存在增加了床沙起动或者床沙扬起所需的流速；其次是抛石可增大桥墩面附近的糙率，能在一定程度上减小桥墩附近的流速。

抛石是应用最为广泛的防护形式之一(梁发云和王琛，2014)，其特点在于取材方便，工艺简单，操作实施灵活性大。相关研究者们做了很多相关试验，发现抛石防护中，反滤层的布置是最关键的一环，但是在深水环境中，反滤层很难布置，因此很难达到预期效果。因此，在海洋环境中抛石防护的整体性差，运行维护费用和工作量比较大，很容易发生破坏，失去防护作用(图 6-41)。

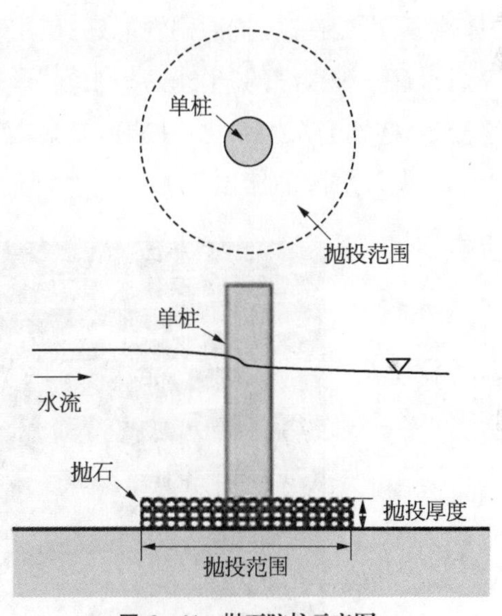

图 6-41　抛石防护示意图

6.2.3　仿生水草防护

海底仿生水草技术是基于海洋仿生学原理而开发出的一种海底防冲刷措施。该技术够用了仿生海草、仿生海草安装基垫、特殊设计的海底锚固装置，以及专用于水下的液压工具等装置，其中仿生海草是由耐海水浸泡的新型高分子材料加工制成的，且符合海洋抗冲刷流体力学原理，性能极佳。

仿生水草的防护效果主要展现在两个方面(刘锦昆和张宗峰，2009)：首先海底水流经过这一片仿生水草时，会受到仿生水草的柔性黏滞阻尼作用，流速得到降低，减缓了水流对海床的冲刷作用;同时,水流中夹带的泥沙在重力作用下,不断沉淀在基垫上,会逐渐填满冲刷坑,从而起到防冲刷的作用(图 6-42)。

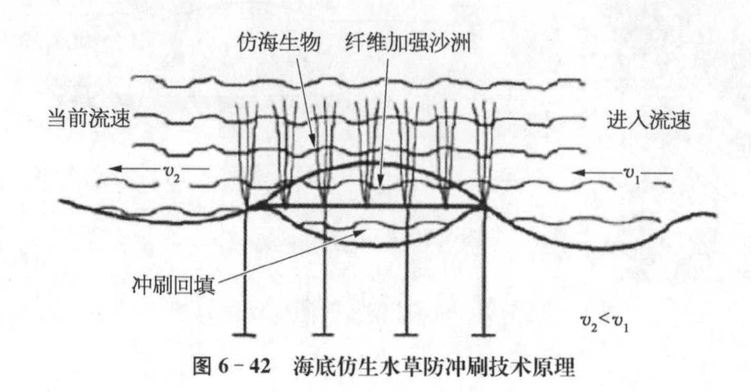

图 6-42　海底仿生水草防冲刷技术原理

6.2.4　蜂巢防护

蜂巢(图 6-43)是一种土工格室结构(陈少武,2009),它具有透水性好、稳定性高、整体性好、可变性高、抗冲刷性能好、使用寿命长、造价经济合理等优点。蜂巢有利于植物的生长,是一种很好的"生态防护工程"形式。蜂巢可以根据地形的起伏变化进行适应变形,整个结构不会发生变化。同时,蜂巢之间的相互连接及自身的网状构造,可以起到减小水流,使泥沙沉降的作用。

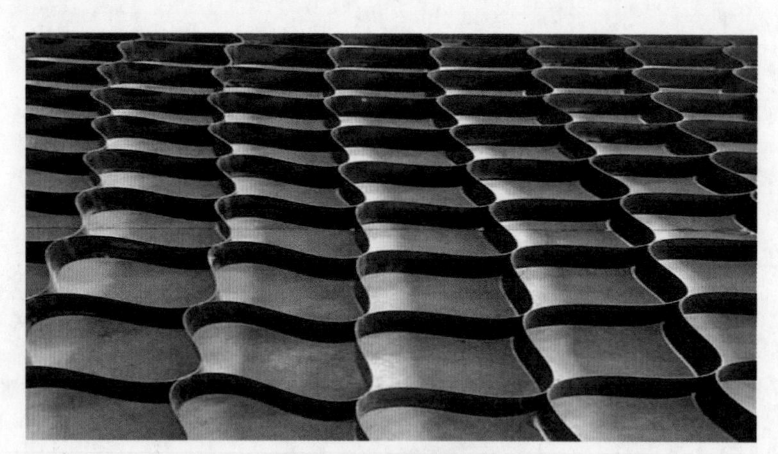

图 6-43　蜂巢生态防护

蜂巢生态防护技术目前还属于新兴技术,研究蜂巢防护对冲刷的具体防护效能具有巨大的工程意义。

6.2.5　淤泥固化

淤泥固化技术源自日本、法国等国家,其通过在淤泥中掺入固化剂,使淤泥快速转变成具有力学强度高、收缩量小、颗粒间孔隙小、压实度高、不出现"再次泥化现象"的工程材料。固化剂无疑是该项技术的核心，经过近30年的发展，固化剂逐步由单一型向复合型转变。与早期的单一成分固化剂相比复合型固化剂具有更好的适用性和加固效果。其对土体的改性和加固原理如下：

(1) 土体的力学性质不仅取决于土体颗粒本身的强度更取决于颗粒间的黏结作用。固化剂可使淤泥、水和固化剂三者之间产生相互关联、相互影响和相互促进的各类反应。这种反应可以改变淤泥土颗粒表面电荷的特性，降低土颗粒间的排斥力，破坏土颗粒的吸附水膜，提高土颗粒间的吸附力，提升界面黏结力，从而提高土体整体的强度。

(2) 固化剂中的有效成分在固化剂本身创造的碱性环境中发生充分的水化、水解反应，生成各种水化胶凝产物。这些胶凝物质会凝结、包裹淤泥中的细小颗粒，使之团粒化，形成一个由水化胶凝物为主的骨架结构，从而具有较高的强度和稳定性。

(3) 固化剂颗粒与淤泥颗粒相互填充，形成紧密堆积结构，加上固化剂本身具有较高的强度和硬度，通过水化产物相互搭接后，固化剂颗粒的未水化部分在水化产物之间还可起到强有力的“微集料填充”和“骨架支撑”作用。

(4) 复合固化剂中的有效活性激发成分可更好地促进材料的胶凝效应，并保留部分活性成分，在较长时间内稳定的增加强度；水硬性成分可是固化土具有良好的水稳性、抗冻性、防渗透性和耐久性。

淤泥固化技术为海洋结构防冲刷提供了一种新的方式。该项技术已于2019年成功应用于我国江苏大丰和河北乐亭海上风电场单桩基础的冲刷防护，如图6-44所示。其施工工艺是将专用固化剂与风机所在位置的高含水率淤泥进行现场拌和，制备出流动性好、黏合力强、抗冲刷性能优、耐久性高的超高含水率淤泥固化土，将这种淤泥固化土泥浆泵送至桩基周围的海床表面，通过自然流淌围绕桩壁在海床上形成带有缓坡比的淤泥固化土整体防护结构，达到单桩基础周边防冲刷的要求。淤泥固化剂可以适用于多种桩基，在筒型基础上具有广阔的应用前景，在筒型基础上应用示意如图6-45所示。

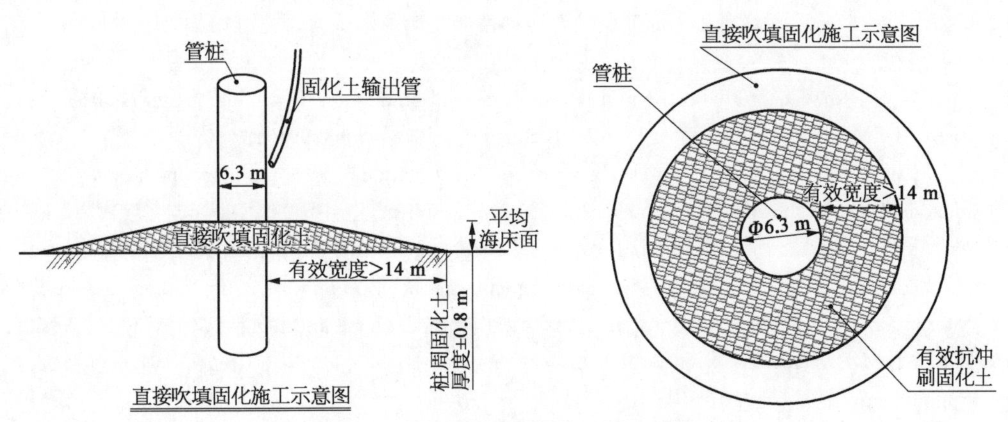

图6-44　固化土防冲刷保护示意图(单桩)

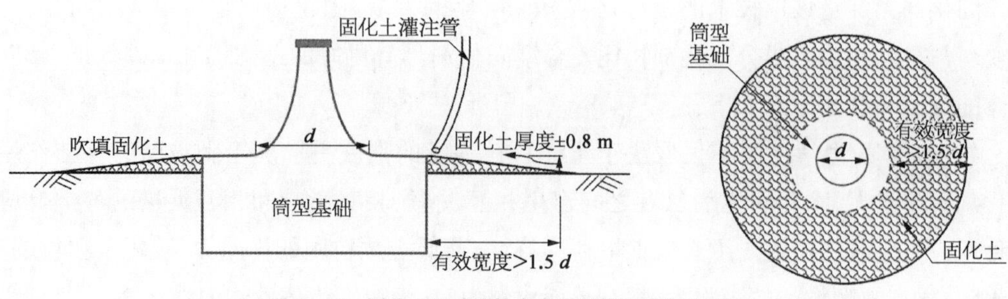

图 6-45　固化土防冲刷技术应用于筒型基础示意图

参考文献

[1] 刘锦昆,张宗峰.仿生水草在海底管道悬空防护中的应用[J].石油工程建设,2009(3):5,29-31.

[2] 蒋习民,陈同彦.仿生水草治理海底管道悬空情况探查及改进措施[J].石油工程建设,2013(5):7,26-29.

[3] Chiew, Yee-Meng. Scour protection at bridge piers[J]. Journal of Hydraulic Engineering, 1992, 118(9): 1260-1269.

[4] 陈少武.蜂巢格网生态防护技术在河道生态改造中的应用[J].科技信息,2009(17):380-381.

[5] 赵巍.蜂巢格网材料在河道堤防工程中的应用[J].科技创新导报,2013(29):81.

[6] Whitehouse R J S, Harris J M, Sutherland J, et al. The nature of scour development and scour protection at offshore windfarm foundations[J]. Marine Pollution Bulletin, 2011, 62(1): 73-88.

[7] 成兰艳,牟献友,文恒,等.环翼式桥墩局部冲刷防护试验[J].水利水电科技进展,2012(3):18-22,65.

[8] Matutano Clara, Negro Vicente, López-Gutiérrez Jose-Santos, et al. Scour prediction and scour protections in offshore wind farms[J]. Renewable Energy, 2013(57): 358-365.

[9] 梁发云,王琛.桥墩基础局部冲刷防护技术的对比分析[J].结构工程师,2014(5):130-138.

[10] He P, Guan Y J, Zhang X W, et al. Design and construction of scour protection for deep-water group pile foundation structures of two pylons in the Sutong Bridge project[J]. Engineering Sciences, 2009, 7(1): 37-44.

[11] 杨昕,梁发云.桥墩基础局部冲刷抛石防护的研究进展[J].结构工程师,2017(6):200-207.

[12] 梁发云,彭君,杨昕.桥墩基础局部冲刷抛石防护性能波流水槽试验研究[J].结构工程师,2017(1):164-170.

[13] Ding W T, Xu W J. Study on the multiphase fluid-solid interaction in granular materials based on an LBM-DEM coupled method[J]. Powder Technology, 2018: S0032591018303590.

[14] Ji C, Zhang J F, Zhang Q H, et al. Experimental investigation of local scour around a new pile-group foundation for offshore wind turbines in bi-directional current[J].中国海洋工程(英文版), 2018.

[15] Franck Lominé, Luc Scholtès, Sibille L, et al. Modeling of fluid-solid interaction in granular media with coupled lattice Boltzmann/discrete element methods: application to piping erosion [J]. International Journal for Numerical and Analytical Methods in Geomechanics, 2013, 37: 577-596.

[16] Sumer B M, Dixen F H, Fredsoe E J. Cover stones on liquefiable soil bed under waves[J]. Coastal Engineering, 2010, 57(9): 864-873.

[17] 陈同庆.格子 Boltzmann 方法及其对圆柱绕流问题的模拟[D].天津:天津大学,2007.

[18] 韩西军，曹祖德，杨树森.粉砂质海床上建筑物周围局部冲刷的系列模型延伸法研究[J].海洋学报，2007(1)：150-154.
[19] 马骎.潜堤附近水流泥沙运动的数值模拟研究[D].天津：天津大学，2014.
[20] 牛建伟，徐继尚，董平.随机波浪作用下底层水沙运动的试验研究[J].海岸工程，2017(2)：17-28.
[21] 史忠强.海上风电复合筒型基础周围局部冲刷研究[D].天津：天津大学，2014.
[22] 苏东升，张庆河，孙建军，等.基于 CFD-DEM 耦合方法的近床面水流泥沙运动模拟研究[J].水道港口，2016，37(3)：224-230.
[23] 孙建军.基于 CFD-DEM 耦合模拟的圆柱局部冲刷研究[D].天津：天津大学，2017.
[24] Zhang J F, Zhang X N, Yu C. Wave-induced seabed liquefaction around composite bucket foundations of offshore wind turbines during the sinking process[J]. Journal of Renewable and Sustainable Energy, 2016, 8(2): 023307.
[25] Zhang J F, Zhang Q H, Han T, et al. Numerical simulation of seabed response and liquefaction due to nonlinear waves[J]. China Ocean Engineering, 2005, 19(3): 497-507.
[26] 陈宝清，张金凤，史小康.基于 OpenFOAM 的波浪作用下海床动力响应[J].中国港湾建设，2017(3)：1-5, 32.
[27] 于聪，张金凤，张庆河，等.复合筒型基础周围土体在波浪作用下的动力响应[J].中国港湾建设，2015(1)：1-5.
[28] 于聪.波浪作用下海上风电复合筒型基础周围海床动力响应研究[D].天津：天津大学，2014.
[29] 张金凤.波浪作用下建筑物地基基础动力响应的研究[D].天津：天津大学，2003.
[30] 苏东升.基于 CFD-DEM 耦合模拟方法的水流泥沙运动研究[D].天津：天津大学，2015.
[31] 孙建军.基于 CFD-DEM 耦合模拟的圆柱局部冲刷研究[D].天津：天津大学，2017.
[32] 刘光威.基于床面动边界方法的风机基础局部冲刷数值模拟研究[D].天津：天津大学，2013.
[33] 赵雁飞.海上风电支撑结构波浪力及基础冲刷的三维数值模拟研究[D].天津：天津大学，2010.
[34] 于通顺，练继建，齐越，等.复合筒型风电基础单向流局部冲刷试验研究[J].岩土力学，2015，36(4)：1015-1020.
[35] 王卫远，杨娟，李睿元.海上风电场风机桩基局部冲刷计算[J].水道港口，2012，33(1)：57-60.

第 7 章

海上风电筒型基础结构安全监测系统

为保障海上风电结构的长期运行安全，除了对风力发电机系统进行监测之外，还需建立海上风电基础结构的安全监测系统。本章阐述海上风电筒型基础结构的环境要素监测、地基监测、结构静力监测、结构动力监测及配套系统搭建与实施。

7.1 海上风电筒型基础结构整机环境要素监测

7.1.1 海上风电筒型基础整机环境要素监测方案

影响海上风电筒型基础整机安全的环境要素较多，包括风、波浪、海流、温度、湿度、紊流度及基础冲刷等。环境要素监测仪器需要满足：① 仪器量程够、精度高、现场安装调试简单；② 仪器对恶劣工作环境适应性好、稳定性高；③ 仪器具备长期监测、大容量数据存储和导出功能；④ 水下仪器必须保证防水性、耐水压和耐腐蚀。根据以上要求，筒型基础环境要素监测可选择测风仪、测波仪、海流计、温湿度计和测深仪等仪器完成，安装位置可参考图 7-1。

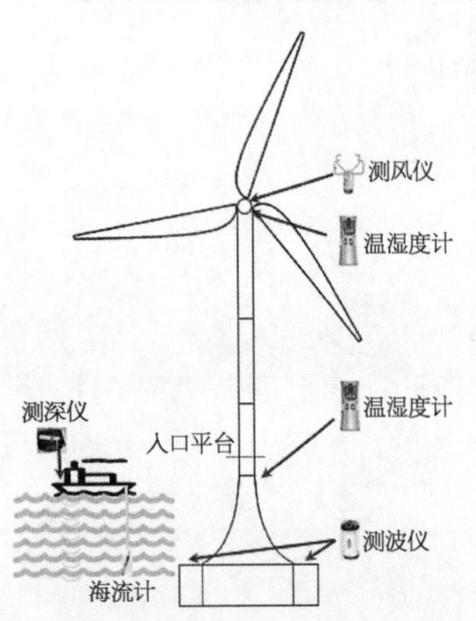

图 7-1 海上风机环境要素监测示意图

7.1.2 海上风电筒型基础整机风、浪、流监测

7.1.2.1 风要素监测

风要素的监测通常包括风速与风向。风速监测范围要在 0～100 m/s，误差不超过 0.5 m/s，监测启动风速不高于 0.5 m/s。风向测量范围要满足 360°全方位监测，精确度在 2.5°以内。同时风速与风向监测仪器可以适应－40～50℃的工作环境温度。

目前，海上风电场内普遍应用的监测风要素仪器为风杯式测风仪，布置在机舱顶部，如图 7-2 所示。其监测内容包括 10 min 平均风速、7 s 或 8 s 瞬时风速、极大风速、风向等，一般与风机内自带的 SCADA(supervisory control and data acquisition)系统连接进行数据记录与传输。其优点是安装方便、成本较低，不足之处就是其监测数据的采样频率较低，对于长时段内掌握风速变化情况可基本满足需求，但对于短时段内环境要素分析及风的脉

图 7-2 海上风机机舱外部的测风仪

动特性研究，这种平均数据无法支撑。

为了满足对于风脉动特性研究的需要，超声波测风仪逐渐在工程中获得应用。这种测风仪不仅具有测量精度高、采样频率高的特点，并且在测量风速和风向的同时，还能监测温度、湿度、气压和空气密度等。超声波测风仪的原理是当空气介质移动时，声速分量会在静止空气中传播速度上叠加，即声音传播方向上的风速分量导致声音速度增加，传播速度与风速相反时声速会降低，因此可以根据两个叠加传播速度的运行时间的差来确定相应测量路径的风速分量，再根据两个方向的风分量计算风速和风向。图 7-3 为超声波测风仪，其采样频率可达 2 500 Hz、最大输出频率为 100 Hz，主要测量技术指标见表 7-1。

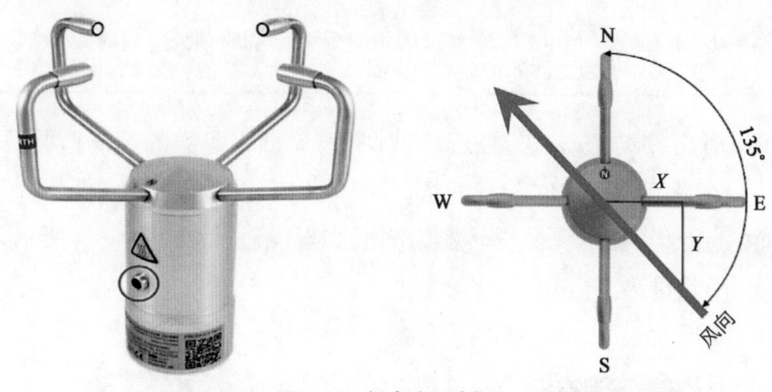

图 7-3　超声波风速仪

表 7-1　超声波风速仪技术指标

测量项目	测量范围	精　度	分辨率	其　他
风　速	0～100 m/s	±0.1 m/s(v≤10 m/s) ±1%v(v>10 m/s)	0.01 m/s	启动临界值： 0.1 m/s
风　向	0°～360°	±0.3°	0.1°	
气　温	−55～+80℃	±0.5℃	0.1℃	
气　压	300～1 100 hPa	±1 hPa(0～65℃且 v<5 m/s)	0.01 hPa	
相对湿度	0%～100%RH	±5%(10%～95% RH 且 10～60℃)	0.01%RH	
大气密度	0.4～1.5 kg/m³	0.000 1 kg/m³		

7.1.2.2　波浪要素监测

海上风电波浪要素监测主要包括波高、波向与波周期等。波高测量范围一般为 0～20 m，测量精度可为±3%，分辨率不低于 0.1 m。波向需要满足 360°全角度监测，最小监测波周期不低于 0.5 s。目前，波浪监测方法众多，可分为光学测波、力学测波、电容测波、重力测波、遥感测波及声学测波等，各类测波方法工作原理、优缺点与适用范围参见表 7-2。

表 7-2 各测波方法优缺点与适用范围

测波方法	工作原理与优缺点	适用范围
光学测波法	通过望远镜观测浮标的浮动，不智能、精度低	适用于海上估测波高
力学测波法	安放于水下的压力传感器测量海水压力的变化，可避免海面大风浪的破坏，但不能准确测量短周期波	常用于浅海区测量长周期波
电容测波法	通过电测方法测量测波杆浸泡于海水中的高度来测量波高，不能测量波向	常用于实验室作波谱分析
重力测波法	常用于波浪浮标，能较真实地测出表面波参数，没有水深的限制，但所需传感器较多，体积较大，成本较高	常用于波浪浮标，用于深远海测波
遥感测波法	包括无线电反射法、航空摄影法和 GPS 定位法，成本高	适用于各种海况，常用于波浪浮标，用于深远海测波
声学测波法	利用置于水上或水下的声学换能器垂直地向海面发射声脉冲，通过接收回波信号，测出换能器至海面垂直距离的变化，再换算成波高	可测波高、波向、波周期等参数，常用于各种海上平台

从表中可以看出，声学测波法对波高、波向、波周期等参数的精确监测具有很好的适用性与操作性。在现场监测条件较好的情况下，可以在基础外法兰顶部安装超声波液位计来测量海面的起伏，再将监测数据转换为波浪要素，液位计如图 7-4 所示，其波高测量范围最大为 20 m、精度为 5 mm。

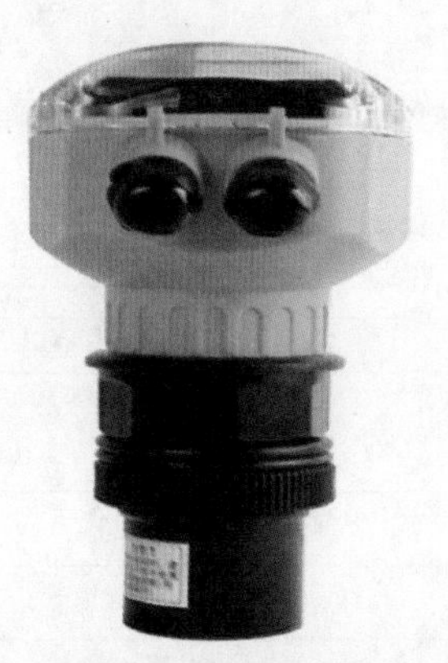

图 7-4 超声波液位计

图 7-5 ADCP

此外，同时也考虑到海上风电筒型基础结构存在不同形式的过渡段，对水上测波仪反射的信号有阻挡作用，因此也可以采用水下声学测波仪来进行波浪要素的监测，如声学多普勒流速剖面仪(acoustic doppler current profiler, ADCP)，如图 7-5 所示，主要技术指标见表 7-3。ADCP 通常安装至少 3 个换能器，以测量 3 个方向声波的往返时间，将其乘以水中声速即可粗略计算出散射体的距离。测量声波的多普勒效应频移，则能计算出散射体在该声束方向上的速度分量，从而得到流速剖面。ADCP 对波高的测量是通过发射垂直声束并利用短脉冲回波和峰值估计算法来测算，通过对流速分量和波高进行相关计算可得出波向。

表7-3　ADCP主要技术指标

测量项目		测量范围	精　度	分辨率
流速剖面	最大剖面范围	50 m		
	层宽	0.5～8.0 m		
	层面数	典型为20～40,最大128		
	流速	±10 m/s	±1%测量流速	0.1 cm/s或以上
	流向	0°～360°	2°	0.1°
波浪	层宽	0.4～2 m		
	波高	0～20 m	1 cm	小于测量波高的1%
	波向	0°～360°	2°	0.1°
	周期	0.5～30 s		

7.1.2.3　海流要素监测

海上风电海流要素监测主要包括流速与流向等。流速测量范围通常为0～5 m/s,测量精度可为±0.05 m/s,流向也需要满足360°全角度监测。在7.1.2.2节介绍的ADCP在监测波浪要素的同时,也可以对海流流速剖面与海流要素进行同步监测,最大流速能达到10 m/s,精度为测量流速的1%,分辨率最小为0.1 cm/s。而为了满足海流要素更高精度的测量,并对需要重点关注的基础周边海域进行加强监测,还可选择自容式海流计实现。图7-6所示为自容式海流计,其配有二维电磁流速传感器、水温传感器和流向传感器,可以用来长期测量海流的速度、方向和水温。

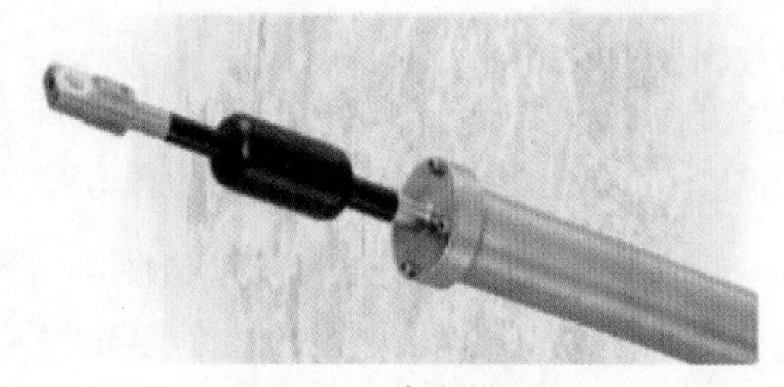

图7-6　自容式海流计

电磁流速传感器的工作原理：当导电流体在沿流速传感器的交变磁场与电极中轴线垂直面运动时,导电流体切割磁力线产生感应电势该电势被信号电极所采集,此感应电势与流速大小成正比。转换器可通过该感应电势计算出流过流速传感器侧面的导电流体流速,此流速信号经流量显示仪放大转换成与流速信号成正比的数字量信号,由此实现流速的测量。自容式海流计主要技术指标见表7-4。

表7-4　自容式海流计的主要技术指标

测量项目	流　速	方　向	水　温
传感器类型	二维电磁流速传感器	霍尔罗盘	热敏电阻
测量范围	0～±500 cm/s	0～360°	−3～45℃
分辨率	0.02 cm/s	0.01°	0.001℃

(续表)

测量项目	流　速	方　向	水　温
精　度	±1 cm 或±2%	±2°	±0.02℃(3～31℃)
测量间隔	0.5 s、1 s、2 s、5 s、10 s、15 s、20 s、30 s	重量	空中 1 kg,水中 0.6 kg
耐压性能	相当于 1 000 m 水深		

7.1.3　海上风电筒型基础整机温度、湿度监测

海上风电温度、湿度监测可分为风机外部温湿度监测与风机内部温湿度监测。通常温度测量范围为 0～50℃,精度控制在±0.5℃。湿度测量范围: 0%～100%RH,精确度为±3%RH(5～40℃)。目前在工程上,风机外部温度可有机舱顶部测风仪同步监测,风机内部温度可在需要监测的部位安装温湿度传感器进行测量,如数位式干湿球温湿度计(图 7-7),其技术指标见表 7-5。

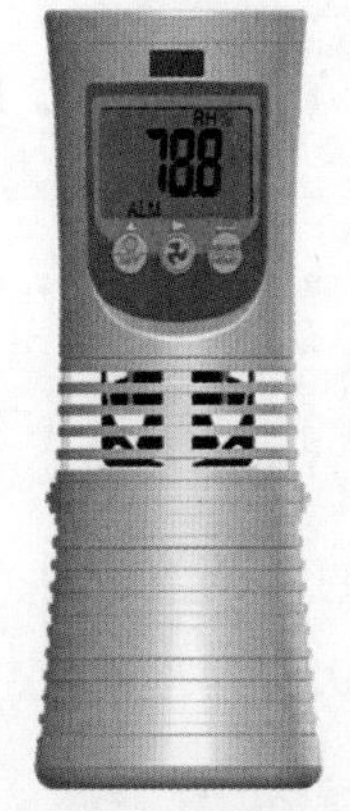

图 7-7　数位式干湿球温湿度计

表 7-5　数位式干湿球温湿度计技术指标

测量项目	测量范围	精　　度	分辨率
温　度	5～50℃	±0.6℃	0.1℃
湿　度	0%～100%RH	±0.3%(25℃,10%～99% RH) ±5%(其他)	0.1%

7.1.4　海上风电场紊流度监测

海上风电环境要素中的紊流度,也称为湍流强度,用来描述风速随时间和空间变化的程度,反映脉动风速的相对强度,也是描述大气湍流运动特性的最重要的特征量(付德义等,2015)。通常湍流强度用脉动速度均方根值与平均风速之比来表示(Barthelmie R J 等,2007;孙嘉兴,2010),即

$$I=\frac{\sigma}{U} \tag{7-1}$$

式中　σ——脉动风速标准差;

U——平均风速。

湍流强度通常不能直接由传感器测得,而需根据监测获得的风速计算得到。可利用 7.1.2.1 节介绍的高频采样测风仪测得风速(横向风速 u_x、纵向风速 u_y),再按照下列公式即可计算获得脉动风速标准差(黎作武等,2013;Chu C R 等,2014):

$$U=\sqrt{\bar{u}_x^2+\bar{u}_y^2} \tag{7-2}$$

$$\Phi=\arctan(\bar{u}_x/\bar{u}_y) \tag{7-3}$$

$$u'_x=u_x\cos\Phi+u_y\sin\Phi-U \tag{7-4}$$

$$u'_y=-u_x\sin\Phi+u_y\cos\Phi \tag{7-5}$$

$$\sigma_x=\sqrt{\overline{u'^2_x}} \tag{7-6}$$

$$\sigma_y=\sqrt{\overline{u'^2_y}} \tag{7-7}$$

之后再基于式(7-1)可以获得紊流度(湍流强度)。

7.1.5　海上风电筒型基础冲刷监测

海上风电基础结构在海流长期往复作用下,周边地基会出现明显的冲刷现象。地基冲刷监测内容包括基础泥面附近处地基冲刷深度、地基冲刷宽度和其他异常情况。冲刷监测可以通过水深地形测量方式来实现的,监测点应沿顺流向和常浪向布置,可重点关注筒型基础后方,断面数不宜少于5个。

水深地形测量可以采用单波束测深仪测量,也可以采用多波束测深仪测量。单波束测量是传统的水深地形测量方法,技术较为成熟,适用面广。单波束测深仪的测深过程是将测深仪换能器垂直向下发射短脉冲声波,短脉冲声波遇到海底时发生反射,返回声呐,被换能器接收。水深值 D_{tr} 由声波在换能器到海底的双程时间和水中平均声速确定:

$$D_{\mathrm{tr}}=\frac{1}{2}Ct \tag{7-8}$$

式中　C ——水中平均声速;

　　t ——声波从反射到返回所花的时间。

水深值 D_{tr} 加上换能器吃水深度改正值 ΔD_{d} 和潮位改正值 ΔD_{t},即得到实际水深 D:

$$D=D_{\mathrm{tr}}+\Delta D_{\mathrm{d}}+\Delta D_{\mathrm{t}} \tag{7-9}$$

图7-8为手持式测深仪,测量范围为0.6~79 m、反射频率为200 kHz、波束角为24°,可用于海上风电基础地基的冲刷监测。

图7-8　手持式测深仪

7.2　海上风电筒型基础整机沉放过程安全监测

7.2.1　监测方案

海上风电筒型基础整机在运输到安装位置处要进行整体化沉放施工,沉放时整机会逐渐脱离安装船的约束，并如第5章介绍过程安装就位。为保证海上风电筒型基础整机在整个沉放安装过程中精细调平下沉与安全稳定性，需要对基础内部各舱气压、筒型基础顶部倾角及机舱与基础上振动特性进行实时监测。整机沉放过程监测通常要在筒型基础内部各舱内安装压力传感器，并在筒型基础顶部位置安装动态倾角仪，以实时监测基础各舱室内的气压值与基础倾斜情况以调节整机的沉放姿态(练继建，2016；郭耀华，2019)，保证整机平稳精细下沉。由于整机在下沉过程中，风、浪、流等荷载对整机作用比较明显，此时需要通过实时监测整机动力特性，以确保风机安全沉放。动力特性监测至少要在风机机舱或塔筒顶部、筒型基础顶部位置安装布置一个振动位移或振动加速度测点，测点数量根据现场实际需求确定，通常应满足三向测振要求。以某3.0 MW海上风电筒型基础为例，图7-9给出了整机沉放过程安全监测振动位移与振动加速度测点布置图，图7-10给出了位于机舱内部测点布置的振动位移与加速度传感器示意图，两种类型振动测点均可实现三向测振，且传感器最低频响可达0.1 Hz。

图7-9　沉放过程测点布置图

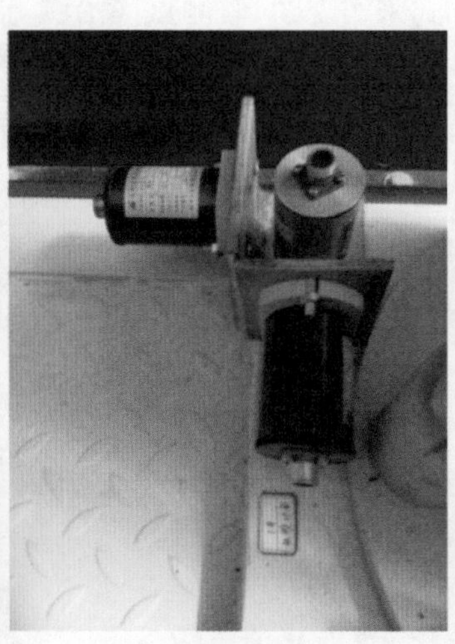

(a) 位移传感器

(b) 加速度传感器

图7-10　机舱内位移与加速度传感器安装图

7.2.2　舱压与倾角监测分析

根据7.2.1节介绍的海上风电筒型基础整机沉放监测方案，测试可获得整个沉放安装过程中基础内部7个舱室的舱压，如图7-11所示。根据实际沉放过程操作控制方式不同，可以将整个监测的气压时程曲线分为四个区域：在Ⅰ区域，沉放是通过7个舱放气来完成的，通过控制各舱气压缓慢降低，来让筒型基础保持相对较小的倾角接触土面并进入土体，过程中气压变化如图中0～3 h；在Ⅱ区域，通过六个边舱和中舱的气压协同作用(练继建等，2015；练继建等，2019)，把起始入土产生的倾斜角度调平，过程中气压变化如图中3～10 h；在Ⅲ区域，与Ⅰ区域相似，通过整体放气使复合筒型基础下沉（刘润等，2018；刘润等，2019），同时保持好之前调平的倾角，使其整体下沉，直至土体与舱顶接触，过程中气压变化如图中10～22 h；在Ⅳ区域，此时测得的压力值为土压、水压、气压的综合作用，预压过程中舱内压力达到短暂负值。图7-12给出了在整个沉放过程中筒型基础顶部倾角变化曲线，可以看出筒型基础保持了较小的倾斜度，最终倾角为0.02°，满足风电机组对基础倾角的要求，整机安装完成后后期测量结果见表7-6。

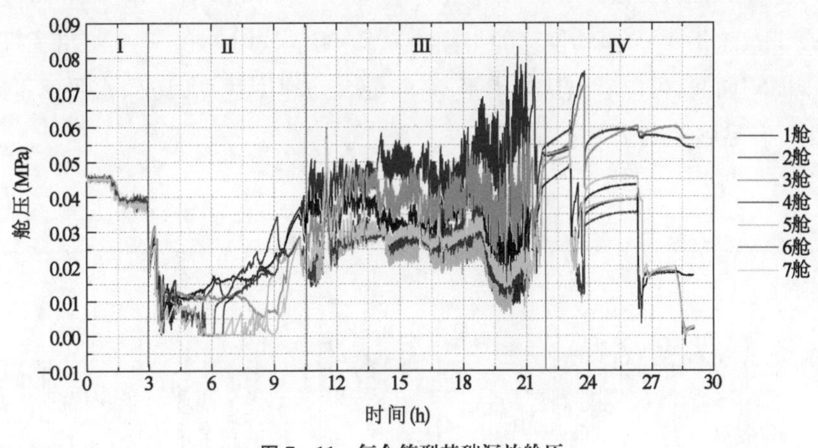

图7-11　复合筒型基础沉放舱压

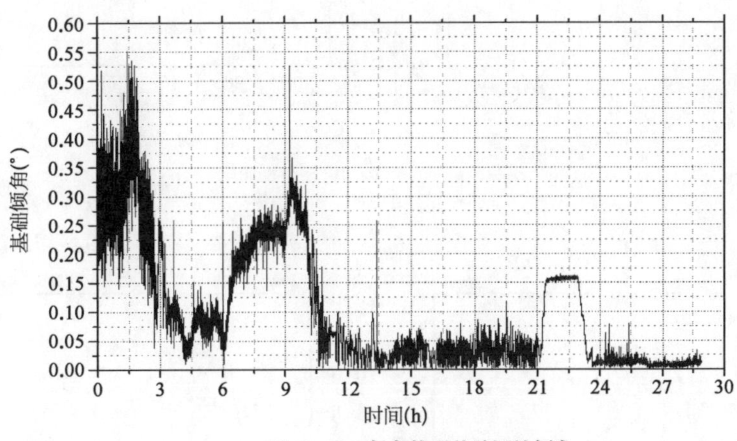

图7-12　复合筒型基础沉放倾角

表7-6　响水25#筒型基础-塔筒法兰水平度测量

时　间	测量仪器	倾斜度	备　　注
20170614	倾角仪	0.020°(0.35‰)	2#舱较高(略偏3#舱)
20170621	倾角仪	0.025°(0.44‰)	2#舱较高(略偏3#舱)
20170716	倾角仪	0.025°(0.44‰)	风速较大，倾斜度1‰以内波动 7月14号11级风

7.2.3 动力监测分析

图 7-13～图 7-16 给出了在整机沉放过程中，5.0 m/s 风速、1.0 m/s 海流流速工况下海上风电筒型基础整机机舱与基础顶部测点水平向振动位移时程曲线与功率谱密度曲线。从图中可以看出，在该工况下机舱振动位移呈现明显的周期性，其中水平 X 向最大位移达 51.2 mm、水平 Z 向最大位移为 32.0 mm，对应振动位移主频水平 X 向为 0.25 Hz、水平 Z 向为 0.31 Hz。而基础顶部测点处振动位移也呈现明显的周期性，其中水平 X 向最大位移为 17.4 mm、水平 Z 向最大位移为 16.5 mm，对应水平 X 向振动位移的主频为 0.18 Hz、水平 Z 向振动位移的主频为 0.13 Hz。同时，图 7-17 给出了机舱测点水平向加速度时程曲线，可以看出机舱水平 X 向最大加速度达 $0.016g$、水平 Z 向最大加速度为 $0.021g$，满足施工安全要求。

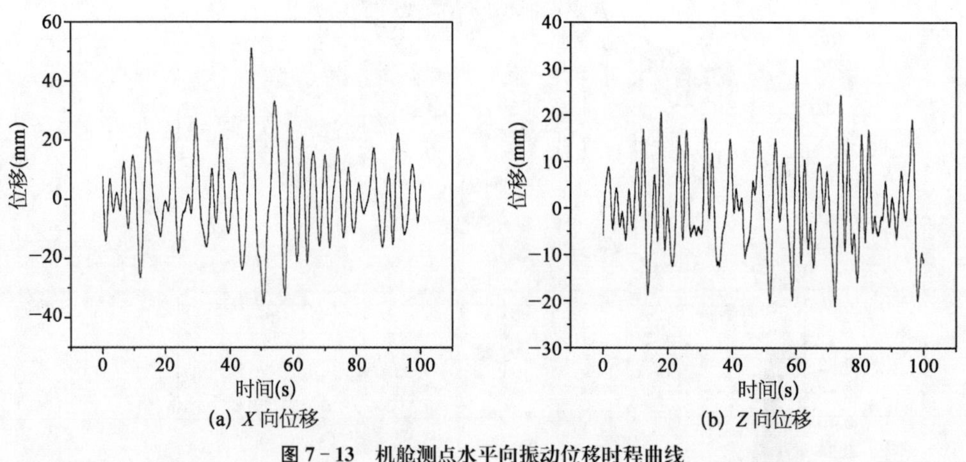

(a) X 向位移　(b) Z 向位移

图 7-13　机舱测点水平向振动位移时程曲线

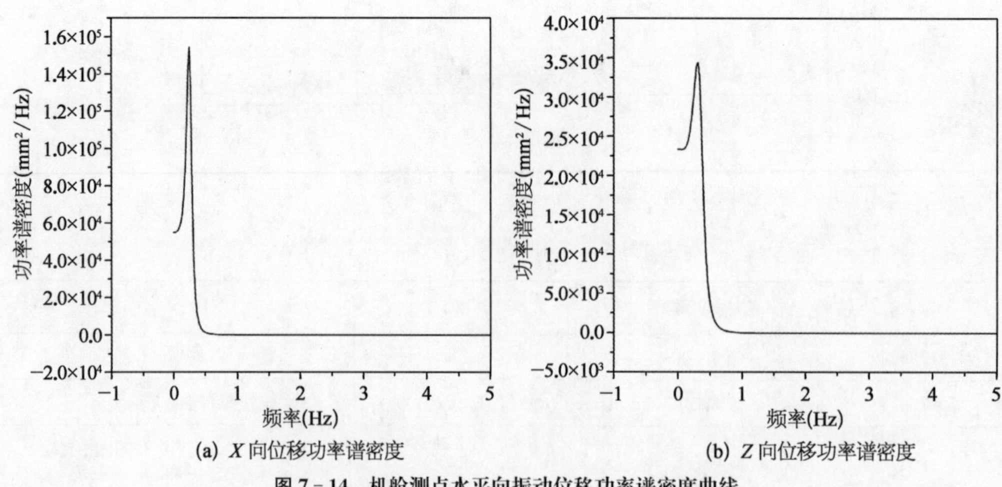

(a) X 向位移功率谱密度　(b) Z 向位移功率谱密度

图 7-14　机舱测点水平向振动位移功率谱密度曲线

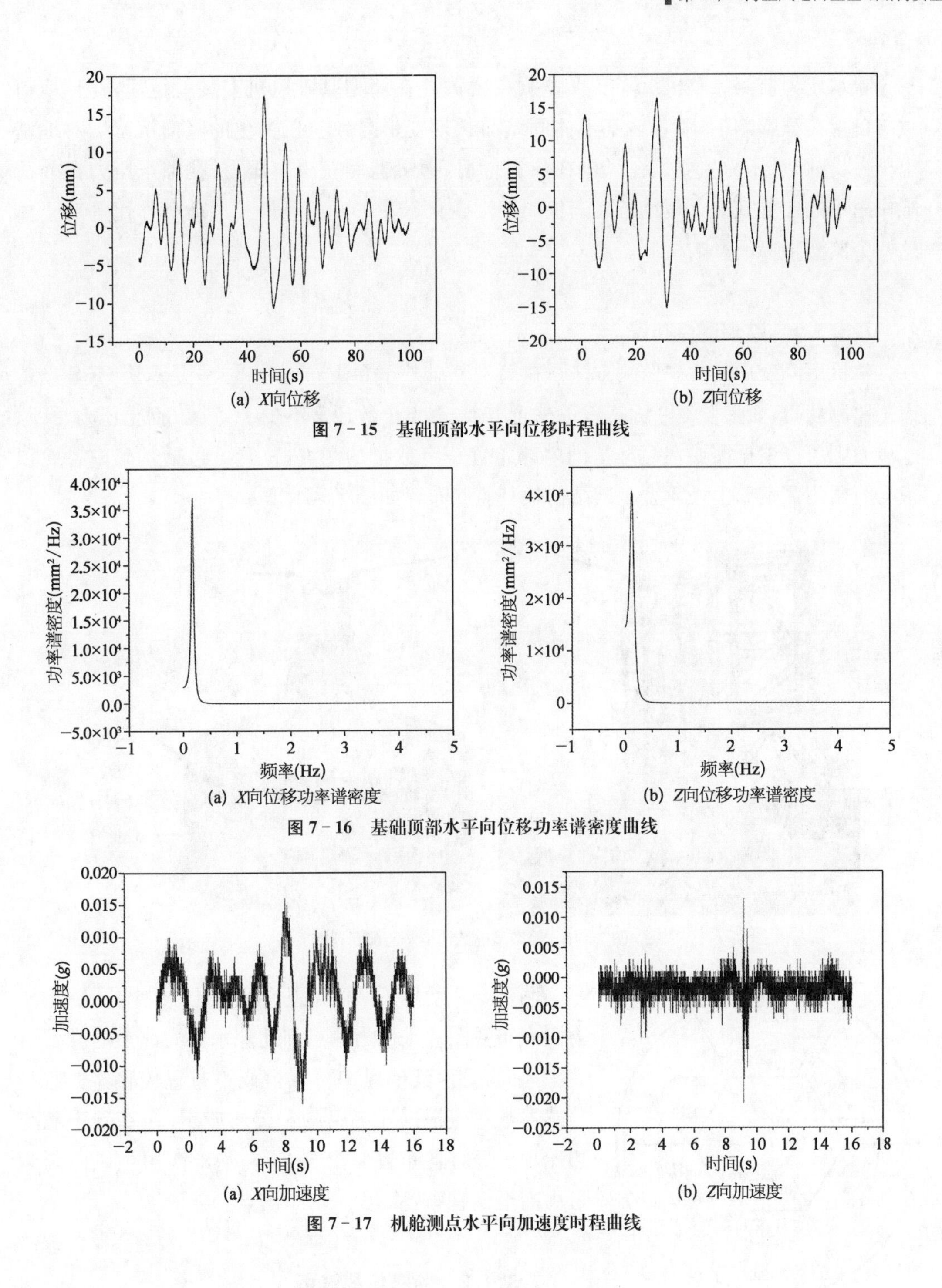

图 7 - 15　基础顶部水平向位移时程曲线

图 7 - 16　基础顶部水平向位移功率谱密度曲线

图 7 - 17　机舱测点水平向加速度时程曲线

7.3　海上风电筒型基础结构服役期地基监测

7.3.1　监测方案

海上风电筒型基础结构地基监测主要包括整机沉降变形监测、地基土压力监测与地基孔隙水压力监测。整机沉降变形监测主要关注在筒型基础风机安装就位后，在环境荷载与自重荷载影响下，随着地基土体固结与长期变形导致整机发生的竖向沉降。对地基土压力、孔隙水压力主要是在风机在位运行后，通过监测获得土压力、孔隙水压力在外荷载作用下的变化规律，以及波浪、潮位周期性变化、地基冲刷、风机长期荷载作用等对土体这两个监测指标的影响机制。

7.3.1.1　监测测点布置

整机沉降变形的常规监测方法是在筒型基础外平台上布置基准点，并采用 GPS 设备人工监测获得，变形监测断面一般不少于 1 个，测点个数通常不少于 2 个。而土压力、孔隙水压力则可以根据需要在筒型基础内部布置一定数量的测点，位置可包括基础内各舱顶板与筒裙内侧钢壁上。筒型基础结构地基监测布置如图 7－18 所示。

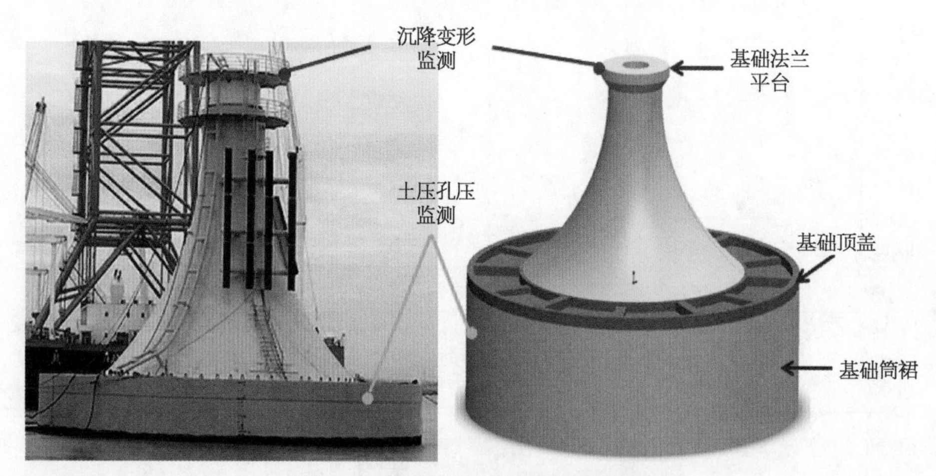

图 7－18　筒型基础结构地基监测布置图

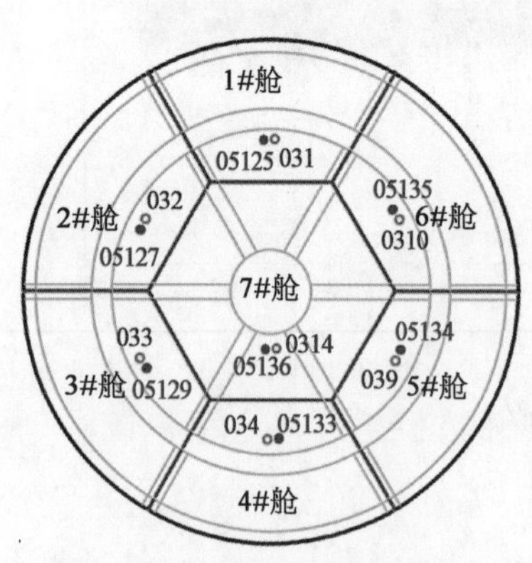

图 7－19　基础内各舱顶板土压力与孔隙水压力布置图

图 7－19 给出了某筒型基础风机土压力与孔隙水压力测点布置图。土压力测点和孔隙水压力测点通常要沿着主风向布置，其他风向可减少或不布置传感器。监测传感器数量应根据监测目的和要求确定，在基础中舱与边舱顶板处宜各布置一个测点，在基础筒裙主风向内侧可由高至低宜布置不少于 2 个测点。

7.3.1.2　监测仪器选取

一般来说，筒型基础地基沉降变形监测可采用高精度工程测量仪来实现。仪器定位输出频率最高可达 50 Hz，静态测量精度最高为 2.5 mm，抗干扰性能强，可以满足海上风电基础沉降变形监测的基本需求。而对于土压力与孔隙水压力，考虑其监测测点均布置在筒型基础内部，在海上风机安装在位运行后，传感器会长期与饱和的地基土接触。因此，要求监测所用土压力计和孔隙水压力计具有很好的耐水压与抗腐蚀的性能，并具有适宜的量程与工程可靠性。筒型基础地基土压力监测采用土压力计，量程一般要求超过 3 MPa，精度满量程下在±0.1%，超载能力满量程下要达到 150%，可以承受 0.5～1 MPa 的水压力，如图 7-20 所示。使用的孔隙水压力计量程要达到 0.5～1 MPa，精度满量程下也在±0.1%，如图 7-21 所示。

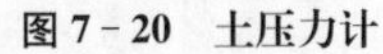

图 7-20　土压力计

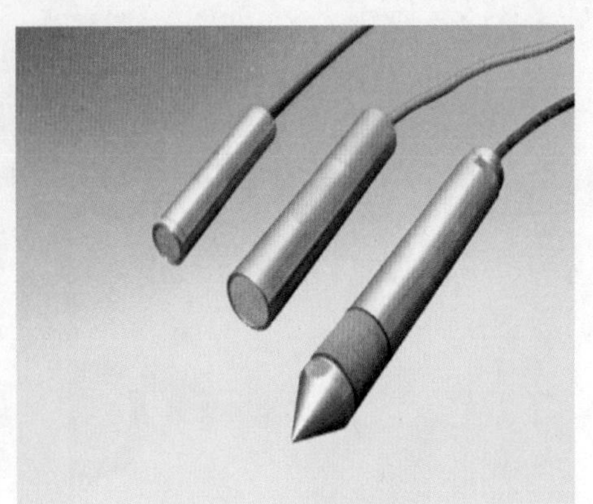

图 7-21　孔隙水压力计

7.3.1.3　监测仪器安装

1) 沉降变形监测

海上风电筒型基础沉降变形监测当前主要依靠人工完成，每次监测断面与测点需要在初次监测时进行标注，每个测点应至少观测 2 次。如技术条件允许也可以将监测仪器在基础预制时进行埋设，基础安装完成后要观测初始值。在筒型基础风机安装在位后，再对基础上预埋的仪器进行监测与数据收集。

2) 土压力与孔隙水压力监测

筒型基础监测所用土压力计与孔隙水压力计安装方式可根据基础筒壁是否可以开孔，分别设计了两套安装方案。

(1) 如筒壁允许开孔，则开螺纹孔，将土压力计直接拧于筒壁上，筒外的土压力计电缆通过开孔进入筒内，便于走线，开孔安装如图 7-22 所示。孔隙水压力计通过焊接三根防护钢筋固定于外筒壁，其电缆同样通过开孔进入筒内，如图 7-23 所示。安装完成后必须做好开孔的密封工作，防止开孔漏水漏气。开孔安装的好处是便于整理筒内所有电缆。

(2) 如筒壁不允许开孔，则筒内筒外的土压力计和孔隙水压力计均通过焊接固定于筒壁上，电缆必须用钢管保护，如图 7-24 所示。钢管沿着筒壁布置，并将钢管焊于筒壁上，一是避免钢管和电缆晃动，造成传感器损坏；二是避免土压计和孔隙水压力计在下沉阶段

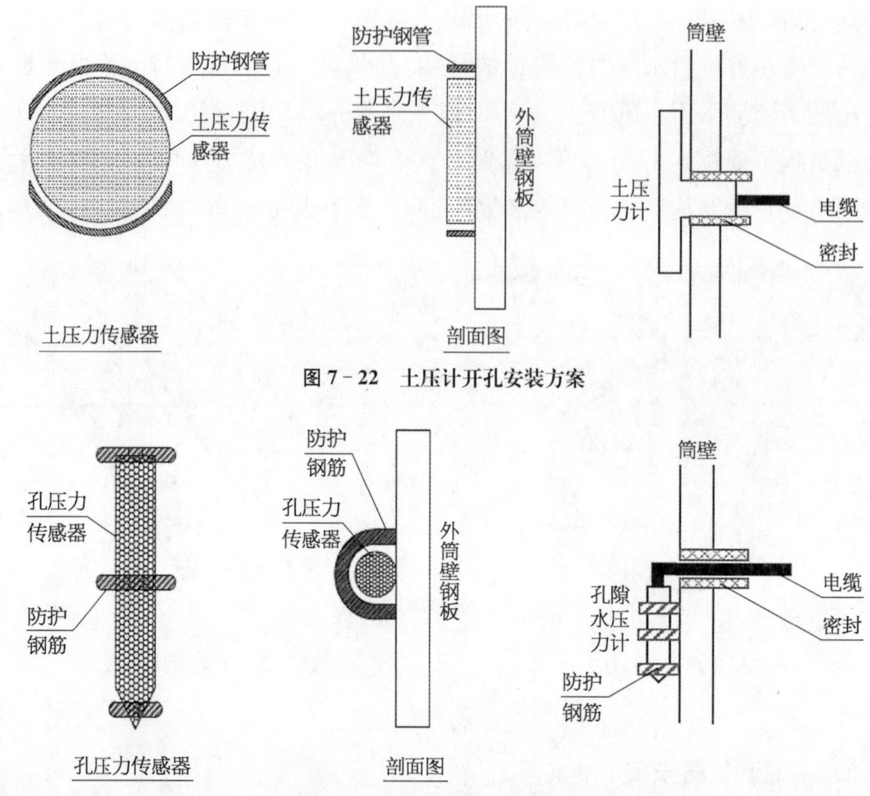

图 7-22　土压计开孔安装方案

图 7-23　孔隙水压计开孔安装方案

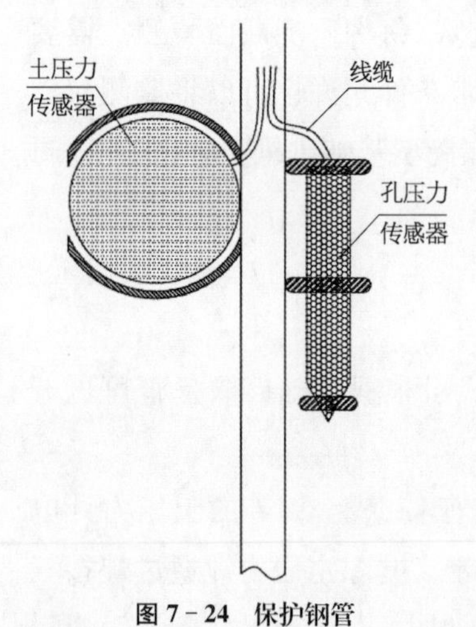

图 7-24　保护钢管

被土体压坏。不开孔安装的好处是不破坏筒体，没有漏水漏气隐患，缺点是不便于整理电缆，筒内筒外电缆必须分开走线。

7.3.2　整机沉降变形监测分析

本节以某海上风电场 2 台 3.0 MW 筒型基础风机（编号 2＃、3＃）监测数据为研究对象，监测的筒型基础外平台上设置了三个沉降监测基准点，每次测量基准点三个方向（X、Y、Z）位移情况，其中 Z 向为基础沉降方向。两台筒型基础风机从 2017 年 1 月 11 日—2018 年 5 月 5 日的测量结果如图 7-25 与图 7-26 所示。从测量结果可以看出，2＃筒型基础整机竖向位移在安装后两个月内存在一定变化，筒型基础安装后总体最大沉降为 8 cm 左右，在之后 14 个月内基础沉降量基本保持不变。而从 3＃筒型基础整机的测量结果可以看出，由于基础在安装完成后对基础进行预压，筒型基础后期在近一年时间内基本没有沉降发生。从监测数据来看，两台海上风电筒型基础整机在竖向沉降变形上均未超过 100 mm，监测结果很好地说明了大直径宽浅式筒型基础在克服软土地基整体沉降问题上的结构型式优势，同时沉放安装后对筒内土体进行负压加固也可以有效地减基础沉降。

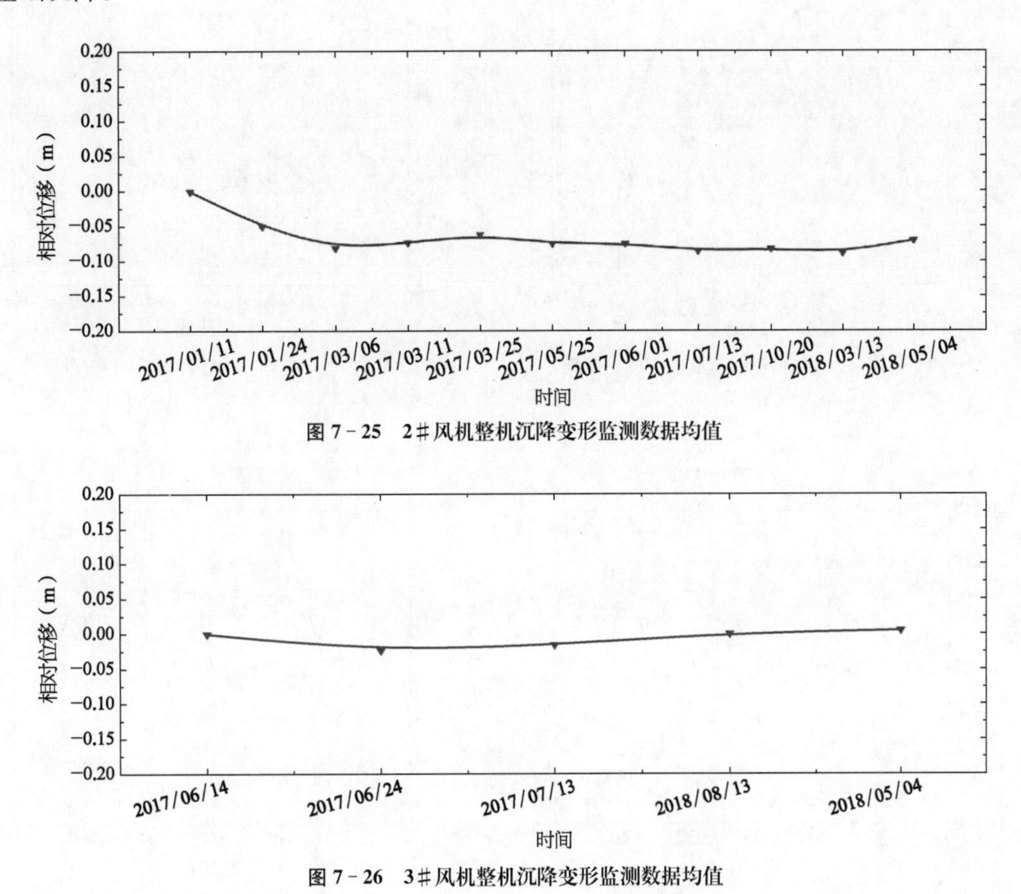

图 7－25　2＃风机整机沉降变形监测数据均值

图 7－26　3＃风机整机沉降变形监测数据均值

7.3.3　地基土压力监测分析

以 7.3.2 节中 3＃筒型基础风机为例，同时开展了对地基土压力与孔隙水压力的长期监测。根据现场风速情况选取三种典型工况（工况一：3 级风及以下；工况二：4～6 级风；工况三：6 级风及以上）中 48 h 数据开展分析。图 7－27～图 7－32 分别给出了三种工况下基础内部 1＃与 4＃舱内壁内侧底部安装仪器的监测数据。由结果可以看出，各位置土压力变化符合潮汐变化规律，分舱板底部土压力变化幅值均在 20 kPa 左右。

7.3.4　地基孔隙水压力监测分析

图 7－33～图 7－38 分别给出了三种工况下基础内部 2＃与 6＃舱内基础顶板安装仪器的监测数据。从各舱筒顶安装的孔隙水压计监测数据分析来看，各舱孔隙水压计测量值基本相同，压力变化幅值在 6～8 kPa，变化幅值均随时间增加而增大，且峰谷周期为 12 h，符合潮汐变化规律。

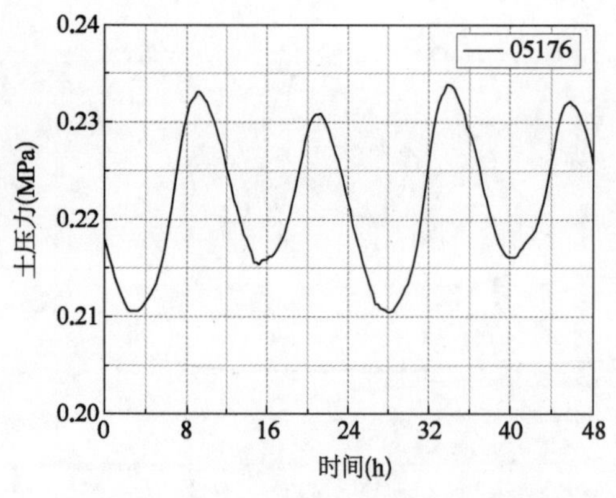

图 7-27　工况一 1#舱内壁内侧底部土压力数据

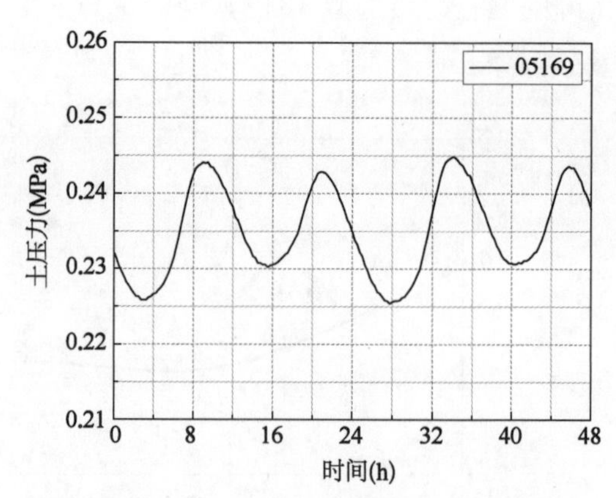

图 7-28　工况一 4#舱内壁内侧底部土压力数据

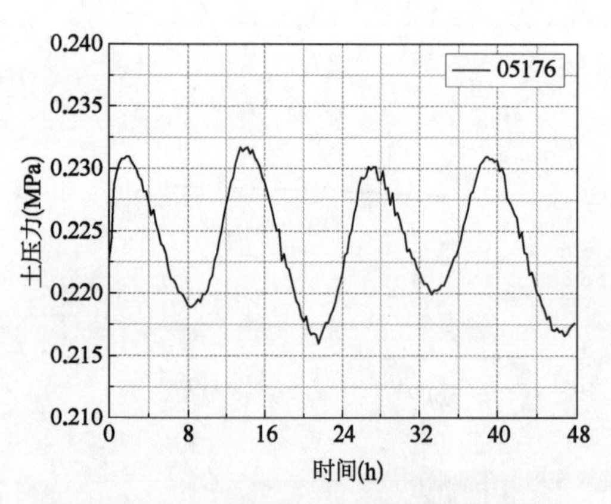

图 7-29　工况二 1#舱内壁内侧底部土压力数据

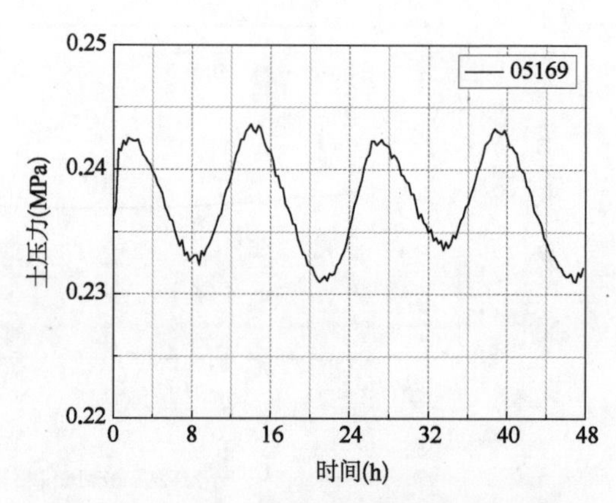

图 7-30　工况二 4#舱内壁内侧底部土压力数据

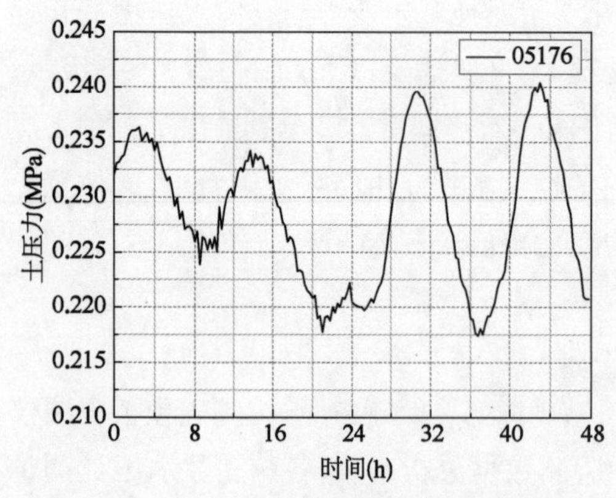

图 7-31　工况三 1#舱内壁内侧底部土压力数据

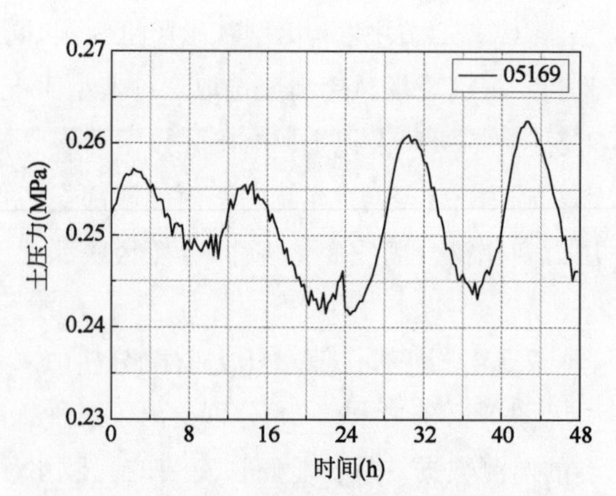

图 7-32　工况三 4#舱内壁内侧底部土压力数据

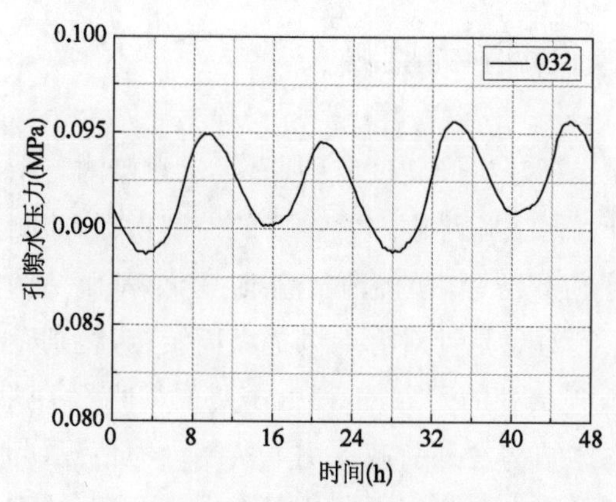

图7-33　工况一2#舱内基础顶板孔隙水压力数据

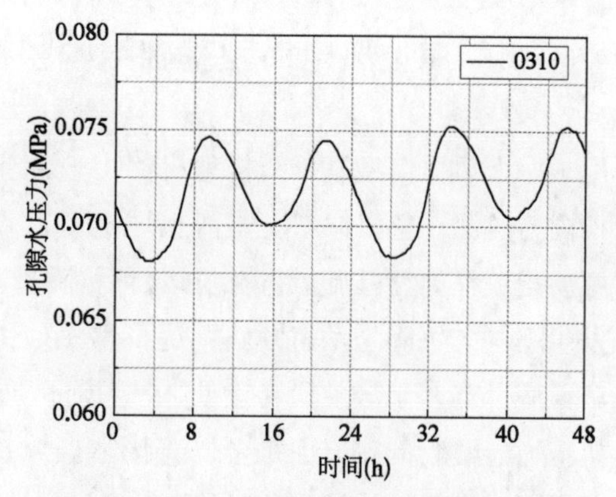

图7-34　工况一4#舱内基础顶板孔隙水压力数据

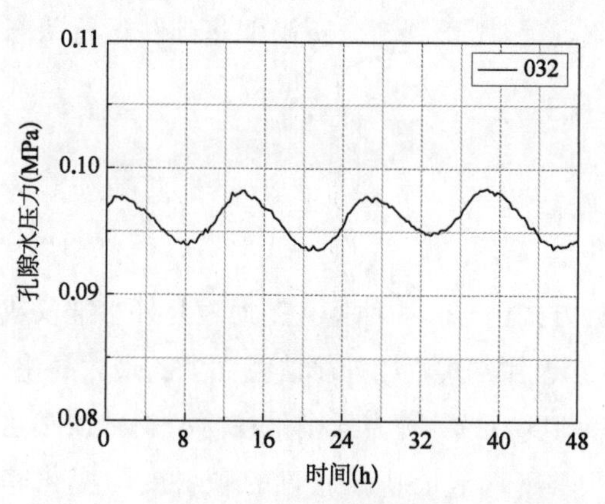

图7-35　工况二2#舱内基础顶板孔隙水压力数据

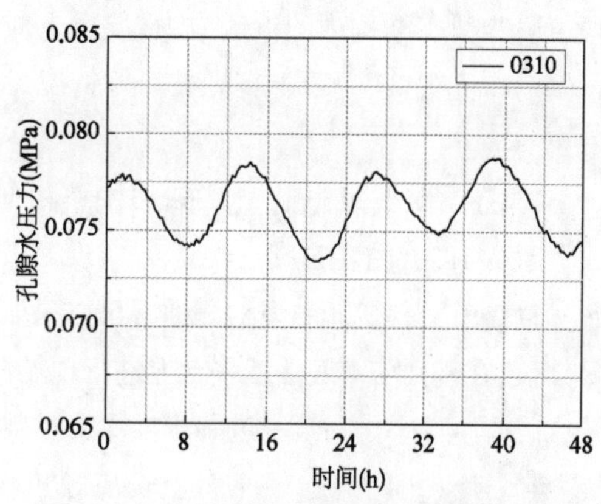

图7-36　工况二4#舱内基础顶板孔隙水压力数据

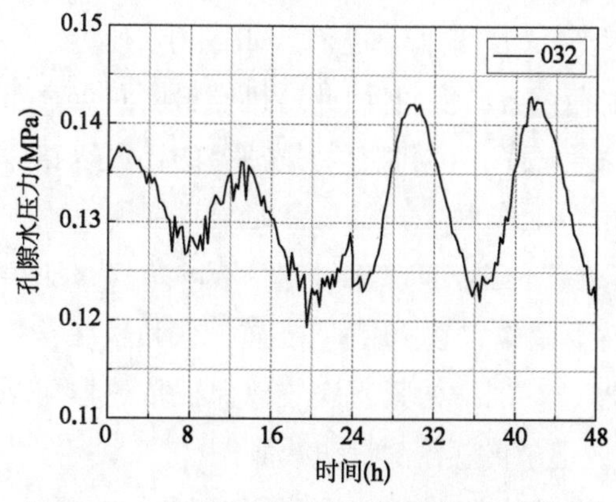

图7-37　工况三2#舱内基础顶板孔隙水压力数据

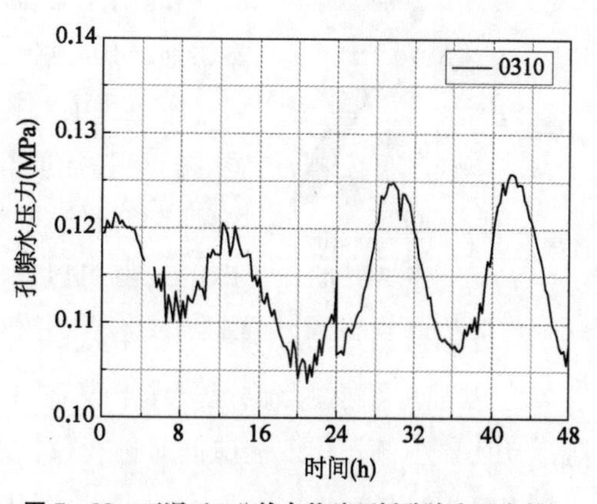

图7-38　工况三4#舱内基础顶板孔隙水压力数据

7.4　海上风电筒型基础结构整机服役期静力监测

海上风电筒型基础结构整机静力监测主要包括整机倾斜度监测、整机应力监测与结构内力监测。整机倾斜度是海上风电基础设计、施工、运维中非常重要的控制指标，监测主要是关注筒型基础风机在位运行后，随着水平荷载与弯矩的施加与实时变化，基础结构发生不均匀沉降与动态倾斜情况。整机应力监测对象是针对海上风机塔筒结构，特别是塔筒底部与基础法兰面连接处、塔筒顶部与机舱连接处的受力，工程上需要重点监测。整机应力监测目的一方面是可以直接掌握风机支撑结构在外荷载作用下所受内力情况，判断钢制塔筒等结构所受拉、压应力的安全性；另一方面则是可以通过对应力的监测，计算风机支撑结构关键截面上的弯矩并可以反分析获得海上风电结构整机所受到的外部荷载情况。基础结构内力监测主要是针对筒型基础中钢筋与混凝土结构开展，包括基础过渡段、顶板、梁等结构内的钢筋应力、混凝土应力监测等，用于判断分析筒型基础在运行状态下钢筋有无失效、混凝土有无破坏等情况。

7.4.1　海上风电筒型基础结构整机倾斜度监测

7.4.1.1　监测方案

筒型基础整机倾斜度监测通常可以采取两种方式进行。一种是人工通过红外水准仪或经纬仪，在基础塔筒底法兰平台上进行现场测量。这种方式可以计算法兰面上的最大高差，进一步推算出基础的倾斜度。另一种方式则是在筒型基础顶法兰平台上安装倾角仪，可以实时记录基础此时的倾斜度与变化趋势，用于现场实时监测倾斜度的传感器称为倾角仪，如图 7 - 39 所示。由于海上风机结构内部环境特殊，机械与电磁干扰同时存在，因此用于筒型基础整机倾斜度监测的倾角仪监测量程通常需要达到±10°、测量精度为 0.01°、最低承受 0.5 MPa 的水压力。

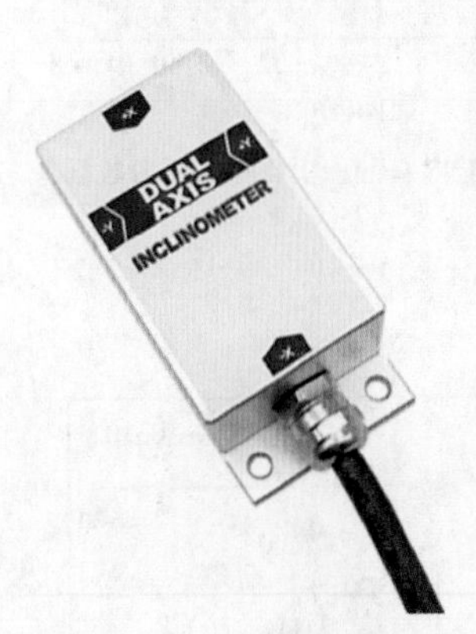

图 7 - 39　筒型基础监测所有倾角仪

海上风电结构所受荷载方向多变，因此整机倾斜度测点宜布置在筒型基础顶部的法兰环平台，同时有特别需要的还可以在塔筒顶部与机舱连接处平台上布置。每层平台的倾斜度测点不少于 1 个，并可以同时监测两垂直方向的倾斜度，若倾角仪仅能单一水平方向监测则测点不少于 2 个，且相邻传感器间应宜呈 90°垂直布置。倾角仪在安装前应将基础表面的测点位置清理平整，将传感器与基础结构紧密安装以保证传感器与基础运动协调。倾角仪安装应同时进行仪器调平或记录传感器测量初始值。

以 7.3.2 节介绍海上风电场两台 3.0 MW 筒型基础风机为例进行倾斜度监测分析，同时增加一台单桩基础风机（编号 1＃）以对比两种类型风机在基础法兰面处倾斜度动态变化上的差异。除可以通过经纬仪及红外水平仪进行测量外，现场还分别在1#单桩基础、2#筒型基础及3#号筒型基础三个机位每台布设2个倾角仪，共布设6个倾角仪测点，三台风机倾斜度测点布置如图7-40所示。其中，1#单桩基础在塔筒底部与单桩连接处法兰环上布设两个倾角仪测点，2#及3#筒型基础在塔筒底部与筒型基础顶部连接处法兰环上布设一个倾角仪测点，并在筒型基础顶部混凝土表面处布设一个倾角仪，每个倾角仪均可测量 X 和 Y 两个垂直方向的转角。倾角仪现场安装如图7-41所示。

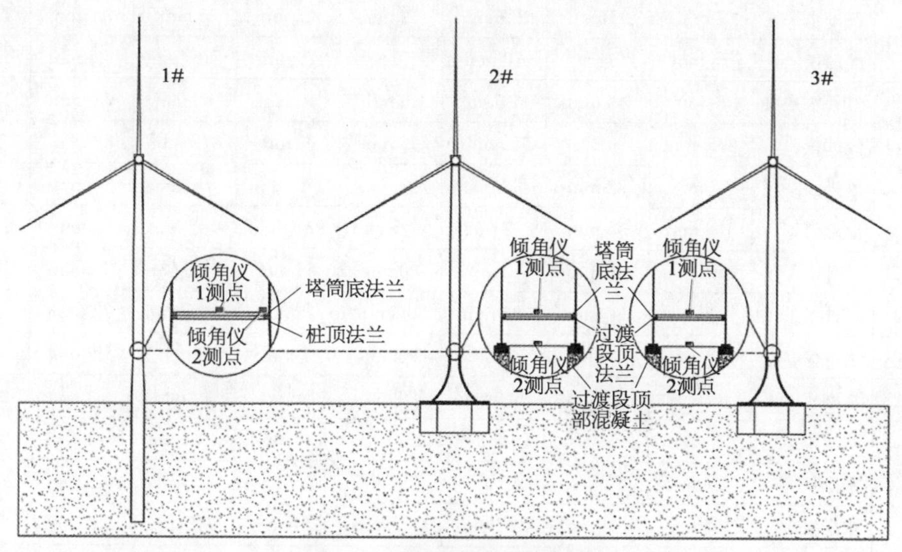

图7-40 倾角仪测点位置示意图

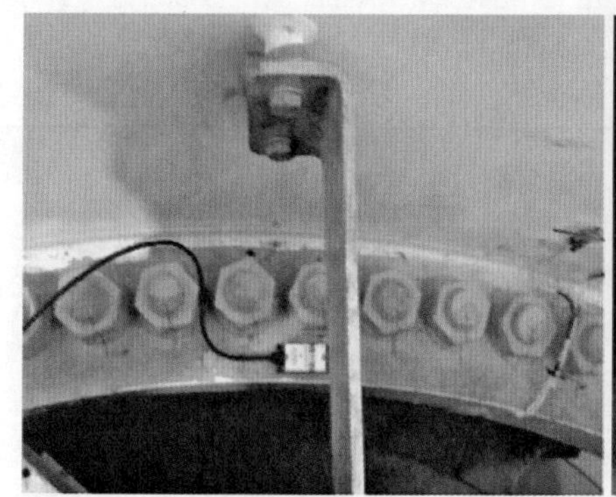

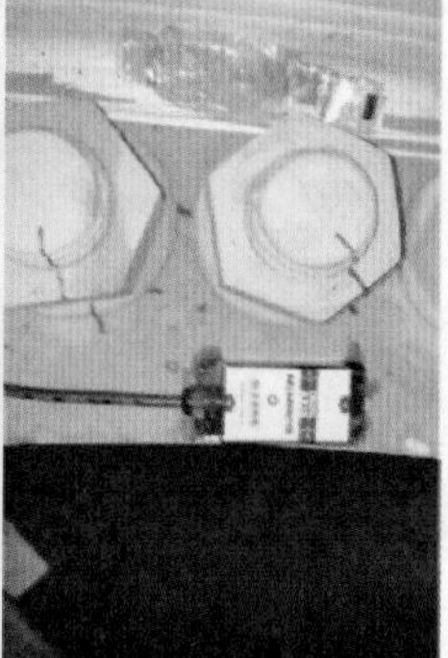

图7-41 倾角仪测点现场布置图

7.4.1.2 监测分析

本节先给出了2#、3#筒型基础风机的倾斜度情况，基础在安装前筒内除设置有倾角仪外，在安装就位后也同时使用经纬仪及红外水平仪对基础倾斜(差异沉降)进行测量，结果见表7-7与表7-8。从表7-7可以看出，2#筒型基础倾斜度基本最大值在2‰附近，倾斜度变化主要在安装后3周内，之后基本保持不变。而3#风机每次直接采集倾角仪数据，倾角仪精度较高，测量角度随波浪及风机荷载一直处于波动状态。从表7－8看出，监测的3＃筒型基础倾斜度正常工作状态下最大倾角1.3‰。

表7－7　2＃风机倾斜度监测结果

时间	测量仪器	1＃舱	2＃舱	3＃舱	4＃舱	5＃舱	6＃舱	法兰面最大高差	倾斜度
20170114	倾角仪								0.056°
20170124	红外水平仪	7 mm	11 mm	12.5 mm	12 mm	6.5 mm	5 mm	7.5 mm	1.97‰
	经纬仪	75 mm	70.5 mm	70 mm	71.5 mm	76 mm	77.5 mm	7.5 mm	1.97‰
20170213	红外水平仪	50 mm	46 mm	44.5 mm	45 mm	49 mm	52 mm	7.5 mm	1.97‰
	经纬仪	89.5 mm	94 mm	95.5 mm	95 mm	90 mm	87.5 mm	8.0 mm	2.1‰
20170306	红外水平仪	77 mm	82 mm	83 mm	82 mm	77.5 mm	75 mm	8.0 mm	2.1‰
	经纬仪	100 mm	95 mm	95 mm	94.5 mm	98.5 mm	102 mm	7.5 mm	1.97‰
20170311	红外水平仪	55.5 mm	60 mm	62 mm	60 mm	56 mm	54.5 mm	7.5 mm	1.97‰
20170325	红外水平仪	26 mm	30 mm	32 mm	30.5 mm	25 mm	24.5 mm	7.5 mm	1.97‰
20170423	水准仪	2.5 mm	0 mm	0 mm	5 mm	7 mm	8 mm	8.0 mm	2.1‰
20170428	水准仪	85 mm	90 mm	92.5 mm	89 mm	83 mm	82 mm	8.4 mm	2.15‰
20170507	水准仪	32.7 mm	27.5 mm	24.5 mm	27.7 mm	32 mm	35 mm	8.4 mm	2.15‰
	水准仪	20 mm	15 mm	12 mm	16 mm	20.7 mm	22 mm	7.9 mm	2.02‰
20170524	水准仪	135 mm	141 mm	142 mm	140 mm	137 mm	132 mm	7.9 mm	2.02‰
	水准仪	322 mm	327 mm	329 mm	327 mm	323 mm	319 mm	7.9 mm	2.02‰
20170601	水准仪	255 mm；256 mm；259 mm；262 mm；263 mm；264 mm；261 mm						9 mm	1.90‰
20170621	水准仪	290 mm；291 mm；295 mm；298 mm；299 mm；297.5 mm；295.5 mm；289.5 mm						9.5 mm	2.0‰

表7－8　3＃风机倾斜度监测结果

时　间	测量仪器	倾斜度	备　注
20170614	倾角仪	0.020°(0.35‰)	正常工作状态下最大倾角(8～11级)
20170621	倾角仪	0.025°(0.44‰)	
20170716	倾角仪	0.042°(0.73‰)	
20171020	倾角仪	0.046°(0.8‰)	
20180313	倾角仪	0.05°(0.87‰)	
20180504	倾角仪	0.075°(1.3‰)	

7.4.1.3　筒型基础和单桩基础风机倾斜度对比分析

根据7.4.1节介绍的倾斜度对比监测方案可获取相同时间段内两种基础型式风机的倾斜度数据进行分析。

1）满发状态基础倾角对比分析

选取2017年11月1—21日期间的动态倾角数据进行分析，对此区间段内对应机位上的风速及平均有功功率进行了汇总，如图7-42与图7-43所示。风机切入风速为3.0 m/s、额定风速为10.4 m/s、切出风速为22 m/s。倾斜度分析时间段选取最大风速18.29 m/s的风况进行分析，此时风机处于满发状态。

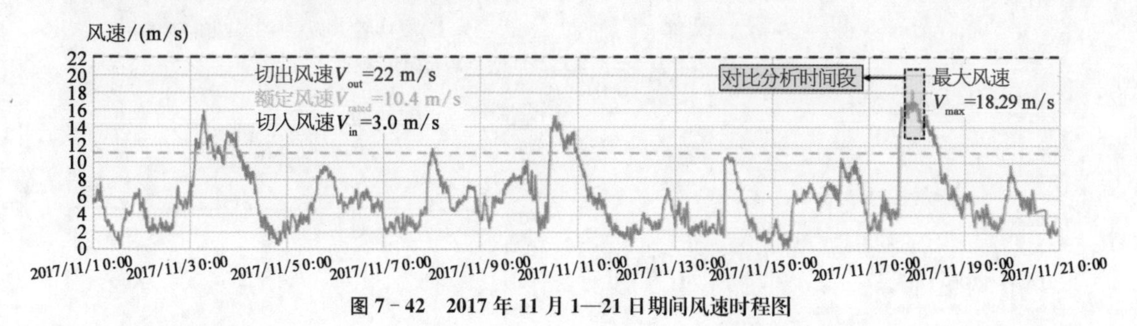

图7-42　2017年11月1—21日期间风速时程图

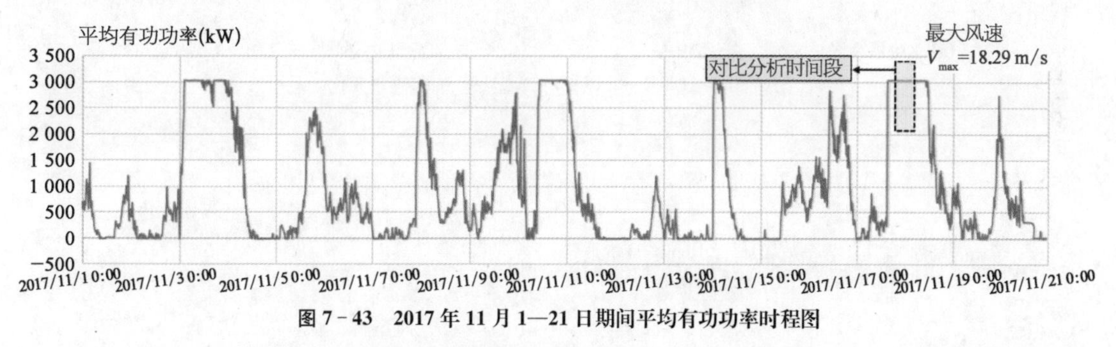

图7-43　2017年11月1—21日期间平均有功功率时程图

取满发状态1#、2#风机塔筒底法兰处倾角数据进行对比分析，结果如图7-44和图7-45所示。从图中看出，在相同满发状态下，1#单桩基础风机塔筒底法兰处倾角波动范围为0.0°～0.09°，2#筒型基础风机塔筒底法兰处倾角波动范围为0.01°～0.03°，1#号单桩基础塔筒底法兰倾角值及变化幅度均要大于筒型基础，约为筒型基础倾角变化值的3倍。

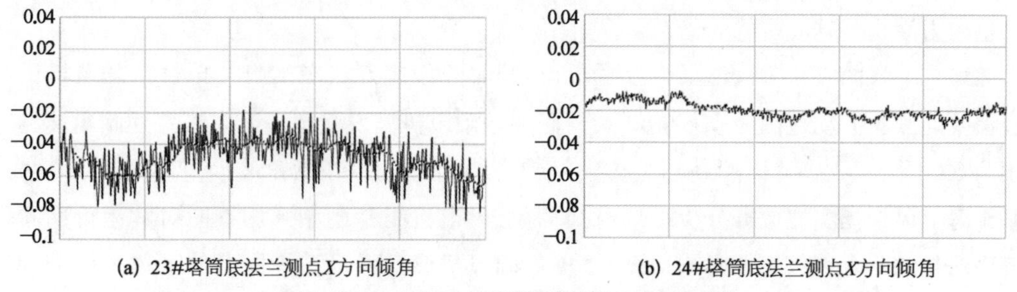

图7-44　1#及2#风机塔筒底法兰X向倾角变化

取满发状态下1#、3#风机塔筒底法兰处的倾角进行对比分析，分析结果如图7-46与图7-47所示。从图中可以看出，在相同满发状态下，3#筒型基础风机塔筒底法兰处倾角变化幅度及量值均要小于1#单桩基础风机，与2#筒型基础风机表现出相同的状态。

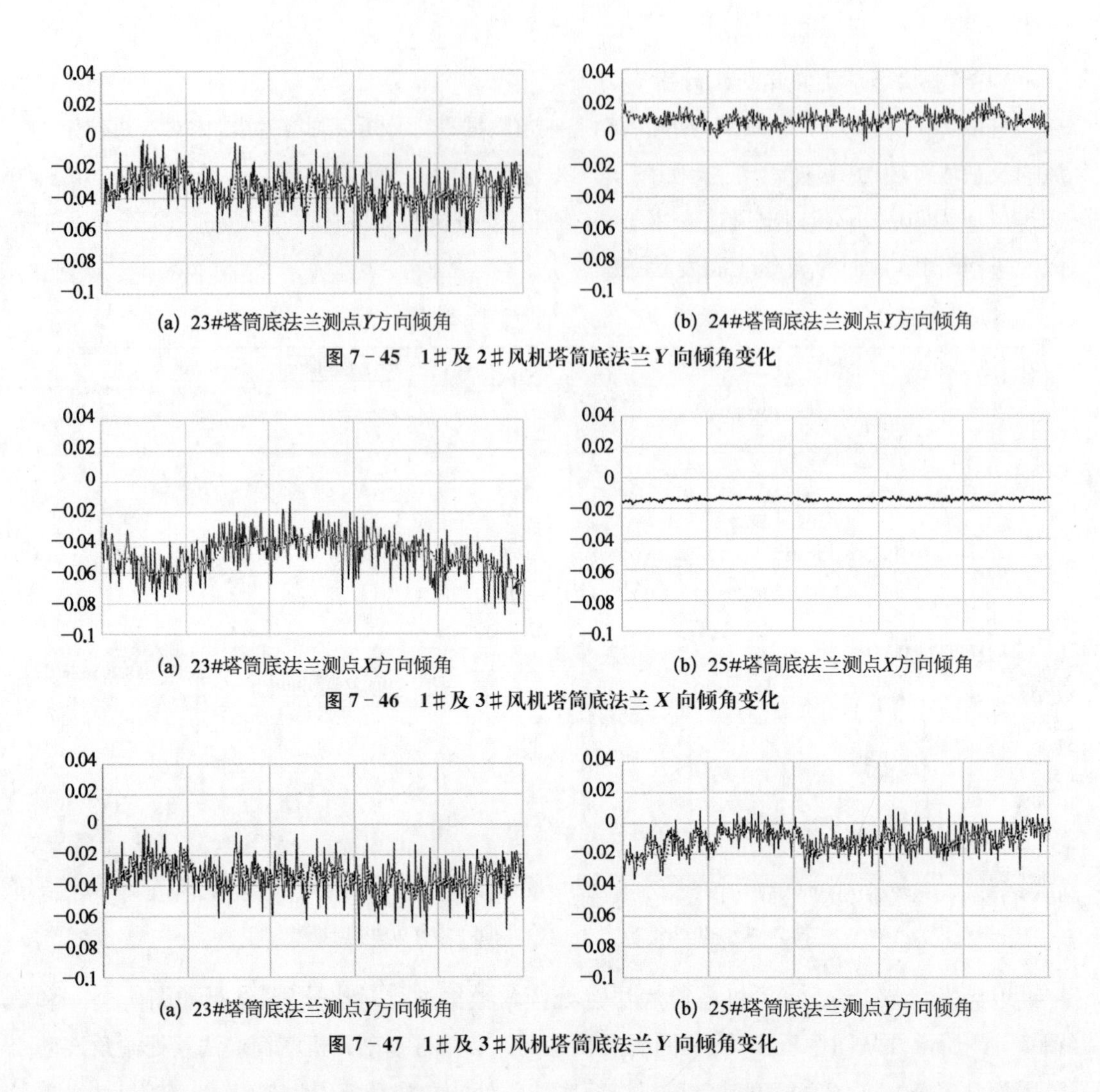

(a) 23#塔筒底法兰测点Y方向倾角　(b) 24#塔筒底法兰测点Y方向倾角

图 7－45　1＃及 2＃风机塔筒底法兰 Y 向倾角变化

(a) 23#塔筒底法兰测点X方向倾角　(b) 25#塔筒底法兰测点X方向倾角

图 7－46　1＃及 3＃风机塔筒底法兰 X 向倾角变化

(a) 23#塔筒底法兰测点Y方向倾角　(b) 25#塔筒底法兰测点Y方向倾角

图 7－47　1＃及 3＃风机塔筒底法兰 Y 向倾角变化

1＃风机塔筒底法兰处倾角波动范围为 0.0°～0.09°，3＃风机塔筒底法兰处倾角波动范围为 0°～0.03°，1＃号单桩基础风机塔筒底法兰倾角值及变化幅度均要大于筒型基础，量值上也约为筒型基础风机的 3 倍。

综合上述的倾角分析结果可以看出，在同时间段满发状态下，1＃单桩基础风机塔筒底法兰处倾角波动范围为 0°～0.09°，2＃筒型基础风机满发状态塔筒底法兰处倾角波动范围为 0.01°～0.03°，3＃筒型基础风机满发状态塔筒底法兰处倾角波动范围为 0°～0.03°。基于海上风电场实测数据分析结果可知，海上风电机组基础型式的不同对其运行期间塔筒底法兰倾角有着较大的影响，其中单桩基础风机倾角波动范围同条件下约为筒型基础风机的 3 倍左右。

2）极大风速下基础倾角对比分析

为进一步说明两种基础类型风机在倾角变化上的不同，再选取 2018 年 3 月 4 日风速较大时间段数据开展分析，此时1＃单桩风机最大风速23.921 m/s，此时间段内风速小于切出风速而处于运行状态；3＃筒型基础最大风速为30.477 m/s，此时间段后期风速超过切出风速后停机。图7-48给出了极大风速下1＃及3＃风机塔筒底法兰倾角变化。

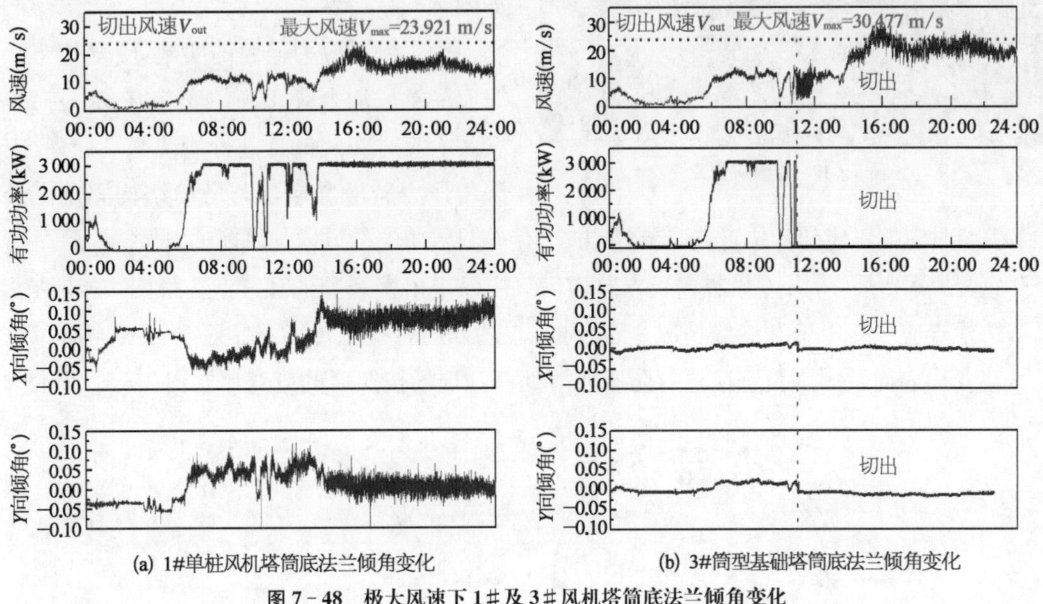

图7-48　极大风速下1＃及3＃风机塔筒底法兰倾角变化

由图7-48以看出，1＃单桩基础风机在0～23.921 m/s风速范围内，塔筒底法兰处倾角变化范围为0°～0.121°；而3＃筒型基础风机在0～30.477 m/s风速范围内，塔筒底法兰处倾角变化范围为0°～0.033°。筒型基础风机倾角变化范围明显小于单桩基础风机，说明前者在运行状态下具有更好的安全稳定性。

7.4.2　海上风电筒型基础整机应力监测

7.4.2.1　监测方案

筒型基础整机应力监测主要通过获取结构应变来实现，应变表示结构承受外界荷载时内部应力的变化，应变差异完全体现结构承受荷载。根据“应变-荷载”原理，采用应变片监测风机塔筒底部应变响应，可以实现整机的应力监测。考虑海上风机所受荷载复杂性，筒型基础整机应力监测现场采用的应变片测量灵敏度可在2.0±1%，分辨率最小可达10 με，温度漂移在50～100 ppm范围内。另外，海上风电结构内部环境温度与湿度较大，因此要求应变片可适用于－30～80℃的工作环境温度范围。

海上风电筒型基础应力监测测点宜布置在塔筒底部与基础法兰环连接处的最下端塔筒壁上及机舱与塔筒顶部连接处的筒壁上，可以分别用来计算海上风电整机与机头所受弯矩与荷载。以某海上风电筒型基础结构整机为对象，该风机在塔筒内壁上共布置有两层应力监测测点，所采用应变片灵敏系数为2.22±1%，具体如图7-49所示。应力监测

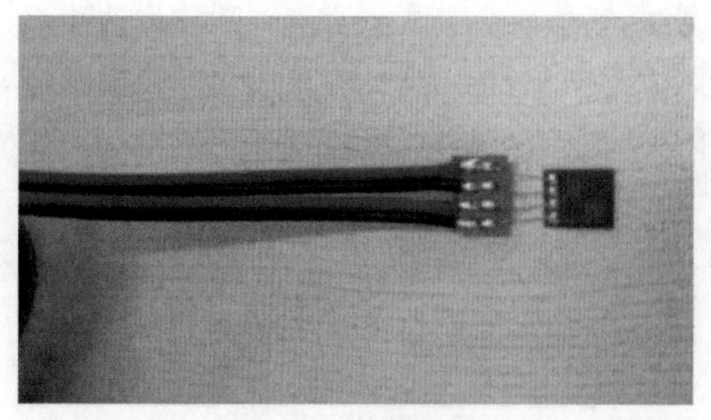

图 7-49 电阻应变片

测点分别在塔筒基础法兰 1.5 m 标高处和顶部塔筒与机舱连接处法兰 1.5 m 标高处，各层沿塔筒内壁均匀布置 6 个全桥应变片，如图 7-50 所示。

为了保证应力监测的实施，应变片布置时应注意采用合理正确的安装方式。首先，安装前应对安装位置进行清洗磨平处理，应采用强力胶液黏结法与塔筒结构固定。第二，安装时应摆正应变片位置，确定测量方向，使一只传感器的方向与塔筒轴向保持一致。第三，应变片固定后，应沿传感器轴线方向均匀滚压以排出多余胶液和气泡。第四，安装结束后，应检查应变片阻值和绝缘情况是否合格，通过万用表检测传感器是否与导线连通。最后，应变片表面及周围筒壁应进行防腐防潮处理。现场按照后的应变片如图 7-51 所示。

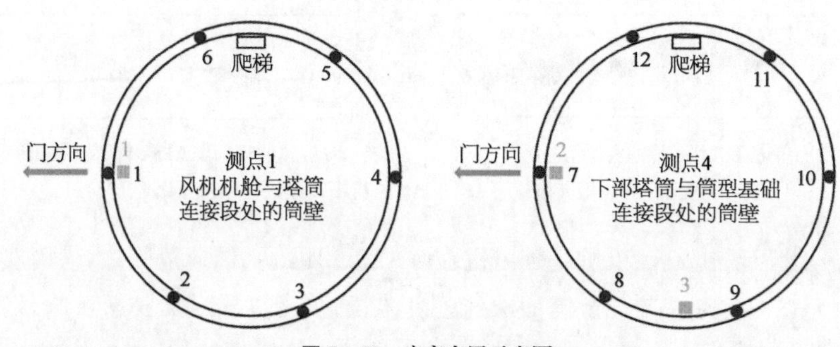

图 7-50 应变布置示意图

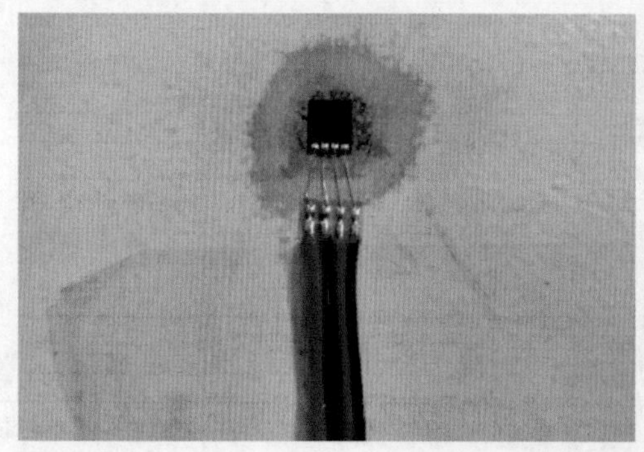

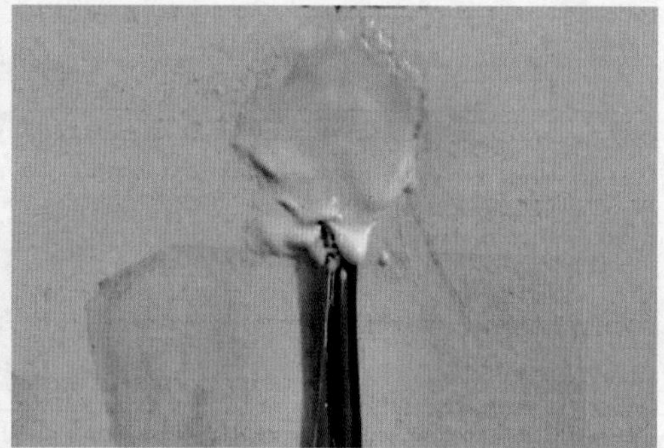

图 7-51 现场安装应变片与防腐防潮处理

7.4.2.2 监测分析

以 7.4.2.1 节介绍的海上风电筒型基础风机为对象，应变数据从 2019 年 1 月底开始监测，该风机运行期停机时塔筒底部 6 个测点应变计算得到的 100 s 应力时程如图 7-52 所示。由图可知，运行期风机应变主要受风速影响，且塔筒底部应力变化范围 0.4～18 MPa，应力满足结构安全要求。同时从应力时程图可知，应变体现风机整机时均荷载和脉动荷载，可用于进一步分析荷载成分与风速和转速的变化规律。

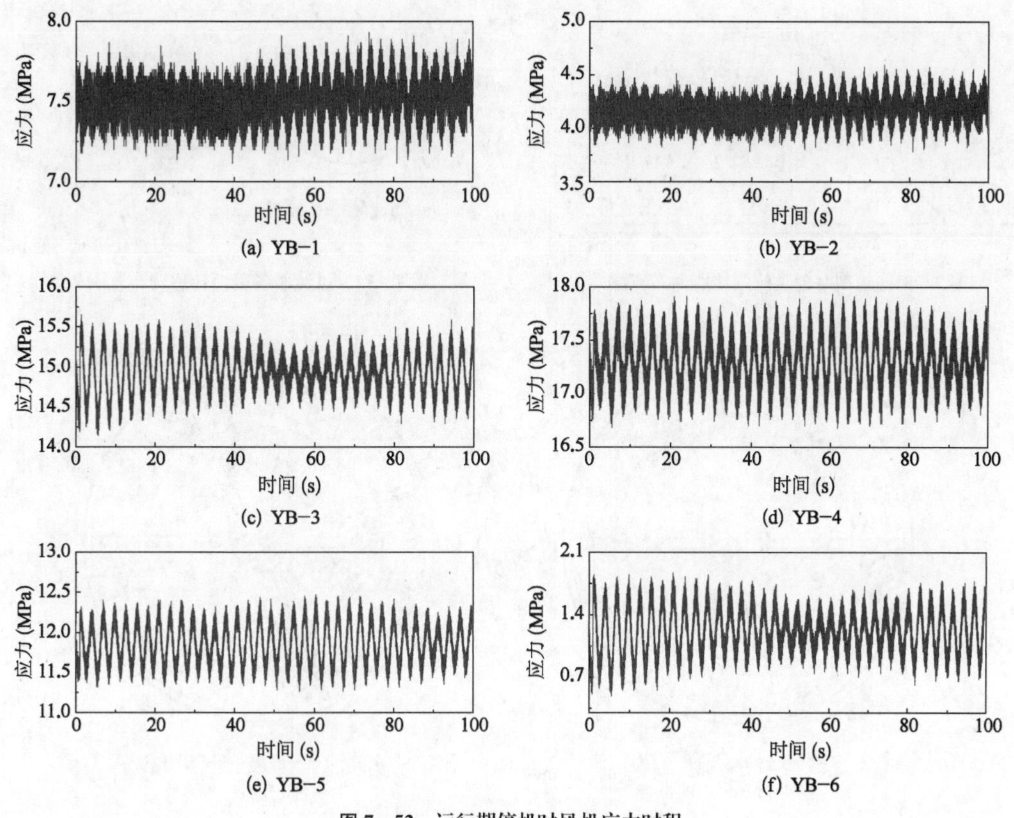

(a) YB-1　(b) YB-2　(c) YB-3　(d) YB-4　(e) YB-5　(f) YB-6

图 7-52　运行期停机时风机应力时程

7.4.3　海上风电筒型基础结构内力监测

7.4.3.1　监测方案

在筒型基础安装就位后，可利用钢筋计与混凝土应变计对基础各部位受力进行持续监测。其中，钢筋计宜重点布设在梁、板等受拉应力较大或受力较为复杂的区域，传感器与受力钢筋牢靠固定在同一轴线上。而混凝土应变计宜布置在基础混凝土过渡段、顶板、主梁、次梁和圈梁等位置，监测传感器数量和方向应根据应力状态确定。以 7.3.2 节介绍的某海上风电场 3＃筒型基础风机为例，监测共布置有效传感器数量为 57 支，规格数量见表 7-9，传感器具体布置如图 7-53～图 7-55。

表 7-9　传感器类型及数量

分　类	钢　筋　计		混凝土应变计
规　格	ϕ28	ϕ20	100 mm
数　量	19	12	26

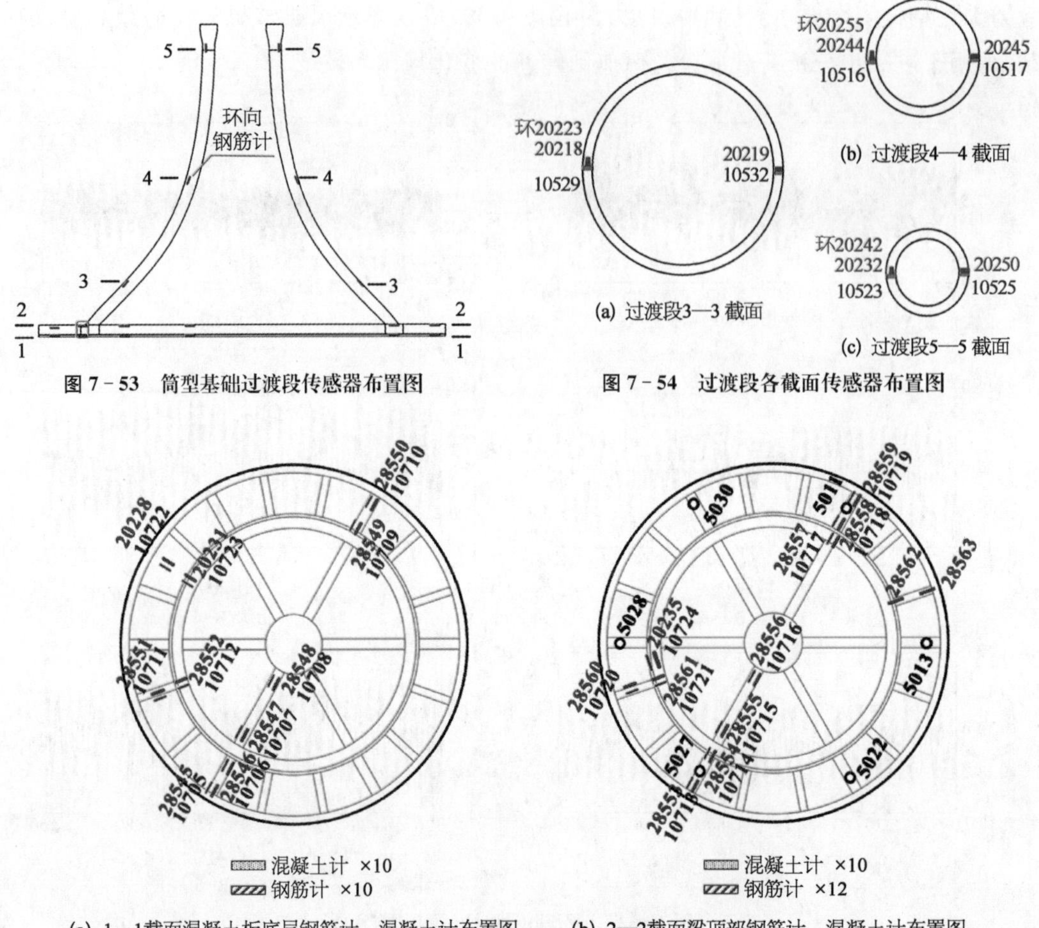

图 7-53　筒型基础过渡段传感器布置图

图 7-54　过渡段各截面传感器布置图

图 7-55　筒型基础顶板梁传感器布置图

7.4.3.2　监测分析

1) 过渡段部分

基于 7.3.3 节中相同监测工况，图 7-56～图 7-58 分别给出了筒型基础过渡段 3—3 截面、4—4 截面、5—5 截面在 3 级以下、4～6 级、6 级以上风速工况时，钢筋应力监测结果。由图可以看出，由于上部荷载与预应力的共同作用，三个测点钢筋应力均处于受压状态，应力变化幅度始终小于 10 MPa，波动较为平稳。

2) 梁顶部

图 7-59 和图 7-60 给出了主梁顶部与次梁顶部在 3 级以下、4～6 级、6 级以上风速工况时，内部钢筋应力监测结果。由图可以看出，主梁顶部测点钢筋应力呈两端受拉中间受压的状态，次梁顶部测点钢筋应力一侧受压一侧受拉，主次梁钢筋应力变化幅度均小于 10 MPa，波动较平稳。

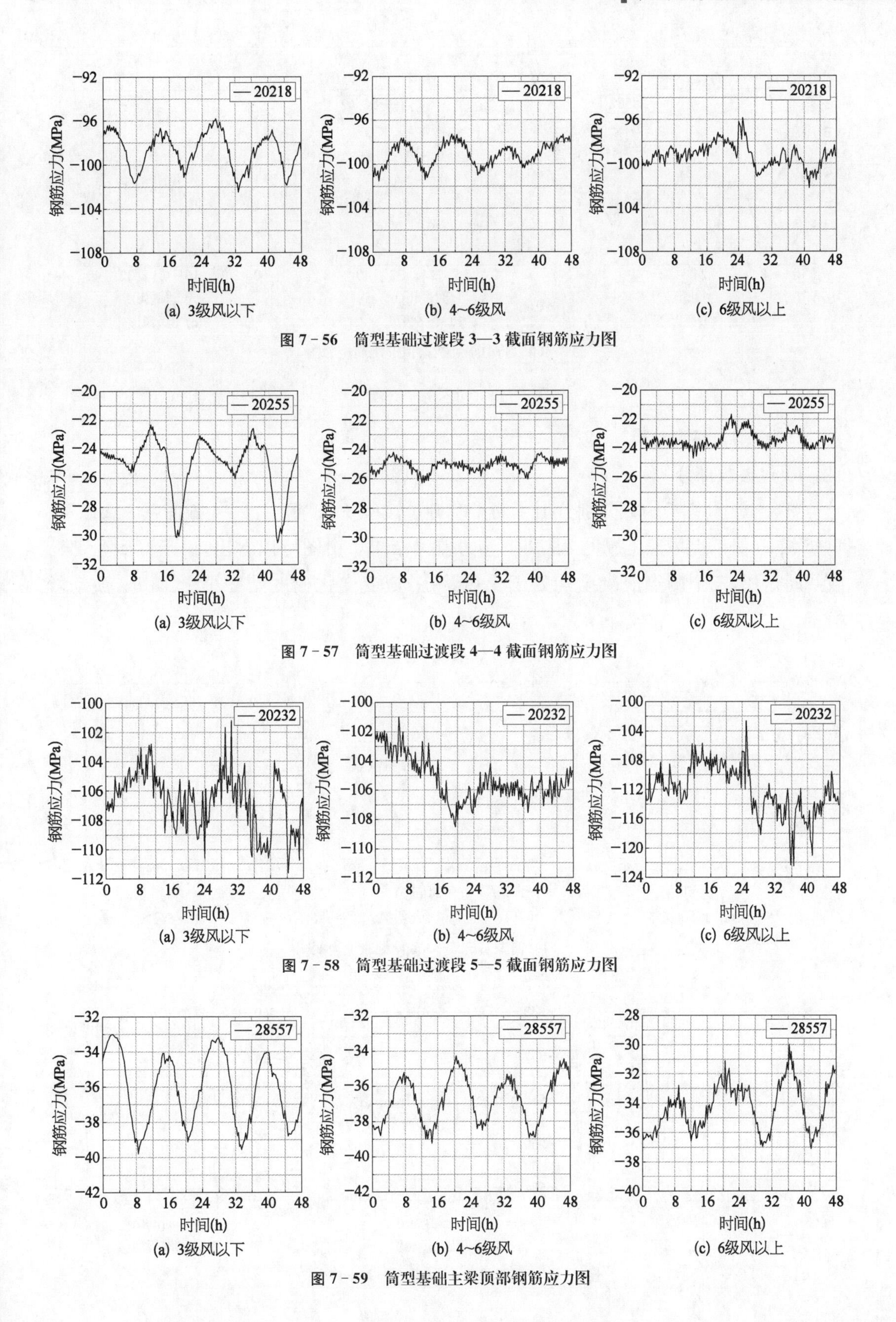

(a) 3级风以下　(b) 4~6级风　(c) 6级风以上

图 7－56　筒型基础过渡段 3—3 截面钢筋应力图

(a) 3级风以下　(b) 4~6级风　(c) 6级风以上

图 7－57　筒型基础过渡段 4—4 截面钢筋应力图

(a) 3级风以下　(b) 4~6级风　(c) 6级风以上

图 7－58　筒型基础过渡段 5—5 截面钢筋应力图

(a) 3级风以下　(b) 4~6级风　(c) 6级风以上

图 7－59　筒型基础主梁顶部钢筋应力图

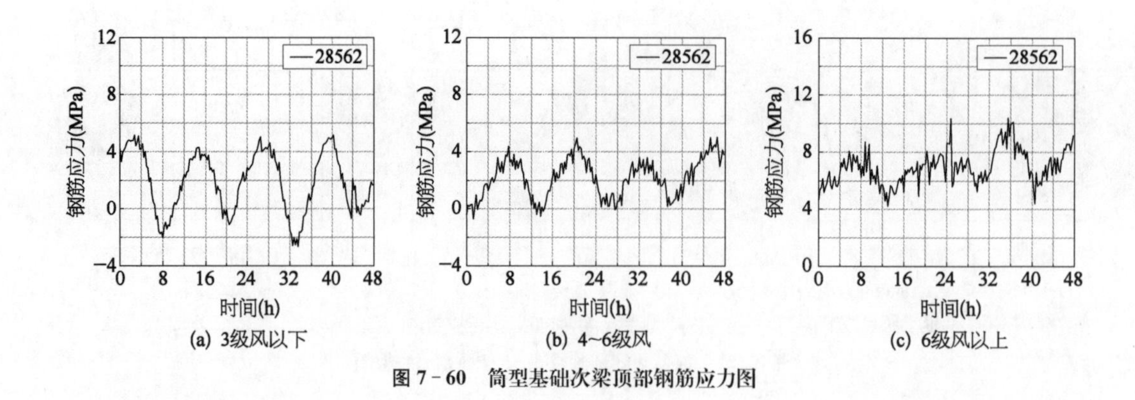

图 7-60　筒型基础次梁顶部钢筋应力图

7.4.3.3　监测分析

1) 过渡段部分

图 7-61 和图 7-62 分别给出了筒型基础过渡段 3—3 截面、4—4 截面在 3 级以下、4～6 级、6 级以上风速工况时，混凝土应力监测结果。由图可以看出，由于受到上部荷载共同作用，三个测点混凝土均处于受压状态，应变变化幅度始终小于 15 με，波动较稳定。

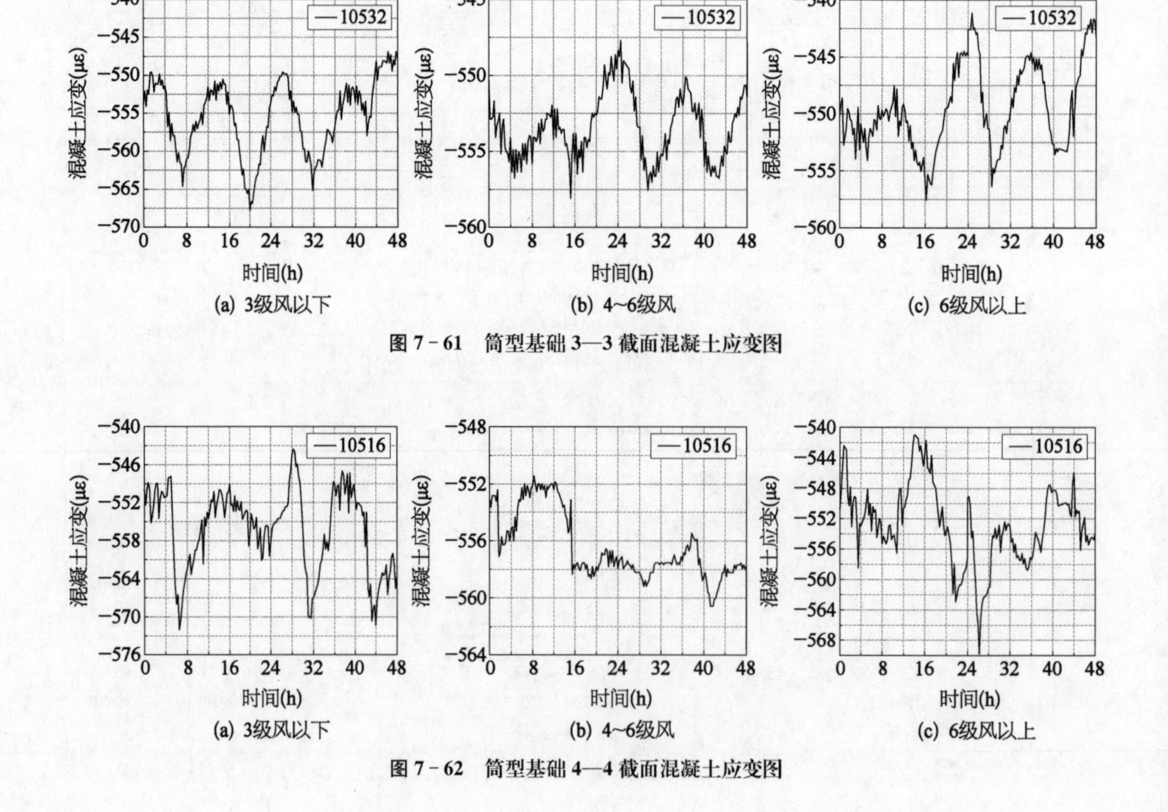

图 7-61　筒型基础 3—3 截面混凝土应变图

图 7-62　筒型基础 4—4 截面混凝土应变图

2) 梁顶部

图7-63和图7-64分别给出了主梁顶部与次梁顶部在3级以下、4～6级、6级以上风速工况时，内部混凝土应力监测结果。由图可以看出，主梁顶部测点混凝土处于受压的状态，应变变化幅度均小于15 με，波动较平稳。次梁顶部测点混凝土也处于受压的状态，变化幅度均小于30 με，波动较平稳。

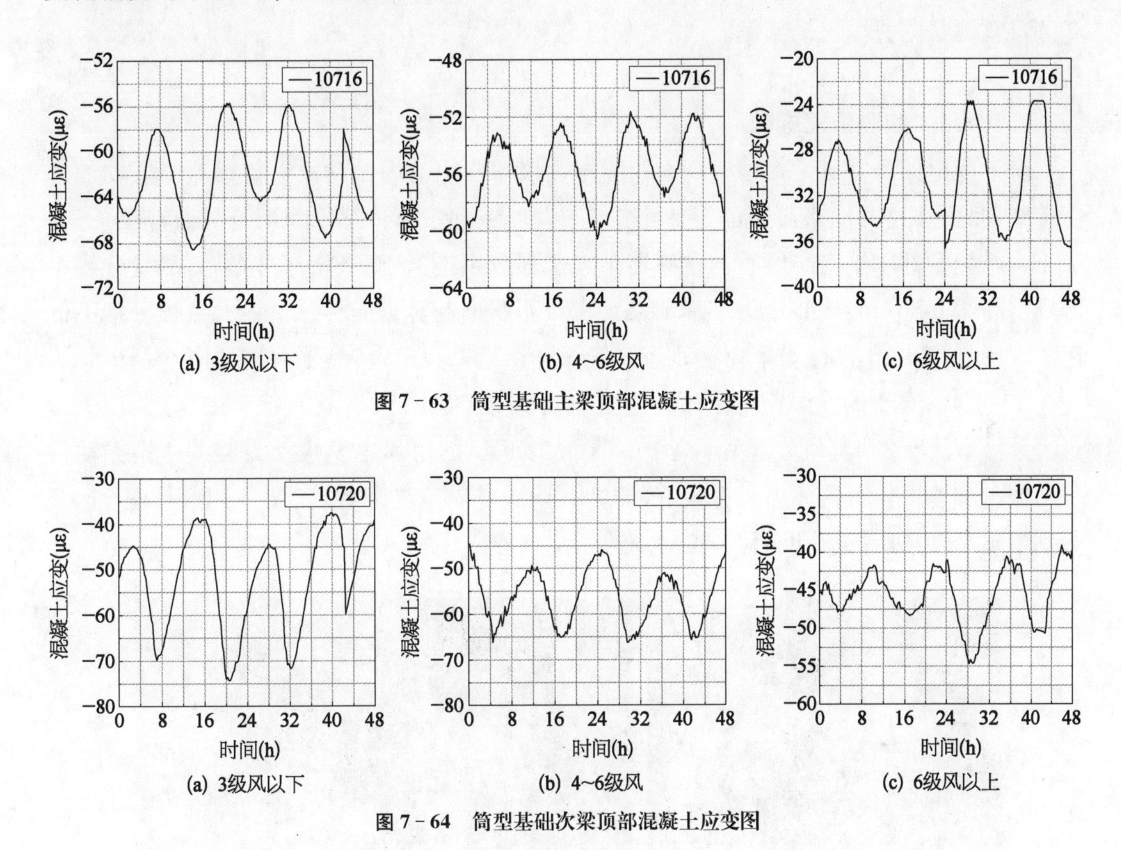

图7-63 筒型基础主梁顶部混凝土应变图

图7-64 筒型基础次梁顶部混凝土应变图

7.5 海上风电筒型基础结构整机服役期动力监测

7.5.1 海上风电筒型基础结构整机动力监测布置

海上风电筒型基础结构整机动力监测可包括整机振动位移、振动速度、振动加速度等动态指标监测。风机的振动状态直接关系到整个海上风电结构系统的安全问题。例如，超限振动不仅会对风机内部机械与电磁设备正常工作带来不利影响，同时长期超限振动还会增加系统内部连接部件的疲劳失效的概率。另一个影响风机安全的振动现象是疲劳振动，通常出现在风机内部长期受力不合理及疲劳荷载累计情况下，可能对结构带来局部损伤、构件失效等危害。因此，针对海上风电结构整机开展动力监测十分必要。

7.5.1.1 监测测点布置

海上风电筒型基础结构整机动力监测测点布置应包括基础、塔筒、机舱等，筒型基础动力监测宜至少在基础顶部法兰处布置一个测点。而塔筒动力监测宜至少在塔筒顶部与机舱连接处及塔筒底部布置一个测点，塔筒中部可根据现场测试条件与数据需求增加布置一定数量测点。若考虑空间条件允许，机舱内也可布置少量测点。筒型基础动力监测各测点宜测量三方向振动数据。

7.5.1.2 监测仪器选取

海上风电筒型基础结构整机动力监测布置仪器常用的为振动位移传感器与振动加速度传感器，振动速度传感器如有需要可增加布置。振动位移传感器频响范围通常在 0.1～50 Hz，塔筒顶部水平向与竖直向传感器最大量程分别不低于 0.8 m 与 0.1 m，测量分辨率分别不高于 0.8 mm 与 0.1 mm。基础法兰部位水平向与竖直向传感器最大量程分别不低于 10 mm 与 2 mm，测量分辨率分别不高于 10 μm 与 2 μm。传感器可以适应－25～45℃与 5%～100%RH 的温湿度工作环境。振动加速度传感器频响范围通常在 0.1～1 kHz，最大量程不低于 $2g$，测量分辨率不高于 $0.01g$(1 gal)。海上风电整机动力监测所用振动位移与振动加速度传感器还需具有较好的防水、防尘、防潮、防腐性能，图 7-65 与图 7-66 分别给出了现场所用振动位移与振动加速度传感器。

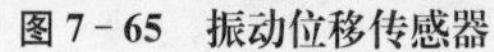
图 7-65 振动位移传感器

图 7-66 振动加速度传感器

7.5.1.3 监测仪器安装

海上风电结构动力监测所用振动传感器垂直方向与水平方向不可混用。在监测振动位移与加速度时，传感器可采用接触式安装方式，也可装在专门支架上再在结构上安装。传感器安装前应对安装位置进行清洗磨平处理，并采用黏结法与风机结构固定。在获得批准后，也可采用焊接方式将传感器固定在结构上。安装时应注意振动传感器的测量方向，应使传感器竖向与塔筒轴向保持一致。

7.5.2 海上风电筒型基础结构整机动力监测实例

7.5.2.1 2.5 MW海上风电筒型基础试验样机动力监测

所监测2.5 MW海上风电筒型基础试验样机位于江苏省附近黄海海域内，机组为直驱型风力发电机组，叶轮额定转速18 r/m，风机切入风速、额定风速和切出风速分别为3.0 m/s、12.0 m/s和25.0 m/s。风机轮毂高度80.0 m，钢制塔筒总长77.5 m，分三段式进行安装，机舱与塔筒及相邻塔筒之间均设有工作平台(董霄峰等，2019)。对于海上风电筒型基础整机监测，其主要测点布置原则要遵循以最能够表征风机整体结构的振动特性、反映机组、塔筒与基础联合振动规律及最大限度地获得结构振动模态信息的显著区域作为选择布置测点的区域(Xiaofeng Dong等，2018；Xiaofeng Dong等，2019)。考虑到风机结构可简化为柔性较大的悬臂梁结构，因此本次监测按照塔筒内部沿高度方向布置5个测点，为满足不同测试数据的需要，现场测试布置传感器共包括振动位移传感器和振动加速度传感器两种类型，均为三向测振，最低频率为0.1 Hz、采样频率为200 Hz。各测点位置与传感器布置详见表7-10，风机结构所处地理位置、传感器总体布置形式与采用监测仪器可参见图7-67。本次监测共布置有5个测点，20个振动传感器。塔筒顶部振动位移传感器最大量程可达1.0 m，加速度传感器最大量程可达$2g$。各测点振动位移与加速度传感器布置如图7-68和图7-69所示。

表7-10 2.5 MW试验样机监测测点布置表

序号	位置	传感器类型	布置传感器个数
1	风机机组与塔筒顶部连接段处平台的筒壁上	振动位移	2水平+1垂直
		振动加速度	1个，三向测振
2	距第三层工作平台高约1.5 m的筒壁上	振动位移	2水平+1垂直
		振动加速度	1个，三向测振
3	距第二层工作平台高约1.5 m的筒壁上	振动位移	2水平+1垂直
		振动加速度	1个，三向测振
4	距第一层工作平台高约1.5 m的筒壁上	振动位移	2水平+1垂直
		振动加速度	1个，三向测振
5	筒型基础顶部混凝土壁上	振动位移	2水平+1垂直
		振动加速度	1个，三向测振

7.5.2.2 3.0 MW海上风电筒型基础整机动力监测

所监测3.0 MW海上风电基础整机位于江苏北部黄海海域内(Jijian Lian等，2019)，该风电场内安装有两台筒型基础风机(Puyang Zhang等，2012；Jijian Lian等，2011)。本次监测沿塔筒方向布置7个测点，共25个传感器。其中6个点共布置18个位移传感器；

图 7－67　海上风电筒型基础试验样机地理位置与现场测试布置图

(a) 1#测点

(b) 5#测点

图 7－68　振动位移传感器现场布置图

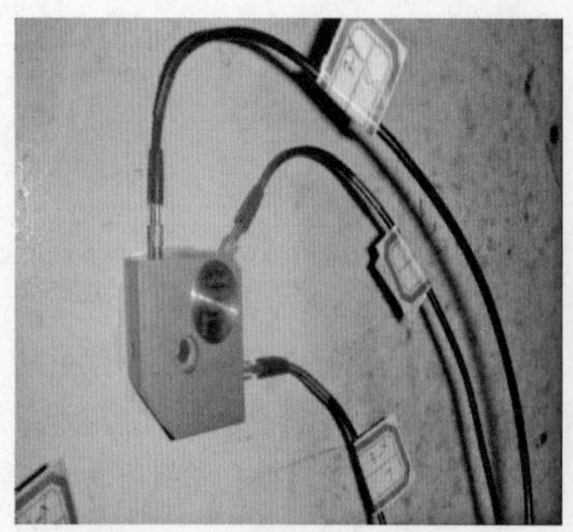

(a) 1#测点

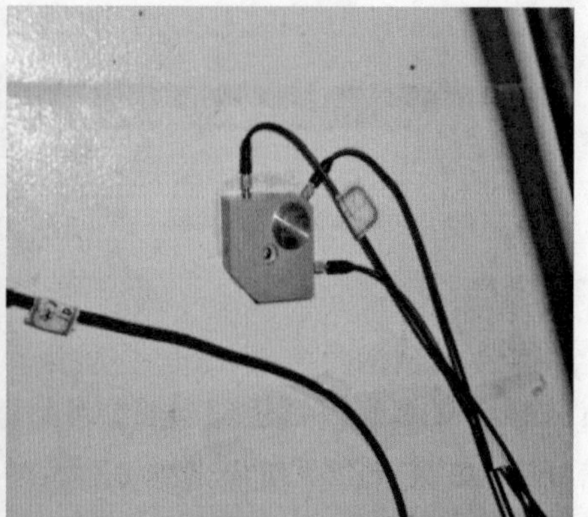

(b) 4#测点

图 7－69　振动加速度传感器现场布置图

7个点共有7个加速度传感器，将测点进行编号（表7-11），布置位置如图7-70所示。所有测点均为三向测振，最低频响为0.1 Hz。传感器 X 方向为塔筒水平切向，Z 向为水平塔筒径向，Y 向为竖直方向，如图7-71所示。塔筒顶部振动位移传感器水平向最大量程可达1.0 m，竖直向为0.1 m。筒型基础顶部振动位移传感器水平向最大量程为5 mm，竖直向为2 mm。加速度传感器最大量程可达 $2g$，分辨率为0.08 mg。

表7-11　3.0 MW整机监测测点布置表

序　号	位　　置	传感器类型	布置传感器个数
1	机舱内提升柱基座平台上	振动位移	2水平+1垂直
		振动加速度	1个，三向测振
2	机舱内偏航电机底座平台上	—	—
		振动加速度	1个，三向测振
3	风机机组与塔筒顶部连接处平台的筒壁上	振动位移	2水平+1垂直
		振动加速度	1个，三向测振
4	距第三层工作平台高约1.5 m的筒壁上	振动位移	2水平+1垂直
		振动加速度	1个，三向测振
5	距第二层工作平台高约1.5 m的筒壁上	振动位移	2水平+1垂直
		振动加速度	1个，三向测振
6	邻近塔筒下法兰环的筒壁上	振动位移	2水平+1垂直
		振动加速度	1个，三向测振
7	筒型基础顶部混凝土壁上	振动位移	2水平+1垂直
		振动加速度	1个，三向测振

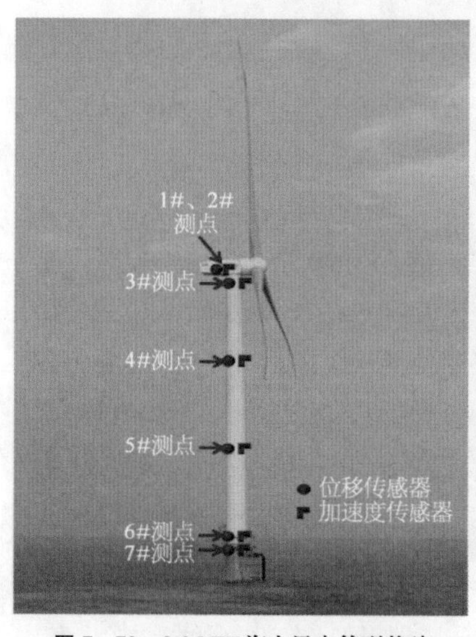

图7-70　3.0 MW海上风电筒型基础整机现场测试布置图

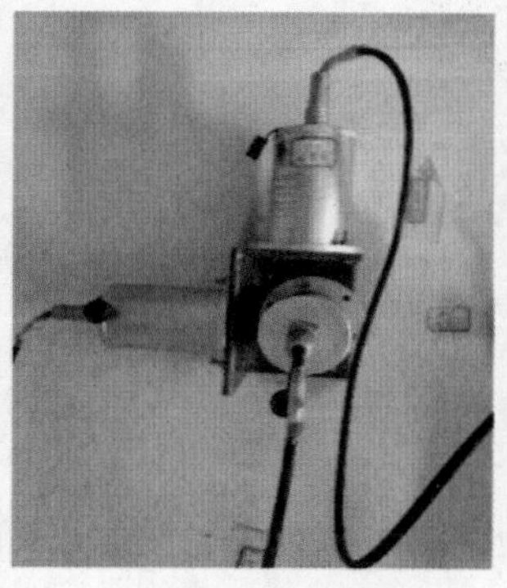

(a) 振动位移传感器

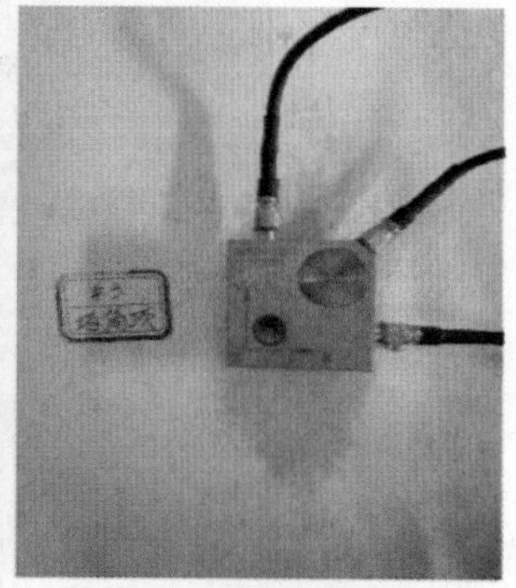

(b) 振动加速度传感器

图7-71　3#测点位移与加速度传感器示意图

同时，本次现场监测为了对海上风电筒型基础与单桩基础振动响应进行对比，还在同一海上风电场内选取一台单桩基础风机作为研究对象，所研究筒型基础风机与单桩基础风机与 7.4.1 节介绍的研究对象保持一致。单桩基础风机在塔筒顶部与筒型基础风机相同位置也布置有一个测点，安装了三向测振位移传感器以获取风机顶部动态振动位移加以对比。监测单桩基础风机与筒型基础风机分别编号为 1＃、2＃、3＃，如图 7－72 所示，单桩基础风机塔筒顶部振动位移传感器布置如图 7－73 所示。

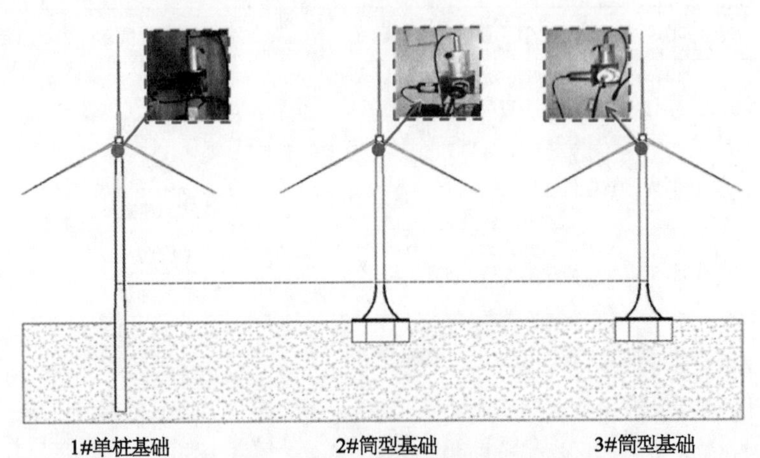

图 7－72　三台风机塔筒顶部位移传感器示意图

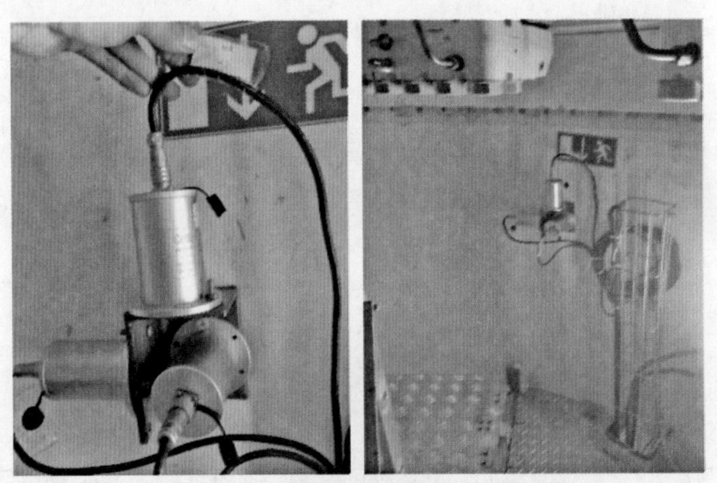

图 7－73　单桩风机塔筒顶部振动位移传感器示意图

7.5.2.3　3.3 MW 海上风电筒型基础整机动力监测

所监测 3.3 MW 海上风电基础整机也位于江苏北部黄海海域内，该风电场内安装有 13 台筒型基础型式风机(Jijian Lian 等，2019)，机组额定功率分别为 3.3 MW 与 6.45 MW。本次监测按照塔筒内部沿高度方向布置 4 个测点，共计 6 个传感器，均具有三向测振功能。其中，4 个点为振动位移测点，共有 4 个位移传感器；2 个点为振动加速度测点，共布置有 2 个加速度传感器，将测点按一定的规则进行编号(表7-12)，测点布置位置如图7-74所示。塔筒顶部振动位移传感器水平向最大量程可达1.0 m，竖直向为0.1 m。筒型基础顶部振动位移传感器水平向最大量程为10 mm、竖直向为2 mm，加速度传感器最大量程可达2g。监测所用振动传感器最低频响均为0.1 Hz。现场安装振动位移与加速度传感器布置如图7-75所示。

表7-12　3.3 MW整机监测测点布置表

序　号	位　置	传感器类型	布置传感器个数
1	风机机组与塔筒顶部连接处平台的筒壁上	振动位移	1个，三向测振
		振动加速度	1个，三向测振
2	上中塔筒法兰工作平台上方筒壁上	振动位移	1个，三向测振
		—	—
3	中下塔筒法兰工作平台上方筒壁上	振动位移	1个，三向测振
		—	—
4	筒型基础顶部混凝土壁上	振动位移	1个，三向测振
		振动加速度	1个，三向测振

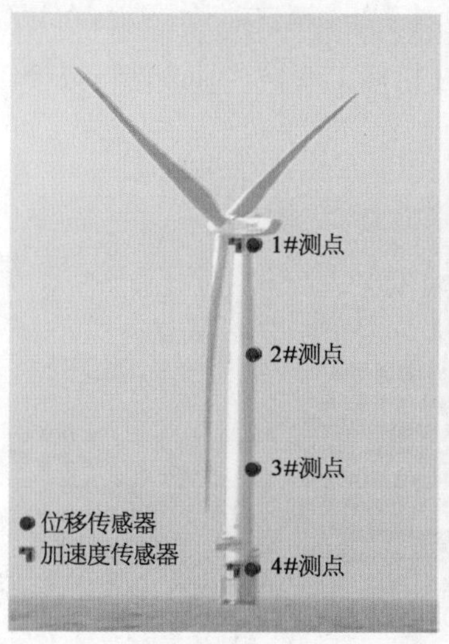

图7-74　3.3 MW海上风电筒型基础整机现场测试布置图

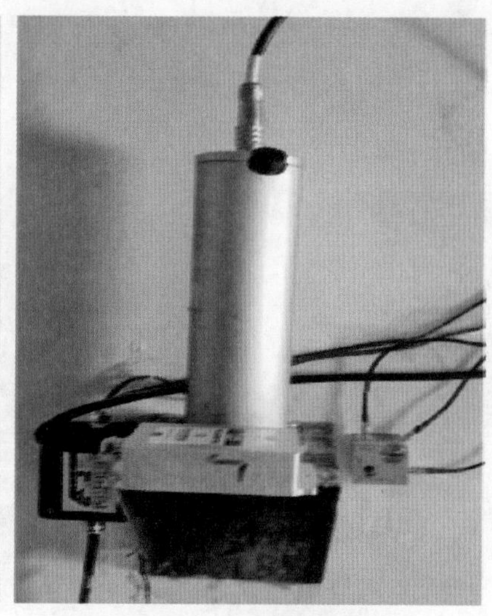

图7-75　1#测点位移与加速度传感器

7.6　海上风电筒型基础整机服役期安全监测系统搭建与实施

海上风电筒型基础安全监测系统主要包括采集模块与传输模块。监测系统的采集模块是对前文介绍的监测指标数据进行收集，其集成采集的对象包括地基监测、整机静力监测与整机动力监测涉及测试指标，而环境要素通常可单独实施监测。其中，土压力、孔隙水压力、钢筋应力与混凝土应力属于静力监测，采样时间间隔较长，可以为1 h甚至1天。

而对于整机振动位移、加速度、应变等指标开展的动力监测，则要重点捕捉与掌握较宽频带内的频率信息，因此通常采样频率较高，一般不低于 200 Hz。同时，对于整机倾斜度监测虽然不需要较高频次的采样，但是也需要实时对基础结构倾斜幅度进行监控掌握，因此现场采样频率一般不低于 1 Hz。因此，根据实际现场监测指标的需要，搭建的海上风电筒型基础安全监测系统要做到动静态同步的高精度监测。

监测系统中采集模块关键组成部分是采集仪，图 7 - 76 与图 7 - 77 所示为天津大学为海上风电筒型基础整机现场监测研制的能够满足动静态指标同步监测的高精度采集仪。其中 JYL - 1103 型信号采集仪已经应用于 7.5.2.2 节中介绍的两台 3.0 MW 海上风电筒型基础整机监测，采集频率为 300 Hz，配有 40 个并行采集通道，可用于同步采集振动位移与振动加速度信号，采集仪内部安装有光纤转换模块，以方便实现信号的实时传输与采集。而 JYL - 8086 型信号采集仪已经成功应用在 7.5.2.3 节中介绍的海上风电场内 5 台筒型基础整机监测，配备有静态监测与动态监测两种功能，可以同步但以不同采样频率方式对振动位移、振动加速度、应变、倾斜度、钢筋应力、混凝土应力、土压力、孔隙水压力等多项指标进行高精度监测。采集仪内部同样配置有光纤转换与传输模块，可实现数据远程传输。此外，对于安全监测系统还配有操作界面，可以实时监测各指标的变化情况，同时系统中也设有预警机制，在指标出现异常时可进行报警，如图 7 - 78 所示。

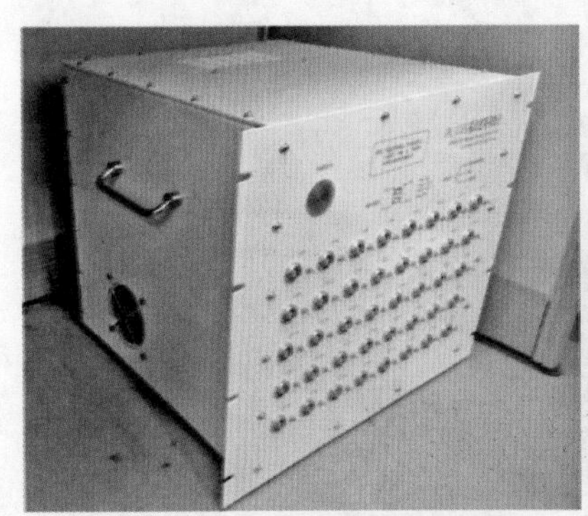

图 7 - 76　JYL - 1103 型信号采集仪

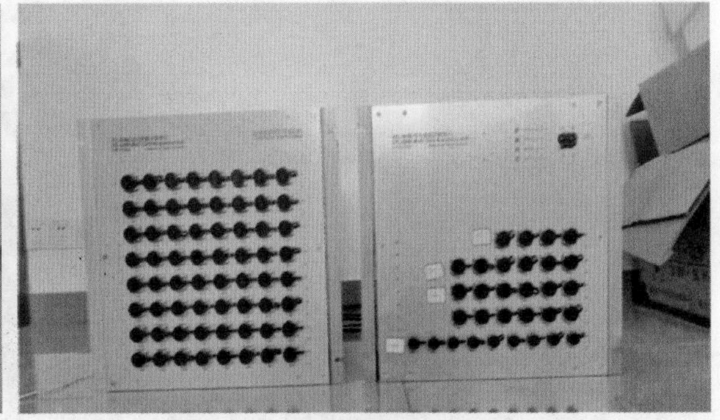

图 7 - 77　JYL - 8086 型信号采集仪

海上风电筒型基础安全监测系统的另一个重要模块是用于实现数据的远程稳定传输功能，其实现可以通过无线网络、GPRS、光纤等方式实现。图 7 - 79 给出了基于光纤进行监测数据远程传输的实施流程，数据通过采集模块集成收集后，可以通过预留的光纤转换器与风机内传输光纤连接，将海量数经过海上升压站传输至陆上集控中心内。目前这套数据远程传输方案已经成功应用于 7.5.2 节介绍的 3.0 MW 与 3.3 MW 海上风机所在风电场内，传输效率与稳定性较好。所搭建的海上风电筒型基础结构安全监测与远程传输系统，克服了深远海海上风电场数据安全稳定传输的难题，实现了多类型动静态数据同步高精度监测与收集，具有很好的工程推广应用价值。

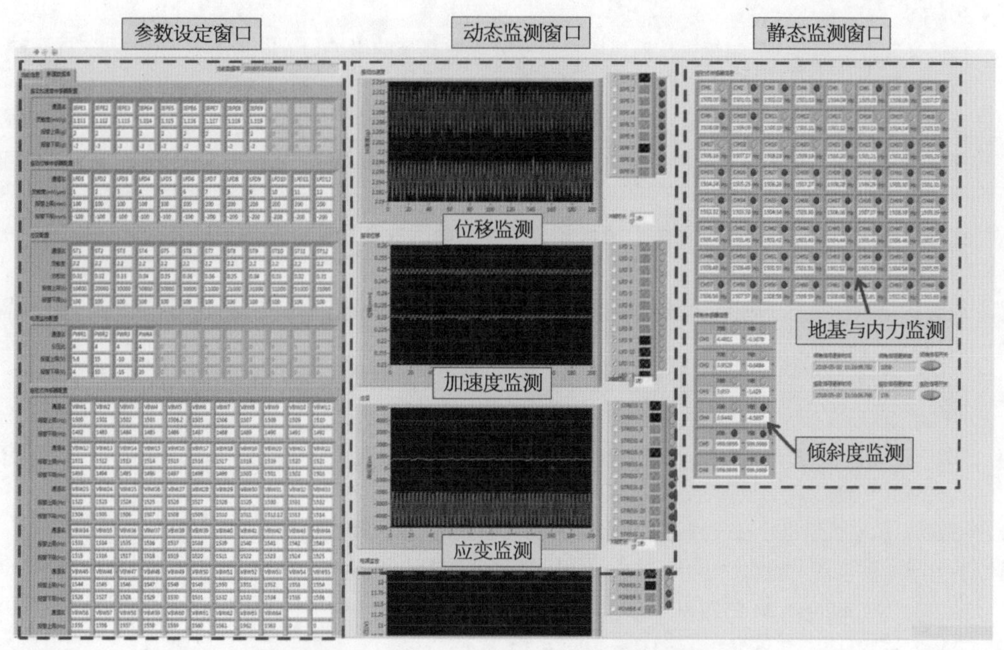

图7-78　JYL-8086型信号采集监测系统界面

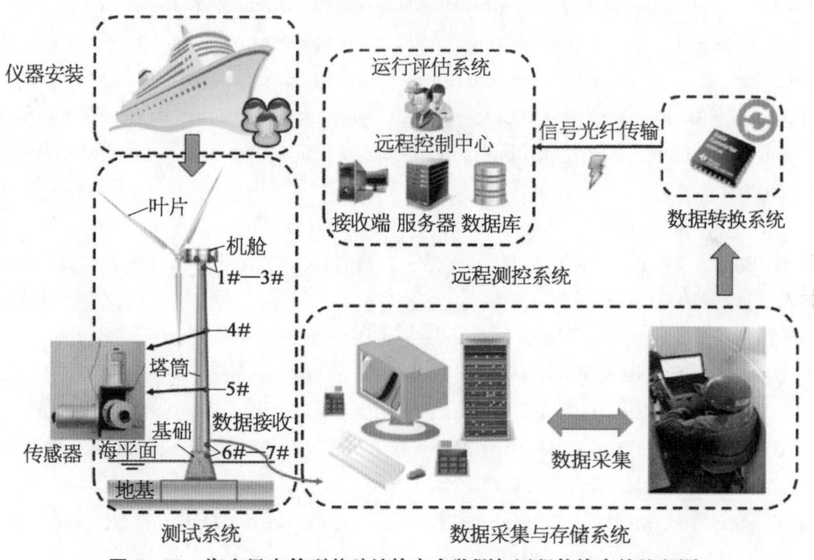

图7-79　海上风电筒型基础结构安全监测与远程传输实施流程图

参考文献

[1] 董霄峰,练继建,王海军.海上风机结构振动监测试验与特性分析[J].天津大学学报(自然科学版),2019,52(2):191-199.

[2] 郭耀华,张浦阳,丁红岩,等.一种复合筒型基础下沉姿态馈控系统:ZL201710166788.7[P].2019-

10 - 29.

[3] 付德义，薛扬，焦渤，等.湍流强度对风电机组疲劳等效载荷的影响[J].华北电力大学学报(自然科学版)，2015，42(1)：45 - 50.

[4] 黎作武，贺德馨.风能工程中流体力学问题的研究现状与进展[J].力学进展，2013，43(5)：472 - 525.

[5] 练继建，陈飞，王海军，等.一种稳定筒型基础下沉负压的试验装置：ZL201310110247.4[P].2015 - 2 - 11.

[6] 练继建，陈飞，马煜祥，等.一种海上风机复合筒型基础沉放姿态实时监测方法：ZL201410181040.0[P].2016 - 2 - 24.

[7] 练继建，刘润，燕翔.一种破土减阻保压的筒型基础沉放装置及其沉放方法：ZL2017101568650[P].2019 - 3 - 19.

[8] 刘润，汪嘉钰，练继建，等.一种控制筒型基础下沉负压的试验装置：ZL2016109866808[P].2018 - 8 - 10.

[9] 刘润，汪嘉钰，练继建，等.用于筒型基础下沉的负压控制装置的使用方法：ZL2018100921531[P].2019 - 10 - 11.

[10] 孙嘉兴.风电机组机位有效湍流强度计算方法归纳分析[J].风能，2010(2)：54 - 57.

[11] Barthelmie R J, Frandsen S T, Nielsen M N, et al. Modelling and measurements of power losses and turbulence intensity in wind turbine wakes at Middelgrunden offshore wind farm[J]. Wind Energy, 2007, 10(6): 517 - 528.

[12] Chu C R, Chiang P H. Turbulence effects on the wake flow and power production of a horizontal-axis wind turbine[J]. Journal of Wind Engineering and Industrial Aerodynamics, 2014(124): 82 - 89.

[13] Jijian Lian, Junni Jiang, Xiaofeng Dong, et al. Coupled Motion Characteristics of Offshore Wind Turbine during the Integrated Transportation Process[J]. Energies, 2019, 12(10), 2023: 1 - 23.

[14] Jijian Lian, Qi Jiang, Xiaofeng Dong, et al. Dynamic Impedance of the Wide-Shallow Bucket Foundation for Offshore Wind Turbine using Coupled Finite-Infinite Element Method[J]. Energies, 2019, 12(4370): 1 - 28.

[15] Jijian Lian, Liqiang Sun, Jinfeng Zhang, et al. Bearing Capacity and Technical Advantages of Composite Bucket Foundation of Offshore Wind Turbines[J]. Transactions of Tianjin University, 2011(17): 132 - 137.

[16] Xiaofeng Dong, Jijian Lian, Wang Haijun, et al. Structural Vibration Monitoring and Operational Modal Analysis of Offshore Wind Turbine Structure[J]. Ocean Engineering, 2018(150): 280 - 297.

[17] Xiaofeng Dong, Jijian Lian, Haijun Wang. Vibration Source Identification of Offshore Wind Turbine Structure Based on Optimized Spectral Kurtosis and Ensemble Empirical Mode Decomposition[J]. Ocean Engineering, 2019(172): 199 - 212.

[18] Puyang Zhang, Hongyan Ding, Conghuan Le, et al. Test on the Dynamic Response of the Offshore Wind Turbine Structure with the Large-Scale Bucket Foundation [J]. Procedia Environmental Sciences, 2012(12): 856 - 863.

第 8 章

海上风电筒型基础-塔筒-风机耦合动力安全

海上风电逐渐呈现大容量、高塔筒、长叶片的发展趋势，由于风机结构与叶轮叶片均属于柔性振动敏感结构，在风浪流动力荷载作用下，海上风电筒型基础-塔筒-风机耦合动力安全十分突出。海上风电结构体系的振动不但与荷载特性、结构动力特性有关，还与风机的运行控制策略有关。基于海上风电结构现场振动监测结果，本章系统阐述海上风电筒型基础结构的工作模态、振源特性、耦合动力安全评估、运行控制策略优化、疲劳特性和减振控制等最新研究成果。

8.1 海上风电筒型基础整机振动现场监测分析

以 7.5.2.2 节介绍两台 3.0 MW 海上风电筒型基础风机实测数据为研究对象，本节按照停机工况和正常运行工况两种状态进行振动位移与加速度分析。风速按照风级大小划分为 4 个区域，包括 0～3 级(风速 5.4 m/s 以下)、4～5 级(风速 5.5～10.7 m/s)、6～8 级(风速 10.8～20.8 m/s)及 8 级以上(风速 20.8 m/s 以上)。选取 2＃风机的测点 3、测点 6 及 3＃风机的测点 3、测点 6 和测点 7 为研究对象。

8.1.1 停机工况振动位移分析

选取停机状态的多个工况分析，所选工况的平均风速、转速和负荷等信息见表 8-1。每组工况取 100 s 计算其振动位移最大值或均方根值进行分析(练继建等，2007；王海军，2005)。图 8-1～图 8-4 分别给出两台风机各测点在停机工况下的振动位移曲线。

表 8-1　停机工况参数表

工况编号	风　级	风机编号	平均风速(m/s)	平均转速(r/m)	平均负荷(kW)
1＃	0～3	2＃	1.3	0	0
		3＃	1.3	0	0
2＃	4～5	2＃	10.0	0	0
		3＃	9.6	0	0

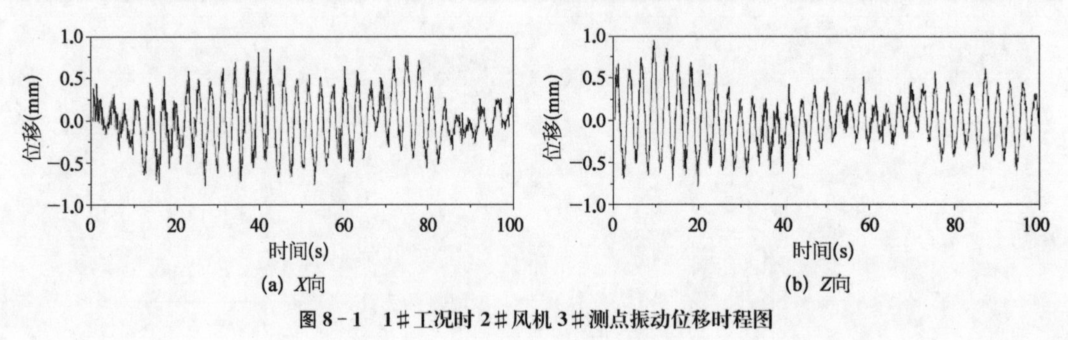

图 8-1　1＃工况时 2＃风机 3＃测点振动位移时程图

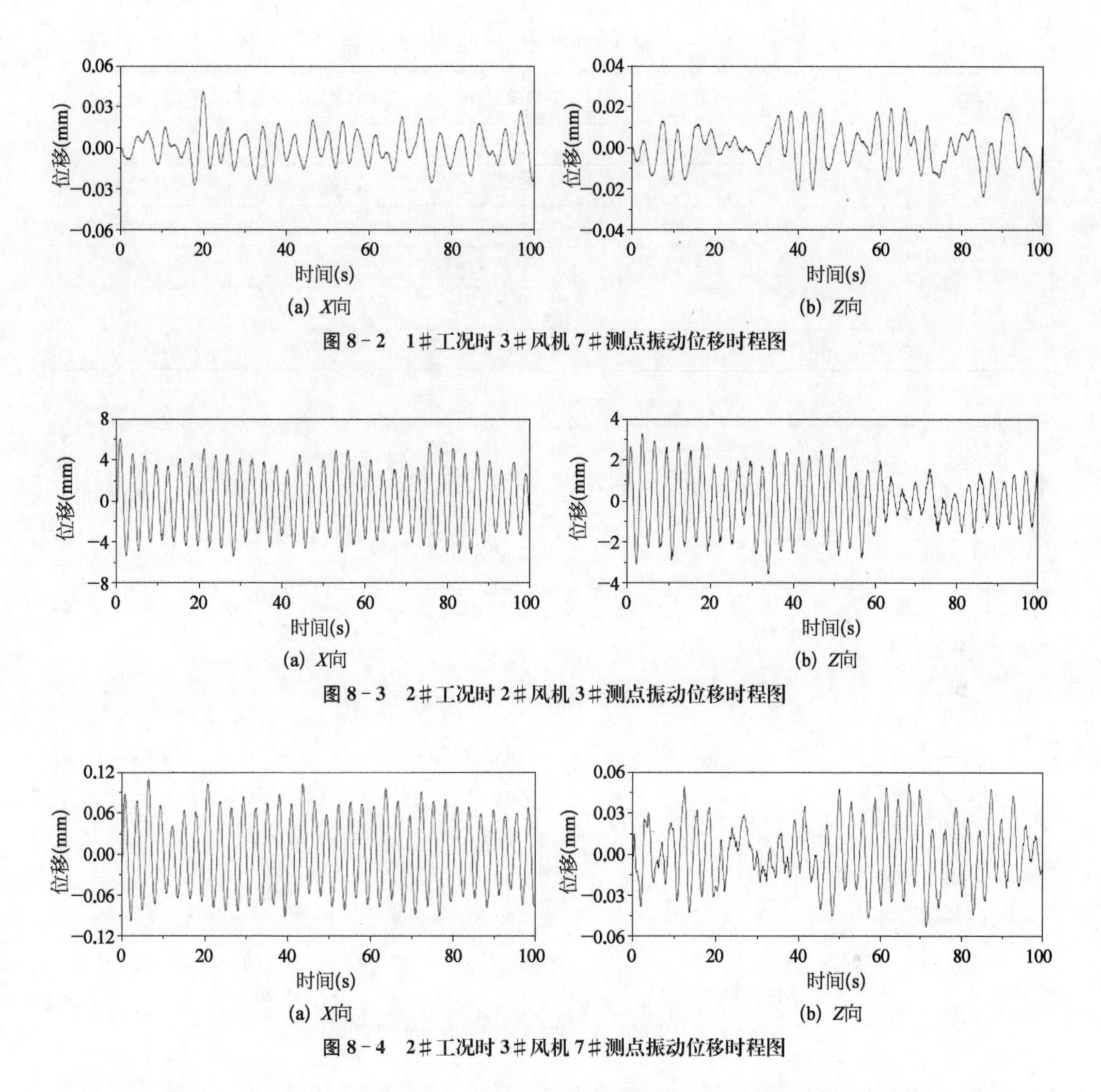

图 8-2 1＃工况时 3＃风机 7＃测点振动位移时程图

图 8-3 2＃工况时 2＃风机 3＃测点振动位移时程图

图 8-4 2＃工况时 3＃风机 7＃测点振动位移时程图

分析可知，当风机处于风速为 10 m/s 的停机状态时，2＃风机 3＃测点最大水平合成位移可达 7.02 mm，3＃风机测点 6 的最大水平合成位移可达 0.22 mm，7＃测点的最大水平合成位移可达 0.053 mm，出现在风速为 9.6 m/s 的停机状态工况下。

8.1.2 运行工况下振动位移分析

选取两风机在 0～3 级、4～5 级、6～8 级风况下 4 组典型正常运行工况进行分析，各工况平均风速、平均转速和平均负荷等信息见表 8-2，图 8-5～图 8-11 分别给出筒型基础风机各测点在不同正常运行工况下的振动位移时程曲线。分析可知，当风机处于 6 级风况的运行状态时，2＃风机 3＃测点最大水平合成位移可达 29.41 mm，3＃风机 6＃测点的最大水平合成位移可达 0.49 mm，7＃测点的最大水平合成位移可达 0.28 mm，出现在风速为 8.5 m/s 的运行状态工况时。

表 8-2　0～3 级风况正常运行工况参数表

工况编号	风　级	风机编号	平均风速(m/s)	平均转速(r/m)	平均负荷(kW)
3#	0～3	2#	4.2	8.5	332
		3#	4.3	8.5	320
4#	4～5	2#	8.5	12.59	1 980
		3#	8.8	12.58	2 024
5#	6～8	2#	17.1	13.5	2 981
6#	6～8	3#	18.9	12.6	3 041

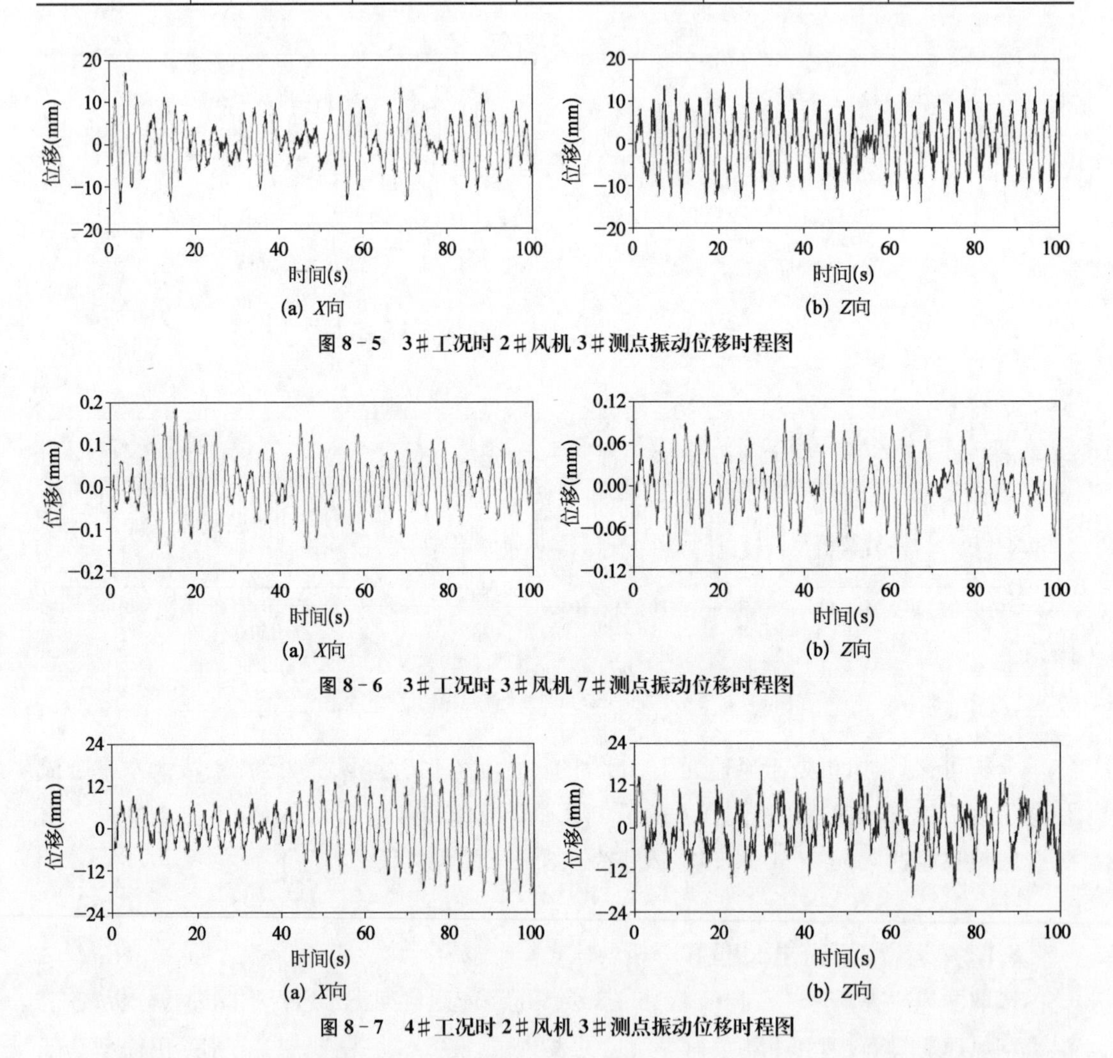

图 8-5　3#工况时 2#风机 3#测点振动位移时程图

图 8-6　3#工况时 3#风机 7#测点振动位移时程图

图 8-7　4#工况时 2#风机 3#测点振动位移时程图

当风机处于 6～8 级满发工况时，2#风机在 5#工况时，3#测点水平合成位移取得最大值 105.06 mm，6#测点水平合成位移最大值为 2.48 mm；3#风机在 6#工况时，3#测点位移最大为 77.55 mm，6#测点最大单向位移 2.14 mm，水平合成位移为 2.70 mm，7#测点单向位移最大值为 1.09 mm，水平合成位移为 1.49 mm。由此可知满足风机运行状态振动位移安全要求。

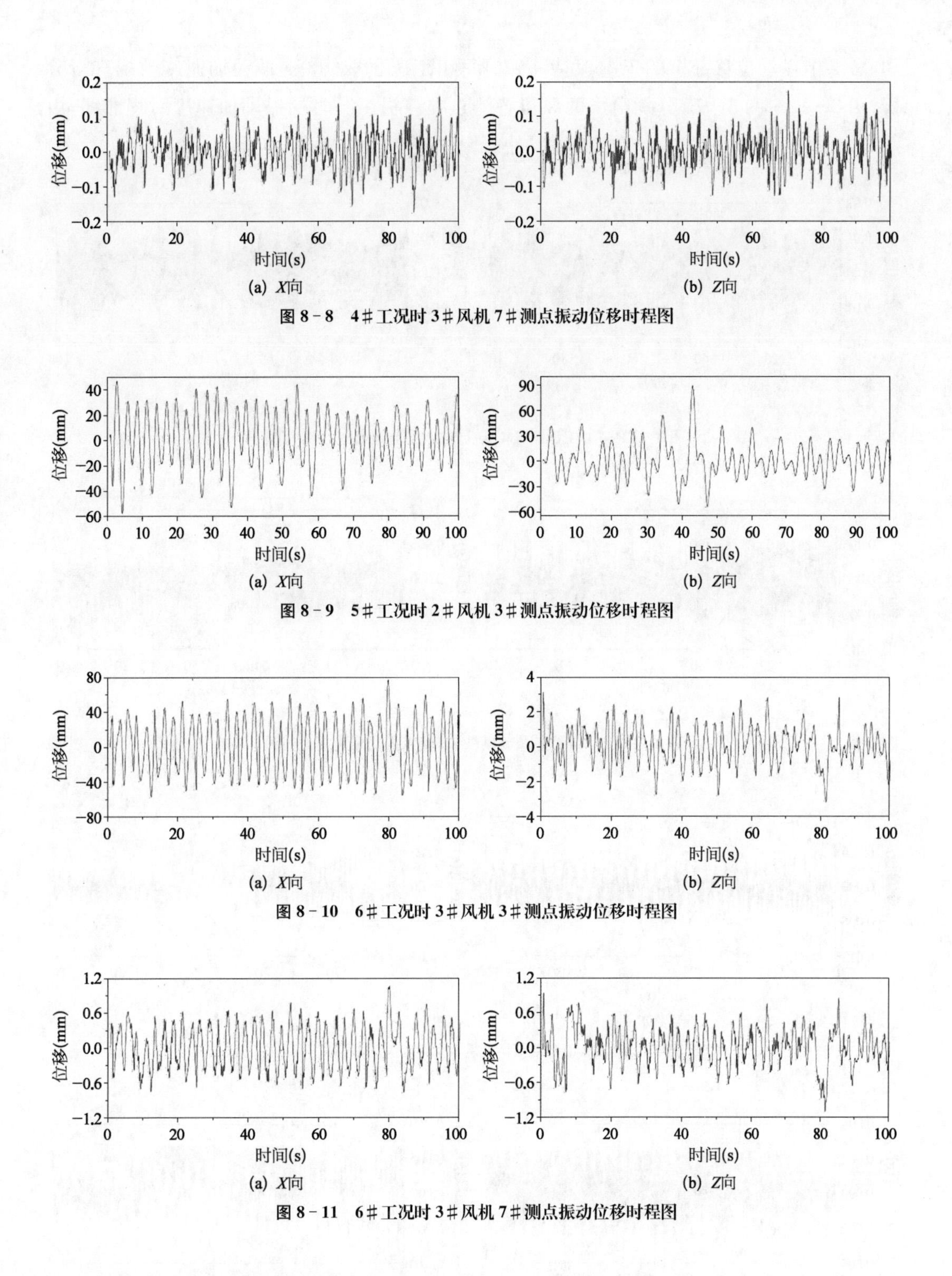

图 8-8　4#工况时3#风机7#测点振动位移时程图

图 8-9　5#工况时2#风机3#测点振动位移时程图

图 8-10　6#工况时3#风机3#测点振动位移时程图

图 8-11　6#工况时3#风机7#测点振动位移时程图

8.1.3　停机工况振动加速度分析

对海上风电筒型基础风机监测获得振动加速度数据进行分析时，工况选取同8.1.1节和 8.1.2 节振动位移分析的工况保持一致。每组工况仍取 100 s 振动加速度数据进行分析,图 8-12～图 8-15 分别给出两风机各测点在停机工况时的振动加速度时程曲线,由图可知风机各测点水平方向的加速度均小于允许值 0.12g,满足安全运行要求。

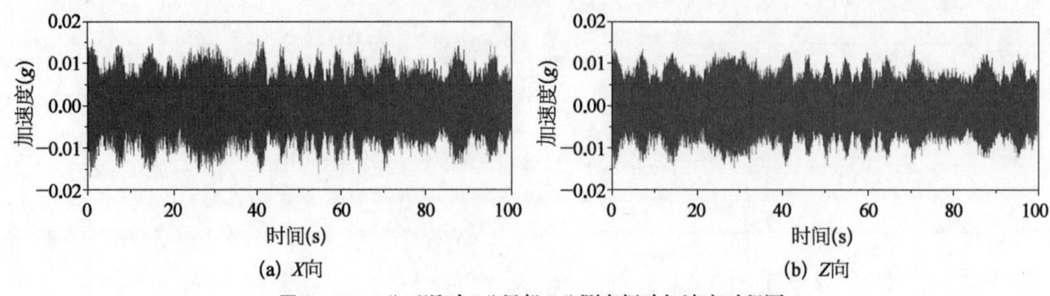

图 8-12　1#工况时 2#风机 3#测点振动加速度时程图

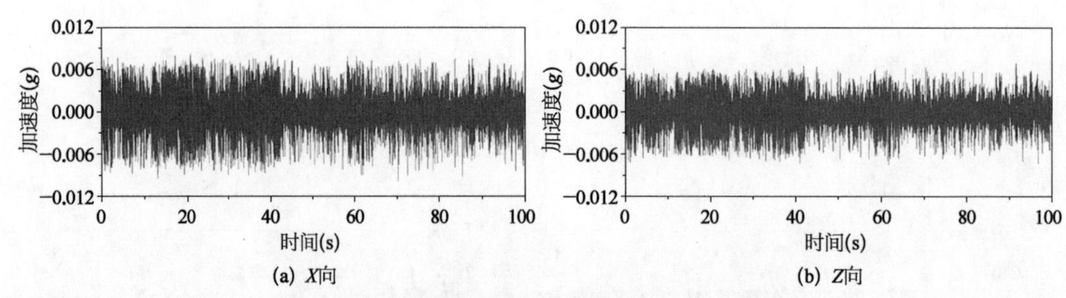

图 8-13　1#工况时 2#风机 7#测点振动加速度时程图

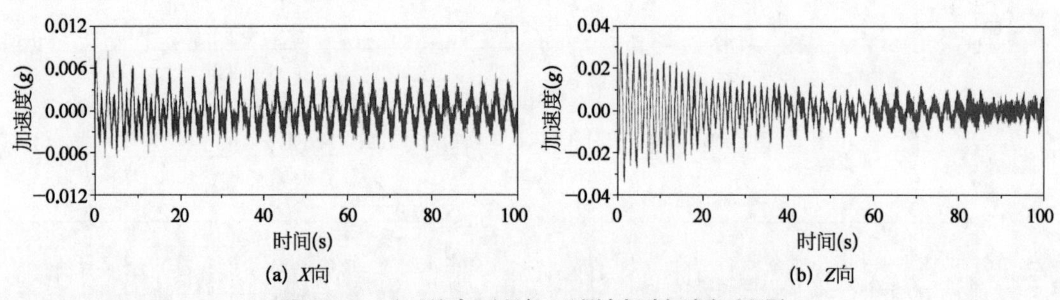

图 8-14　2#工况时 3#风机 3#测点振动加速度时程图

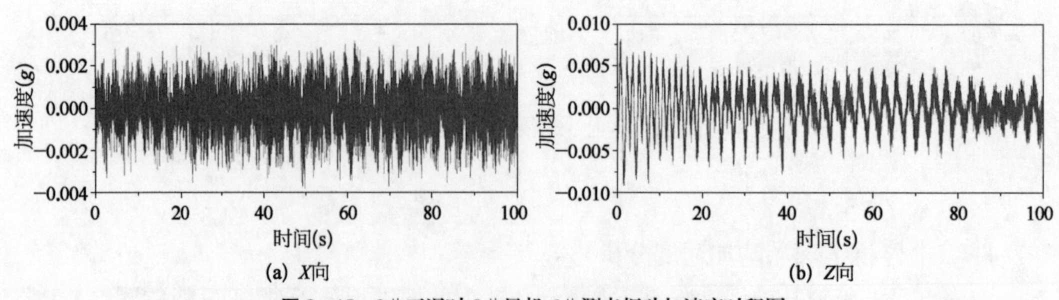

图 8-15　2#工况时 3#风机 6#测点振动加速度时程图

8.1.4　运行工况下振动加速度分析

图 8－16～图 8－22 分别给出两风机各测点在不同正常运行工况时的振动加速度时程曲线，由分析可知，在 0～3 级、4～5 级、6～8 级风况下 2＃和 3＃风机各测点的最大加速度分别为 0.096g、0.093g、0.106g，均小于风机运行加速度允许值 0.12g，满足安全要求。

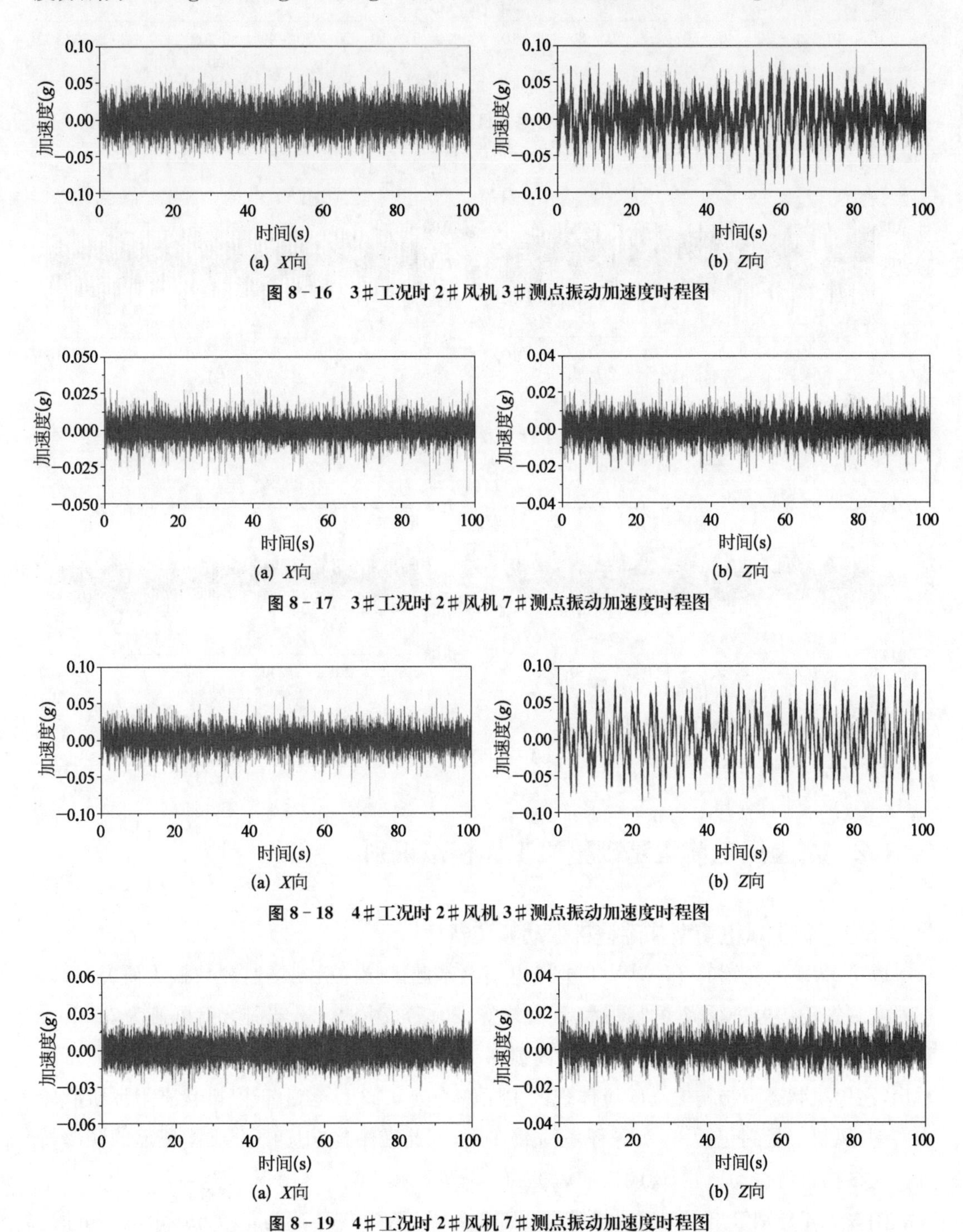

图 8－16　3＃工况时 2＃风机 3＃测点振动加速度时程图

图 8－17　3＃工况时 2＃风机 7＃测点振动加速度时程图

图 8－18　4＃工况时 2＃风机 3＃测点振动加速度时程图

图 8－19　4＃工况时 2＃风机 7＃测点振动加速度时程图

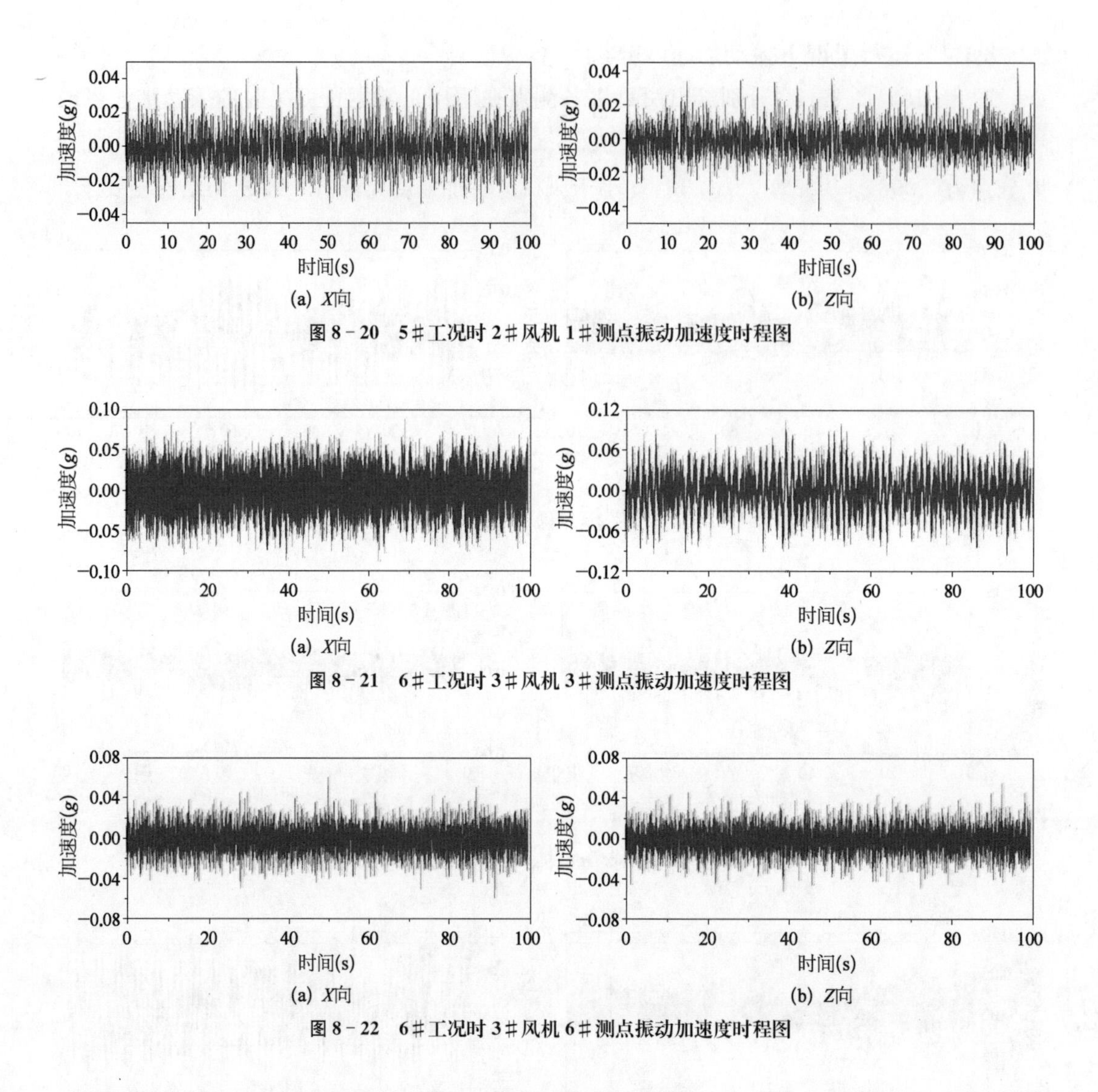

图 8－20　5＃工况时 2＃风机 1＃测点振动加速度时程图

图 8－21　6＃工况时 3＃风机 3＃测点振动加速度时程图

图 8－22　6＃工况时 3＃风机 6＃测点振动加速度时程图

8.2　海上风电筒型基础整机工作模态识别

8.2.1　海上风电筒型基础整机振动频域特性

以 7.5.2.1 节介绍的 2.5 MW 海上风电筒型基础试验样机现场监测数据为研究基础，在对实测振动信号进行降噪处理后(董霄峰等，2015)，图 8－23 分别给出风速为 6.0 m/s 和 9.0 m/s 时，海上风机停机状态下塔筒顶部 1＃测点 Z 向位移时程与功率谱曲线。可以看出，在停机状态下结构振动响应体现的主频率均为 0.33 Hz。由于停机状态下风机叶轮未转动，风机仅受到包括风、浪等环境荷载作用，因此在结构响应中主要体现出的频率特征应为结构自身振动属性，说明监测风机的一阶模态频率为 0.33 Hz。

图 8－24 分别给出了测试风机塔筒顶部 1＃测点在叶轮转速为 11 r/m 和 18 r/m 时，

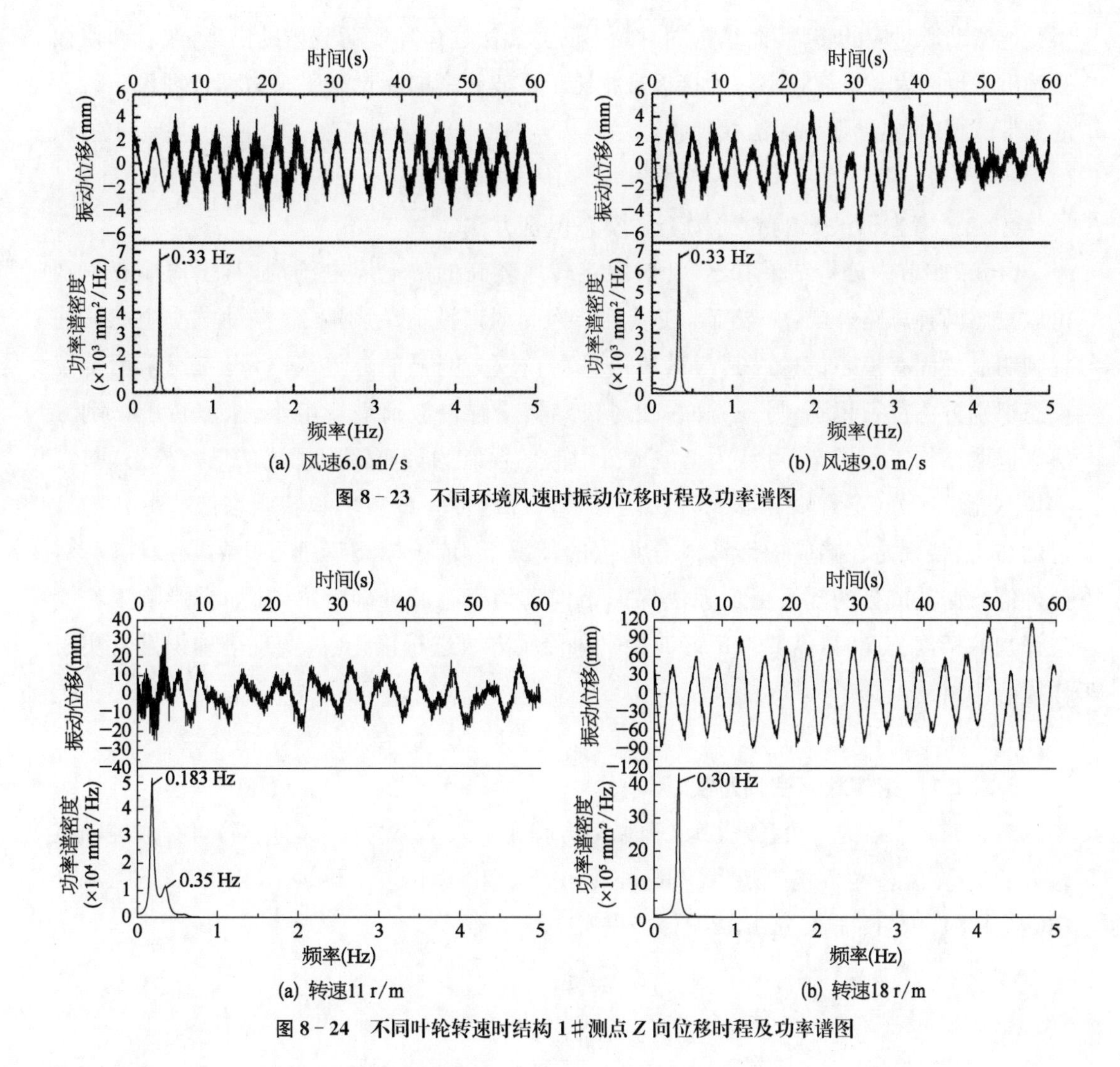

图 8-23 不同环境风速时振动位移时程及功率谱图

图 8-24 不同叶轮转速时结构 1#测点 Z 向位移时程及功率谱图

结构 Z 向振动位移的时程曲线以及相应的功率谱密度图。从图 8-24(a)中可以看出，当叶轮转速为 11 r/m 时，结构振动响应中除了固有模态特征以外，还出现了频率为 0.183 Hz 的明显频率峰值，这一频率正好与此工况下叶轮转速频率相同。这就说明此时风机结构的振动不只是环境荷载诱发的随机振动，还包含了叶轮转动因素引起的受迫振动，并且从能量上来受迫振动已经超过了随机振动，此时结构振动是以受迫振动为主，并伴随着环境荷载激励下的随机振动的混合振动形式。

当转速增加到 18 r/m 时，响应主频则变为 0.30 Hz，结构振动优势频率恰好与叶轮转频相同。这说明对于监测风机而言，当风机达到高转速运行工况时，由于风机布置的特殊性，使得结构在较高转速运行工况下会受到明显的转频谐波及倍频谐波激励作用，导致结构振动中的谐波成分往往占据了响应中的绝大部分能量，结构固有模态信息已完全淹没于周期性信号中。因此，结构振动响应所体现的信息主要体现其在叶轮强制作用影响下做受迫振动所对应的转频，而结构固有频率已经无法通过环境荷载激励出来，或者即使被激励出来也因为与谐波频率较为接近且相比于谐波频率的能量微乎其微而被埋没于后者的频带范围内，在频谱中无法找到。

8.2.2 考虑谐波影响的结构工作模态识别方法

由 8.2.1 节中分析结果看出，针对额定转速较高的海上风电结构，其工作模态识别可以按照两种思路开展：一方面，在风机结构受弱谐波荷载影响下，振动响应中能够捕捉到明显的固有模态信息或其与谐波信息存在较为明显的分界线时，可考虑采用传统模态识别方法进行识别；另一方面，在风机结构受强谐波荷载影响下，采取传统识别方法来提取结构工作模态，可认为谐波成分引起的模态为具有零阻尼比的谐波模态，与真实模态能够区分(董霄峰等，2015)。但对于风机这种固有频率和转频谐波成分较为接近的结构，特别是在响应中谐波成分为主的情况下，传统模态识别方法的收敛性较差，此外倍频谐波成分的混入更加无法保证结构真伪模态的准确分离，从而会影响工作模态识别的精度。此时，需要考虑谐波要素对传统方法进行修正，以实现准确识别真实工作模态的目的。

8.2.2.1 结构状态空间方程

对任意一个结构振动系统，其二阶微分方程在引入系统的状态向量后，可写成纯随机输入的离散状态空间方程型式(Rune Brincker 和 Palle Andersen，2006；Chi-Tsong Chen，1984；R. K. Prasanth，2011)：

$$\begin{cases} x_{k+1} = A_r x_k + w_k \\ y_k = C_r x_k + v_k \end{cases} \tag{8-1}$$

式中 w_k、v_k ——过程噪声、测量噪声。

式(8-1)就是随机子空间识别法(SSI)的基础方程。其中，A_r 和 C_r 分别为 $n \times n$ 阶的状态矩阵和 $m \times n$ 阶的输出矩阵，系统动力特征由特征矩阵 A_r 的特征值和特征向量表示。

8.2.2.2 传统 SSI 方法

由式(8-1)可知，若能通过实测响应数据构造结构动力系统的特征矩阵 A_r，即可通过特征值求解结构系统的模态信息，这就是随机子空间识别方法的基本思路。为实现这一目标，首先要基于实测数据建立一个 Hankel 矩阵。假设结构上共设有 m 个测点，各测点实测数据长度为 j。将测点响应数据按照式(8-2)形式组成 $2mi \times j$ 的 Hankel 矩阵，它包含 $2i$ 块和 j 列，每块有 m 行。把 Hankel 矩阵的行空间分成"过去"行空间和"将来"行空间可以写为(Bart Peeters 和 Guido De Roeck，1999)：

$$
Y_{0|2i-1}=\frac{1}{\sqrt{j}}\begin{pmatrix} y_0 & y_1 & y_2 & \cdots & y_{j-1} \\ y_1 & y_2 & y_3 & \cdots & y_j \\ \vdots & \vdots & \vdots & \ddots & \vdots \\ y_{i-1} & y_i & y_{i+1} & \cdots & y_{i+j-2} \\ \hline y_i & y_{i+1} & y_{i+2} & \cdots & y_{i+j-1} \\ y_{i+1} & y_{i+2} & y_{i+3} & \cdots & y_{i+j} \\ \vdots & \vdots & \vdots & \ddots & \vdots \\ y_{2i-1} & y_{2i} & y_{2i+1} & \cdots & y_{2i+j-2} \end{pmatrix}_{2mi\times j}=\begin{pmatrix} Y_{0|i-1} \\ \hline Y_{i|2i-1} \end{pmatrix}=\begin{pmatrix} Y_{\mathrm{p}} \\ \hline Y_{\mathrm{f}} \end{pmatrix} \tag{8-2}
$$

式中　y_i ——第 i 时刻所有测点的响应；

$Y_{0/i-1}$、$Y_{i/2i-1}$ ——Hankel 矩阵中前 i 块、后 i 块所有测点数据组成的矩阵；

Y_{p}、Y_{f} ——矩阵的"过去""将来"行空间。

由于实际测试数据组成的 Hankel 矩阵列数 j 较大，需要对 Hankel 矩阵进行 QR 分解并对生成的投影矩阵 O_i 进行奇异值分解（SVD），从而可观矩阵 Γ_i 与卡尔曼滤波状态向量 $\hat{X}_i$。再通过对下一时刻的投影矩阵 O_{i-1} 进行相同处理，可得到的卡尔曼滤波状态向量 $\hat{X}_i$ 和 $\hat{X}_{i+1}$，此时的状态空间方程为(Guowen Zhang 等，2012)：

$$
\begin{pmatrix} \hat{X}_{i+1} \\ Y_{i|i} \end{pmatrix}=\begin{pmatrix} A_{\mathrm{r}} \\ C_{\mathrm{r}} \end{pmatrix}\hat{X}_i+\begin{pmatrix} W_i \\ V_i \end{pmatrix} \tag{8-3}
$$

式中　$Y_{i/i}\in R^{m\times j}$ ——只有一个行块的 Hankel 矩阵；

W_i、V_i ——随机噪声成分。

由于卡尔曼滤波状态向量和输出已知，且随机噪声矩阵与估计序列 $\hat{X}_i$ 不相关，故上式又可写为

$$
\begin{pmatrix} A_{\mathrm{r}} \\ C_{\mathrm{r}} \end{pmatrix}=\begin{pmatrix} \hat{X}_{i+1} \\ Y_{i|i} \end{pmatrix}\hat{X}_i^{+} \tag{8-4}
$$

对式(8-4)采用最小二乘法即可获得系统矩阵 A_{r} 和输出矩阵 C_{r}。通过对系统状态矩阵 A_{r} 进行特征值分解求解结构系统各阶模态信息。

8.2.2.3　谐波修正 SSI 法(HM-SSI 法)

从传统 SSI 法来看，当结构响应中含有谐波成分时，通过 Hankel 矩阵获得的系统特征矩阵中在包含结构自身固有模态信息的同时也应含有表征谐波频率的信息。若两种模态频率较为接近且谐波能量较大时，在系统特征矩阵分解后的特征值矩阵的对角线信息中，表征固有模态与谐波模态的信息会发生混淆或前者淹没在后者中，从而造成虚假模态的产生或仅能识别谐波模态。因此，为了在识别过程中能够将固有模态与谐波模态分离，

需要在构造系统特征矩阵时，严格保证分解后的特征值矩阵对角线上包含已知谐波信息并且假设其对应的模态阻尼比为零，那么这一做法间接地使得结构固有模态成分在矩阵对角线信息上与前者实现区分。由于在式(8-2)中矩阵 Y_p 与 Y_f 间相应位置存在 i 时间的延迟，因此依据响应中的谐波成分频率，可以分别构造针对“过去”和“未来”行空间的延伸谐波 Hankel 矩阵如下所示(P. Mohanty 和 D. J. Rixen, 2006)：

$$Y_{ph}=\begin{bmatrix}0 & \sin(\omega_1\Delta t) & \cdots & \sin[(j-1)\omega_1\Delta t]\\ 1 & \cos(\omega_1\Delta t) & \cdots & \cos[(j-1)\omega_1\Delta t]\\ \vdots & \vdots & \ddots & \vdots\\ 0 & \sin(\omega_h\Delta t) & \cdots & \sin[(j-1)\omega_h\Delta t]\\ 1 & \cos(\omega_h\Delta t) & \cdots & \cos[(j-1)\omega_h\Delta t]\end{bmatrix}_{2h\times j} \tag{8-5}$$

$$Y_{fh}=\begin{bmatrix}\sin(i\omega_1\Delta t) & \sin[(i+1)\omega_1\Delta t] & \cdots & \sin[(j+i-1)\omega_1\Delta t]\\ \cos(i\omega_1\Delta t) & \cos[(i+1)\omega_1\Delta t] & \cdots & \cos[(j+i-1)\omega_1\Delta t]\\ \vdots & \vdots & \ddots & \vdots\\ \sin(i\omega_h\Delta t) & \sin[(i+1)\omega_h\Delta t] & \cdots & \sin[(j+i-1)\omega_h\Delta t]\\ \cos(i\omega_h\Delta t) & \cos[(i+1)\omega_h\Delta t] & \cdots & \cos[(j+i-1)\omega_h\Delta t]\end{bmatrix}_{2h\times j} \tag{8-6}$$

式中 Y_{ph}、Y_{fh} ——Hankel 矩阵中表征“过去”“未来”行空间的谐波延伸矩阵；

h ——响应中包含已知谐波频率的成分；

ω_h ——第 h 个谐波的圆频率。

则延伸后的 Hankel 矩阵“过去”与“未来”的行空间可以写为

$$Y_{pe}=\begin{bmatrix}Y_{ph}\\ Y_p\end{bmatrix}_{(mi+2h)\times j}\quad Y_{fe}=\begin{bmatrix}Y_{fh}\\ Y_f\end{bmatrix}_{(mi+2h)\times j} \tag{8-7}$$

因此，扩展后的整体 Hankel 矩阵即可以表示为

$$Y_e=\begin{bmatrix}Y_{pe}\\ Y_{fe}\end{bmatrix}_{(2mi+4h)\times j} \tag{8-8}$$

对扩展的 Hankel 矩阵进行 QR 分解同样可以得到

$$Y_e=\frac{Y_{pe}}{Y_{fe}}=R_eQ_e^T=\begin{bmatrix}R_{e11} & 0 & 0\\ R_{e21} & R_{e22} & 0\end{bmatrix}\begin{bmatrix}Q_{e1}^T\\ Q_{e2}^T\\ Q_{e3}^T\end{bmatrix}=\begin{bmatrix}R_{e11} & 0\\ R_{e21} & R_{e22}\end{bmatrix}\begin{bmatrix}Q_{e1}^T\\ Q_{e2}^T\end{bmatrix} \tag{8-9}$$

式中 $R_e\in R^{(2mi+4h)\times j}$ ——下三角矩阵；

$Q_e\in R^{j\times j}$ ——为正交矩阵。

R_{e11}、R_{e21}、$R_{e22}\in R^{(mi+2h)\times(mi+2h)}$；$Q_{e1}^T$、$Q_{e2}^T\in R^{(mi+2h)\times j}$，$Q_{e3}^T\in R^{(j-2mi-4h)\times j}$。

根据投影理论,扩展后矩阵行空间的正交投影矩阵为

$$O_{ie} \equiv Y_{fe}/Y_{pe} \equiv Y_{fe}Y_{pe}^{T}(Y_{pe}Y_{pe}^{T})^{+}Y_{pe} = R_{e21}Q_{e1}^{T} \in R^{(mi+2h)\times j} \tag{8-10}$$

根据式(8-10)可以得到可观矩阵 Γ_{ie} 与卡尔曼滤波状态向量 $\hat{X}_{ie}$ 的乘积:

$$O_{ie} = \Gamma_{ie}\hat{X}_{ie} \tag{8-11}$$

一般来说,投影矩阵 O_{ie} 的阶次 k 可以由奇异值分解法获得(JiJian Lian 等,2008),如果假设 $(mi+2h) \geqslant k$,那其主要反应系统中非零奇异值的数量。故对 O_{ie} 进行奇异值分解可以得到

$$O_{ie} = U_e S_e V_e^{T} = (U_{e1} \quad U_{e2})\begin{pmatrix} S_{e1} & 0 \\ 0 & S_{e2}=0 \end{pmatrix}\begin{pmatrix} V_{e1}^{T} \\ V_{e2}^{T} \end{pmatrix} \tag{8-12}$$

上式中的 S_{e1} 在理论上可以认为是与投影矩阵维数相同的对角矩阵。然而,由于在实际测试中测量噪声的影响,矩阵 S_{e1} 中的奇异值不会完全为零。因此,为了减少计算量以及避免虚假模态信息的产生,在考虑附加在系统中的谐波成分基础上,可以依据合理的系统矩阵总阶次 $l=2k$ 从矩阵 U_t、S_t、V_t 提取相应的行与列以实现对这些矩阵的截断处理。获得的截断矩阵如下:

$$U_t \in U_e \in R^{(mi+2h)\times l}, \; S_t \in S_e \in R^{l\times l}, \; V_t \in V_e \in R^{j\times l} \tag{8-13}$$

式中 U_t、S_t、V_t——奇异值分解后的 U_e、S_e、V_e 的截断矩阵,由于原始矩阵进行了维数为 l 的截断,因此重构前后的投影矩阵间会存在误差矩阵 Er,其表达式可写为

$$O_{it} = U_t S_t V_t^{T} = O_{ie} - Er \tag{8-14}$$

式中 O_{it}——基于截断矩阵重构的投影矩阵,上式 U_t 还可以按照如下方程表示:

$$U_t = \begin{pmatrix} U_{th} \\ U_{tn} \end{pmatrix} \tag{8-15}$$

式中 U_{th}、U_{tn}——表征 U_t 矩阵中的谐波成分与非谐波成分,于是式(8-15)又可写为

$$\begin{pmatrix} U_{th} \\ U_{tn} \end{pmatrix} S_t V_t^{T} = \begin{pmatrix} O_{ith} \\ O_{itn} \end{pmatrix} \tag{8-16}$$

式中 O_{ith}、O_{itn}——重构的投影矩阵中表征谐波与非谐波的部分,其与原始投影矩阵 O_{ie} 中对应的成分分别存在误差矩阵 Er_h 和 Er_n:

$$\begin{cases} O_{ith} = U_{th} S_t V_t^{T} = O_{ieh} - Er_h \\ O_{itn} = U_{tn} S_t V_t^{T} = O_{ien} - Er_n \end{cases} \tag{8-17}$$

式中 O_{ieh}、O_{ien}——原始投影矩阵中的谐波部分与非谐波部分。

由此可以看出通过截断后重构的投影矩阵，无论是谐波成分还是非谐波成分其与截断前相比都存在一定的误差，这就有可能导致识别出的模态信息失准，为此引入了一个修正矩阵 U_c 来保证系统矩阵中模态信息的完整性和准确性。其形式具体写为

$$U_c = \begin{bmatrix} U_{th} + U_{hc} \\ U_{tn} + U_{nc} \end{bmatrix} \tag{8-18}$$

式中　U_{hc}、U_{nc} ——对截断后 U_t 矩阵中谐波部分与非谐波部分的修正项。则根据假定存在以下方程式成立：

$$U_c S_t V_t^T = O_{ie} \tag{8-19}$$

式(8-20)可由式(8-19)展开有：

$$\begin{cases} (U_{th} + U_{hc}) S_t V_t^T = O_{ieh} \\ (U_{tn} + U_{nc}) S_t V_t^T = O_{ien} \end{cases} \tag{8-20}$$

上式中，矩阵 O_{ieh}、O_{ien}、U_{th} 和 U_{tn} 均为已知矩阵，S_t 为正交矩阵，V_t 的伪逆矩阵存在，因此可以解得响应的修正项矩阵 U_{hc} 和 U_{nc}。

$$\begin{cases} U_{hc} = O_{ieh} (S_t V_t^T)^+ - U_{th} \\ U_{nc} = O_{ien} (S_t V_t^T)^+ - U_{nh} \end{cases} \tag{8-21}$$

将其代回式(8-19)中即可得到修正矩阵 U_c。根据公式，可以得到可观矩阵 Γ_{ie} 与 i 时刻的卡尔曼滤波状态向量 $\hat{X}_{ie}$：

$$\Gamma_{ie} = U_c S_t^{1/2} \tag{8-22}$$

$$\hat{X}_{ie} = \Gamma_i^+ O_{ie} \tag{8-23}$$

同样，为了获得系统矩阵，还需要知道 $i+1$ 时刻的卡尔曼滤波状态向量 $\hat{X}_{(i+1)e}$，由式(8-2)可以得到 $i+1$ 时刻的 Hankel 矩阵如下式表达：

$$Y_{0|2i-1} = \frac{1}{\sqrt{j}} \begin{pmatrix} y_0 & y_1 & y_2 & \cdots & y_{j-1} \\ y_1 & y_2 & y_3 & \cdots & y_j \\ \vdots & \vdots & \vdots & \ddots & \vdots \\ y_{i-1} & y_i & y_{i+1} & \cdots & y_{i+j-2} \\ y_i & y_{i+1} & y_{i+2} & \cdots & y_{i+j-1} \\ \hdashline y_{i+1} & y_{i+2} & y_{i+3} & \cdots & y_{i+j} \\ y_{i+2} & y_{i+3} & y_{i+4} & \cdots & y_{i+j+1} \\ \vdots & \vdots & \vdots & \ddots & \vdots \\ y_{2i-2} & y_{2i-1} & y_{2i} & \cdots & y_{2i+j-3} \\ y_{2i-1} & y_{2i} & y_{2i+1} & \cdots & y_{2i+j-2} \end{pmatrix}_{2mi \times j} = \begin{pmatrix} Y_{0|i} \\ \hdashline Y_{i+1|2i-1} \end{pmatrix} = \begin{pmatrix} Y_p^+ \\ \hdashline Y_f^- \end{pmatrix} \tag{8-24}$$

代表“过去”的行空间 $Y_{\mathrm{p}}^{+} \in R^{m(i+1)\times j}$，代表“未来”的行空间 $Y_{\mathrm{f}}^{-} \in R^{m(i-1)\times j}$。依据响应中的已知谐波成分，根据式(8-5)和式(8-6)再构造针对“过去”和“未来”行空间的 $i+1$ 时刻的延伸谐波 Hankel 矩阵如下所示：

$$Y'_{\mathrm{ph}}=\begin{bmatrix} \sin(\omega_1\Delta t) & \sin(2\omega_1\Delta t) & \cdots & \sin(j\omega_1\Delta t) \\ \cos(\omega_1\Delta t) & \cos(2\omega_1\Delta t) & \cdots & \cos(j\omega_1\Delta t) \\ \vdots & \vdots & \ddots & \vdots \\ \sin(\omega_h\Delta t) & \sin(2\omega_h\Delta t) & \cdots & \sin(j\omega_h\Delta t) \\ \cos(\omega_h\Delta t) & \cos(2\omega_h\Delta t) & \cdots & \cos(j\omega_h\Delta t) \end{bmatrix}_{2h\times j} \tag{8-25}$$

$$Y'_{\mathrm{fh}}=\begin{bmatrix} \sin[(i+1)\omega_1\Delta t] & \sin[(i+2)\omega_1\Delta t] & \cdots & \sin[(j+i)\omega_1\Delta t] \\ \cos[(i+1)\omega_1\Delta t] & \cos[(i+2)\omega_1\Delta t] & \cdots & \cos[(j+i)\omega_1\Delta t] \\ \vdots & \vdots & \ddots & \vdots \\ \sin[(i+1)\omega_h\Delta t] & \sin[(i+2)\omega_h\Delta t] & \cdots & \sin[(j+i)\omega_h\Delta t] \\ \cos[(i+1)\omega_h\Delta t] & \cos[(i+2)\omega_h\Delta t] & \cdots & \cos[(j+i)\omega_h\Delta t] \end{bmatrix}_{2h\times j} \tag{8-26}$$

依据上面两式中的谐波延伸矩阵根据式(8-7)和式(8-8)即可构造 $i+1$ 时刻的整体扩展 Hankel 矩阵，再由式(8-9)到式(8-24)的相同流程就可以计算得到 $i+1$ 时刻的卡尔曼滤波状态向量 $\hat{X}_{(i+1)\mathrm{e}}$。此时的状态空间方程为

$$\begin{bmatrix} \hat{X}_{(i+1)\mathrm{e}} \\ Y_{i|i} \end{bmatrix} = \begin{bmatrix} A_{\mathrm{re}} \\ C_{\mathrm{re}} \end{bmatrix} \hat{X}_{i\mathrm{e}} + \begin{bmatrix} W_i \\ V_i \end{bmatrix} \tag{8-27}$$

依据式(8-28)进而可以求得系统矩阵 A_{re} 和输出矩阵 C_{re}：

$$\begin{bmatrix} \hat{X}_{(i+1)\mathrm{e}} \\ Y_{i|i} \end{bmatrix} = \begin{bmatrix} A_{\mathrm{re}} \\ C_{\mathrm{re}} \end{bmatrix} \hat{X}_{i\mathrm{e}} \text{ 或 } \begin{bmatrix} A_{\mathrm{re}} \\ C_{\mathrm{re}} \end{bmatrix} = \begin{bmatrix} \hat{X}_{(i+1)\mathrm{e}} \\ Y_{i|i} \end{bmatrix} \hat{X}_{i\mathrm{e}}^{+} \tag{8-28}$$

经上式求解，即可以得到扩展后系统特征矩阵 A_{re}，再根据特征值分解即可得到结构相关的模态信息，其中既包括固有模态成分也包括有谐波模态成分。

8.2.3　全功率范围内海上风电结构工作模态识别

8.2.3.1　全功率范围内工作模态识别方法

为实现海上风力机在全功率范围内的运行模态识别，首先需要对振动响应的频域特征进行研究从而确定反映结构振动特性的频域信息。根据振动响应频率特性，将工作模态参数识别分两个方向：

(1) 当振动响应只反映结构自振模态信息或者自振模态与假设零阻尼特征的谐波模态信息可以清楚区分时，可用传统的 SSI 方法识别结构模态。

(2) 当旋转叶片产生的谐波分量占据测量振动信号的大部分能力,模态识别研究则属于第二类,可以采用 8.2.2.3 节中提出的 HM－SSI 法有效解决结构自振频率完全淹没在谐波频率中的问题。

在基于传统 SSI 法和 HM－SSI 法完成模态识别后,得到结构模态和谐波模态信息。还应采用模态保证准则(也称振型相关系数,MAC)来区分由谐波激励和环境噪声引起的虚假模态,公式如下:

$$MAC_{ij}=\frac{|\phi_i^{eT}\cdot\phi_j^a|^2}{(\phi_i^{eT}\cdot\phi_i^e)(\phi_j^{aT}\cdot\phi_j^a)} \tag{8-29}$$

式中 MAC_{ij} ——识别第 i 阶振型与理论的第 j 阶振型之间的相关系数(当识别模态为真实模态时为 1.0);

ϕ_i^e ——识别第 i 阶振型;

ϕ_j^a ——理论第 j 阶振型。

8.2.3.2 全功率范围内工作模态分析

选取 2.5 MW 海上风电筒型基础试验样机监测的 4 种典型工况进行模态识别,对应转速分别为 7 r/m、11 r/m、16 r/m、18 r/m,对应功率分别为 300 kW、600 kW、1 400 kW、2 400 kW。由于叶轮转频 1P 与倍频 3P 在频率上与结构一阶模态频率比较接近,其对海上风电结构运行安全有重要影响。因此,在模态识别和运行安全评估中仅识别结构的一阶模态频率。图 8－25 与图 8－26 绘制了在前两种工况时基于传统 SSI 法识别结构模态频率。可以看出由于受到转速影响较小,因此不同测点响应功率谱主要体现结构的一阶固有模态频率以及可以与模态频率明显区分的弱谐波成分 0.183 Hz,说明结构模态信息可以通过传统算法获得。如图中识别结果所示,在各工况中结构一阶模态频率在 0.33～0.34 Hz 和 0.34～0.37 Hz 范围内,其对应的阻尼范围分别为 0.66%～3.84%和 2.83%～4.97%。

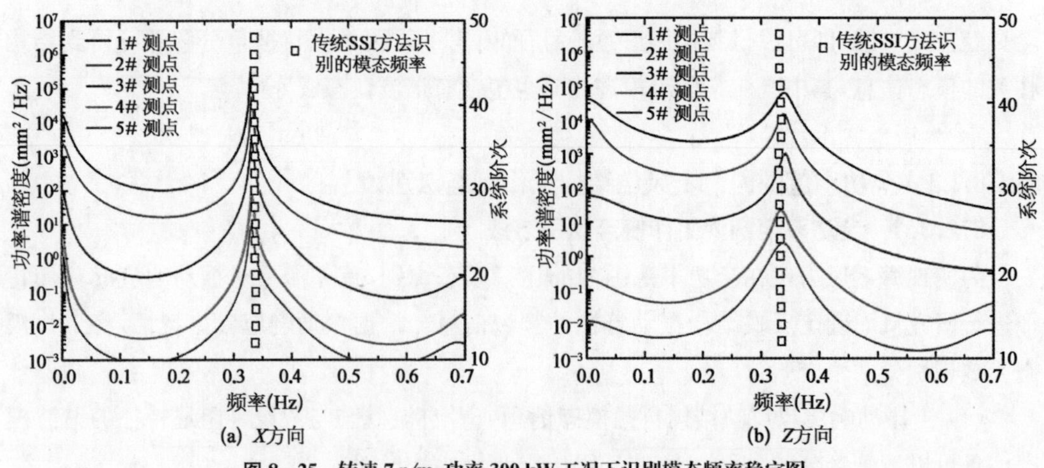

图 8－25 转速 7 r/m、功率 300 kW 工况下识别模态频率稳定图

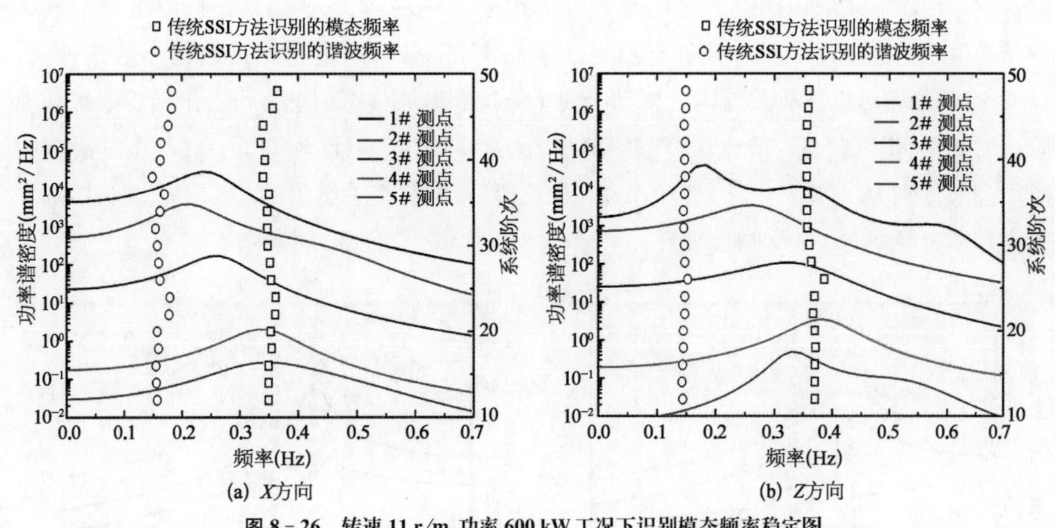

图 8-26　转速 11 r/m、功率 600 kW 工况下识别模态频率稳定图

当叶轮转速达到 16 r/m 时，如图 8-27(a)所示，塔筒上各测点响应振动频率主要以该工况下的叶轮转频 0.267 Hz 为主。同时对于位于塔筒下部的 4＃和 5＃测点，其响应频谱中还反映出接近转频的 3 倍、6 倍、9 倍及 12 倍的峰值，其对应频率分别为图中红色虚线所标示的 0.78 Hz、1.53 Hz、2.33 Hz 及 3.08 Hz。当叶轮转速达到额定转速 18 r/m 后，如图 8-27(b)所示，叶轮转频 0.30 Hz 成为各测点振动响应体现的主要频率特征。同样的在结构下部测点处，其 3 倍、6 倍及 9 倍转频对应的频率 0.91 Hz、1.89 Hz 及 2.72 Hz 也在响应中明显体现。

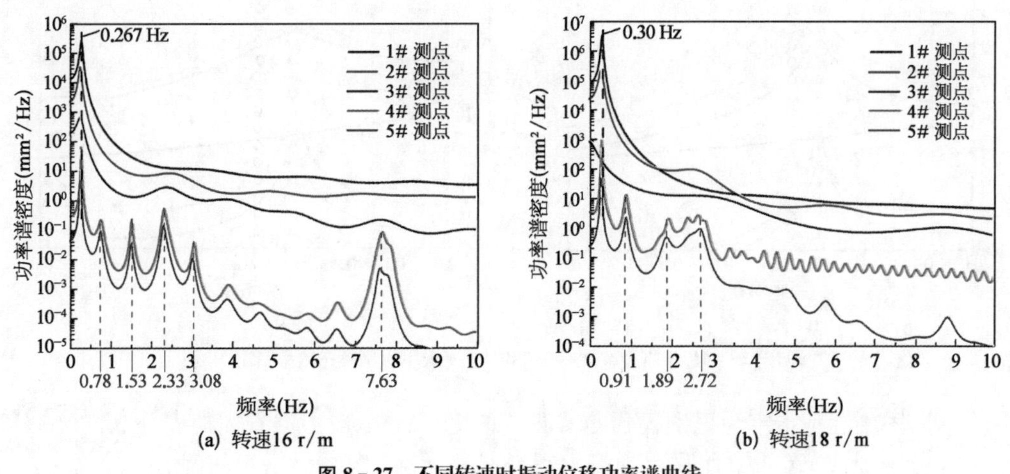

图 8-27　不同转速时振动位移功率谱曲线

图 8-28 与图 8-29 给出了分别采用传统 SSI 法与 HM-SSI 法在后两种运行工况时的模态识别结果，可以看出，当叶轮转速达到 16 r/m 与 18 r/m 时，图中各测点功率谱主频率对应该工况下的转频频率 0.267 Hz 与 0.30 Hz，结构固有模态信息被淹没在谐波能量的

频带中。传统SSI法识别模态结构与谐波干扰频率一致,无法在强谐波影响下提取准确的结构模态信息。而风机在高转速状态下运行时,在已知固定干扰谐波频率的条件下,HM-SSI法则可以更有效地区分振动响应中结构和谐波模态信息。可看出随着系统截断阶次的变化,识别获得一阶工作模态频率范围在0.33～0.35 Hz和0.35～0.37 Hz,对应的阻尼范围分别为3.02%～6.54%和1.73%～8.15%,与前文中给出的2.5 MW试验样机一阶固有模态频率0.33 Hz吻合较好。

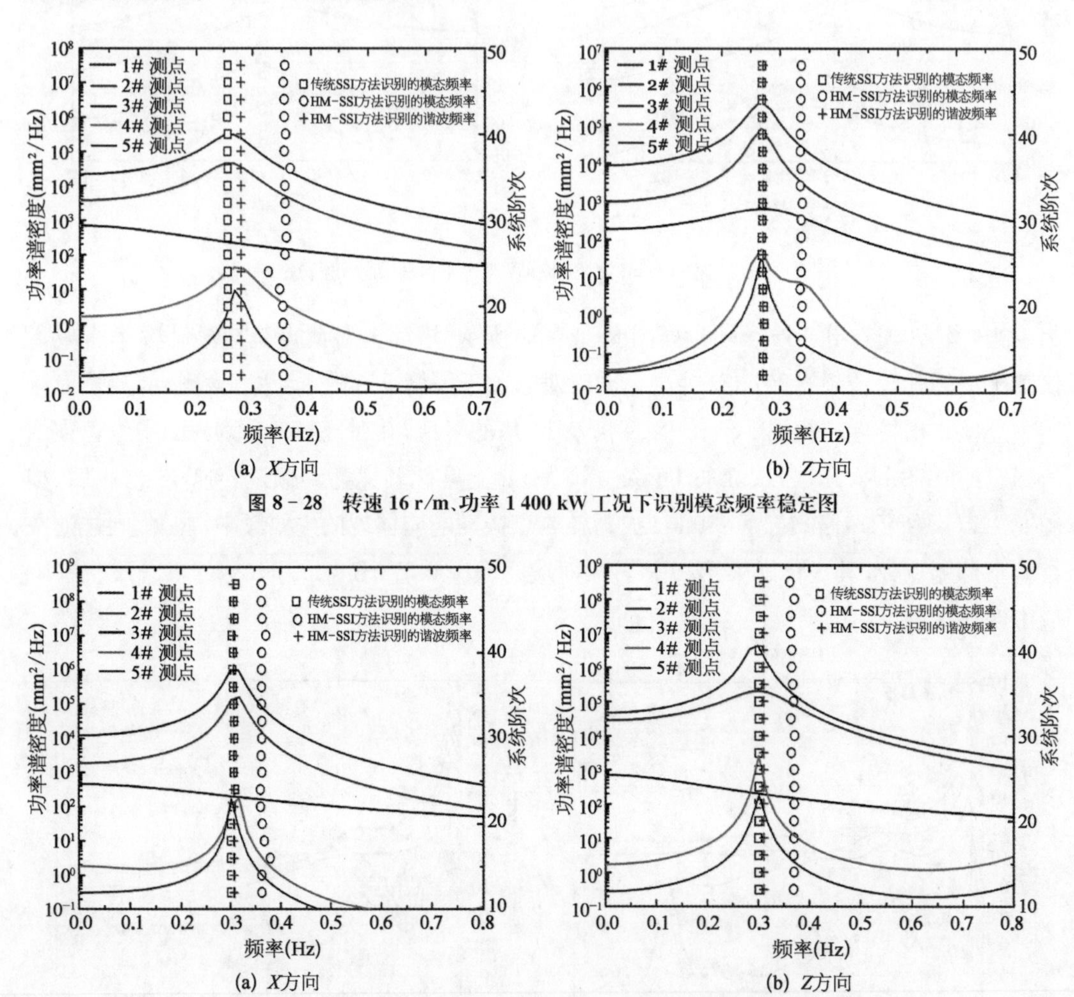

图8-28　转速16 r/m、功率1 400 kW工况下识别模态频率稳定图

图8-29　转速18 r/m、功率2 400 kW工况下识别模态频率稳定图

此外,图中红色十字为识别得到的谐波模态频率,与响应中混有周期成分0.267 Hz和0.30 Hz基本保持一致,并且其识别的阻尼比接近于零,满足谐波模态零阻尼比的特征。这说明即使在较强的谐波激励影响下,提出的HM-SSI方法也可以较为准确地识别海上风电结构工作模态参数。

为了说明修正方法针对海上风电结构工作模态识别的优势和合理性,再分别选用传统SSI法、改进ERA法、HM-SSI法及基于自适应滤波(Simon Haykin, 2002; Dimitris

G. Manolakis 等,2012)对信号处理后的传统 SSI 法对现场实测多组典型工况下结构模态参数进行识别分析,识别结果如图 8-30 所示。可以看出,随着叶轮转速的增加,传统 SSI 方法识别模态频率(红色十字图号表示)基本与所选工况对应的转频保持一致,仅在少数低转速工况下能够识别出较为准确的结果,说明在强谐波激励下传统 SSI 法无法实现对海上风电结构工作模态的准确识别。而先通过自适应滤波方法对信号中存在的主要谐波成分进行滤除,再辅以传统 SSI 方法识别结构模态的思路,也仅能在转速低于 15 r/m 时发挥作用。当叶轮转速较大时,谐波成分与结构模态成分在频域上较为接近,原始信号滤波处理过程易出现有用信号的损失,这就导致模态识别结果会出现较大误差甚至得到错误的模态频率(如图中蓝色三角所示)。此外,如图中黑色方块与红色圆圈所示,改进 ERA 法与 HM-SSI 法均可以实现风机结构工作模态的合理识别,并且从识别结果拟合曲线上看,也体现着工作模态随叶轮转速增加而呈现的缓慢上升的趋势。

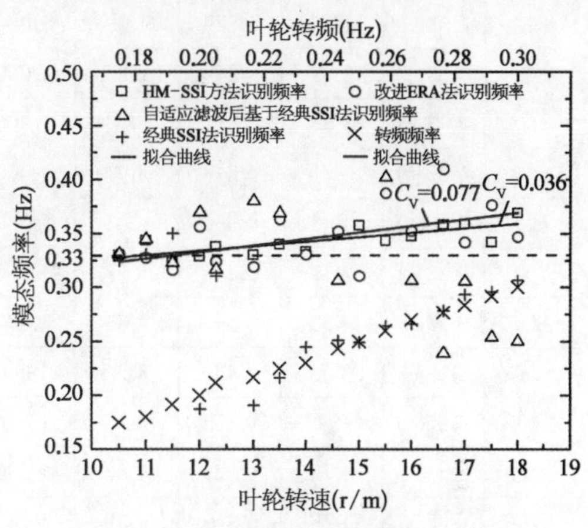

图 8-30　基于不同方法识别海上风电结构一阶模态频率

为了进一步说明改进 ERA 法与 HM-SSI 法识别模态参数结果的离散特性与稳定性,在此引入变异系数 C_v 作为一个新的评价参数,其计算公式可以表示为(Xiaofeng Dong 等,2014):

$$C_v = \frac{\sigma_d}{r_d} \tag{8-30}$$

其中,σ_d 和 r_d 分别表示任意信号序列的标准差与平均值。变异系数可以表示结果分布的离散性及数据间的相关性。通常来说,变异系数越小,说明数据分布较为稳定不离散,数据间相关性较好。

基于以上参数,通过计算可以得到 HM-SSI 法与改进 ERA 法识别结果的变异系数分别为 0.036 和 0.077,说明前者相比于后者识别结果具有更好的稳定性和相关性,从而证明提出的修正方法对于海上风电结构工作模态识别具有更优的适用性和精度。

在监测的全功率范围内再选择 26 种典型工况,识别模态信息见表 8-3。从表中结果可知,海上风电结构一阶模态频率主要集中在 0.33～0.37 Hz 范围,阻尼比在 0.87%～9.98%变化。第一列频率均值为 0.342 Hz(50～1 200 kW),第二列为 0.355 Hz(1 300～2 500 kW),对应 X、Z 两个方向上的平均阻尼比分别为 3.62%和 6.58%。在不同运行工况下反映理论模态振型与识别模态振型相关性的 MAC 值均接近 1.0,进一步说明模态参数识别结果是正确的。

表 8-3　全功率工况下水平 *X* 与水平 *Z* 方向振动响应模态识别结果

功率(kW)	*X* 向		*Z* 向		MAC值	功率(kW)	*X* 向		*Z* 向		MAC值
	频率(Hz)	阻尼(%)	频率(Hz)	阻尼(%)			频率(Hz)	阻尼(%)	频率(Hz)	阻尼(%)	
50	0.349 8	1.07	0.342	0.87	1.000	1 300	0.356 7	4.56	0.346	3.93	1.000
100	0.339 4	2.27	0.334	1.68	1.000	1 400	0.327 5	6.49	0.335	6.91	1.000
200	0.329 7	1.56	0.326	1.99	1.000	1 500	0.363 1	5.67	0.349	5.77	1.000
300	0.339 7	2.02	0.330	2.35	1.000	1 600	0.345 6	8.85	0.368	4.88	1.000
400	0.332 8	3.95	0.351	6.22	1.000	1 700	0.352 1	3.33	0.346	6.89	1.000
500	0.325 0	3.11	0.347	3.90	1.000	1 800	0.361 4	5.87	0.365	8.51	1.000
600	0.323 0	4.43	0.350	4.03	1.000	1 900	0.369 6	7.48	0.357	6.73	1.000
700	0.331 4	3.39	0.344	5.97	1.000	2 000	0.363 0	6.16	0.367	5.59	1.000
800	0.357 6	4.30	0.347	4.33	1.000	2 100	0.365 9	9.21	0.350	6.40	1.000
900	0.356 5	3.68	0.339	3.79	1.000	2 200	0.361 6	7.22	0.367	7.89	1.000
1 000	0.350 0	4.50	0.353	6.74	1.000	2 300	0.367 7	8.71	0.362	5.29	1.000
1 100	0.337 1	4.72	0.338	3.80	1.000	2 400	0.347 4	8.75	0.341	6.50	1.000
1 200	0.358 7	4.15	0.349	5.32	1.000	2 500	0.362 9	9.98	0.345	3.50	1.000

8.3　海上风电筒型基础整机振源识别

海上风电结构所处环境复杂并且受到的风、浪、流等多种荷载的联合作用，其振动主要体现为机组与结构的耦联振动，机组为结构提供振源，结构振动又反作用于机组，风机结构过大的振动不仅对自身产生破坏作用，还对机组结构的稳定性造成影响。因此，对海上风电结构振源的掌握有助于了解风机在运行状态下环境输入与结构输出间的关系，明确风机振动能量传播规律，对海上风电结构耦合动力安全控制具有一定指导意义。

8.3.1　海上风电结构振源特性

8.3.1.1　环境激励振源

环境激励振源主要可以分为两种类型，一种是在顺风向上的外部持续激励诱发结构随机振动，另一种是当风通过塔筒时引起雷诺数变化而产生横风向的振动。针对前者，海上风机会体现低频范围振动响应（Feyzollahzadeh M 等，2016），其一阶模态频率为（Xiaofeng Dong 等，2018）：$f_1 = 0.32 \sim 0.37$ Hz。

对于后者，风绕过塔筒后会在横风向上产生一个对雷诺数存在明显影响的气动力（Raghavan K 和 Bernitsas M M，2011），因此在风绕过塔筒后可能会以一定频率产生稳定的漩涡并诱发塔筒振动。

漩涡的脱落频率可用一个无量纲参数即斯特鲁哈数（Strouhal number）S_r 来描述（Deng H Z 等，2011）：

$$S_r = \frac{n_s D}{v} \tag{8-31}$$

式中　n_s ——旋涡脱落频率；

D ——塔筒直径；

v ——来流的平均风速。

空气中，雷诺数 Re 的计算公式可表示为

$$Re = \frac{\rho \cdot v \cdot D}{\nu} \tag{8-32}$$

式中　v ——平均风速；

D ——圆柱体直径；

ρ ——空气的密度，标准状态下为 1.293 kg/m^3；

ν ——空气的动力黏滞系数，标准状态下约为 1.46×10^{-5} m^2/s。

以 7.5.2.1 节中 2.5 MW 筒型基础试验样机受到横风向振动最为明显的塔筒顶部为例，当风速超过 13.4 m/s 时，根据式(8-32)计算可知，此部分雷诺数已经达到过临界区域。由于实测最大运行风速为 14.6 m/s，因此说明能够引起风机上部塔筒结构进行涡激振动的运行风速在 13.3～14.6 m/s 范围内，再利用式(8-31)计算相应的涡激振动频率。在过临界区，斯特鲁哈数 S_r 可取为 0.3(Raghavan K 和 Bernitsas M M, 2011)：$f_2 = 1.37 \sim 1.49$ Hz。

8.3.1.2　运行激励振源

运行激励引起的振源频率与叶片转频及机组运行状态息息相关，引起结构振动的频率可以统一表示为(练继建等，2007)：

$$f_3 = K\frac{n}{60}(\mathrm{Hz}) \tag{8-33}$$

式中　n ——实测转速范围(7～18 r/m)，K =1、3、6… 代表转频的倍数，如 1P、3P、6P…

因此，当 K 取 1 时振源频率范围为 0.12～0.30 Hz。

8.3.1.3　磁激励振源

海上风机电磁激励频率为 f_4 =50、100(Hz) (Jean-Luc Dion 等，2013)。

8.3.2　振源识别方法

8.3.2.1　峭度与谱峭度理论

峭度是反映随机振动信号的分布特性的统计指标，传统上定义为随机变量的归一化

的4阶中心矩，而谱峭度可以认为是信号中每一种频率成分对应峭度的集合。对于一个连续随机信号，其峭度的离散化形式如下：

$$K=\frac{1}{N}\sum_{i=1}^{N}\left(\frac{x_i-\bar{x}}{\sigma_t}\right)^4 \tag{8-34}$$

式中　x_i ——离散振动响应值；

N ——信号响应采样长度；

σ_t —— x_i 的标准差。

对于实测离散随机信号 $x(t)$，其离散傅里叶变换为 $X(f)$，则信号 $x(t)$ 的谱峭度可以定义为复随机变量 $X(f)$ 在每个频分 f 处的峭度。对于平稳随机过程，则频域 $X(f)$ 成分可以表达为每个频率 f 处循环的复随机变量，这就说明对于 $X(f)$ 的非零累积量其共轭成分与非共轭成分要保持一致。根据复随机变量的循环性，每种频率成分处的峭度值以期望的形式定义为

$$SK_x(f)=\frac{E\{|X(f)|^4\}-2[E\{|X(f)|^2\}]^2}{[E\{|X(f)|^2\}]^2}=\frac{E\{|X(f)|^4\}}{[E\{|X(f)|^2\}]^2}-2 \tag{8-35}$$

在实际应用中，对于数据长度为 L 的实测离散信号 $x(t)$，通常在时域上预先确定一定数据长度为 N 的时间窗口，保证信号 $x(t)$ 可以分割为 M 个非重合的信号区域，并且恒有 $M\times N=L$。对首个信号区域信号进行独立的 N 点离散傅里叶变换为 $X_N(f)$，随后沿时间轴移动窗口，即可以得到不同时段的频谱，对不同频带内的傅里叶谱统计其相应的峭度，就能够绘制出整体的谱峭度。因此，离散信号 $x(t)$ 的全频域内的谱峭度的无偏估计值可以写为(Rosa J J 和 Muñoz A M，2008)：

$$SK_x(f)=\frac{M}{M-1}\left[\frac{(M+1)\sum_{i=1}^{M}|X_{Ni}(f)|^4}{\left(\sum_{i=1}^{M}|X_{Ni}(f)|^2\right)^2}-2\right] \tag{8-36}$$

然而，保证上述谱峭度方法精度的主要影响因素是对响应信号分段数的选取，如果选取的分段数较多，信号每一个不重合的区块的数据相对较少，在进行离散傅里叶变化后其对应的频率带宽则较大，会造成目标频率振动特征不能或无法准确地呈现；反之，总信号不重合的区块数较少，会造成在计算谱峭度过程中循环平均的次数不够而影响峭度值的精度。因此，通常这种方法最优应用于数据个数较多的信号当中，但对于某些特定较短采样长度的实测信号来说，此种计算谱峭度的方法无法保证足够数量的区块而容易造成谱峭度的失真。因此，为了避免信号数据长度与区块划分对传统方法计算谱峭度精度的影响，采用一种行之有效的求解谱峭度的过程——优化谱峭度法(OSK)(Jean - Luc Dion 等，2012)。

(1) 预先划定适宜的频率长度的频带将整个信号 $x(t)$ 的频域分割为若干的单位频段，通常采用窄带带通滤波的方法实现：

$$x(t)=\sum_{i=1}^{n} d_i(t) \tag{8-37}$$

式中　n ——原始信号 $x(t)$ 分割的数量；

$d(t)$ ——一个频率内分割的信号。

(2) 基于峭度的基本定义对每个频段内的振动响应求解其峭度值 $K(i)$：

$$K(i)=\frac{1}{m}\sum_{j=1}^{m}\left(\frac{d_i-\bar{d}}{\sigma}\right)^4 \tag{8-38}$$

式中　d ——一个频域内的离散信号；

m ——分割信号的长度；

$\bar{d}$ 与 σ ——离散信号的均值与标准差。

(3) 获得的峭度值 $K(i)$ 在全频域进行分布即可以得到谱峭度图。原则上来讲分割频带越窄，计算获得的谱峭度上的峭度值越多，结果越接近于信号体现的真实特征。

此种区分振动随机特性与谐波特性的方法，其判断标准为(Steinwolf A 等，2014；Zhaohua Wu 和 Norden E. Huang，2009)：

(1) 当 $SK_x(f)=3.0$，信号 $x(t)$ 中某种频域或频率内的响应为环境激励诱发所致的。

(2) 当 $SK_x(f)=1.5$，信号 $x(t)$ 中振动响应体现谐波激励特性。

8.3.2.2　信号分解与振动能量提取

假设海上风机是线性结构振动系统，相应的结构振动响应包括由环境激励引起的振动以及受谐波激励影响的受迫振动。此外，考虑噪声会对实测信号造成干扰，从而海上风电结构的振动响应为(Jean-Luc Dion 等，2013)：

$$V(t)=V_{\mathrm{r}}(t)+V_{\mathrm{h}}(t)+V_{\mathrm{n}}(t) \tag{8-39}$$

式中　$V(t)$ ——海上风机的振动响应；

$V_{\mathrm{r}}(t)$、$V_{\mathrm{h}}(t)$、$V_{\mathrm{n}}(t)$ ——由环境激励引起的结构随机振动响应、由谐波激励引起的谐波振动响应、实测响应中混有的噪声。

不同特性的振动响应 $V_{\mathrm{r}}(t)$ 和 $V_{\mathrm{h}}(t)$ 是包含不同频率分量的组合信号。将每个频率所对应的实测信号视为一个均值为零的平稳过程，风机的振动响应 $V(t)$ 也可以写成几个含有噪声的单一频率振动响应的累积和：

$$V(t)=\sum_{i=1}^{n}\left[\Gamma(f_i t+\phi_i)+\omega_i(t)\right]+\sum_{j=1}^{m}\left[\Psi(q_j t+\phi_j)+\sigma_j(t)\right] \tag{8-40}$$

式中　Γ、Ψ——结构随机信号 $V_{\mathrm{r}}(t)$ 和谐波信号 $V_{\mathrm{h}}(t)$；

n、m——随机信号 $V_{\mathrm{r}}(t)$ 和谐波信号 $V_{\mathrm{h}}(t)$ 中所包含的频率数；

f_i、q_j——两种振动响应相应的单频信息；

ϕ_i、ϕ_j——两种类型振动响应中的每个振动频率所对应的相位角；

$\omega_i(t)$、$\sigma_j(t)$——混合在随机和谐波每个频率的振动响应信号中的噪声分量。

由于具有能够消减信号分解所得各阶分量的模态混合现象的能力，可采用 EEMD (Jia-Rong Yeh 和 Jiann-Shing Shieh，2010)方法对原始测量信号 $V(t)$ 进行分解。基于合理的白噪声添加比例，所添加白噪声的标准差往往选择为原始振动响应标准差的 0.2 倍(Zhaohua Wu 和 Norden E. Huang，2009)和足够数量的集成平均，$k(k \leqslant n+m)$，理论上可以在低频范围内获得包含特定单频信息和噪声的信号 $V_{ri}(t)$ 和 $V_{hj}(t)$。每个 $V_{ri}(t)$ 和 $V_{hj}(t)$ 可分别考虑成振动信号的随机和谐波分量的分解分量。

$$\begin{aligned} V_{ri}(t) &= \Gamma(f_i t + \phi_i) + \omega_i(t) = \Gamma_i(t) + \omega_i(t) \\ V_{hj}(t) &= \Psi(q_j t + \phi_j) + \sigma_j(t) = \Psi_j(t) + \sigma_j(t) \end{aligned} \tag{8-41}$$

式中　$\Gamma_i(t)$、$\psi_j(t)$——随机信号 $V_{\mathrm{r}}(t)$ 和谐波信号 $V_{\mathrm{h}}(t)$ 分解后各信号低频分量中的有用信息。

在使用 EEMD 方法和相应的后处理(Zhaohua Wu 和 Norden E. Huang，2009)进行信号分解之后，所获取的标准 IMF 分量可以从高频到低频排列，并且信号可以通过原实测振动响应中所包含的不同频率尺度表示。因此，式(8-41)中 $V_{ri}(t)$ 和 $V_{hj}(t)$ 应与 EEMD 方法所获得的每阶分量相对应，并可以基于每阶分量的形式来确定海上风机的总振动响应 $V(t)$：

$$V(t) = \sum_{l=1}^{k} C_l(t) + R(t) \tag{8-42}$$

式中　k——包含频率分量的数量和信号分解后的频率范围；

$C_l(t)$——每阶信号分量；

$R(t)$——剩余的残留信号。

在进行信号分解之后，引入振动信号能量理论来进一步分析每阶分解信号的能量分布特性。对于风机的原始测量信号 $V(t)$，响应中包含的总振动能量可以表示为信号幅度平方的时间积分，如下所示(Yu Y 等，2006)：

$$E = \int_{-\infty}^{+\infty} |V(t)|^2 \mathrm{d}t \tag{8-43}$$

根据实测离散信号，式(8-43)可以写成：

$$E = \sum_{s=1}^{N} |V_s(t)|^2 \tag{8-44}$$

式中　s——信号 $V(t)$ 的离散数据编号 ($s=1, 2, \cdots, N$)；

E ——原始信号的总能量；

$V_s(t)$ ——相应信号数据。

由式(8-42)可得，在实测信号中每阶分解分量 $C_l(t)$ 的振动能量 E_l，可按如下进行计算(Mingliang Liu 等，2015)：

$$E_l = \int_{-\infty}^{+\infty} |C_l(t)|^2 \mathrm{d}t = \sum_{s=1}^{N} |C_{l,s}(t)|^2 \tag{8-45}$$

由于信号分解后 IMF 分量具有正交性，因此每阶信号能量与原始信号的总能量之间应存在如下所示的恒等关系：

$$E = \sqrt{\sum_{l=1}^{k} |E_l|^2} \tag{8-46}$$

通过定义每阶信号分量的能量权重 W_l，可以将海上风电结构不同频域的振动信号的能量分布特征表示如下：

$$W_l = \frac{E_l}{E} \tag{8-47}$$

基于上述理论，提出一种结合 OSK 和 EEMD 的组合方法，以准确识别海上风电结构的振源与能量分布。

(1) 通过频谱分析及 OSK 方法对所选典型工况下所实测响应信号进行分析，以确定相应振源的主要频率特性和属性，即随机特性和谐波特性。

(2) 对原始信号进行 EEMD 分解，计算每阶分解分量的峭度值以确定对应每阶振动响应的随机或谐波振动属性。此外，通过比较分解信号的主频信息和 8.3.1 节中列出的潜在振源的激励频率，可以确定振源的类型和每个分解信号的振动属性。

(3) 通过结构振动能量提取方法在不同频率和频域处对每阶分解信号进行能量计算，可获得实测振动响应中各种振源的振动能量百分比。

8.3.3　振源识别方法工程验证

8.3.3.1　主振源识别

选择 2.5 MW 试验样机现场监测的两个典型运行工况加以分析，运行参数为工况 1：风速 7.5 m/s、转速 11 r/m、功率 0.65 MW；工况 2：风速 11.3 m/s、转速 18 r/m、功率 2.4 MW。图 8-31 给出了两种工况下包含信号时程、功率谱与峭度谱的组合图。从图 8-31(a)可以看出，实测信号中存在两种主要的振动频率，一个是与 11 r/m 转速相对应的 0.183 Hz 的转频，其反映谐波振动分量，相应的峭度值为 1.79，与 1.50 比较接近。另一个是与结构一阶模态频率相近的 0.35 Hz，其代表随机振动分量，其对应的峭度值为 3.35，与 3.0 接近。因此可以看出，在工况 1 下风机振动响应同时包含随机与谐波振动特性。而由图 8-31(b)可知，工况 2 功率谱中仅有一个与叶轮转频相关的明显峰值频率 0.30 Hz，对应谱峭度上的峭度值为 1.68,与 1.5 较为接近,由此可以说明,在此工况下风机的主振源为由叶轮转动引起的谐波激励振源,结构响应仅体现谐波特性。

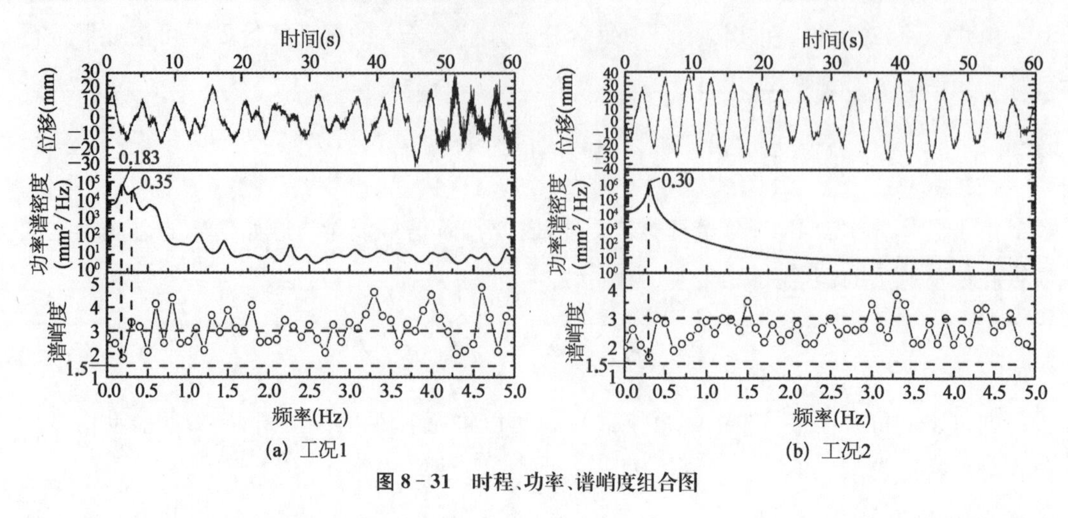

(a) 工况1　　(b) 工况2

图 8-31　时程、功率、谱峭度组合图

8.3.3.2　振源与能量识别

基于 EEMD 方法对上述两个典型工况下实测响应进行分解,以获得关于不同频率或频域的分解振动信息,每阶信号的频谱和峭度值如图 8-32 所示,分解各阶信号的主频率,频率特性和能量比例列于表 8-4 中。从图 8-32 中可以看出,通过 EEMD 方法分解得到的各阶信号保留了更清晰的频率信息。其中,由于小于 1 Hz 范围内的第 7 阶至第 9 阶分解信号反映了频谱中的主要振动能量,可以判断海上风电结构是以低频振动为主。通过计算分解振动响应的峭度值来确定每阶 IMF 的信号属性(谐波或随机),并从具有相同振动属性信号中得到的相应的能量权重,可以总结出结构响应中不同振源的能量比例。具体地,在上述两种工况下,各阶能量比的总和等于 98.72%和 98.22%并基本包含了原始信号的全部能量,因此实测信号可以通过分解获得的这 9 个 IMF 来表示。以工况 1 为例,第

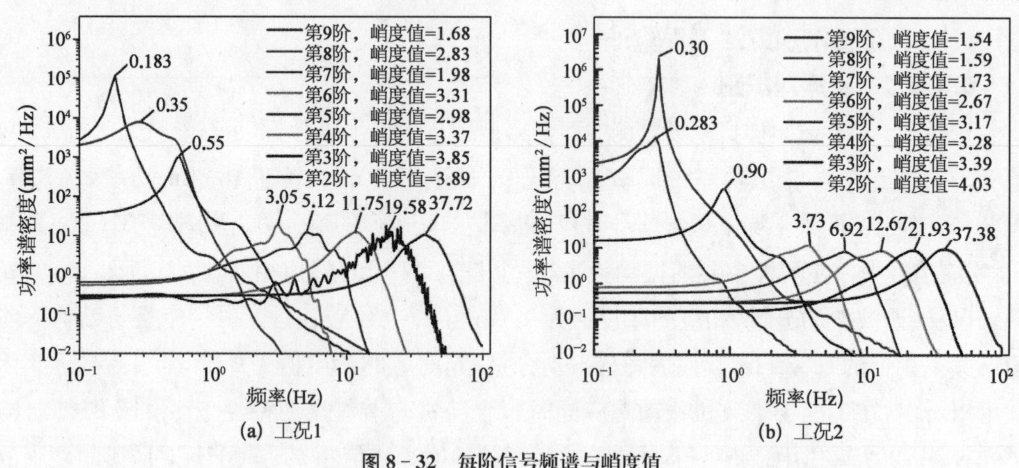

(a) 工况1　　(b) 工况2

图 8-32　每阶信号频谱与峭度值

7阶和第9阶信号分量的主频率0.183 Hz和0.55 Hz与转频的1P频率和3P频率相一致，且其对应信号分量的峭度值接近1.50，体现谐波振动特性，因此振动可能是由叶轮转动引起的谐波激励所致。第8阶信号分量主频与一阶模态频率0.35 Hz相近，且其峭度值接近3.0，可以说明该阶分量主要反映环境激励引起的随机振动特性。基于上述分析，可以获得在工况1时由谐波和随机振源引起的主要能量比可分别为68.30%和23.63%。基于相同的原理，工况2时谐波和随机振源的能量比分别为89.54%和0.39%。

表8-4 分解信号主频、频率特性与能量

工况	指标	本征模态函数(IMF)									总能量(%)
		1	2	3	4	5	6	7	8	9	
1	主频(Hz)	93.32	37.72	19.58	11.75	5.12	3.05	0.55	0.35	0.183	98.72
	峰度值	3.66	3.89	3.85	3.37	2.98	3.31	1.98	2.83	1.68	
	属性	Ran	Ran	Ran	Ran	Ran	Ran	Har	Ran	Har	
	能量(%)	1.27	2.76	1.39	0.83	0.44	0.20	2.54	23.63	65.66	
2	主频(Hz)	80.13	37.38	21.93	12.67	6.92	3.73	0.90	0.30	0.283	98.22
	峰度值	3.16	4.03	3.39	3.28	3.17	2.67	1.73	1.59	1.54	
	属性	Ran	Ran	Ran	Ran	Ran	Ran	Har	Har	Har	
	能量(%)	1.57	3.32	1.83	1.06	0.51	0.39	0.37	84.08	5.09	

注：Har——谐波；Ran——随机。

8.3.4 海上风电结构振源识别及其影响

8.3.4.1 海上风电结构振源识别

以监测2.5 MW试验样机数据为研究对象，表8-5给出了海上风机相应振源频率分布。结合8.3.1节中计算的理论振源频率，海上风机的振源主要包括环境激励振源与谐波激励振源。针对测试风机，0.16～0.30 Hz范围内的频率可以识别为由谐波激励产生的转频(1P频率)。风机叶轮旋转可以相应地诱发3P频率，如0.41～0.60 Hz与0.79～0.93 Hz。与此同时，所识别的0.32～0.37 Hz，1.32～1.35 Hz及2.51～2.57 Hz频率范围，反映了由于环境激励影响而引起的风机前三阶模态频率。此外，在1.37～1.49 Hz范围内的极少数频率可能是在较高风速条件下风致涡激振动频率。

表8-5 振源类型、对应频率与识别频率

阶　数	振　源	对应频率(Hz)	识别频率(Hz)
1	环境激励	0.32～0.37，…	0.32～0.37，1.32～1.35，2.51～2.57
2	风致涡激振动	1.37～1.49	1.37～1.49
3	谐波激励	0.12～0.30，0.36～0.90，…	0.16～0.30，0.41～0.60，0.79～0.93，…
4	电磁激励	50，100	50

8.3.4.2 运行因素对主振源识别的影响

1＃测点主振源频率分布随功率变化如图 8-33 所示。各功率范围内不同测点主振源频率统计分布如图 8-34 所示。两图中，基于 OSK 方法判断的谐波频率特性以实点表示，而空心点则表示海上风电结构固有模态频率信息。由图可知，随着功率的增加，转频呈明显的增大趋势。而通过不同功率条件下的主振源频率分析可见，在功率较低范围内风机一阶固有模态频率可认为是结构主要振动源频率。随着转速和功率的增加，主振源频率逐渐由模态频率变为叶轮转频，直至功率达到风机额定功率时结构主振源频率将完全由转频决定。

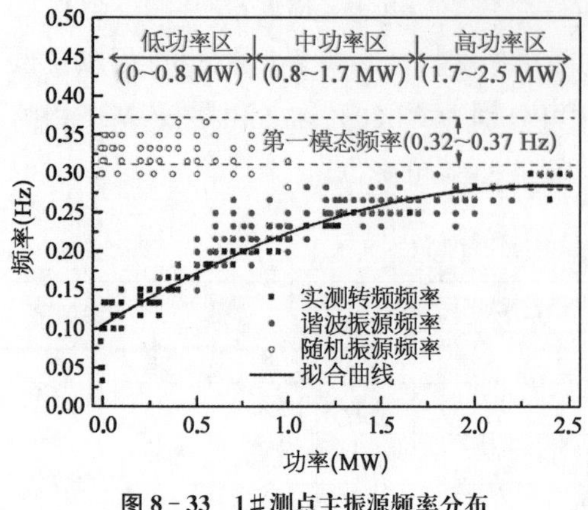

图 8-33　1＃测点主振源频率分布

如图 8-34(a)所示，由于在低功率范围内转速对结构振动影响较小，仅在 0.33～0.36 Hz 的频率范围内能找到一个明显的频率峰值，其与海上风电结构一阶固有模态频率基本一致，

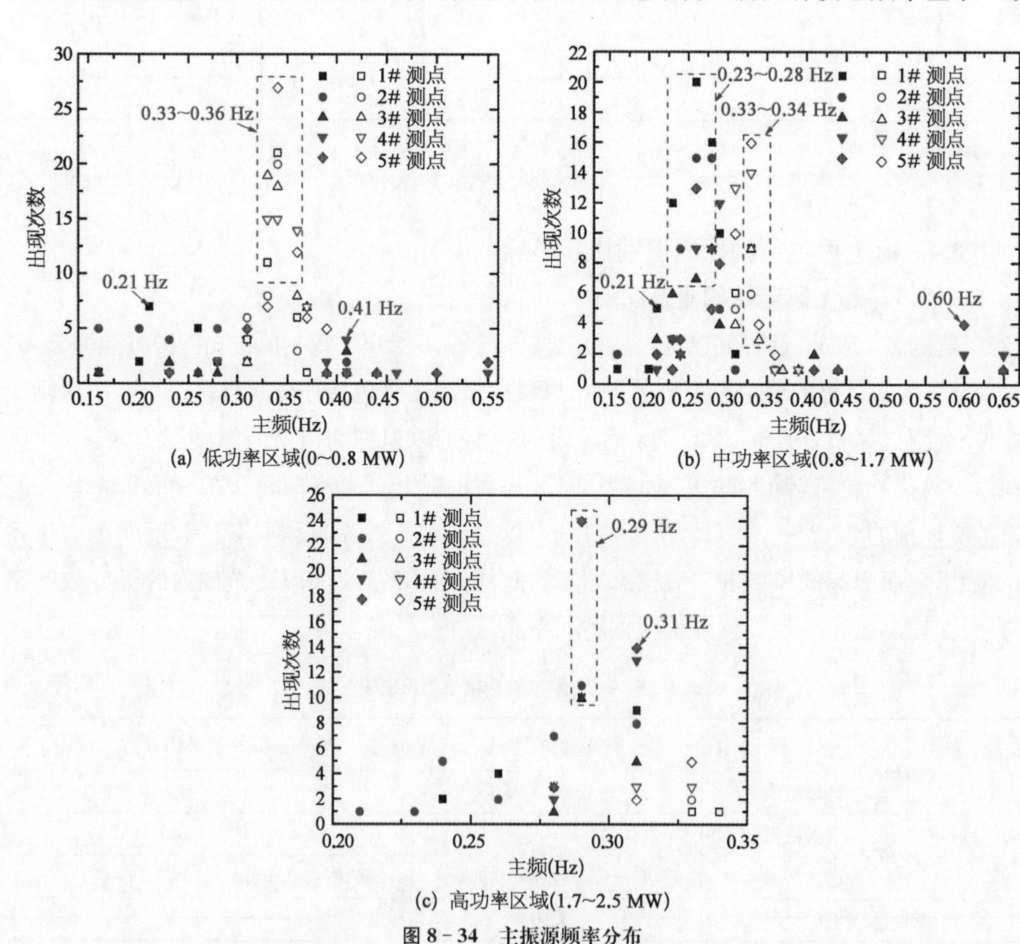

图 8-34　主振源频率分布

可说明当前风机主振源为环境激励振源。同时在1#测点的0.21 Hz处、其他测点0.16～0.28 Hz与0.41～0.55 Hz范围内均出现有不明显的峰值，其反映确定性谐波特性，并与风机转频及相应的倍频存在着密切的关系。随着功率增加，谐波激励振源对风机振动的影响逐渐增大，主振源频率在0.23～0.28 Hz范围内出现明显的分布峰值，其频域上接近叶轮转动产生的谐波频率。然而此时谐波激励并不是结构振动的唯一能量来源，在图8-34(b)中的0.33～0.34 Hz范围内仍有一个频率峰值，其接近于海上风机的一阶模态频率。由此可以看出，在中功率区域内，风机结构的振动能量同时来自外部环境激励与谐波激励。而当功率超过1.7 MW时，在图8-34(c)中振动主频率分布中只有一个接近0.29 Hz的峰值，其与风机额定工况下0.30 Hz的转频近似，而反映风机一阶模态频率的0.33 Hz频率基本未能出现。由此可以推断，叶轮转动引起的谐波激励此时已经成为风机的主要振源，风机功率增大对结构振动有明显的影响，环境激励的影响可以忽略不计。

综合上述分析说明可以得出结论，随着机组功率的增加，海上风电结构振动的主振源变化遵循由单一的环境荷载激励转为环境荷载激励和叶轮转动联合作用再到完全由叶轮转动影响的规律。风机结构振动形式从低功率条件下环境荷载作用的按模态频率振动，转变为中等功率下环境荷载与机组谐波激励影响下的联合振动，再到高功率下完全由机组运行作用下的纯受迫振动的变化过程。

8.3.4.3　振源随运行因素变化规律

图8-35绘制了26种典型工况下1#测点体现的两种主要振源能量随功率增大而呈现的变化规律。由图可以看出，环境激励振源与谐波激励振源占据了振动信号能量的大部分，在全功率范围内能量比例接近100%，而由蓝色圆圈表示其他结构振源在振动能量中所占比例均小于10%。在低功率或中功率范围内，环境激励引起的振动能量比例随功率增加逐渐减小，而结构的谐波振动能量比例呈现明显的增大趋势。特别是当功率超过1.5 MW时，大部分振动能量由叶轮旋转引起的结构振动所主导。对于其他结构振源，计算功率范围小于1.2 MW的振动能量所占比例的平均值1为6.32%，大于功率范围超过1.2 MW时振动能量所占比例的平均值2为4.48%，这也说明与环境激励相比，谐波激励对风机结构振动的影响更大。

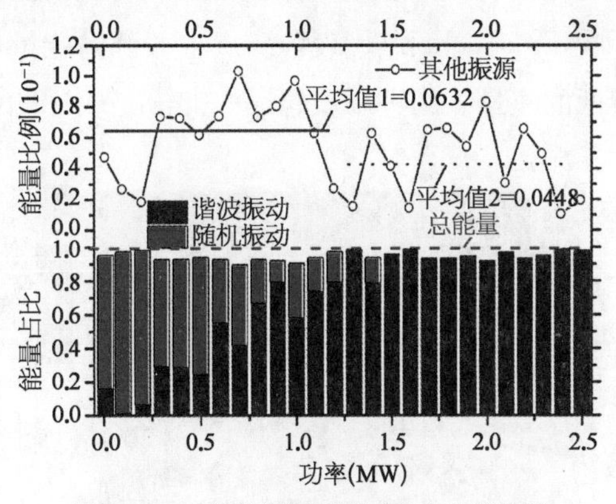

图8-35　不同振源能量随功率变化趋势图

不同位置测点振源能量随功率变化趋势如图8-36所示，黑色、红色和蓝色实线分别表示振动能量比例随功率增加的变化趋势。可以看出，在不同工况下，海上风机在全功率范围内，环境激励和谐波激励两种主要振动源所引起的振动能量比例变化规律基本一致。从总体上看，各测点处谐波能量的比例随着功率的增大而增大，而与环境激励振源对应的振动能量则随着运行因素的变化呈现明显的下降趋势。当风机在较低的功率范围（小于 0.5 MW）内运行时，较低转速导致谐波激励对结构的影响有限，风机结构的振动主要是由环境激励引起的，实测响应中主要体现结构模态信息。随着功率的增大，转频对结构的影响开始逐渐增大，环境荷载与谐波激励引起的振动均比较明显，两种主要振源的比例在 0.5～1.2 MW 功率范围内处于平衡状态如图 8－36 所示。当功率超过 1.2 MW 时，谐波激励将成为主要振源。环境激励在振动能量中所占的比例较小，其对结构的影响几乎可以忽略不计。

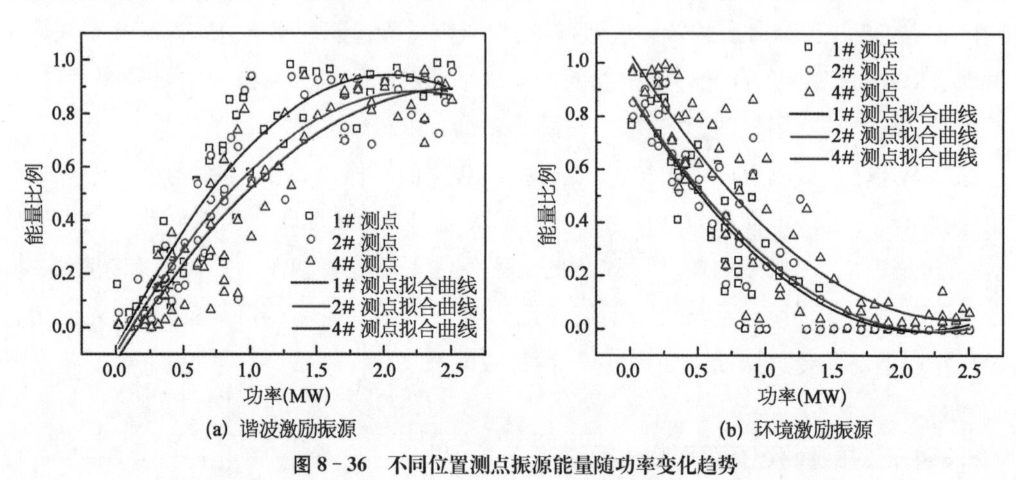

图 8－36 不同位置测点振源能量随功率变化趋势

8.3.4.4 振源随测点位置变化规律

在上节所述的典型工况下，两种主要振源在不同功率下各测点的能量比分布如图 8－37 所示。不同颜色代表各测点主振源的能量比例，其中红色代表较高的能量，而蓝色代表较低的能量。为进一步验证 8.3.4.3 节中得出的环境激励振源与谐波激励振源的能量变化规

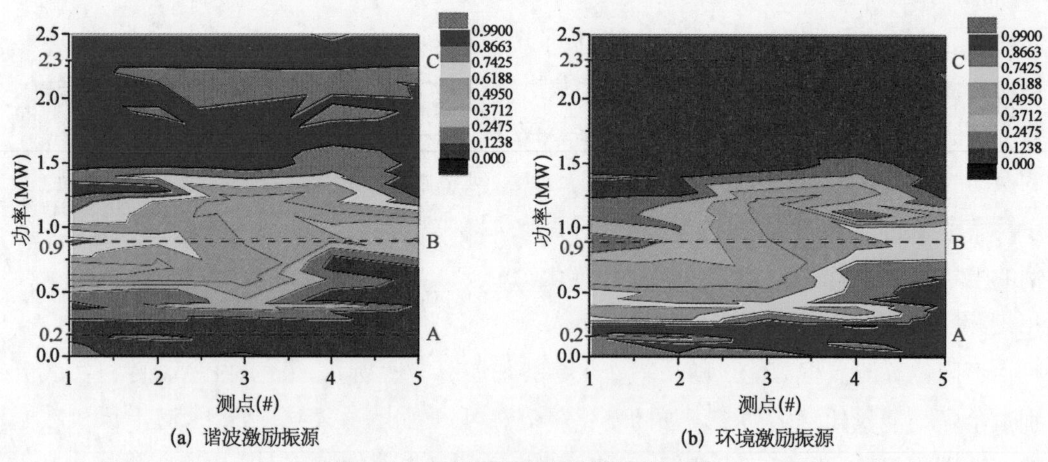

图 8－37 主振源能量随测点位置变化趋势

律。再选取0.2 MW、0.9 MW和2.3 MW的3个运行工况，分别用A、B、C处的红色虚线表示，以说明不同振源随测点位置的变化情况，如图8-38～图8-40所示。

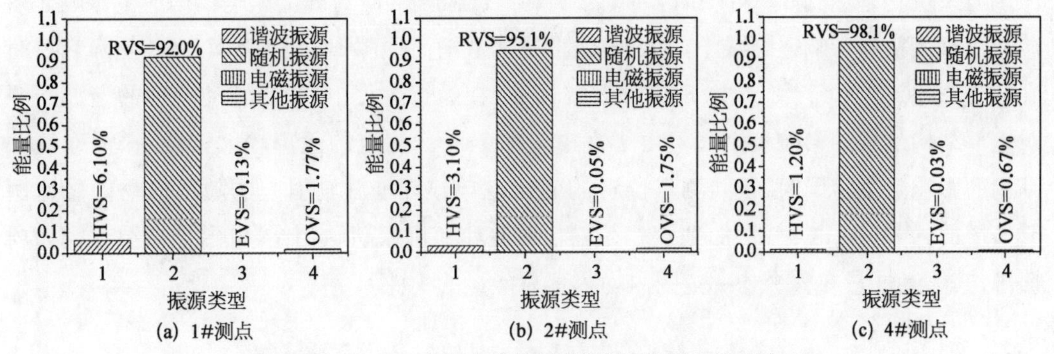

(a) 1#测点　(b) 2#测点　(c) 4#测点

图8-38　0.2 MW功率时不同测点振源能量比例(红色虚线A)

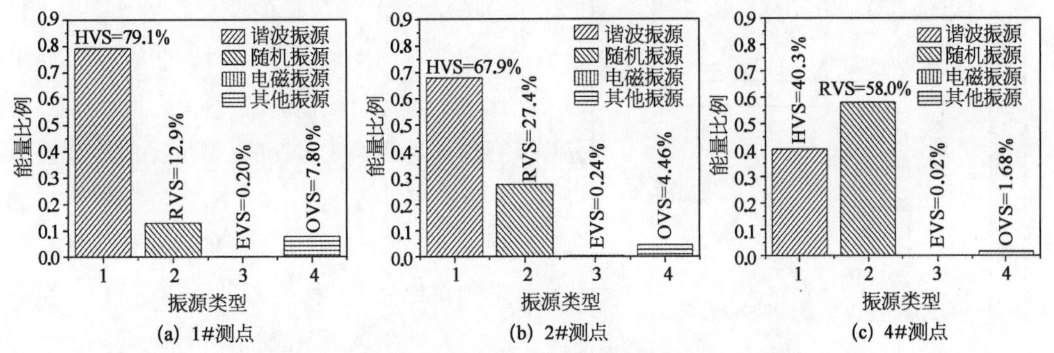

(a) 1#测点　(b) 2#测点　(c) 4#测点

图8-39　0.9 MW功率时不同测点振源能量比例(红色虚线B)

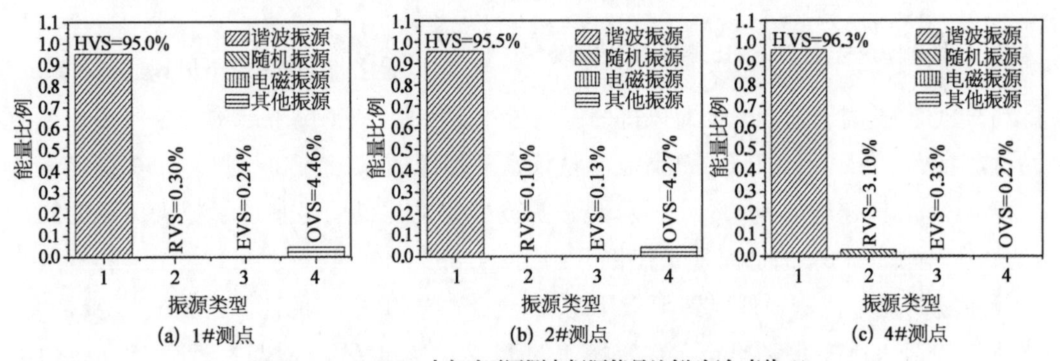

(a) 1#测点　(b) 2#测点　(c) 4#测点

图8-40　2.3 MW功率时不同测点振源能量比例(红色虚线C)

由图8-38～图8-40可知，在1＃、2＃、4＃测点分别识别可得谐波激励振源(HVS)、环境激励振源(RVS)、电磁激励振源(EVS)等振源的能量比例。在0.2 MW和2.3 MW工况下，90％以上的结构振动能量分别由环境激励引起的随机振源和叶轮转动产生的谐波振源占据。在较低测点上，两种主要振源的能量比例在上述两种工况下均呈现缓慢增长趋势，能量比分别为92.0％～98.1％和95.0％～96.3％。但0.2 MW处的谐波能量比例和

2.3 MW 处的随机能量比例变化不大，分别由 6.10%降至 1.20%及由 0.30%增至 3.10%。故在低功率和高功率范围内，测点位置变化对两主要振源能量比例影响较小。

当风机功率达到 0.9 MW 时，环境激励和谐波激励同时对海上风电结构产生影响。谐波激励对风机的影响逐渐减小，对应的能量比例从塔筒顶部 1＃测点的 79.1%下降到塔筒底部 4＃测点的 40.3%。这一现象可以解释为，在运行过程中，叶轮转动产生的谐波振源对上部结构的振动影响较大。但由于发电机组与下部测点的距离较大，谐波振源对底部结构的影响较小。同时，相同测点位置的变化也导致环境激励引起的随机振动能量比例明显增加，能量从 12.9%增加到 58.0%。与谐波和随机振动源相比，电磁等振源可视为弱振源，其振动能量在整个功率范围内均小于总能量的 10%。

8.3.4.5 谐波振源随运行因素变化规律

对谐波能量进行分解，以获得 1P 和 3P 谐波振源随实测风速的变化趋势如图 8-41 所示。从图中可以看出，1P 谐波振源能量比例随着运行风速的变化而迅速增大，当运行风速达到额定风速时，能量比例体现接近 1 的平衡状态。然而，在相同过程中增加的功率并没有 3P 谐波振源能量比例出现显著的规律性变化，其值较低。再选取 A 至 E 五个具体测试工况进行分析，以进一步解释上述能量变化特性。各振源对应的能量比例见表 8-6。

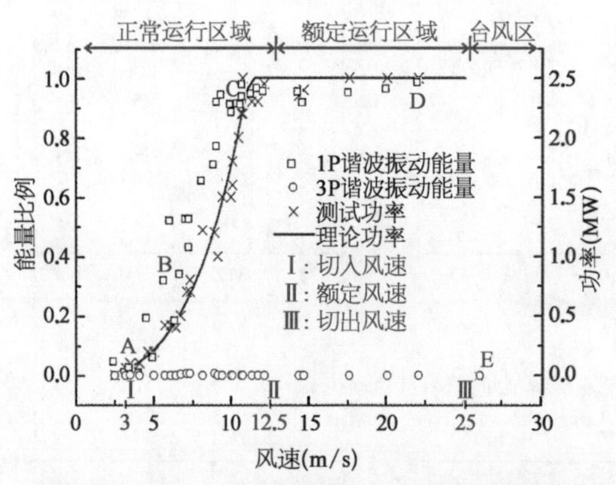

图 8-41　1P 与 3P 谐波振源能量比例随风速变化趋势

可以看出，在 A 工况下风速达到 3.0 m/s 的切入风速，此时转速较慢而对风机的影响较小。因此，该工况下结构主振源为环境激励，能量比为 96.12%，1P 和 3P 谐波能量仅占主振源的 0.97%和 0.11%。在稳定运行工况 B 下，当风速增加到 6.6 m/s 时，谐波振动能量的比例明显超过了随机振源的能量比例，其中 1P 和 3P 的谐波能量比例分别为 34.28%和 0.44%。可以看出，虽然谐波倍频激励的能量比例较低风速下有所增加，但 1P 与 3P 之间的能量差距进一步扩大。当风速分别达到接近 12.5 m/s 额定风速的 11.7 m/s(工况 C)时与接近 25.0 m/s 切出风速的 22.0 m/s(工况 D)时，海上风机均在额定工况下运行。在上述两种情况下，叶轮转动产生的 1P 谐波能量分别为 96.80%和 98.58%，几乎占据了结构全部振动能量，而此时，3P 谐波能量则分别为 0.24%和 0.12%。由此可知，风机的主要振源是高转速下的 1P 谐波激励，而 3P 谐波激励对结构的影响较小。针对风速大于 26.0 m/s 的工况 E(台风“海葵”)，海上风机仅受台风环境激励的影响，谐波振源产生能量不复存在。

表8-6　5种工况下不同振源能量比例

参数				能量比例(%)				
工况	风速(m/s)	转速(r/m)	功率(MW)	环境激励振源	1P谐波振源	3P谐波振源	电磁激励振源	其他振源
A	4.0	9	0.1	96.12	1.06	0.12	0.29	2.41
B	6.6	11	0.5	60.35	34.28	0.44	1.09	3.84
C	11.7	18	2.3	0.12	96.80	0.24	0.47	2.37
D	22.0	18	2.5	0.10	98.58	0.12	0.53	0.67
E	26.0	0	0.0	98.46	0.00	0.00	0.17	1.37

由以上研究可以发现,随着运行风速的增加,叶轮转动的转频激励对风机结构产生的影响明显呈现增强的趋势。而将谐波振源细分后的倍频谐波激励对结构的影响则相对较小甚至可以忽略,这一现象出现的可能原因是叶轮转动引起谐波激励中基频能量远大于倍频能量所致。因此,对额定转速较高的风机而言,在风机运行安全性评估中,需要重点考虑的是叶轮转动转频与结构固有模态频率间的关系。而对于倍频谐波来说,由于对结构影响效应有限,可以考虑在安全评估上适当地放宽固有模态频率与3P频率间的安全标准(练继建、董霄峰,2017),使得风机结构在1P与3P频率间的频域安全范围加大。

8.4　海上风电筒型基础整机动力安全评估与运行控制策略优化

海上风电结构体系的振动响应不但与外界所受荷载特性、结构自身动力属性有关,还与风机运行时的控制策略有着密切关系,脉动多变的荷载、控制策略设置不当或调整不及时可能会导致风机超限振动,甚至对风机运行安全带来危害。因此,在风、浪、流等环境动力荷载的联合作用下,开展海上风电筒型基础整机耦合动力安全评估与运行控制策略优化研究具有重要的工程意义。

8.4.1　海上风电筒型基础整机动力安全评估

众所周知,对运行状态下风机结构安全影响危害最大的为共振效应,即外部激励海上风机的荷载与其固有模态频率相同或接近时,结构振动会发生显著放大的现象。这一状况的出现会使得风机振动变得尤为剧烈,结构振幅加大,一方面可能造成风机塔筒或基础在短期内发生破坏;另一方面,当激励频率与风机固有模态频率长期接近时,风机将受到长期循环荷载作用,对塔筒、螺栓等结构会产生疲劳积累,久而久之会对风机运行安全增添隐患。而在海上风机运行状态下,除受到低频的风、浪等动力荷载作用下,叶轮转动诱发的谐波激励荷载的频率往往与叶轮转频保持一致。在风机运行状态下,特别是高转速运行状态下,结构振动主要由谐波激励诱发引起,因此其对应频率与固有模态频率间关系成为影响风机健康运行的关键因素。同时,风机在运行状态下若出现结构损伤、局部螺栓失效或材料强度弱化等情况,会直接影响海上风电结构整体刚度分布,从而改变自身的模态参数特性,也可使其在频域上与激励频率相近,造成结构安全隐患。

开展海上风电筒型基础结构安全评估,首先是要通过工作模态识别方法来提取工作模态作为判别指标,再基于相应的结构健康判断依据来评估风机运行状态。考虑海上风机的主要共振激励频率为叶轮转频的 1 倍(1P)和 3 倍频率(3P),当风机运行状态下的激励频率与结构固有频率之差和激励频率的比值大于 15%时,基本可避免发生结构共振现象,风机运行状态可评定为健康;反之,则认为风机运行处于非健康甚至是危险状态,因此海上风电结构动力安全的频域评估标准可见下式:

$$\left|\frac{f_n - f_{1P}}{f_{1P}}\right| \times 100\% > 15\% \tag{8-48}$$

$$\left|\frac{f_{3P} - f_n}{f_{3P}}\right| \times 100\% > 15\% \tag{8-49}$$

式中 f_n ——识别获得海上风机固有模态频率(Hz);

f_{1P}、f_{3P} ——海上风机运行状态下 1P、3P 频率(Hz)。

根据以上共振校核的概念,以 7.5.2.1 节中 2.5 MW 海上风电筒型基础试验样机为研究对象,选择全功率测试过程中部分工况的振动位移数据,通过 8.2.2 节分别介绍的识别风机结构强、弱谐波激励影响下工作模态的方法来实现海上风电结构安全评估,结果如图 8-42 所示。图 8-42 给出了在全功率范围内工作模态识别与安全评估结果,由于功率与转速的同步效应,用黑色方块表示的 1P 频率与用黑色圆圈表示的 3P 频率随着功率的变化呈现出明显的增加趋势。同时,用暗黄色圆圈表示的识别谐波频率与转频(1P 频率)也保持一致。可见,在全功率范围内识别的结构模态频率在 X 和 Z 方向相对稳定,主要分布在 0.33~0.36 Hz 范围内。除了功率范围小于 250 kW,结构运行模态频率明显远离结构共振危险区域。说明海上风机在高功率大转速工况下可保证结构安全运行,而为了避免在实际运行过程中发生共振,可以适当减少低风速状态下运行。

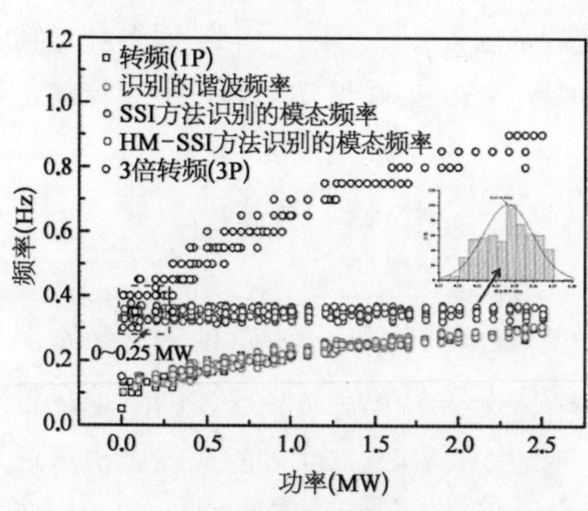

图 8-42　全功率条件下识别模态频率、谐波频率与结构共振激励频率间关系

同时,再分别对 7.5.2 节中介绍的 3.0 MW 与 3.3 MW 海上风电筒型基础整机进行动力共振校核与安全评估,如图 8-43 所示。图中给出了基于风机塔筒顶部位移识别所体现一阶模态频率与对应能量随转速的变化规律,不同颜色的气泡代表是不同频率信息对应能量百分比的大小，颜色越暖代表振动能量百分比越大，反之则越小。可以看出，3.0 MW筒型基础风机振动频率信息中同时包括1P频率、3P频率与一阶模态频率，而3.3 MW风机振动除体现结构自身属性外只有3P频率，1P频率在振动响应中几乎没有出现。同时，在风机运行全转速范围内，1P频率激励与结构一阶模态频率距离较远，不会诱发风机共振。而3P频率在7～9 r/m这一低转速范围内时，特别是风机刚进入切入转速进行运行时，与结构固有频率比较接近，且振动体现能量较大。而随着转速的增加，3P激励频率逐渐远离结构模态频率，从而振动能量变化只与风机转速、外界荷载大小相关。以上研究发现筒型基础整机在全转速范围内运行安全可以保证，但要特别注意减少风机刚切入转速时的运行。

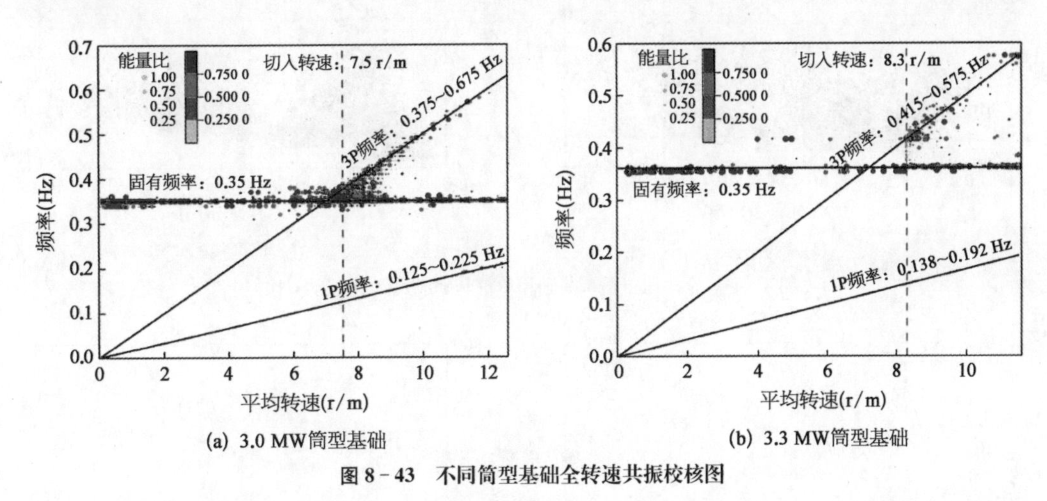

(a) 3.0 MW筒型基础　　(b) 3.3 MW筒型基础

图8-43　不同筒型基础全转速共振校核图

8.4.2　筒型基础和单桩基础风机动态振动对比

8.4.2.1　全风速下筒型基础与单桩基础时频特性分析

由8.4.1节分析可知，海上风电筒型基础风机在低转速时与结构一阶模态频率较为接近，其对风机振动响应影响有待进一步研究，与目前广泛应用的单桩基础风机动力特性也需要进行对比分析。本节仍以7.5.2.2节中介绍的一台3.0 MW单桩基础风机(1#)与两台3.0 MW筒型基础风机(2#、3#)作为研究对象，整理筒型基础和单桩基础风机在各风速下的塔筒顶部振动位移，如图8-44与图8-45所示。由两图中可见，单桩基础风机振动规律明显，随着风速的增加X向与Z向响应均呈现明显的增大趋势。相比之下筒型基础风机顶部振动总体上随风速增加也呈现增大的趋势，然而在风速3～6 m/s范围内，风机振动出现一个非常明显的突变增大现象，最大单向位移接近50 mm。这一低风速区域恰好与图8-43中提到的较低转速范围7～9 r/m相匹配，均属于风机在刚刚开始运行时的参数。这说明当风机运行时的3P频率与整机一阶固有模态频率相近时，会诱发风机振动放大现象。此外，将筒型基础风机与单桩基础风机振动在全风速下进行对比可以发现，筒型基础风机在较低风速时振动明显大于单桩基础风机，这与上述筒型基础风机的振动放大现象相关。然而，当风速超过 6 m/s 后，单桩基础振动相比筒型基础明显要大，在最大风速 16 m/s 时前者是后者振动的 1.5 倍左右。这说明除去结构动力放大影响以外，筒型基础风机相比单桩基础风机振动要小，特别是在高转速范围内尤为明显。当然，两种类型基础风机的最大单向位移均未超过 60 mm，运行期无安全风险。

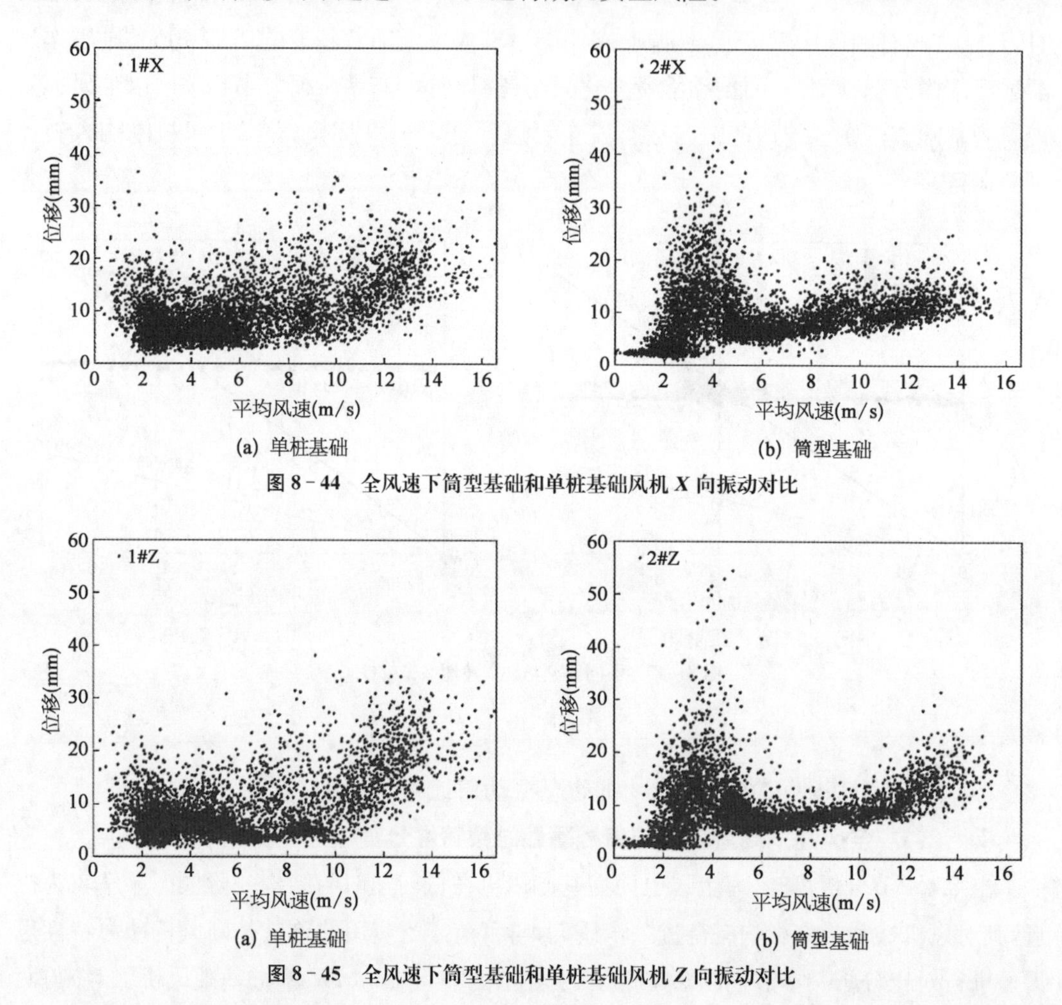

(a) 单桩基础 (b) 筒型基础

图 8-44 全风速下筒型基础和单桩基础风机 *X* 向振动对比

(a) 单桩基础 (b) 筒型基础

图 8-45 全风速下筒型基础和单桩基础风机 *Z* 向振动对比

为进一步探究两种类型基础风机振动特性上的差异，分别绘制筒型基础与单桩基础振动响应主频与转速关系如图 8-46 所示。可以看出，无论是筒型基础还是单桩基础风机，其振动主要体现三个频率，分别是结构一阶固有频率(图中绿色线条，单桩为 0.30 Hz，筒型基础为 0.35 Hz)、1P 转频(黑色)和 3P 谐波频率(紫色)。其中，振动响应中 1P 频率主要集中在转速超过 11 r/m 的大转速运行工况下，而 3P 频率却集中在 11 r/m 以下小转速运行工况时。对比两种类型风机，当风机开始运行时，切入转速 7.5 r/m 时。此时可以发现单桩风机 3P 频率曲线上对应的激励频率 0.375 Hz 与其一阶模态频率 0.30 Hz 相差较远，不会引起风机振动的放大。而对于筒型基础风机而言，其一阶模态频率为 0.35 Hz，与风机切入运行时的最小 3P 激励频率仅相差 7%，根据式(8－49)判断会由于激励频率与结构自身属性相近而引起振动放大，这也是图 8－44 与图 8－45 中低转速范围时风机振动突变增大的原因。图 8－47 也给出了某一运行工况下筒型基础与单桩基础风机的频域信息与风机各类激励频率的对比情况，可以看出在转速较低的情况下，3P 频率与筒型基础更为接近，引起共振可能更大。

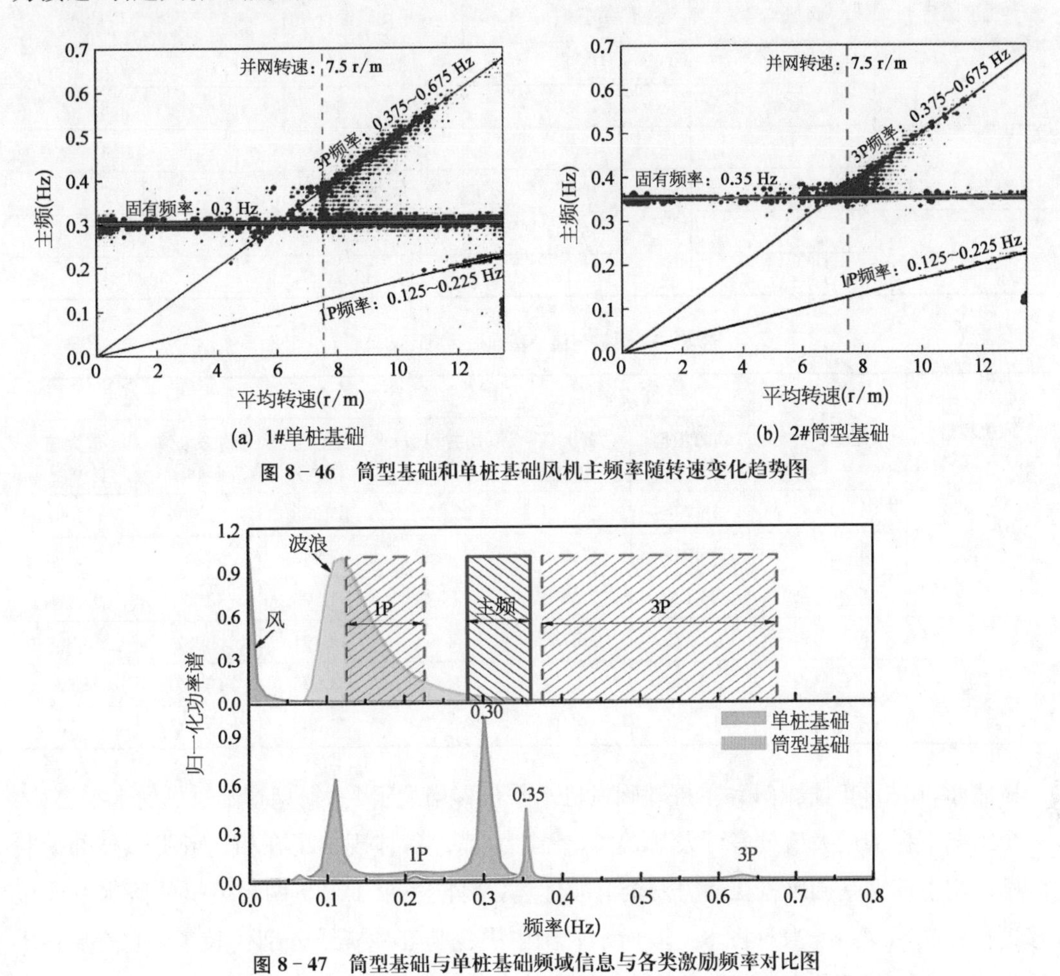

图 8－46　筒型基础和单桩基础风机主频率随转速变化趋势图

图 8－47　筒型基础与单桩基础频域信息与各类激励频率对比图

8.4.2.2　大风速运行工况振动对比分析

前面研究详细分析了筒型基础振动放大及与单桩基础振动差异的原因，本节将进一步对两种类型基础风机在高转速范围内振动情况进行分析。仍选取 1＃单桩基础风机与 2＃筒型基础风机在 6～7 级大风风况下正常满发运行的工况(2＃风机包括 13.5 r/m 满发运行及 12.6 r/m 满发运行两种情况)进行对比分析，其平均风速、平均转速和平均负荷等信息见表 8－7。表 8－8 给出了 3 个 6～7 级风况下，1＃单桩基础风机和 2＃筒型基础风机在正常满发运行时，塔筒顶部水平方向测点的振动位移测试分析结果。可以看出，在

6～7级大风速下，两台风机均处于满发状态，且随着风速增大，风机水平向位移都呈现逐渐增大趋势，最大振动位移幅值出现在工况3，在此工况下1#风机和2#风机的水平合成位移最大达到了96.19 mm和82.15 mm，都在风机允许范围内。

表8-7　单桩与筒型基础振动对比工况表

工况编号	风机编号	平均风速(m/s)	平均转速(r/m)	平均负荷(kW)
1	1#	13.11	13.50	3 013
	2#	12.80	13.50	2 978
2	1#	13.96	13.51	3 014
	2#	13.55	13.51	2 977
3	1#	15.01	13.52	3 015
	2#	14.19	13.51	2 981

表8-8　单桩与筒型基础振动对比结果表

风机编号	测点方向	工况1		工况2		工况3	
		均方根值(mm)	最大值(mm)	均方根值(mm)	最大值(mm)	均方根值(mm)	最大值(mm)
1#	X	15.724	55.721	22.132	55.888	22.300	60.097
	Z	16.949	50.946	25.182	62.942	24.494	75.100
	水平合成	23.120	75.501	33.525	84.173	33.125	96.186
2#	X	13.179	45.760	16.883	48.791	9.882	38.303
	Z	12.932	38.171	17.322	53.036	16.470	72.672
	水平合成	18.464	59.590	24.189	72.065	19.207	82.148

然而，在相同时段内1#单桩基础风机水平位移均大于2#筒型基础风机的水平位移，三个工况下振动最大值最多可大94.0%，平均为35.2%，体现出了在相同或类似外部荷载激励影响下筒型基础风机在动力安全上的优势。将前三个工况下两台风机的两水平向位移进行合成，如图8-48～图8-50所示。图中黑色与红色实线分别代表1#单桩基础风机与2#筒型基础风机塔筒顶部水平合成位移变化图，可以看出，1#单桩基础风机位移比2#筒型基础风机明显变化更大。

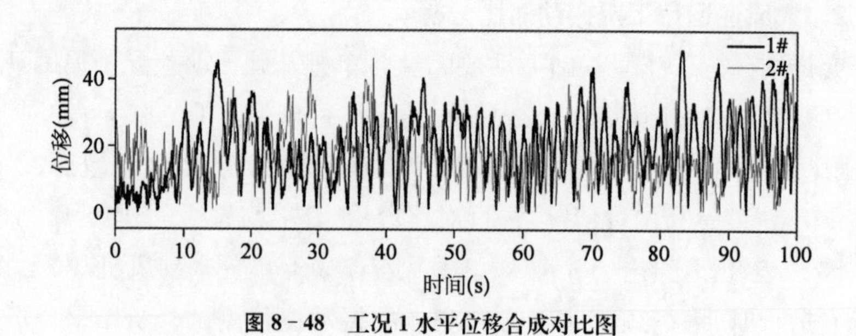

图8-48　工况1水平位移合成对比图

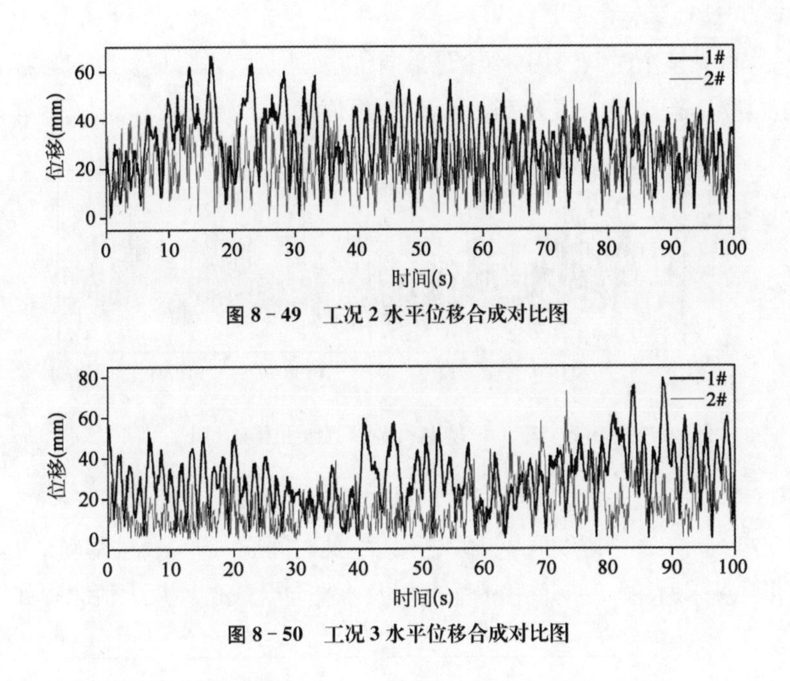

图 8-49 工况 2 水平位移合成对比图

图 8-50 工况 3 水平位移合成对比图

8.4.2.3 满发运行工况振动对比分析

选取满发工况测试时间为 2017 年 11 月 1—5 日内的监测数据，其 10 min 平均风速及平均功率如图 8-51 所示，其中 11 月 3 日 04:00 至 24:00 时间内(图中虚线框)风速较大，大部分时间机组处于满发状态，此时间段内 1＃单桩基础风机与 2＃筒型基础风机水平 X 向位移振动最大值、Z 向位移振动最大值以及水平向合成位移最大值时程图如

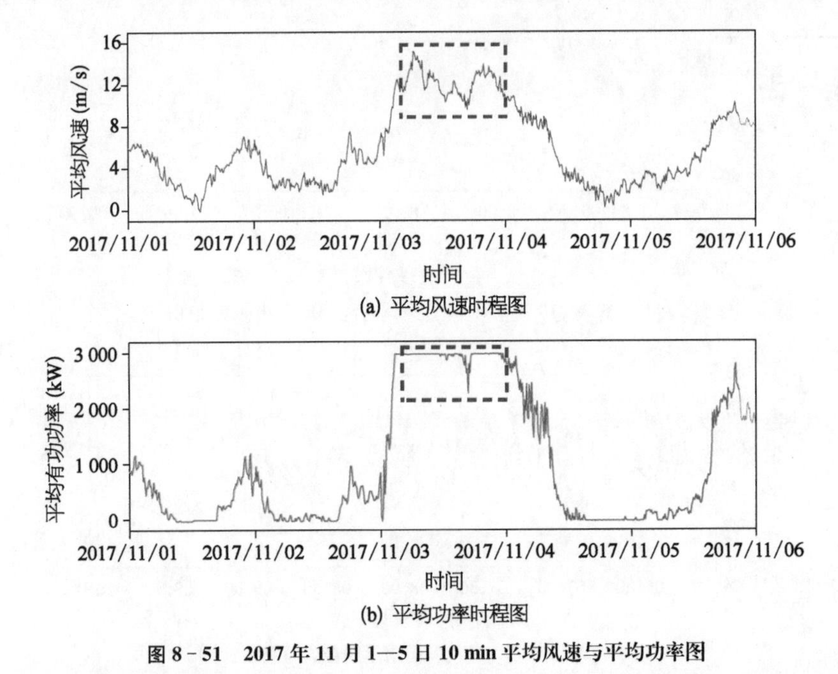

(a) 平均风速时程图

(b) 平均功率时程图

图 8-51 2017 年 11 月 1—5 日 10 min 平均风速与平均功率图

图 8－52 所示，可见整个时间段内，不论是单向位移，还是水平合成位移，1＃风机相比 2＃风机振动明显剧烈，振动最大值大 43.0％，均方根值大 125.0％。

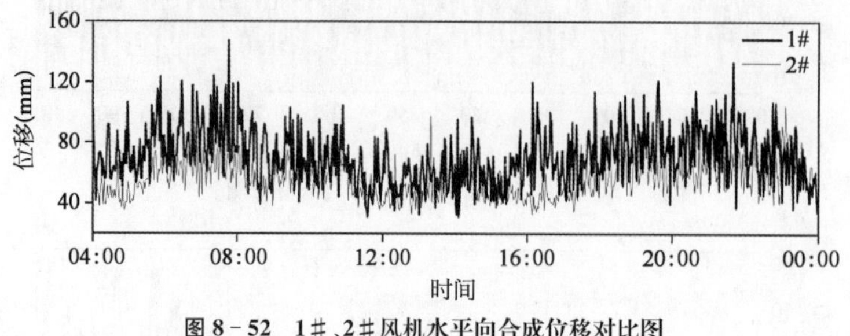

图 8－52　1＃、2＃风机水平向合成位移对比图

再取 2018 年 1 月 14 日的监测数据进行分析，风速时程及平均功率如图 8－53 所示，其中 6:00 至 10:00 这 4 h 内(图中虚线框)外界风速较大，此时间段内 1＃单桩基础风机与 2＃筒型基础风机 X 向位移最大值、Z 向位移最大值以及水平向合成位移最大值时程如图 8－54 所

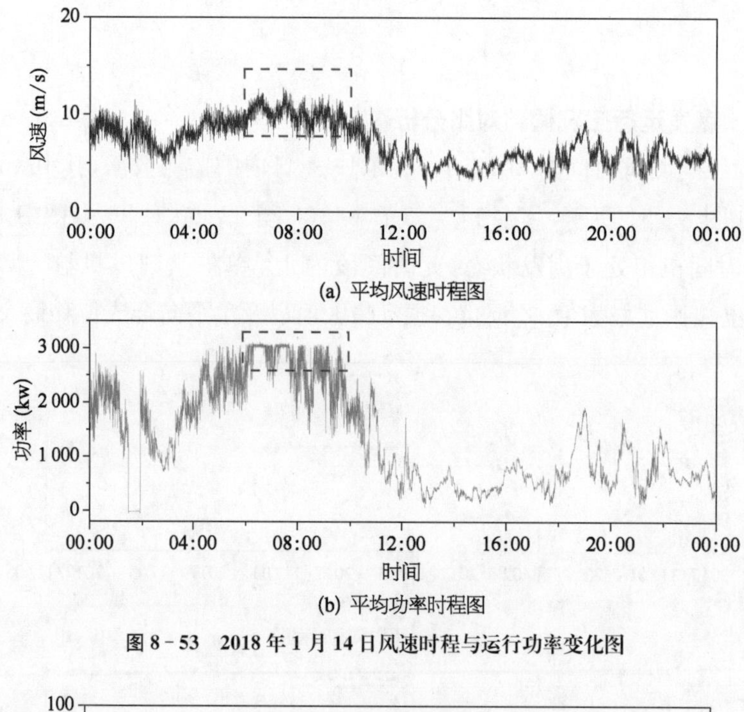

图 8－53　2018 年 1 月 14 日风速时程与运行功率变化图

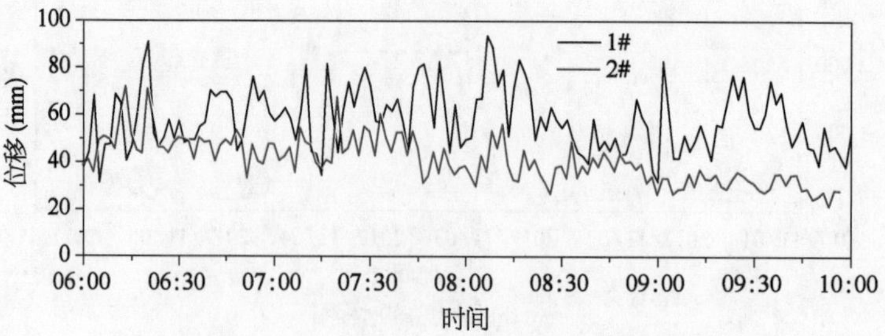

图 8－54　1＃、2＃风机各向水平向合成位移对比图

示,也可看出在这个时间段内,不论是单向位移,还是水平合成位移,1#风机相比2#风机振动均呈现明显剧烈现象。

8.4.3 海上风电筒型基础整机运行控制策略优化

8.4.3.1 运行策略对振动动力放大影响与优化

前面研究发现,筒型基础风机在低转速范围内会发生振动的动力放大,分析可知其与外界激励频率与结构模态频率息息相关。根据结构动力学理论,当激励频率与结构一阶模态频率间比例关系在一定范围内时,就会产生动力放大现象,而当两者关系不在这一范围内时,就不会发生振动放大,甚至有时还会呈现减小的状态。海上风机激励频率实际上与风机运行策略密切相关,因此为了有效减小风机振动的动力放大现象,就需要对筒型基础优化设置合理的运行控制策略。

图8-55给出的是单自由度系统中结构动力放大系数随频率比及阻尼变化的规律,可以看出在激励频率与固有模态频率比值变化时,结构动力放大在不同阻尼条件下也不尽相同。为了说明筒型基础风机振动动力放大随外界激励频率的变化规律,并明确运行控制策略优化方向,需要基于实际风机一阶固有模态信息与激励频率来反馈结构对应的动力放大区间,计算参见式(8-48)。考虑海上风电结构振动主要由塔筒变形引起,因此对一阶模态频率分析来说,可以将整机简化为一个单自由度体系。同时,在机舱、叶片、基础等简化后,风机在运行状态下所受气动阻尼、水阻尼、土体阻尼均可忽略,可假定系统中阻尼主要体现材料阻尼,按照2%计算(董霄峰,2014)。

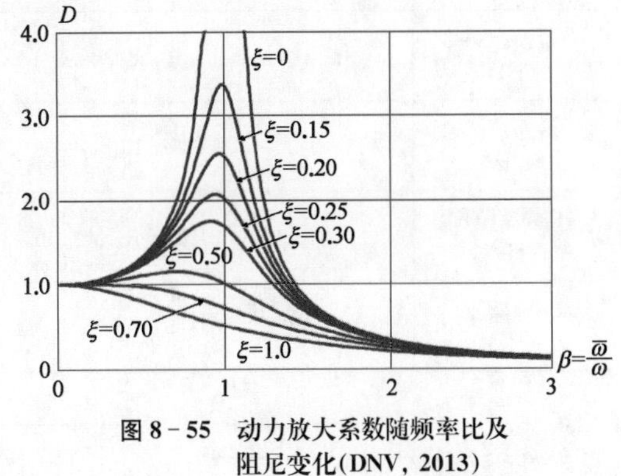

图8-55 动力放大系数随频率比及阻尼变化(DNV, 2013)

$$D=\frac{1}{\sqrt{(1-\beta^2)^2+(2\xi\beta)^2}} \tag{8-50}$$

式中 ξ——阻尼比;

D——动力放大系数;

β——频率比。

为研究运行策略对振动动力放大的影响,以7.5.2节中介绍的2.5 MW筒型基础试验样机、3.0 MW筒型基础风机与3.3 MW筒型基础风机为研究对象,3台筒型基础整机基本信息见表8-9。同时,图8-56绘制了3台风机塔筒顶部振动位移主频率及能量随风速变化趋势图。由图中2.5 MW试验样机数据可以看出,风机顶部振动频率主要集中在结构一阶模态频率与1P频率范围内,在较低风速范围内振动频率以结构固有模态频率为主,随着风速的增加，1P 频率出现的次数明显增加，固有模态频率出现次数减少。达到大风速范围时结构振动主要体现 1P 谐波激励的受迫振动为主，3P 频率极少出现。由 3.0 MW 与 3.3 MW 风机振动数据可以看出，两个风机顶部振动数据在全风速范围内，一阶模态频率、1P 频率与 3P 频率处均有明显分布，其中 3P 频率相比于 1P 频率出现的次数明显多，而且分布比较连续，这说明在整个风机运行过程中，这两个风机响应中始终存在 3P 频率的信息，而 1P 频率仅在高风速工况下出现。同时，还可看出与 2.5 MW 试验样机不同的是，结构一阶模态频率在整个运行过程中也是始终存在的，与 2.5 MW 样机仅在低风速下发现模态信息有所不同。

表 8-9　三台海上风电筒型基础整机基本信息表

参　数	2.5 MW 样机	3.0 MW 风机	3.3 MW 风机	参　数	2.5 MW 样机	3.0 MW 风机	3.3 MW 风机
一阶模态频率 (Hz)	0.33	0.35	0.35	额定功率 (MW)	2.5	3.0	3.3
转速范围 (r/m)	7.0～18.0	7.5～13.5	7.8～11.5	切入风速 (m/s)	3.0	3.0	2.5
1P 频率范围 (Hz)	0.117～0.30	0.125～0.225	0.138～0.192	额定风速 (m/s)	12.5	10.0	11.0
3P 频率范围 (Hz)	0.35～0.90	0.375～0.675	0.415～0.575	切出风速 (m/s)	25.0	22.0	20.0

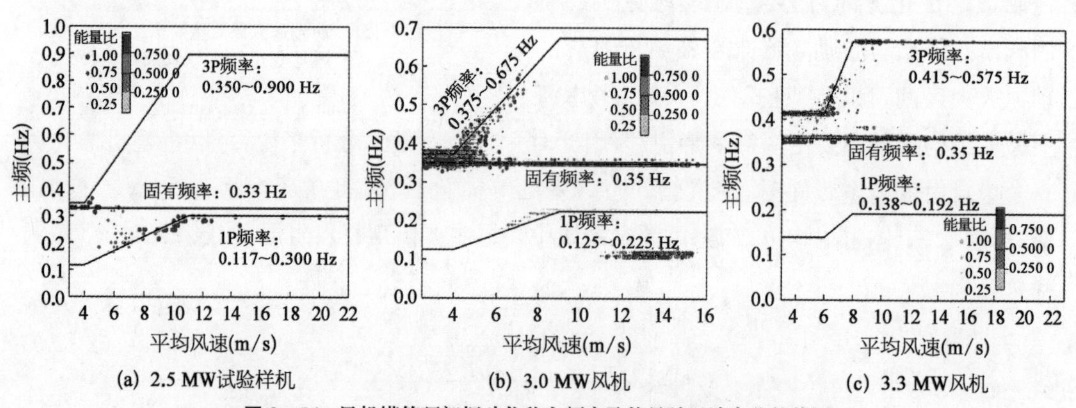

(a) 2.5 MW试验样机　(b) 3.0 MW风机　(c) 3.3 MW风机

图 8-56　风机塔筒顶部振动位移主频率及能量随风速变化趋势图

由式(8-48)计算可知，当结构放大倍数为 1 时，对应的频率比分别为 0 和 1.413 6。因此对于 2.5 MW 试验样机而言，其动力放大对应的激励频率范围应为 0～0.466 Hz，为全部 1P 激励范围与小于 9.32 r/m 的 3P 激励频率范围。而 3.0 MW 与 3.3 MW 海上风机动力放大对应的激励频率范围为 0～0.495 Hz，为两风机全部 1P 激励范围与小于 9.9 r/m 的 3P 激励频率范围。对于 2.5 MW 试验样机，1P 激励频率范围为 0.117～0.30 Hz，3P 激励频率范围 0.35～0.90 Hz，计算可知 1P 激励频率对结构动力放大系数为 1.144～5.639，3P 激励频率对结构动力放大系数为 7.582～0.155，见表 8-10。

表 8-10　2.5 MW 筒型基础试验样机 1P、3P 动力放大系数

转速(r/m)	1P 转频(Hz)	3P 倍频(Hz)	1P 放大系数	3P 放大系数	1P/3P 倍数
7	0.117	0.350	1.143	7.582	0.151
8	0.133	0.400	1.195	2.120	0.564
9	0.150	0.450	1.260	1.161	1.085
10	0.167	0.500	1.344	0.771	1.743
11	0.183	0.550	1.443	0.562	2.568
12	0.200	0.600	1.579	0.434	3.638
13	0.217	0.650	1.760	0.347	5.072
14	0.233	0.700	1.991	0.286	6.962
15	0.250	0.750	2.341	0.240	9.754
16	0.267	0.800	2.883	0.205	14.063
17	0.283	0.850	3.748	0.177	21.175
18	0.300	0.900	5.639	0.155	36.381

再以 3.0 MW 海上风电筒型基础与单桩基础风机为例，两种基础类型风机的一阶固有模态频率分别为 0.35 Hz 与 0.30 Hz。风电机组的运行转速范围为 7.5～13.5 r/m，因此对应的 1P 激励频率范围为 0.125～0.225 Hz，3P 激励频率范围 0.375～0.675 Hz。基于式(8-48)计算风机结构动力放大系数见表 8-11。其中，对于筒型基础风机而言，1P 激励频率对结构动力放大系数为 1.146～1.703，3P 激励频率对结构动力放大系数为 6.492～0.368。而对于单桩基础风机，1P 激励频率对结构动力放大系数为 1.210～2.280，3P 激励频率对结构动力放大系数为 1.771～0.246。由以上分析可知，筒型基础风机对 1P 激励敏感度要低于单桩基础风机，而对 3P 激励敏感度要远远超过单桩基础风机。

表 8-11　3.0 MW 筒型基础与单桩基础风机 1P、3P 动力放大系数

转速(r/m)	1P 转频(Hz)	3P 倍频(Hz)	筒型基础			单桩基础		
			1P 放大系数	3P 放大系数	1P/3P 倍数	1P 放大系数	3P 放大系数	1P/3P 倍数
7.5	0.125	0.375	1.146	6.492	0.177	1.210	1.771	0.683
8.0	0.133	0.400	1.170	3.231	0.362	1.246	1.283	0.971
8.5	0.142	0.425	1.196	2.097	0.570	1.287	0.992	1.299
9.0	0.150	0.450	1.225	1.527	0.802	1.333	0.799	1.668
9.5	0.158	0.475	1.257	1.185	1.060	1.383	0.663	2.086
10.0	0.167	0.500	1.293	0.959	1.348	1.448	0.562	2.577
10.5	0.175	0.525	1.333	0.799	1.668	1.515	0.485	3.126
11.0	0.183	0.550	1.378	0.680	2.026	1.591	0.423	3.759
11.5	0.192	0.575	1.428	0.588	2.427	1.692	0.374	4.526

(续表)

转速(r/m)	1P 转频(Hz)	3P 倍频(Hz)	筒型基础			单桩基础		
			1P 放大系数	3P 放大系数	1P/3P 倍数	1P 放大系数	3P 放大系数	1P/3P 倍数
12.0	0.200	0.600	1.484	0.515	2.879	1.798	0.333	5.396
12.5	0.208	0.625	1.548	0.457	3.389	1.923	0.299	6.425
13.0	0.217	0.650	1.620	0.408	3.969	2.094	0.271	7.736
13.5	0.225	0.675	1.703	0.368	4.632	2.280	0.246	9.266

最后再以 3.3 MW 海上风电筒型基础与单桩基础风机为例，两种风机的一阶模态频率也分别为 0.35 Hz 与 0.30 Hz。机组的初始运行转速范围为 7.8～11.5 r/m，因此对应的 1P 激励频率范围为 0.130～0.192 Hz，3P 激励频率范围 0.390～0.575 Hz。同样计算风机动力放大系数见表 8-12。其中，对于筒型基础风机而言，1P、3P 激励频率对结构动力放大系数分别为 1.160～1.428、4.070～0.588。而对于单桩基础风机，1P、3P 激励频率对结构动力放大系数分别为 1.231～1.692、1.445～0.374。

表 8-12　3.3 MW 筒型基础与单桩基础风机 1P、3P 动力放大系数

转速(r/m)	1P 转频(Hz)	3P 倍频(Hz)	筒型基础			单桩基础		
			1P 放大系数	3P 放大系数	1P/3P 倍数	1P 放大系数	3P 放大系数	1P/3P 倍数
7.8	0.130	0.390	1.160	4.070	0.285	1.231	1.445	0.852
8.3	0.138	0.415	1.185	2.447	0.484	1.270	1.093	1.162
9.0	0.150	0.450	1.225	1.527	0.802	1.333	0.799	1.668
9.5	0.158	0.475	1.257	1.185	1.060	1.383	0.663	2.086
10.0	0.167	0.500	1.293	0.959	1.348	1.448	0.562	2.577
10.5	0.175	0.525	1.333	0.799	1.668	1.515	0.485	3.126
11.0	0.183	0.550	1.378	0.680	2.026	1.591	0.423	3.759
11.5	0.192	0.575	1.428	0.588	2.427	1.692	0.374	4.526

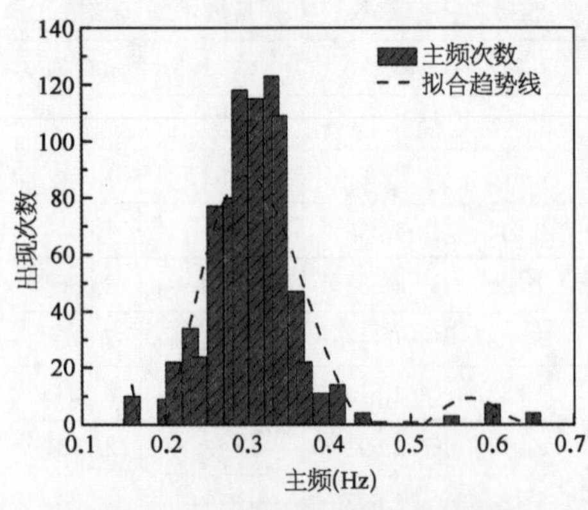

图 8-57　启东风机振动频率统计图

由以上计算结果可知，对于 2.5 MW 筒型基础试验样机，图 8-57 给出了风机塔筒顶部振动频率统计图。可以看出，2.5 MW 试验样机现场观测绝大部分振动频率均超过 0.15 Hz，对应转频为 9 r/m。因此，可知风机激励频率在 0.15～0.30 Hz，3P 频率范围为 0.45～0.90 Hz，3P 激励对应的放大系数参见表 8-10 可知均小于 1。此时可见在 3P 频率激励下，风机基本无动力放大现象。而 1P 激励对应放大系数为 1.260～5.639，

均呈现放大效果,因此在振动响应中1P频率信息要比3P频率成分更加明显,同时由于1P激励的动力放大使得部分高转速工况下固有模态频率也被淹没,从而导致了8.2节中需要研究强谐波对工作模态识别干扰的问题。而对于3.0 MW与3.3 MW风机来说,其3P动力放大系数由于运行策略的原因对风机振动影响更加明显。

由上述分析可知,2.5 MW试验样机1P激励的结构动力放大比较明显,与其较高的额定转速存在密切关系,因此目前海上风电场内采用的机组额定转速相对较低,以避免1P激励与结构间的动力放大作用(Xiaofeng Dong等,2019)。此外,由表8-11与表8-12中的计算结果可知,筒型基础风机对1P激励敏感度要低于单桩基础风机,而对3P激励敏感度要远远超过单桩基础风机。同时,根据前面研究可知,筒型基础风机主要是在低转速范围内与3P激励频率较为接近,而当转速提高后,3P频率激励对筒型基础整机动力放大系数明显减小。例如,对于3.0 MW筒型基础风机,从前面计算结果可知,转速由7.5 r/m提高到8.5 r/m后,动力放大系数由6.492降至2.097,理论上可降低三分之二的振动。而对3.3 MW筒型基础风机,转速由7.8 r/m提高到9.0 r/m后,动力放大系数由4.070降至1.527,理论上可降低60%振动。因此,为了有效减小海上风电场内筒型基础风机低转速范围内动力放大效应下的振动,可以采取的直接措施就是适当调整风机运行策略,在不影响发电效率的前提下提高风机的切入转速,以使得3P激励频率远离风机的一阶固有模态频率。

8.4.3.2　运行控制策略优化实例

根据上节提出的风机运行策略调整措施,以3.0 MW筒型基础风机为例。该风机在初始运行时切入转速设定为7.5 r/m,此时在低转速工况下风机3P激励频率与一阶固有模态频率0.35 Hz较为接近,会出现如前文中图8-58所示的风机振动动力放大。随后,为了避免这一明显的振动放大现象,风机切入转速(并网转速)由7.5 r/m提高到了8.5 r/m,额定转速由13.5 r/m降到了12.6 r/m,运行策略调整后的转速随风速变化如图8-59所示。

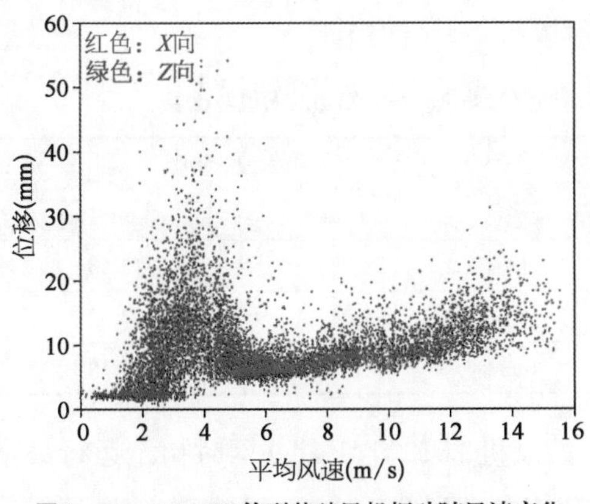

图8-58　3.0 MW筒型基础风机振动随风速变化

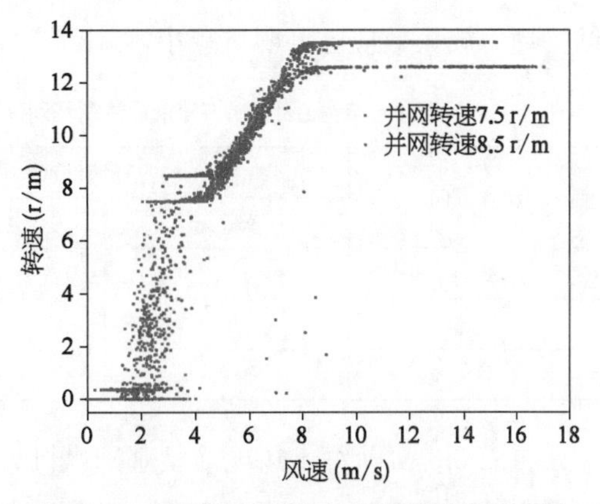

图8-59　运行策略调整后风机转速随风速变化图

在切入转速提高后，风机 3P 激励频率远离结构模态信息，从而使得在低转速下风机的动力放大现象得以解决。取运行策略调整前后风速同为 3.6 m/s 工况进行对比，此时风机对应转速分别为 7.5 r/m 与 8.5 r/m，提取两个工况 3.0 MW 筒型基础风机塔筒顶部振动位移响应进行对比，如图 8－60 所示。图中红色与蓝色曲线分别表示运行策略调整前后，筒型基础风机在 7.5 r/m 转速与 8.5 r/m 转速下的塔筒顶部振动位移时程线，可以看出随着切入转速的提高，风机顶部振动明显降低。

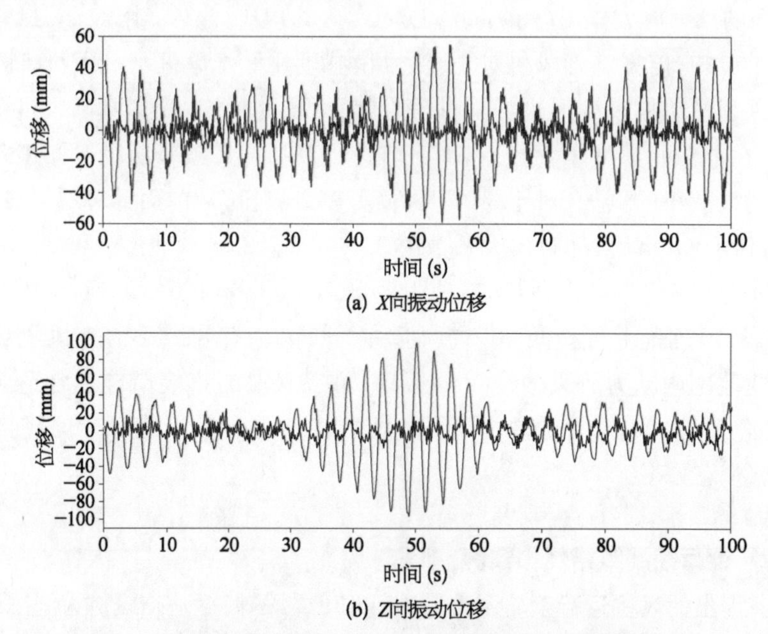

图 8－60　运行策略调整前后筒型基础风机塔筒顶部振动位移对比图

根据上述数据，将运行策略调整前后风机塔筒顶部振动均方根值与最大值列于表 8－13 中，从结果可知，在提高了切入转速后，筒型基础风机振动位移最大值由 115.50 mm 减小至 32.19 mm，减小到原来振动幅度的 30%，而均方根值由 38.83 mm 降低至 8.85 mm，约减小到原来振动的 1/4。可见，在提高切入转速之后，远离风机固有频率的 3P 激励频率对结构动力放大效应已经明显减小，可以有效地降低风机的振动幅度。

表 8－13　运行策略调整前后筒型基础风机塔筒顶部振动位移均方根与最大值对比表

测点方向	均方根值(mm)		最大值(mm)	
	7.5 r/m	8.5 r/m	7.5 r/m	8.5 r/m
X 向	23.12	5.05	58.60	18.53
Z 向	31.20	7.27	99.54	26.32
水平合成	38.83	8.85	115.50	32.19

再以 3.3 MW 海上风电筒型基础风机为例，该风机 2019 年 1 月并网时初始运行策略的切入转速为 7.8 r/m，随后在调试阶段将切入转速提高到 8.3 r/m。然而，在随后运行的

几个月内，风机多次在正常运行状态下出现加速度突然增大并达到风机安全阈值，出现超限振动导致风机报故障停机。图 8－61 所示分别给出了 2019 年 3 月两个时段风机顶部振动加速度与位移超限时程曲线，图中 X 向振动为风机主风向振动，Z 向为垂直主风向振动，超限时对应风机转速分别约为 8.6 r/m 与 9.4 r/m。可以看出在超限振动发生前，X 向振动加速度均不到 $0.1g$，之后响应突然增大，并迅速达到 $0.12g$ 的控制阈值。出于安全考虑，风机起动了自动停机程序，转速降至零，加速度也逐渐减小。同时在风机顶部加速度出现超限情况时，相同位置的振动位移也发生明显的突增状况，并在经历自动停机的过渡过程后衰减至停机状态，说明在主风向上风机顶部变形也同步增加。相比之下，垂直风机主风向的 Z 向振动加速度则全程一直无异常。

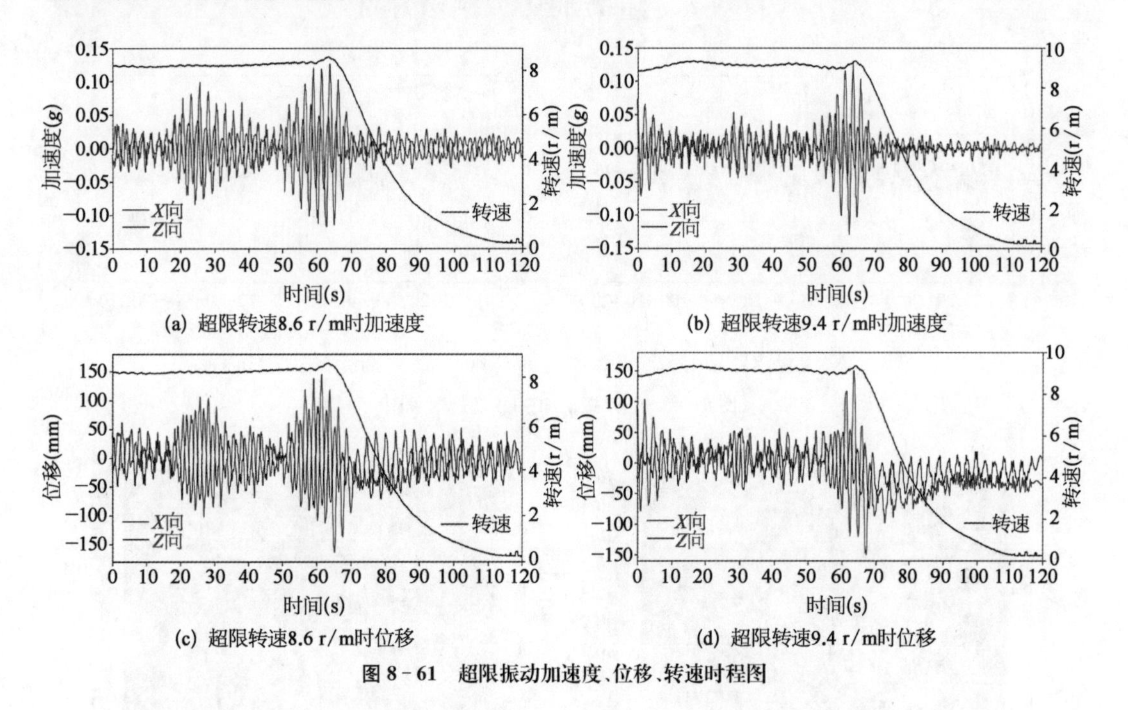

图 8－61 超限振动加速度、位移、转速时程图

从频域上看，图 8－62 给出了两个超限振动发生工况时，振动位移与加速度全时程上的频率变化趋势图。在超限停机前风机主要是以 3P 振动为主，8.6 r/m 与 9.4 r/m 时分别对应振动响应频率约为 0.43 Hz 与 0.47 Hz，振动响应中同时伴随有能量较小的一阶固有模态频率成分。在超限振动发生时刻，可见 3P 振动能量明显增加，振动超过阈值后风机不再运行，结构逐渐过渡至停机状态，风机振动此时主要体现自身属性。

图 8－63 所示分别给出了相同风场内的另一台 3.3 MW 筒型基础风机，在 2019 年 3 月与 5 月风机顶部振动超限时程曲线，图中 X 向振动为风机主风向振动，Y 向为垂直主风向振动，对应风机转速分别约为 9.5 r/m 与 10.8 r/m。可以看出，在 X 向主风向上振动加速度响应突然增大，并迅速达到 $0.12g$ 的控制阈值后自动停机，而在垂直风机主风向的 Y 向加速度则全程无异常。图 8－64 给出了两个超限振动发生时，振动加速度全时程的频率

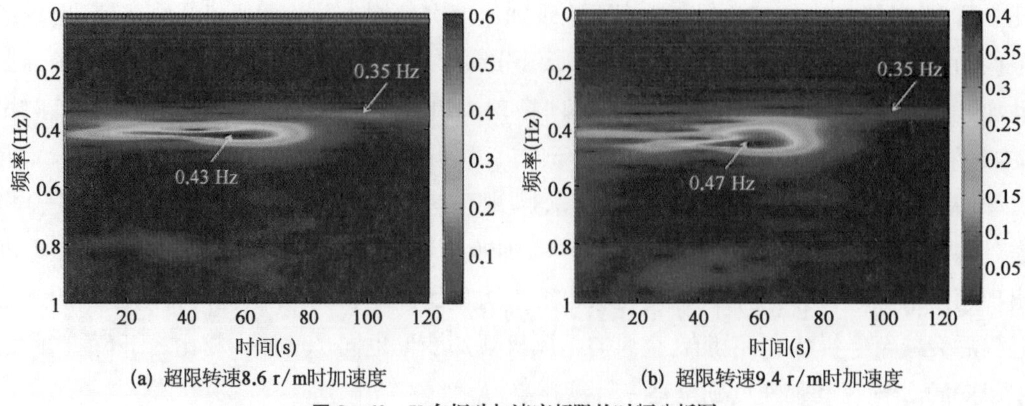

(a) 超限转速8.6 r/m时加速度　　(b) 超限转速9.4 r/m时加速度

图 8-62　*X* 向振动加速度超限的时频分析图

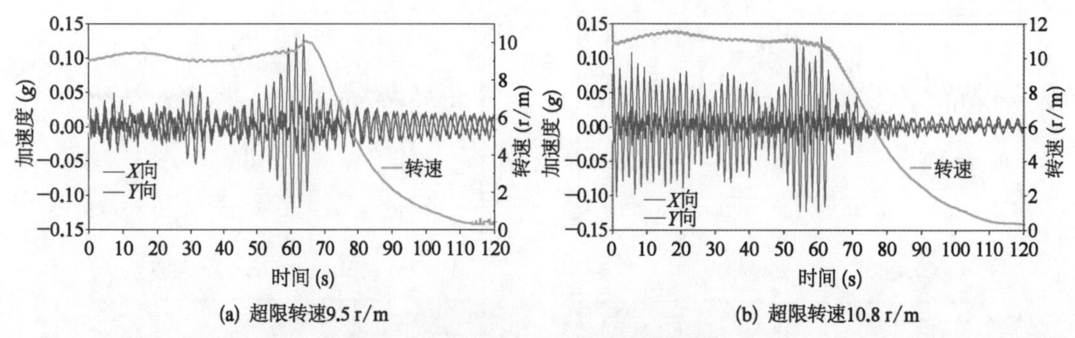

(a) 超限转速9.5 r/m　　(b) 超限转速10.8 r/m

图 8-63　超限振动加速度、转速时程图

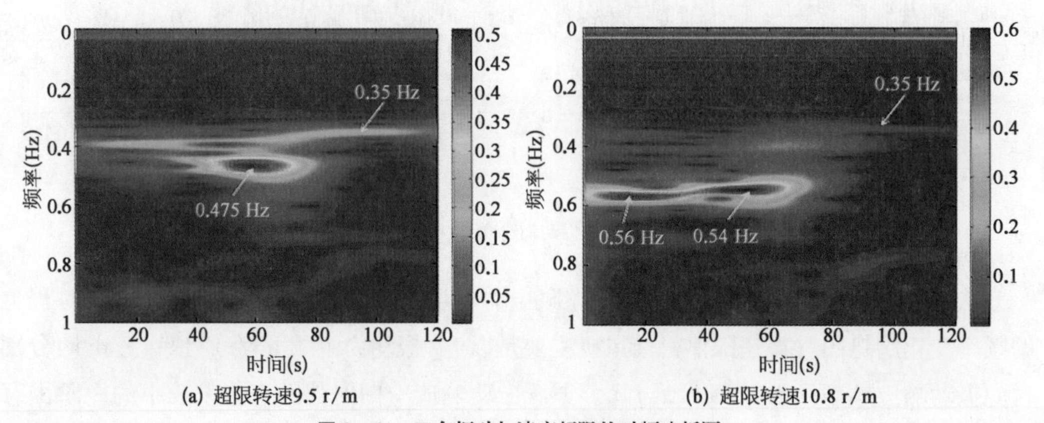

(a) 超限转速9.5 r/m　　(b) 超限转速10.8 r/m

图 8-64　*X* 向振动加速度超限的时频分析图

变化图。可见在超限停机前风机主要是以 3P 振动为主，振动超过阈值后风机不再运行，两工况下风机振动主频率分别 0.475 Hz 与 0.54 Hz 过渡至主要体现风机自身属性 0.35 Hz。由此可以说明，3.3 MW 筒型基础风机出现的超限振动与 3P 激励密切相关。

图 8-65 给出了 2019 年 3 月一整月的筒型基础风机塔筒顶部 *X* 向加速度数据随风速变化趋势。从图中可以看出，3.3 MW 风机停机状态下加速度值主要集中在 0～0.01g，风速范围多在 0～5 m/s。而在运行状态下，塔筒顶部加速度在 0.02g～0.13g 范围内，随

风速呈现出先增大后减小再增大的趋势。尤其在 4～6 m/s 风速左右，加速度出现明显的突增与峰值，部分工况已经超过了阈值 0.12g，说明中低风速与转速范围内风机运行工况下振动加速度较大。当风速超过 7 m/s 后，风机振动归于平稳，此时由于风速与转速同步增加，使得风机所受荷载明显增大，因此引起风机振动随风速增加而增加。

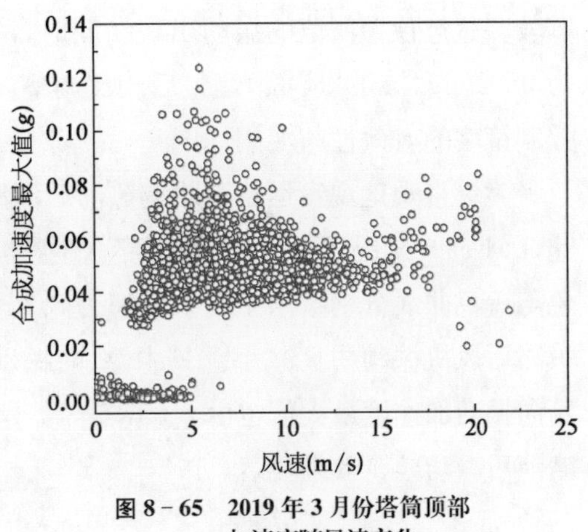

图 8-65　2019 年 3 月份塔筒顶部加速度随风速变化

由上述分析可知，3.3 MW 筒型基础风机在风机切入转速为 8.3 r/m 时，塔筒顶部振动多次出现加速度超限停机情况，影响风机正常运行。为解决这一问题，从 5 月开始运行策略将风机切入转速提高至 8.8 r/m，图 8-66 给出了运行策略调整前后塔筒顶部 X 向振动加速度随转速与风速变化分布情况，图中红色与蓝色方块分别代表切入转速为 8.3 r/m 与 8.8 r/m 时风机振动加速度最大值，黑色虚线为风机设置的加速度超限阈值。

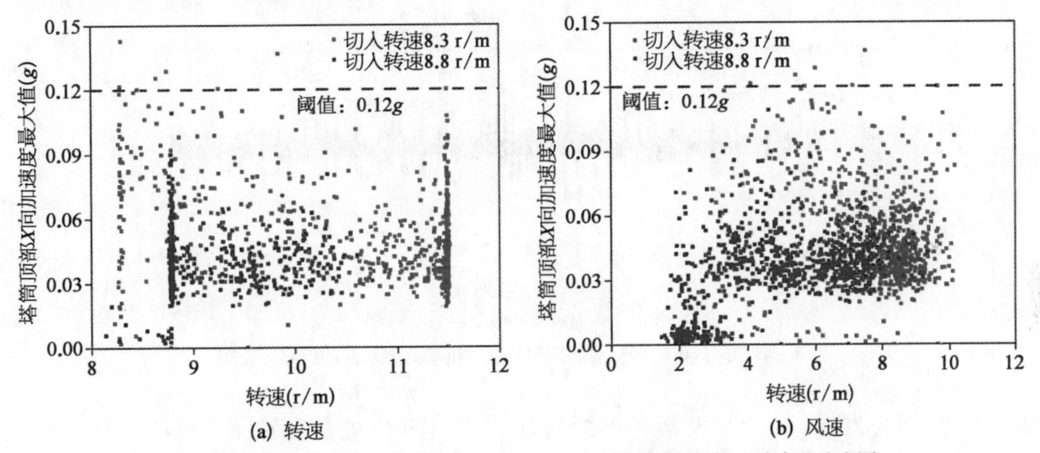

图 8-66　调整运行策略前后塔筒顶部 X 向振动加速度随转速、风速变化分布图

从图中可以看出，在切入主转速为 8.3 r/m 时，超限振动在不同风速与转速下多次发生，最大加速度值可到 0.142g。超限振动情况出现主要集中在转速为 8.3～9.5 r/m、风速为 4.0～8.0 m/s 范围内，高转速与大风速工况下偶有发生，说明低转速与低风速区域是影响 3.3 MW 风机超限振动的关键区域。而当风机切入转速提高至 8.8 r/m 时，风机振动在整个转速与风速范围内相比调整运行策略之前有了明显的减小，加速度最大值仅为 0.109g，出现在风机刚刚切入运行时。另外除用超限阈值 0.12g 作为风机运行安全的标准外，3.3 MW 风机还设置 0.08g 为预警加速度阈值。从图 8-66 中可以看出，调整运行策略后风机顶部超过 0.08g 的振动都少有出现，而在策略调整前，全转速与全风速范围内，均

有较多超过预警阈值的振动出现。同时，两种切入转速工况风机顶部加速度平均值分别为 0.049 6g 与 0.034 2g，调整后相比调整前减小了 30%，进一步说明了筒型基础整机运行控制策略的有效性与实用性。

为更直观地观察运行策略调整前后筒型基础整机的减振效果，再取风速 7.31 m/s、转速 9.61 r/m 工况下，风机塔筒顶部 X 向与 Z 向振动加速度对比如图 8-67 所示。图中红色与蓝色曲线分别给出了切入转速为 8.3 r/m 与 8.8 r/m 时加速度时程线，可以看出调整策略后风机振动明显减小。其中 X 向振动加速度最大值分别为 0.059 6g 与 0.030 6g，Z 向振动加速度最大值也由 0.037 6g 减小至 0.024 0g，可见筒型基础风机在调整运行策略前后振动减少效果显著。

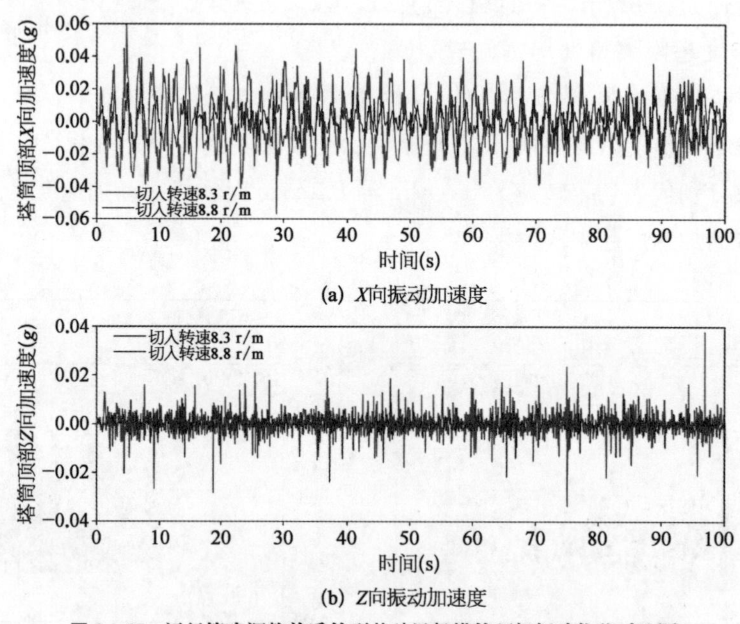

(a) X向振动加速度

(b) Z向振动加速度

图 8-67　运行策略调整前后筒型基础风机塔筒顶部振动位移对比图

此外，研究发现与 3.0 MW 风机不同的是，3.3 MW 风机在高转速区域也出现了少数振动超限情况，由于此工况下结构动力放大系数偏小，初步判断还与风机荷载增大及脉动特性较强有关。因此，3.3 MW 筒型基础风机全转速范围内振动超限的初步原因，分析可能是在特定的转速范围内 3P 激励频率与整机的一阶自振频率较为接近和脉动荷载较大联合作用的结果。

8.4.3.3　6.45 MW 海上风电筒型基础整机运行策略

由前面研究可知，筒型基础风机运行策略对结构动力安全存在直接的影响，再以 6.45 MW 筒型基础风机为例加以说明。该风机一阶模态频率在 0.298 Hz 左右，叶轮转速范围为 7～10.7 r/m，其对应的 1P 激励频率与 3P 激励频率分别为 0.117～0.178 Hz 与 0.350～0.535 Hz。

图 8-68 给出了运行工况下 6.45 MW 筒型基础风机各类荷载频域信息分布图，可以看出，该风机的 1P、3P 频率范围均距离结构一阶固有模态频率较远，全转速范围内不会存在共振风险。

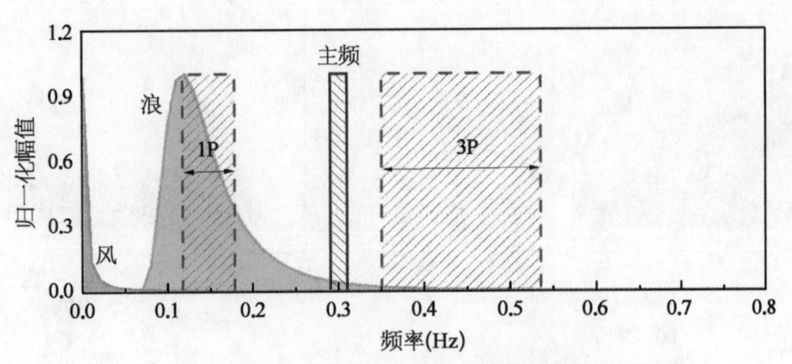

图 8-68　6.45 MW 筒型基础风机各类荷载频域信息分布图

同样基于式(8-48)计算可知，当结构的动力放大倍数为 1 时，对应的频率比分别为 0 和 1.414，因此对于 6.45 MW 筒型基础风机而言，其动力放大对应的激励频率范围应为 0～0.421 Hz，为全部 1P 激励范围与小于 8.43 r/m 的 3P 激励频率范围。由表 8-14 列出的 6.45 MW 海上风机 1P、3P 动力放大系数可知，1P 激励频率对结构动力放大系数为 1.181～1.557，3P 激励频率对结构动力放大系数为 2.615～0.450。在整个运行转速范围内，6.45 MW 风机的动力放大系数均不大，1P 激励与 3P 激励的对结构动力放大作用并不明显。

表 8-14　6.45 MW 海上风机 1P、3P 动力放大系数

转速(r/m)	1P 转频(Hz)	3P 倍频(Hz)	1P 放大系数	3P 放大系数	1P/3P 倍数
7.0	0.117	0.350	1.181	2.615	0.451
7.5	0.125	0.375	1.213	1.707	0.711
8.0	0.133	0.400	1.250	1.245	1.004
8.5	0.142	0.425	1.292	0.966	1.338
9.0	0.150	0.450	1.339	0.780	1.716
9.5	0.158	0.475	1.393	0.648	2.148
10.0	0.167	0.500	1.454	0.551	2.642
10.5	0.175	0.525	1.525	0.475	3.211
10.7	0.178	0.535	1.557	0.450	3.463

目前，6.45 MW 筒型基础风机已经并网运行超过 2 个月，现场机组内监测数据显示风机顶部未出现超限振动或振动较大情况，如图 8-69 所示。由图中可知，风机塔筒顶部两个方向水平向振动加速度在全风速范围内均为小于 $0.12g$，其中 X 向加速度最大为 $0.102g$、Y 向加速度最大为 $0.073g$，说明风机运行控制策略的合理制定与调整对结构动力安全起到重要作用。

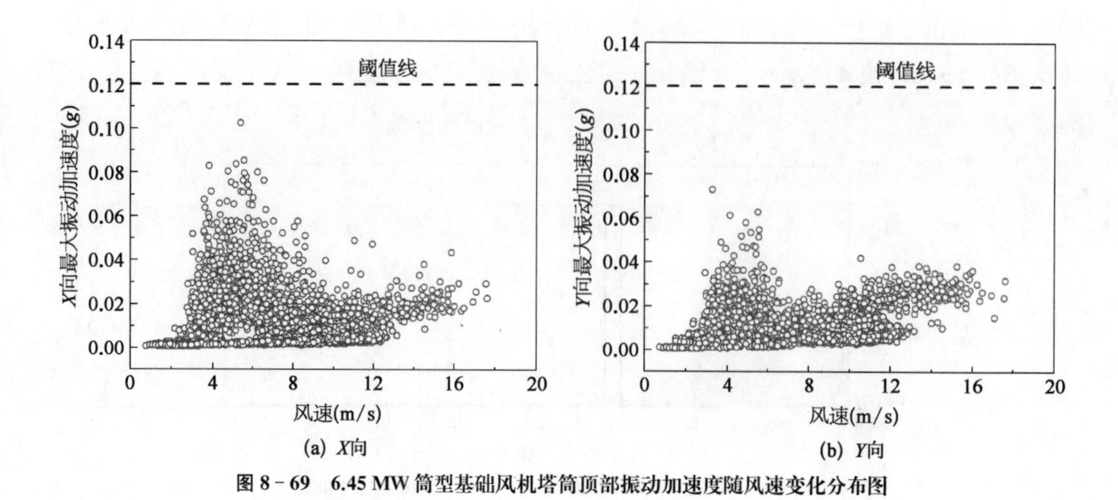

图 8-69　6.45 MW 筒型基础风机塔筒顶部振动加速度随风速变化分布图

8.5　海上风电筒型基础结构振动疲劳损伤特性

筒型基础在全生命周期内经受风、浪、流、运行等多种荷载的循环作用，结构会发生持续振动。在局部高应力的循环作用下，即使所受的应力低于屈服强度，材料也可能发生损伤甚至断裂，因此开展筒型基础结构振动疲劳研究，掌握风机在复杂荷载激励下的疲劳特征对结构体系耦合动力安全尤为重要。

8.5.1　疲劳研究对象

研究采用美国国家能源局 NREL 5 MW 风机，其风机属性、叶片、发电机机舱和轮毂属性见表 8-15 和表 8-16。同时基于三种筒型基础组合模式，包括筒型基础-钢筒过渡段、筒型基础-钢混过渡段、筒型基础-三脚架过渡段，开展结构疲劳分析如图 8-70 所示。

表 8-15　NREL 5 MW 风机属性

项　目	数　值	项　目	数　值
额定功率	5 MW	切入、额定、切出风速	3,11.4,25 m/s
转子方向，配置	顺风向，3 叶片	切入、额定转速	6.9 r/m，12.1 r/m
控制	可变速率，合倾角	额定叶尖风速	80 m/s
传动系统	高速，多级变速箱	悬垂、转轴倾角、预锥角	5 m，5°，2.5°
转子，轮毂直径	126 m，3 m	转子质量	110 t
轮毂高度	90 m	机舱质量	240 t
塔筒质量	347.46 t	整体质量中心的坐标	(−0.2 m，0.0 m，64 m)

表 8-16　叶片、发动机舱和轮毂属性

项　目	数　值	项　目	数　值
叶片长度	61.5 m	从轮毂中心到偏航轴距离	5.019 m
质量尺度因数	4.536%	从轮毂中心到主轴承距离	1.912 m
整体质量(集成)	17.74 t	轮毂质量	56.78 t
第一质量惯性矩	363,231 kg·m	机舱质量	240 t
叶片结构阻尼比	0.477%	发电机偏航轴承高度	87.6 m
沿偏航轴向轴向轴垂直距离	1.96 m	机舱偏航轴承	1.75 m

(a) 筒型基础-钢筒过滤段

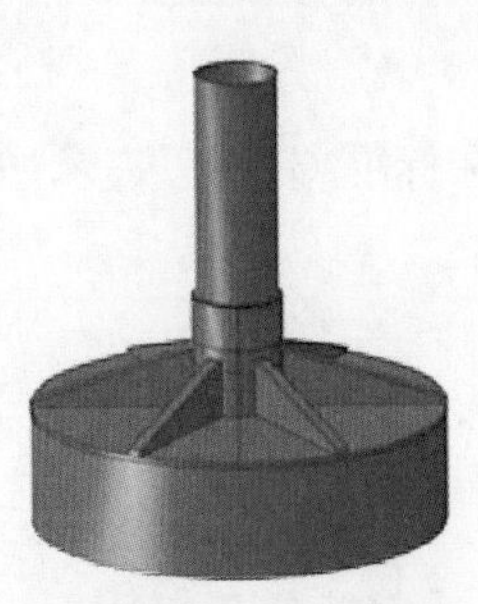
(b) 筒型基础-钢混过滤段

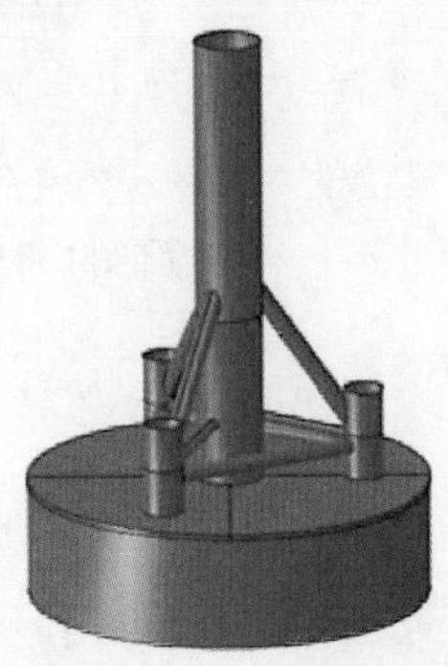
(c) 筒型基础-三脚架过滤段

图 8-70　三种筒型基础组合型式示意图

8.5.2　风浪联合分布

8.5.2.1　OWEZ 海域风浪概率分布

选择荷兰 OWEZ 海上风电场风浪概率分布作为疲劳验算的海洋条件(牛林，2016)，风浪条件分布情况如图 8-71 所示，圆球的大小表示出现相对概率值的大小，纵坐标表示有效波高 H_S，横坐标表示平均跨零周期 T_Z。统计风速为 4～24 m/s 区间内间隔 2 m/s 波浪条件分布情况，可代表该海域风浪联合概率分布，作为海上风电结构疲劳评估的基础。由于该海域的水深限制，采用提出的筒型基础-钢筒过渡段、筒型基础-钢混过渡段结构型式可以满足该地区要求。

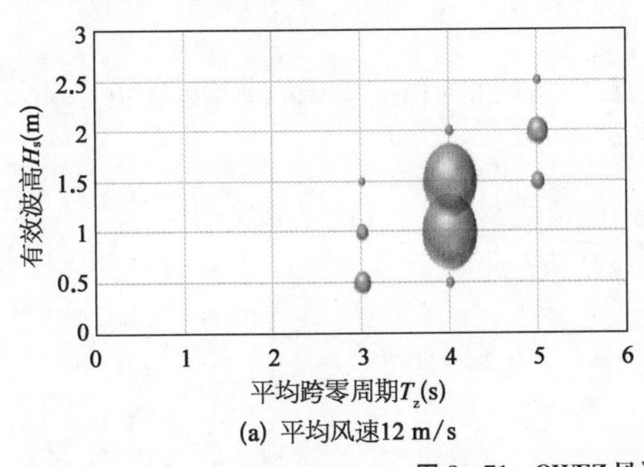

(a) 平均风速12 m/s

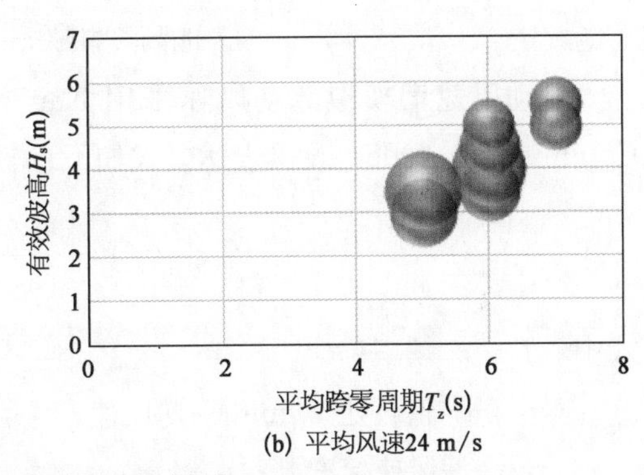

(b) 平均风速24 m/s

图 8-71　OWEZ 风浪对应关系与相应频率

8.5.2.2 北海风浪联合概率分布

统计北海北部25年风和波浪参数，建立风浪联合概率分布函数，其中，海平面以上10 m处平均风速U_ω、有效波高H_S和谱峰周期T_P，概率密度(PDF)分布表示为

$$f_{T_P}(t)=\frac{1}{t\cdot\sigma_{\ln T_P}\cdot\sqrt{2\pi}}\cdot\exp\left[-\frac{1}{2}\left(\frac{\ln T_P-\mu_{\ln T_P}}{\sigma_{\ln T_P}}\right)^2\right] \tag{8-51}$$

$$\mu_{\ln T_P}=\ln\left(\frac{\mu_{T_P}}{\sqrt{1+\upsilon_{T_P}^2}}\right),\ \sigma_{\ln T_P}^2=\ln[1+\upsilon_{T_P}^2] \tag{8-52}$$

式中　$\mu_{\ln T_P}$、$\sigma_{\ln T_P}$——为$\ln T_P$的期望、标准差；

$\upsilon_{T_P}=\sigma_{T_P}/\mu_{T_P}$；

μ_{T_P}、σ_{T_P}——T_P的期望和标准差，可以表示如下(Dong W等，2011；Johannessen K等，2001)：

$$\mu_{T_P}=(4.883+2.68\cdot H_s^{0.529})\times\left\{1-0.19\cdot\left[\frac{U_\omega-(1.764+3.426\cdot H_s^{0.78})}{1.764+3.426\cdot H_s^{0.78}}\right]\right\} \tag{8-53}$$

$$\sigma_{T_P}=[-1.7\cdot10^{-3}+0.259\cdot\exp(-0.113\cdot H_s)]\cdot\mu_{T_P} \tag{8-54}$$

该海域平均水深在40～50 m，可适用于提出筒型基础-三脚架过渡段形式。

8.5.3 气动荷载和水动荷载模拟

8.5.3.1 气动荷载模拟

指数模型模拟平均风速随高度分布：

$$\frac{\bar{U}(z)}{\overline{U_b}}=\left(\frac{z}{z_b}\right)^{\alpha} \tag{8-55}$$

式中　z_b、$\overline{U_b}$、z、$\bar{U}(z)$——参考高度、参考高度处平均风速、目标高度、相应的平均风速；

α——地面粗糙度指数，与大气稳定度、风速、地表粗糙度长度和距地高度相关。

脉动风速谱模拟脉动风速采用Kaimal脉动风速谱(International Electrotechnical Commission，2005)，具体表达公式如下：

$$S_U(f)=\frac{4\sigma_U^2L_k/U_{10}}{[1+6fL_k/U_{10}]^{5/3}} \tag{8-56}$$

式中　f——频率；

U_{10}——轮毂处10 min平均风速；

σ_U——风速标准差；

L_k ——整体尺度参数取值如下：

$$L_k = \begin{cases} 8.10\Lambda_{\mathrm{U}}(k=u) \\ 2.70\Lambda_{\mathrm{U}}(k=v) \\ 0.66\Lambda_{\mathrm{U}}(k=w) \end{cases} \tag{8-57}$$

其中，紊流尺度参数 $\Lambda_{\mathrm{U}}=0.7 \cdot z(z<60\ \mathrm{m})$。紊流强度表达式为

$$I(z)=\sigma_{\mathrm{U}}(z)/U_{10}(z) \tag{8-58}$$

式中　$\sigma_{\mathrm{U}}(z)$ ——顺风向脉动风速均方根值；

$U_{10}(z)$ ——高度 z 处的平均风速。

空间不同点脉动风速之间的相关函数表示为

$$S_{ij}(f)=Coh(i,\ j;\ f)\sqrt{S_{ii}(f)S_{jj}(f)} \tag{8-59}$$

式中　$S_{ij}(f)$、$S_{ii}(f)$、$S_{jj}(f)$ ——点 i 和 j 互谱和自谱；

$Coh(i,\ j;\ f)$ ——空间相关函数，计算公式如下：

$$Coh(i,\ j;\ f)=\exp\left[-12d(i,\ j)\sqrt{\left(\frac{f}{\bar{U}}\right)^2+\left(\frac{0.12}{L_{\mathrm{c}}}\right)^2}\right] \tag{8-60}$$

式中　$d(i,\ j)$ ——相关两点之间的距离；

$\bar{U}$ ——两点的平均风速；

L_{c} ——整体长度。

将海上风电结构所处的空间进行离散，如图 8-72 所示，分别计算空间点的瞬时风速表示所处风速场。风机轮毂处使用 Kaimal 谱模拟脉动风速时程和功率谱如图 8-73 所示。

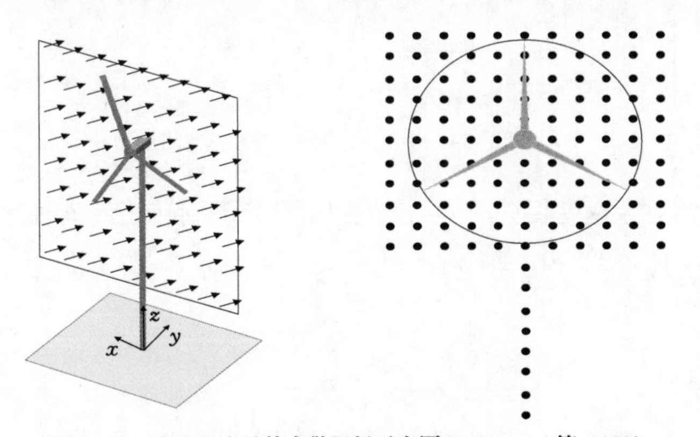

图 8-72　海上风电结构离散风场示意图(Jonkman J 等，2009)

转动叶片受到的空气动力荷载通过叶素-动量理论(BEM)、叶片特性和运行状态计算(Sun C 和 Jahangiri V, 2018; Morison J R 等，1950)，其中包括叶片几何参数(叶片数量、扭转、弦长和翼型)、风速和转速等。

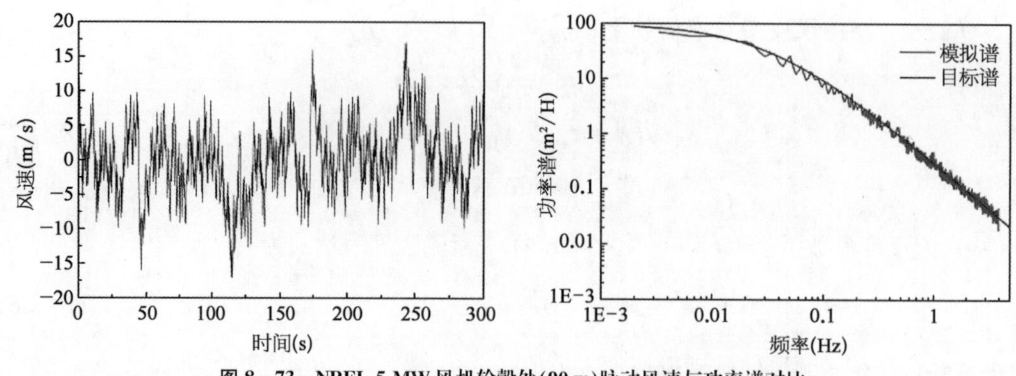

图 8-73 NREL 5 MW 风机轮毂处(90 m)脉动风速与功率谱对比

如图 8-74 所示，旋转叶片可以分为 N 个单元，以第 i 单元、距离为 R、旋转速度为 Ω、单元长度 $\mathrm{d}r$、弦长 $c(r)$ 为例。叶片 i 单元受到的相对合速度 V_{rel} 为旋转速度和风速的矢量组合，幅值表示为(Sun C 和 Jahangiri V，2018)：

$$V_{\mathrm{rel}}=\sqrt{[v(1-a)]^2+[\Omega r(1+a')]^2} \tag{8-61}$$

式中　a、a'——风速轴向、切向诱导因子。

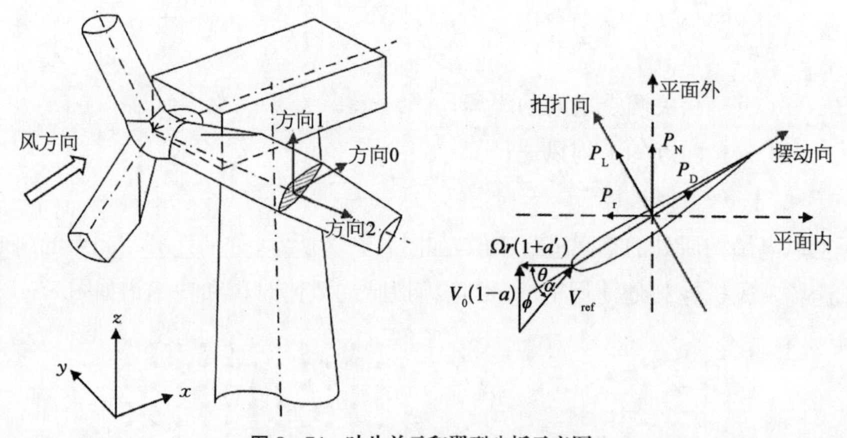

图 8-74 叶片单元和翼型分析示意图

叶片受到与相对合速度相关的升力与阻力，可分解到转子转动轴得到轴向推力和切向推力(Karimi H R 等，2010；Lackner M A 和 Rotea M A，2011)：

$$\begin{cases} \mathrm{d}P_{\mathrm{N}}=\dfrac{1}{2}\rho V_{\mathrm{rel}}^2 c(r) C_{\mathrm{N}}\mathrm{d}r \\ \mathrm{d}P_{\mathrm{T}}=\dfrac{1}{2}\rho V_{\mathrm{rel}}^2 c(r) C_{\mathrm{T}}\mathrm{d}r \end{cases} \tag{8-62}$$

式中　ρ——空气密度；

$C_{\mathrm{N}}=C_{\mathrm{l}}\cos\phi+C_{\mathrm{d}}\sin\phi$，$C_{\mathrm{T}}=C_{\mathrm{l}}\sin\phi-C_{\mathrm{d}}\cos\phi$ 分别为法向系数和切向系数；C_{l}、C_{d} 分别为升力系数和阻力系数。

塔筒为不规则圆柱体,故将塔筒分为10等段,假设作用于每一段塔筒上的空气动力荷载均可采用如下公式计算(Zuo H等,2017):

$$F_{\mathrm{d}}=\frac{1}{2}\rho A_0 U(t,\ z)^2 C_{\mathrm{d}} \tag{8-63}$$

式中 A_0——塔筒在风速方向投影面积;

C_{d}——空气动力阻力系数,与结构横截面形状相关;

$U(t,\ z)$——瞬时合速度。

则塔筒空气动力荷载为10段塔筒所受荷载总和。

8.5.3.2 水动荷载模拟

采用基于北海多年长期波浪观测的资料总结得到的JONSWAP谱,其表达式为

$$S_{\eta\eta}(\omega)=\frac{2\pi\alpha g^2}{\omega^5}\exp\left[-\frac{5}{4}\left(\frac{\omega_{\mathrm{p}}}{\omega}\right)^4\right]\gamma^{\exp\left[-0.5\left(\frac{\omega-\omega_{\mathrm{p}}}{\sigma\omega_{\mathrm{p}}}\right)^2\right]} \tag{8-64}$$

式中 γ——谱峰升高因子,$\gamma=1.5\sim6$;

ω_{p}——谱峰频率;

σ——峰形系数,可按下式取值:

$$\begin{cases}\sigma=0.09 & (\omega>\omega_{\max})\\ \sigma=0.07 & (\omega\leqslant\omega_{\max})\end{cases} \tag{8-65}$$

根据随机波浪谱和谱分析方法(Karimirad M, 2014),波高$\eta(t)$、波速$u(t)$和加速度$\dot{u}(t)$表示为

$$\eta(t)=\sum_{i=1}^{N}\sqrt{2S(\omega_i)\Delta\omega}\,(\omega_i t-k_i x+\phi_i) \tag{8-66}$$

$$u(t)=\sum_{i=1}^{N}\omega_i\sqrt{2S(\omega_i)\Delta\omega}\,\frac{\cosh[k(z+d_{\mathrm{w}})]}{T_{\mathrm{w}}\sinh(kd_{\mathrm{w}})}\sin(\omega_i t-k_i x+\phi_i) \tag{8-67}$$

$$\dot{u}(t)=\sum_{i=1}^{N}\omega_i^2\sqrt{2S(\omega_i)\Delta\omega}\,\frac{\cosh[k(z+d_{\mathrm{w}})]}{T_{\mathrm{w}}\sinh(kd_{\mathrm{w}})}\cos(\omega_i t-k_i x+\phi_i) \tag{8-68}$$

式中 ω_i——波浪圆频率;

k_i——波数;

ϕ_i——随机相位角;

d_{w}——水深;

T_{w}——波浪周期;

z——距离平均水位距离。

不同波浪要素条件波高时程与波浪谱如图 8-75 所示，由扩散方程可确定波数和波浪圆频率，即

$$\omega^2 = gk\tanh(kd_w) \tag{8-69}$$

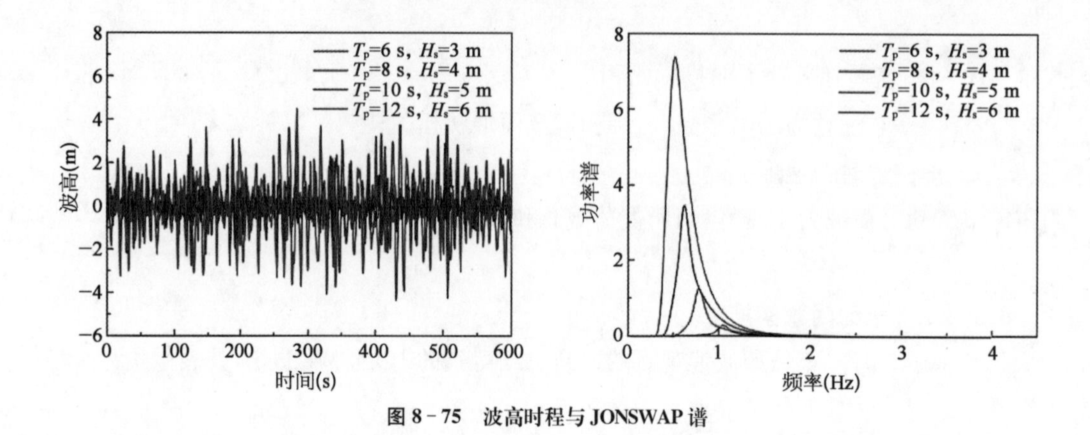

图 8-75 波高时程与 JONSWAP 谱

对于桩体直径与波长之比小于 0.2 的桩体，采用 Morison 方程（Morison J R 等，1950）计算波浪荷载，将结构分为等距离子结构，子结构间由节点连接，则作用于节点上的水动力荷载可表示为

$$F_{\text{node}} = F_M + F_D + F_B + F_{FB} + F_{AM} \tag{8-70}$$

式中 F_M、F_D、F_B、F_{FB}、F_{AM}——惯性力、拖曳力、浮力、流体压舱力、附加惯性力（Jonkman J 等，2009）。

根据 Morison 方程，作用于距离海底 z 处的微段 dz 上的波浪荷载按下列公式计算：

$$dF = \frac{\pi D^2}{4} C_M \rho \dot{u} dz + \frac{\rho}{2} C_D D u \mid u \mid dz \tag{8-71}$$

式中 C_M、C_D——惯性力系数、拖曳力系数；

D——水下桩体或塔筒的直径；

u、$\dot{u}$——水质点运动的速度和加速度。

则对于不考虑波浪破碎，Morison 方程计算水平波浪荷载可表示为

$$F_{\text{wave}} = F_M + F_D = \int_{-d}^{\eta(t)} \frac{\pi D^2}{4} C_M \rho \dot{u} dz + \int_{-d}^{\eta(t)} \frac{\rho}{2} C_D D u \mid u \mid dz \tag{8-72}$$

由于海流是海水在大空间尺度范围内且相对稳定的一种运动形式，可被看作具有一定的恒定速度和方向的水平均匀流场，因此其对基础的水动力疲劳影响可忽略不计（Zania V，2014）。

8.5.4 基础结构振动疲劳损伤特性研究

海上风电基础结构疲劳计算步骤分为 4 个部分，如图 8-76 所示，详述如下：

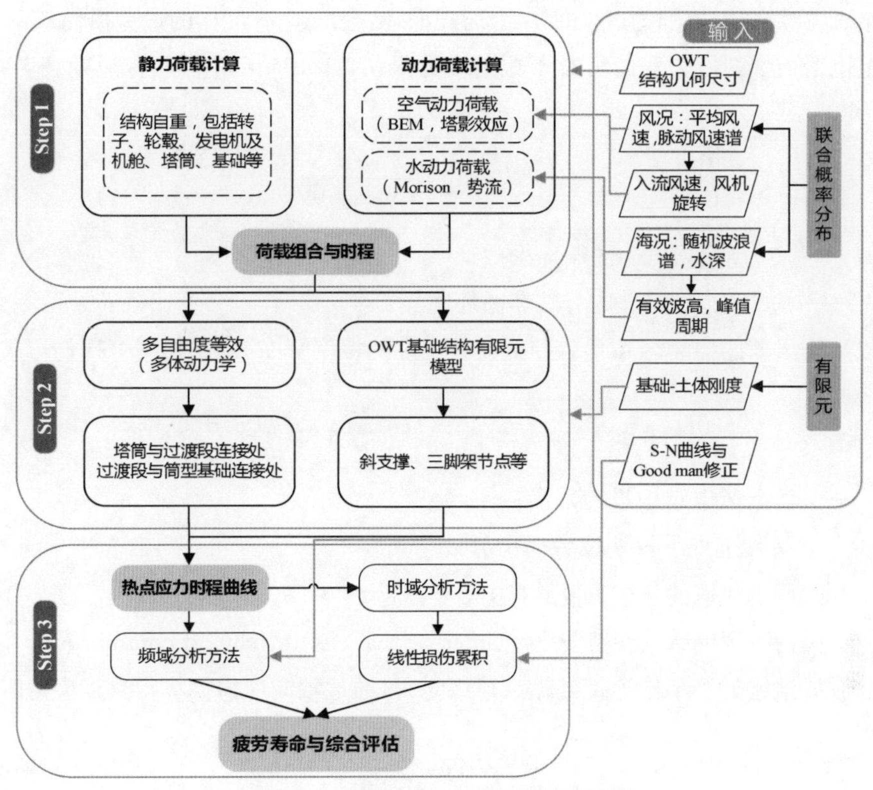

图 8－76　海上风电基础结构疲劳计算步骤

(1) 输入部分。该部分包括海上风电结构几何尺寸、风况、海况、基础与土体刚度、S－N 曲线或材料断裂属性。采用北海北部风浪联合概率分布函数，通过有限元法构建筒型基础水平、旋转等刚度。

(2) Step 1 荷载时程：分别进行静力荷载与动力荷载计算，重点关注引起结构循环交变应力的动荷载，包括空气动力荷载和水动力荷载，然后根据风浪联合概率分布构建荷载组合与时程。

(3) Step 2 建立模型与提取热点应力：分别建立海上风电结构多自由度等效模型与整体一体化模型，将不同荷载组合时程加入模型中进行计算。提取多自由度等效模型中塔筒与过渡段连接处反力时程、过渡段与筒型基础连接段反力时程，将反力时程转化为应力时程；提取有限元模型中热点应力时程（最大 Mises 应力），如斜支撑处、三脚架节点等。

(4) Step 3 循环应力处理与疲劳预测：将热点应力时程曲线，分别进行雨流计数法处理和断裂裂纹扩展判断。基于线性损伤累积和 S－N 曲线计算疲劳寿命，基于疲劳裂纹扩展预测复杂连接段结构疲劳寿命，同时进行基础结构疲劳寿命综合评估分析。

8.5.4.1　时域疲劳分析方法

雨流计数法是常用时域疲劳分析方法（Fatemi A 和 Yang L，1998），根据 Palmgren－

Miner 准则，施加应力范围为 S_{a1} 的 n_1 个荷载循环，会产生 n_1/N_1 的疲劳损伤（N_1 是对应着应力范围为 S_{a1} 的疲劳寿命），对于短期疲劳损伤，如 10 min 时程后，短期疲劳损伤 d_i 可表示为

$$d_i = \sum_{i=1} \frac{n_i}{N_i} \tag{8-73}$$

式中　n_i ——应力范围为 S_i 的循环次数；

N_i ——应力范围为 S_i 疲劳破坏循环次数。

若以平均风速的概率分布代表外部荷载工况的概率分布，则结构疲劳损伤可表示为

$$D_{\text{total}} = \sum_{t=1}^{\text{Lifetime}} d_i = \int_{\text{cut-in}}^{\text{cut-out}} T \cdot d_i(v) \cdot f(v)\mathrm{d}v \tag{8-74}$$

式中　T ——海上风电结构设计寿命；

$d_i(v)$ ——某风速 v 下短期疲劳损伤值；

$f(v)$ ——平均风速的分布函数。其中需要满足 $S_F^m \cdot D_{\text{total}} < 1.00$（安全系数 S_F^m）可保证海上风电结构疲劳安全性(international electrotechnical commission，2005)。

在过渡段连接处和基础连接处输入荷载时程，通过轴向应力换算得热点应力时程：

$$\sigma = \frac{F_z}{A} + \frac{M_y}{I_y} r\cos\theta - \frac{M_x}{I_x} r\sin\theta \tag{8-75}$$

式中　N、M_y、M_x ——轴向荷载、绕 y 轴弯矩和绕 x 轴弯矩；

A、r ——连接处截面面积、截面半径；

I_x、I_y ——连接处截面惯性矩；

θ ——计算点与中心连线与风向夹角。

针对短期应力分布 $f(s)$ 进行拟合，则短期疲劳损伤可以改写为

$$d_i = \sum_{i=1} \frac{n_i}{N_i} = \frac{1}{K} \sum_i n_i \cdot S^m = \frac{N_T}{K} \sum_i S^m \cdot f(s) \cdot n_i$$
$$\approx \frac{N_T}{K} \int_0^\infty S^m \cdot f(s)\mathrm{d}s \tag{8-76}$$

式中　N_T ——短期疲劳循环次数；

$f(s)$ ——应力范围的分布。

若假设 $f(s)$ 符合两参数 Weibull 分布，则短期疲劳损伤可表示为

$$d_i = \frac{N_T}{K} \int_0^\infty S^m \cdot f(s)\mathrm{d}s = \frac{N_T}{K} \left\{ a^m \cdot \Gamma\left(1 + \frac{m}{c}\right) \right\} \tag{8-77}$$

式中　$\Gamma(\cdot)$ ——伽马函数；

a、c ——Weibull 分布的形状和尺寸参数。

采用双线性 S－N 曲线评价结构局部疲劳性能(DNV, 2013)，表达式为

$$\log_{10} N = \log_{10} \bar{a} - m \log_{10} \left\{ \left[\Delta\sigma (SCF) \left(\frac{t}{t_{\mathrm{ref}}} \right) \right]^k \right\} \tag{8-78}$$

式中　$\log_{10}\bar{a}$ —— $\log_{10}N$ 的截距；

m、k ——曲线斜率值和厚度因子；

$\Delta\sigma$ ——应力范围；

SCF——应力集中系数；

t、t_{ref} ——疲劳裂纹厚度和参考裂纹长度。

考虑最大应力水平对混凝土疲劳寿命的影响，采用宋玉普等统计大量试验数据基础上建立混凝土 S－N 曲线(宋玉普等，2008)，曲线形式为

$$S_{\max} = A - m \log N \tag{8-79}$$

式中　$S_{\max}$ ——混凝土最大应力水平，体现应力值与设计值的比值；

A、m、N ——曲线纵坐标截距、斜率、循环作用次数。

8.5.4.2　频域疲劳分析方法

考虑气动力荷载和水动力荷载均为随机过程，过渡段与塔筒位置和过渡段与基础处荷载和应力随机过程 $\{x(t)\}$ 也可以视为随机过程。假设热点应力时程是一个遍历性的平稳高斯随机过程(Tovo R, 2002; Benasciutti D 和 Tovo R, 2005; Benasciutti D 和 Tovo R, 2006; Benasciutti D 等，2013; Braccesi C 等，2014; Braccesi C 等，2016; Benasciutti D 等，2016)：

$$f(x) = \frac{1}{\sqrt{2\pi}\hat{\sigma}_x} \exp\left[-\frac{1}{2} \left(\frac{x}{\hat{\sigma}_x} \right)^2 \right] \tag{8-80}$$

式中　$\hat{\sigma}_x$ ——随机过程标准差。

对时域信号 $\{x(t)\}$ 进行自相关分析，则自相关函数 $R_{xx}(\tau)$ 表示为

$$R_{xx}(\tau) = E[x(t)x(t+\tau)] \tag{8-81}$$

自相关函数 $R_{xx}(\tau)$ 进行傅里叶变换，根据 Wiener－Khinchine 理论，即可得到热点应力功率谱密度(PSD)函数，即

$$S_{xx}(\omega) = \int_{-\infty}^{\infty} R_{xx}(\tau) e^{-i\omega\tau} \mathrm{d}\tau \tag{8-82}$$

通常使用单边功率密度谱即范围为 $[0, \infty]$，因此：

$$G_{xx}(\omega) = \begin{cases} 2S_{xx}(\omega) & (0 < \omega < \infty) \\ S_{xx}(0) & (\omega = 0) \end{cases} \tag{8-83}$$

频域方法主要使用应力功率谱密度函数(PSD)的 m 阶矩,表示为

$$\lambda_m = \int_0^{\infty} \omega^m G_{xx}(\omega) \mathrm{d}\omega \tag{8-84}$$

上式中当 $m=0$、2、4 时,分别表示位移 $\{X(t)\}$ 方差、速度 $\{\dot{X}(t)\}$ 方差和加速度 $\{\ddot{X}(t)\}$ 方差,即

$$\lambda_0 = \sigma_x^2,\ \lambda_2 = \sigma_{\dot{x}}^2,\ \lambda_4 = \sigma_{\ddot{x}}^2 \tag{8-85}$$

最常使用的带宽参数为 α_1 和 α_2 表示为

$$\alpha_1 = \frac{\lambda_1}{\sqrt{\lambda_0 \lambda_2}},\ \alpha_2 = \frac{\lambda_2}{\sqrt{\lambda_2 \lambda_4}} \tag{8-86}$$

根据 Bent 理论,高斯窄带随机过程 $\{x(t)\}$ 的峰值 P 符合瑞利分布(Bendat J S, 1966),即

$$f_{\mathrm{P}}(p) = \frac{p}{\sigma_x^2} \exp\left(-\frac{p^2}{2\sigma_x^2}\right) \tag{8-87}$$

则对于功率谱为 $G_i(\omega)$ 的随机过程 $\{x_i(t)\}$,疲劳损伤强度可表示为

$$d_i = \frac{v_{0,i}}{C} (\sqrt{2\lambda_{0,i}})^k \Gamma\left(1 + \frac{k}{2}\right) \tag{8-88}$$

式中 $\lambda_{0,i}$——随机过程 $\{x_i(t)\}$ 的方差;

$v_{0,i} = \sqrt{\lambda_2/\lambda_0}/2\pi$——平均跨均值的频率;

k、C——S-N 曲线中斜率和截距参数。

采用谐波叠加法(Douglas Adams 等,2011)进行频域功率谱转换为时域时程,如从频域应力功率谱密度 $G_{xx}(\omega)$ 到时域应力过程 $\sigma(t)$,采用如下公式计算:

$$\sigma(t) = \sum_{i=1}^{N} \sqrt{2S(\omega_i)\Delta\omega_i} \cos(\omega_i t + \theta_i) \tag{8-89}$$

式中 ω——圆频率;

θ——随机相位;

t——时间;

N——频率个数。

为了获得可靠的应力时程,需要采用 Dirlink 提出的以下方法(Dirlik 和 Turan, 1985):

(1) 利用上述公式从 $S(\omega)$ 得到短期应力时程 $\sigma(t)$。

(2) 改变频率增量 $\Delta\omega$ 和相位角 θ,重复步骤(1)20 次,产生一段长期应力时长。

(3) 改变频率增量 $\Delta\omega$ 和相位角 θ,重复步骤(2)10 次,产生 10 组不同应力时程。

(4) 对比 10 组不同应力时程,分析统计参数的一致性。此外,通过应力功率谱转换时

域应力后，可通过如图 8-77 所示方法求解结构疲劳损伤，即充分考虑随机过程的不确定性，通过大量重复计算，减低随机误差。根据 10 组不同应力时程，分别进行雨流计数法统计应力循环次数、应力均值和幅值，结合相应的 S-N 曲线计算每组应力时程的疲劳损伤值，从而完成了从频域到时域的疲劳损伤计算。

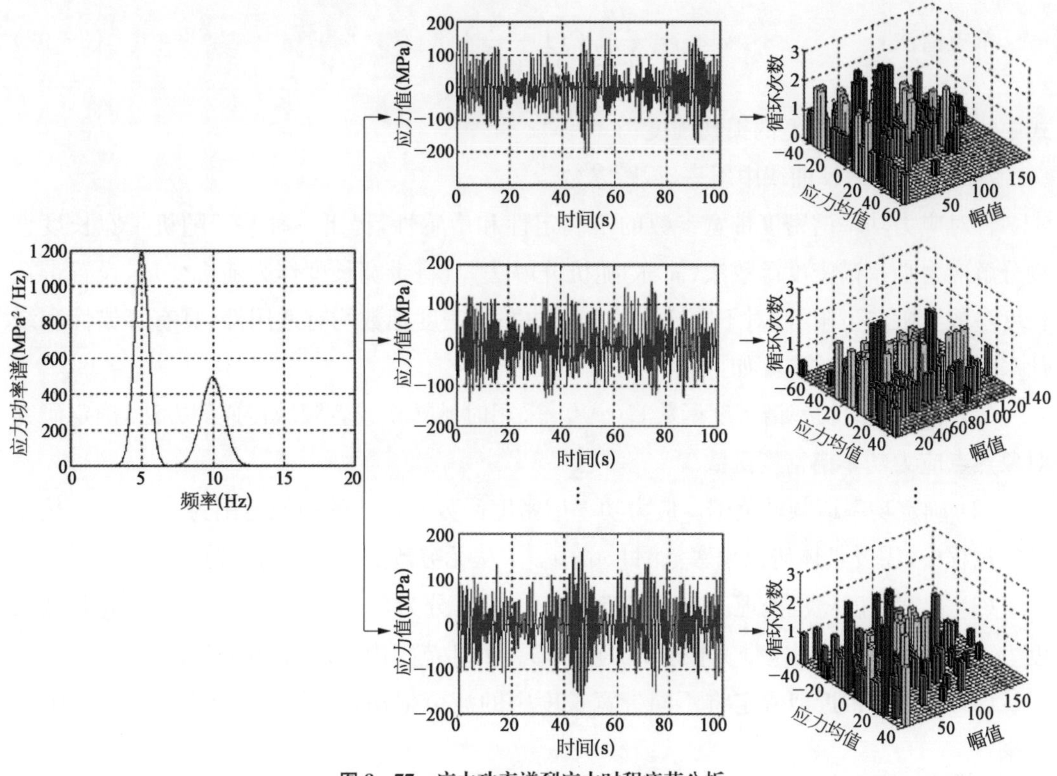

图 8-77　应力功率谱到应力时程疲劳分析

直接分解功率谱密度函数法有别于常规的窄带、两模式、三模式和宽带功率谱密度近似等方法。现有直接分解功率谱密度函数法中主要有带宽法和单矩谱分析方法(Li Q 等，2016)。针对对象为应力功率谱密度函数，不考虑其带宽或多模式影响，直接将其进行分解成无限多个窄带，然后分别针对各窄带进行疲劳损伤求解，最后将不同窄带功率谱密度对应的疲劳损伤，按照特定方式结合得到整个应力功率谱所对应的疲劳损伤。

假设应力谱 $G(\omega)$ 为一个单边宽带谱，将其分解为一系列以 ω_i 为中心的窄带谱 $G_i(\omega)$，$i=1, 2, \cdots$。从应力谱的角度出发，将所有 $G_i(\omega)$ 求和即可得到总应力谱 $G(\omega)$。通常可以规定截止频率 ω_c 限制应力谱密度的范围，则可表示为(背户一登，2011)：

$$G(\omega)=G_1(\omega_1)+G_2(\omega_2)+G_3(\omega_3)+\cdots+G_n(\omega_c) \tag{8-90}$$

式中　$\boldsymbol{G}(\omega)$ 矩阵中将 $G_i(\omega)$($i=1$、2、$\cdots$) 作为直接相加或对角矩阵中的元素表示。先利用分解后的窄带应力谱密度计算疲劳损伤强度，再将疲劳损伤强度采用非线性组合即可得到结果或材料的疲劳损伤值。非线性组合公式主要包括带宽法和单矩谱法，分别表示为(背户一登，2011)：

带宽法：
$$d_b = \left(\sum_i^n d_i^{2/k} \right)^{k/2} \tag{8-91}$$

单矩谱法：
$$d_{SM} = \frac{2^{k/2}}{2\pi C} \Gamma\left(1 + \frac{k}{2}\right) (\lambda_2 / k)^{k/2} \tag{8-92}$$

式中 d_i ——第 i 带宽的损伤强度；

k、C——S-N 曲线中斜率、截距参数。

针对应力功率谱密度带宽参数的不确定性和敏感性，提出一种基于随机带宽长度直接分解应力功率谱密度函数法(简称“随机分解法”)，将带宽长度作为随机变量，设置带宽长度参数上限与下限等，对不同模式的应力功率谱密度函数均有适用性，具有容错性和统计多样性特点。具体步骤如下：

(1) 确定应力功率谱密度函数 $G(\omega)$。采用时域转换或者频域传递等方法，确定研究对象热点应力功率谱密度函数。

(2) 确定功率谱频域范围。应力功率谱密度函数 $G(\omega)$ 的频域范围为 $[0, \infty]$，然而研究过程中，需要具体研究频率范围 $[\omega_1, \omega_u]$，从无穷范围转换为有限范围。

(3) 带宽长度随机处理。在频率范围 $[\omega_1, \omega_u]$ 分为 10 000～20 000，从而确定带宽长度上下限 L_u 和 L_1，假定带宽长度 L 为在 $[L_u, L_1]$ 范围内满足均匀随机分布。

(4) 结合窄带近似假定将不同带宽长度中的疲劳损伤，按照特定的非线性方式组合起来。

(5) 重复步骤(3)一定次数(20～100 次)，统计损伤值分布，计算各组疲劳损伤概率分布并以峰值对应的损伤值作为该应力功率谱密度疲劳损伤的代表值。

四种应力功率谱模式与时程如图 8-78 所示，即单模式、两模式、三模型和宽带模式。对于单模式，可直接采用窄带近似法直接进行计算；对于两模式、三模式和宽带模式均可采用基于随机带宽长度分解应力功率谱方法求解疲劳损伤。

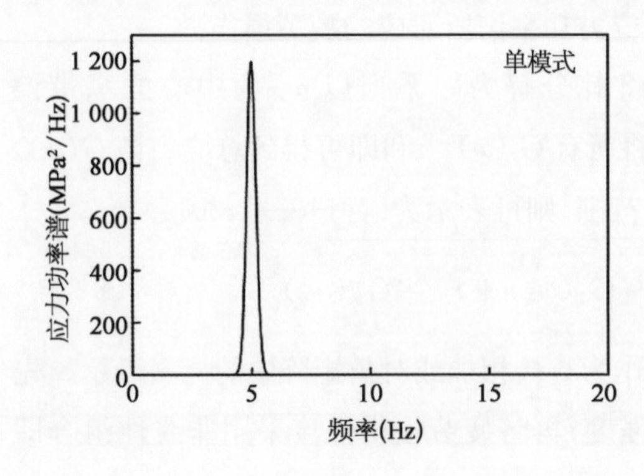

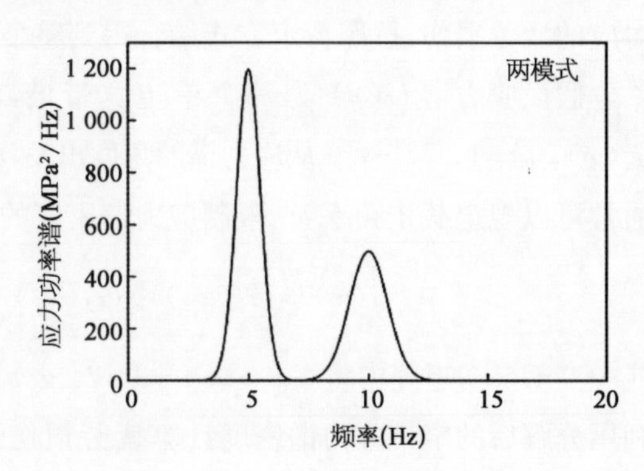

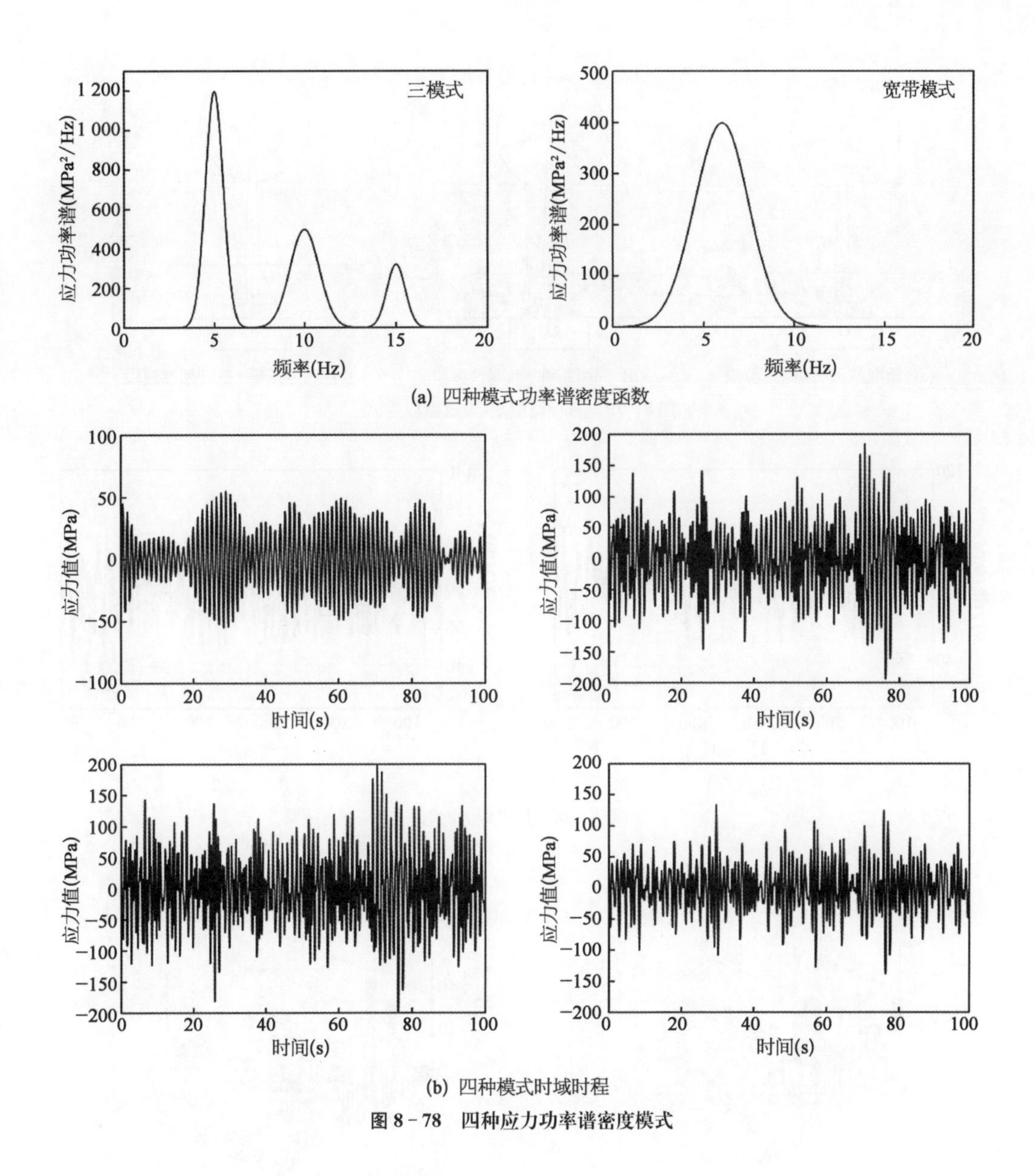

(a) 四种模式功率谱密度函数

(b) 四种模式时域时程

图 8-78 四种应力功率谱密度模式

8.5.4.3 基础结构疲劳损伤分析

取图 8-79 所示的海上风电筒型基础-钢筒过渡段、筒型基础-钢混过渡段关键位置荷载时程。前两种基础疲劳分析主要采用时域分析方法,而筒型基础-三脚架基础疲劳损伤则采用时域方法和频域方法分别进行疲劳损伤求解。

结合图 8-76 进行多自由度模拟结构时域分析,通过关键位置几何尺寸和受力关系即可得到关键热点应力时程。选择两个工况:工况 1——平均风速 10 m/s,有效波高 0.5 m 和峰值周期 3 s;工况 2——平均风速 18 m/s,有效波高 1 m 和峰值周期 4 s。图 8-80 给出了两种工况筒型基础-支撑模式热点应力时程。针对上述应力时程,图 8-81 给出了雨流

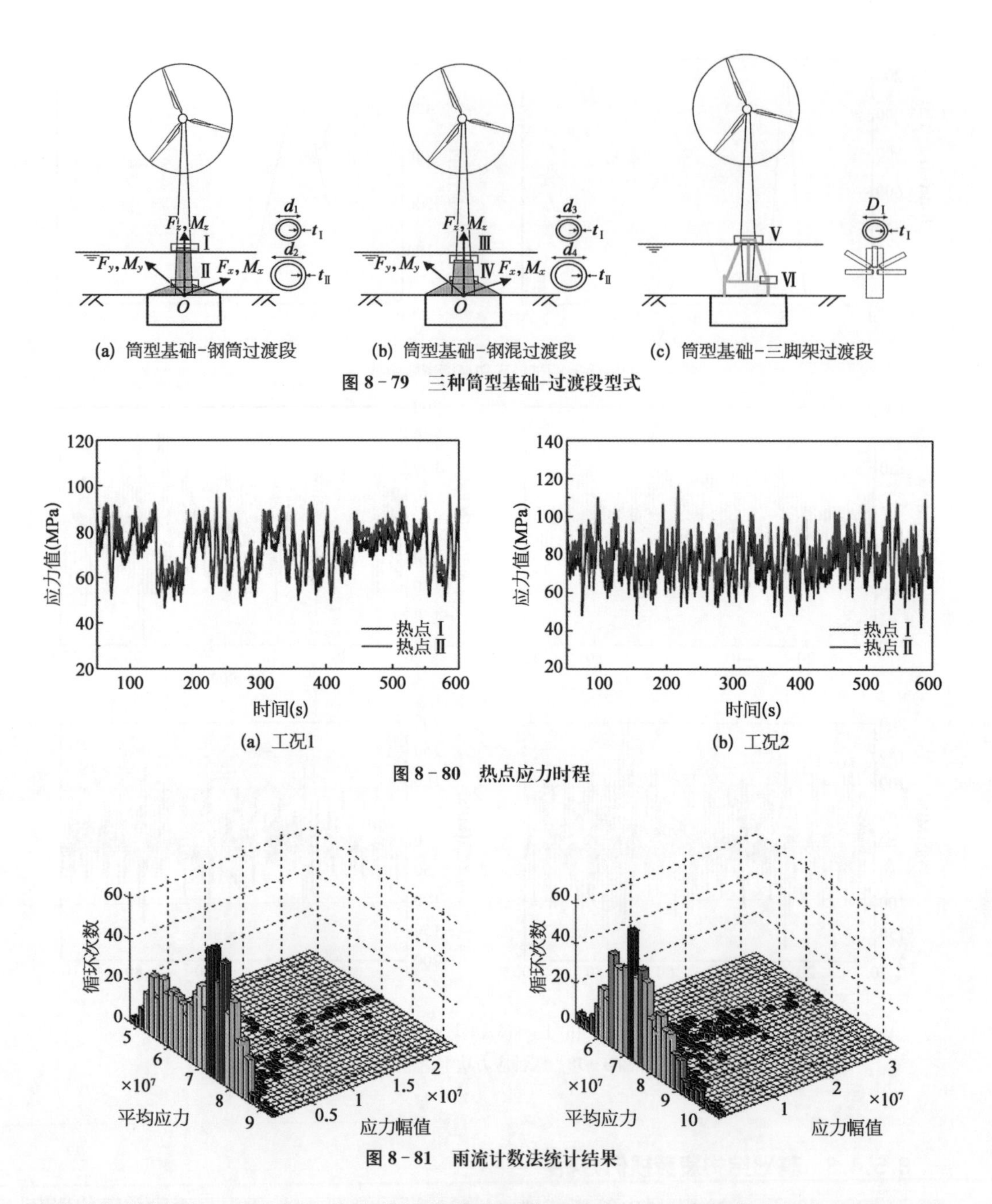

(a) 筒型基础-钢筒过渡段　(b) 筒型基础-钢混过渡段　(c) 筒型基础-三脚架过渡段

图 8-79　三种筒型基础-过渡段型式

(a) 工况1　(b) 工况2

图 8-80　热点应力时程

图 8-81　雨流计数法统计结果

计数分析结果图。可以看出,应力值的均值分别范围较广,而应力幅值主要集中在 10 MPa 以内,则应考虑平均应力对结构长期疲劳损伤影响。

图 8-82 给出了筒型基础-钢筒过渡段基础的风浪条件概率值 p_{ijk} 与损伤值 d_{ijk} 散点图。

则在单位时间当量如一年,热点应力处的损伤值和预计疲劳寿命表分别表示为

$$D_{\text{total}}=\sum_i\sum_j\sum_k p_{ijk}d_{ijk},\ L=\frac{1}{D_{\text{total}}} \tag{8-93}$$

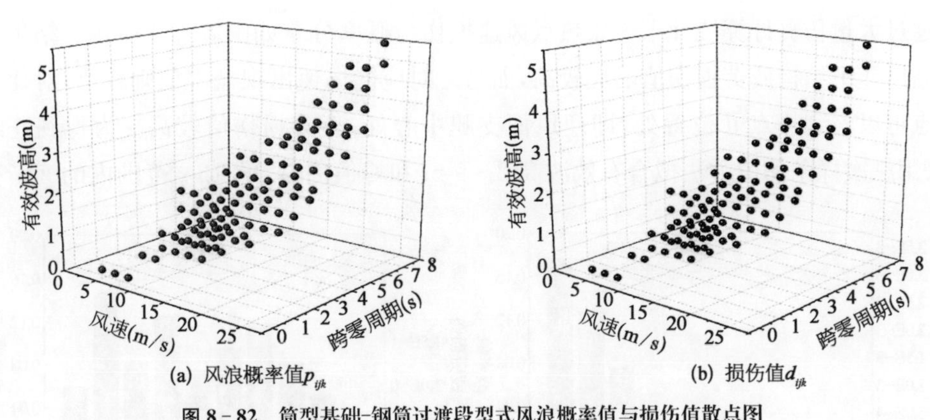

图 8-82　筒型基础-钢筒过渡段型式风浪概率值与损伤值散点图

由该公式可知,风浪联合分布的概率值与对应的损伤的乘积即为单一工况的疲劳损伤,将所有工况频率损伤值求和可得到单位时间内疲劳损伤总和 D_{total}。在不考虑安全系数情况下,疲劳损伤总和的倒数即为疲劳寿命。由此可计算得到：筒型基础-钢筒过渡段的热点Ⅰ位置 $D_{total}=0.0247$,热点Ⅱ位置 $D_{total}=0.0258$,两个位置疲劳寿命分别为 40.40 年和 38.72 年;筒型基础-钢混过渡段热点Ⅲ位置 $D_{total}=0.0208$,热点Ⅳ位置 $D_{total}=0.0108$,两个位置的疲劳寿命分别为 48.08 年和 92.59 年,均可满足海上风电结构的设计使用寿命大于 30 年的要求。

对于筒型基础-三脚架形式在北海北部环境风浪荷载作用下疲劳损伤情况,环境参数选取为：平均风速为 6～24 m/s,间隔 2 m/s;有效波高为 2～9 m,间隔 1 m;峰值周期为 8～16 s,间隔 2 s。因此,计算工况则为 10 组风速、8 组有效波高和 5 组峰值周期的全概率组合,即 400 组工况。该 400 组工况一共包含了该海域所有可能出现海况 80%以上概率的情况。

为了进行筒型基础-三脚架基础结构疲劳损伤,选取 8 个代表位置的热点,分别为：热点Ⅰ位于塔筒与过渡段连接处、热点Ⅱ位于迎风向支腿 1 中心、热点Ⅲ位于背风向支腿 2 中心、热点Ⅳ位于背风向支腿 3 中心、热点Ⅴ位于迎风向支撑 1 中心、热点Ⅵ位于背风向支撑 1 中心、热点Ⅶ位于背风向支撑 2 中心、热点Ⅷ位于迎风向桩腿。具体位置如图 8-83 所示。

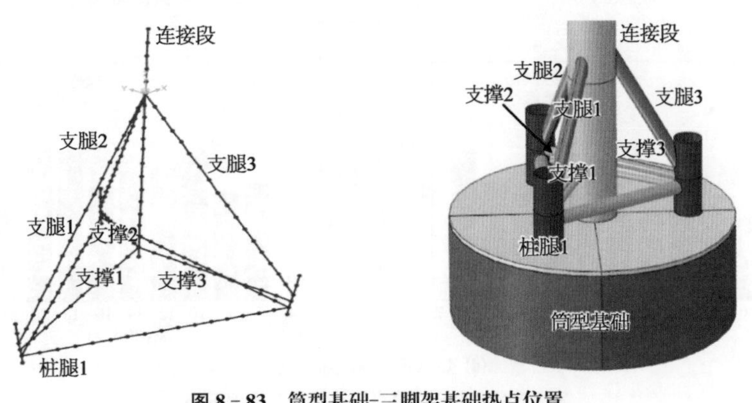

图 8-83　筒型基础-三脚架基础热点位置

通过大量仿真计算统计Ⅰ～Ⅷ热点风速损伤与概率分布如图 8－84 所示。结果表明在较高风速下结构疲劳损伤值响应较高，而与之对应的风速出现概率值则较小，对比Ⅰ～Ⅷ热点可以看到热点Ⅱ位置处，即迎风面支腿中心处，疲劳损伤值较高。为得到连续曲线，采用三次样条插值方法拟合有效波高 2～9 m 和峰值周期 8～16 s 范围内的疲劳损伤

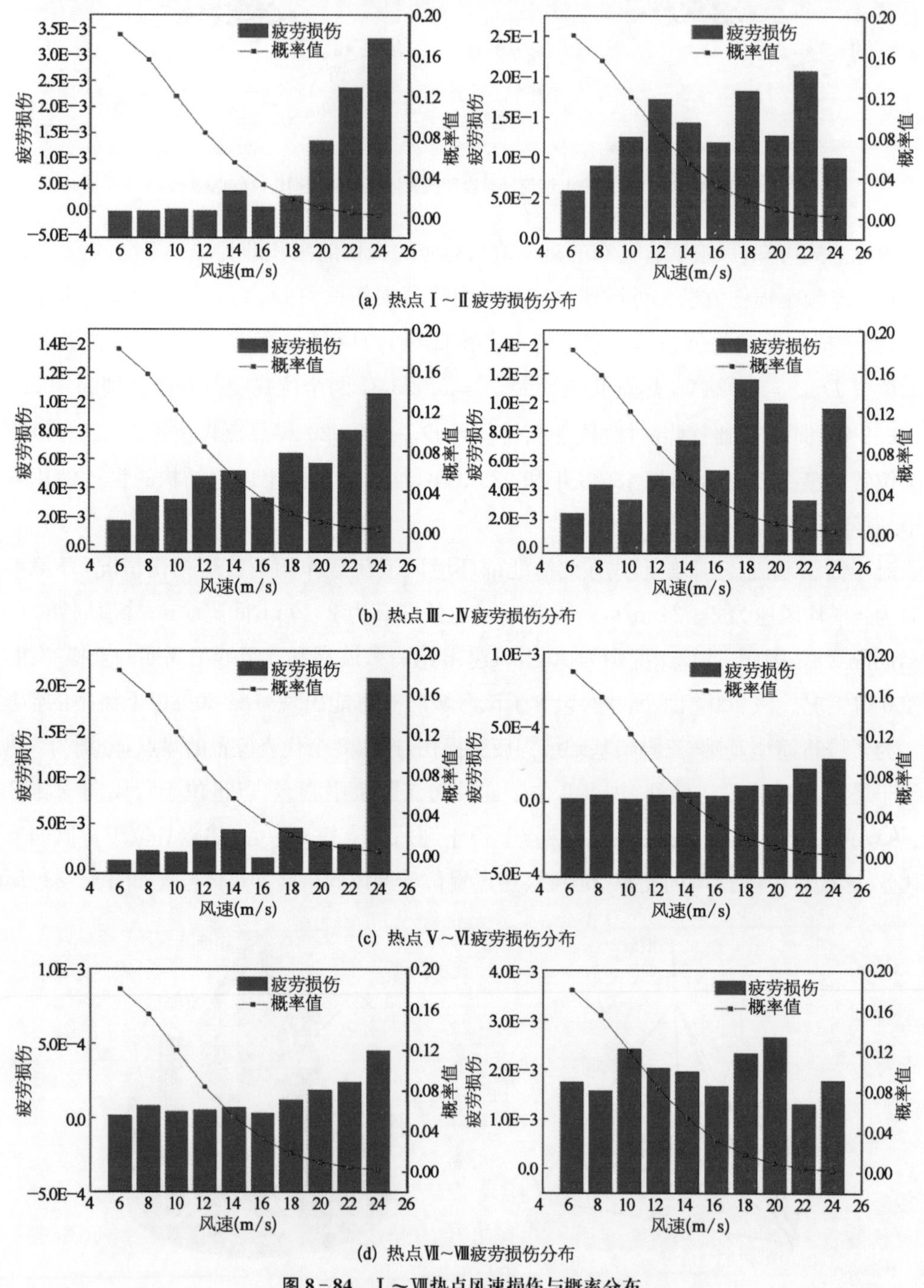

(a) 热点Ⅰ～Ⅱ疲劳损伤分布

(b) 热点Ⅲ～Ⅳ疲劳损伤分布

(c) 热点Ⅴ～Ⅵ疲劳损伤分布

(d) 热点Ⅶ～Ⅷ疲劳损伤分布

图 8－84　Ⅰ～Ⅷ热点风速损伤与概率分布

值。图8-85给出了Ⅰ～Ⅷ热点波浪引起损伤联合分布，不同热点位置的疲劳损伤值的分布情况较为相似，疲劳呈现随峰值周期变化与随着有效波高变化有相同会出，即先增加后减小，有峰值部分。这是因为综合考虑出现概率值和损伤值结果。

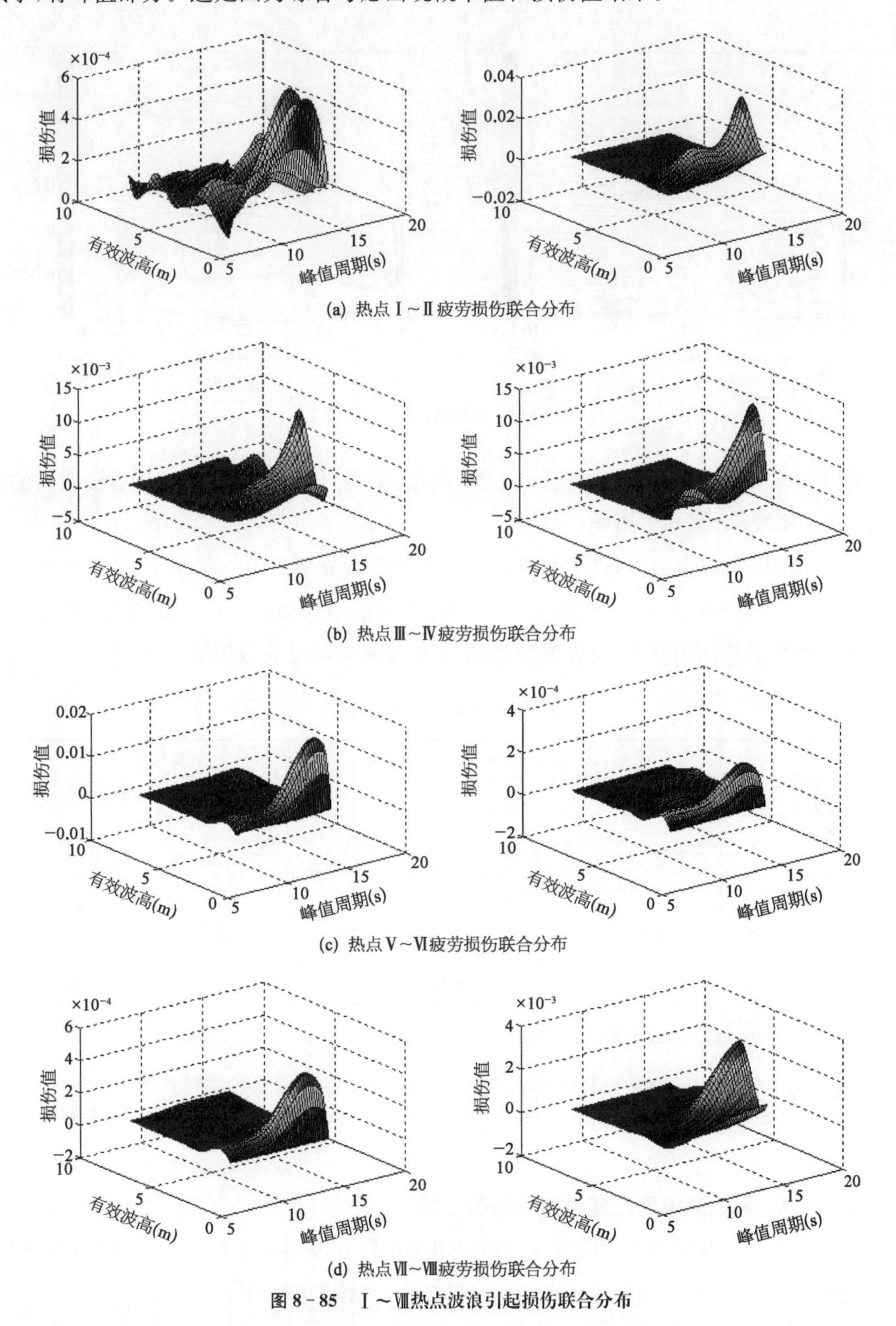

(a) 热点Ⅰ～Ⅱ疲劳损伤联合分布

(b) 热点Ⅲ～Ⅳ疲劳损伤联合分布

(c) 热点Ⅴ～Ⅵ疲劳损伤联合分布

(d) 热点Ⅶ～Ⅷ疲劳损伤联合分布

图8-85　Ⅰ～Ⅷ热点波浪引起损伤联合分布

统计热点Ⅰ和热点Ⅱ损伤等值线(Li Q 等,2016;程靳和赵树山,2006),如图 8-86 所示,可以看到热点Ⅰ损伤等值线中,在峰值周期为 15 s,有效波高为 4 m 左右位置出现较大的损伤值;而峰值周期 16 s,有效波高为 4 m 左右时,热点Ⅱ处有最大的损伤峰值。

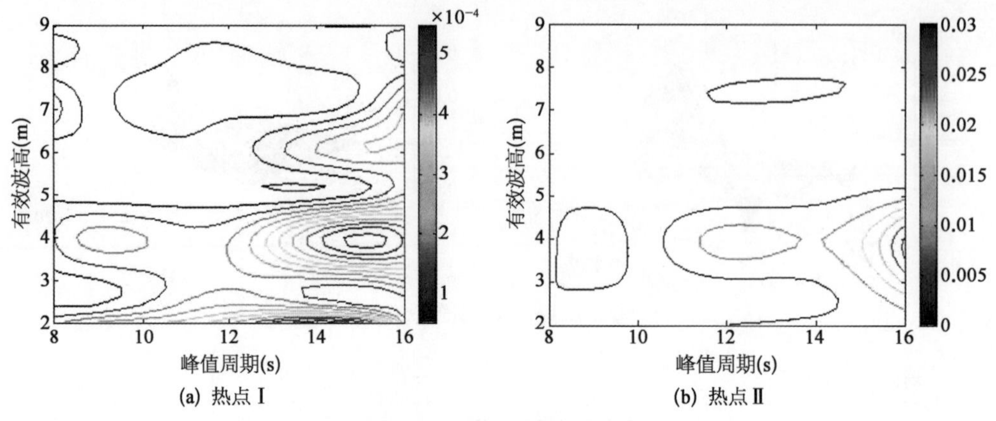

(a) 热点Ⅰ (b) 热点Ⅱ

图 8-86 两热点处损伤等值线

图 8-85～图 8-86 均说明了损伤随着不同参数的分布情况,对某一热点位置处的损伤,需综合考虑多环境参数影响。

由表 8-17 可以看出,热点Ⅰ和热点Ⅱ的疲劳寿命分别为 104 年和 100 年,热点Ⅴ和热点Ⅷ的疲劳寿命分别为 383 年和 469 年,剩余的疲劳寿命很高。热点处的应力均远大于海上风电结构设计使用寿命,所以筒型基础-三脚架基础满足疲劳校核。

表 8-17 热点疲劳损伤结果

位 置	Weibull 参数		计算结果	
	A	B	疲劳损伤	疲劳寿命(年)
热点Ⅰ	377.3	0.277	9.62e−3	104
热点Ⅱ	430.4	0.291	9.92e−3	100
热点Ⅲ	430.4	0.280	4.00e−4	2 444
热点Ⅳ	357.1	0.274	4.16e−4	2 403
热点Ⅴ	526.4	0.285	2.61e−3	383
热点Ⅵ	447.4	0.289	4.58e−4	2 180
热点Ⅶ	300.8	0.283	6.18e−4	1 618
热点Ⅷ	629.4	0.303	2.13e−3	469

8.5.4.4 海上风电筒型基础结构疲劳分析

海上风电筒型基础结构疲劳频域分析是根据风谱和波浪谱通过传递函数得到结构热点应力谱,然后利用应力功率谱求解结构疲劳损伤,具体步骤如下:

(1) 确定风谱和波浪谱密度函数,采用 Kaimal 谱和 JONSWAP 谱分别作为风速谱 $S_U(\omega)$ 和波浪谱密度函数 $S_{\eta\eta}(\omega)$。

(2) 确定风谱和波浪谱分别到风荷载和波浪荷载的传递函数(Van Der Tempel J, 2006),风谱传递函数参考 Tempel(Van Der Tempel, 2006)和 Yeter 等(Yeter B 等, 2015),波浪谱传递函数如图 8-87 所示,可分别表示为

$$S_{\text{WindF}}(\omega)=|TRF_{\text{wind}}(\omega)|^2 S_U(\omega) \tag{8-94}$$

$$S_{\text{WaveF}}(\omega)=|TRF_{\text{wave}}(\omega)|^2 S_{\eta\eta}(\omega) \tag{8-95}$$

式中　$TRF_{\text{wind}}(\omega)$ 和 $TRF_{\text{wave}}(\omega)$——风谱传递函数和波浪谱传递函数,其中波浪传递函数 $TRF_{\text{wave}}(\omega)$ 表示为 $\sqrt{\omega^2\dfrac{\cosh^2 kz}{\sinh^2 kd}\left(\dfrac{8}{\pi}k_{\text{d}}^2\sigma_{\text{u}}^2+\omega^2 k_i^2\right)}$,参数为 $k_{\text{d}}=\dfrac{1}{2}\rho C_D D$,$k_i=\dfrac{\pi D^2}{4}\rho C_M$,$\sigma_u^2=\int_0^{\omega^*}\left|\omega\dfrac{\cosh(\omega^2 z/g)}{\sinh(\omega^2 d/g)}\right|^2 S_{\eta\eta}(\omega)\mathrm{d}\omega$。

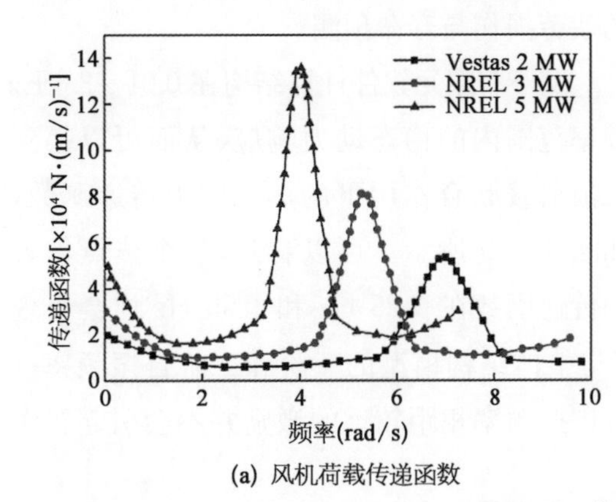

(a) 风机荷载传递函数

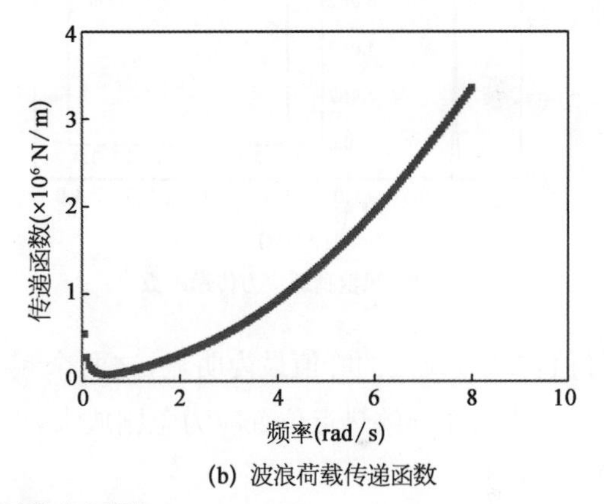

(b) 波浪荷载传递函数

图 8-87　传递函数分布规律

(3) 构建风荷载和波浪荷载到热点应力的联合传递函数,这个过程需要建立海上风电结构有限元模型,在模型中加入风荷载和波浪荷载得到相应的热点应力,转化为联合传递函数 $TRF_{\text{joint}}(\omega)$:

$$S_{\text{stress}}(\omega)=|TRF_{\text{joint}}(\omega)|^2 S_{\text{WindF\&WaveF}}(\omega) \tag{8-96}$$

(4) 海上风电结构热点应力频域分析,根据热点应力谱 $S_{\text{stress}}(\omega)$ 基于随机带宽长度直接分解应力功率谱法、Dirlink 法和时频转化得到的雨流计数法等进行研究。

建立筒型基础-三脚架基础数值模型,确定连接部位三个热点,图 8-88 给出了筒型基础-三脚架基础结构有限元模型图、热点位置图和受力变形图。

由图 8-88 可知,该基础结构的传力特点为过渡段依靠长斜支撑和短斜支撑将力和弯矩传递到竖向支撑,竖向支撑通过横支撑增加侧向刚度,再将荷载传递到筒型基础顶面。为了增加筒型基础顶面刚度,在顶面覆盖 0.5 m 厚的钢筋混凝土板。其传力主要通过钢支

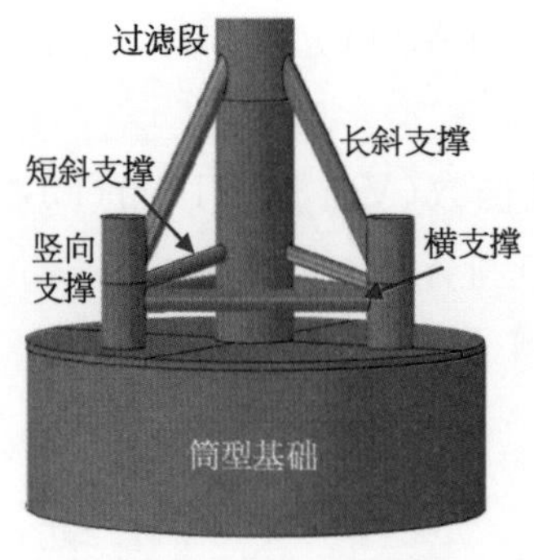

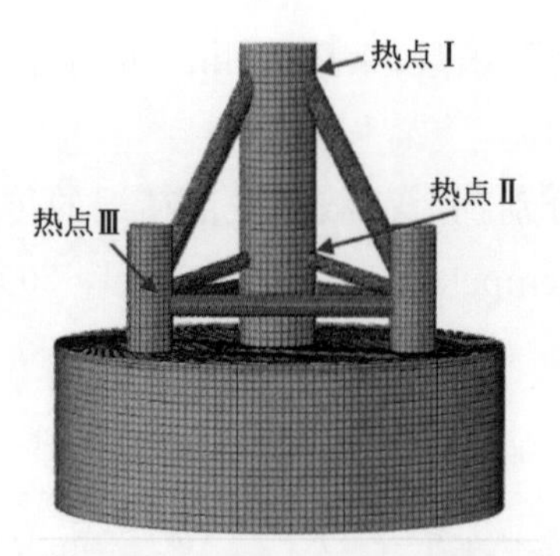

图 8-88　筒型基础-斜支撑结构有限元模型

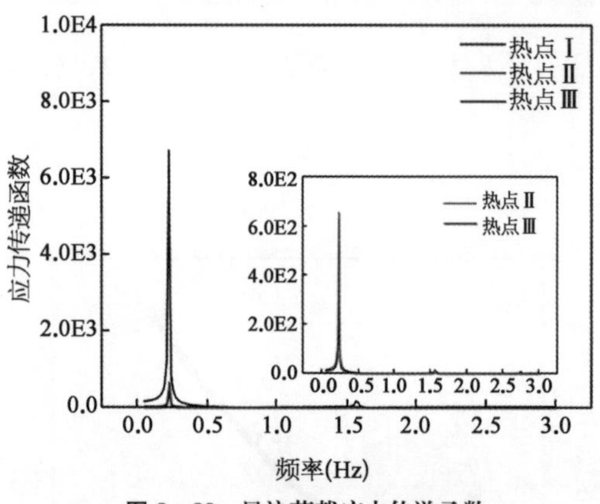

图 8-89　风浪荷载应力传递函数

撑进行，施工较为简便，整体质量较小，但是对于焊接支撑处容易出现应力集中，长期作用后疲劳问题突出需要详细分析。采用频域法针对有代表性的三个热点分析焊接位置处的疲劳损伤与寿命预测。

基于有限元软件计算结构在 0.01～3.0 Hz 频率范围内的稳态动力响应，从而可以得到风浪荷载联合作用下的热点应力传递函数，如图 8-89 所示。可以看到，三个热点位置的传递函数在 0.25 Hz 和 1.55 Hz 均会出现峰值，0.25 Hz 处的峰值最为明显，这两个频率与整体结构模型的一阶和二阶自振频率一致，表明共振导致热点位置应力急剧放大，而与自振频率相距较远的激励并不会引起较大的应力。

为了计算筒型基础-三脚架结构热点疲劳损伤和预测疲劳寿命，统计出现概率较大的 10 种工况作为结构受到的典型荷载工况，见表 8-18。其中，平均风速范围 6～22 m/s，有效波高范围 3～9 m，峰值周期范围 8～14 s。假设风电结构处于额定工作状态，分别采用 Dirlnk 法、随机分解法和时域法计算热点Ⅰ、Ⅱ和Ⅴ的损伤情况，表中数值倒数即为疲劳损伤寿命值。

表 8-18　筒型基础-三脚架结构热点疲劳损伤结果

位　置	Dirlnk 法	随机分解法	时域法
热点Ⅰ	0.018 4	0.019 8	0.022 1
热点Ⅱ	0.025 2	0.022 1	0.020 3
热点Ⅴ	0.013 2	0.009 4	0.008 8

对比不同方法可以看到如果以时域方法为准确参考，随机分解法的精度会更高一些，同时，该方法也较为复杂，需要重复计算取平均值过程，计算耗时与时域法相当，而 Dirlnk

法在牺牲一定准确度的前提下,计算更加简洁。

8.6 海上风电筒型基础结构被动减振控制

海上风电结构承受复杂荷载的联合作用引起结构振动,对海上风电结构耦合动力安全提出了更高的要求。多调谐质量阻尼器(TMD)结构(MTMD)与电涡流阻尼器(ECD)(张琪和吕西林,2017;雷旭等,2015;Lu X 等,2017)相比于 TMD 可有效地减轻海上工程结构在风、波浪、海流、地震等环境作用下的反应和累积损伤(欧进萍,2003;牛林,2016),在控制结构振动方面是有效的减振措施,可适用于海上风电结构振动控制中的减振抗振技术。

8.6.1 阻尼器减振控制原理

8.6.1.1 多 TMD 阻尼器(MTMD)

MTMD 协同减振模型如图 8-90 所示,包含一个主结构和 MTMD。MTMD 中每个 TMD 结构的自振频率可不相同,对于海上风电结构,可以在塔筒内部不同平台内布置 TMD。

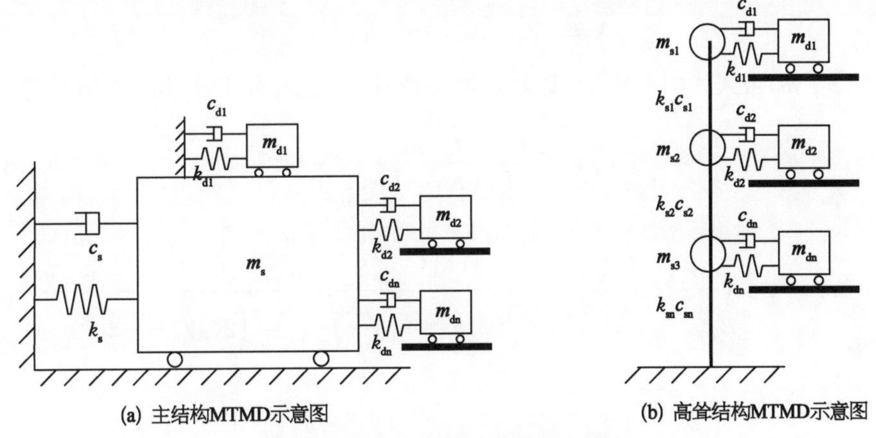

图 8-90 MTMD 协同减振模型示意图

由于 MTMD 是由多个 TMD 结构组成,假设主结构在相应位置处有节点质量、阻尼和刚度 m_{dk}、c_{dk} 和 k_{dk} 与之对应,激励 $F(t)$ 作用于主结构,则主结构和第 k 个 TMD 结构动力平衡方程表示为

$$\begin{cases} m_s\ddot{x}_s + c_s\dot{x}_s + k_s x_s - \sum_{k=1}^{n} c_{dk}(\dot{x}_{dk} - \dot{x}_{sk}) - \sum_{k=1}^{n} k_{dk}(x_{dk} - x_{sk}) = F(t) \\ m_{dk}\ddot{x}_{dk} + c_{dk}(\dot{x}_{dk} - \dot{x}_{sk}) + k_{dk}(x_{dk} - x_{sk}) = 0 \qquad (k = 1, \cdots, n) \end{cases} \tag{8-97}$$

式中 下标 s——表示主结构;

下标 d——表示 TMD 结构。

该动力平衡方程矩阵形式如下:

$$\boldsymbol{M}\ddot{\boldsymbol{X}}+\boldsymbol{C}\dot{\boldsymbol{X}}+\boldsymbol{K}\boldsymbol{X}=\boldsymbol{F} \tag{8-98}$$

式中，质量矩阵 $\boldsymbol{M}$、阻尼矩阵 $\boldsymbol{C}$、刚度矩阵 $\boldsymbol{K}$ 分别表示为

$$\boldsymbol{M}=\begin{bmatrix} m_s & & & \\ & m_1 & & \\ & & \ddots & \\ & & & m_n \end{bmatrix},\ \boldsymbol{C}=\begin{bmatrix} c_s+\sum_{k=1}^{n}c_k & -c_1 & \cdots & -c_n \\ -c_1 & c_1 & \cdots & 0 \\ \vdots & \vdots & \ddots & \vdots \\ -c_n & 0 & \cdots & c_n \end{bmatrix},$$

$$\boldsymbol{K}=\begin{bmatrix} k_s+\sum_{k=1}^{n}k_k & -k_1 & \cdots & -k_n \\ -k_1 & k_1 & \cdots & 0 \\ \vdots & \vdots & \ddots & \vdots \\ -k_n & 0 & \cdots & k_n \end{bmatrix}$$

当考虑谐波激励时，即 $F(t)=f_0e^{i\omega t}$，则解表示为

$$\boldsymbol{X}=[X_s,\ X_1,\ \cdots,\ X_n]^{\mathrm{T}}e^{i\omega t} \tag{8-99}$$

将式(8-99)带入式(8-98)，可以将主结构位移 x_s 表示为(Dehghan-Niri E 等，2010)：

$$x_s=X_s\frac{f_0/m_s\omega_s^2}{Re(z)+Im(z)i}e^{i\omega t} \tag{8-100}$$

式中，$Re(z)=1-\left(\frac{\omega}{\omega_s}\right)^2-\sum_{k=1}^{m}\frac{\omega_k\left(\frac{\omega}{\omega_s}\right)^2\left\{\gamma_k^2\left[\gamma_k^2-\left(\frac{\omega}{\omega_s}\right)^2\right]+\left(2\zeta_k\gamma_k\frac{\omega}{\omega_s}\right)^2\right\}}{\left[\gamma_k^2-\left(\frac{\omega}{\omega_s}\right)^2\right]^2+\left(2\zeta_k\gamma_k\frac{\omega}{\omega_s}\right)^2}$，

$$Im(z)=2\zeta_k\frac{\omega}{\omega_s}+\sum_{k=1}^{m}\frac{2\mu_k\zeta_k\gamma_k\left(\frac{\omega}{\omega_s}\right)^5}{\left[\gamma_k^2-\left(\frac{\omega}{\omega_s}\right)^2\right]^2+\left(2\mu_k\zeta_k\gamma_k\frac{\omega}{\omega_s}\right)^2}$$

式中　μ_k、γ_k、ζ_k ——质量比、频率比和阻尼比；

k ——不同 TMD 结构标志。

研究表明，TMD 结构调谐频率与阻尼对 TMD 减振效果有着重要影响(Dehghan-Niri E 等，2010)。假设 TMD 之间相互无影响，每个 TMD 具有相同的质量和阻尼系数。对于图 8-90(a)，主结构和 MTMD 结构自振频率分别表示为(Aterino N，2015)

$$\begin{cases}\omega_s=\sqrt{k_s/m_s}\\ \omega_j=\omega_{\mathrm{T}}\left[1+\left(j-\frac{n+1}{2}\right)\frac{\beta}{n-1}\right]\qquad(j=1,\ 2,\ \cdots,\ n)\end{cases} \tag{8-101}$$

式中 $\omega_T=\sum_{j=1}^{n}\omega_j/n$ ——MTMD结构频率的平均值；

β ——MTMD结构频率间隔。定义MTMD结构质量比 $\mu=\sum_{j=1}^{n}m_j/m_s$，则每个TMD的质量为 $m_j=\mu m_s/n$。因此，对于每个TMD结构的刚度和阻尼可以分别表示为

$$\begin{cases}k_j=m_j\omega_j^2\\c_j=2nm_j\zeta_T/\sum_{i=1}^{n}(\omega_j^{-1})\end{cases}\tag{8-102}$$

式中 $\zeta_T=\sum_{j=1}^{n}\zeta_j/n$ ——MTMD结构平均阻尼比；

ζ_j ——MTMD结构中第 j 个TMD结构阻尼比。

8.6.1.2 电涡流阻尼器(ECD)

传统TMD结构作为一种被动控制阻尼器，使用的液压或气压阻尼器易出现漏油或漏气问题、调节困难、结构需要定期维护等缺点(Jean-Luc Dion等，2013)。与之相比，电涡流阻尼器(eddy current damper，ECD)作为一种新型阻尼器，具有不接触被控结构、不需要黏滞阻尼液体密封和便于控制等优点。ECD减振原理为位于永磁体发生磁场中的导体板会产生电涡流，当磁场与导体板发生相对运动时，电涡流与磁场相互作用而阻碍相对运动，由此产生了电涡流阻尼力，将运动机械能转换为电涡流电能以热能形式消耗。具体表述如下：

当导体板与永磁体以相对速度 $\boldsymbol{v}$ 运动时，导体板会产生一个抑制其运动的电涡流阻尼力，且方向总是与导体板的运动方向相反，如图8-91所示。ECD结构主要由永磁体、导体板及导磁板构成，通过导体板的电流密度 $\boldsymbol{J}$ 和电磁力 $\boldsymbol{F}$ 分别表示为(Lu X等，2017)

$$\boldsymbol{J}=\sigma(\boldsymbol{v}\times\boldsymbol{B}),\ \boldsymbol{F}=\int_V\boldsymbol{J}\times\boldsymbol{B}dV\tag{8-103}$$

式中 σ ——导体板导电系数；

$\boldsymbol{J}$ ——电流密度矢量；

$\boldsymbol{B}$ ——磁场任意位置磁感应强度；

V ——导体板体积。

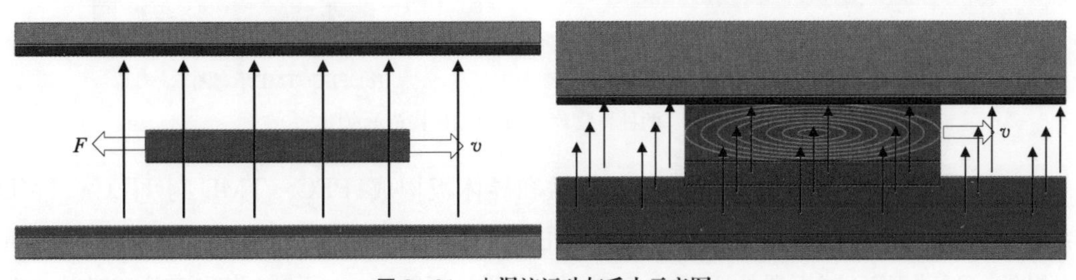

图8-91 电涡流运动与受力示意图

假设导体板在 y 方向上有相对运动，则感应电流密度矢量 $\boldsymbol{J}$ 和电磁力 $\boldsymbol{F}$ 可表示为(汪志昊和陈政清，2013)：

$$\boldsymbol{J}=\sigma v_y(B_z\boldsymbol{i}-B_x\boldsymbol{k}) \tag{8-104}$$

$$\boldsymbol{F}=\int_V \boldsymbol{J}\times\boldsymbol{B}\mathrm{d}V=\sigma v_y\int_V[(B_xB_y)\boldsymbol{i}-(B_x^2+B_z^2)\boldsymbol{j}+(B_zB_y)\boldsymbol{k}]\mathrm{d}V \tag{8-105}$$

$$F=-\sigma v_y\int_V(B_x^2+B_z^2)\mathrm{d}V \tag{8-106}$$

式中　v_y ——相对速度 $\boldsymbol{v}$ 在 y 方向的分量；

B_x、B_y、B_z ——磁感应强度 $\boldsymbol{B}$ 在三个方向的分量。

在理想状态下，磁场 B 均匀分布，导体板以相对速度 v 垂直与磁场 B 方向运动时，电涡流阻尼力的大小可表示为(陈政清等，2015)

$$f=-\sigma\delta SB^2v \tag{8-107}$$

式中　σ ——导体导电系数；

δ、S ——导体板厚度、表面积。

可以看出电涡流阻尼力表现出理想线性黏滞阻尼特性，则电涡流阻尼系数 c_d 的简化公式为(陈政清和黄智文，2016)：

$$c_\mathrm{d}=\sigma\delta SB^2 \tag{8-108}$$

近年来，结合 ECD 与 TMD 组合而成的 EC - TMD 兼顾了 ECD 和 TMD 优势，充分发挥 ECD 非接触阻尼和 TMD 自振频率可调的特点。图 8 - 92 给出了水平电涡流-调谐质量阻尼器(HEC - TMD)和摆式电涡流-调谐质量阻尼器(PEC - TMD)构造简图。

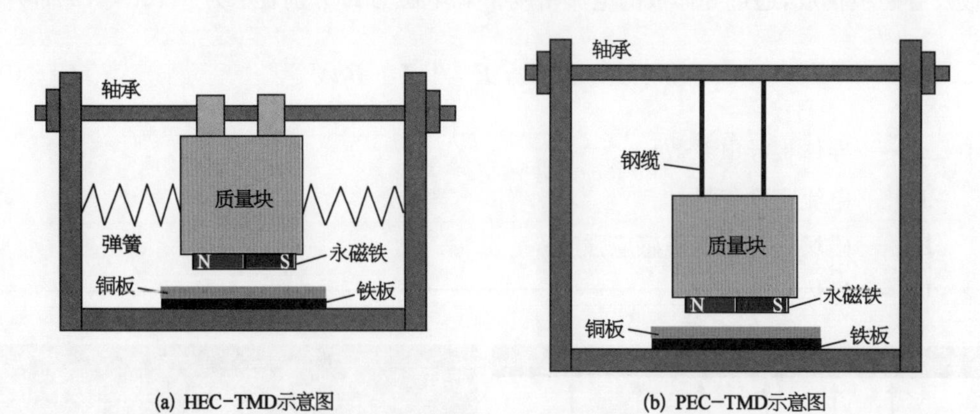

(a) HEC-TMD示意图　　(b) PEC-TMD示意图

图 8 - 92　两种类型 EC - TMD 结构构造示意图

HEC - TMD 主要质量块、弹簧、永磁铁和导体板构成；PEC - TMD 与 HEC - TMD 类似，不同点在于弹簧被钢缆代替。两者阻尼均来源于电涡流阻尼，刚度分别由弹簧和重力提供。两种 ECD 减振器的阻尼比 ξ_d 表达式相同，而频率 ω_d 不同(陈政清等，2016)。两

种不同的减振器 ξ_d 和 ω_d 可分别表示为

HEC－TMD：

$$\xi_d = \frac{\sigma\delta SB^2}{2m_d\omega_d},\ \omega_d = \sqrt{\frac{k_d}{m_d}} \tag{8-109}$$

PEC－TMD：

$$\xi_d = \frac{\sigma\delta SB^2}{2m_d\omega_d},\ \omega_d = \sqrt{\frac{g}{L}} \tag{8-110}$$

式中，c_d、m_d、k_d、ω_d、σ、δ、S 和 B 均参见前式变量说明；L 和 g 为 PEC－TMD 结构的钢缆长度和重力加速度。通过式(8－109)和(8－110)可知，两种新型 HEC－TMD 和 PEC－TMD 在阻尼比和频率方面与经典 TMD 结构具有类似的表达式。

8.6.1.3　EC－TMD 模型减振试验

试验将 EC－TMD 结构安装在一个筒型基础的塔筒顶部，在自由衰减试验中研究不同的永磁铁布置形式，永磁铁与导磁铜板之间的间距对系统阻尼比的影响，在激振试验中探索不同永磁铁布置与间距对系统减振效果的影响。图 8－93 给出了 EC－TMD 模型试验系统，主要包括 EC－TMD、小型振动台、主结构系统(塔筒模型、筒型基础)、激振器系统(包括信号发生器和功率放大器)、采集系统(包括低频加速度传感器、振动位移传感器、DASP 系统采集仪和存储计算机)。

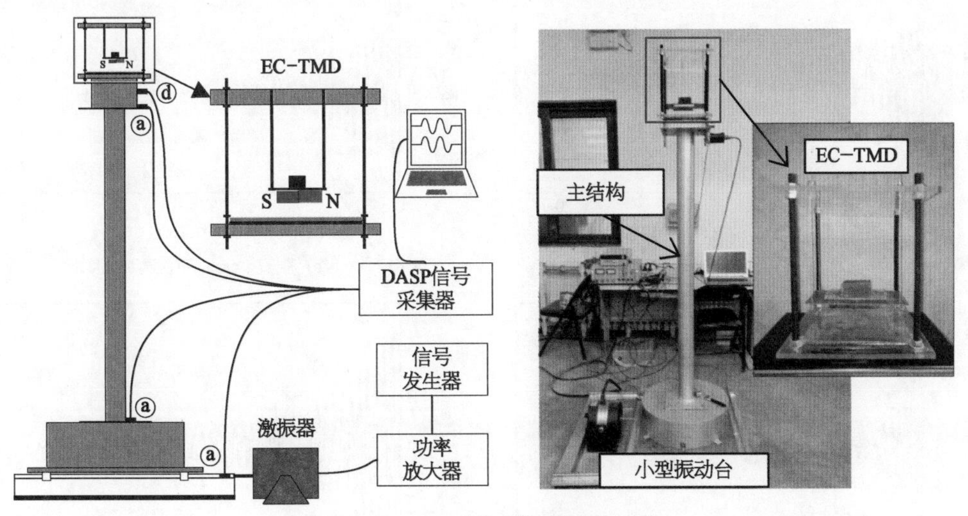

图 8－93　ECD 试验系统示意图与实物

为了模拟海上风电筒型基础结构，主结构按照 1∶100 的比尺构建模型，表 8－19 给出了 ECD 试验支撑结构的参数。

表 8-19　ECD 试验支撑结构参数

参　数	塔筒模型长度(mm)	截面(mm)	质量块(kg)	筒型基础质量(kg)	理论自振频率(Hz)	
					x	y
数　值	1 500	D 80，d 76	7.85	6.78	2.3	2.2

EC-TMD 结构中，永磁铁(PM)材料为 $Nd_2Fe_{14}B$，黄铜板作为导磁铜板，固定在结构底部。TMD 质量块位于铁板上部，铁板通过可钢缆与顶部结构连接，频率可通过调整钢缆长度实现，永磁铁位于铁板下部与导磁铜板相对。永磁铁的布置方式如图 8-94 所示。

图 8-94　EC-TMD 永磁铁布置形式示意图

图 8-95 给出了不同永磁铁与导磁铜板的距离条件下四组自由衰减试验的振动位移时程图，永磁铁布置方式为Ⅰ形。图 8-96 给出了永磁铁布置Ⅰ和Ⅱ形式的自由衰减情况。

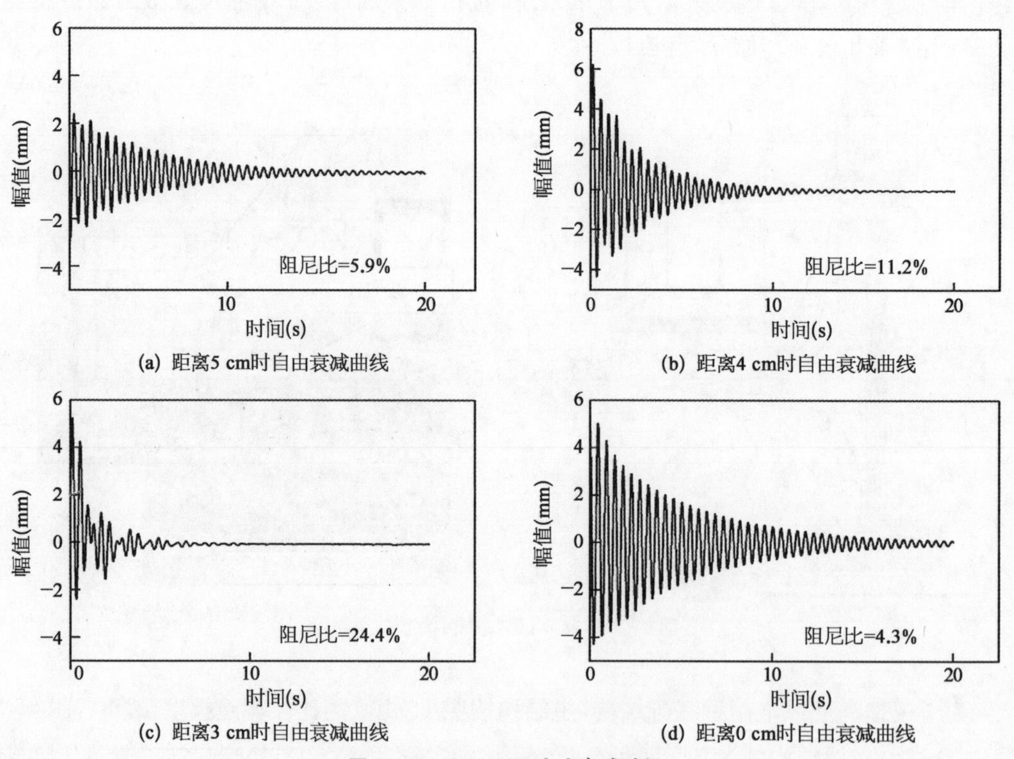

图 8-95　EC-TMD 自由衰减时程

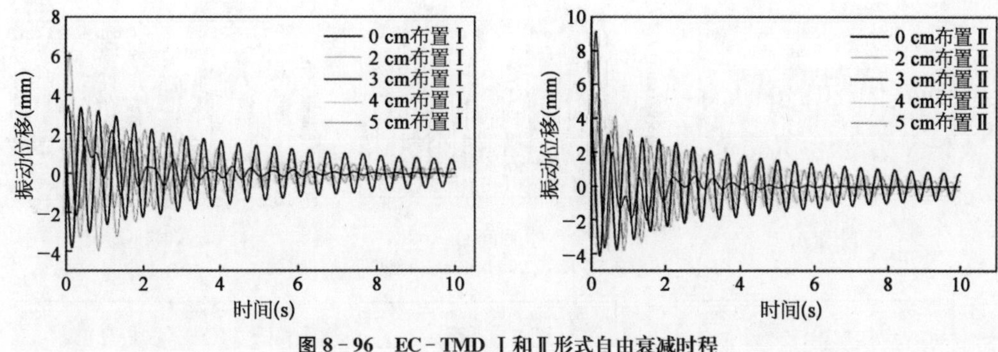

图 8-96 EC-TMD Ⅰ和Ⅱ形式自由衰减时程

由图 8-95 和图 8-96 可知，不同永磁铁与导磁铜板的距离，表征磁场的强弱，导致整体结构阻尼比会有很大不同。当 $L=0$ cm 表示永磁铁与导磁铜板在一起无相对运动，电涡流阻尼则为 0，此时阻尼比表现为主结构自身阻尼特性；当 $L=4$ cm、5 cm 时，距离越大磁场越弱，电涡流阻尼相应越小；$L=3$ cm 时，振动位移曲线变现处强烈的震荡后较快归于 0，说明此时电涡流阻尼很大，对主结构的影响很大。由试验结果可知，主结构与 EC-TMD 之间表现出强耦合作用，即主结构在自由衰减过程中带着 EC-TMD 结构运动，一旦永磁铁与导磁铜板相对运动则会产生电涡流阻尼，EC-TMD 结构对主结构产生反作用力阻碍其运动。但当距离较近时，磁场强度过大，永磁铁与导磁铜板相对运动受到一定的限制，相对运动较小，EC-TMD 电涡流阻尼力具有不确定性，主结构表现出强烈的震荡。

表 8-20 统计了不同永磁铁布置方案（Ⅰ、Ⅱ和Ⅲ）和距离（5 cm、4 cm、3 cm 和 2 cm）阻尼比的情况。Ⅱ形式与Ⅰ形式结果十分相近，在距离为 3 cm、4 cm 时Ⅱ形式结果会略大于Ⅰ形式，原因可能来源于磁场分布变化，Ⅰ与Ⅱ形式中导磁铜板所处的永磁铁磁场有所不同，其中，Ⅱ形式磁场范围要大于Ⅰ形式磁场范围。Ⅲ形式采用了两个永磁铁合并在一起，该磁场强度要大于Ⅰ和Ⅱ形式，从而产生的电涡流阻尼也随之变大。

表 8-20 不同永磁铁布置方案和距离阻尼比情况

永磁体布置	距离(cm)			
	5	4	3	2
Ⅰ	5.9%	11.2%	24.4%	4.3%
Ⅱ	5.9%	12.4%	24.9%	4.3%
Ⅲ	9.1%	16.5%	35.6%	4.2%

图 8-97 给出了三种永磁铁布置形式下，不同激振器激励频率作用下，模型顶部位移时程曲线。

有图 8-97 可知，在谐波荷载激励下，模型结构振动主要表现为受迫振动，即位移周期与激励周期相同，则位于顶部的 EC-TMD 结构底部固定在模型顶部，与结构位移和周期

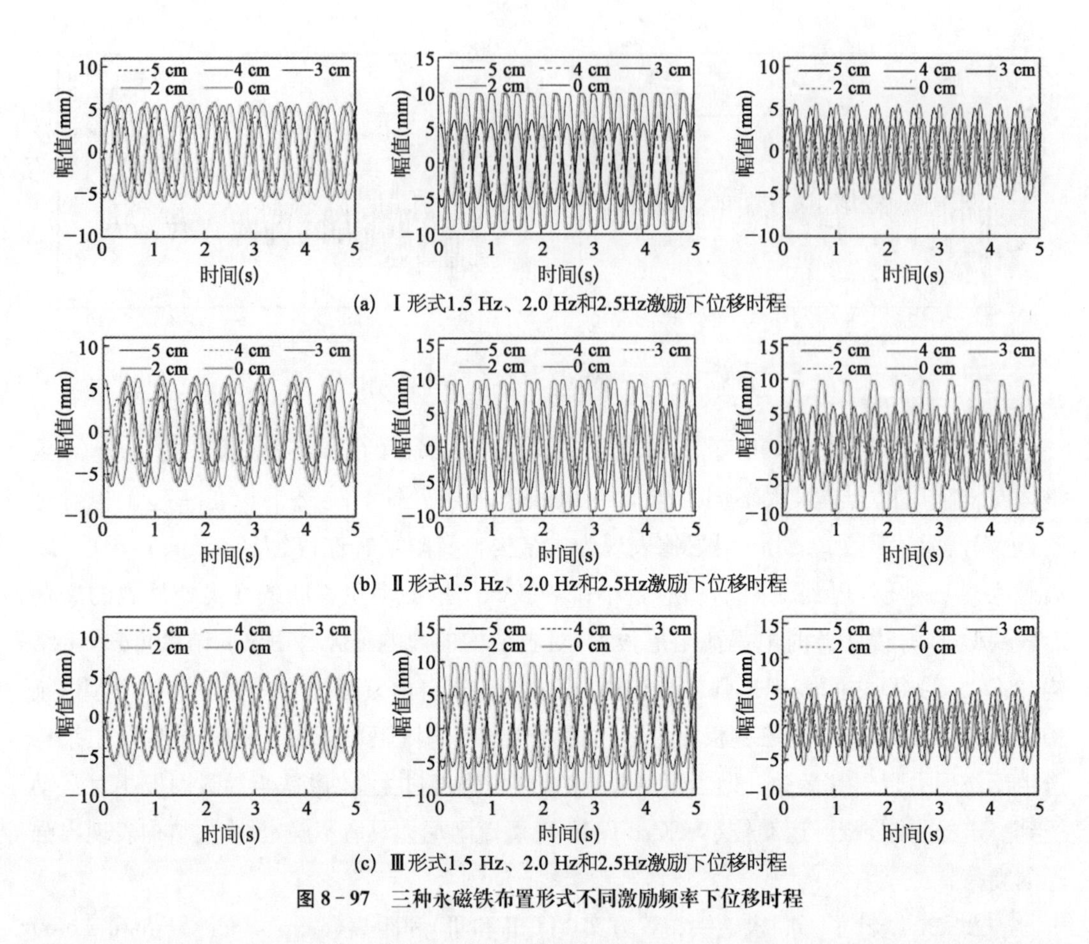

(a) Ⅰ形式1.5 Hz、2.0 Hz和2.5Hz激励下位移时程

(b) Ⅱ形式1.5 Hz、2.0 Hz和2.5Hz激励下位移时程

(c) Ⅲ形式1.5 Hz、2.0 Hz和2.5Hz激励下位移时程

图 8-97 三种永磁铁布置形式不同激励频率下位移时程

保持一致。EC-TMD结构中的质量块和永磁铁将随之产生运动,导磁铜板中的磁场发生变化,因此会产生电涡流阻尼力。同一种永磁铁布置形式下,不同激励频率将表现出不同振幅,在保证激励幅值一定的情况下振幅最小值所对应的初始设计距离(永磁铁与导磁铜板距离)是不同的,如Ⅰ形式中,1.0 Hz、2.0 Hz 和 2.5 Hz 振幅最小值分别对应距离为 5 cm、4 cm 和 2 cm;对于Ⅱ形式中,1.5 Hz、2.0 Hz 和 2.5 Hz 振幅最小值分别对应距离为 4 cm、3 cm 和 2 cm;对于Ⅲ形式中,1.5 Hz、2.0 Hz 和 2.5 Hz 振幅最小值分别对应距离为 5 cm、4 cm 和 2 cm。其中主要原因可能是磁场力和 EC-TMD 底部结构驱动力相互作用又相互影响,如若磁场力过强大于底部驱动力,导致相对运动减少,电涡流阻尼力减小;若磁场力远小于底部驱动力,永磁铁与导磁铜板相对运动增强,TMD 结构主要表现出自身的减振特性,电涡流会附加有限的阻尼力;若磁场力与底部驱动力相当时,电涡流阻尼和 TMD 自身减振特性共同作用,为主结构提供反力作用和耗散能量。

8.6.2 海上风电结构振动控制计算方法

8.6.2.1 海上风电结构-阻尼器理论求解

海上风电结构包括转子、发电机、机舱组成的上部结构和塔筒、筒型基础组成的支撑结构(Jijian Lian 等,2011; Jijian Lian 等,2012),考虑上部结构集中质量和基础集中质量,利用低元化模型方法等效为旋转-摆动模型如图 8-98 所示。

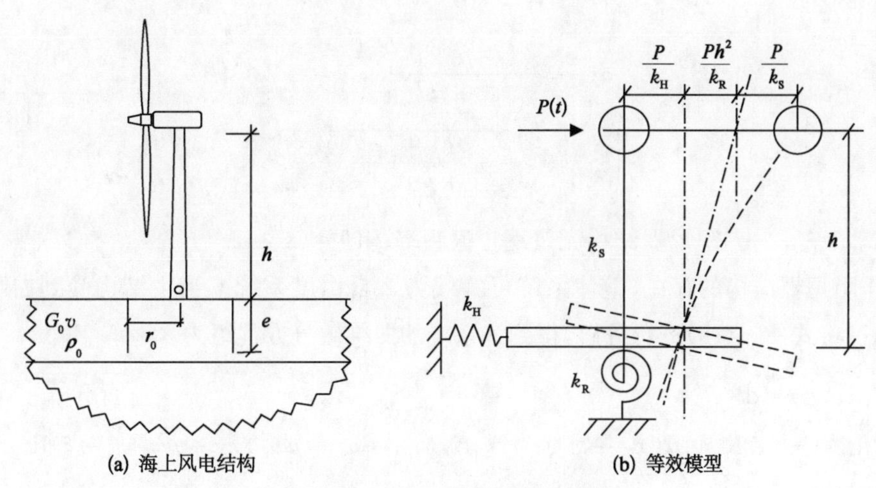

图 8-98 海上风电等效转动-摆动模型

该等效模型在静力荷载 P 作用下,产生的位移为

$$x_{st}=\frac{P}{k_H}+\frac{Ph^2}{k_R}+\frac{P}{k_S} \tag{8-111}$$

式中 k_H、k_R——土体对基础的水平刚度、旋转刚度;

k_S——塔筒水平刚度;

h——上部结构质心到基础的高度。

由式(8-111)可知,系统等效体系的等效刚度 k 可表示为

$$k=\frac{P}{x_{st}}=\frac{1}{\frac{1}{k_H}+\frac{h^2}{k_R}+\frac{1}{k_S}} \tag{8-112}$$

针对如图 8-99 所示的等效体系在外荷载作用下动态响应进行分析,为了减少主结构的振动响应,在结构上安装一个阻尼器结构。

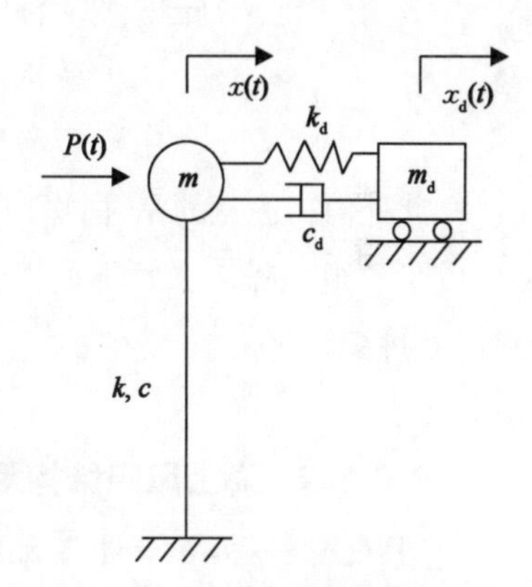

图 8-99 主结构与附属结构(TMD)动力学示意图

主结构-阻尼器系统的运动方程为

$$\begin{cases}m\ddot{x}+c\dot{x}+kx-c_d(\dot{x}_d-\dot{x})-k_d(x_d-x)=P(t)\\ m_d\ddot{x}_d+c_d(\dot{x}_d-\dot{x})+k_d(x_d-x)=0\end{cases} \tag{8-113}$$

式中 m、c、k——主结构的质量、阻尼、刚度;

m_d、c_d、k_d——附加结构(阻尼器结构)的质量、阻尼、刚度;

$\ddot{x}$, $\dot{x}$、x——主结构的加速度、速度、位移;

$\ddot{x}_d$、$\dot{x}_d$、x_d——阻尼器结构的加速度、速度、位移。

单自由度随机激励作用下阻尼器对主结构系统最优频率比和阻尼比可表示为(Warburton G B，1982)：

$$\begin{cases}\tilde{\alpha}_{opt}=\dfrac{(1+\mu/2)^{1/2}}{1+\mu}\\ \tilde{\xi}_{opt}=\sqrt{\dfrac{\mu(1+3\mu/4)}{4(1+\mu)(1-\mu/2)}}\end{cases} \tag{8-114}$$

式中　$\tilde{\alpha}_{opt}$、$\tilde{\xi}_{opt}$——阻尼器结构无量纲自振频率、阻尼比。

由于阻尼器结构的存在，整体系统可等效为2自由度系统。当主结构受到白噪声激励时，通过将式(8-115)进行分解，得到该系统的四维微分方程组为

$$\begin{cases}dx_1=x_2dt\\ dx_2=[-2\zeta_2\omega_2\mu(x_2-x_4)-2\zeta_1\omega_1x_2-(\omega_1^2+\mu\omega_2^2)x_1+\mu\omega_2^2x_3+\xi]dt\\ dx_3=x_4dt\\ dx_4=[-2\zeta_2\omega_2(x_4-x_2)-\omega_2^2(x_3-x_1)]dt\end{cases} \tag{8-115}$$

式中　x_1 和 x_3——主结构和阻尼器结构位移；

x_2 和 x_4——主结构和阻尼器结构速度；

ζ_i——两个结构的阻尼比 ($i=1, 2$)；

ω_i——两个结构的自振频率 ($i=1, 2$)；

ξ——白噪声激励。

此处值得注意的是，白噪声激励通过公式组(8-115)中的第2个公式输入。式(8-115)构成了一组白噪声激励下的Markov系统，该4阶微分方程组可以通过路径积分法进行求解(欧进萍，2003)。

8.6.2.2　海上风电结构阻尼器有限元求解

研究模型以7.5.2.2节监测海上风电筒型基础为对象，建立三维有限元模型如图8-100所示。

为了保证动力计算的准确性，采用瑞丽(Rayleigh)阻尼计算阻尼矩阵，假定阻尼矩阵是质量矩阵和刚度矩阵的线性组合，即为

$$[C]=\alpha[M]+\beta[K] \tag{8-116}$$

式中　$\alpha=4\pi f_1f_2\xi/(f_1+f_2)$，$\beta=\xi/\pi(f_1+f_2)$；其中，$f_1$、$f_2$ 为结构一阶、二阶频率；ξ 为结构阻尼比，取为2%(董霄峰，2014)。

选用Kaimal计算脉动风速，极端工况分别取工况1：参考风速 $V_{ref}=30$ m/s，湍流强

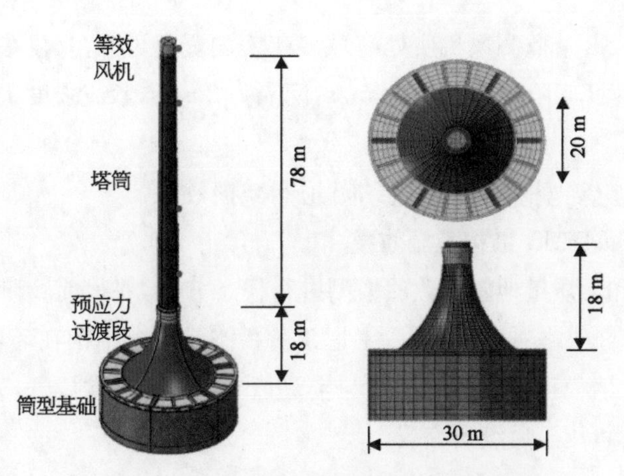

图 8-100　海上风电筒型基础结构有限元模型

度 $I_{15}=0.14$；工况 2：参考风速 $V_{ref}=37.5\ m/s$，湍流强度 $I_{15}=0.16$；工况 3：人工地震波，峰值加速度为 $1.5\ m/s^2$。三种工况时程如图 8-101 所示。

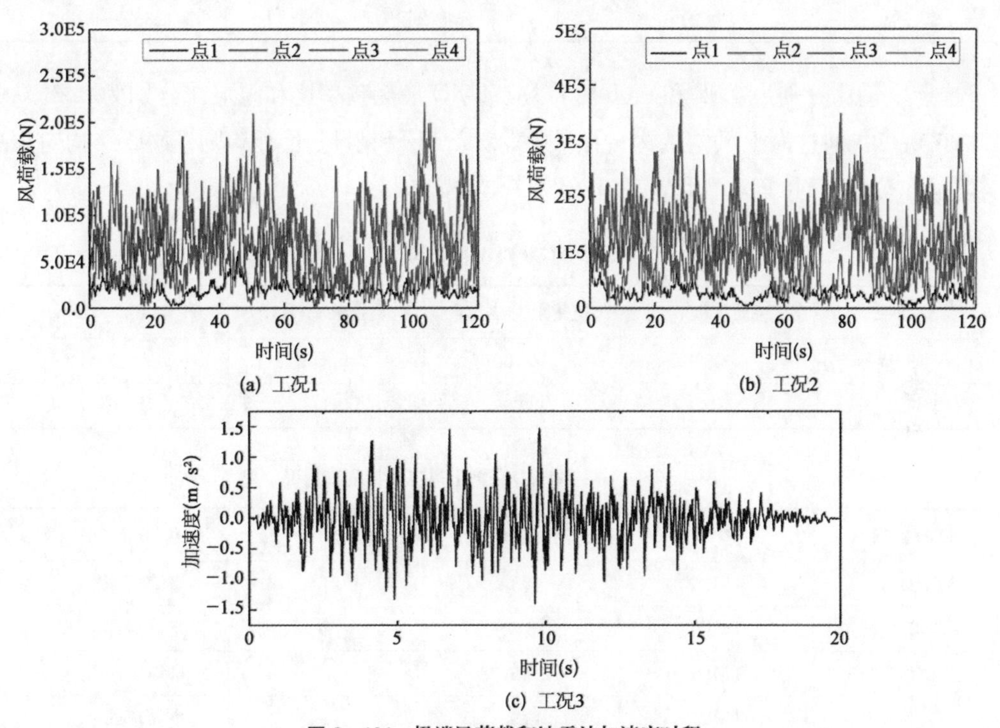

图 8-101　极端风荷载和地震波加速度时程

研究采用 Weibull 分布对平均风速的概率分布进行模拟，其概率密度分布函数 $F_u(u)$ 符合 Weibull 分布，即：

$$f_{U_\infty}(u)=\begin{cases}\dfrac{B}{A}\left(\dfrac{u}{A}\right)^{B-1}\exp\left[-\left(\dfrac{u}{A}\right)^{B}\right] & (u\geqslant 0)\\ 0 & (u<0)\end{cases}\tag{8-117}$$

其中，根据 7.5.2.2 节监测风机所处海域多年实测资料可知，尺度参数 $A=8.18$，形状参数 $B=2.43$。风速区间限定为[3, 23]m/s，间隔为 2 m/s，紊流强度 I 均取为 0.15。

8.6.3 海上风电筒型基础结构被动阻尼器减振效果

8.6.3.1 基于 MTMD 结构减振效果

利用 Lanczos 和无质量地基对数值模型进行模态分析，获得前 2 阶自振频率、振型和模态质量见表 8－21(忽略对称模态)。考虑 1 阶模态是风电结构在环境荷载激励下体现的主要模态，对比数值模拟 1 阶自振频率与实测值 0.35 Hz 非常接近，说明所建立数值模型与实际工程等效，可用于后续研究。

表 8－21　数值模型前 2 阶模态信息

阶　次	自振频率(Hz)	振　型	模态质量(kg)
1	0.352	侧向 1 阶弯曲	2.11E+05
2	2.521	侧向 2 阶弯曲	1.85E+05

选择质量比分别为 0.02 和 0.05 时，对应 TMD 最优频率比和阻尼比分别为 0.98、0.07 和 0.96、0.11。通过海上风电结构自振频率 0.352 Hz 和阻尼比 2%，则 TMD 结构自振频率、阻尼和位置、数量等配置情况见表 8－22 与表 8－23。

表 8－22　TMD 配置情况

TMD	质量(t)	弹簧刚度(N/m)	自振频率(Hz)	阻尼[N/(m/s)]
TMD1	3.8	16 700	0.345	1 000
TMD2	9.0	40 000	0.336	2 000

表 8－23　不同 MTMD 在海上风电结构配置情况

TMD 数量	TMD 形式	位置(m)	数　量	备　注
1TMD－1	TMD1	78	1	塔筒顶部平台
2TMD－1	TMD1	45,78	2	塔筒顶部中部平台
3TMD－1	TMD1	17,45,78	3	塔筒工作平台
1TMD－2	TMD2	78	1	塔筒顶部平台
2TMD－2	TMD2	45,78	2	塔筒顶部中部平台
3TMD－2	TMD2	17,45,78	3	塔筒工作平台

为了说明 MTMD 在海上风电结构中的减振效果，分别计算无 TMD、1TMD、2TMD 和 3TMD，海上风电筒型基础结构在极端工况 1、工况 2 和工况 3 下塔筒顶部振动绝对位移。对比不同 TMD 配置情况的减振效果，结果如图 8－102 所示。

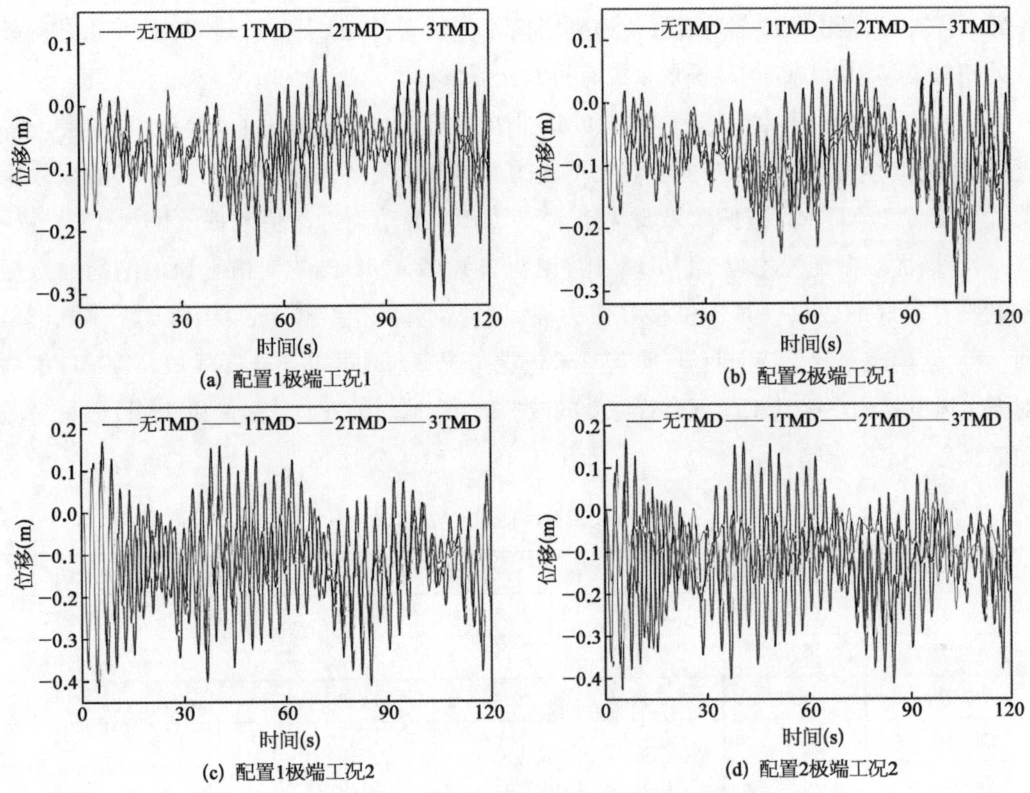

(a) 配置1极端工况1　(b) 配置2极端工况1

(c) 配置1极端工况2　(d) 配置2极端工况2

图 8-102　极端工况 1 和 2MTMD 塔筒顶部位移减振效果

由图 8-103 可以看到，在极端风荷载作用下，初始阶段 TMD 结构与主结构相对位移较小，减振效果并不明显；当 TMD 运动起来，对主结构相对运动产生阻碍作用，达到减振效果。对于极端工况 1 配置 1，对比主结构在有无 TMD 结构下的振动位移发现，在 35～80 s 和 100～120 s，减振效果最为明显，80～100 s 有无 TMD 结构振动位移相差不大；对于极端工况 1 配置 2，不同 TMD 减振效果类似，减振效果都很显著；对于极端工况 2 配置 1 和配置 2，30 s 以后，有无 TMD 塔筒顶部振动位移差别较大，减振效果明显，研究结果与文献(Coudurier C 等，2015)结果趋势较为一致；对于地震工况 TMD 结构与主结构运动较为

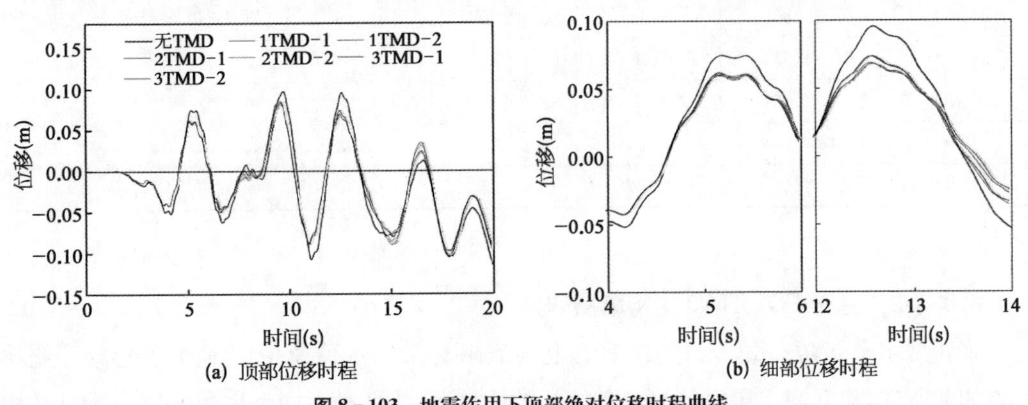

(a) 顶部位移时程　(b) 细部位移时程

图 8-103　地震作用下顶部绝对位移时程曲线

一致，可能原因是由于底部地震波传递到塔筒不同位置处，并不会引起 TMD 与主结构较大的相对位移，TMD 结构减振效果没有得到充分发挥。

表 8-24 和表 8-25 汇总了不同 TMD 情况在极端风荷载作用下 30～120 s 的绝对加速度、绝对位移均方根值和峰值。对比不同的 TMD 减振效果，TMD 配置 2 的减振效果要优于配置 1，MTMD 减振效果要优于单一 TMD，振动均方根值减振范围为 13.4%～26.3%，最优减振配置均为 3TMD 结构，说明布置多 TMD 结构对海上风电结构的减振控制具有较好的效果。对于位移峰值方面，振动位移峰值减少范围为 13.7%～38.6%，MTMD 结构减振效果特别明显，尤其对于极端工况 2。通过以上分析可知，MTMD 结构对海上风电结构在极端工况下有着有效的减振效果，不同的 TMD 配置和 TMD 数量对减振效果有一定的影响。

表 8-24　减振效果统计(均方根值)

类　型	加速度均方根(m/s^2)		位移均方根(m)		位移减少百分比(%)	
	工况 1	工况 2	工况 1	工况 2	工况 1	工况 2
无 TMD	0.39	0.41	0.112	0.175	—	—
1TMD-1	0.21	0.38	0.097	0.148	13.4	15.4
2TMD-1	0.17	0.27	0.095	0.142	15.2	18.9
3TMD-1	0.21	0.32	0.093	0.140	17.0	20.1
1TMD-2	0.16	0.23	0.095	0.141	15.2	19.4
2TMD-2	0.20	0.17	0.089	0.132	20.5	24.5
3TMD-2	0.16	0.16	0.087	0.129	22.3	26.3

表 8-25　减振效果统计(峰值)

类　型	加速度峰值(m/s^2)		位移峰值(m)		位移减少百分比(%)	
	工况 1	工况 2	工况 1	工况 2	工况 1	工况 2
无 TMD	1.13	1.20	0.314	0.413	—	—
1TMD-1	0.81	0.96	0.271	0.330	13.7	20.1
2TMD-1	0.80	0.64	0.255	0.315	18.8	23.7
3TMD-1	0.51	0.70	0.277	0.305	11.8	26.1
1TMD-2	0.83	0.43	0.241	0.358	23.2	13.3
2TMD-2	0.77	0.42	0.265	0.298	15.6	27.8
3TMD-2	0.45	0.62	0.192	0.270	38.8	34.6

8.6.3.2　基于 EC-TMD 结构减振效果

将新型水平和摆式 EC-TMD 中的电涡流阻尼采用数值模拟中常规阻尼器等效替代。如前所述，建立海上风电筒型基础结构数值模型，将两种不同类型的 EC-TMD 结构

(HEC-TMD 和 PEC-TMD)布置在塔筒顶部第一层平台，如图 8-104 所示。模拟不同 EC-TMD 参数和形式下塔筒顶部减振效果。

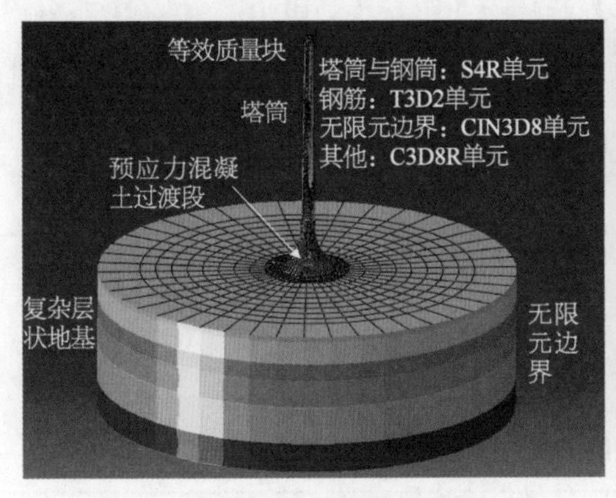

(a) 有限元-无限元整体模型

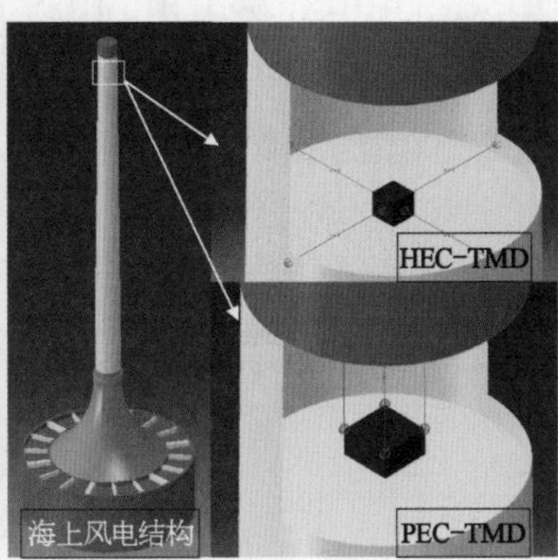

(b) 局部模型与两种EC-TMD结构

图 8-104　海上风电结构 ABAQUS 模型和 EC-TMD 结构

利用 Warburton 公式(Warburton G B, 1982)对 EC-TMD 结构进行频率比和阻尼比优化。表 8-26 与表 8-27 给出了 EC-TMD 结构参数与配置，其中 EC 材料为采用紫铜(T1)作为导体铜板材料、永磁体为钕铁硼($Nd_2Fe_{14}B$)，并假设这些材料在使用期内参数保持不变(陈政清和黄智文，2016)。

表 8-26　EC-TMD 中 EC 结构参数

编　号	$\sigma(1/\Omega \cdot m)$	B/T	δ(mm)	$S(m^2)$
EC1	$5.62e^7$	0.2	10	0.01
EC2	$5.62e^7$	0.2	10	0.035

表 8-27　HEC-TMD 和 PEC-TMD 参数配置

类　型	质量比	频率比	EC 结构	弹簧刚度(N/m)	钢缆长度(m)
HEC-TMD1	0.02	0.98	EC1	2.0×10^4	—
HEC-TMD2	0.05	0.96	EC2	4.0×10^4	—
PEC-TMD1	0.02	0.98	EC1	—	2.0
PEC-TMD2	0.05	0.96	EC2	—	2.2

以 8.6.2.2 节中介绍工况 2 计算结果为例，塔筒顶部振动位移和加速度曲线如图 8-105 所示。由图可知，加减振器后加速度曲线均位于无减振器曲线以下。0～10 s 和 60～80 s 时，由于减振器迟滞和惯性效应，有减振器结果略大于无减振器结果。其余时刻，减振器与主结构发生相对运动，EC-TMD 减振器充分发挥减振作用，效果明显且两种 EC-TMD 结构减振效果相似。工况 1 和工况 2 减振效果对比振动位移和加速度均方根见表 8-28，振动位移均方根可减小 13.0%～25.7%。

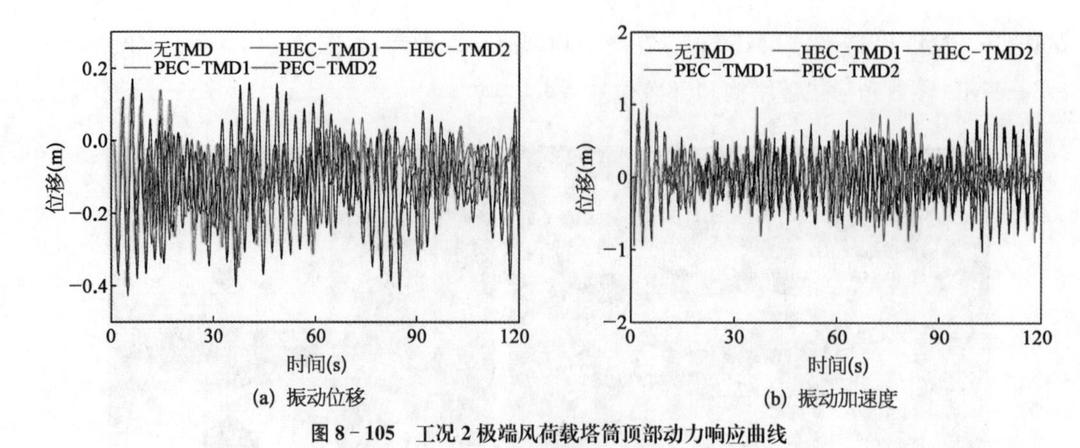

(a) 振动位移　　(b) 振动加速度

图 8-105　工况 2 极端风荷载塔筒顶部动力响应曲线

表 8-28　减振效果统计(均方根值)

类　型	加速度均方根(m/s^2)		位移均方根(m)		位移减少百分比(%)	
	工况 1	工况 2	工况 1	工况 2	工况 1	工况 2
无 TMD	0.39	0.41	0.112	0.175	—	—
HEC-TMD1	0.21	0.37	0.097	0.145	13.4	15.4
HEC-TMD2	0.18	0.23	0.095	0.141	15.2	19.4
PEC-TMD1	0.20	0.24	0.092	0.136	17.9	22.3
PEC-TMD2	0.16	0.20	0.086	0.130	23.2	25.7

由此可知,EC-TMD 在海上风电筒型基础结构减振控制中具有良好的表现。同时,考虑不同的质量比计算结果进行对比,EC-TMD 减振效果相差 5%左右。悬摆式 PEC-TMD 结构的减振效果要好于水平式 HEC-TMD,水平 HEC-TMD 减振效果与单 TMD 减振效果相当。

为验证 ECD-TMD 降低海上风电筒型基础结构疲劳损伤程度,对比分析无 TMD,PEC-TMD1 和 PEC-TMD2 三种情况,正常运行风荷载合力时程曲线如图 8-106 所示。图 8-107 给出了正常运行工况下,海上风电筒型基础顶部位移与加速度最大值随风速变

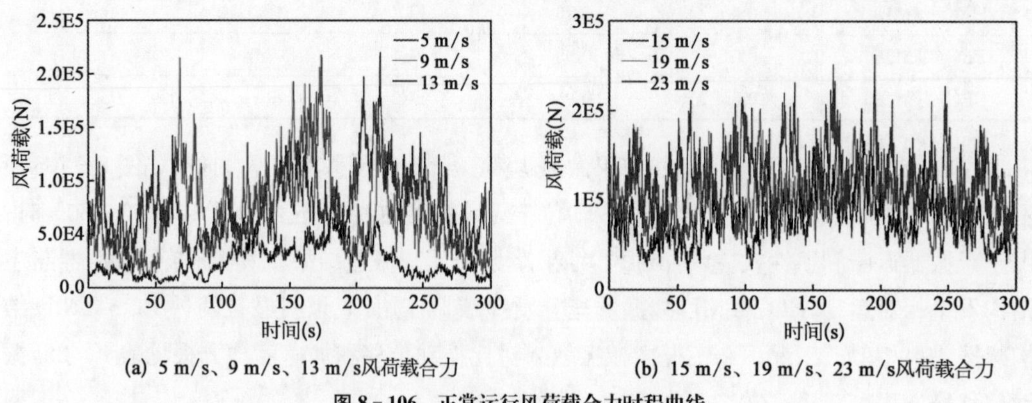

(a) 5 m/s、9 m/s、13 m/s风荷载合力　　(b) 15 m/s、19 m/s、23 m/s风荷载合力

图 8-106　正常运行风荷载合力时程曲线

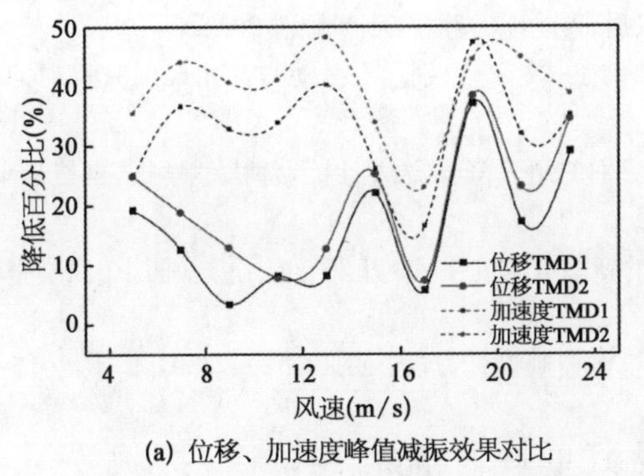

(a) 位移、加速度峰值减振效果对比

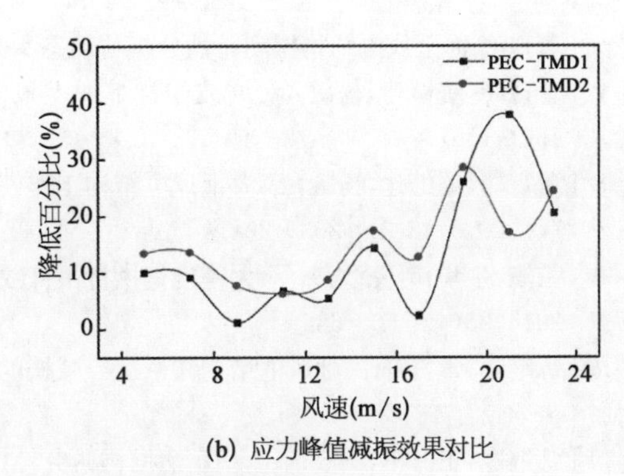

(b) 应力峰值减振效果对比

图 8-107　ECD位移、加速度、应力峰值减振效果对比

化，由该图可知，与无 TMD 相比，PEC-TMD1 和 PEC-TMD2 可有效降低塔筒顶部位移和加速度范围分别为 16%～48%和 3%～38%。

同时在实测疲劳风速作用下，分别采用不同阻尼器对筒型基础塔筒连接段的疲劳损伤和疲劳寿命对比，新型阻尼器的引入有效提高法兰处疲劳寿命达 36%～51%，如图 8-108 所示。

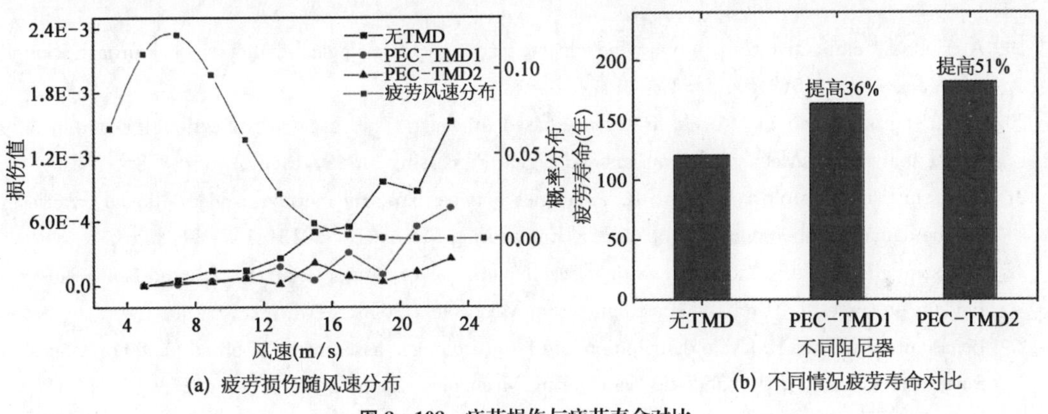

(a) 疲劳损伤随风速分布　　(b) 不同情况疲劳寿命对比

图 8-108　疲劳损伤与疲劳寿命对比

参考文献

[1] 背户一登.结构振动控制[M].北京：机械工业出版社，2011.

[2] 陈政清，黄智文，田静莹.电涡流调谐质量阻尼器在钢-混凝土组合楼盖振动控制中的应用研究[J].建筑结构学报，2015，36(1)：98-99.

[3] 陈政清，黄智文.一种板式电涡流阻尼器的有限元模拟及试验分析[J].合肥工业大学学报(自然科学版)，2016，39(4)：499-502.

[4] 陈政清，张弘毅，黄智文.板式电涡流阻尼器有限元仿真与参数优化[J].振动与冲击，2016，35(18)：123-127.

[5] 程靳，赵树山.断裂力学[M].北京：科学出版社，2006.

[6] 董霄峰.海上风电结构振动特性分析与动态参数识别研究[D].天津：天津大学，2014.
[7] 董霄峰，练继建，杨敏，等.谐波干扰下海上风电结构工作模态识别[J].振动与冲击，2015，34(10)：152 - 156.
[8] 董霄峰，练继建，杨敏，等.海上风电结构工作模态识别的组合降噪方法[J].天津大学学报(自然科学版)，2015，48(3)：203 - 208.
[9] 雷旭，牛华伟，陈政清，等.大跨度钢拱桥吊杆减振的新型电涡流 TMD 开发与应用[J].中国公路学报，2015，28(4)：60 - 68.
[10] 练继建，董霄峰.一种风电结构体系运行减振的偏权重控制设计方法：ZL201510027595.4[P].2017 - 5 - 24.
[11] 练继建，王海军，秦亮.水电站厂房结构研究[M].北京：中国水利水电出版社，2007.
[12] 牛林.结构振动控制理论和计算方法[M].北京：中国科学技术出版社，2016.
[13] 欧进萍.基于风浪联合概率模型的海洋平台结构系统可靠度分析[J].海洋工程，2003(4)：1 - 7.
[14] 欧进萍.结构振动控制-主动、半主动和智能控制[M].北京：科学出版社，2003.
[15] 宋玉普，王怀亮，贾金青.混凝土的多轴疲劳性能[J].建筑结构学报，2008(S1)：260 - 265.
[16] 王海军.水电站厂房组合结构分析与动态识别[D].天津：天津大学，2005.
[17] 汪志昊，陈政清.永磁式电涡流调谐质量阻尼器的研制与性能试验[J].振动工程学报，2013，26(3)：378 - 379.
[18] 张琪，吕西林.附加电涡流阻尼 TMD 的高层建筑结构振动台试验研究[J].结构工程师，2017，33(2)：1 - 9.
[19] Aterino N. Semi-active control of a wind turbine via magnetorheological dampers[J]. Journal of Sound and Vibration，2015(345)：1 - 17.
[20] Bart Peeters，Guido De Roeck. Reference-based stochastic subspace identification for output-only modal analysis[J]. Mechanical Systems and Signal Processing，1999，13(6)：855 - 878.
[21] Benasciutti D，Cristofori A，Tovo R. Analogies between spectral methods and multiaxial criteria in fatigue damage evaluation[J]. Probabilistic Engineering Mechanics，2013(31)：39 - 45.
[22] Benasciutti D，Tovo R. Comparison of spectral methods for fatigue analysis of broad-band Gaussian random processes[J]. Probabilistic Engineering Mechanics，2006，21(4)：287 - 299.
[23] Benasciutti D，Tovo R. Cycle distribution and fatigue damage assessment in broad-band non-Gaussian random processes[J]. Probabilistic Engineering Mechanics，2005，20(2)：115 - 127.
[24] Benasciutti D，Tovo R. Spectral methods for lifetime prediction under wide-band stationary random processes[J]. International Journal of fatigue，2005，27(8)：867 - 877.
[25] Benasciutti D，Tovo R. On fatigue damage assessment in bimodal random processes[J]. International journal of fatigue，2007，29(2)：232 - 244.
[26] Benasciutti D，Braccesi C，Cianetti F，et al. Fatigue damage assessment in wide-band uniaxial random loadings by PSD decomposition：outcomes from recent research[J]. International Journal of Fatigue，2016(91)：248 - 250.
[27] Bendat J S，Piersol A G. Measurement and analysis of random data[M]. 1966.
[28] Braccesi C，Cianetti F，Tomassini L. An innovative modal approach for frequency domain stress recovery and fatigue damage evaluation[J]. International Journal of Fatigue，2016(91)：382 - 396.
[29] Braccesi C，Cianetti F，Lori G，et al. Evaluation of mechanical component fatigue behavior under random loads：indirect frequency domain method[J]. International Journal of Fatigue，2014(61)：141 - 150.
[30] Chi-Tsong Chen. Linear system theory and design[M]. 1984.

[31] Coudurier C, Lepreux O, Petit N. Passive and semi-active control of an offshore floating wind turbine using a tuned liquid column damper[J]. IFAC-Papers OnLine, 2015, 48(16): 241 - 247.

[32] Dehghan-Niri E, Zahrai S M, Mohtat A. Effectiveness-robustness objectives in MTMD system design: An evolutionary optimal design methodology[J]. Structural Control and Health Monitoring: The Official Journal of the International Association for Structural Control and Monitoring and of the European Association for the Control of Structures, 2010, 17(2): 218 - 236.

[33] Deng H Z, Jiang Q, Li F, et al. Vortex-induced vibration tests of circular cylinders connected with typical joints in transmission towers[J]. Journal of Wind Engineering & Industrial Aerodynamics, 2011, 99(10): 1069 - 1078.

[34] Dimitris G Manolakis, Vinay K Ingle, Stephen M. Kogon. Statistical and Adaptive Signal Processing [M]. Xi'an: Xidian University Press, 2012.

[35] Dirlik, Turan. Application of computers in fatigue analysis[M]. Warwick: University of Warwick, 1985.

[36] DNV. Design of offshore wind turbine structures: DNV - OSJ 101 [S]. Det Norske Veritas AS (DNV).

[37] Dong W, Moan T, Gao Z. Long-term fatigue analysis of multi-planar tubular joints for jacket-type offshore wind turbine in time domain[J]. Engineering Structures, 2011, 33(6): 2002 - 2014.

[38] Douglas Adams, Jonathan White, Mark Rumsey, et al. Structural health monitoring of wind turbines: method and application to a HAWT[J]. Wind Energy, 2011(14): 603 - 623.

[39] Fatemi A, Yang L. Cumulative fatigue damage and life prediction theories: a survey of the state of the art for homogeneous materials[J]. International journal of fatigue, 1998, 20(1): 9 - 34.

[40] Feyzollahzadeh M, Mahmoodi M J, Yadavar-Nikravesh S M, et al. Wind load response of offshore wind turbine towers with fixed monopile platform[J]. Journal of Wind Engineering & Industrial Aerodynamics, 2016(158): 122 - 138.

[41] Guideline for the Certification of Wind Turbines[Z]. Germanischer Lloyd Industrial Services GmbH Competence Centre Renewables Certification, 2010.

[42] Guowen Zhang, Baoping Tang, and Guangwu Tang. An improved stochastic subspace identification for operational modal analysis[J]. Measurement, 2012(45): 1246 - 1256.

[43] International Electrotechnical Commission. Wind turbines part 1: design requirements: IEC 61400 - 1 [S]. International Electrotechnical Commission, 2005.

[44] Jean-Luc Dion, I. Tawfiq, G. Chevallier. Harmonic component detection: Optimized Spectral Kurtosis for operational modal analysis[J]. Mechanical Systems & Signal Processing, 2012, 26(26): 24 - 33.

[45] Jean-Luc Dion, Cyrille Stephan, Gaël Chevallier, et al. Tracking and removing modulated sinusoidal components — A solution based on the kurtosis and the Extended Kalman Filter[J]. Mechanical Systems & Signal Processing, 2013, 38(2): 428 - 439.

[46] Jia-Rong Yeh, Jiann-Shing Shieh. Complementary Ensemble Empirical Mode Decomposition: A Novel Noise Enhanced Data Analysis Method[J]. Advances in Adaptive Data Analysis, 2010, 2(2): 135 - 156.

[47] JiJian Lian, HuoKun Li, JianWei Zhang. ERA modal identification method for hydraulic structures based on order determination and noise reduction of singular entropy[J]. Science in China Series E: Technological Sciences, 2008, 52(2): 400 - 412.

[48] Jijian Lian, Sun Liqiang, Zhang Jinfeng, et al. Bearing Capacity and Technical Advantages of

Composite Bucket Foundation of Offshore Wind Turbines[J]. Transactions of Tianjin University, 2011(17): 132 - 137.

[49] Jijian Lian, Hongyan Ding, Puyang Zhang, et al. Design of Large-Scale Prestressing Bucket Foundation for Offshore Wind Turbines[J]. Transactions of Tianjin University, 2012(18): 79 - 84.

[50] Johannessen K, Meling T S, Hayer S. Joint distribution for wind and waves in the northern north sea [A]//The Eleventh International Offshore and Polar Engineering Conference. International Society of Offshore and Polar Engineers, 2001.

[51] Jonkman J, Butterfield S, Musial W, et al. Definition of a 5-MW reference wind turbine for offshore system development[R]. National Renewable Energy Laboratory, Golden, CO, Technical Report No. NREL/TP - 500 - 38060, 2009.

[52] Karimi H R, Zapateiro M, Luo N. Semiactive vibration control of offshore wind turbine towers with tuned liquid column dampers using H_∞ output feedback control. Control applications (CCA), 2010 IEEE international conference on[A]. IEEE, 2010: 2245 - 2249.

[53] Karimirad M. Offshore energy structures: for wind power, wave energy and hybrid marine platforms [M]. Springer, 2014.

[54] Lackner M A, Rotea M A. Passive structural control of offshore wind turbines[J]. Wind energy, 2011, 14(3): 373 - 388.

[55] Li Q, Gao Z, Moan T. Modified environmental contour method for predicting long-term extreme responses of bottom-fixed offshore wind turbines[J]. Marine Structures, 2016(48): 15 - 32.

[56] Lu X, Zhang Q, Weng D, et al. Improving performance of a super tall building using a new eddy-current tuned mass damper[J]. Structural Control and Health Monitoring, 2017, 24(3): 1 - 17.

[57] Mingliang Liu, Keqi W, Laijun S, et al. Applying empirical mode decomposition (EMD) and entropy to diagnose circuit breaker faults[J]. Optik-International Journal for Light and Electron Optics, 2015, 126(20): 2338 - 2342.

[58] Morison J R, Johnson J W, Schaaf S A. The force exerted by surface waves on piles[J]. Journal of Petroleum Technology, 1950, 2(5): 149 - 154.

[59] Mohanty P, Rixen D J. Modified ERA method for operational modal analysis in the presence of harmonic excitations[J]. Mechanical Systems and Signal Processing, 2006(20): 114 - 130.

[60] Raghavan K, Bernitsas M M. Experimental investigation of Reynolds number effect on vortex induced vibration of rigid circular cylinder on elastic supports[J]. Ocean Engineering, 2011, 38(s5 - s6): 719 - 731.

[61] Prasanth R K. State Space System Identification Approach to Radar Data Processing[J]. Transactions on Signal Processing, 2011, 59(8): 3675 - 3684.

[62] Rosa J J, Muñoz A M. Higher-order cumulants and spectral kurtosis for early detection of subterranean termites[J]. Mechanical Systems & Signal Processing, 2008, 22(2): 279 - 294.

[63] Rune Brincker, Palle Andersen. Understanding Stochastic Subspace Identification[C]. Proceedings of the 24th IMAC, St. Louis, 2006.

[64] Simon Haykin. Adaptive Filter Theory [M]. 4th ed. Beijing: Publishing House of Electronics Industry, 2002.

[65] Steinwolf A, Schwarzendahl S M, Wallaschek J. Implementation of low-kurtosis pseudo-random excitations to compensate for the effects of nonlinearity on damping estimation by the half-power method[J]. Journal of Sound & Vibration, 2014, 333(3): 1011 - 1023.

[66] Sun C, Jahangiri V. Bi-directional vibration control of offshore wind turbines using a 3D pendulum

tuned mass damper[J]. Mechanical Systems and Signal Processing, 2018(105): 338 - 360.

[67] Tovo R. Cycle distribution and fatigue damage under broad-band random loading[J]. International Journal of Fatigue, 2002, 24(11): 1137 - 1147.

[68] Warburton G B. Optimal absorber parameters for various combinations of response and excitation parameters[J]. Earthquake Engineering and Structural Dynamic, 1982, 10(3): 381401.

[69] Xiaofeng Dong, Jijian Lian, Min Yang, et al. Operational Modal Identification of Offshore Wind Turbine Structure based on Modified SSI Method considering Harmonic Interference[J]. Journal of Renewable and Sustainable Energy, 2014, 6(033128): 1 - 28.

[70] Xiaofeng Dong, Jijian Lian, Wang Haijun, et al. Structural Vibration Monitoring and Operational Modal Analysis of Offshore Wind Turbine Structure[J]. Ocean Engineering, 2018(150): 280 - 297.

[71] Xiaofeng Dong, Jijian Lian, Haijun Wang. Vibration Source Identification of Offshore Wind Turbine Structure Based on Optimized Spectral Kurtosis and Ensemble Empirical Mode Decomposition[J]. Ocean Engineering, 2019(172): 199 - 212.

[72] Yeter B, Garbatov Y, Soares C G. Fatigue damage assessment of fixed offshore wind turbine tripod support structures[J]. Engineering Structures, 2015(101): 518 - 528.

[73] Yu Y, Yu D, Cheng J. A roller bearing fault diagnosis method based on EMD energy entropy and ANN[J]. Journal of Sound & Vibration, 2006, 294(1 - 2): 269 - 277.

[74] Zania V. Natural vibration frequency and damping of slender structures founded on monopiles[J]. Soil dynamics and Earthquake engineering, 2014(59): 8 - 20.

[75] Zhaohua Wu, Norden E. Huang. Ensemble Empirical Mode Decomposition: a noise-assisted data analysis method[J]. Advances in Adaptive Data Analysis, 2009, 1(1): 1 - 41.

[76] Zuo H, Bi K, Hao H. Using multiple tuned mass dampers to control offshore wind turbine vibrations under multiple hazards[J]. Engineering Structures, 2017(141): 303 - 315.